Peter Sykes

Reaktionsmechanismen der Organischen Chemie

VCH

Der Titel der Originalausgabe lautet:
A Guidebook to Mechanism in Organic Chemistry, Sixth Edition, erschienen im Verlag Longman Group Limited, London

Dr. Peter Sykes, M.SC., PH.D., F.R.J.C.
University Chemical Laboratory, Cambridge, UK

1. Auflage 1964
2., ergänzte und überarbeitete Auflage 1966
3. Auflage 1967
4. Auflage 1969
Nachdruck, 1970, der 4. Auflage 1969
5., neubearbeitete und erweiterte Auflage 1972
6. Auflage 1974
7., völlig neu bearbeitete Auflage 1976
1. Nachdruck, 1979, der 7. Auflage 1976
8., überarbeitete und erweiterte Auflage 1982
1. Nachdruck, 1986, der 8. Auflage 1982
9., überarbeitete Auflage 1988

Vertrieb

VCH Verlagsgesellschaft, Postfach 12 60/12 80, D-6940 Weinheim (Bundesrepublik Deutschland)

Schweiz: VCH Verlags-AG, Postfach, CH-4020 Basel (Schweiz)

Großbritannien und Irland: VCH Publishers (UK) Ltd., 8 Wellington Court, Wellington Street, Cambridge CB1 1HW (Großbritannien)

USA und Canada: VCH Publishers, Suite 909, 220 East 23rd Street, New York, NY 10010-4606 (USA)

ISBN 3-527-26872-3

Peter Sykes

Reaktionsmechanismen der Organischen Chemie

Eine Einführung

Mit einem Geleitwort von Lord A. R. Todd

Übersetzt von
Hans F. Ebel und Henning Hopf

9., überarbeitete Auflage

VCH

Verlagsredaktion: Dr. Hans F. Ebel
Herstellerische Betreuung: Dipl.-Ing. (FH) Hans Jörg Maier

CIP-Titelaufnahme der Deutschen Bibliothek

Sykes, Peter:
Reaktionsmechanismen der organischen Chemie : e. Einf. /
Peter Sykes. Mit e. Geleitw. von Lord A. R. Todd. Übers. von
Hans F. Ebel u. Henning Hopf. – 9., überarb. Aufl. –
Weinheim; Basel (Schweiz); Cambridge; New York, NY:
VCH 1988
Einheitssacht.: A guidebook to mechanism in organic chemistry ⟨dt.⟩
ISBN 3-527-26872-3

Satz: Hans Richarz Publikations-Service, D-5205 Sankt Augustin
Druck und Bindung: Clausen & Bosse, D-2262 Leck
Printed in the Federal Republic of Germany

Für Joyce

Geleitwort zur achten Auflage

Vor 50 Jahren wurde ein Student, wenn er sich mit Organischer Chemie zu befassen begann, fast mit Sicherheit auf eines der großen Lehrbücher verwiesen, die nach dem Namen ihres Autors benannt wurden, wie Holleman, Karrer oder Gattermann. Ganze Generationen von Chemikern haben aus solchen Büchern ihr Wissen geschöpft, und oft über die Landesgrenzen hinweg, denn Übersetzungen in mehrere Sprachen waren üblich. Heute sind diese großen Namen schon fast vergessen. Während es damals nur eine ziemlich kleine Zahl von Lehrbüchern gab, ergießt sich neuerdings eine wahre Flut von Lehrbüchern der Organischen Chemie in die Regale der Buchhändler. Zum Teil mag man dieses vermehrte Lehrbuchangebot auf die gestiegenen Studentenzahlen zurückführen, aber der Hauptgrund dürfte ein anderer sein: das Eindringen mechanistischer Betrachtungen in die Lehre der Organischen Chemie bereits am Anfang des Studiums. Angesichts der Fülle neuer Bücher ist es für einen Autor sehr schwer geworden, in das allgemeine Bewußtsein der Studentenschaft zu dringen, doch ist dies Peter Sykes mit seinen *Reaktionsmechanismen der Organischen Chemie* gelungen.

Schon zur ersten Ausgabe des Buches war ich zu einem Geleitwort eingeladen worden, und ich ließ mich damals nicht nur über meine Einschätzung der Entwicklungen in der Organischen Chemie aus, sondern auch über die Methode, wie Dr. Sykes diesen neuen Stoff für die Lehre verarbeitet hatte. Nachdem ich ihn schon viele Jahre lang beobachtet und gekannt hatte – zuerst als Studenten, dann als Freund und Kollegen – war ich mir sicher, daß er ein gutes Buch geschrieben hatte, das geeignet war, noch mehr Interesse für die Organische Chemie zu wecken. Der Erfolg, der diesem Buch dann beschieden sein sollte, übertraf aber doch meine höchsten Erwartungen. Schon liegen eine Reihe von Folgeauflagen zurück, in denen immer wieder verbessert und verfeinert wurde, ohne daß etwas von der zupackenden Schärfe der ersten Ausgabe verloren gegangen wäre.

Die jetzt vorliegende Neubearbeitung setzt diese Tradition fort. Wieder ist die jüngste Literatur nach noch besseren Beispielen zur Darlegung der Reaktionsprinzipien durchgesehen worden. Besondere Aufmerksamkeit verdient ein Kapitel, in dem die Bedeutung der Orbitalsymmetrie für Reaktionsabläufe in bewundernswerter Klarheit aufgezeigt wird. Ehe ich dieses Kapitel gelesen hatte, war ich nicht sicher, ob man diese außerordentlich wichtige Entwicklung in der Theoretischen Organischen Chemie den Studenten frühzeitig in einfacher und doch nutzbringender

Weise würde nahebringen können. Daß es Dr. Sykes gelungen ist, unterstreicht seine besondere Begabung als Hochschullehrer und Autor. Ich bin ganz sicher, daß diese Neubearbeitung dem Buch noch mehr Freunde gewinnen wird.

Cambridge Alexander R. Todd

Vorwort zur neunten Auflage

Vor nunmehr fünfundzwanzig Jahren erschien die englische Originalausgabe dieser Einführung zum ersten Mal, und es dürfte kaum überraschen, daß seine heutige Version sich von so lange zurückliegenden sowohl im Inhalt als auch im äußeren Erscheinungsbild deutlich unterscheidet. Im Verlaufe der Jahre wurden keine Mühen gescheut, altes Material durch neues zu ersetzen – nicht, um irgendwelchen Modetrends zu folgen, sondern um die wichtigen Änderungen in unserem Verständnis der grundlegenden Zusammenhänge der Organischen Chemie angemessen zu berücksichtigen. Genauer gesagt kam es darauf an, wie diese Veränderungen Anfängerstudenten am besten vermittelt werden können. Gleichzeitig wurde darauf geachtet, die dem Buche zugrundeliegende Struktur nicht zu verändern – aus dem einfachen pragmatischen Grund, daß sie sich in der Praxis bewährt hat.

Die neue Auflage enthält keine neuen Kapitel; wohl aber werden einige neue Themen behandelt, von denen die aromatische *ipso*-Substitution, die mechanistischen Grenzfälle der nucleophilen Substitution, erweiterte Verwendung von Aktivierungsparametern (besonders bei der Behandlung der Esterhydrolyse), Dimroths E_T-Parameter, die Korrelation von spektroskopischen Daten mit dem Hammetschen σ_x-Parameter und die Verwendung der ^{13}C-Kernresonanzspektroskopie bei der Aufklärung von Biogenesewegen hier erwähnt seien. Der inzwischen veraltete Ausdruck „Carboniumion" wurde durchgängig durch „Carbokation" ersetzt, dem natürlichen Gegensatz zum „Carbanion", wodurch auch die dubiose Alternative „Carbeniumion" vermieden wird. Abgesehen von diesen offenkundigen Veränderungen wurde der gesamte Text, Zeile für Zeile, überarbeitet, um Unklarheiten zu entfernen, klarere und widerspruchsfreiere Erklärungen zu bieten und überzeugendere Beispiele zu präsentieren. Insgesamt liegt damit – um den Autofahrerjargon zu bemühen – ein sehr gründlich generalüberholtes und hochgradig frisiertes Modell vor.

Ich bin immer der Meinung gewesen, daß viele Lehrbücher ihr volles Potential nicht erreichen, weil ihre Autoren sich nicht klar darüber werden können, ob sie für Studenten oder deren Lehrer schreiben – die Ansprüche der beiden an ein Lehrbuch unterscheiden sich aber! Diese neue Ausgabe wendet sich – wie ihre Vorgänger – eindeutig an die Studenten. Ich bin deshalb davon überzeugt, daß diese Einführung für Chemiestudenten aller Art, gleichgültig in welcher Schule oder Hochschule sie studieren mögen, weiterhin von Nutzen sein wird.

Wie immer bin ich vielen Lesern Dank schuldig, die mich auf Fehler und unglückliche Formulierungen aufmerksam machten und Verbesserungen vorgeschlagen haben. Wo immer möglich, werden diese in der vorliegenden Ausgabe berücksichtigt. Über eine ähnliche Hilfe durch zukünftige Leser würde ich mich freuen.

Schließlich möchte ich mich bei den folgenden Copyright-Haltern für die Erlaubnis bedanken, verschiedene Diagramme abzudrucken: American Chemical Society für Abb. 13.1 (Hammett, L. P., und Pfluger, H. L., *J. Amer. Chem. Soc.* 1933, **55**, 4083), Abb. 13.2 (Hammett, L. P., und Pfluger, H. L., *J. Amer. Chem. Soc.* 1933, **55**, 4086), Abb. 13.3 (Hammett, L. P., *Chem. Rev.* 1935, **17**, 131), Abb. 13.4 (Taft, R. W., und Lewis, I. C., *J. Amer. Chem. Soc.* 1958, **80**, 2437), Abb. 13.5 (Brown, H. C., und Okamoto, Y., *J. Amer. Chem. Soc.* 1957, **79**, 1915), Abb. 13.6 (Brown, H. C., Schleyer, P. von R., et al., *J. Amer. Chem. Soc.* 1970, **92**, 5244), Abb. 13.8 (Hart, H., und Sedor, F. A., *J. Amer. Chem. Soc.* 1967, **89**, 2344); Chemical Society und Professor J. A. Leisten für Abb. 13.7 (Leisten, J. A., und Kershaw, D. N., *Proc. Chem. Soc.* **1960**, 84).

Cambridge Peter Sykes

Inhalt

1 Struktur, Reaktivität und Mechanismus

Der Hauptvorzug der mechanistischen Behandlung des vielfältigen und heterogenen Materials der Organischen Chemie liegt darin, daß auf diesem Wege mit relativ wenigen Leitprinzipien nicht nur die vorhandenen Einzeltatsachen erklärt und verknüpft werden können, sondern daß damit auch Voraussagen über das Ergebnis schon bekannter Reaktionen möglich werden, wenn man diese unter veränderten Bedingungen ausführt; bei neuen Umsetzungen läßt sich außerdem sagen, welche Produkte zu erwarten sind. In diesem Kapitel sollen einige dieser Leitprinzipien und ihre Auswirkungen in Umrissen dargelegt werden. Da wir uns hier mit Kohlenstoffverbindungen befassen, sei zunächst einiges darüber gesagt, wie Kohlenstoffatome Bindungen mit anderen Atomen, vor allem mit anderen Kohlenstoffatomen, eingehen können.

1.1 Atomorbitale

Die sechs Elektronen des Kohlenstoffatoms sind der Bohrschen Theorie des Atombaus entsprechend in Kreis- bzw. Ellipsenbahnen (englisch: orbits) wachsenden Abstandes vom Kern angeordnet. Diesen Bahnen entsprechen stufenweise ansteigende Energieniveaus; von ihnen enthält das mit der niedrigsten Energie (1s) zwei, das folgende (2s) ebenfalls zwei Elektronen; die beiden restlichen Elektronen des C-Atoms treten in das 2p-Niveau ein, das insgesamt sechs Elektronen aufnehmen kann.
Die Heisenbergsche Unschärferelation und die wellenmechanische Betrachtungsweise des Elektrons lassen es als notwendig erscheinen, einen so exakt definierten Begriff wie den der Umlaufbahn aufzugeben. Statt dessen beschreibt man jetzt die Elektronen mit ihren wellenähnlichen Eigenschaften durch sog. *Wellenfunktionen* ψ, und an die Stelle der exakten klassischen Bahnen von Bohr treten die dreidimensionalen *Atomorbitale* (AO) unterschiedlichen Energieinhalts. Diese entsprechen Räumen, in denen eine hohe Wahrscheinlichkeit besteht, ein Elektron mit einer bestimmten – quantisierten – Energie anzutreffen. Die Größe, Gestalt und Raumorientierung der Atomorbitale werden durch bestimmte Wellenfunktionen ψ_A, ψ_B, ψ_C usw. gekennzeichnet. Am besten kann man die Orbitale als dreidimensionale Darstellung des Aufenthaltsraumes der Elektronen verstehen, wobei die Größe ψ^2 die relative Wahrscheinlichkeit angibt, ein Elektron an einer bestimmten Stelle anzutreffen.

Es erweist sich, daß die Größe eines Atomorbitals mit seinem Energieinhalt steigt. Sie wird durch die Hauptquantenzahl *n* festgelegt. Ihre *Gestalt* und *räumliche Orientierung* (bezüglich des Kerns und untereinander) werden durch die Nebenquantenzahlen *l* und *m* bestimmt*). Elektronen in einem Orbital haben noch eine weitere Eigenschaft, die durch die sog. *Spinquantenzahl* beschrieben wird; sie kann die Werte + 1/2 oder − 1/2 annehmen. Eine Einschränkung, die sich aus der Theorie ergibt, verlangt, daß sich in einem Orbital nicht mehr als zwei Elektronen aufhalten können, die entgegengesetzte Spins haben müssen. Man nennt zwei solche Elektronen in einem Orbital *gepaart***). Dies folgt unmittelbar aus dem Pauli-Prinzip, das besagt, daß zwei Elektronen in einem Atom nicht in allen Quantenzahlen übereinstimmen dürfen.
Durch wellenmechanische Berechnungen läßt sich zeigen, daß das 1s-Orbital (Quantenzahlen $n = 1$, $l = 0$, $m = 0$), das der klassischen K-Schale entspricht, kugelsymmetrisch um den Kern angeordnet ist. Das gleiche gilt für das 2s-Orbital (Quantenzahlen $n = 2$, $l = 0$, $m = 0$), nur daß der Abstand vom Kern des Atoms hier größer ist. Zwischen diesen beiden Orbitalen gibt es einen Bereich, wo die Wahrscheinlichkeit, ein Elektron anzutreffen, gegen null geht: man spricht hier von einer *sphärischen Knotenfläche.*

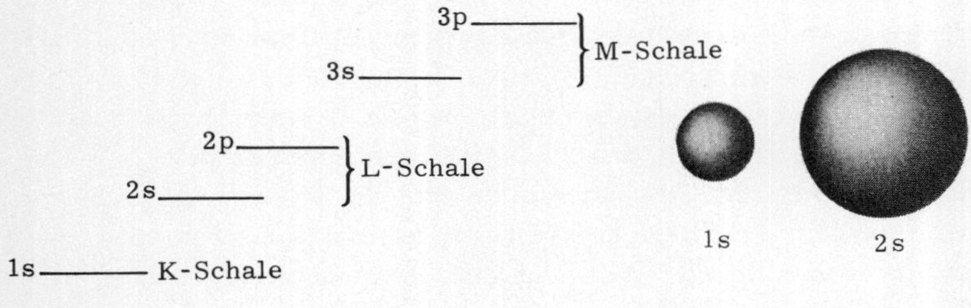

---

* *n* kann die Werte 1, 2, 3 ... annehmen, *l* die Werte 0, 1, 2 ... ($n - 1$). Schließlich kann $m = 0, \pm 1, \pm 2 \ldots \pm l$ sein. Wir werden es im allgemeinen nur mit Werten von 0 oder 1 für *l* zu tun haben. Die entsprechenden Orbitale werden aus spektroskopischen Gründen als s bzw. p bezeichnet: 1s, 2s, 2p usw.

** Von diesen beiden Elektronen hat also das eine die Spinquantenzahl + 1/2, das andere − 1/2.

Das alles führt noch nicht zu radikalen Abweichungen vom klassischen Bild der kreisförmigen Elektronenbahnen. Beim 2p-Niveau, das die L-Schale fortsetzt, tritt jedoch ein Unterschied auf: Die Theorie fordert hier *drei* 2p-Orbitale (Quantenzahlen $n = 2, l = 1, m = +1, 0$ bzw. -1), die alle die gleiche Gestalt und Energie haben*), sich aber voneinander durch ihre räumliche Orientierung unterscheiden. Sie stehen jeweils senkrecht aufeinander und sind längs der x-, y- und z-Achse ausgerichtet, weshalb sie auch als $2p_x$, $2p_y$ und $2p_z$ bezeichnet werden. Diese drei 2p-Orbitale sind nun nicht kugelsymmetrisch wie die 1s- und 2s-Orbitale, sondern hantelförmig. Sie besitzen jeweils eine Ebene (rechtwinklig zu den Achsen x, y bzw. z), in der die Wahrscheinlichkeit, ein Elektron anzutreffen, gegen null geht. Diese durch den Kern gehende und die Hantel in zwei Hälften teilende Ebene wird als *Knotenebene* bezeichnet.

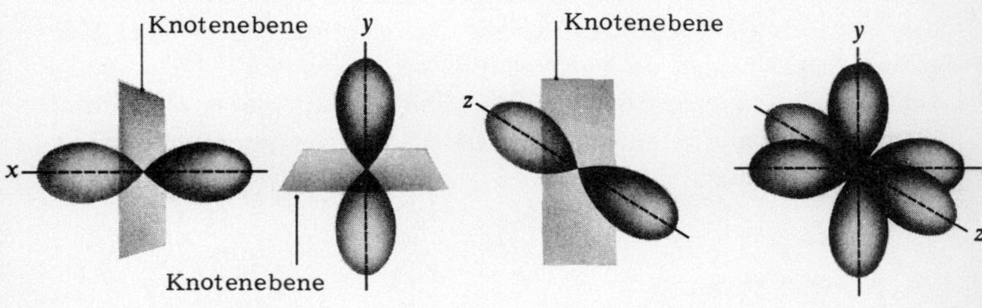

$2p_x$ $2p_y$ $2p_z$ $2p_x$, $2p_y$ und $2p_z$ kombiniert

Die sechs Elektronen des Kohlenstoffatoms werden nun der Reihe nach in den Atomorbitalen steigenden Energieinhalts untergebracht („Aufbau"-Prinzip). Somit gehen zunächst zwei Elektronen mit gepaarten Spins in das 1s-Orbital, zwei weitere in das 2s-Orbital. Die beiden noch verbleibenden Elektronen könnten im 2p-Niveau entweder in demselben Orbital untergebracht werden ($2p_x$), oder aber in zwei verschiedenen (z. B. $2p_x$ und $2p_y$). Hier ist nun die Hundsche Regel anzuwenden, die besagt, daß zwei Elektronen so lange nicht dasselbe Orbital besetzen, als noch andere („entartete") Orbitale mit gleichem Energieinhalt zur Verfügung stehen, die nicht voll besetzt sind. Die *Elektronenkonfiguration* des Kohlenstoffs ergibt

---

* Man bezeichnet Orbitale mit der gleichen Energie als *entartet*.

sich somit als $1s^2 2s^2 2p_x^1 2p_y^1$, wobei das $2p_z$-Orbital unbesetzt bleibt*). Wir gelangen auf diese Weise zum *Grundzustand* des freien Kohlenstoffatoms, in dem also nur *zwei* ungepaarte Elektronen (in den Orbitalen $2p_x$ und $2p_y$) für die Bindungsbildung mit anderen Atomen zur Verfügung stehen. Auf den ersten Blick müßte also Kohlenstoff nur zweiwertig sein.

Damit gerät man aber in Widerspruch zu der Erfahrung. Obschon Verbindungen bekannt sind, in denen ein Kohlenstoffatom an nur zwei andere Atome gebunden ist (z. B. CCl_2, vgl. S. 312), so sind doch diese Verbindungen außerordentlich instabil. In der ganz überwiegenden Mehrzahl seiner Verbindungen ist Kohlenstoff vierwertig, z. B. in CH_4. Das kommt dadurch zustande, daß das $2s^2$-Elektronenpaar entkoppelt und eines der beiden Elektronen in das leere $2p_z$-Orbital angehoben („promoviert") wird. Das Kohlenstoffatom befindet sich dann in einem höheren *angeregten* Zustand mit *vier* ungepaarten Elektronen, $1s^2 2s^1 2p_x^1 2p_y^1 2p_z^1$, und in diesem Zustand vermag es *vier* und nicht nur *zwei* Bindungen mit anderen Atomen oder Gruppen einzugehen. Der große Energiebetrag, der bei der Herstellung dieser beiden zusätzlichen Bindungen frei wird, bewirkt eine reichliche Überkompensation der Energie ($\approx$ 406 kJ/mol = 97 kcal/mol) für die ursprüngliche Entkopplung des $2s^2$-Elektronenpaares und den Übergang $2s \rightarrow 2p_z$.

1.2 Hybridisierung

Offenbar benutzt aber ein Kohlenstoffatom, das vier Bindungen mit anderen Atomen eingeht, nicht das 2s- und die drei 2p-Orbitale, die nunmehr zur Verfügung stehen. Das würde nämlich zu drei aufeinander senkrecht stehenden Bindungen (aus den drei 2p-Orbitalen) und einer davon verschiedenen, räumlich ungerichteten Bindung (aus dem kugelsymmetrischen 2s-Orbital) führen. In Wirklichkeit weiß man aber, daß z. B. die vier C—H-Bindungen in CH_4 völlig gleichwertig und in tetraedrischer Symmetrie angeordnet sind; die einzelnen Bindungen schließen dabei den Tetraederwinkel von $109° 28'$ ein.

Man kann dem Rechnung tragen, indem man das 2s- und die drei 2p-Orbitale zu vier neuen, untereinander gleichwertigen und überdies zur Herstellung stärkerer Bindungen befähigten Orbitalen verschmilzt (vgl. S. 6).

---

* Die hochgestellten Ziffern bezeichnen die Zahl der Elektronen.

Diese neuen Orbitale sind als sp^3-*Hybridorbitale* bekannt, der Prozeß, durch den sie entstehen, als *Hybridisierung*:

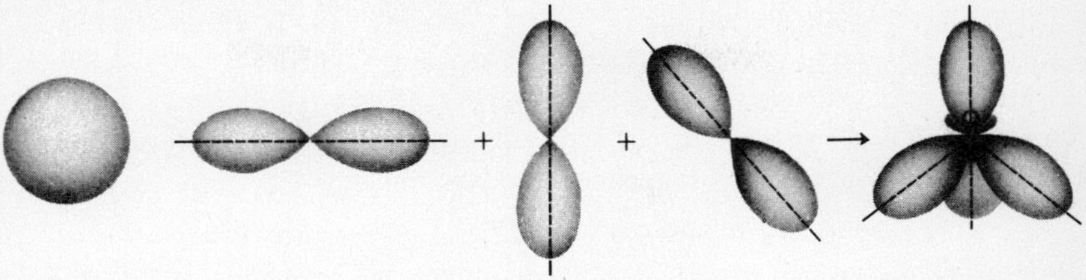

2s 2p_x 2p_y 2p_z sp^3-Hybridorbitale

Es muß aber betont werden, daß der durch die beistehenden Abbildungen symbolisierte Vorgang der Hybridisierung eine Operation ist, die nicht mit den Orbitalen selbst durchgeführt wird, sondern mit den sie definierenden mathematischen Funktionen.

Eine ähnliche Neuanordnung von Atomorbitalen kann man sich vorstellen für den Fall, daß sich ein Kohlenstoffatom mit *drei* anderen Atomen verbindet, wie dies etwa im Ethylen der Fall ist (vgl. S. 9). Wir sprechen dann von sp^2-Hybridorbitalen, die in einer Ebene liegen und Winkel von 120° gegeneinander einschließen (*planar trigonale* Anordnung). Geht das Kohlenstoffatom schließlich nur mit *zwei* anderen Atomen Bindungen ein wie im Acetylen (vgl. S. 11), so beschreiben wir diese Situation mit Hilfe zweier sp^1(oder kurz sp)-Hybridorbitale, die mit 180° gegeneinander gerichtet sind (*linear digonale* Anordnung). In allen diesen Systemen ist das s-Orbital an der Bindungsbildung beteiligt, denn es ist das Atomorbital mit der niedrigsten Energie.

Dies sind alles zulässige Möglichkeiten, ein 2s- und drei 2p-Orbitale in die Bindungsbildung einzubeziehen. Im Falle der sp^2-Hybridisierung wird dann noch ein nicht-hybridisiertes p-Orbital zur Verfügung stehen (vgl. S. 10), im Falle der sp-Hybridisierung sogar deren zwei (vgl. S. 11). Es gibt auch noch andere, ebenfalls zulässige Möglichkeiten der Hybridisierung, wobei die Hybridorbitale (z. B. für CH_4, CCl_4 und CH_2Cl_2) untereinander nicht notwendigerweise gleichwertig sind. Die Hybridisierung erfolgt stets in der Weise, daß das betreffende Atom möglichst starke Bindungen ausbilden kann und daß Bindungspartner – und somit die Elektronenpaare, die die Bindungen darstellen – voneinander soweit wie möglich entfernt sind. Stets kommt es darauf an, daß der Energieinhalt der resultierenden Verbindung einen Minimalwert annimmt.

1.3 Die Bindungen in Kohlenstoffverbindungen

Man stellt sich nun vor, daß die Bindung zwischen zwei Atomen durch zunehmende *Überlappung* ihrer *Atomorbitale* zustande kommt. Je stärker diese Überlappung (das *Überlappungsintegral*) ist, desto fester wird die Bindung sein. Die relativen Überlappungsstärken von Atomorbitalen, die ein Maß für deren gegenseitige Durchdringung bei optimalem Bindungsabstand sind, sind wie folgt berechnet worden:

s: 1,00
p: 1,72
sp: 1,93
sp^2: 1,99
sp^3: 2,00

Die Zahlen machen deutlich, weshalb die Verbindung von Hybridorbitalen (z. B. sp^3- und s-Orbitalen bei der Vereinigung eines Kohlenstoffatoms mit vier Wasserstoffatomen zu Methan) zur Ausbildung stärkerer Bindungen führt.

Man kann zeigen, daß die Atomorbitale zweier Atome bei ausreichender gegenseitiger Näherung in zwei *Molekülorbitale* (MO) übergehen, von denen das eine eine höhere, das andere eine niedrigere Energie besitzt als eines der isolierten Atomorbitale. Diese beiden neuen Molekülorbitale erstrecken sich über *beide* Atome, und jedes von ihnen kann zwei Elektronen aufnehmen:

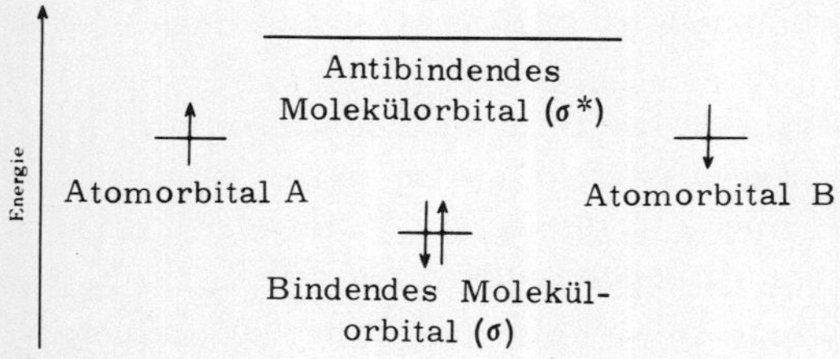

Das Molekülorbital mit dem geringeren Energieinhalt wird *bindendes Orbital* genannt; seine Besetzung führt zu einer stabilen Bindung zwischen den beiden Atomen. In diesem Falle konzentriert sich das Elektronenpaar, das die Bindung bewirkt, zwischen den beiden positiv geladenen Atomrümpfen, die somit durch die negative Ladung im Zwischenraum zusammengehalten werden. Auf der anderen Seite nennt man das Molekülorbital mit dem erhöhten Energieinhalt das *antibindende Orbital*. Es entspricht einem Zustand, in dem der Zwischenraum zwischen den Atomrümpfen weitgehend frei von Elektronen bleibt, so daß sich diese aufgrund ihrer positiven Ladungen gegenseitig abstoßen. Das antibindende Orbital bleibt im Grundzustand des Moleküls unbesetzt und braucht bei der Ausbildung stabiler Bindungen zwischen den Atomen nicht weiter berücksichtigt zu werden.

Wenn zwei Atomorbitale längs ihrer Hauptachsen überlappen, so bezeichnet man das entstehende bindende Molekülorbital als σ-Orbital, die Bindung selbst als σ-Bindung. (Das antibindende Molekülorbital wird als σ*-Orbital gekennzeichnet.) In einem σ-Molekülorbital sind die Elektronen symmetrisch zur Kern-Kern-Achse zwischen den beiden gebundenen Atomen angeordnet oder *lokalisiert*. Wenn beispielsweise die vier hybridisierten sp^3-Atomorbitale des Kohlenstoffs mit den 1s-Atomorbitalen von vier Wasserstoffatomen überlappen, so entstehen vier gleichwertige, starke σ-Bindungen, die Winkel von 109° 28′ – gemäß der Geometrie des regulären Tetraeders – miteinander einschließen. Dies führt zu der Molekülstruktur des Methans. Eine ähnliche Struktur mit exakt tetraedrischer Anordnung liegt beispielsweise auch im Tetrachlorkohlenstoff, CCl_4, vor. Wenn aber die an Kohlenstoff gebundenen Atome nicht alle gleich sind, so treten geringfügige Abweichungen von der exakten Tetraederstruktur auf (Beispiel: CH_2Cl_2).

1.3.1 Einfachbindung zwischen Kohlenstoffatomen

Die Verknüpfung von zwei Kohlenstoffatomen durch eine starke σ-Bindung wie im Ethan kommt durch die Überlappung zweier sp^3-Atomorbitale zustande, wobei jedes Kohlenstoffatom ein Orbital beiträgt. In gesättigten Verbindungen wird eine praktisch konstante C—C-Bindungslänge von 0,154 nm (1,54 Å) gefunden, allerdings nur, wenn – wie im Ethan – beide Kohlenstoffatome sp^3-hybridisiert sind. Die C—C-Einfachbindung zwischen zwei sp^2-hybridisierten Kohlenstoffatomen, z. B. im Strukturelement =CH—CH=, ist dagegen mit durchschnittlich 0,147 nm (1,47 Å) merklich kürzer, und der Bindungsabstand zwischen zwei sp-hybridisierten Kohlenstoffatomen in ≡C—C≡ beträgt sogar nur noch ca. 0,138 nm (1,38 Å). Das ist eigentlich nicht überraschend, denn s-Elektronen werden enger an den Kern herangebunden als p-Elektronen. Den gleichen Effekt beobachtet man bei Hybridorbitalen mit steigendem s-Charakter, und deshalb verringert sich der Kernabstand von C—C-Bindungen ganz allgemeinhin in der Richtung $sp^3—sp^3 \longrightarrow sp^2—sp^2 \longrightarrow sp—sp$.

Wir haben damit jedoch die Struktur des Ethans noch nicht eindeutig definiert, denn die σ-Bindung zwischen den beiden Kohlenstoffatomen ist symmetrisch zur Kernverbindungslinie. Theoretisch ist deshalb je nach der Stellung der Wasserstoffatome des einen Kohlenstoffatoms relativ zu denen des anderen noch eine unendliche Vielzahl von rotationsisomeren Formen möglich. Dabei gibt es zwei Extremfälle: die *ekliptische* Stellung oder Stellung *auf Deckung* (englisch: eclipsed) und die *gestaffelte* Stellung oder Stellung *auf Lücke* (englisch: staggered).

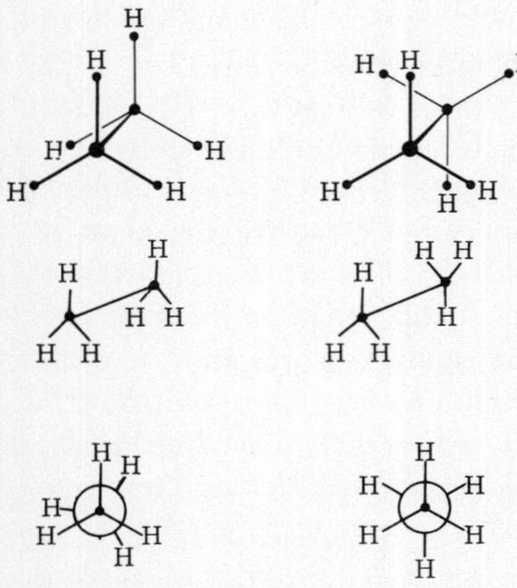

Stellung auf Deckung Stellung auf Lücke

Es handelt sich hier um quasi-dreidimensionale Darstellungen. Die Formeln in den beiden oberen Zeilen sind Varianten der sog. „Sägebock"-Darstellung, die Formeln ganz unten werden als Newman-Projektionen bezeichnet. Die ekliptischen und gestaffelten Strukturen und die unendliche Vielzahl von Strukturen, die zwischen diesen beiden Extremen möglich sind, werden als *Konformationen* des Ethanmoleküls bezeichnet. Unter Konformationen versteht man dabei alle unterscheidbaren Anordnungen derselben Gruppe von Atomen, die man ineinander umwandeln kann, ohne dabei irgendeine Bindung zu lösen.

Man kann erwarten – und spetroskopische Messungen beweisen das auch –, daß von den beiden extremen Konformationen die gestaffelte stabiler ist, weil hier die Wasserstoffatome so weit wie möglich, nämlich 0,31 nm (3,1 Å), voneinander entfernt sind und die intramolekulare Wechselwirkung der nicht miteinander verbundenen Atome (englisch: non-bonded interaction) – hier in einer Abstoßung bestehend – ihr Minimum erreicht. Dagegen sind die

Wasserstoffatome in der ekliptischen Konformation einander maximal genähert (bis auf 0,23 nm, also etwas weniger als die Summe ihrer van-der-Waals-Radien). Hierin liegt jedoch kein Widerspruch zu dem lange Zeit vertretenen Prinzip der freien Drehbarkeit um die C—C-Einfachbindung, denn man findet, daß sich die ekliptische und die gestaffelte Konformation in ihrem Energieinhalt nur um ca. 12 kJ (3 kcal) mol^{-1} bei 25 °C unterscheiden. Diese Energiedifferenz ist so klein, daß schon bei normaler Temperatur aufgrund der thermischen Bewegung eine rasche wechselseitige Umwandlung möglich ist; und zwar beträgt die Rotationsfrequenz bei 25 °C ca. $10^{12}\,s^{-1}$. Daß jedoch die erwähnten Wechselwirkungen tatsächlich zu einer Einschränkung der inneren Rotation um die C—C-Einfachbindung führen können, hat man durch die Isolierung von zwei Formen des $CHBr_2$-$CHBr_2$ zeigen können. Allerdings war dies nur bei niedrigen Temperaturen möglich, bei denen die thermischen Stöße zwischen den Molekülen nicht mehr die notwendige Aktivierungsenergie zur Umwandlung der Rotationsisomeren liefern.

1.3.2 Doppelbindung zwischen Kohlenstoffatomen

Im Ethylen ist jedes Kohlenstoffatom an nur *drei* andere Atome gebunden, nämlich zwei Wasserstoffatome und ein Kohlenstoffatom. Dazu werden starke σ-Bindungen betätigt, die aus *drei* Hybridorbitalen gebildet werden. Sie entstehen aus der Vermischung des 2s-Orbitals mit jetzt nur noch zwei 2p-Orbitalen des Kohlenstoffs, entsprechend der Regel, daß ein Atom im allgemeinen nur so viele Hybridorbitale ausbildet, als zur Herstellung von σ-Bindungen zu anderen Atomen oder Gruppen benötigt werden. Die entstehenden sp^2-Hybridorbitale liegen sämtlich in einer Ebene und schließen gegeneinander Winkel von 120° ein (*planar trigonale* Orbitale). Im Ethylen überlappen zwei der sp^2-Orbitale eines jeden Kohlenstoffs mit den 1s-Orbitalen zweier Wasserstoffatome und bilden so zwei starke σ-C—H-Bindungen. Die noch verbleibenden dritten sp^2-Orbitale an jedem Kohlenstoffatom durchdringen sich gegenseitig und führen so zu einer ebenfalls starken, koaxialen σ-C—C-Bindung.
Experimentell (spektroskopische Messungen, Elektronenbeugung) findet man in der Tat, daß das Ethylen-Molekül eben ist und daß die HCH- und HCC-Valenzwinkel 116° 42′ bzw. 121° 36′ betragen. Die Abweichungen von 120° sind nicht verwunderlich, da verschiedene Atome beteiligt sind. Somit bleibt an jedem Kohlenstoff noch *ein* nicht-hybridisiertes 2p-Orbital, das auf der Ebene der drei trigonalen Bindungen (die das Kohlenstoffatom und die beiden Wasserstoffatome enthält) senkrecht steht. Die beiden

2p-Orbitale können bei paralleler Einstellung gegenseitig überlappen. Dabei entsteht ein neues, bindendes Molekülorbital, das die beiden Kohlenstoffatome umfaßt und sich teils ober- teils unterhalb der Ebene der Kohlenstoff- und Wasserstoffatome erstreckt, also in der Molekülebene eine Knotenfläche hat. In der folgenden Darstellung symbolisiert --- Bindungen, die *hinter* der Papierebene liegen, ◄ dagegen *vor* der Papierebene gelegene Bindungen:

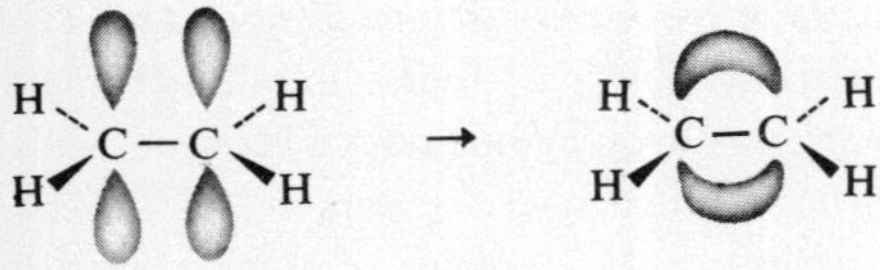

Dieses neue bindende Molekülorbital wird als π-Orbital bezeichnet, die Elektronen, die es besetzen, als π-Elektronen. Entsprechend gibt es ein antibindendes Molekülorbital π* mit π*-Elektronen (vgl. S. 7). Die so entstehende neue π-Bindung zieht die Kohlenstoffatome nahe aneinander, man findet in Ethylen einen C=C-Bindungsabstand von 0,133 nm, gegenüber einem C–C-Abstand in Ethan von 0,154 nm. Die seitliche Überlappung der p-Atomorbitale in der π-Bindung ist weniger wirksam als die axiale Überlappung bei der Bildung einer σ-Bindung: Die erstere ist daher schwächer als die letztere. Das spiegelt sich in der Tatsache wider, daß die Energie einer C = C-Doppelbindung zwar größer ist als die einer C – C-Einfachbindung, aber doch deutlich weniger als doppelt so groß. So beträgt die C –C-Bindungsenergie in Ethan 347 kJ (83 kcal) mol^{-1}, diejenige der C = C-Doppelbindung in Ethylen aber nur 598 kJ (143 kcal) mol^{-1} (d. h. $< 2 \cdot 347$ kJ mol^{-1}).

Die seitliche Überlappung der beiden 2p-Atomorbitale und mit ihr die Stärke der π-Bindung wird offenbar dann am größten sein, wenn die beiden Kohlenstoff- und die vier Wasserstoffatome genau koplanar angeordnet sind, denn nur in dieser Stellung sind die 2p-Atomorbitale einander genau parallel und daher zu maximaler Überlappung befähigt. Jede Störung dieser koplanaren Anordnung durch Verdrehen der beiden Molekülhälften um die σ-Bindung würde die π-Überlappung vermindern und damit die Festigkeit der π-Bindung verkleinern. Hiergegen leistet das Molekül Widerstand. Damit ergibt sich eine theoretische Begründung für die schon lange beobachtete Behinderung der freien Drehbarkeit um die C=C-Doppelbindung und für die Stabilität der ebenen Atomanordnung von Alkenen und Aromaten. Die Verteilung der π-Elektronen in zwei Schichten oberhalb und unterhalb der Molekülebene und längs der C–C-Bindungsachse führt dazu, daß im Molekül ein Bezirk mit hoher Elektronendichte vorhanden ist, der bereitwillig elektronensuchende Reagenzien (z. B. Oxidationsmittel) zu sich hinzieht. Es ist daher nicht überraschend, daß die charakteristischen Reaktionen von C=C-Doppelbindungen vorwiegend unter Beteiligung solcher Reagenzien ablaufen (vgl. S. 205). Das klassische Bild einer Doppelbindung ist daher durch eines verdrängt worden, in dem die beiden Bindungen zwischen den Kohlenstoffatomen nicht mehr identisch, sondern in ihrer Art, in ihrer Stärke und in ihrer Anordnung verschieden sind.

1.3.3 Dreifachbindung zwischen Kohlenstoffatomen

Im Acetylen ist jedes Kohlenstoffatom nur an *zwei* andere Atome gebunden, ein Wasserstoff- und ein Kohlenstoffatom. Mit diesen beiden Atomen werden durch Verwendung von *zwei* Hybridorbitalen starke σ-Bindungen ausgebildet. Diese Hybridorbitale entstehen, indem das s-Orbital des Kohlenstoffs diesmal mit nur *einem* der 2p-Atomorbitale hybridisiert. Die entstehenden *digonalen* sp^1 (oder kurz sp)-Hybridorbitale sind *linear* angeordnet. Im Acetylen-Molekül werden diese beiden Hybridorbitale an jedem Kohlenstoffatom dazu benutzt, starke σ-Bindungen jeweils zwischen Kohlenstoff und einem Wasserstoffatom sowie zwischen den beiden Kohlenstoffatomen auszubilden. Das entstehende lineare Molekül verfügt noch über *zwei* nichthybridisierte, aufeinander senkrecht stehende 2p-Atomorbitale an jedem Kohlenstoffatom. Die Atomorbitale des einen Kohlenstoffatoms stehen nun parallel zu denen am anderen und können somit überlappen, wobei *zwei* π-Bindungen in aufeinander senkrechten Ebenen entstehen:

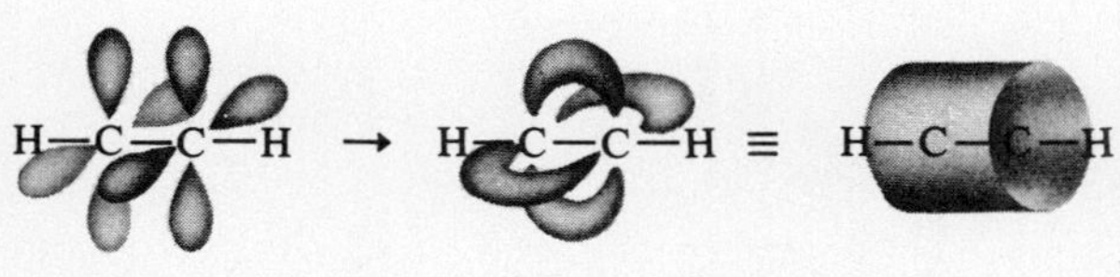

Das Acetylen-Molekül ist daher sozusagen zylinderförmig von negativer Ladung umgeben. Die Energie der C≡C-Dreifachbindung beträgt 812 kJ

(194 kcal) mol^{-1}. Der Energieunterschied beim Übergang von der Doppelbindung zur Dreifachbindung ist somit noch kleiner als zwischen der Einfach- und der Doppelbindung. Die Länge der C≡C-Dreifachbindung beträgt 0,120 nm, so daß die Kohlenstoffatome hier noch näher beieinander stehen. Der Unterschied zwischen Doppel- und Dreifachbindung ist somit kleiner als der zwischen Einfach- und Doppelbindung.

1.3.4 Kohlenstoff-Sauerstoff- und Kohlenstoff-Stickstoff-Bindungen

Das Sauerstoffatom hat die Elektronenkonfiguration $1s^2\,2s^2\,2p_x^2 2p_y^1\,2p_z^1$ und kann gleichfalls, bei der Kombination mit anderen Atomen, Hybridorbitale betätigen, um so zu möglichst starken Bindungen zu kommen. Im Falle der Vereinigung mit Kohlenstoffatomen zweier Methylgruppen unter Bildung von Dimethylether, $H_3C-O-CH_3$, benutzt das Sauerstoffatom demgemäß vier sp^3-Hybridorbitale: zwei zur Bildung von σ-Bindungen durch Überlappung mit je einem sp^3-Hybridorbital der beiden Kohlenstoffatome, die beiden anderen zur Unterbringung der beiden nicht-bindenden („einsamen") Elektronenpaare. Man findet einen COC-Bindungswinkel von 110°, eine C–O-Bindungslänge von 0,142 nm (1,42 Å) und eine Bindungsenergie von 360 kJ (86 kcal) mol^{-1}.

Sauerstoff kann auch Doppelbindungen mit Kohlenstoff eingehen. Man kann sich vorstellen, daß das Sauerstoffatom in Propanon (Aceton), $(CH_3)_2C{=}O$, drei sp^2-Hybridorbitale betätigt: eines für die σ-Bindung durch Überlappung mit einem sp^2-Orbital des Kohlenstoffs, die beiden anderen zur Unterbringung der beiden einsamen Elektronenpaare. Dabei bleiben dann sowohl am Sauerstoff als auch am Kohlenstoff je ein nicht-hybridisiertes p-Orbital übrig, die seitlich unter Ausbildung einer π-Bindung (vgl. S. 10) überlappen können*):

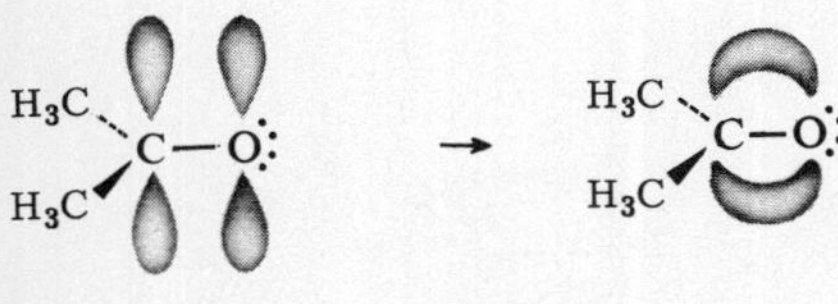

* *Anmerkung der Übersetzer:* Diese Darstellung vermag nicht alle Eigenschaften der Carbonylgruppe zu erklären. Spektroskopische Beobachtungen lassen vermuten, daß die beiden einsamen Elektronenpaare am Sauerstoff in Orbitalen unterschiedlichen Hybridisierungszustandes (im Extrem sp und p) untergebracht sind.

Der CCO-Bindungswinkel beträgt ca. 120°, die C=O-Bindungslänge 0,122 nm (1,22 Å) und die Bindungsenergie 750 kJ (179 kcal) mol^{-1}. Dieser Energiebetrag ist etwas größer als der doppelte Wert der Bindungsenergie der C–O-Einfachbindung, während doch die C=C-Bindungsenergie deutlich kleiner ist als der doppelte Wert der C–C-Bindungsenergie. Dies mag teilweise daher rühren, daß die beiden einsamen Elektronenpaare am doppelt gebundenen Sauerstoffatom weiter voneinander entfernt – und somit stabiler – sind als am einfach gebundenen. (Ein ähnliches Argument entfällt beim Kohlenstoff.) Sicher spielt auch eine Rolle, daß Bindungen zwischen Kohlenstoffatomen unpolar sind, Bindungen zwischen Kohlenstoff und Sauerstoff hingegen polar.
Auch beim Stickstoff, Elektronenkonfiguration $1s^2\ 2s^2\ 2p_x^1\ 2p_y^1\ 2p_z^1$, kann man annehmen, daß zur Ausbildung von Einfach-, Doppel- und Dreifachbindungen mit Kohlenstoff jeweils Hybridorbitale eingesetzt werden. In jedem Fall dient eines dieser Hybridorbitale zur Aufnahme des einsamen Elektronenpaares des Stickstoffatoms. Bei den Doppel- und Dreifachbindungen werden wiederum eine bzw. zwei π-Bindungen durch seitliche Überlappung nicht-hybridisierter p-Orbitale an Stickstoff und Kohlenstoff gebildet. Durchschnittliche Werte der Bindungslängen und Bindungsenergien sind: C–N-Einfachbindung 0,147 nm und 305 kJ (73 kcal) mol^{-1}; C=N-Doppelbindung 0,129 nm und 616 kJ (147 kcal) mol^{-1}; C≡N-Dreifachbindung 0,116 nm und 893 kJ (213 kcal) mol^{-1}.

1.3.5 Konjugation

Bei Molekülen mit mehr als einer Mehrfachbindung, also beispielsweise bei Dienen mit zwei C=C-Doppelbindungen, erweisen sich Verbindungen mit *konjugierter* Lage der Doppelbindungen – in denen also Ein- und Mehrfachbindungen alternieren, wie in *(1)* – als etwas stabiler als ihre Isomeren *(2)* mit *isolierten* Mehrfachbindungen:

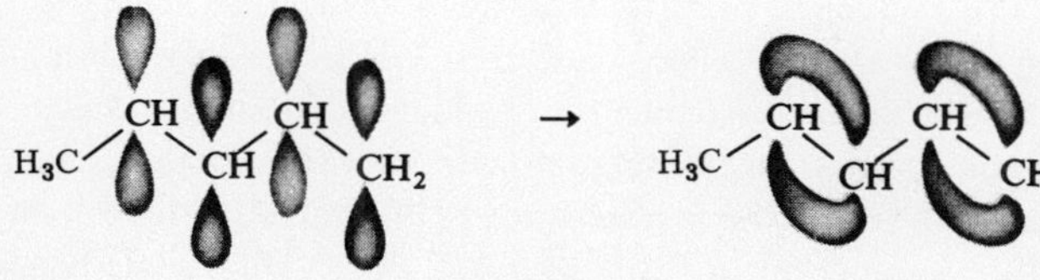

(1a) *(1b)*

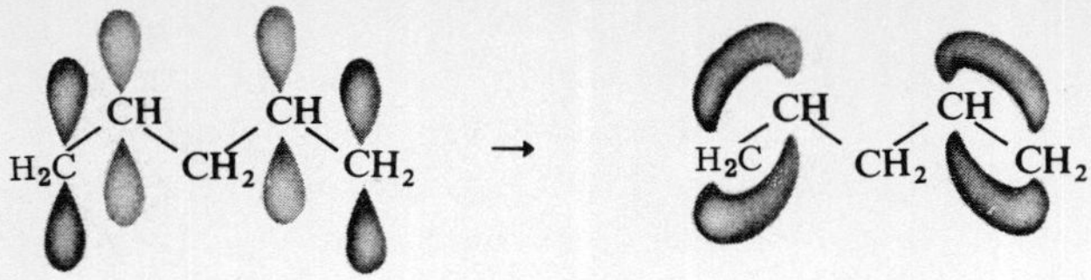

(2a) *(2b)*

Die besondere Stabilität (d. h. der niedrigere Energieinhalt) konjugierter Moleküle wie z. B. *(1)* äußert sich darin, daß die Verbrennungs- und Hydrierungswärmen gegenüber Verbindungen wie *(2)* herabgesetzt sind, ferner in der Tatsache, daß sich isolierte Doppelbindungen meist bereitwillig in konjugierte Positionen verschieben lassen, z. B.:

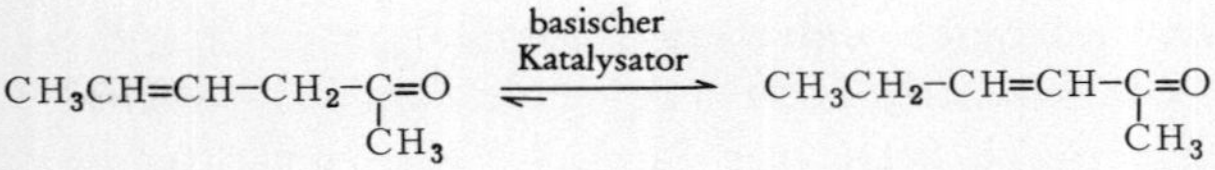

Das Prinzip der Konjugation ist dabei – wie das Beispiel zeigen sollte – keineswegs auf Mehrfachbindungen zwischen Kohlenstoffatomen beschränkt.

Sowohl bei *(1)* als auch bei *(2)* kann man zunächst vermuten, daß durch die Überlappung von p-Orbitalen an benachbarten Kohlenstoffatomen zwei lokalisierte π-Bindungen entstünden, wie das die Formeln zeigen [*(1b)* und *(2b)*]. Die Verbindungen würden danach sozusagen einem zweifachen Ethylen entsprechen. Für *(2)* trifft diese Beschreibung in der Tat zu, während sich *(1)* nicht nur hinsichtlich der bereits erwähnten erhöhten Stabilität, sondern auch in *spektroskopischer* Hinsicht (vgl. unten, S. 16) abweichend verhält. Auch tritt das Dien mit konjugierten Doppelbindungen leichter in *Additionsreaktionen* ein als das mit isolierten Doppelbindungen (vgl. S. 225). Betrachtet man die Strukturen genauer, so stellt man fest, daß im Falle von *(1a)*, nicht aber von *(2a)* eine seitliche Überlappung *aller vier* p-Atomorbitale an benachbarten Kohlenstoffatomen möglich ist. Diese Überlappung führt zur Bildung von *vier* Molekülorbitalen, zwei bindenden (Ψ_1 und Ψ_2) und zwei antibindenden (Ψ_3 und Ψ_4). Allgemein gehen aus der Überlappung von *n* Atomorbitalen *n* Molekülorbitale hervor.

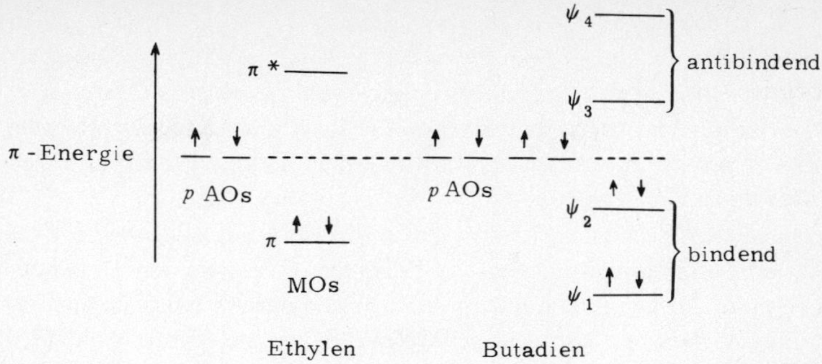

Wie die schematische Darstellung zeigt, führt die Unterbringung der vier Elektronen des konjugierten Diens *(1a)* in den beiden bindenden Orbitalen zu einer niedrigeren Gesamtenergie als die Unterbringung in zwei lokalisierten π-Bindungen (entsprechend einem doppelten Ethylen). Man sagt, die Elektronen sind *delokalisiert*, da sie nunmehr dem gesamten konjugierten System angehören und nicht bei jeweils zwei Kohlenstoffatomen – entsprechend den π-Bindungen des Ethylens oder wie in *(1b)* – lokalisiert werden können. Die Einfüllung der vier Elektronen in die bindenden Molekülorbitale Ψ_1 und Ψ_2 führt zu einer Ladungswolke wie in *(3a)*.

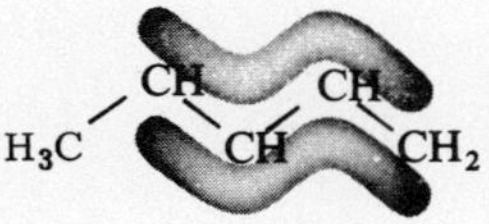

(3a)

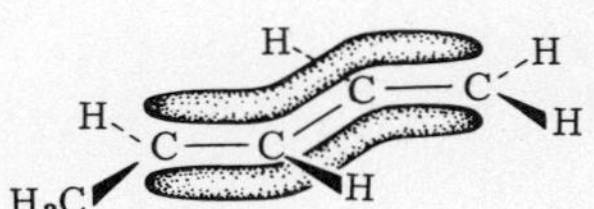

(3b)

Damit eine solche Delokalisierung stattfinden kann, müssen die vier p-Atomorbitale in *(1a)* – unserer ursprünglichen Darstellung desselben Moleküls – mehr oder weniger parallel ausgerichtet sein, was eine erhebliche Einschränkung der Drehbarkeit um die (C-2)–(C-3)-Bindungsachse zur Folge haben müßte. Tatsächlich sind die entsprechenden Konformationen, von denen eine in *(3b)* wiedergegeben ist, sehr stark begünstigt. Auch sollte man wegen der π-Elektronendichte zwischen C-2 und C-3 erwarten, daß diese Bindung einen gewissen Doppelbindungscharakter hat und kürzer ist als eine normale C–C-Einfachbindung. Die beobachtete Bindungslänge ist in der Tat kurz [0,147 nm (1,47 Å)], wenngleich nicht kürzer als für eine Einfachbindung zwischen sp^2-hybridisierten Kohlenstoffatomen zu erwarten war (vgl. S. 7). Die Stabilisierungsenergie des einfachen konjugierten

Diens ist mit ca. 17 kJ (4 kcal) mol^{-1} gegenüber einem isolierten Dien ziemlich klein – und auch dieser kleine Betrag kann nicht ohne weiteres der Elektronendelokalisierung zugeschrieben werden. Zu berücksichtigen bleiben ja noch der Hybridisierungszustand der beteiligten Kohlenstoffatome und die daraus resultierenden unterschiedlichen Stärken der π-Bindungen zwischen ihnen.

Von erheblicher Bedeutung ist aber die Delokalisierung allgemein für die *angeregten* Zustände von Dienen und Polyenen, indem sie deren Energieniveaus senkt. Als Folge davon wird die Energiedifferenz zwischen Grund- und Anregungszustand konjugierter Moleküle – verglichen mit Molekülen mit isolierten Doppelbindungen – verringert, und zwar um so mehr, je ausgedehnter der Konjugationsbereich ist. Somit sinkt die Energie, die zur Anregung des Grundzustandes benötigt wird, mit zunehmender Konjugation, d. h. das zur Anregung benötigte *Licht* wird immer langwelliger. Während einfache Diene noch im ultravioletten Spektralbereich (UV) absorbieren, zeigen Verbindungen mit ausgedehnterer Konjugation eine zunehmend gegen das Sichtbare verschobene Absorption und werden schließlich farbig. Dies zeigt sehr schön die nachstehende Reihe der α,ω-Diphenylpolyene:

$C_6H_5(CH{=}CH)_nC_6H_5$

$n = 1$	farblos
$n = 2$–4	gelb
$n = 5$	orange
$n = 8$	rot

1.3.6 Benzol und der aromatische Zustand

Ein fundamentales Problem der organischen Strukturchemie war lange Zeit der Bindungszustand des Benzols. Die erwiesenermaßen ebene Anordnung der Atome bedeutet offensichtlich, daß jedes von ihnen sp^2-hybridisiert ist und sich jeweils ein p-Orbital senkrecht zur Ebene der sechs Atomkerne erstreckt wie in *(4)*.

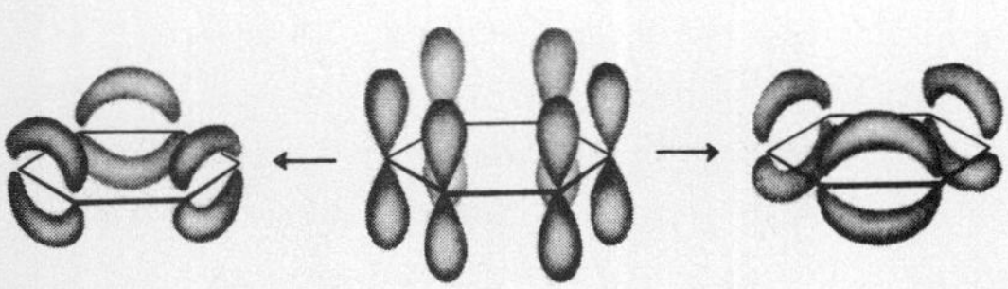

(4a) *(4)* *(4b)*

Die Überlappung könnte natürlich zwischen den Positionen 1/2; 3/4; 5/6 und ebenso gut zwischen 1/6; 5/4; 3/2 stattfinden, was zu den sog. Kekulé-Strukturen *(4a)* bzw. *(4b)* führen müßte. Statt dessen können aber auch alle sechs benachbarten p-Orbitale überlappen – ähnlich wie das in den konjugierten Dienen der Fall war – und somit zur Entstehung von sechs Molekülorbitalen Anlaß geben, von denen drei (Ψ_1, Ψ_2, Ψ_3) bindend und drei (Ψ_4, Ψ_5, Ψ_6) antibindend sind, entsprechend dem folgenden Energieniveau-Schema:

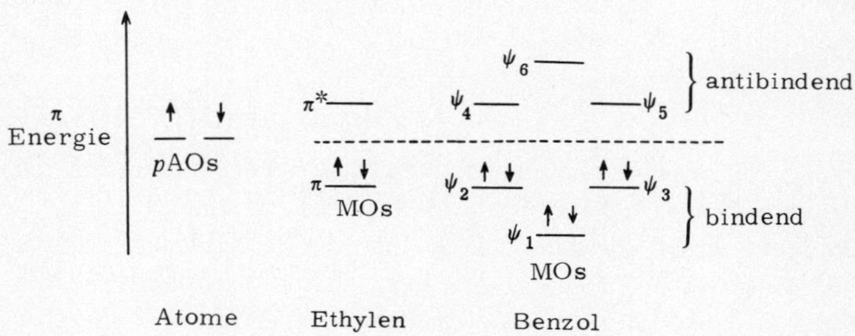

Das bindende Orbital mit dem niedrigsten Energieinhalt (Ψ_1) ist cyclisch und erstreckt sich über alle sechs Kohlenstoffatome. Es hat eine Knotenebene in der Ebene des Rings, so daß zwei kreisförmige Bezirke entstehen, von denen der eine oberhalb und der andere unterhalb der Ringebene liegt. In *(5a)* ist nur der obere in Aufsicht zu sehen. In den beiden Ringwülsten des Ψ_1-Orbitals halten sich zwei Elektronen auf. Die beiden nächsten, ebenfalls noch bindenden Orbitale (Ψ_2 und Ψ_3) sind *entartet*, d. h. sie haben gleiche Energie. Auch sie umfassen alle sechs C-Atome, aber jedes dieser MO's hat eine weitere Knotenebene zusätzlich zur Knotenebene im Ring und senkrecht sowohl auf dieser als auch untereinander. Jedes dieser beiden MO's besteht somit aus vier Lappen, von denen in der Aufsicht nur das obere Paar zu erkennen ist [*(5b) (5c)*], und nimmt zwei weitere Elektronen auf:

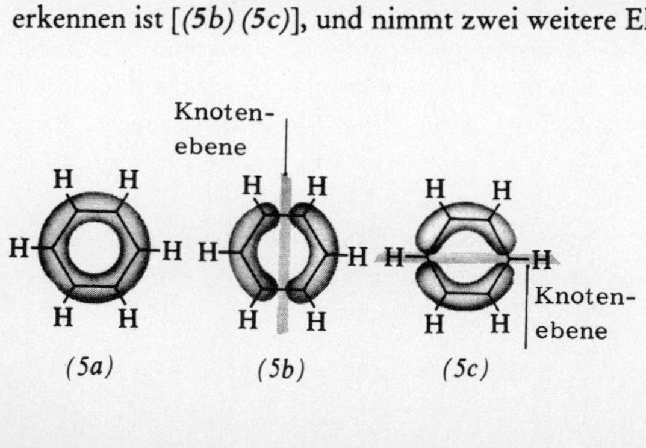

(5a) *(5b)* *(5c)*

Damit sind alle sechs Elektronen untergebracht, und insgesamt ergibt sich eine ringförmige Wolke von negativer Ladung oberhalb und unterhalb der Ringebene wie in *(6)*.

(6)

Der Einfluß dieser negativen Ladungswolke auf die Art der Reagenzien, die den Benzolkern anzugreifen vermögen, wird später diskutiert (S. 151).
Eine Bestätigung dieser Vorstellungen bedeutet die Beobachtung, daß alle sechs C–C-Bindungslängen in Benzol exakt gleich sind*), nämlich 0,140 nm (1,40 Å). Das Benzol-Molekül ist also ein regelmäßiges Sechseck mit einer Kantenlänge, die zwischen den Längen einer normalen Einfachbindung (0,154 nm) und einer Doppelbindung (0,133 nm) liegt. Um diesen hochsymmetrischen Zustand angemessen zu beschreiben, wird häufig anstelle der klassischen Kekulé-Formeln für Benzol ein anderes Symbol verwendet:

Wir haben noch auf ein vielfach erörtertes Problem, das der thermodynamischen *Stabilität* des Benzols, einzugehen. Ein Teil dieser besonderen Stabilität ist zweifellos dem einfachen Umstand zu danken, daß die planar-trigonalen σ-Bindungen der sechs Kohlenstoffatome mit ihren Bindungswinkeln von 120° – das ist genau der Winkel im regelmäßigen Sechseck – optimal auf die vorgegebene Geometrie abgestimmt sind. Der größere Teil dürfte aber von der Verwendung cyclisch-delokalisierter Molekülorbitale für die Aufnahme der sechs π-Elektronen rühren. Eine solche Anordnung ist sehr viel stabiler (energieärmer) als eine Anordnung mit den Elektronen in drei lokalisierten π-MO's. Die im Vergleich zu konjugierten Dienen größere Stabilität des Benzols ist also letztlich darin begründet, daß Benzol ein cyclisches (d. h. geschlossenes) symmetrisches System ist.

---

* Ebenso haben alle sechs C–H-Bindungen die gleiche Länge (0,108 nm).

Zu einer experimentellen Abschätzung der Energie, um die das Benzol gegenüber einfachen cyclischen ungesättigten Verbindungen stabilisiert ist, gelangt man durch Vergleich der Hydrierungswärme des Benzols mit denjenigen von Cyclohexen *(7)* und 1,3-Cyclohexadien *(8)*:

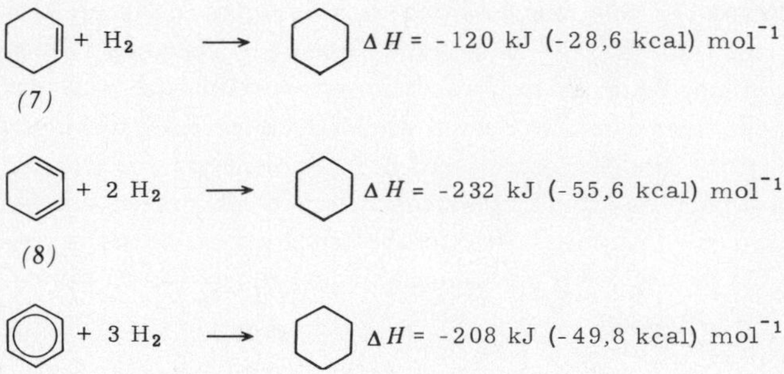

Die Hydrierungswärme des cyclischen Diens *(8)* ist ziemlich genau doppelt so groß wie die von Cyclohexen *(7)*, und man könnte deshalb erwarten, daß die Hydrierungswärme aller drei Doppelbindungen einer Kekulé-Struktur in der Größenordnung von 3 × (−120 kJ mol^{-1}) = −360 kJ (−85,8 kcal) mol^{-1} betrage. Wenn man aber „wirkliches" Benzol hydriert, werden nur −208 kJ (−49,8 kcal) mol^{-1} frei. „Wirkliches" Benzol ist daher um 151 kJ (36 kcal) mol^{-1} thermodynamisch stabiler als ein hypothetisches „Cyclohexatrien". Man vergleiche diesen hohen Wert mit den mageren 17 kJ mol^{-1}, um die ein konjugiertes Dien gegenüber einem isolierten (ohne Wechselwirkung der Doppelbindungen) stabilisiert ist!
In scharfem Gegensatz zu Benzol beträgt die Hydrierungswärme von Cyclooctatetraen *(9)* zu Cyclooctan *(10)* −410 kJ (98 kcal) mol^{-1}, also größenordnungsmäßig ebenso viel wie das vierfache der Hydrierungswärme von Cycloocten *(11)*, die −96 kJ (23 kcal) mol^{-1} beträgt:

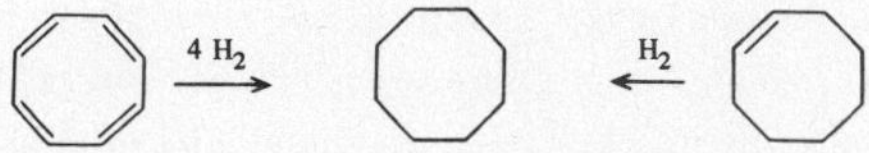

(9) *(10)* *(11)*

ΔH = -410 kJ (-98 kcal) mol^{-1} ΔH = -96 kJ (-23 kcal) mol^{-1}

Die Differenz zwischen ΔH für *(9)* und 4 × ΔH für *(11)* ist sogar mit 26 kJ (6 kcal) mol^{-1} negativ, d. h. Cyclooctatetraen zeigt im Gegensatz zu Benzol keine charakteristische Stabilisierung, wenn man es mit dem betreffenden cyclischen Polyen vergleicht; es ist vielmehr geringfügig *de*stabilisiert, also jedenfalls nicht aromatisch. Bei näherer Betrachtung kann das nicht überraschen, denn um gegenseitig zu überlappen wie in Benzol, müßten die p-Orbitale ungefähr parallel ausgerichtet, das Molekül *(9)* also flach mit CCC-Winkeln von 135° sein, was für die sp^2-hybridisierten Atome bei ihrer Bevorzugung des 120°-Winkels eine starke Spannung bedeuten müßte. Diese Ringspannung kann dadurch aufgehoben werden, daß sich das Molekül aufwellt, aber damit muß dann die Möglichkeit einer allseitigen Überlappung der p-Orbitale geopfert werden. Eine solche gewellte Struktur ergibt sich tatsächlich aus röntgenspektroskopischen Messungen, die für Cyclooctatetraen eine „Wannen"-Struktur *(9a)* mit abwechselnden Doppelbindungen [0,133 nm (1,33 Å)] und Einfachbindungen [sp^2–sp^2; 0,146 nm (1,46 Å), vgl. S. 7] anzeigen:

(9a)

Auf die Voraussetzungen, die erfüllt sein müssen, damit cyclische Polyene aromatischen Charakter annehmen, kommen wir unten zurück.

Der Energiebetrag, um den Benzol gegenüber einem theoretischen Cyclohexatrien stabilisiert erscheint, sollte korrekt seine *Stabilisierungsenergie* genannt werden; stattdessen spricht man hier oft auch von der *Delokalisierungsenergie* (oder *Mesomerieenergie*), indem man einfach impliziert, daß wirklich die Delokalisierung für die besondere Stabilität verantwortlich ist. Auf jeden Fall sollte man den – noch immer häufig verwendeten – Begriff der *Resonanzenergie* vermeiden, denn durch ihn wird das Bild einer raschen Oszillation von Strukturen (nämlich den beiden Kekulé-Strukturen) beschworen, was die Gefahr eines völligen Mißverständnisses der Situation in sich birgt.

Damit in cyclischen Polyenen ein aromatischer Charakter und Stabilität auftreten können, müssen zwei Bedingungen erfüllt sein. a) Das Molekül muß flach sein, damit die p-Orbitale im Kreis herum überlappen können; b) alle bindenden Orbitale müssen vollständig mit Elektronen besetzt sein. Dieser letzteren Bedingung genügen cyclische Systeme mit $(4n + 2)$ π-Elektronen (Hückel-Regel)*). Der wichtigste Fall ist der mit

---

* Man beachte, daß das bereits als nicht-aromatisch erwiesene Cyclooctatetraen $4n$ π-Elektronen hat ($n = 2$), also nicht der Hückel-Regel entspricht.

6 π-Elektronen, also $n = 1$. 10 π-Elektronen ($n = 2$) kommen vor in Naphthalin *(12)*, Stabilisierungsenergie 255 kJ (61 kcal) mol^{-1}, 14 π-Elektronen ($n = 3$) in Anthracen *(13)* und Phenanthren *(14)*, mit Stabilisierungsenergien von 352 bzw. 380 kJ (84 bzw. 91 kcal) mol^{-1}:

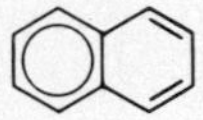

(12) $10\pi(n = 2)$

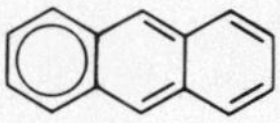

(13) $14\pi(n = 3)$

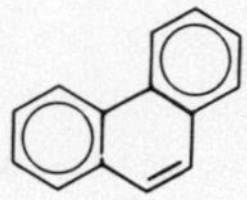

(14) $14\pi(n = 3)$

Obwohl diese Strukturen nicht monocyclisch sind wie Benzol – die Hückel-Regel ist eigentlich für reine Ringe (Perimeter) abgeleitet worden –, scheint doch die Einführung von verbrückenden Bindungen (durch die die Strukturen bi- und tricyclisch werden) nur eine relativ geringe Störung zu bewirken, was die Delokalisierung der π-Elektronen über 10 bzw. 14 Kohlenstoffatome angeht.
Man kennt auch quasi-aromatische Strukturen, in denen das stabilisierte cyclische Teilchen ein Ion ist, beispielsweise das Cycloheptatrienyl (Tropylium)-Kation *(15)*, S. 124, und das Cyclopentadienyl-Anion *(16)*, vgl. S. 322. Diese beiden Ionen haben 6 π-Elektronen ($n = 1$). Noch überraschender ist das Cyclopropenyl-Kation *(17)* (vgl. S. 125), das nur 2 π-Elektronen besitzt ($n = 0$):

(15)

(16)

(17)

Die Ringstruktur muß auch nicht rein carbocyclisch sein. Beispielsweise ist Pyridin *(18)* mit einem Stickstoffatom im Ring und ebenfalls 6 π-Elektronen ebenso stark stabilisiert wie Benzol:

(18)

Ein wertvolles experimentelles Kriterium für den aromatischen Charakter ergibt sich (zusätzlich zu den schon erwähnten) aus der Lage des Signals, das die an den Ring gebundenen Wasserstoffatome im kernmagnetischen Resonanzspektrum (NMR-Spektrum) der Verbindung zeigen*). Die Lage des NMR-Signals eines Wasserstoffatoms hängt von der Natur, d. h. der örtlichen Umgebung der Kohlenstoffatome (oder anderer Atome) ab, an die der Wasserstoff gebunden ist. So beobachtet man das Protonsignal des Cyclooctatetraens bei δ = 5,68, einem für Protonen in einem nicht-aromatischen cyclischen Polyen typischen Wert; hingegen ist das Protonsignal des Benzols bei δ = 7,2 charakteristisch für aromatische Verbindungen.

1.3.7 Notwendige Bedingungen der Delokalisierung

Die Schwierigkeit, den Bindungszustand des Benzols zufriedenstellend zu beschreiben, ist nur ein markantes Beispiel dafür, daß ganz allgemein unsere Formeln mit Einfach-, Doppel- und Dreifachbindungen, zu denen 2, 4 bzw. 6 Elektronen gehören sollen, unzureichend sind: Es gibt Bindungen, denen andere, selbst gebrochene Zahlen von Elektronen zuzuordnen sind. Ein typisches Beispiel ist das Acetat-Ion *(19)*:

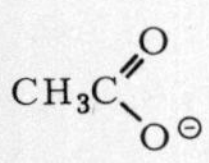

(19)

Im Gegensatz zu dem, was die Formel vorgibt, zeigen Röntgenstrukturanalysen, daß die beiden Sauerstoffatome nicht unterschieden werden können und daß beide C—O-Bindungen gleich lang sind und auch gleich viele Elektronen aufnehmen.

Derartige Schwierigkeiten haben dazu geführt, daß man für Moleküle, die sich nicht durch eine einzige klassische Strukturformel beschreiben lassen, zwei oder mehr klassische Strukturen, die sog. *kanonischen* Strukturen, angibt und durch Doppelpfeile (⟷) miteinander verbindet. Oft setzt man an die Formeln gekrümmte Pfeile, um anzuzeigen, wie die einzelnen

---

* Als Einführung in die NMR-Spektroskopie eignen sich z. B. H. Friebolin, NMR-Spektroskopie – Eine Einführung mit Übungen, 2. Auflage, VCH Verlagsgesellschaft, Weinheim 1988, sowie H. Günther, NMR-Spektroskopie – Eine Einführung, 2. Aufl., Georg Thieme Verlag, Stuttgart 1983.

Strukturen auseinander hervorgehen. Dabei weist die Spitze des Pfeils stets in die Richtung, in die Elektronen verschoben werden, z. B*):

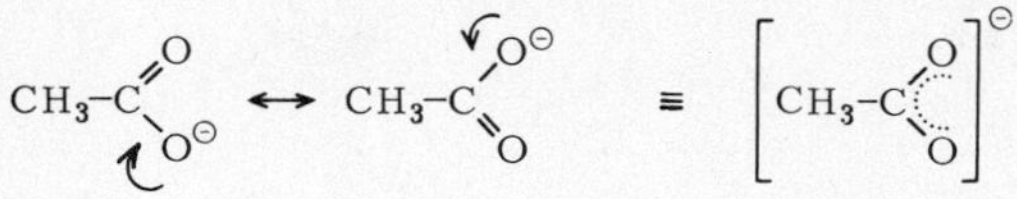

(19a) (19b) (19ab)

Es kann nicht nachdrücklich genug betont werden, daß dem Acetat-Ion *nicht* zwei mögliche Zustände zukommen, die rasch ineinander übergehen, sondern daß vielmehr nur *eine einzige* Struktur *(19ab)* existiert. Für derartige, manchmal als *Hybride* bezeichnete Strukturen sind die klassischen (kanonischen) Strukturformeln lediglich mehr oder weniger gute Näherungen.

Bei der Verwendung des Prinzips der Delokalisierung von Bindungselektronen muß man sich seiner Grenzen bewußt sein. Zunächst ist festzustellen, daß eine Verbindung im allgemeinen um so stabiler ist, je mehr kanonische Strukturen dafür angegeben werden können, d. h. je ausgeprägter die Delokalisierung der Elektronen ist. Aber diese Strukturen dürfen sich nicht zu sehr in ihrem Energieinhalt unterscheiden, denn die energiereicheren von ihnen tragen zum wahren Zustand des Hybrid-Moleküls praktisch nicht mehr bei. Eine besonders starke Stabilisierung ist zu verzeichnen, wenn die beteiligten Grenzstrukturen die gleiche Energie haben, wie das bei *(19a)* und *(19b)* der Fall ist. Es dürfen auch Grenzstrukturen mit Ladungstrennung einbezogen werden (vgl. S. 28), doch sind diese gewöhnlich energiereicher als Strukturen ohne Ladungstrennung und haben demgemäß einen geringeren Einfluß. Auch müssen in allen beteiligten Strukturen die gleiche Zahl *gepaarter Elektronen* vorliegen, und die Atome müssen in den einzelnen kanonischen Strukturen ungefähr gleiche *Lagen* gegeneinander einnehmen. Schließlich müssen alle Atome, die mit den ungesättigten Zentren verknüpft sind, in einer Ebene liegen oder jedenfalls nahezu koplanar angeordnet sein, weil nur dann optimale Bedingungen für die Überlappung aller p-Atomorbitale gegeben sind; wir werden Fälle kennenlernen (vgl. S. 33), in denen die Delokalisierung und damit die Stabilisierung aus sterischen Gründen unterbunden ist.

---

* Wir werden im folgenden kanonische Strukturen wie *(19a)* und *(19b)* mit dem Doppelpfeil verknüpfen. Gekrümmte Pfeile werden nur benützt werden, um *wirkliche* Bewegungen von Elektronen während einer unter Bildung oder Lösung von Bindungen verlaufenden chemischen Reaktion anzudeuten.

1.4 Trennung und Bildung von Bindungen

Eine kovalente Bindung zwischen zwei Atomen R und X kann grundsätzlich auf eine der folgenden Weisen getrennt werden:

$$R{:}X \rightarrow R\cdot + \cdot X$$
$$R{:}X \rightarrow R{:}^{\ominus} + X^{\oplus}$$
$$R{:}X \rightarrow R^{\oplus} + {:}X^{\ominus}$$

Entweder erhält jedes Atom ein Elektron; dann entstehen sehr reaktionsfähige Gebilde, die ihre Reaktivität ihrem ungepaarten Elektron verdanken und als *freie Radikale* bezeichnet werden. Diesen Prozeß nennt man eine *homolytische Spaltung* der Bindung. Andererseits kann ein Atom beide Bindungselektronen mit sich nehmen und keines für das andere Atom übrig lassen (*heterolytische Spaltung*). In diesem Fall bildet sich ein negatives und ein positives Ion, d. h. es entsteht ein *Ionenpaar.* Wenn R und X nicht identisch sind, kann die Spaltung – wie in den Formeln gezeigt – in zweierlei Weise ablaufen, je nachdem, ob R oder X das Elektronenpaar behält. Die Bildung einer kovalenten Bindung kann durch die Umkehrung eines jeden dieser Vorgänge erfolgen, und natürlich auch durch den Angriff eines zuerst gebildeten Radikals oder Ions auf ein anderes Teilchen:

$$R\cdot + Br{-}Br \rightarrow R{-}Br + Br\cdot$$
$$R^{\oplus} + H_2O \rightarrow R{-}OH + H^{\oplus}$$

Wie noch gezeigt wird, bilden sich freie Radikale oder Ionenpaare vorübergehend als reaktionsfähige Zwischenprodukte bei den verschiedenartigsten organischen Reaktionen. Reaktionen zwischen Radikalen kommen vor allem in der Gasphase und in unpolaren Lösungsmitteln vor, sie werden durch Licht und durch Zugabe von anderen Radikalen katalysiert (S. 351). Reaktionen, die über Ionen als Zwischenprodukte ablaufen, finden leichter in polaren Lösungsmitteln statt, da hier der Energieaufwand für die Ladungstrennung herabgesetzt ist und die entstehenden Ionenpaare durch Solvatation stabilisiert werden können. Viele von diesen Ionen-Zwischenprodukten tragen die Ladung formal an einem Kohlenstoffatom, wenn auch das betreffende Ion oft durch eine stärkere oder schwächere Delokalisierung der Ladung über weitere C-Atome oder über Atome anderer Elemente stabilisiert wird:

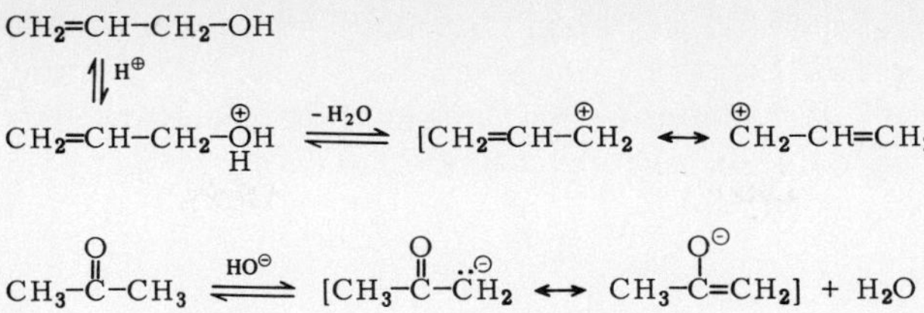

Trägt das Kohlenstoffatom eine positive Ladung, so spricht man von einem *Carbokation*, trägt es eine negative Ladung, von einem *Carbanion*. Wenn sich auch solche Ionen nur vorübergehend bilden und meist nur in minimaler Konzentration vorliegen, so sind sie doch von größter Bedeutung für heterolytisch ablaufende Reaktionen.
Mit den Radikalen, Carbokationen und Carbanionen sind die möglichen Formen, in denen kurzlebige Zwischenprodukte mit Kohlenstoff als aktivem Zentrum auftreten können, keineswegs erschöpft. Andere sind die Carbene R_2C: (S. 312) und Nitrene R–$\overline{N}$ (S. 141) mit Elektronenmangel-Struktur und die Dehydroaromaten (Arine, S. 201).

1.5 Faktoren, welche die Elektronendichte in Bindungen und an einzelnen Atomen bestimmen

Nach unseren bisherigen Darlegungen müssen sämtliche Faktoren, welche die *Elektronendichte* in bestimmten Bindungen oder an bestimmten Atomen einer Substanz beeinflussen, auch deren Reaktivität gegenüber dem einwirkenden Reagenz stark ändern. Denn Orte hoher Elektronendichte werden etwa durch $HO^{\ominus}$ (wenn überhaupt) nur schwer angegriffen, Stellen mit niedriger Elektronendichte dagegen sehr wahrscheinlich leicht. Das Umgekehrte gilt für ein positiv geladenes Reagenz. Mehrere solcher Faktoren sind heute bekannt.

1.5.1 Induktive und Feldeffekte

In einer kovalenten Einfachbindung zwischen verschiedenartigen Atomen ist das Elektronenpaar, das die σ-Bindung bildet, niemals genau symmetrisch zwischen den beiden Atomen verteilt. Es wird stets ein wenig stärker zu dem elektronegativeren der beiden Atome hingezogen. So ist in einem

Alkylchlorid die Elektronendichte am Chloratom höher als am Kohlenstoff, da jenes die höhere Elektronegativität besitzt. Formel *(20)* versucht, diesen Sachverhalt zum Ausdruck zu bringen. Kürzere symbolische Beschreibungsweisen sind die Formeln *(20a)* und *(20b)*:

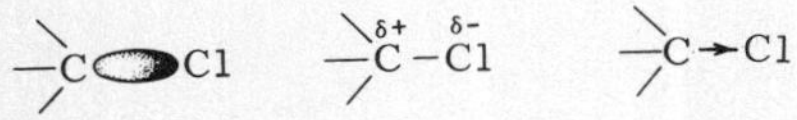

(20) *(20a)* *(20b)*

Wenn das an Chlor gebundene Kohlenstoffatom mit weiteren Kohlenstoffatomen verknüpft ist, kann dieser Effekt in der Kette der C-Atome weiter fortgeleitet werden:

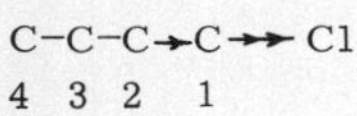

Die Anziehung der Elektronen der Kohlenstoff – Chlor-Bindung durch das Chloratom führt nun zu einem schwachen Elektronenunterschuß an C-1. Das Atom C-1 sucht dies seinerseits dadurch auszugleichen, daß es die Elektronen der σ-Bindung zwischen C-1 und C-2 ein wenig mehr zu sich hinzieht als ihm eigentlich zukommt. Dieser Effekt setzt sich längs der Kohlenstoffkette fort. Die Wirkung von C-1 auf C-2 ist schwächer als diejenige des Chloratoms auf C-1. Die Fortwirkung dieses Effekts nimmt in einer gesättigten Kette rasch ab, sie ist meist zu klein, um jenseits von C-2 noch festgestellt zu werden.

Diese Beeinflussung der Elektronenverteilung in σ-Bindungen bezeichnet man als *induktiven Effekt.*

Zusätzlich zum induktiven Effekt, der durch die Bindungen in einer Substanz weitergeleitet wird, kann noch ein Effekt wirksam werden, der sich entweder durch den das Molekül umgebenden Raum ausbreitet oder – in Lösung – über die es umgebenden Solvensmoleküle. In vielen Fällen ist es allerdings unmöglich, zwischen dem eigentlichen induktiven Effekt und diesem nahe verwandten (und parallel wirkenden) *Feldeffekt* zu unterscheiden. Wenn im folgenden Text deshalb von induktiven Effekten die Rede sein wird, sollen Feldeffekte immer mit eingeschlossen sein.

Die meisten Atome und Atomgruppen, die mit Kohlenstoff verknüpft sind, üben solche *induktiven Effekte* in der gleichen Richtung aus wie das Chlor, d. h. sie wirken elektronenanziehend, da sie selbst stärker elektronegativ als Kohlenstoff sind. Eine wesentliche Ausnahme hiervon sind Alkylgruppen, die als Elektronen-Donoren*) fungieren. Wenn auch ihr induktiver Effekt quantitativ nur recht schwach ist, so ist er doch für die erhöhte Basizität verantwortlich, die sich beim Ersatz eines der Wasserstoffatome des Ammoniaks durch eine Alkylgruppe ergibt (S. 76), und außerdem – jedenfalls zum Teil – für die gegenüber Benzol raschere Substitution des aromatischen Kerns beim Toluol (vgl. dazu auch S. 176).

Alle induktiven Effekte beruhen auf einer *permanenten* Polarisation der Moleküle im Grundzustand, sie machen sich daher in den physikalischen Eigenschaften, z. B. im Dipolmoment, der Moleküle bemerkbar.

1.5.2 Konjugativer Effekt

Wir haben nun weiterhin die Elektronenverteilung zu betrachten, die sich in ungesättigten und besonders in konjugierten Systemen über die π-Molekülorbitale einstellen kann. Die mit der Elektronenanordnung in solchen Systemen zusammenhängenden Effekte werden als *konjugative* (mesomere; auch Konjugations- oder Mesomerie-)Effekte bezeichnet. Ein Beispiel bildet die Carbonyl-Gruppe (S. 12) deren Eigenschaften weder durch die klassische Formulierung *(21a)* noch durch die hieraus durch Elektronenverschiebung herleitbare, polare Grenzstruktur *(21b)* ganz zufriedenstellend wiedergegeben werden können:

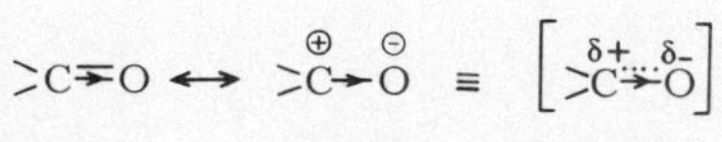

(21a) *(21b)* *(21ab)*

Ihre wirkliche Struktur liegt „irgendwo zwischen" diesen Grenzstrukturen, d. h. es handelt sich auch hier um ein Hybrid *(21ab)*. In ihm wird auch noch ein induktiver Effekt wirksam, wie durch das Pfeilsymbol in den Formeln angedeutet werden soll. Aber dieser wird sehr viel schwächer sein als der konjugative, da σ-Elektronen viel weniger leicht polarisierbar und deshalb auch weniger leicht zu verschieben sind als π-Elektronen.

Wenn die Carbonyl-Gruppe mit einer C=C-Doppelbindung in Konjugation steht, wie im 2-Butenal [Crotonaldehyd, *(22)*], kann eine solche Polarisation über die π-Elektronen weiter fortgeleitet werden:

---

* Die Metallatome in Lithium-Alkanen, Grignard-Reagenzien und anderen Organometallverbindungen sind ebenfalls Elektronen-Donoren und führen in jedem Fall zu negativ polarisiertem Kohlenstoff, z. B. R←Li und R←MgHal (vgl. S. 324).

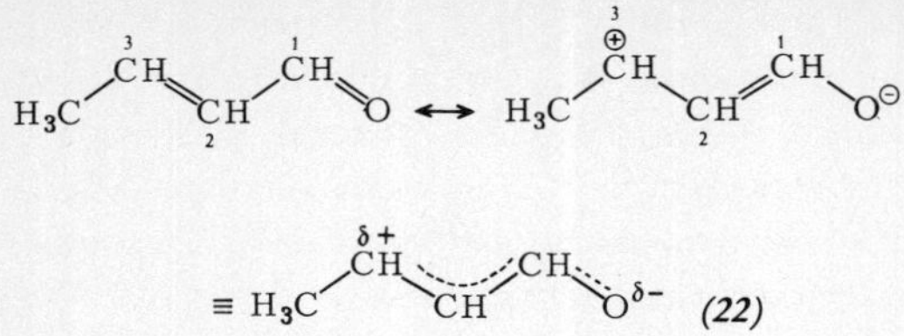

(22)

Wie bei den 1,3-Dienen (S. 15) findet Delokalisierung statt, so daß bei C-3 ein Elektronenmangel entsteht ähnlich wie sonst an C-1 einer einfachen Carbonyl-Verbindung. Der Unterschied zwischen dieser Fortleitung über ein konjugiertes System und derjenigen durch induktiven Effekt in einem gesättigten System liegt darin, daß der konjugative Effekt eine viel geringere Abschwächung erfährt und daß die Polarisierung von Atom zu Atom alterniert.

Kann sich ein Ion durch Delokalisierung seiner positiven oder negativen Ladung über seine π-Orbitale stabilisieren, so trägt dies wesentlich dazu bei, daß sich ein solches Ion überhaupt bildet (vgl. S. 21). So ist z. B. die Stabilisierung des Phenolat-Ions *(23)* durch die Delokalisierung seiner Ladung über die π-Orbitale des aromatischen Kerns weitgehend für die Acidität des Phenols verantwortlich, d. h. für die Leichtigkeit, mit der es sein Proton abgibt (vgl. S. 64):

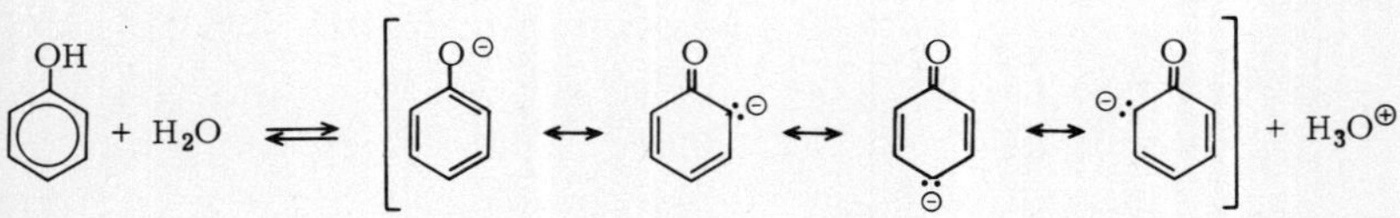

(23a) *(23b)* *(23c)* *(23d)*

Eine scheinbar ähnliche Delokalisierung kann im undissoziierten Phenol *(24)* unter Beteiligung eines einsamen Elektronenpaares am Sauerstoffatom stattfinden. Sie führt jedoch zu einer Ladungstrennung und wird dementsprechend weniger Gewicht haben als die Stabilisierung des Phenolat-Ions, bei dem keine Ladungstrennung notwendig ist:

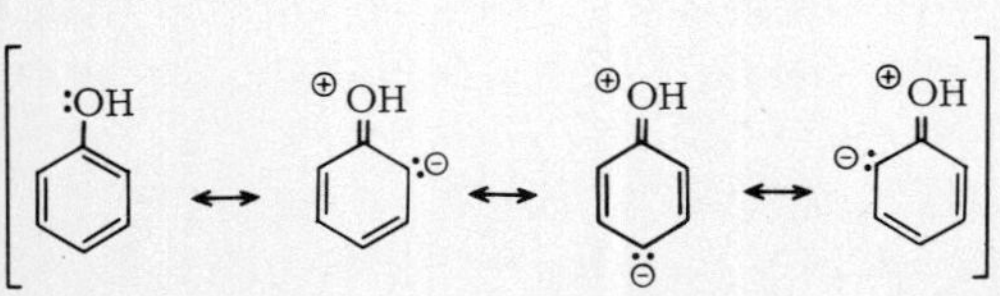

(24a) *(24b)* *(24c)* *(24d)*

Konjugative Effekte rufen – ebenso wie induktive – *permanente* Polarisationen des Moleküls im Grundzustand hervor, sie äußern sich daher in den physikalischen Eigenschaften der betreffenden Substanzen. Der wesentliche Unterschied zwischen induktiven und konjugativen Effekten ist, daß sich die ersteren vornehmlich in gesättigten Gruppen und Verbindungen auswirken, die letzteren in ungesättigten und vor allem konjugierten Molekülen. Der induktive Effekt erfaßt die Elektronen in σ-Bindungen, der konjugative die in π-Bindungen und π-Orbitalen. Induktive Effekte werden in gesättigten Atomketten nur über recht kurze Entfernungen fortgeleitet und verschwinden dann; dagegen können sich konjugative Effekte von einem Ende selbst großer Moleküle zum anderen ausbreiten, vorausgesetzt, es liegt eine durchlaufende Konjugation vor.

1.5.3 Zeitabhängige Effekte

Manche Forscher haben zweierlei Einflüsse auf die Reaktivität der Moleküle zu unterscheiden gesucht: zur einen Gruppe rechneten sie die eben besprochenen konjugativen und induktiven Effekte, die zu einer *permanenten* Polarisation des Grundzustandes führen. Hiervon unterschieden sie *vorübergehende* Veränderungen der Elektronenverteilung, die von der momentanen engen Annäherung eines Reagenzmoleküls oder, genauer gesagt, vom Zusammentreffen der Reaktionspartner im Übergangszustand herrühren. Diese zeitlich variablen Einflüsse, die den früher behandelten permanenten Effekten entsprechen, hat man als *induktomere* bzw. *elektromere* Effekte bezeichnet. Sie sind eher Polarisierbarkeitseffekte als Polarisationen; denn die Elektronenverteilung eines angegriffenen Moleküls kehrt zu derjenigen des Grundzustands zurück, wenn sich die beiden Reaktionspartner voneinander entfernen, ohne daß eine Umsetzung stattgefunden hat, und das Ausmaß der erreichten Änderung der Elektronenverteilung hängt davon ab, wie polarisierbar das Molekül ist.
Da es sich wiederholt gezeigt hat, daß man permanente und zeitlich variable Effekte experimentell nicht unterscheiden kann, ist der Versuch, sie zu trennen, meist unnötig und jedenfalls nicht sehr nutzbringend. Ungeachtet solcher Schwierigkeiten bei der Prüfung, wieweit ein gegebener Effekt auf permanente oder auf zeitlich variable Faktoren zurückgeht, kann nicht genug betont werden, daß ein Reagenz bei seiner engen Annäherung an ein Molekül in der Tat oft einen starken Einfluß auf dessen Reaktivität ausübt und hierdurch seine Reaktionen fördern kann.

1.5.4 Hyperkonjugation

Der induktive Effekt von Alkylgruppen ist, wie zu erwarten, im Normalfall folgendermaßen abgestuft:

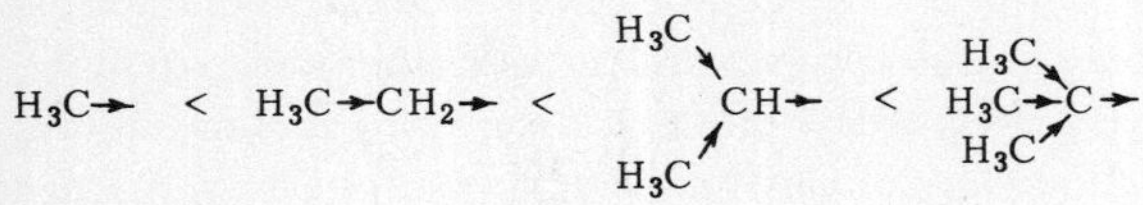

Wenn jedoch die Alkylgruppen mit einem ungesättigten System – z. B. einer Doppelbindung wie im Propen *(25)* oder einem Benzolkern wie im Toluol *(26)* – verknüpft sind, so scheint diese Reihenfolge gestört, bei manchen konjugierten Systemen sogar umgekehrt, und es zeigt sich, daß Alkylgruppen in einer Weise, die vom induktiven Effekt verschieden ist, als Elektronen-Donoren fungieren können. Man hat dies durch eine Erweiterung des konjugativen oder mesomeren Effekts erklärt, wobei die Delokalisierung in folgender Weise stattfinden soll:

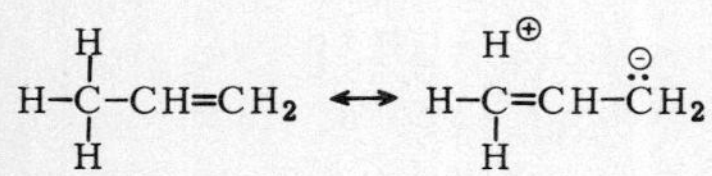

(25a) *(25b)*

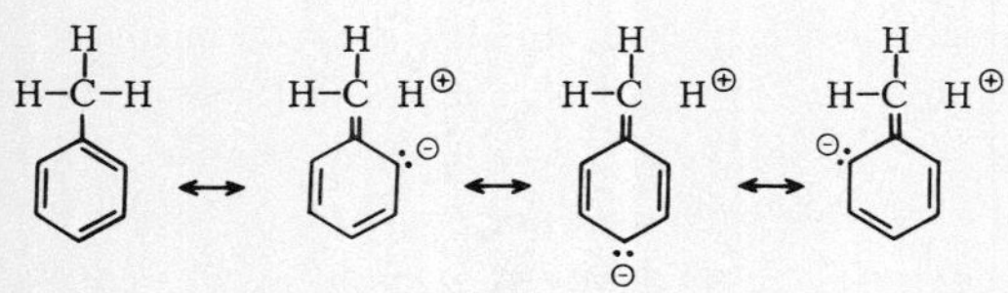

(26a) *(26b)* *(26c)* *(26d)*

Dieser Effekt wird als *Hyperkonjugation* bezeichnet. Man hat ihn erfolgreich zur Erklärung einer Anzahl von sonst unverständlichen Beobachtungen herangezogen. Es muß ausdrücklich darauf aufmerksam gemacht werden, daß man mit den obigen Formulierungen nicht andeuten will, daß ein Proton wie in Formel *(25)* oder *(26)* tatsächlich freigesetzt wird. Würde es sich nämlich aus seiner ursprünglichen Position im Molekül entfernen, so würde eine der für die Delokalisierung notwendigen Bedingungen verletzt werden (vgl. S. 23).

Die „umgekehrte" Abstufung der Elektronendonor-Fähigkeit in der Reihe Methyl > Ethyl > Isopropyl > tert.-Butyl könnte darin ihren Grund haben, daß eine Hyperkonjugation nur dann möglich ist, wenn der zum ungesättigten System α-ständige Kohlenstoff Wasserstoffatome trägt. Diese Bedingung ist optimal bei der Methylgruppe etwa in *(25)* erfüllt, dagegen überhaupt nicht bei der tertiären Butylgruppe in *(29)*.

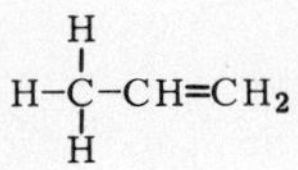
(25)

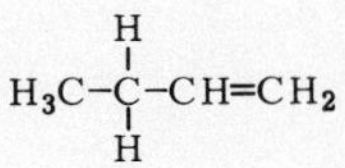
(27)

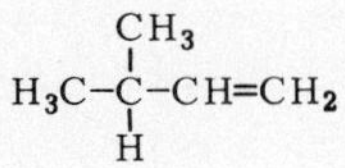
(28)

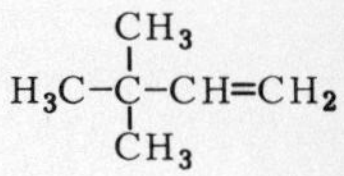
(29)

Grundsätzlich könnten allerdings auch C–C-Bindungen zur Hyperkonjugation befähigt sein, und man ist sich heute nicht sicher, ob nicht zum Teil auch Lösungsmitteleffekte für die Beobachtungen verantwortlich sind.
Auf Hyperkonjugation von C–H-Bindungen ist auch die erhöhte Stabilität der Alkene mit nicht-endständiger Doppelbindung gegenüber ihren Isomeren mit endständiger Doppelbindung zurückgeführt worden. So ist z. B. 2-Methyl-2-buten *(30)*, mit neun zur Doppelbindung α-ständigen Wasserstoffatomen, thermodynamisch stabiler als 2-Methyl-1-buten *(31)* mit nur fünf α-ständigen Wasserstoffen:

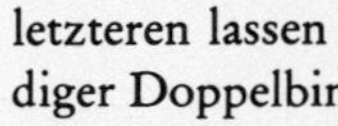
(30)

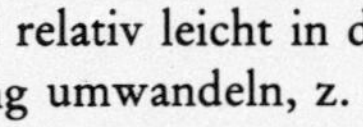
(31)

Infolgedessen entstehen bei Einführung der Doppelbindung häufig die nicht-terminalen Alkene bevorzugt vor den terminalen (S. 298), und die letzteren lassen sich relativ leicht in die stabileren Isomere mit innenständiger Doppelbindung umwandeln, z. B. *(31)* in *(30)*.
Obwohl sich die Hyperkonjugation zur Erklärung vieler Experimentalergebnisse als nützlich erwiesen hat, ist ihre Gültigkeit doch keineswegs allgemein anerkannt, vor allem nicht, was ihre quantenmechanische Rechtfertigung angeht.

1.6 Sterische Effekte

Bisher haben wir die Faktoren diskutiert, welche die relative Elektronendichte in chemischen Bindungen oder an einzelnen Atomen eines Moleküls beeinflussen und die damit die Reaktionsfähigkeit der verschiedenen Verbindungen bestimmen. Ihr Einfluß kann jedoch durch sterische Faktoren abgewandelt und sogar aufgehoben werden. Bekanntlich ist eine wirksame Delokalisierung über π-Orbitale nur dann möglich, wenn sich die p-Orbitale der an der Delokalisierung beteiligten Atome genau oder wenigstens nahezu parallel einstellen können. Wird dies verhindert, so ist keine wesentliche Überlappung und mit ihr auch keine Delokalisierung mehr möglich. Ein gutes Beispiel hierfür bieten das Dimethylanilin *(32)* und seine 2,6-Dialkylderivate, z. B. *(33)*. Die Dimethylamino-Gruppe in *(32)* ist wegen der Mesomerie ihres einsamen Elektronenpaares am Stickstoff mit den delokalisierten π-Orbitalen des Benzolrings ein Elektronen-Donor. Sie aktiviert den Benzolkern für den Angriff des Diazonium-Kations $PhN_2^{\oplus}$, d. h. für die Azokupplung, die in ortho-, vor allem aber para-Stellung erfolgt (vgl. S. 168):

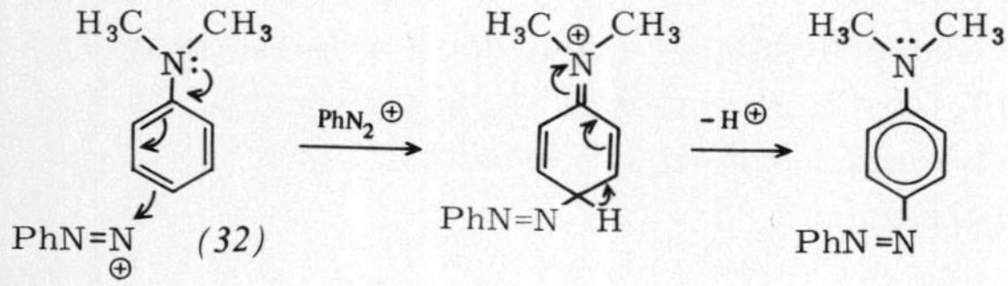

(32)

Das 2,6-Dimethylderivat *(33)* kuppelt jedoch unter gleichen Bedingungen nicht, obwohl die beiden neu eingeführten Methylgruppen nur eine recht geringe Raumerfüllung besitzen und zu weit von der para-Stellung entfernt stehen, um den Angriff eines Reagenz auf diese direkt zu stören. In Wirklichkeit geht hier das Ausbleiben der Kupplung in para-Stellung auf die Anwesenheit der beiden Methylgruppen in den ortho-Stellungen zur Dimethylamino-Gruppe und ihre sterische Wechselwirkung mit den beiden Methylresten dieser Gruppe zurück: sie wird daran gehindert, sich in die Ebene des Benzolrings einzustellen. Daher können sich die p-Orbitale des Stickstoffs und der Kohlenstoffatome des Benzolrings nicht mehr parallel zueinander einstellen und auch nicht überlappen. Die Konjugation der Dimethylamino-Gruppe mit dem Benzolring und der Übergang negativer Ladung zur para-Stellung wird damit weitgehend unterbunden; deshalb unterbleibt jetzt auch eine zu *(32)* analoge Aktivierung des Rings gegenüber dem Angriff des Diazonium-Ions.

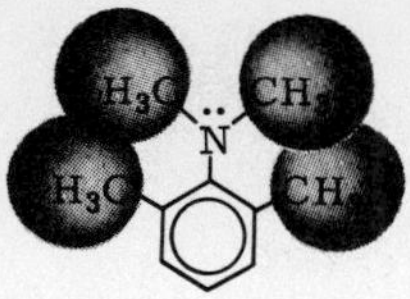

(33)

Der übliche sterische Effekt beruht jedoch auf der klassischen sterischen Hinderung. Dabei wirkt offenbar eine Gruppe direkt durch ihre Raumerfüllung auf die Reaktionsfähigkeit einer bestimmten Stelle eines Moleküls und nicht durch Steigerung oder Verminderung der Elektronendichte. Diesen direkten sterischen Effekt konnte man gut am Beispiel der Stabilität von Komplexen untersuchen, die sich aus Trimethylbor und vielen Aminen bilden. So dissoziiert der Komplex *(34)* aus Trimethylbor und Triethylamin äußerst leicht, während der Komplex *(35)* mit Chinuclidin sehr stabil ist. Im Chinuclidin sind die drei $-CH_2-CH_2$-Gruppen am Stickstoff so zurückgebogen, daß sie die Wechselwirkung zwischen Bor- und Stickstoffatom nicht mehr behindern.

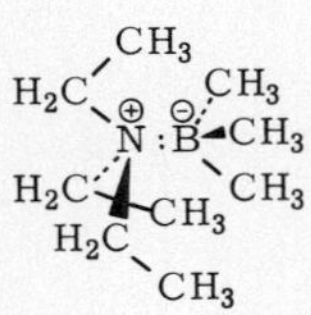

(34)

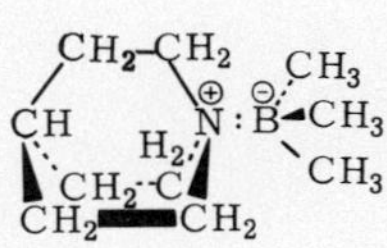

(35)

Daß dieser Stabilitätsunterschied nicht auf unterschiedliche Elektronendichten an den Stickstoffatomen zurückgeht, erkennt man daran, daß die beiden Amine sich in ihrer Basizität, d. h. ihrer Affinität gegenüber dem Proton, nur wenig unterscheiden (S. 84): Die Anlagerung eines Protons ist sterisch weit weniger behindert als die des relativ voluminösen Trimethylbor-Moleküls.

Die Veresterung und Esterhydrolyse sind weitere Beispiele von Reaktionen, die sehr stark auf sterische Behinderung ansprechen (S. 283).

Derartige krasse Fälle von sterischer Hinderung sind natürlich eher die Ausnahme. Ganz allgemein können aber alle Faktoren, die eine bestimmte gegenseitige Orientierung der Reaktionspartner stören oder erschweren oder gar ihre enge Annäherung ausschließen, die Geschwindigkeit von

Reaktionen von Grund auf beeinflussen. Von größter Bedeutung sind derartige Phänomene in biochemischen Systemen.

1.7 Klassifizierung der Reagenzien

Wir haben bereits die Fähigkeit von Elektronendonor- oder Elektronenakzeptor-Gruppen besprochen, die Elektronendichte an bestimmten Stellen eines Moleküls zu erhöhen bzw. zu vermindern. Dieser Effekt wird zweifellos bestimmen, mit welchem Reagenztyp eine Verbindung am besten reagiert. So werden Substanzen mit π-Elektronenüberschuß im Benzolring wie das Phenolat-Ion *(36)* besonders leicht durch positiv gela-

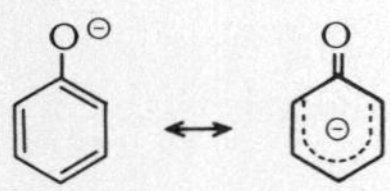

(36a) *(36b)*

dene Ionen wie das Diazonium-Kation, $PhN_2^{\oplus}$ (Azokupplung, S. 32) oder durch andere Agenzien angegriffen, die zwar keine Kationen sind, aber ein Atom oder ein Zentrum mit Elektronenunterschuß enthalten. Ein solches Teilchen ist beispielsweise das Schwefeltrioxid *(37)* mit seinem positivierten Schwefelatom (Sulfonierung, S. 161):

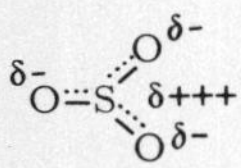

(37)

Diese Reagenzien werden, da sie eine Position (oder Positionen) des Substrats mit hoher Elektronendichte angreifen, als *elektrophile Reagenzien* oder *Elektrophile* bezeichnet.

Umgekehrt wird ein Zentrum mit Elektronenunterschuß wie das Kohlenstoffatom des Methylchlorids *(38)* besonders leicht durch negativ geladene Ionen (Anionen) wie $HO^{\ominus}$, $CN^{\ominus}$ usw. angegriffen, oder auch durch Agenzien, die zwar keine Anionen sind, aber ein Atom oder ein Zentrum mit Elektronenüberschuß wie das Stickstoffatom in Ammoniak oder Aminen (H_3N: bzw. R_3N:) enthalten. Da solche Reagenzien das Substrat in einer Position (oder Positionen) mit niedriger Elektronendichte anzugreifen pflegen, wo also der betreffende Atomkern nicht über seine normale Hülle von Orbitalelektronen verfügt, werden sie als *nucleophile Reagenzien* oder *Nucleophile* bezeichnet.

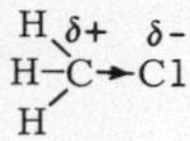

(38)

Wir müssen dabei festhalten, daß schon eine schwach unsymmetrische Elektronenverteilung genügt, um einem bestimmten Reaktionsablauf den Vorzug zu geben. Die Lokalisierung einer vollen Ladung auf einem Reaktionspartner wird seine Umsetzungen sicherlich fördern, doch ist eine solche Ladungsballung für den Ablauf der Reaktionen keineswegs notwendig. Vielmehr entsteht die erforderliche unsymmetrische Ladungsverteilung oft erst durch die gegenseitige Polarisierung bei sehr enger Annäherung von Reagenz und Substrat, z. B. bei der Anlagerung von Brom an Ethylen (S. 205).

Man kann die gegensätzliche Charakterisierung der Reagenzien als Elektrophile oder Nucleophile als einen Sonderfall der Säure-Base-Vorstellung ansehen. Im klassischen Sinne sind Säuren und Basen als Proton-Donoren bzw. -Akzeptoren definiert. Diese Auffassung hat Lewis verallgemeinert. Er definierte Säuren als Verbindungen, die Elektronenpaare anlagern können, und Basen als Verbindungen, die Elektronenpaare zur Verfügung stellen können. Damit werden auch eine Reihe von Verbindungen eingeschlossen, die man ursprünglich nicht als Säuren oder Basen angesehen hätte, beispielsweise das Bortrifluorid *(39)*, das bei der Anlagerung des Elektronenpaares am Stickstoffatom von Trimethylamin – unter Bildung des Komplexes *(40)* – seine Natur als Lewis-Säure zu erkennen gibt:

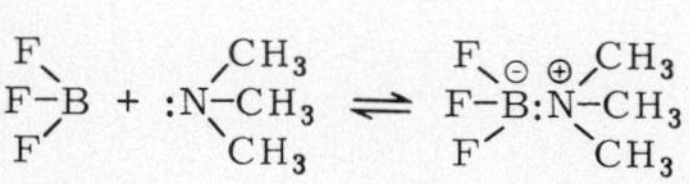

(39) *(40)*

Elektrophile und Nucleophile können also in organischen Reaktionen als Agenzien angesehen werden, die Elektronenpaare von anderen Atomen – meist Kohlenstoff – aufnehmen oder an sie anlagern. Natürlich stehen sie auch in Beziehung zu den oxidierenden und reduzierenden Agenzien, denn Oxidationsmittel können als Elektronen-Akzeptoren, Reduktionsmittel als

Elektronen-Donoren aufgefaßt werden. Nachstehend sind einige besonders häufig vorkommende Elektrophile und Nucleophile zusammengestellt.

Elektrophile Reagenzien:

$H^{\oplus}$, $H_3O^{\oplus}$, $NO_2^{\oplus}$, $NO^{\oplus}$, $PhN_2^{\oplus}$, $R_3C^{\oplus}$, $\overset{*}{S}O_3$, $\overset{*}{C}O_2$, $\overset{*}{B}F_3$, $\overset{*}{A}lCl_3$, $\overset{*}{I}Cl$, Br_2, O_3.

Nucleophile Reagenzien:

$H^{\ominus}$, $BH_4^{\ominus}$, $H\overset{*}{S}O_3^{\ominus}$, $HO^{\ominus}$, $R\underset{*}{O}^{\ominus}$, $R\underset{*}{S}^{\ominus}$, $CN^{\ominus}$, $RCO_2^{\ominus}$, $RC{\equiv}C^{\ominus}$, $^{\ominus}{:}CH(COOC_2H_5)_2$ *(41)*, $-\ddot{\underset{..}{O}}-$, $-\ddot{\underset{..}{S}}-$, $\geqslant N{:}$, $\overset{*}{R}MgX$, $\overset{*}{R}Li$.

Die Sterne in einigen dieser Formeln kennzeichnen die Atome, die – dem Reagenztyp entsprechend – entweder Elektronen aus einem Substrat aufnehmen oder an ein Substrat abgeben. Es ist ohne weiteres klar, daß man im Einzelfall nicht immer eindeutig zwischen Substrat und Reagenz unterscheiden kann. Zwar werden HNO_3, $HO^{\ominus}$ usw. gewöhnlich als Reagenzien angesehen, das Diethylmalonat-Anion *(41)* kann man jedoch bei der Umsetzung mit einem Ethylhalogenid ganz nach Belieben als Reagenz oder auch als Substrat auffassen. Der Angriff des Carbanions auf das Alkylhalogenid ist eine nucleophile Umsetzung, der Angriff des Alkylhalogenids auf das Carbanion wäre dagegen als elektrophile Reaktion anzusehen. Von welchem Reaktionspartner aus man eine bestimmte Umsetzung aber auch betrachtet, über ihren eigentlichen Charakter kann nie ein Zweifel aufkommen.
Wir dürfen jedoch nicht übersehen, daß man außer den eben erwähnten Reaktionen zwischen Ionen auch Umsetzungen zwischen freien Radikalen kennt. Diese sprechen auf Veränderungen der Elektronendichte im Substrat viel schwächer an als Reaktionen zwischen polaren Partnern; ihr Ablauf wird jedoch in der Regel sehr stark durch Zugabe kleiner Spuren solcher Verbindungen beeinflußt, die entweder Radikale freisetzen oder sie aus dem Reaktionsgemisch entfernen. Die Radikalreaktionen werden auf S. 351 ff. im einzelnen besprochen.

1.8 Reaktionstypen

Die Reaktionen organischer Verbindungen lassen sich im wesentlichen in die folgenden vier Grundtypen gliedern:

a) Substitutions- oder Verdrängungsreaktionen,
b) Additionsreaktionen,

c) Eliminierungsreaktionen,
d) Umlagerungen.

Zum Typ (a) rechnet man gewöhnlich Reaktionen, bei denen ein Wasserstoffatom oder andere Atome oder Gruppen von einem Kohlenstoffatom verdrängt werden. Bei elektrophilen Substitutionen – wie z. B. bei der klassischen aromatischen Substitution (S. 154) – wird häufig gerade der Wasserstoff ersetzt:

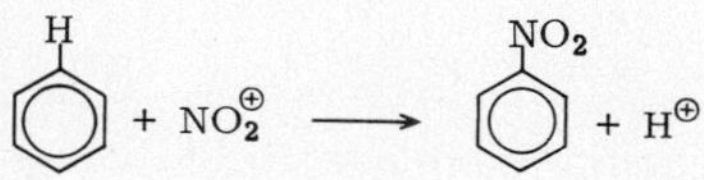

Bei nucleophilen Substitutionen sind es oft andere Atome als Wasserstoff, die substituiert werden, z. B.:

$$N{\equiv}C^{\ominus} + R{-}Br \longrightarrow N{\equiv}C{-}R + Br^{\ominus}$$

Doch kennt man auch die nucleophile Substitution von Wasserstoff (S. 193). Schließlich sind Substitutionsreaktionen durch Radikale verbreitet, so z. B. die Halogenierung von Alkanen (S. 380). Auch Additionsreaktionen können einen elektrophilen, nucleophilen oder einen radikalischen Mechanismus haben, je nach der Natur des Reagenz, das den Prozeß einleitet. Die Addition an eine C=C-Doppelbindung verläuft gewöhnlich entweder nach einem elektrophilen oder nach einem Radikal-Mechanismus. Ein Beispiel bietet die Addition von HBr, die entweder durch den Angriff eines Protons $H^{\oplus}$ (S. 212) oder eines Bromatoms Br (S. 372) auf die Doppelbindung in Gang gesetzt wird.

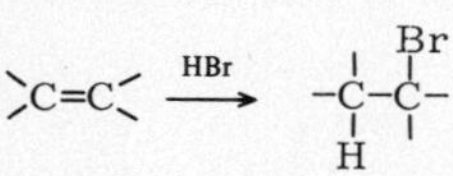

Im Gegensatz hierzu verlaufen die Additionsreaktionen an der C=O-Doppelbindung einfacher Aldehyde und Ketone gewöhnlich nach einem nucleophilen Chemismus (S. 237). Die basekatalysierte Bildung von Cyanhydrinen bei der Einwirkung von Blausäure (HCN) ist ein Beispiel dafür:

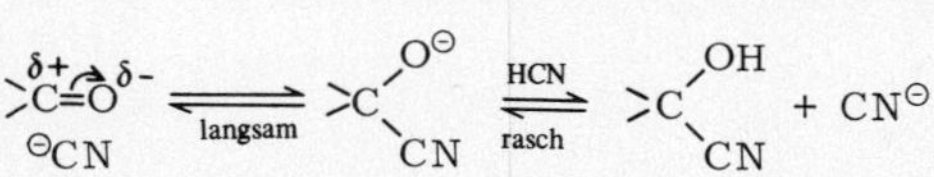

Die Eliminierungsreaktionen sind naturgemäß im wesentlichen die Umkehrungen der Additionsreaktionen. Am weitesten verbreitet ist die Abspaltung von Wasserstoff einerseits und einem anderen Atom oder einer Atomgruppe andererseits von zwei benachbarten Kohlenstoffatomen unter Bildung von Alkenen (S. 287):

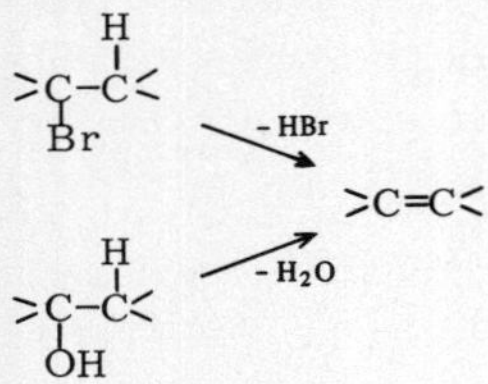

Umlagerungen können ebenfalls über Kation-, Anion- oder Radikal-artige Zwischenprodukte verlaufen. Am häufigsten sind Umlagerungen über Carbokationen und andere Teilchen mit Elektronenmangel. Dabei kann es zu einem weitgehenden Umbau des Kohlenstoffskeletts einer Verbindung kommen, wie in der Umwandlung von 2,3-Dimethylbutan-2,3-diol [Pinakol, *(42)*] in 2,2-Dimethylbutan-3-on [Pinakolon, *(43)*] (S. 131):

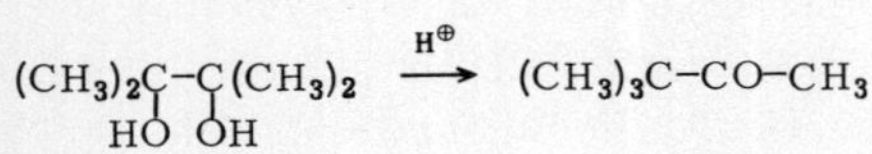

(42) *(43)*

Dem eigentlichen Umlagerungsschritt folgt bei solchen Veränderungen häufig noch eine Substitutions-, Additions- oder Eliminierungs-Reaktion.

2 Energetik und Kinetik von Reaktionsmechanismen und ihre Untersuchung

Wir haben zuvor eine Reihe von elektronischen und sterischen Faktoren kennen gelernt, die die Reaktivität einer Verbindung beeinflussen können, sowie die Typen von Reagenzien, die Zentren bestimmter Eigenschaften in diesen Verbindungen bevorzugt angreifen. Wie sich diese elektronischen und sterischen Faktoren in energetischer und kinetischer Hinsicht auswirken und Richtung sowie Geschwindigkeit der Reaktionen bestimmen, ist dagegen noch nicht näher erörtert worden. Solche Betrachtungen sind aber von großer Wichtigkeit, nicht zuletzt wegen des Einblicks in den Mechanismus einer Reaktion, den wir häufig dadurch erhalten können.

2.1 Die Energiebilanz chemischer Reaktionen

Eine der ersten Fragen, die sich bei der Betrachtung einer chemischen Reaktion stellt, ist die nach dem *Umsetzungsgrad*, bis zu dem die Ausgangsstoffe in die Produkte übergehen. Im Hinblick auf die allgemeine Tendenz von Systemen, in Zustände größtmöglicher *Stabilität* überzugehen, sollte man erwarten, daß das chemische Gleichgewicht um so weiter zugunsten der Produkte verschoben ist, je stabiler diese gegenüber den Ausgangsstoffen sind, d.h. je größer $\Delta_{\text{Stabilisierung}}$ im nachstehenden Diagramm ist:

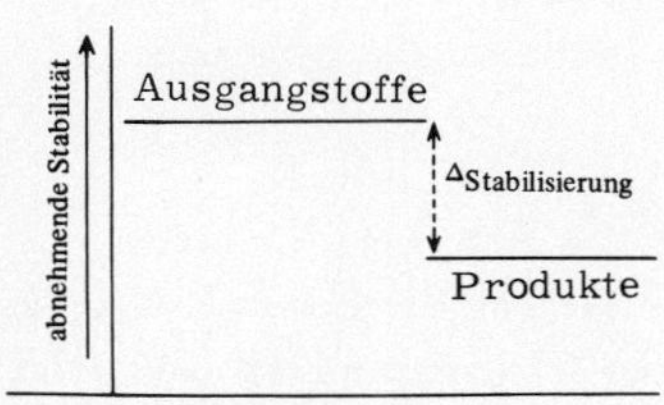

Es stellt sich nun schnell heraus, daß nicht einfach die Energieänderung, die mit der Umwandlung von Ausgangsstoffen in Produkte verbunden ist und leicht als Reaktionswärme ΔH gemessen werden kann*), ein geeignetes Maß

*) H ist ein Maß des Wärmeinhalts oder der *Enthalpie* einer Verbindung. Die Reaktionswärme oder Reaktionsenthalpie ΔH wird negativ gezählt, wenn die Produkte einen niedrigeren Wärmeinhalt haben als die Ausgangsstoffe. Eine solche Reaktion, bei der die Enthalpie *abnimmt*, ist *exotherm*.

für den Stabilitätsunterschied ist. Mit anderen Worten, es besteht kein unmittelbarer Zusammenhang zwischen ΔH und der Gleichgewichtskonstante für die Reaktion, K. Man kennt hochgradig exotherme Reaktionen mit nur kleinen Gleichgewichtskonstanten (entsprechend geringfügiger Umwandlung von Ausgangsstoffen in Produkte), und umgekehrt gibt es auch Reaktionen mit großen Gleichgewichtskonstanten, die endotherm sind (d. h., deren Produkte eine größere Enthalpie haben als die Ausgangsstoffe). Offensichtlich gibt es zusätzlich zur Enthalpie noch einen anderen Faktor, der die relative Stabilität chemischer Systeme beeinflußt.

Bei dem gesuchten Faktor handelt es sich um die *Entropie S*, die ein Maß für die Ordnung (oder Unordnung) eines Systems ist. Wir haben es hier mit einer Auswirkung des 2. Hauptsatzes der Thermodynamik zu tun, der sich im wesentlichen mit Wahrscheinlichkeiten von Zuständen befaßt und letzten Endes besagt, daß Systeme hohen Ordnungsgrades dazu neigen, in solche geringerer Ordnung und damit größerer Wahrscheinlichkeit überzugehen. Wenn also ein System dem stabilsten Zustand zustrebt, so bedeutet dies nicht allein die Tendenz, die Energie (Enthalpie) zu einem *Minimum* werden zu lassen; vielmehr strebt gleichzeitig auch die Entropie einem *Maximum* zu. Insgesamt muß ein Ausgleich zwischen den beiden Faktoren H und S gefunden werden, d. h. das wahre Stabilitätsmaß kann nur eine *Kombination* beider Größen sein. Es ist dies die Gibbssche *Freie Enthalpie G*, die durch

$$G = H - TS$$

definiert ist, worin T die absolute Temperatur bedeutet. Die Änderung der Freien Enthalpie einer Reaktion bei einer bestimmten Temperatur T ist demnach gegeben durch

$$\Delta G = \Delta H - T\Delta S$$

Die auf den Standardzustand*) bezogene Änderung der Freien Enthalpie, ΔG°, ist nun tatsächlich unmittelbar mit der Gleichgewichtskonstante K verknüpft nach

$$-\Delta G^{\circ} = 2{,}303 \cdot RT \log K$$

Die Gleichung besagt: Je größer die *Abnahme* (daher das Minuszeichen!) der Freien Enthalpie beim Gang von den Ausgangsstoffen zu den Produkten ist,

---

* Alle Komponenten liegen in reiner Form, Gase bei einem Druck von 1 at, gelöste Stoffe in der molaren Konzentration 1 mol L^{-1} vor; näheres siehe die Lehrbücher der Physikalischen Chemie.

desto größer ist die Gleichgewichtskonstante K, d. h. um so weiter auf der Seite der Produkte liegt das Gleichgewicht. Wenn das Minimum der Freien Enthalpie erreicht ist, stehen Ausgangsstoffe und Produkte im Gleichgewicht miteinander, es findet kein Bruttoumsatz mehr statt. Ist bei einer bestimmten Reaktion die Änderung der Freien Enthalpie $\Delta G^{\circ} = 0$, so muß $K = 1$ sein, d. h. die Reaktion kommt nach 50 % Umsatz zum Stehen. Mit wachsenden positiven ΔG°-Werten sinkt der zugehörige Wert von K wegen der logarithmischen Beziehung rasch ab, was schließlich zu vernachlässigbar kleinen Umwandlungsgraden der Ausgangsstoffe in die Produkte führt. Umgekehrt steigen die Werte von K bei zunehmend negativen Werten von ΔG° rasch an; beispielsweise gehört zu $\Delta G^{\circ} = -42$ kJ (-10 kcal) mol^{-1} eine Gleichgewichtskonstante bei Normaltemperatur (298 K) von $K \approx 10^7$, was einer praktisch vollständigen Umwandlung in die Produkte entspricht. Wenn man die Standard-Freien-Enthalpien von Ausgangsstoffen und Produkten kennt – für viele, auch organische Verbindungen sind die Werte gemessen worden –, so kann man also sofort sagen, bis zu welchem Umfang bestimmte Umsetzungen vor sich gehen können.

Man kann den ΔH-Faktor bei chemischen Änderungen mit der Differenz sämtlicher Bindungsenergien von Ausgangsstoffen und Produkten gleichsetzen, und deshalb kann man einen Näherungswert von ΔH oftmals mit Hilfe der tabellierten Normalbindungsenergien abschätzen. Dies ist nicht weiter verwunderlich, hat man die mittleren Bindungsenergien doch ihrerseits aus Reaktionsenthalpien abgeleitet.

Der Entropie-Faktor kann nicht in ähnlich einfacher Weise bestimmt werden. Letzten Endes hängt er mit der Zahl der Möglichkeiten, die Gesamtenergie eines molekularen Systems auf die einzelnen Moleküle zu verteilen, zusammen, und ferner mit der Möglichkeit eines Moleküls, seine Energie in verschiedenen Zuständen der Translation, Rotation und Oszillation (*Freiheitsgraden*) unterzubringen. Von diesen Freiheitsgraden nehmen die Translationen (bei Gasen) am meisten Energie auf. Aus diesem Grund ist bei Reaktionen, die mit einer *Zunahme* der Teilchenzahl verbunden sind, z. B.

$$A \rightarrow B + C$$

gewöhnlich eine merkliche Entropiezunahme zu verzeichnen, da translatorische Freiheitsgrade gewonnen werden. Der Entropieterm $-T\Delta S$ kann dann dem Betrag nach größer werden als die – positive – Reaktionsenthalpie ΔH einer endothermen Reaktion, so daß sich insgesamt für ΔG ein negativer Wert ergibt: das Gleichgewicht liegt dann auf der Seite der Reaktionsprodukte. Ist bereits die Reaktionsenthalpie negativ ($\Delta H < 0$), so wird natürlich ΔG noch stärker negativ, und die Gleichgewichtskonstante nimmt noch größere Werte an.

Nimmt andererseits die Zahl der Teilchen bei der Umwandlung der Ausgangsstoffe in die Produkte ab ($A + B \rightleftharpoons C$), so ist eine negative Reaktionsentropie zu erwarten ($\Delta S < 0$ bzw. $-T\Delta S > 0$), und damit wird die Freie Reaktionsenthalpie ΔG – wenn man es nicht mit einer stark exothermen Reaktion mit ausreichend negativem ΔH zu tun hat – positiv. Das bedeutet einen kleinen Wert für die Gleichgewichtskonstante K, mit anderen Worten ein ganz auf der Ausgangsseite liegendes Gleichgewicht.

Reaktionen, bei denen die Änderung der Freien Enthalpie (ΔG) einen negativen Wert hat, nennt man exergonisch, solche mit positivem ΔG endergonisch. Die Begriffe exotherm und endotherm dürfen nur auf die Wärmetönung, d. h. die Reaktionsenthalpie ΔH angewendet werden.

Auch bei Cyclisierungen nimmt die Entropie gewöhnlich ab (wenn auch nicht so stark wie bei Reaktionen, die mit einer Änderung der Teilchenzahl verbunden sind), z. B. in der Reaktion:

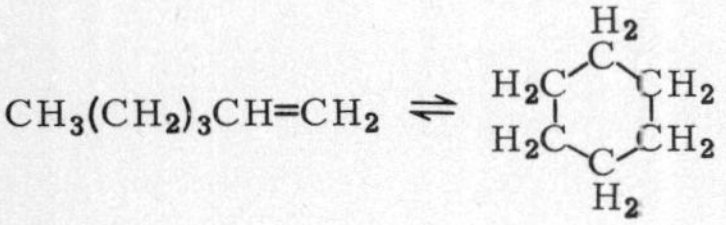

Zwar ändert sich die Translationsenergie praktisch nicht, dafür werden aber Rotationsfreiheitsgrade eingeschränkt, denn die C–C-Einfachbindungen sind im offenkettigen Molekül weitgehend frei rotierbar, nicht aber im cyclischen. Der Rotationsbeitrag zur Entropie ist aber auf jeden Fall kleiner als der Translationsbeitrag bei Reaktionen, die mit einer Änderung der Teilchenzahl verbunden sind. Dieser Umstand spiegelt sich beispielsweise in der bevorzugten Ausbildung von *intra*molekularen Wasserstoffbrücken – und nicht etwa von *inter*molekularen – bei 1,2-Diolen wider.

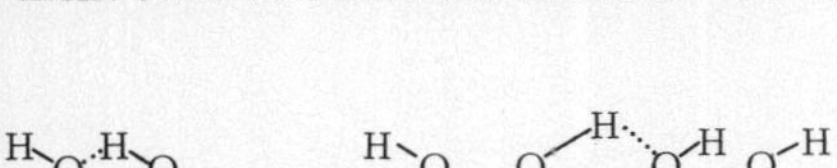

intramolekular intermolekular

Wichtig ist zu beachten, daß das Entropieglied ($T\,\Delta S$) im Gegensatz zur Enthalpie (ΔH) die Temperatur enthält. Für ein und dieselbe Reaktion werden daher beide Beiträge je nach Temperatur von ganz unterschiedlichem relativem Gewicht sein.

2.2 Kinetik von Reaktionen

Wir haben festgestellt, daß die Standard-Freie-Reaktionsenthalpie ΔG^o negativ sein muß, wenn eine Reaktion unter gegebenen Bedingungen überhaupt ablaufen soll. Aber dieses Kriterium reicht noch nicht aus, um Reaktionen wirklich zu beurteilen, denn es sagt nichts darüber, wie *schnell* Ausgangsstoffe in Produkte umgewandelt werden. Beispielsweise gehört zu der Oxidation von Cellulose nach

$$(C_6H_{10}O_5)_n + 6\,nO_2 \rightleftharpoons 6nCO_2 + 5\,nH_2O$$

eine negative, dem Betrag nach große Freie Enthalpie ΔG^o, d.h. das angeschriebene Gleichgewicht muß ganz auf der Seite des CO_2 und H_2O liegen. Dennoch kann man eine Zeitung, die im wesentlichen aus Cellulose besteht, an der offenen Luft, ja sogar in einer Atmosphäre von reinem Sauerstoff bei normalen Temperaturen beliebig lange lesen, ohne befürchten zu müssen, sie könnte sich in gasförmige Produkte auflösen. Trotz des stark negativen ΔG^o-Wertes ist eben die Umwandlungsgeschwindigkeit unter diesen Bedingungen ganz außerordentlich klein. (Sie steigt allerdings bei höherer Temperatur an.)
Auch bei negativen ΔG^o-Werten hat man es nämlich selten oder nie mit Reaktionen zu tun, die hinsichtlich der Freien Enthalpie ausschließlich „talwärts" gerichtet sind [vgl. Diagramm (a) der nachstehenden Abbildung]. Vielmehr muß zunächst eine Energiebarriere überwunden werden, wie dies in Teilbild (b) angezeigt wird:

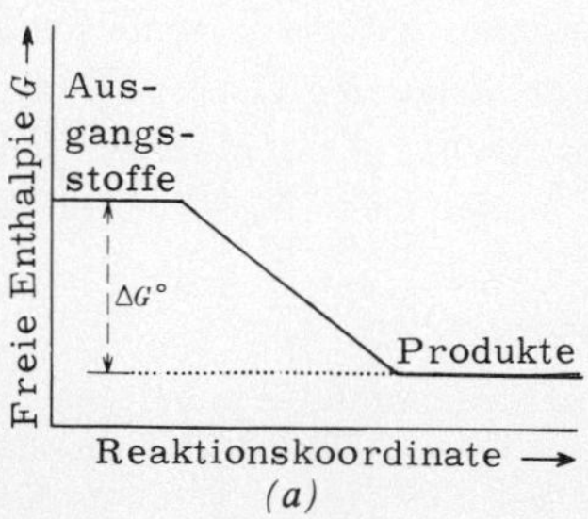

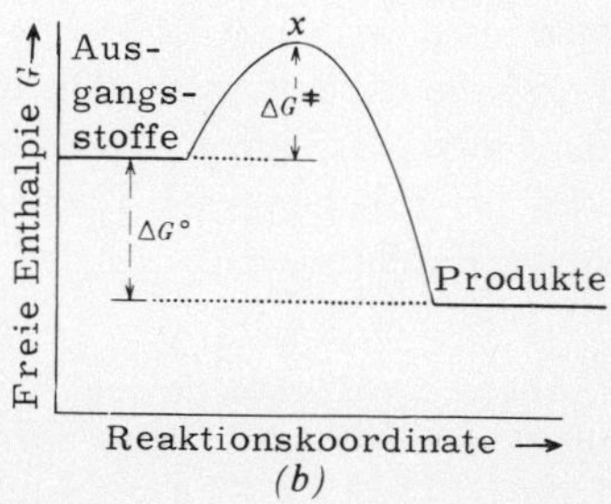

2.2.1 Reaktionsgeschwindigkeit und die Freie Aktivierungsenthalpie

Man bezeichnet Diagramme der eben wiedergegebenen Art als *Energieprofile* der Reaktion*). Die mit *x* markierte Position im Energieprofil (b) entspricht der Anordnung mit der höchsten Energie, die die Moleküle der Ausgangsstoffe auf ihrem Weg zu den Produkten durchlaufen müssen; man nennt sie den *Aktivierungskomplex* oder *Übergangszustand.* Es sei betont, daß es sich dabei lediglich um einen rasch durchlaufenen instabilen Zustand handelt, nicht aber um ein isolierbares Zwischenprodukt. Ein Beispiel bietet die Struktur *(1)* in der alkalischen Hydrolyse von Methylbromid, in welcher die HO–C-Bindung gleichzeitig mit der Lösung der C–Br-Bindung geschlossen wird. Die drei Wasserstoffatome am Kohlenstoff durchlaufen dabei eine Konfiguration, in der sie alle in einer Ebene (senkrecht zur Papierebene) liegen. Dieser Reaktionstyp wird später ausführlicher besprochen (S. 90).

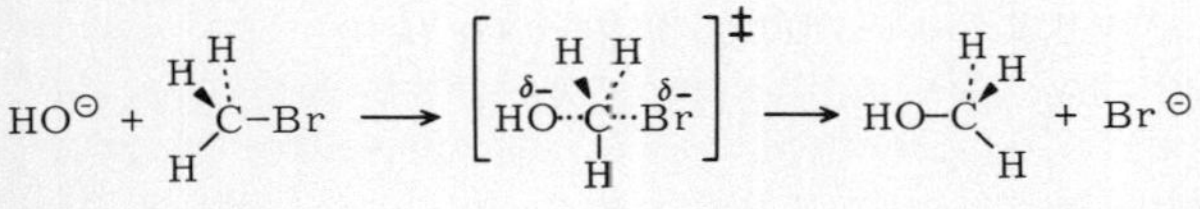

(1)

Die Höhe der Energiebarriere in (b), $\Delta G^{\ddagger}$, wird als *Freie Aktivierungsenthalpie* der Reaktion bezeichnet. Je größer $\Delta G^{\ddagger}$, desto langsamer ist die Reaktion. Man kann sich diese Größe wiederum zusammengesetzt denken aus einem Enthalpie- und einem Entropie-Term:

$$\Delta G^{\ddagger} = \Delta H^{\ddagger} - T\Delta S^{\ddagger}$$

$\Delta H^{\ddagger}$, die *Aktivierungsenthalpie*, entspricht der Energie, die zur Dehnung oder im Extremfall zur Lösung der Bindungen bei der betreffenden Reaktion erforderlich ist [Dehnungsenergie der C–Br-Bindung im Fall von *(1)*]. Die Moleküle müssen, wenn eine Kollision zur Reaktion führen soll, mindestens diesen Energiebetrag aufbringen. Die bekannte Steigerung der Reaktionsgeschwindigkeiten bei Temperaturerhöhung ist nichts anderes als eine Folge davon, daß bei Erhöhung der Temperatur immer mehr Moleküle diese Mindestenergie aufbringen.

---

* Darin braucht die Abszisse, die sog. *Reaktionskoordinate*, keine präzise quantitative Bedeutung zu haben; sie soll nur den Grad des Fortgangs der Reaktion kennzeichnen.

In enger Beziehung zur Aktivierungsenthalpie $\Delta H^{\neq}$ steht die Aktivierungsenergie E_A, die mit Hilfe der Gleichung von Arrhenius aus den Werten der Geschwindigkeitskonstante k (s. unten) bei zwei verschiedenen Temperaturen T_1 und T_2 bestimmt werden kann.

$$k = A\,e^{-E_A/RT}$$

$$\log k = -\frac{E_A}{2{,}303\,RT} + \log A$$

In dieser Gleichung, die die Beziehung zwischen der Geschwindigkeitskonstante k und der absoluten Temperatur T herstellt, ist R die Gaskonstante (8,32 J mol^{-1} K^{-1}). A ist für die betreffende Reaktion eine konstante, von der Temperatur unabhängige Größe, die mit dem Anteil von Zusammenstößen zwischen den Reaktionspartnern, die zur erfolgreichen Umwandlung in die Produkte führen, in Zusammenhang steht. E_A kann dann graphisch durch Antragen der Werte von $\log k$ gegen $1/T$ ermittelt werden, oder auch rechnerisch nach Umwandlung der obigen Beziehung in

$$\log\frac{k_1}{k_2} = -\frac{E_A}{2{,}303\,R}\left[\frac{1}{T_1}-\frac{1}{T_2}\right]$$

$\Delta S^{\neq}$ heißt *Aktivierungsentropie* und ist – wie die Reaktionsentropie ΔS – mit der Wahrscheinlichkeit des Vorgangs verknüpft. Denken wir uns eine Reaktion, für die der Aufbau des Übergangszustandes die Herstellung eines hohen Maßes an Ordnung bedeutet, indem sich die reagierenden Moleküle in sehr spezifischer Weise einander nähern müssen oder indem eine starke „Konzentration“ von Energie in bestimmten Bindungen für ihre schließliche Lösung erforderlich ist. Für eine solche Reaktion kostet die Erreichung des Übergangszustandes einen erheblichen Entropieverlust, d.h. die „Zufälligkeit“ nimmt ab und die Wahrscheinlichkeit der Bildung des Übergangszustandes ist entsprechend geringer.

2.2.2 Kinetik und der geschwindigkeitsbestimmende Schritt

Experimentell mißt man Reaktionsgeschwindigkeiten, indem man bestimmt, wie rasch Ausgangsstoffe verschwinden und/oder Produkte – jeweils bei einer bestimmten (konstanten) Temperatur – entstehen. Sodann versucht man, die Befunde mit der Konzentration eines oder mehrerer Reaktionspartner zu verknüpfen. Man kann den Fortgang einer Reaktion mit

Hilfe einer Vielzahl von Methoden, z. B. titrimetrischen, spektrometrischen oder kalorimetrischen, verfolgen. Meist besteht der entscheidende Schritt darin, daß man die auf irgendeine Weise gewonnenen kinetischen Daten mit einer Auswahl in Frage kommender Konzentrations/Zeit-Funktionen vergleicht und ermittelt, zu welcher Funktion die Daten am besten passen. Beispielsweise findet man so für die Reaktion

$$CH_3Br + HO^{\ominus} \longrightarrow CH_3OH + Br^{\ominus}$$

den keineswegs überraschenden Ausdruck:

$$r = k[CH_3Br][HO^{\ominus}]$$

Darin ist *r* das Symbol für die Reaktionsgeschwindigkeit (englisch: rate). *k* wird als die Geschwindigkeitskonstante bezeichnet. In dem in Rede stehenden Fall sagt man, die Reaktion ist 2. Ordnung, und zwar je 1. Ordnung in bezug auf CH_3Br und $HO^{\ominus}$.
Eine solche Koinzidenz von Stöchiometrie und Geschwindigkeitsgleichung ist allerdings eher die Ausnahme als die Regel, die letztere kann aus der Stöchiometrie nicht abgeleitet, sondern nur experimentell bestimmt werden. Beispielsweise findet man für die Geschwindigkeit der basekatalysierten Bromierung des Acetons gemäß

$$CH_3COCH_3 + Br_2 \longrightarrow CH_3COCH_2Br + HBr$$

den folgenden Ausdruck für die Reaktionsgeschwindigkeit:

$$r = k[CH_3COCH_3][HO^{\ominus}]$$

Es sieht danach so aus, als sei das Brom überhaupt nicht an der Reaktion beteiligt, statt dessen aber die Hydroxid-Ionen der Lösung (vgl. S. 88). Da Brom irgendwo in das Reaktionsgeschehen eingreifen muß – es wird ja in das Produkt eingebaut – kann das nur bedeuten, daß es an dem Reaktionsschritt nicht beteiligt ist, dessen Geschwindigkeit wir messen. Wir werden hier sehr deutlich daran erinnert, daß in der Tat die meisten organischen Reaktionen keine einfachen Einstufenreaktionen gemäß Energieprofil (b) sind und daß die Stöchiometrie, die wir durch die Reaktionsgleichung zum Ausdruck bringen, nichts weiter ist als eine Art Materialbilanz, die uns aber keinerlei Auskunft über den wirklichen Ablauf der Reaktion geben kann.
Besonders deutlich wird das bei extremen Beispielen wie der Gleichung für die Bildung des Urotropins:

$$6CH_2O + 4NH_3 \longrightarrow C_6H_{12}N_4 + 6H_2O$$

Diese Gleichung kann nun wirklich nicht bedeuten, daß etwa *sechs* Moleküle CH_2O und *vier* Moleküle NH_3 in einer *Zehnteilchen*-Kollision zusammentreffen müßten, denn die Wahrscheinlichkeit dafür wäre verschwindend gering.
Aber auch in weniger extremen Fällen sind die Reaktionen gewöhnlich komplex und bestehen in einer mehr oder weniger großen Zahl von Folgeschritten – oft *Zweiteilchen*-Kollisionen – deren langsamsten wir messen. Dieser langsamste Teilschritt wird der *geschwindigkeitsbestimmende* genannt; er stellt den kinetischen „Flaschenhals" dar, der die Umwandlung von Ausgangsstoffen in Produkte beschränkt.

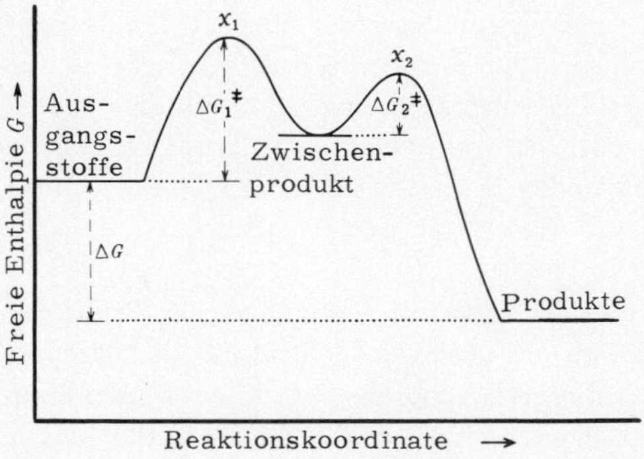

In vorstehendem Diagramm werden die Ausgangsstoffe über den Übergangszustand x_1 in ein *Zwischenprodukt* (häufig auch als *Zwischenstufe* bezeichnet) umgewandelt, das dann rasch über einen zweiten Übergangszustand x_2 in die Endprodukte übergeht. Wie das Reaktionsprofil zeigt, ist die Bildung des Zwischenprodukts auf dem Weg über x_1 von den beiden Teilschritten derjenige mit dem höheren Bedarf an Freier Aktivierungsenthalpie ($\Delta G_1^{\ddagger} > \Delta G_2^{\ddagger}$); folglich ist die Bildung des Zwischenprodukts der langsamere, durch die kinetischen Messungen erfaßte Teilschritt. Ihm folgt die rasche, mit einem geringen Energieaufwand verknüpfte und somit auch nicht geschwindigkeitsbestimmende Umwandlung des Zwischenprodukts in die Endprodukte.
Unter bestimmten Bedingungen ist die bereits erwähnte Bromierung des Acetons ein Paradebeispiel für einen solchen Reaktionsablauf. Hier besteht der langsame, geschwindigkeitsbestimmende Schritt in der Ablösung eines Protons durch die Base ($HO^{\ominus}$). Aus ihm geht das Carbanion *(2)* hervor, das

anschließend rasch von Br_2 angegriffen wird unter Bildung von Bromaceton und Bromid-Ion als Produkten.

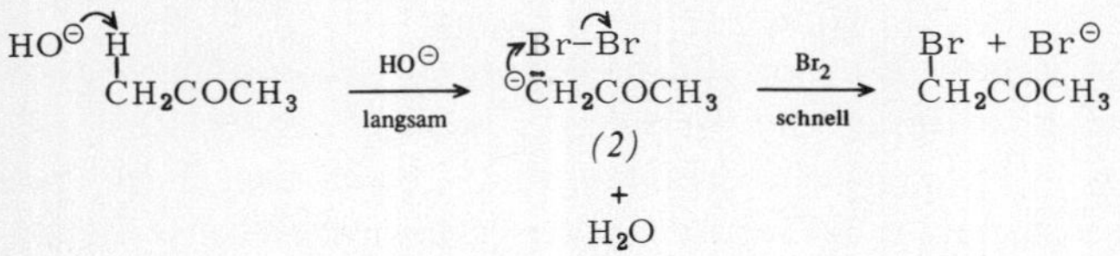

(2)

Es muß dabei betont werden, daß diese Erklärung zwar aus dem experimentell gefundenen Geschwindigkeitsgesetz ableitbar ist, daß sie dadurch aber nicht als streng *bewiesen* gelten kann. Letztlich kann die experimentell ermittelte Geschwindigkeitsgleichung nur Auskunft über die Teilchen geben, die bis zum geschwindigkeitsbestimmenden Schritt beteiligt sind. Sie läßt nur indirekte Schlußfolgerungen über die Zwischenprodukte zu. Aussagen über die molekularen Spezies, die an den raschen Folgeprozessen nach dem geschwindigkeitsbestimmenden Schritt beteiligt sind, können überhaupt nicht oder allenfalls auf dem Wege der Ausschließung gemacht werden.

Häufig interessiert man sich für die Effekte, die Änderungen der Reaktionsbedingungen – z. B. des Reaktionsmediums oder der Struktur der Ausgangsstoffe – hinsichtlich der Reaktionsgeschwindigkeit bewirken. Hierzu ist es erforderlich zu wissen, wie sich solche Änderungen auf die Stabilität, d. h. die Freie Enthalpie des Übergangszustandes auswirken. Faktoren, die den Übergangszustand relativ zu den Ausgangsstoffen stabilisieren, beschleunigen seine Bildungsgeschwindigkeit und umgekehrt. Leider gelingt es meist nicht, den Einfluß der genannten Faktoren auf die energiereichen Übergangszustände genau anzugeben, und man hilft sich deshalb dadurch, daß man die zugehörigen Zwischenprodukte als Modelle für die Übergangszustände nimmt und prüft, in welcher Weise diese Modelle durch die betreffenden Änderungen beeinflußt werden könnten. Dieses Vorgehen ist nicht unvernünftig, entspricht doch das kurzlebige Zwischenprodukt des vorigen Diagramms in seiner Freien Enthalpie und Struktur weitgehend dem dahin führenden Übergangszustand. Auf jeden Fall dürfte das Zwischenprodukt ein besseres Modell für den Übergangszustand sein als die Ausgangsstoffe. In diesem Sinne benutzt man beispielsweise die σ-Komplexe, die in der elektrophilen aromatischen Substitution auftreten, als Modelle für die unmittelbar vorher durchlaufenen Übergangszustände (vgl. S. 158).

Die beschleunigende Wirkung von *Katalysatoren* besteht darin, daß ein energetisch weniger aufwendiger Reaktionsweg zur Verfügung gestellt wird. Häufig geschieht dies dadurch, daß eine neue, relativ energiearme Zwischenstufe (oder auch mehrere) durchlaufen wird:

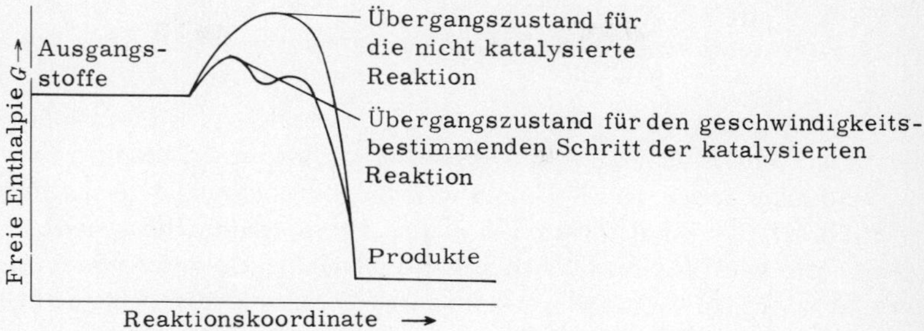

Beispielsweise ist die direkte Hydratisierung von Alkenen meist extrem langsam:

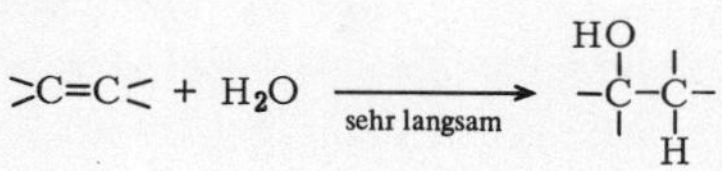

Durch Zugabe eines sauren Katalysators, der das Alken zu einem intermediären Carbokation protoniert, kann die Reaktion außerordentlich beschleunigt werden. Wenn sich das Carbokation einmal gebildet hat, wird es rasch von einem Wassermolekül – das dabei als Nucleophil wirkt – angegriffen; dabei wird ein Proton wieder frei und kann erneut seine katalytische Wirksamkeit entfalten (vgl. S. 215):

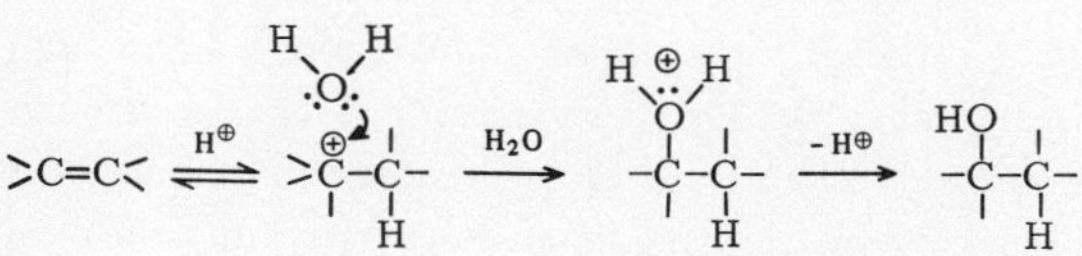

Näheres über Säure/Base-Katalyse wird später erläutert (S. 85).

2.2.3 Kinetische und thermodynamische Kontrolle

Im folgenden sollen uns Systeme beschäftigen, bei denen die Ausgangsstoffe in zwei oder mehr verschiedene Produkte übergehen können. Ein Beispiel für ein derartiges System ist die elektrophile Substitution an einem Aromaten, der bereits einen Substituenten trägt (vgl. S. 172). In solchen Fällen wird das Verhältnis, in dem die Produkte entstehen, oft durch das Verhältnis ihrer Bildungsgeschwindigkeiten bestimmt: je schneller ein Produkt entsteht, desto stärker wird es anteilmäßig in der am Schluß vorliegenden Produktmischung vertreten sein. Man spricht dann von *kinetischer Kontrolle.*

Diese Verhältnisse werden aber keineswegs immer angetroffen. Ist nämlich eine oder mehrere der zur Wahl stehenden Reaktionen reversibel, oder sind die Produkte unter den Reaktionsbedingungen unmittelbar ineinander überführbar, so wird die Zusammensetzung der Produktmischung letztlich nicht mehr von den relativen Bildungsgeschwindigkeiten der einzelnen Produkte abhängen, sondern von ihren relativen thermodynamischen Stabilitäten: es liegt dann ein Fall von *thermodynamischer Kontrolle* vor. Beispielsweise wird die Nitrierung von Toluol kinetisch kontrolliert, während die Friedel-Crafts-Alkylierung derselben Verbindung unter bestimmten Bedingungen thermodynamisch kontrolliert wird (vgl. S. 188). Manchmal hängt es ganz von den Reaktionsbedingungen ab, welche Form der Kontrolle wirksam wird. So ist die Sulfonierung des Naphthalins mit konzentrierter Schwefelsäure bei 80 °C im wesentlichen kinetisch kontrolliert, während bei 160 °C rein thermodynamische Kontrolle vorliegt (vgl. S. 190).

2.3 Untersuchung des Reaktionsmechanismus

Nur sehr selten – wenn überhaupt – gelingt es, den Reaktionsweg einer chemischen Umsetzung vollständig, d. h. hinsichtlich Energiebilanz, Stereochemie und sämtlichen beteiligten Strukturen und Zwischenstrukturen, aufzuklären. Dazu sind die Dinge zu kompliziert. Dennoch kann man oftmals aufgrund experimenteller Befunde beweisen, daß ein theoretisch zunächst denkbar scheinender Mechanismus *nicht* zutreffen kann, oder man kann wenigstens belegen, daß von verschiedenen Alternativmechanismen einer sehr viel wahrscheinlicher ist als die anderen.

2.3.1 Zusammensetzung der Produkte

Wohl die grundlegendste Einsicht in eine Reaktion gewinnt man durch Ermittlung der Struktur der entstehenden Produkte und durch deren Verknüpfung mit den Ausgangsstoffen. Sofern mehr als ein Produkt entsteht (wie dies bei organischen Reaktionen häufig vorkommt), wird es nützlich sein, die relativen Anteile der einzelnen Produkte in Erfahrung zu bringen, um so beispielsweise entscheiden zu können, ob eine kinetische oder thermodynamische Kontrolle vorliegt. Früher bedurfte es dazu der mühsamen – und oft ungenauen – Isolierung der Produkte. Heute gelangt man durch den Einsatz ausgefeilter chromatographischer und spektroskopischer Methoden sehr viel einfacher und genauer ans Ziel.

Wie wichtig eine korrekte Strukturbestimmung der Reaktionsprodukte ist, zeigt am deutlichsten die Verwirrung, die zwangsläufig entsteht, wenn eine Struktur falsch zugeordnet oder – als scheinbar selbstverständlich – einfach angenommen wird. So liefert das gelbe Triphenylmethyl-Radikal *(3)* (S. 353), das 1900 erstmals bei der Einwirkung von Metallen auf Triphenylmethylhalogenide erhalten wurde, ein farbloses Dimer von der Molekülmasse 486, dem man – verständlicherweise – die Struktur des Hexaphenylethans *(4)* zuordnete. Erst nahezu 70 Jahre später, im Jahre 1968, mußte aus dem NMR-Spektrum – das Dimer zeigt Signale für fünfundzwanzig aromatische, vier olefinische und ein „gesättigtes" Wasserstoffatom und nicht etwa die 30 für *(4)* zu erwartenden aromatischen Protonen – der Schluß gezogen werden, daß in Wirklichkeit die Struktur *(5)* vorliegt:

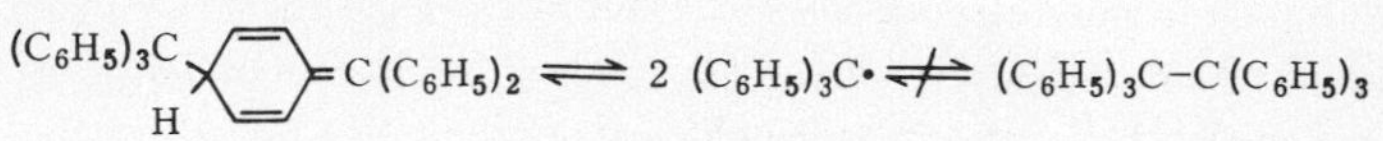

(5) *(3)* *(4)*

Jetzt wurden plötzlich einige Verhaltensweisen des Radikals *(3)* und auch seines Dimers, die bisher als anomal hatten erscheinen müssen, verständlich.

Eine genaue Kenntnis der Reaktionsprodukte kann vor allem dann von Nutzen sein, wenn eines von ihnen gänzlich unerwartet ist. So liefert die Reaktion von *p*-Chlortoluol *(6)* mit Amid-Ion in flüssigem Ammoniak nicht nur das erwartete *p*-Toluidin *(7)*, sondern überraschenderweise auch – und sogar als Hauptprodukt – das isomere *m*-Toluidin *(8)*.

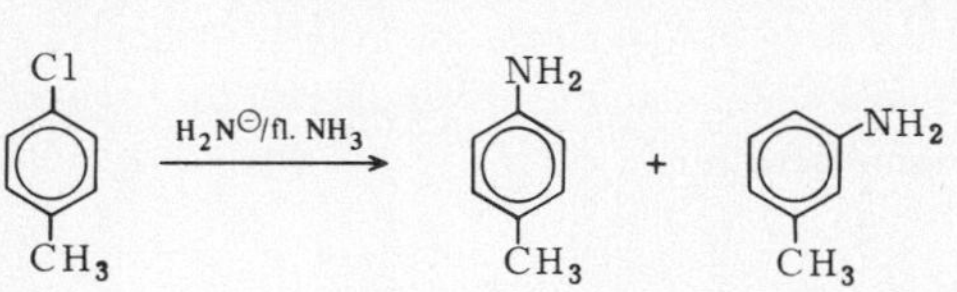

(6) *(7)* *(8)*
erwartet unerwartet

Die letztere Verbindung kann offensichtlich nicht durch einfache Substitution aus *(6)* entstehen. Sie geht also daraus entweder auf einem ganz anderen Reaktionsweg hervor als *(7)*, oder aber es gibt für *(7)* und *(8)* ein gemeinsames Zwischenprodukt, aber dann kann *(7)* ebenfalls kein unmittelbares

Substitutionsprodukt sein. Der genaue Verlauf dieser Reaktion wird später erörtert (S. 202).

2.3.2 Kinetik

Noch immer stellen kinetische Untersuchungen den überwiegenden Teil der benötigten Informationen zur Verfügung, obwohl die mechanistische Ausdeutung kinetischer Daten keineswegs so einfach ist, wie das fürs erste scheinen mag. Die Konzentration der eigentlich wirksamen reaktionsfähigen Spezies, die die Reaktionsgeschwindigkeit bestimmt, braucht z. B. keineswegs mit der Einwaage-Konzentration oder der Konzentration, die man messend verfolgt, identisch zu sein. Beispielsweise ist das eigentlich wirksame Teilchen in der aromatischen Nitrierung unter den üblichen Bedingungen das Nitronium-Ion, $NO_2^{\oplus}$ (vgl. S. 154), aber es ist die Salpetersäure, HNO_3, die wir in die Reaktionsmischung geben und deren abnehmende Konzentration wir messen. Zwischen beiden kann eine durchaus komplexe Beziehung bestehen, und entsprechend kompliziert wird auch die Beziehung zwischen Reaktionsgeschwindigkeit und $[HNO_3]$ ausfallen. Selbst wenn der entscheidende Reaktionsschritt einfach ist, kann es durchaus schwierig sein, ihn aus den meßtechnisch leicht zugänglichen Daten zu gewinnen.
Betrachten wir noch ein anderes Beispiel. Die Hydrolyse von Alkylhalogeniden RHal in einem wäßrigen Milieu folgt der Geschwindigkeitsgleichung

$$r \sim [\mathrm{RHal}]$$

Das Fehlen eines Terms $[H_2O]$ beweist aber nicht, daß Wasser *nicht* Reaktionspartner im geschwindigkeitsbestimmenden Schritt wäre. Solange nämlich das Wasser Lösungsmittel ist, bleibt seine Konzentration während der Reaktion ja praktisch konstant, ob es nun am geschwindigkeitsbestimmenden Schritt beteiligt ist oder nicht. Man könnte versuchen, diese Frage zu klären, indem man die Reaktion in einem anderen Lösungsmittel ablaufen läßt, z. B. in Ameisensäure, der man nur stöchiometrische Mengen Wasser zusetzt. Wenn man dann tatsächlich

$$r \sim [\mathrm{RHal}]\,[\mathrm{H_2O}]$$

findet, so beweist das aber streng genommen nichts für den Ablauf der Reaktion in Wasser. Der Reaktionsmechanismus könnte sich ja bei einer so einschneidenden Änderung des Reaktionsmilieus selbst geändert haben, so daß wir eigentlich nicht viel klüger geworden sind.
Die Mehrzahl der organischen Reaktionen wird in Lösung durchgeführt, und es hat sich gezeigt, daß selbst geringfügig scheinende Änderungen im

Medium von tiefgreifendem Einfluß nicht nur auf die Reaktionsgeschwindigkeiten, sondern auch auf den Mechanismus der Reaktionen sein können. Das gilt in besonderem Maße, wenn polare Zwischenprodukte wie Carbokationen oder Carbanionen in Form von Ionenpaaren beteiligt sind. Solche Teilchen sind normalerweise von einer Solvatsphäre umgeben, die ihre Stabilität – und damit auch ihre Bildungsgeschwindigkeit – in erheblichem Umfang beeinflussen kann. Die Solvatsphäre wiederum hängt sehr stark von der Natur und Zusammensetzung des Mediums ab, insbesondere von seiner Polarität und seinem Solvatationsvermögen für Ionen. Im Gegensatz dazu werden Radikalreaktionen sehr viel schwächer vom Solvens beeinflußt (sofern nicht das Lösungsmittel befähigt ist, mit Radikalen chemische Reaktionen einzugehen), doch machen sich hier statt dessen kleine Beimengungen von Radikalbildnern (z. B. Peroxiden) oder Radikalfängern (z. B. Chinonen) sehr stark bemerkbar, ebenso auch das Licht, das Radikalreaktionen durch die Erzeugung von Radikalen auf dem Wege der photochemischen Aktivierung (z. B. $Br_2 \xrightarrow{h\nu} 2Br\cdot$) auslösen kann.
Eine Reaktion, die nach dem Ergebnis der kinetischen Untersuchung sehr viel rascher oder auch langsamer als scheinbar ähnliche Reaktionen (verwandter Verbindungen unter vergleichbaren Bedingungen) verläuft, legt die Vermutung nahe, daß hier das allgemeine Reaktionsprinzip, das man sonst der ganzen Reihe hätte zuschreiben können, modifiziert oder verändert wird. Beispielsweise findet man für die Geschwindigkeiten der Hydrolyse der Chlormethane unter vergleichbaren Bedingungen die folgende Abstufung:

$CH_3Cl > CH_2Cl_2 < CHCl_3 > CCl_4$

Ganz offensichtlich hydrolysiert Trichlormethan (Chloroform) nach einem anderen Mechanismus als die anderen Verbindungen (S. 58).

2.3.3 Isotopie-Effekte und Isotopenmarkierung

Da uns einfache kinetische Daten nicht sagen können, ob eine bestimmte Bindung im geschwindigkeitsbestimmenden Schritt der Reaktion gelöst wird oder nicht, sind häufig zusätzliche Informationen erwünscht. Wenn es sich z. B. um die Lösung einer C—H-Bindung handelt, so kann man sich die Zusatzinformation dadurch beschaffen, daß man die Reaktion unter identischen Bedingungen einmal mit der interessierenden Verbindung ablaufen läßt, einmal mit der Verbindung, die an der entscheidenden Stelle das schwerere Isotop Deuterium, also eine C—D-Bindung trägt. Die beiden Bindungen unterscheiden sich in ihrem chemischen Verhalten nicht, da es sich um Isotope desselben Elements handelt; aber ihre Schwingungsfrequenzen und folglich ihre Dissoziationsenergien sind geringfügig verschieden, da Atome unterschiedlicher *Masse* beteiligt sind. Je größer die Masse des Isotops, desto schwerer ist die Bindung zu lösen. Unter gleichen Bedingungen wird also die langsamer schwingende C–D-Bindung auch langsamer gelöst werden als die rascher schwingende C–H-Bindung, und zwar nach quantenmechanischen Berechnungen um einen Faktor von maximal ca. 7 bei 25 °C.

Denken wir etwa an die Oxidation (Ph = C_6H_5)

$$Ph_2CHOH \longrightarrow Ph_2CO$$

mit Hilfe von Kaliumpermanganat. Man findet hier tatsächlich, daß Ph_2CHOH 6,7mal rascher oxidiert wird als Ph_2CDOH. Man sagt dann, daß die Reaktion einen *primären kinetischen Isotopieeffekt* zeigt, und es ist ganz offensichtlich, daß die Lösung der C–H(D)-Bindung am geschwindigkeitsbestimmenden Schritt beteiligt ist. Auf der anderen Seite werden Benzol, C_6H_6, und Hexadeuteriobenzol, C_6D_6, mit praktisch derselben Geschwindigkeit nitriert. Die Lösung der C–H-Bindung, die irgendwann im Verlauf der Reaktion

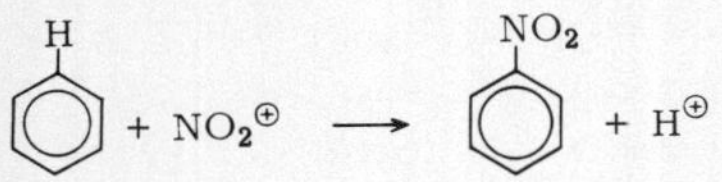

ja stattfinden muß, fällt hier also offenbar nicht in den geschwindigkeitsbestimmenden Schritt (vgl. S. 156).

Primäre kinetische Isotopieeffekte sind auch bei anderen Paaren von Isotopen als Wasserstoff und Deuterium beobachtet worden. Da hier aber das Massenverhältnis notwendigerweise immer näher bei 1 liegt, sind die maximal zu erwartenden Effekte entsprechend kleiner. Folgende Werte sind beobachtet worden, um nur zwei typische Beispiele zu geben:

$$HO^{\ominus} + {}^{12(14)}CH_3{-}I \longrightarrow HO{-}{}^{12(14)}CH_3 + I^{\ominus} \qquad \frac{k_{12C}}{k_{14C}} = 1{,}09\,(25\,^{\circ}C)$$

$$PhCH_2{-}{}^{35(37)}Cl + H_2O \longrightarrow PhCH_2{-}OH + H^{\oplus}\,{}^{35(37)}Cl^{\ominus} \qquad \frac{k_{35Cl}}{k_{37Cl}} = 1{,}0076\,(25\,^{\circ}C)$$

Experimentell beobachtet man Isotopieeffekte, die zwischen dem berechneten maximalen Wert und dem Wert 1 (d. h. kein Isotopieeffekt) liegen. Auch diese zahlenmäßigen Abweichungen sind von Interesse, da sie zusätzliche Informationen über den Grad der Bindungslösung im Übergangszustand zu liefern vermögen.

Auch bei Untersuchungen nicht-kinetischer Art können durch den Einsatz von Isotopen Reaktionsmechanismen aufgeklärt werden. Ein bekanntes Beispiel ist die wäßrige Hydrolyse von Estern zu Säuren und Alkoholen, die theoretisch a) durch Alkyl-Sauerstoff-Spaltung oder b) durch Acyl-Sauerstoff-Spaltung vonstatten gehen kann:

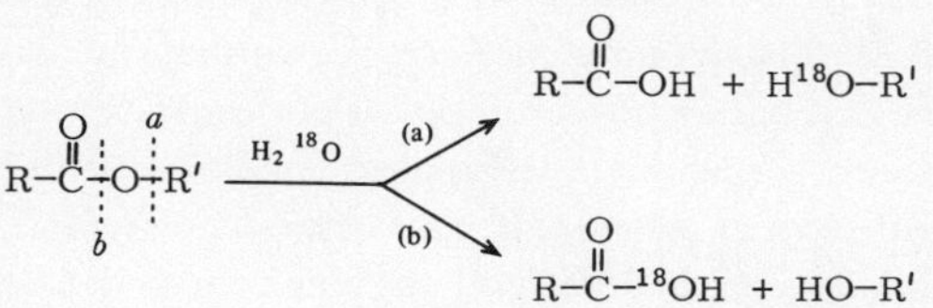

Läßt man die Reaktion in einem mit ^{18}O angereichterten („markierten") Wasser ablaufen, so muß nach a) ein ^{18}O-angereicherter Alkohol und eine isotopenfreie Säure entstehen, nach b) umgekehrt eine ^{18}O-angereicherte Säure und ein normaler Alkohol. Das Ergebnis dieser *Isotopenmarkierung* ist, daß tatsächlich in den meisten Fällen eine ^{18}O-angereicherte Säure entsteht, also die Acyl-Sauerstoff-Spaltung gemäß b) stattfindet (vgl. S. 279). Dabei muß noch vorausgesetzt werden, daß unter den Reaktionsbedingungen weder die Säure noch der Alkohol, wenn sie einmal gebildet sind, ihrerseits Sauerstoff mit dem ^{18}O-angereicherten Wasser austauschen können; es läßt sich zeigen, daß diese Voraussetzung erfüllt ist.
Auch mit schwerem Wasser, D_2O, werden häufig derartige Untersuchungen durchgeführt. Beispielsweise erhebt sich in der Cannizzaro-Reaktion des Benzaldehyds (vgl. S. 252)

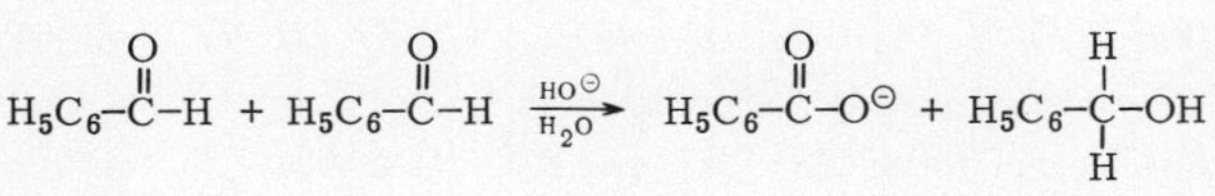

(9)

die Frage, ob das zweite Wasserstoffatom, das im Benzylalkohol-Molekül *(9)* an Kohlenstoff gebunden wird, vom Lösungsmittel (H_2O bzw. D_2O) oder von einem zweiten Molekül Benzaldehyd stammt. Läßt man nun die Reaktion in D_2O ablaufen, so ist die Bildung von C_6H_5CHDOH nicht nachzuweisen. Das zweite Wasserstoffatom kann also nicht vom Wasser stammen und muß daher unmittelbar von einem zweiten Molekül Benzaldehyd übertragen worden sein.
Es sind noch zahlreiche andere Isotope zur Markierung herangezogen worden, z. B. $^{3}H(T)$, ^{13}C, ^{14}C, ^{15}N, ^{32}P, ^{35}S, ^{37}Cl, ^{131}I, die alle schon wichtige

mechanistische Erkenntnisse geliefert haben. Die Hauptprobleme bei derartigen Markierungsexperimenten bestanden immer darin, a) sicherzustellen, daß die Markierung *ausschließlich* in die gewünschte(n) Position(en) der zu untersuchenden Substanz inkorporiert worden ist und b) exakt den Ort zu bestimmen, wo sich die Markierung im Produkt (oder den Produkten) befindet, nachdem der infragestehende Prozeß abgelaufen ist. Da die modernen synthetischen Methoden immer selektiver geworden sind, ist der erste Punkt im Laufe der Zeit immer bedeutungsloser geworden. Punkt b) blieb jedoch für lange Jahre ein Problem, besonders für den Fall der Verwendung von Kohlenstoffisotopen. Diese sind aber besonders wertvoll, weil Kohlenstoffatome in allen organischen Verbindungen präsent sind. Das Isotop ^{14}C ist besonders häufig beim Studium von biosynthetischen Reaktionswegen genutzt worden, d. h. den Prozessen, mit deren Hilfe Lebewesen die häufig hochkomplizierten Naturstoffe aufbauen.
Beispielsweise bestand Grund zu der Annahme, daß die pentacyclische Verbindung *Sterigmatocystin*,

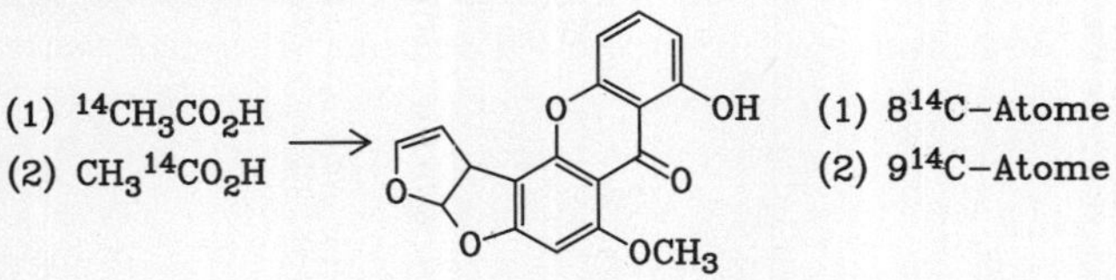

Sterigmatocystin

die sich aus Kulturen diverser Pilze isolieren läßt, schrittweise aus Essigsäuremolekülen aufgebaut wird. Diese Hypothese ließ sich allgemein mit Fütterungsexperimenten an geeigneten Pilzkulturen bestätigen, wobei in einigen Experimenten $^{14}CH_3COOH$, in anderen $CH_3{}^{14}COOH$ benutzt wurde. Nachdem man das jeweils gebildete Sterigmatocystin ($C_{18}H_{12}O_6$) extrahiert hatte, fand man durch Messung der Radioaktivität – ^{14}C ist ein β-Strahler –, daß bei Verwendung von $^{14}CH_3COOH$ *acht* ^{14}C-Atome und mit $CH_3{}^{14}COOH$ *neun* ^{14}C-Atome eingebaut worden waren. Aber damit ist die Frage, wo genau im Sterigmatocystin diese beiden Sätze von markierten Kohlenstoffatomen lokalisiert sind, noch nicht beantwortet. Vor nicht allzu langer Zeit hätte man dieses Problem nur durch außerordentlich arbeitsaufwendige – und häufig auch widersprüchliche – selektive Abbauexperimente lösen können. Die Entwicklung der Kohlenstoffkernresonanzspektroskopie brachte den großen Umschwung. Weder das ^{12}C- noch das ^{14}C-Kohlenstoffisotop rufen ein NMR-Signal hervor, wohl aber das Isotop ^{13}C, das mit einer natürlichen Häufigkeit von 1.11 % auftritt. Mit entsprechenden Spektrometern kann man heute routinemäßig ^{13}C-Spektren

aller kohlenstoffhaltigen Verbindungen aufnehmen, wobei jedes Kohlenstoffatom oder jede Gruppe identisch positionierter Kohlenstoffatome in einem Molekül ein eigenes, von anderen unterscheidbares Signal hervorruft.
Das ^{13}C-Spektrum des normalen (natürlichen) Sterigmatocystins kann deshalb mit den Spektren der Stoffe verglichen werden, die man nach separaten Fütterungsexperimenten mit ^{13}C-angereicherter $^{13}CH_3COOH$ (Weg a) bzw. $CH_3{}^{13}COOH$ (Weg b) erhält. Die Kohlenstoffatome, die in den beiden Fällen ^{13}C-Signale verstärkter Intensität aufweisen, können nunmehr identifiziert werden:

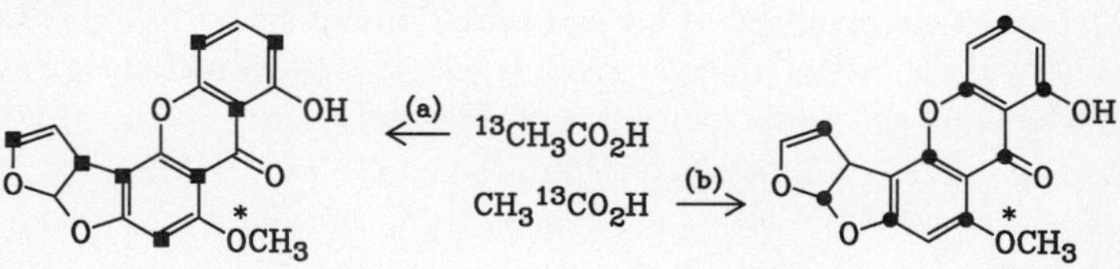

(a) 8 $^{13}C^{■}$ Atome (b) 9 $^{13}C^{•}$ Atome

Weiß man, welche der beiden Kohlenstoffatome der CH_3COOH-Moleküle in welche Positionen des Sterigmatocystins inkorporiert werden, kann man plausible Vorschläge über die von den Pilzkulturen verwandten Synthesewege machen. Am Rande sei bemerkt, daß das obige Experiment auch zeigt, daß das Methylkohlenstoffatom der $^{*}CH_3O$-Gruppe *nicht* aus dem Baustein Essigsäure stammt.

2.3.4 Zwischenprodukte

Wohl die direkteste Aussage, die man über einen Reaktionsmechanismus gewinnen kann, besteht in der Isolierung eines oder mehrerer der postulierten Zwischenprodukte aus dem reagierenden Gemisch. Ein schönes Beispiel bietet der Hofmannsche Säureamid-Abbau (vgl. S. 141), bei dem gemäß

$$R-\overset{\overset{\displaystyle O}{\|}}{C}-NH_2 \xrightarrow[HO^{\ominus}]{Br_2} RNH_2$$

Amine entstehen. Bei vorsichtiger Arbeitsweise gelingt es, ein N-Bromamid RCONHBr, das zugehörige Anion, $RCONBr^{\ominus}$, und das Isocyanat RNCO zu isolieren oder nachzuweisen, womit der gesamte Ablauf der Reaktion praktisch schon aufgeklärt ist. Allerdings muß man bei dieser Methode ganz sicherstellen, daß die nachgewiesenen Teilchen tatsächlich Zwischenprodukte der Reaktion, und nicht etwa nur Nebenprodukte sind. Man muß dazu wenigstens noch zeigen, daß die betreffenden Verbindungen unter den üblichen Reaktionsbedingungen in die auch sonst gewonnenen Produkte übergehen, und zwar mit einer Geschwindigkeit, die mindestens so groß ist wie die Gesamtgeschwindigkeit unter gleichen Bedingungen. Auch muß der Nachweis geführt werden, daß das betreffende Teilchen tatsächlich auf dem direkten Reaktionsweg liegt und nicht nur mit dem wirklichen Zwischenprodukt im Gleichgewicht steht.

In der Mehrzahl der Fälle gelingt es aber nicht, Zwischenprodukte zu isolieren. Das braucht natürlich nicht zu bedeuten, daß sie nicht gebildet würden, sondern vielleicht nur, daß sie zu instabil sind, um ihre Abtrennung zu gestatten. Manchmal kann man ihr Auftreten dann noch durch physikalische Methoden sicherstellen, vor allem durch direkte spektroskopische Untersuchungen des reagierenden Systems. Bei der Bildung von Oximen aus Carbonylverbindungen durch Umsetzung mit Hydroxylamin (vgl. S. 255)

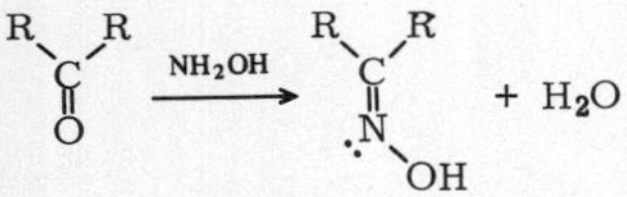

verschwinden die IR-Absorptionsbanden der >C=O-Gruppierung des Ausgangsmaterials rasch und unter Umständen vollkommen, bevor sich die für die Gruppierung >C=N⁻ des Produkts charakteristische Bande überhaupt bemerkbar macht. Offensichtlich wird ein Zwischenprodukt gebildet, und wie die nähere Untersuchung erweist, handelt es sich um die Struktur *(10)*,

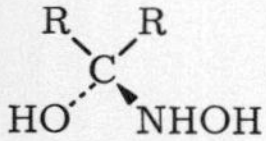

(10)

die in einer raschen einleitenden Reaktion entsteht und dann langsam zu den Produkten (Oxim und Wasser) zerfällt.

Besteht die Vermutung, daß eine bestimmte Verbindung als Zwischenprodukt in einer Reaktion auftritt, so kann man dem Reaktionsgemisch zu Beginn eine Verbindung zusetzen, von der zu erwarten ist, daß sie mit dem gesuchten labilen Zwischenprodukt rasch reagieren und es dadurch „abfangen" wird. Ein Beispiel für dieses Vorgehen ist der Nachweis des stark elektrophilen Dichlorcarbens, CCl_2, das als instabiles Zwischenprodukt der alkalischen Hydrolyse von Chloroform (S. 312) postuliert worden war. Setzte man dem Reaktionsgemisch das elektronenreiche *cis*-2-Buten *(11)* zu, so ließ sich tatsächlich das stabile Cyclopropan-Derivat *(12)* isolieren, dessen Entstehung kaum anders als durch Abfangen von Dichlorcarben erklärt werden kann:

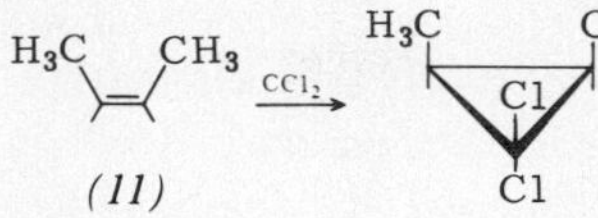

(11) *(12)*

Durch die Aufspürung von Zwischenprodukten werden nicht nur Markierungspunkte gesetzt, die den von der Reaktion eingeschlagenen Weg kennzeichnen, sondern die Zwischenprodukte liefern darüber hinaus auch noch Hinweise auf die durchlaufenen Übergangszustände, für die sie ja oft als Modell dienen (S. 48).

2.3.5 Stereochemische Kriterien

Auch der stereochemische Ablauf einer Reaktion vermag wertvolle Hinweise auf den Reaktionsmechanismus zu geben, ja er kann unter Umständen noch Einzelheiten des Reaktionsgeschehens erkennen lassen, die anders nicht zu erbringen wären. Ein Beispiel bietet die Base-katalysierte Bromierung eines optisch aktiven Stereoisomers des Ketons (*13*):

$$(+)\text{-PhCO}\overset{*}{\text{C}}\text{H(CH}_3\text{)CH}_2\text{CH}_3 \xrightarrow[\text{HO}^{\ominus}]{\text{Br}_2} (\pm)\text{-PhCO}\overset{*}{\text{C}}\text{Br(CH}_3\text{)CH}_2\text{CH}_3$$

(13)

Man findet hier inaktives, racemisches Produkt (vgl. S. 347), ein Hinweis, daß die Reaktion über ein planares Zwischenprodukt verläuft, das gleich gut von beiden Seiten angegriffen werden kann und somit gleiche Anteile der beiden spiegelbildlichen Formen des Produkts liefert.
Cyclopenten *(14)* ergibt mit Brom unter polaren Reaktionsbedingungen das *trans*-Dibromid *(15)*:

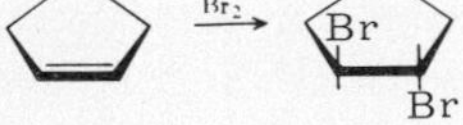

(14) *(15)*

Dies zeigt zumindest so viel, daß die Addition nicht in einer unmittelbaren Anlagerung eines Brommoleküls an die Doppelbindung bestehen kann, denn dabei müßte ein *cis*-Dibromid *(16)* entstehen:

(14) 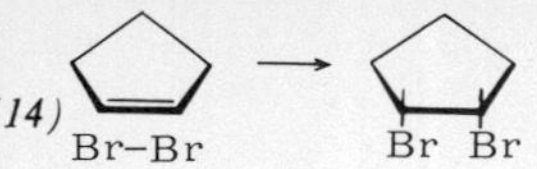 (16)

Somit muß die Reaktion einen mindestens zweistufigen Verlauf nehmen (vgl. S. 207). Auch viele Eliminierungen erfolgen leichter aus der *trans*-Konfiguration heraus, wie im Fall der Eliminierung des folgenden *cis/trans*-Isomerenpaares, eines *syn*- und eines *anti*-Aldoxims (genauer: deren O-Acetylderivaten), zum gleichen Nitril gezeigt worden ist:

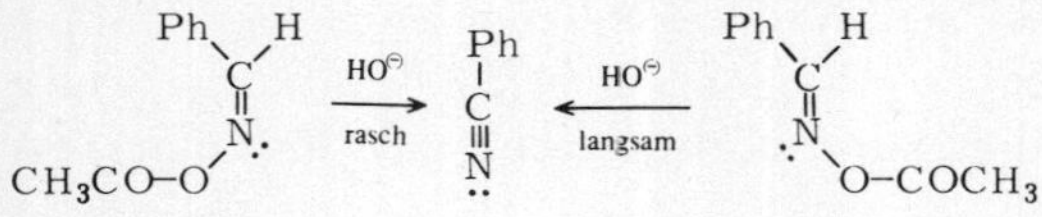

syn *anti*

An diesem Ergebnis muß sich jeder Mechanismus, den man auch immer für die Reaktion vorschlagen mag, ausrichten. Man kann die früher geübte „Kästchen-Chemie", wonach Gruppen besonders dann leicht eliminiert werden sollten, wenn sie nahe beisammen stehen, durch nichts deutlicher als durch solche stereochemischen Befunde *ad absurdum* führen.

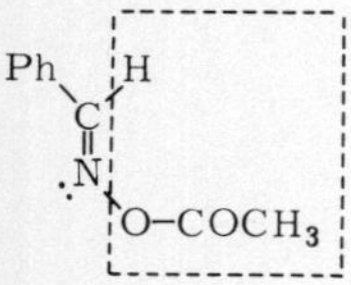

Der Erfolg eines vorgeschlagenen Reaktionsmechanismus bemißt sich nicht nur daran, wie gut er die bekannten Fakten zu erklären vermag. Der eigentliche Testfall tritt dann ein, wenn es darum geht, Ergebnisse vorauszusagen, etwa die Änderung einer Reaktionsgeschwindigkeit oder die Bildung neuartiger Produkte, z. B. bei Wechsel der äußeren Reaktionsbedingungen oder der Strukturen der Ausgangsverbindungen. Einige der vorgeschlagenen Mechanismen, denen wir im weiteren Verlauf begegnen werden, bewähren sich in dieser Hinsicht vortrefflich, andere weniger. Insgesamt besteht aber kein Zweifel, daß die reaktionsmechanistische Behandlung organischer Reaktionen und ihre Durchdringung mit energetischen Betrachtungen einen großen Fortschritt bedeutet, da es so gelingt, eine unübersehbare Zahl von Phänomenen – Gleichgewichte, Reaktionsgeschwindigkeiten, relative Reaktivitäten organischer Verbindungen – auf eine verhältnismäßig kleine Zahl von Prinzipien zurückzuführen. Wir werden im folgenden einige einfache Anwendungen dieser Prinzipien besprechen.

3 Die Stärke von Säuren und Basen

Die moderne Elektronentheorie der Organischen Chemie war dadurch sehr erfolgreich, daß sie auf vielen Gebieten Zusammenhänge zwischen Reaktionsfähigkeit und Konstitution aufdeckte, ganz besonders aber bei der Erklärung der relativen Stärke organischer Säuren und Basen und deren Beeinflussung durch Substituenten. Nach der Definition von Arrhenius sind Säuren Verbindungen, die in Lösung Wasserstoff-Ionen $H^{\oplus}$ abgeben, während Basen Hydroxid-Ionen $HO^{\ominus}$ liefern. Eine solche Definition behält ihre Gültigkeit, solange man Reaktionen in Wasser betrachtet. Die Säure-Base-Beziehung hat sich jedoch als so nützlich erwiesen, daß die Begriffe Säure und Base stark verallgemeinert wurden. So hat Brönsted *Säuren* als Substanzen definiert, die Protonen abgeben, d. h. als *Proton-Donoren*, während er Basen als *Proton-Akzeptoren* ansah. Die erste Dissoziationsstufe der Schwefelsäure in wäßriger Lösung ist danach so zu formulieren:

$$\underset{\text{Säure}}{H_2SO_4} + \underset{\text{Base}}{H_2O} \rightleftharpoons \underset{\text{Säure}}{H_3O^{\oplus}} + \underset{\text{Base}}{HSO_4^{\ominus}}$$

konjugate

Das Wasser nimmt hier ein Proton auf und wird in die sog. *konjugate Säure* $H_3O^{\oplus}$ verwandelt, wirkt also als Base, während die Säure H_2SO_4 durch Protonabgabe in ihre *konjugate Base* $HSO_4^{\ominus}$ übergeht.*

Die noch stärker verallgemeinerte Fassung, die Lewis dem Säure-Base-Begriff gegeben hat, wurde bereits auf S. 135 erwähnt. Er definierte Säuren als Moleküle oder Ionen, die zur Koordination mit einsamen Elektronenpaaren befähigt sind, Basen dagegen als Moleküle oder Ionen, die solche einsamen Elektronenpaare für die Koordination zur Verfügung stellen. Der Begriff *Lewis-Säure* schließt z. B. Substanzen wie Bortrifluorid *(1)* ein, das mit Trimethylamin (als *Lewis-Base*) ein kristallisiertes Salz bildet (Fp 128 °C):

$$(CH_3)_3N\!:\;BF_3 \qquad (CH_3)_3N\!:\!BF_3$$

(1)

Andere Beispiele von Lewis-Säuren sind: Aluminiumtrichlorid, Zinkchlorid, Zinntetrachlorid usw. Wir werden uns an dieser Stelle hauptsächlich mit Protonsäuren und mit dem Einfluß der Molekülstruktur auf die Stärke einer Reihe organischer Säuren und Basen befassen. Substanzen, bei denen eine C−H-Bindung ionisiert wird, sollen später behandelt werden (S. 318).

* Das englische *conjugate* wird im Deutschen oft auch als *konjugiert* wiedergegeben (mit der Möglichkeit der falschen Assoziation mit „konjugierten Doppelbindungen").

3.1 Säuren

3.1.1 Der pK_a-Wert

Die Stärke einer Säure HA in Wasser, d. h. ihr Dissoziationsgrad, läßt sich anhand des folgenden Gleichgewichts bestimmen:

$$H_2O + HA \rightleftharpoons H_3O^{\oplus} + A^{\ominus}$$

Sofern die Konzentration des in starkem Überschuß vorhandenen Wassers als konstant angenommen wird, gilt für die Gleichgewichtskonstante:

$$K_a \approx \frac{[H_3O^{\oplus}][A^{\ominus}]}{[HA]}$$

Es sei betont, daß sich für die *Aciditätskonstante* K_a einer Säure in Wasser nur ein Näherungswert ergibt, wenn man Konzentrationen anstelle von Aktivitäten benützt. Obwohl K_a von der Zusammensetzung der Lösung, in der die Säure gelöst ist, und noch von weiteren Faktoren abhängt, kann diese Konstante dennoch als nützliches Maß für die Stärke einer Säure dienen. Um bei der Angabe von Zahlwerten negative Zehnerpotenzen zu vermeiden, wandelt man K_a im allgemeinen in pK_a entsprechend

$$pK_a = -\log_{10}K_a$$

um. So beträgt K_a für Essigsäure in Wasser bei 25 °C $1{,}79 \cdot 10^{-5}$ und pK_a = 4,76. Je *kleiner* also pK_a ist, desto *stärker* ist die entsprechende Säure. Sehr schwache Säuren mit pK_a größer als ≈ 16 lassen sich in Wasser nicht als solche nachweisen, da die von ihnen hervorgerufene $H_3O^{\oplus}$-Konzentration kleiner ist als die von der Autoprotolyse des Wassers selbst rührende:

$$H_2O + H_2O: \rightleftharpoons H_3O^{\oplus} + HO^{\ominus}$$

Ihre relativen Aciditäten sind daher in Wasser nicht meßbar. Umgekehrt sind ausreichend starke Säuren (mit niedrigen pK_a-Werten) in Wasser alle mehr oder weniger vollständig ionisiert und erscheinen somit als gleich stark, z. B. HCl, HNO_3 oder $HClO_4$. Man spricht in diesem Zusammenhang vom *Nivellierungseffekt* des Wassers.
Man kann jedoch den Bereich der Aciditätsmessung ausdehnen, indem man auf der einen Seite eine stärkere Base als Wasser, auf der anderen Seite eine schwächere als Lösungsmittel wählt. Führt man nun Aciditätsmessungen in einer Reihe von Lösungsmitteln steigender Basizität durch, und verwendet man jeweils eine Säure, die im einen Lösungsmittel eben noch meßbar

schwach, im nächsten aber noch meßbar stark ionisiert ist, als gemeinsame Vergleichssäure für das betreffende Lösungsmittelpaar, so kann man Aciditäten bis herab zu so schwachen Säuren wie Methan (p$K_a \approx 43$) messen.

3.1.2 Die Ursachen der Acidität organischer Verbindungen

Die Acidität einer organischen Säure HA kann beeinflußt werden

a) durch die Stärke der A—H-Bindung
b) durch die Elektronegativität von A
c) durch Faktoren, die das Anion $A^{\ominus}$ relativ zu HA stabilisieren
d) durch die Natur des Lösungsmittels.

Von diesen Faktoren erweist sich (a) gewöhnlich nicht als limitierend. Die Auswirkung von (b) zeigt sich z. B. darin, daß der pK_a-Wert von Methanol CH_3O-H ungefähr 16 und der von Methan CH_3-H etwa 43 ist, da die Elektronegativität des Sauerstoffs die des Kohlenstoffs wesentlich übertrifft. Der noch höhere pK_a-Wert der Ameisensäure von 3,77 muß zum Teil darauf zurückgeführt werden, daß die Elektronenaffinität des Sauerstoffatoms, an dem das Proton sitzt, durch die Verknüpfung mit der Carbonylgruppe erhöht ist. Viel wichtiger ist allerdings die (gegenüber der undissoziierten Ameisensäure) größere Mesomeriestabilisierung des Formiat-Anions gemäß (c):

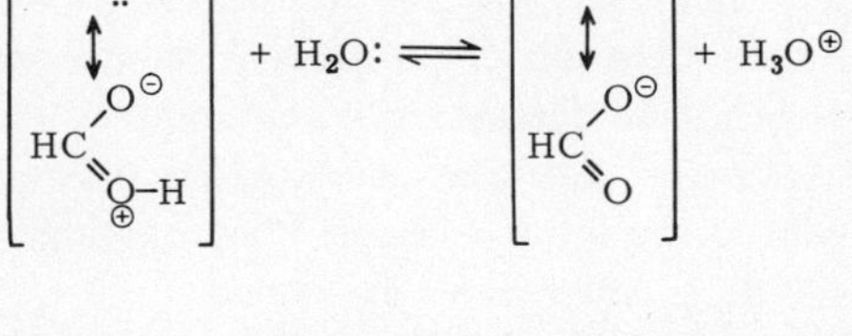

Sie beruht darauf, daß in diesem Anion eine äußerst wirksame Elektronendelokalisierung stattfinden kann, die sich durch zwei kanonische Strukturen (Grenzformeln) von genau gleicher Energie beschreiben läßt und zu einer kräftigen Mesomeriestabilisierung führt; zwar ist auch beim undissoziierten Ameisensäuremolekül eine gewisse Delokalisierung möglich, doch führt sie zu einer Ladungstrennung. Ihre stabilisierende Wirkung ist deshalb viel schwächer (vgl. S. 23). Durch diesen Unterschied in der Mesomeriestabilisierung wird die Rekombination des Protons mit dem Formiat-Anion benachteiligt und das Dissoziationsgleichgewicht nach rechts verschoben;

verglichen mit anderen organischen Verbindungen ist deshalb Ameisensäure eine starke Säure.
Bei aliphatischen Alkoholen gibt es keine derartigen Faktoren, die das Alkoholat-Anion $RO^{\ominus}$ gegenüber dem undissoziierten Alkohol ROH stabilisieren würden; Alkohole sind deshalb viel weniger acid als Carbonsäuren. Bei Phenolat-Anionen ist dagegen wieder eine Stabilisierung durch Delokalisierung der negativen Ladung durch Wechselwirkung mit den π-Orbitalen des aromatischen Kerns möglich:

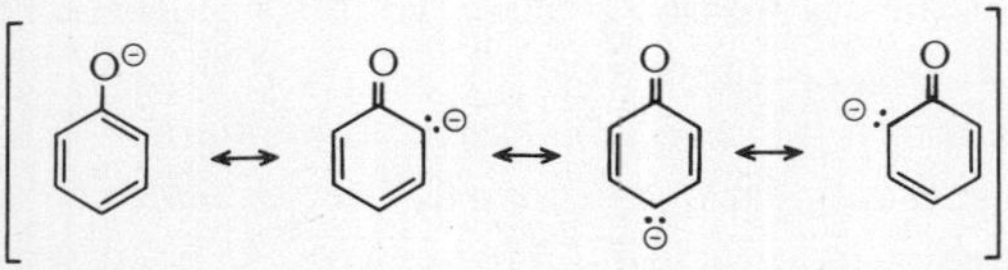

(2a) *(2b)* *(2c)* *(2d)*

Eine Delokalisierung findet auch beim undissoziierten Phenolmolekül statt (vgl. S. 28), doch ist sie (da mit Ladungstrennung verbunden) weniger vollständig als beim Phenolat-Anion *(2)*; damit vermindert sich dessen Neigung zur Rekombination mit einem Proton. In der Tat sind Phenole stärkere Säuren als Alkohole (pK_a von Phenol: 9,95), aber erheblich schwächere als Carbonsäuren. Dies beruht darauf, daß die Delokalisierung der negativen Ladung beim Carboxylat-Ion zu energiegleichen Grenzstrukturen führt und daß hier zwei von den drei ladungtragenden Atomen stark elektronegative Sauerstoffatome sind. Beim Phenolat-Ion *(2)* ist nur eines der ladungtragenden Atome ein stark elektronegatives Sauerstoffatom, auch kommt wahrscheinlich den Grenzformeln mit der negativen Ladung an Kohlenstoffatomen des Benzolrings höhere Energie zu als der Grenzformel mit der negativen Ladung am Sauerstoff. Die Stabilisierung des Anions gegenüber dem undissoziierten Molekül ist somit bei einem Phenol geringer als bei einer Carbonsäure, weshalb diese saurer ist als das Phenol.

3.1.3 Lösungsmitteleinfluß

Unbeschadet des starken Einflußes innerer Strukturfaktoren auf die Acidität einer Verbindung spielt oft das Lösungsmittel die entscheidende Rolle bei der protolytischen Dissoziation, und das gilt besonders für das am weitesten verbreitete, das Wasser.
Wasser hat als ionisierendes Lösungsmittel zunächst den Nachteil, daß sich viele organische Verbindungen darin in ihrer nicht-ionisierten Form nur unzureichend lösen. Davon einmal abgesehen, ist Wasser ein Lösungsmittel

von einzigartiger Ionisierungskraft, und zwar wegen a) seiner hohen Dielektrizitätskonstante ($\varepsilon = 80$), und b) seiner Solvatationskraft für Ionen. Die erstere Eigenschaft ist deshalb von Bedeutung, weil die elektrostatische Energie von Ionenpaaren um so geringer ist, je höher die Dielektrizitätskonstante („Polarität") des Lösungsmittels ist. Je stabiler aber die Ionen in Lösung sind, desto leichter bilden sie sich und desto schwächer ist ihre Rekombinationstendenz ausgeprägt.
In Lösung bewirken Ionen eine starke Polarisierung der nächstbefindlichen Lösungsmittelmoleküle, sie umgeben sich mit einer Solvathülle. Je vollständiger die Solvatation, desto stabiler das Ion, das auf diesem Wege seine Ladung ausbreiten (man könnte auch hier sagen: delokalisieren) kann. Wasser verdankt nun seine herausragende Stellung als Ionen-solvatisierendes Medium dem Umstand, daß es extrem leicht polarisierbare und gleichzeitig verhältnismäßig kleine Moleküle hat. Es vermag sowohl Kationen als auch Anionen sehr gut zu solvatisieren. Besonders Anionen erfahren darin eine starke Solvatation durch Wasserstoffbrücken (s. unten); eine solche Solvatation ist bei Kationen i. a. nicht möglich, wohl aber im speziellen Fall des Protons bei der Ionisation von Säuren:

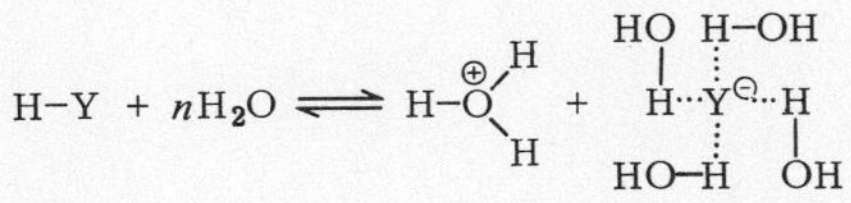

Alkohole ähneln, so lang sie keine zu voluminösen organischen Reste haben, in vielem dem Wasser. Beispielsweise ist Chlorwasserstoff auch in Methanol eine starke Säure. An dieser Stelle sei noch einmal daran erinnert, daß die wichtigste Eigenschaft des Lösungsmittels bei der Ionisation von Säuren seine Basizität ist. Je schwächer basisch das Lösungsmittel ist, desto geringer ist die Dissoziation der Säure. Deshalb ist Chlorwasserstoff beispielsweise in Toluol als solcher, d. h. praktisch überhaupt nicht dissoziiert, gelöst.

3.1.4 Einfache aliphatische Säuren

Ersetzt man das H-Atom am Kohlenstoff der Ameisensäure durch eine Alkylgruppe, so ist eine Abschwächung der Acidität zu erwarten, denn die Alkylgruppe fungiert hier durch ihren induktiven Effekt als Elektronen-Donor und verstärkt die Elektronendichte am Sauerstoff. Im Vergleich zum Formiat/Ameisensäure-System wird hierdurch die Stabilität des Anions gegenüber dem undissoziierten Säuremolekül verringert und die Rekombination des Anions mit dem Proton begünstigt.

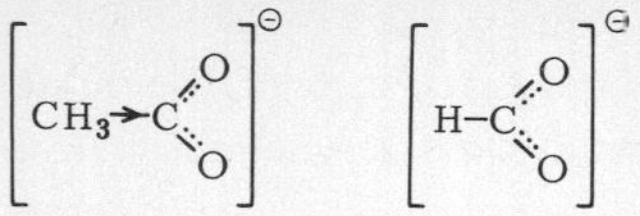

Wir sollten daher erwarten, daß das Gleichgewicht gegenüber Formiat/Ameisensäure nach links verschoben ist. In der Tat findet man für Essigsäure pK_a = 4,76, also gegenüber der Ameisensäure (pK_a = 3,77, vgl. S. 63) eine etwa 10mal geringere Acidität. Dennoch sollte man nicht allzu sicher sein, daß unser einfaches Argument wirklich die richtige Erklärung abgegeben hat. Wir haben es hier mit kleinen Molekülen zu tun, und es könnte sehr wohl sein, daß der Ersatz von H durch CH_3 die Möglichkeit zur Solvatation merklich modifiziert. Es ist daran zu erinnern, daß die Aciditätskonstante K_a mit der Änderung der Standard-Freien-Enthalpie der Ionisation, ΔG°, durch

$$-\Delta G^\circ = 2{,}303\,RT \log K_a$$

verknüpft ist und daß ΔG° sowohl den Enthalpie- als auch den Entropie-Einfluß enthält (vgl. S. 40):

$$\Delta G^\circ = \Delta H^\circ - T\Delta S^\circ$$

Für die Dissoziation der Essigsäure in Wasser bei 25 °C mit $K_a = 1{,}79 \cdot 10^{-5}$ findet man $\Delta G^\circ = 27{,}2$ kJ (6,5 kcal) (alle Angaben pro Mol), $\Delta H^\circ = -0{,}5$ kJ ($-0{,}13$ kcal) und $\Delta S^\circ = -92$ J (-22 cal) K^{-1}, d. h. $T\Delta S^\circ = -27{,}6$ kJ ($-6{,}6$ kcal). Die entsprechenden Werte für Ameisensäure ($K_a = 17{,}6 \cdot 10^{-5}$) lauten $\Delta G^\circ = 21$ kJ (5,2 kcal), $\Delta H^\circ = -0{,}3$ kJ ($-0{,}07$ kcal) und $\Delta S^\circ = -74$ J (-18 cal) K^{-1}, d. h. $T\Delta S^\circ = -21{,}3$ kJ ($-5{,}17$ kcal). Die überraschend kleinen ΔH°-Werte bedeuten mit ziemlicher Sicherheit, daß die für die Dissoziation der O—H-Bindung erforderliche Energie etwa gerade aufgewogen wird durch die bei der Solvatation der Ionen freiwerdende Energie.

Die Unterschiede in den ΔG°-Werten und damit in den Aciditätskonstanten K_a für beide Säuren rühren also von Unterschieden im Entropie-Glied. In beiden Fällen stehen links und rechts im Gleichgewicht jeweils zwei Teilchen, vom Translationsanteil der Entropie sollten daher keine nennenswerten Beiträge kommen. Den Hauptbeitrag zu den Dissoziationsentropien liefern vielmehr die in den Solvathüllen festgehaltenen Wassermoleküle, die Säure-Anion und Hydroxonium-Ion umgeben (und in den Gleichungen normalerweise nicht mitgeschrieben werden). Der Einbau in die Solvathüllen bedeutet eine Einschränkung der Bewegungsfreiheit und damit eine Zunahme der Ordnung für die Wassermoleküle. Allerdings ist dieser Ordnungszuwachs nicht ganz so groß, wie man hätte erwarten können, weil auch das flüssige Wasser selbst schon eine „Struktur" von beträchtlichem Ordnungsgrad hat. Letztlich lassen sich jedenfalls die unterschiedlichen Aciditäten von Ameisen- und Essigsäure tatsächlich auf verschieden starke Solvatation der Anionen zurückführen, wie oben schon vermutet wurde.

Die Einführung weiterer Alkylgruppen in das Essigsäuremolekül macht weniger aus als die Erstalkylierung; es handelt sich nun um einen Effekt 2. Ordnung, dessen Auswirkung auf die Säurestärke infolge sterischer oder anderer Effekte nicht immer einfachen Regeln folgt. So werden für alkylierte Essigsäuren die nachstehenden pK_a-Werte gemessen:

	$(CH_3)_2CH-COOH$ 4,86	$(CH_3)_3C-COOH$ 5,05
CH_3-COOH 4,76	CH_3CH_2-COOH 4,88	
	$CH_3(CH_2)_2-COOH$ 4,82	$CH_3(CH_2)_3-COOH$ 4,86

Durch Verknüpfung der Carboxygruppe mit einem doppelt gebundenen Kohlenstoffatom wird ihre Acidität gesteigert. So hat Acrylsäure $H_2C=CH-COOH$ einen pK_a-Wert von 4,25, für ihr gesättigtes Analogon, die Propionsäure, findet man jedoch 4,88. Dies erklärt sich durch die sp^2-Hybridisierung des ungesättigten α-C-Atoms: Wegen des relativ größeren s-Anteils der sp^2- Orbitale werden die Elektronen hier etwas stärker vom Kohlenstoffkern angezogen als bei einem gesättigten sp^3-hybridisierten Kohlenstoffatom. Ein sp^2-hybridisiertes C-Atom ist demnach ein etwas schwächerer Elektronendonor als ein gesättigtes sp^3-C-Atom. Daher ist die Acrylsäure zwar schwächer als Ameisensäure, aber stärker als Propionsäure.

Dieser Effekt ist bei den sp-hybridisierten C-Atomen einer Dreifachbindung noch bedeutend größer: der pK_a-Wert von Propiolsäure $HC\equiv C-COOH$ ist 1,84.

Ein analoges Verhalten zeigen auch die Wasserstoffatome der C–H-Bindungen des Ethylens und des Acetylens: Die H-Atome des Ethylens sind ein wenig stärker acid als die H-Atome des Ethans; die des Acetylens sind schon so acid, daß sie unter Bildung von Metall-Acetyliden durch verschiedene Metalle ersetzt werden können (S. 319).

3.1.5 Substituierte aliphatische Säuren

Besonders stark wird die Acidität von Fettsäuren durch die Einführung von elektronenanziehenden Gruppen beeinflußt. So sollte man bei Substitution durch Halogene, deren induktiver Effekt dem der Alkylgruppen entgegengesetzt ist, eine Steigerung der Acidität erwarten. Wie die pK_a-Werte zeigen, ist dies tatsächlich der Fall:

$CH_3{-}COOH$	$F \leftarrow CH_2 \leftarrow COOH$	$Cl \leftarrow CH_2 \leftarrow COOH$
4,76	2,57	2,86
		$Cl_2CH \leftarrow COOH$
		1,25
		$Cl_3C \leftarrow COOH$
		0,65
	$Br \leftarrow CH_2 \leftarrow COOH$	$I \leftarrow CH_2 \leftarrow COOH$
	2,90	3,16

Der unterschiedliche Einfluß der verschiedenen Halogene zeigt den erwarteten Gang. Fluor als elektronegativstes, d.h. am stärksten elektronenanziehendes Element bewirkt in der Fluoressigsäure eine hundertfache Aciditätssteigerung gegenüber Essigsäure. Dieser Effekt ist viel größer als derjenige von umgekehrter Richtung, den man bei Einführung einer Alkylgruppe feststellt. Die Einführung weiterer Halogenatome erhöht die Säurestärke noch mehr. So ist Trichloressigsäure schon eine sehr starke Säure. Wieder ist daran zu erinnern, daß K_a (und damit pK_a) mit $\Delta G°$ der Ionisation verknüpft ist und daß $\Delta G°$ sowohl $\Delta H°$ als auch $\Delta S°$ einschließt. Auch bei den Halogen-substituierten Essigsäuren findet man nur geringfügige Schwankungen in $\Delta H°$, d.h. die Variation der $\Delta G°$-Werte rührt wieder überwiegend vom Entropiefaktor her. Man kann das darauf zurückführen, daß die Halogenatome für eine gewisse Verteilung der negativen Ladung im Anion sorgen. Infolgedessen werden die das Anion umgebenden Wassermoleküle nicht so stark fixiert wie im Fall des unsubstituierten Acetat-Anions mit seiner auf die Carboxylat-Gruppe beschränkten negativen Ladung. Für die Halogen-substituierten Essigsäuren bedeutet daher die Ionisation keinen so starken Entropieverlust wie für Essigsäure selbst. Besonders ausgeprägt ist dieser Effekt bei Trifluoressigsäure (pK_a = 0,23), für die $\Delta G°$ mit 1,3 kJ (0,3 kcal) sehr viel kleiner ist als für Essigsäure mit 27,2 kJ (6,5 kcal), obwohl die Dissoziationsenthalpie $\Delta H°$ in beiden Fällen fast gleich groß ist.

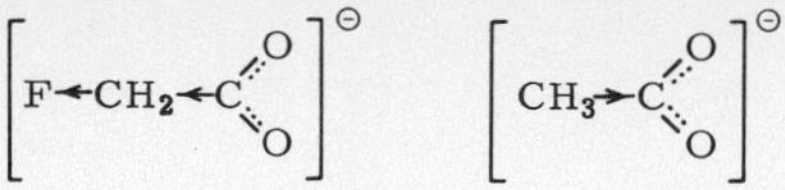

Führt man Halogene in Positionen ein, die weiter von der Carboxygruppe entfernt sind als die α-Stellung, so stellt man einen viel geringeren Einfluß auf die Acidität fest; wie die folgenden pK_a-Werte zeigen, nimmt der induktive Effekt in einer gesättigten Kette sehr rasch ab:

$CH_3-CH_2-CH_2-COOH$ 4,82	$CH_3-CH_2-CHCl-COOH$ 2,84
$CH_3-CHCl-CH_2-COOH$ 4,06	$CH_2Cl-CH_2-CH_2-COOH$ 4,52

Andere elektronenanziehende Gruppen, z. B. $R_3N^{\oplus}-$, $-C\equiv N$, $-SO_2-R$, $-NO_2$, $>C=O$ und $-COOR$, vergrößern die Acidität der Fettsäuren ebenso wie Hydroxy- und Methoxygruppen. Das gesättigte C-Atom, an das eine HO- oder eine CH_3O-Gruppe gebunden ist, verhindert einen dem induktiven entgegengesetzten konjugativen Effekt der einsamen Elektronenpaare am Sauerstoff. Diese Befunde seien durch folgende pK_a-Werte illustriert.

$O_2N \leftarrow CH_2 \leftarrow COOH$ 1,68	$(CH_3)_3\overset{\oplus}{N} \leftarrow CH_2 \leftarrow COOH$ 1,83
$NC \leftarrow CH_2 \leftarrow COOH$ 2,47	$C_2H_5OOC \leftarrow CH_2 \leftarrow COOH$ 3,35
$CH_3O \leftarrow CH_2 \leftarrow COOH$ 3,53	$CH_3CO \leftarrow CH_2 \leftarrow COOH$ 3,58

$HO \leftarrow CH_2 \leftarrow COOH$
3,83

3.1.6 Phenole

Analoge Effekte lassen sich bei substituierten Phenolen beobachten. Ihre Acidität wird erhöht, wenn sich elektronenanziehende Gruppen am Benzolkern befinden. Bei einer Nitrogruppe wird der induktive Effekt in der Reihe ortho- ⟶ meta- ⟶ para-Nitrophenol, d. h. mit der Entfernung der Nitrogruppe von der Hydroxygruppe, abnehmen. Außerdem ist aber noch ein elektronenanziehender konjugativer Effekt wirksam, wenn sich die Nitrogruppe in ortho- oder para-, nicht aber, wenn sie sich in meta-Stellung befindet. Auch hierdurch sollte die Dissoziation des betreffenden Phenols und die Stabilität des entstehenden Anions gefördert werden. Wir müssen deshalb erwarten, daß ortho- und para-Nitrophenol stärker sauer sind als die meta-Verbindung und daß Pikrinsäure (2,4,6-Trinitrophenol) eine sehr starke Säure ist. Das ist tatsächlich der Fall:

	pK_a
C_6H_5–OH	9,95
o-O_2N–C_6H_4–OH	7,23
m-O_2N–C_6H_4–OH	8,35
p-O_2N–C_6H_4–OH	7,14
2,4-$(O_2N)_2C_6H_3$–OH	4,01
2,4,6-$(O_2N)_3C_6H_2$–OH	1,02

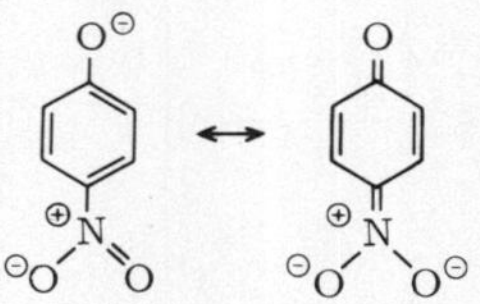

Auch hier variiert ΔH^o für die Dissoziation der drei isomeren Nitrophenole nur sehr wenig, d. h. die Unterschiede in ΔG^o kommen wieder vom Entropieglied und somit vom unterschiedlichen Solvatationsverhalten der drei Anionen je nach ihrer Ladungsverteilung.
Substitution durch Alkylgruppen, die induktiv als Elektronen-Donoren wirken, verändert die Acidität nur unwesentlich:

	pK_a
C_6H_5–OH	9,95
o-CH_3–C_6H_4–OH	10,28
m-CH_3–C_6H_4–OH	10,08
p-CH_3–C_6H_4–OH	10,19

Die Acidität der Alkylphenole liegt nur wenig unter der des Phenols. Alkylsubstituenten haben nur einen sekundären Einfluß, der keine Regelmäßigkeiten erkennen läßt. Wie zu erwarten, stören solche Substituenten die Wechselwirkung der negativen Ladung des Phenolat-Ions mit den delokalisierten π-Orbitalen des aromatischen Kerns nur wenig.

3.1.7 Aromatische Carbonsäuren

Mit einem pK_a-Wert von 4,20 ist Benzoesäure stärker acid als ihr gesättigtes Analogon Cyclohexancarbonsäure (pK_a = 4,87). Verglichen mit einem gesättigten Kohlenstoffatom übt also eine Phenylgruppe ebenso wie eine C=C-Doppelbindung über das Kohlenstoffatom mit sp^2-Hybridisierung, das mit der Carboxygruppe verknüpft ist, einen elektronenanziehenden

Einfluß auf diese aus (vgl. S. 67). Die Einführung von Alkylgruppen in Benzoesäuren hat (ähnlich wie bei den Phenolen, s. o.) nur einen sehr schwachen Einfluß auf die Acidität:

	pK_a
C_6H_5–COOH	4,20
m-CH_3–C_6H_4–COOH	4,24
p-CH_3–C_6H_4–COOH	4,34

Elektronenakzeptor-Gruppen jedoch steigern die Acidität von Benzoesäuren erheblich, und zwar, wie bei Phenolen, am stärksten, wenn sie sich in ortho- und para-Stellung befinden:

	pK_a
C_6H_5–COOH	4,20
o-O_2N–C_6H_4–COOH	2,17
m-O_2N–C_6H_4–COOH	3,45
p-O_2N–C_6H_4–COOH	3,43
3,5-$(O_2N)_2C_6H_3$–COOH	2,83

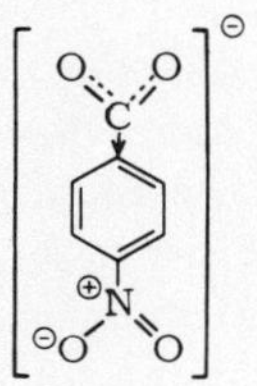

Die besonders deutlich ausgeprägte Aciditätssteigerung beim Übergang von der Benzoesäure zur *o*-Nitrobenzoesäure ist wahrscheinlich auf den sehr geringen Abstand der Nitro- von der Hydroxygruppe zurückzuführen, durch den der induktive Effekt kräftig zum Zuge kommt. Aber auch eine unmittelbare Wechselwirkung zwischen den benachbarten NO_2- und COOH-Gruppen kann nicht ausgeschlossen werden.
Funktionelle Gruppen wie OH, OCH_3 oder Halogene über einen elektronenanziehenden induktiven, bei ortho- oder para-Stellung aber gleichzeitig einen elektronenliefernden konjugativen Effekt aus. Wie die folgenden Daten (besonders das Beispiel der *p*-Hydroxybenzoesäure) zeigen, können hierdurch para-substituierte Säuren nicht nur schwächer sein als die meta-Isomeren, sondern sogar auch schwächer als die unsubstituierte Benzoesäure selbst:

pK_a von X-C_6H_4-COOH

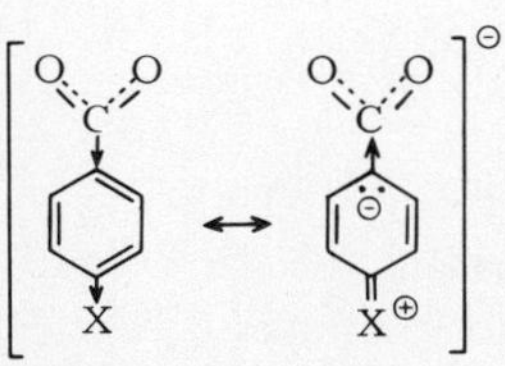

X =	H	Cl	Br	OCH_3	OH
o-	4,20	2,94	2,85	4,09	2,98
m-	4,20	3,83	3,81	4,09	4,08
p-	4,20	3,99	4,00	4,47	4,58

Man entnimmt der Tabelle, daß der induktive Effekt durch den konjugativen in der Reihe Cl ≈ Br < OH zunehmend überkompensiert wird, d. h. in dem Maße, wie die Bereitschaft des mit dem Benzolkern verknüpften Atoms steigt, seine Elektronenpaare anteilig zur Verfügung zu stellen.
Auch hier muß wieder darauf hingewiesen werden, daß – ähnlich wie in den zuvor besprochenen Fällen – wahrscheinlich das unterschiedliche Solvatationsverhalten der Anionen augrund der jeweiligen Ladungsverteilung und die sich daraus ergebende lokale Orientierung der Lösungsmittelmoleküle – also das Entropieglied $T\Delta S^{\circ}$ – für die Unterschiede in den pK_a-Werten verantwortlich sind.
Wie den Daten ferner zu entnehmen ist, verhalten sich ortho-substituierte Säuren oftmals anomal; ihre Acidität ist oft erheblich größer als zu erwarten, offenbar infolge einer direkten Wechselwirkung der Gruppen. So kann sich z. B. das Anion *(4)* der Salicylsäure *(3)* durch Bildung einer inneren Wasserstoffbrücke und damit durch weitere Delokalisierung der negativen Ladung stabilisieren, eine Möglichkeit, die den meta- und para-Isomeren oder der *o*-Methoxybenzoesäure nicht offensteht:

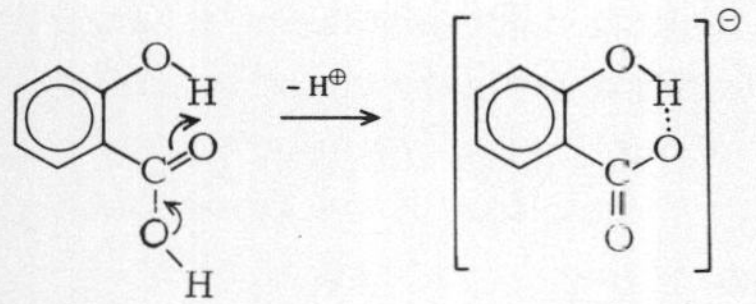

(3) *(4)*

Intramolekulare Wasserstoffbrücken können sich natürlich im Prinzip auch in den undissoziierten Säuren ausbilden, aber hier dürften sie sehr viel schwächer sein als in den Anionen (und damit auch entsprechend weniger zur Stabilisierung beitragen), da der negativ geladene Carboxylat-Sauerstoff im Säure-Anion ein besonders guter Wasserstoffbrücken-Akzeptor ist. Der Effekt ist noch stärker ausgeprägt, wenn eine Wasserstoffverbrückung mit Hydroxygruppen in beiden ortho-Positionen stattfinden kann. Demgemäß findet man für 2,6-Dihydroxy-benzoesäure pK_a = 1,30.

3.1.8 Dicarbonsäuren

Da auch die Carboxygruppe selbst einen elektronenanziehenden induktiven Effekt ausübt, sollte man bei Anwesenheit einer zweiten derartigen Gruppe eine Zunahme der Acidität erwarten. Die folgenden pK_a-Werte bestätigen das:

$H-COOH$ 3,77	$HOOC-COOH$ 1,23
CH_3-COOH 4,76	$HOOC-CH_2-COOH$ 2,83
CH_3-CH_2-COOH 4,88	$HOOC-CH_2-CH_2-COOH$ 4,19
C_6H_5-COOH 4,17	$HOOC-C_6H_4-COOH$ *o*- 2,98 *m*-3,46 *p*- 3,51

In unmittelbarer Nachbarschaft beeinflussen sich zwei Carboxygruppen sehr stark. Sobald sie jedoch durch mehr als ein gesättigtes Kohlenstoffatom voneinander getrennt sind, nimmt ihre Wechselwirkung rasch ab. Die Erstdissoziation der Maleinsäure *(5)* ist mit $pK_a^1 = 1,92$ viel stärker als die der Fumarsäure *(6)* ($pK_a^1 = 3,02$), da ihr Anion *(7)* im Gegensatz zu dem der Fumarsäure ähnlich wie bei der Salicylsäure durch eine innere Wasserstoffbrücke stabilisiert wird:

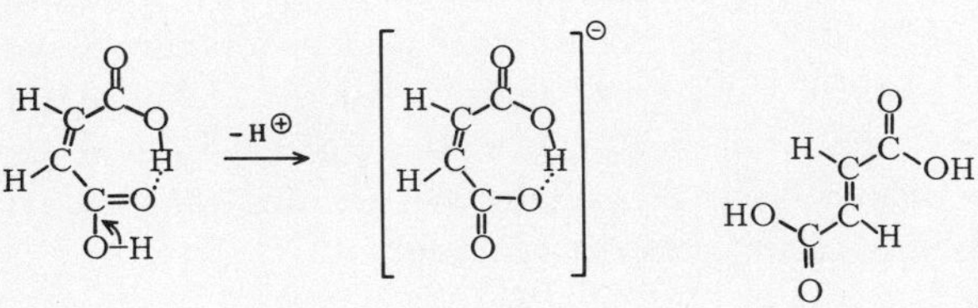

(5) *(7)* *(6)*

Der pK_a-Wert der zweiten Dissoziationsstufe ist jedoch bei der Fumarsäure mit 4,38 kleiner als bei der Maleinsäure ($pK_a^2 = 6,23$), weil ein Proton aus dem einwertigen Anion der Fumarsäure leichter abgetrennt werden kann als aus dem cyclischen, negativ geladenen Chelatsystem der Maleinsäure. Oxal-, Malon- und Bernsteinsäure sind in der zweiten Dissoziationsstufe schwächer als Ameisen-, Essig- bzw. Propionsäure, da jetzt das Proton von einem negativ geladenen Ion mit einem Elektronendonor-Substituenten (nämlich $COO^{\ominus}$) abzutrennen ist. Dieser Substituent vermindert die Stabilität des Anions im Vergleich zu derjenigen der undissoziierten Säure, wenn man diese dem nichtsubstituierten System (d. h. dem Acetat-Ion) gegenüberstellt.

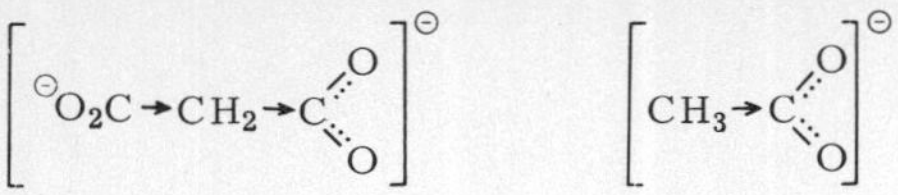

3.1.9 Temperaturabhängigkeit des pK_a-Wertes

Wir haben bereits festgestellt (S. 64), daß die Acidität einer Verbindung keine ausschließlich in ihr selbst begründete Eigenschaft ist. Vielmehr hängt sie auch vom Lösungsmittel ab, ist also gewissermaßen eine Eigenschaft des gesamten Systems, von dem die betreffende Säure nur eine Komponente ist. Nun gibt man pK_a-Werte gewöhnlich für Wasser an, aber das hat seinen Grund nur darin, daß für dieses Lösungsmittel die meisten Werte vorliegen. Ähnlich ist es auch mit der Temperatur: Die meisten pK_a-Werte gelten für 25 °C, einfach weil bei dieser (leicht zugänglichen) Temperatur die meisten Messungen durchgeführt worden sind. Die Acidität ist aber auch eine Funktion der Temperatur, K_a variiert wie jede andere Gleichgewichtskonstante mit T. In den vorangehenden Abschnitten haben wir mit einigem Erfolg die Aciditäten gewisser Klassen von Säuren miteinander verglichen, d. h. wir haben relative Aciditäten mit Strukturen korreliert. Wir müssen uns jetzt aber davon überzeugen, daß die K_a (oder pK_a)-Werte nicht nur individuell mit der Temperatur variieren, sondern auch *relativ zueinander*. So ist Essigsäure unterhalb 30 °C weniger, oberhalb 30 °C aber stärker sauer als die verzweigte Säure $(C_2H_5)_2CHCOOH$. Solche Umkehrungen der relativen Aciditäten bei einem Wechsel der Temperatur findet man sogar recht häufig, und das sollte uns davor bewahren, beim Versuch der Korrelierung von Acidität und Struktur bei 25 °C in Haarspalterei zu verfallen!

3.2 Basen

3.2.1 pK_b, pK_{BH^+} und pK_a

Die Stärke einer Base in wäßriger Lösung läßt sich aufgrund des folgenden Gleichgewichts definieren und experimentell bestimmen:

$$B\colon + HOH \rightleftharpoons BH^{\oplus} + HO^{\ominus}$$

Die Gleichgewichtskonstante in Wasser, K_b („Basizitätskonstante"), ist dann gegeben durch

$$K_b \approx \frac{[BH^{\oplus}][HO^{\ominus}]}{[B:]}$$

wobei wieder die Konzentrationen anstelle der exakteren Aktivitäten eingesetzt worden sind, was bei verdünnten Lösungen nur zu kleinen Fehlern führt. Außerdem ist, wie schon bei der Definition von K_a (S. 62), die Wasser-Konzentration in die Gleichgewichtskonstante einbezogen worden, da Wasser in so großem Überschuß vorhanden ist, daß seine Konzentration praktisch konstant bleibt.

Neuerdings gibt man meist auch die Stärke von Basen durch K_a bzw. pK_a an. Dazu betrachtet man das Gleichgewicht

$$BH^{\oplus} + H_2O: \rightleftharpoons B: + H_3O^{\oplus}$$

mit

$$K_a \approx \frac{[B:][H_3O^{\oplus}]}{[BH^{\oplus}]}$$

K_a (und pK_a) ist hier ein Maß für die Stärke der zur Base B: konjugaten Säure $BH^{\oplus}$. Nun entspricht einer hohen Bereitschaft von $BH^{\oplus}$, ein Proton abzugeben, eine geringe Bereitschaft der Base B:, ein Proton aufzunehmen. Je stärker die Säure $BH^{\oplus}$, desto schwächer ist also die Base B:, mit anderen Worten: je *kleiner* der pK_a-Wert von $BH^{\oplus}$, desto *geringer* ist die Basizität der konjugaten Base (B:). Als Basizitätsmaß würde man zweckmäßig p$K_{BH^{\oplus}}$ verwenden, doch schreibt man dafür meistens kurz (wenngleich mißverständlich) pK_a. Beispielsweise hat Ammoniak – eigentlich das Ammonium-Ion gemäß

$$NH_4^{\oplus} + H_2O: \rightleftharpoons NH_3 + H_3O^{\oplus}$$

– einen pK_a-Wert von 9,25. Für dieses Gleichgewicht findet man folgende thermodynamischen Reaktionsgrößen bei 25 °C (pro Mol): $\Delta G° = 52{,}7$ kJ (12,6 kcal), $\Delta H° = 51{,}9$ kJ (12,4 kcal) und $\Delta S° = -2{,}9$ J ($-0{,}7$ cal) K^{-1}, d. h. $T\Delta S° = -0{,}8$ kJ ($-0{,}2$ kcal). Die Lage des Gleichgewichts wird hier also ganz durch die Dissoziationsenthalpie $\Delta H°$ bestimmt, der Einfluß der Entropie $\Delta S°$ ist nahezu vernachlässigbar. Dies steht in auffallendem Gegensatz zum Verhalten vieler der in den vorangegangenen Abschnitten besprochenen Säuren. Der Grund dafür ist, daß wir es seinerzeit mit Neutralsäuren zu tun hatten, jetzt aber mit einer Kation-Säure, deren Dissoziationsgleichgewicht beiderseits je ein geladenes Teilchen aufweist. Diese beiden Ionen üben nun auf die umgebenden Wassermoleküle ganz vergleichbare Ordnungskräfte aus, so daß sich die daraus resultierenden Solvatationsentropien gegenseitig nahezu aufheben.

3.2.2 Aliphatische Basen

Die Stärke der Stickstoffbasen hängt davon ab, wie leicht sie ein Proton aufzunehmen vermögen, also davon, wie weit das einsame Elektronenpaar des Stickstoffs hierfür zur Verfügung steht. Deshalb müssen wir eine Zunahme der Basenstärke in folgender Reihe erwarten: $NH_3 < RNH_2 < R_2NH < R_3N$. Der sukzessive Einbau von Alkylgruppen sollte dem Stickstoff infolge des induktiven Effekts einen zunehmend negativen Charakter verleihen. Die Betrachtung der entsprechenden pK_a-Werte einer Reihe von Aminen (bzw. Ammonium-Ionen) zeigt jedoch folgendes:

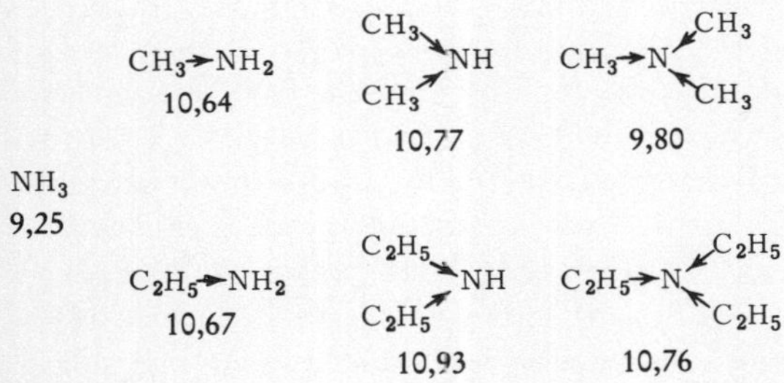

In der Tat steigt die Basenstärke bei der Einführung einer Alkylgruppe in das Ammoniak wie erwartet kräftig an. Ethyl hat hier nur einen geringfügig stärkeren Einfluß als Methyl. Die Einführung einer zweiten Alkylgruppe läßt die Basizität ebenfalls anwachsen, aber in weit geringerem Maße als beim Übergang vom Ammoniak zum primären Amin. Beim Anfügen einer *dritten* Alkylgruppe unter Bildung eines tertiären Amins nimmt jedoch die Basizität in beiden hier angeführten Reihen deutlich *ab.*

Dies geht darauf zurück, daß die Basenstärke eines Amins in Wasser nicht nur durch die Elektronendichte am Stickstoff bestimmt wird. Sie hängt auch davon ab, wie stark das Ammonium-Kation, das sich durch Protonanlagerung an das Amin bildet, solvatisiert und damit stabilisiert werden kann. Je mehr Wasserstoffatome mit dem Stickstoffatom des Kations verknüpft sind, desto größer sind die Möglichkeiten zur Solvatisierung durch Ausbildung von Wasserstoffbrücken mit dem Wasser.

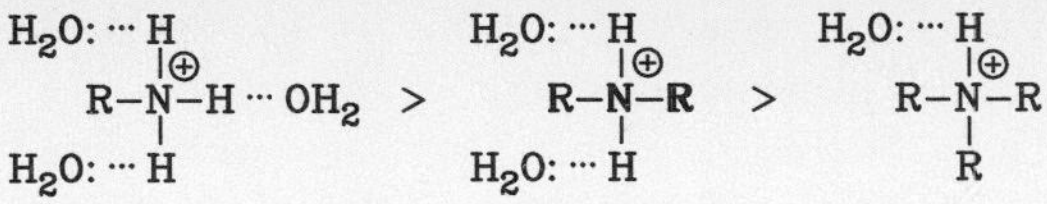

Abnehmende Stabilisierung durch Solvatation

Wenn wir somit in der Reihe NH_3, RNH_2, R_2NH, R_3N fortschreiten, wird zwar der *induktive* Effekt die Basizität *verstärken*, doch wird die Stabilisierung des Kations durch *Hydratation* gleichzeitig immer schwächer werden, so daß hierdurch die Basizität *abnimmt*. Insgesamt wird die sukzessive Angliederung von Alkylgruppen an den Stickstoff die Basenstärke immer weniger steigern; beim Übergang vom sekundären zum tertiären Amin schlägt dieser Einfluß sogar in sein Gegenteil um: die Basenstärke nimmt wieder ab. Sofern diese Erklärung zutrifft, sollte dieser Gang des Basizitätscharakters ausbleiben, wenn die Basizitätsmessungen in einem Lösungsmittel durchgeführt werden, das keine Wasserstoffbrücken bilden kann. Tatsächlich hat man festgestellt, daß die Basizität der Butylamine in Chlorbenzol folgenden Gang zeigt:

$$n\text{-}C_4H_9-NH_2 < (n\text{-}C_4H_9)_2NH < (n\text{-}C_4H_9)_3N$$

obwohl ihre zugeordneten pK_a-Werte in Wasser 10,61, 11,28 und 9,87 betragen.
Bekanntlich geben quartäre Ammoniumsalze wie z. B. $R_4N^{\oplus}I^{\ominus}$ bei Behandlung mit feuchtem Silberoxid („AgOH") basische Lösungen, die in ihrer Basenstärke mit anorganischen Alkalien zu vergleichen sind. Das wird leicht verständlich, weil die auf diesem Wege erhaltene Base $R_4N^{\oplus}OH^{\ominus}$ nur in vollständig ionisierter Form vorliegen kann; sie hat im Gegensatz zu den Ionen aus tertiären Aminen keine Möglichkeit mehr, in nicht-ionische Teilchen überzugehen:

$$R_3\overset{\oplus}{N}H + HO^{\ominus} \longrightarrow R_3N: + H_2O$$

Die Einführung von Elektronenakzeptor-Gruppen wie $-Cl$ oder $-NO_2$ unmittelbar am Basizitätszentrum vermindert infolge des elektronenanziehenden induktiven Effekts (ähnlich wie bei den substituierten Anilinen, vgl. S. 81) die Basizität. So zeigt Tris-trifluormethyl-amin

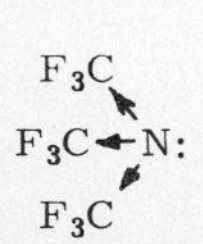

wegen der drei kräftig elektronenanziehenden CF_3-Gruppen praktisch keine basischen Eigenschaften mehr. Entsprechendes gilt für NF_3.
Besonders stark wirkt sich die Nachbarschaft von Carbonyl-Gruppen und anderen ungesättigten Strukturelementen basizitätsmindernd auf das N-Atom aus. Zum kleineren Teil darf man hierfür wohl die stärkere elektronenanziehende Wirkung von sp^2-hybridisiertem Kohlenstoff verantwortlich machen; vor allem aber hat man es hier mit der Auswirkung eines konjugativen Effekts zu tun, z. B. im Fall von Säureamiden:

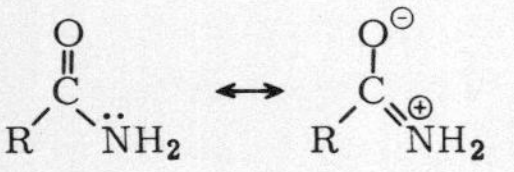

So sind Säureamide in Wasser nur sehr schwach basisch (pK_a von Acetamid = 0,5). Verknüpft man ein Stickstoffatom mit zwei > C=O-Gruppen, so sind die damit resultierenden Imide keineswegs mehr basisch, sondern oft genug so stark sauer, daß sie – wie z. B. Phthalimid (*8*) – Alkalisalze bilden:

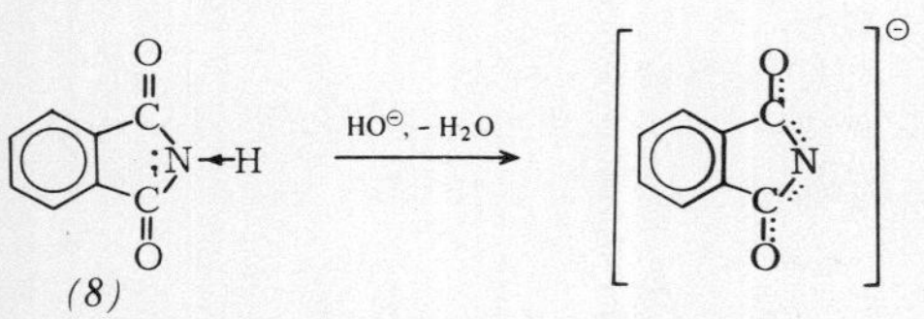

(8)

Ein Amin, bei dem die Elektronendelokalisierung zu einem *Anwachsen* der Basenstärke führt, ist das Guanidin $HN{=}C(NH_2)_2$ *(9)*. Es ist, abgesehen von den eben besprochenen quartären Alkylammoniumhydroxiden, eine der stärksten organischen Basen, die wir kennen, mit einem zugeordneten p$K_a \approx$ 13,6. Sowohl das neutrale Molekül als auch das daraus durch Protonierung gebildete Kation *(10)* sind durch Delokalisierung stabilisiert:

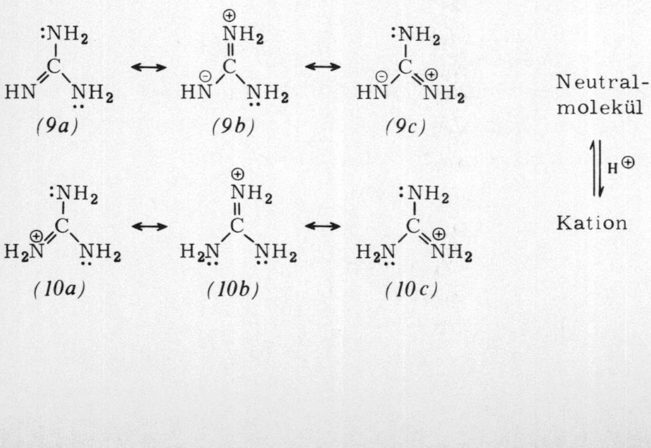

(9a) *(9b)* *(9c)* Neutralmolekül

(10a) *(10b)* *(10c)* Kation

Im Kation ist jedoch die positive Ladung durch den Beitrag der genau gleichwertigen Grenzstrukturen mit gleicher Energie symmetrisch verteilt. Im Neutralmolekül, bei dem zwei der mesomeren Grenzstrukturen eine Ladungstrennung erfordern, ist eine Delokalisierung von gleicher Wirksamkeit nicht möglich. Daher ist das Kation stärker stabilisiert als das Neutralmolekül, die Protonierung ist energetisch sehr begünstigt, und Guanidin ist eine äußerst starke Base.

Eine ähnliche Situation trifft man bei den Amidinen, RC(=NH)NH_2 *(11)*, an:

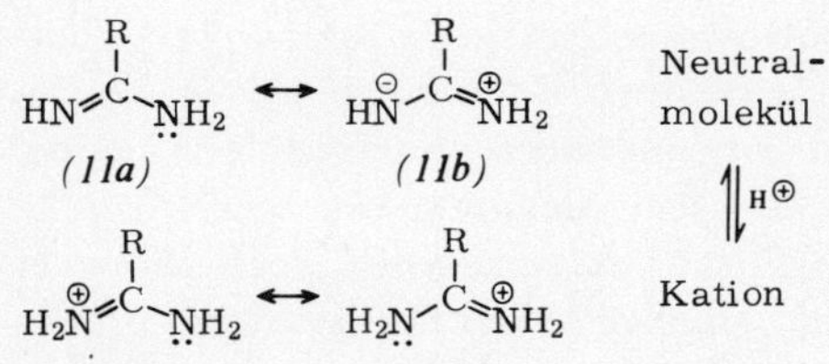

(11a) *(11b)* *(12a)* *(12b)*

Wenn auch die Stabilisierung durch Ladungsdelokalisation im Kation *(12)* sicher nicht so ausgeprägt ist wie beim Guanidin-Kation *(10)*, so ist doch Acetamidin, $CH_3C(=NH)NH_2$ (pK_a = 12,4) eine viel stärkere Base als etwa Ethylamin, $CH_3CH_2NH_2$ (pK_a = 10,67).

3.2.3 Aromatische Basen

Das Gegenteil dessen, was wir eben geschildert haben, finden wir beim Anilin *(13)*, das mit einem pK_a-Wert von 4,62 im Vergleich zu Ammoniak (9,25) und Cyclohexylamin (10,68) eine sehr schwache Base ist. Im Anilin ist das N-Atom wiederum an sp^2-hybridisierten Kohlenstoff gebunden, vor allem aber kann das einsame Elektronenpaar des Stickstoffs mit den delokalisierten π-Orbitalen des Benzolkerns in Wechselwirkung treten:

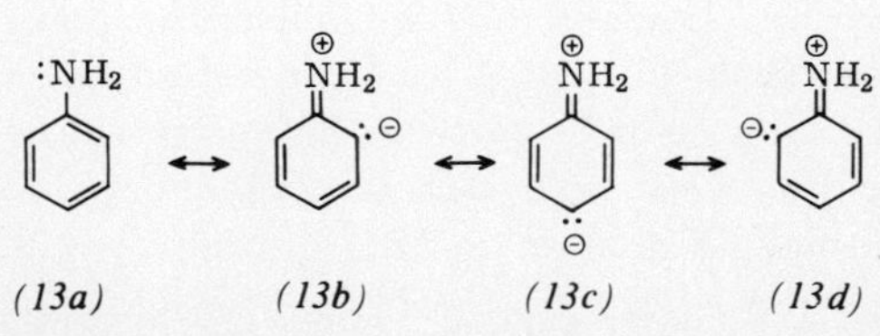

(13a) *(13b)* *(13c)* *(13d)*

Wenn Anilin ein Proton anlagert, wird jede derartige Mesomerie und die daraus resultierende Stabilisierung des Moleküls aufgehoben, denn das Elektronenpaar des Stickstoffs ist jetzt in der dritten N—H-Bindung fixiert:

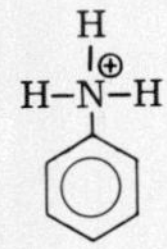

(14)

Das Anilin-Molekül ist daher relativ zum Anilinium-Kation *(14)* stabilisiert, und es ist für das erstere energetisch *nicht* vorteilhaft, ein Proton aufzunehmen. Im Vergleich zur entsprechenden gesättigten Verbindung, Cyclohexylamin (pK_a = 10,68), ist daher Anilin nur eine sehr schwache Base. Der Basizitäts-mindernde Effekt tritt naturgemäß noch stärker in Erscheinung, wenn weitere Phenylgruppen an das Stickstoffatom gebunden sind. So ist Diphenylamin, $(C_6H_5)_2NH$, bereits eine äußerst schwache Base (pK_a = 0,8), und Triphenylamin, $(C_6H_5)_3N$, ist unter normalen Bedingungen überhaupt nicht mehr basisch.

Die Einführung von Alkylgruppen, z. B. Methylresten, am Stickstoffatom des Anilins ruft einen kleinen Anstieg des pK_a-Werts hervor:

C_6H_5–NH_2	C_6H_5–$NHCH_3$	C_6H_5–$N(CH_3)_2$	CH_3–C_6H_4–NH_2
4,62	4,84	5,15	*o* 4,38
			m 4,67
			p 5,17

Im Gegensatz zu den Folgen ähnlicher struktureller Veränderungen bei aliphatischen Aminen (S. 76) verläuft dieser geringe Anstieg progressiv. Das deutet darauf hin, daß die Kationenstabilisierung durch Wasserstoffbrücken-gebundene Solvatation, die ja für das unregelmäßige Verhalten der aliphatischen Amine verantwortlich war, sich auf den Gesamteffekt im obigen Falle weniger stark auswirkt. Den Haupteinfluß auf die Basenstärke alkylsubstituierter Aniline übt nach wie vor die konjugative Stabilisierung des Anilinmoleküls (*13*) im Vergleich zu dem Kation (*14*) aus. Diese Behauptung wird durch den unregelmäßigen Einfluß bestätigt, den Methylsubstituenten in den *o*-, *m*- und *p*-Positionen von Anilin hervorrufen. Eine vergleichbare irreguläre Beeinflussung des pK_a-Werts wird auch bei Einführung von Methylgruppen in die *o*-, *m*- und *p*-Positionen des Phenols beobachtet (S. 70).

Eine Gruppe mit stärkerem induktivem Effekt – z.B. NO_2 – übt einen wesentlich größeren Einfluß aus. Er ist besonders stark, wenn sich die Nitrogruppe in ortho- oder para-Stellung befindet, da dann die konjugative Wechselwirkung des freien Stickstoff-Elektronenpaares mit der Nitrogruppe über die π-Orbitale des Benzolkerns noch verstärkt wird. Dies führt zu einer weiteren Stabilitätsminderung des Kations gegenüber dem Neutralmolekül und damit zu einer weiteren Abschwächung der Basizität. So findet man für die Nitroaniline folgende zugeordnete pK_a-Werte:

H_5C_6–NH_2	O_2N–C_6H_4–NH_2	
4,62	*o*	-0,28
	m	2,45
	p	0,98

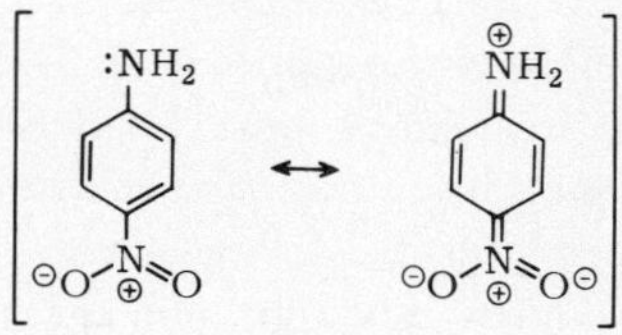

Der besonders kräftige basizitätsschwächende Einfluß eines ortho-ständigen Substituenten hat seine Ursache zum Teil darin, daß sein induktiver Effekt hier nur über eine sehr kleine Entfernung wirkt; zum Teil übt der Substituent seinen Einfluß auch unmittelbar sterisch und durch Wasserstoffbrücken-Bindung mit der $-NH_2$-Gruppe aus (vgl. hierzu das Verhalten der ortho-substituierten Benzoesäuren, S. 72). ortho-Nitroanilin ist eine so schwache Base, daß seine Salze in wäßriger Lösung weitgehend hydrolysiert werden; 2,4-Dinitroanilin ist in wäßrigen Säuren unlöslich, und 2,4,6-Trinitroanilin ähnelt in seiner Basizität einem Säureamid: es hydrolysiert leicht zu Pikrinsäure, man hat ihm daher den Trivialnamen Pikramid gegeben.

Substituenten wie $-OH$ und $-OCH_3$, die einsame Elektronenpaare tragen, können bei ortho- und para-, nicht aber bei meta-Stellung einen basizitätsverstärkenden konjugativen Effekt ausüben, das entsprechende para-substituierte Anilin ist deshalb eine stärkere Base als die analoge meta-Verbindung. Diese letztere ist wegen des elektronenanziehenden Effekts des Sauerstoffatoms stets schwächer basisch als Anilin selbst. Wie so häufig, fällt auch hier der Einfluß ortho-ständiger Substituenten wegen ihrer direkten Wechselwirkung mit der $-NH_2$-Gruppe (sterische und polare Effekte) etwas anomal aus. Für die substituierten Aniline findet man folgende zugeordnete pK_a-Werte:

$H_5C_6{-}NH_2$	$HO{-}C_6H_4{-}NH_2$		$CH_3O{-}C_6H_4{-}NH_2$	
4,62	*o*	4,72	*o*	4,49
	m	4,17	*m*	4,20
	p	5,30	*p*	5,29

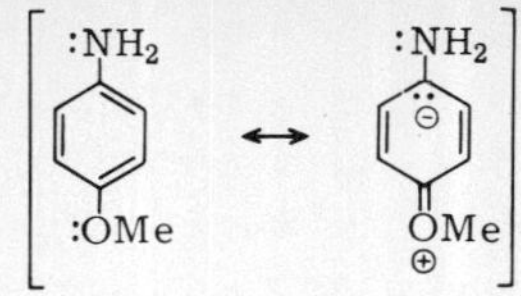

Besonders interessant ist der Vergleich von 2,4,6-Trinitro-N,N-dimethylanilin (*15*) und 2,4,6-Trinitro-anilin (*16*). Die erstere Verbindung ist eine etwa 40 000 mal stärkere Base (ΔpK_a = 4,60) als die letztere (obwohl N,N-Dimethylanilin und Anilin von ungefähr gleicher Basizität sind). Der Basizitätsunterschied der beiden Trinitro-Verbindungen ist darauf zurückzuführen, daß die Nitrogruppen in der Dimethylamino-Verbindung (*15*) im wesentlichen nur durch ihren induktiven Effekt wirken können. Die Dimethylamino-Gruppe hat nämlich eine hinreichende Raumerfüllung, um mit den beiden – ebenfalls sehr großen – ortho-ständigen Nitrogruppen zu kollidieren. Durch Rotation um die jeweiligen Bindungen zwischen Ring-Kohlenstoff und Stickstoff können sich die O-Atome der Nitrogruppen und die Methylgruppen gegenseitig aus dem Wege gehen, aber dann sind die p-Orbitale an den Stickstoffatomen nicht mehr parallel zu den p-Orbitalen der Ring-Kohlenstoffatome. Die konjugative Verschiebung des einsamen Elektronenpaares am Stickstoff der Dimethylamino-Gruppe zu den Sauerstoffatomen der Nitrogruppen ist damit unterbunden, und der sonst zu erwartende Basizitäts-mindernde Effekt tritt nicht ein.

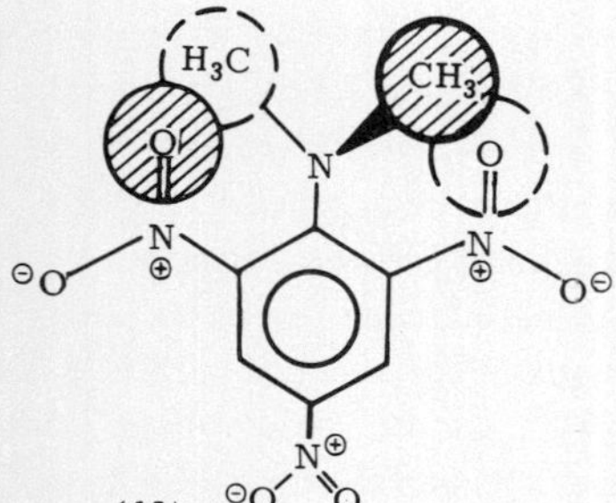

(15)

Beim 2,4,6-Trinitroanilin *(16)* hingegen ist die Raumerfüllung der NH_2-Gruppe so klein, daß sie keinen derartigen sterischen Beschränkungen unterliegt; vielmehr kann die Bildung von Wasserstoffbrücken zwischen den

H-Atomen der Amino-Gruppe und den beiden ortho-ständigen Nitrogruppen dazu beitragen, alle diese Gruppen in der für eine optimale Konjugation erforderlichen koplanaren Orientierung festzulegen: alle 2p-Orbitale können sich parallel zueinander stellen und in Wechselwirkung treten. Dieses Amin wird also durch den äußerst starken konjugativen Elektronenabzug der drei Nitrogruppen sehr stark in seiner Basizität geschwächt.

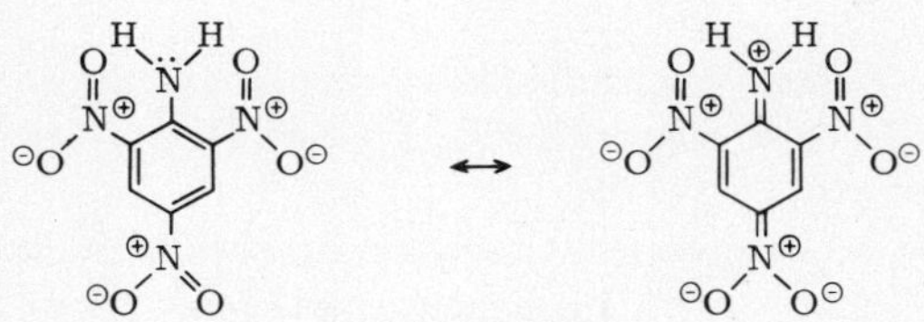

usw.

(16)

3.2.4 Heterocyclische Basen

Pyridin [vgl. *(18)*, S. 21] ist eine aromatische Verbindung, das N-Atom ist sp^2-hybridisiert und steuert 1 Elektron zum 6π-Elektronensystem ($4n + 2$, $n = 1$) bei. Es verbleibt noch ein nicht-anteiliges Elektronenpaar am Stickstoff, das in einem sp^2-Orbital untergebracht ist. Demgemäß ist Pyridin basisch, $pK_a = 5{,}21$. Es ist aber eine sehr viel schwächere Base als aliphatische tertiäre Amine, z. B. $(C_2H_5)_3N$, $pK_a = 10{,}75$, und das ist typisch für alle Basen, deren Stickstoffatom an Mehrfachbindungen beteiligt ist. Dies hat seine Ursache darin, daß der s-Charakter des Orbitals für das einsame Elektronenpaar mit der Multiplizität der vom Stickstoff betätigten Bindungen zunimmt. Die beiden einsamen Elektronen werden in solchen Fällen stärker zum Stickstoff hingezogen und fester durch ihn gebunden. Sie können dann weniger leicht eine Verbindung mit einem Proton eingehen, und dies ist gleichbedeutend mit einer Basizitätsabnahme der betreffenden Verbindung.
Wenn wir die Reihe

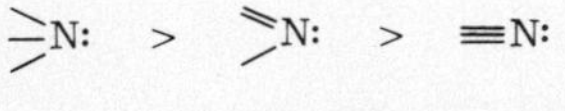

z. B. bei den Verbindungen R_3N, C_5H_5N, $R-C\equiv N$ betrachten, so finden wir dort das einsame Stickstoffelektronenpaar in einem sp^3-, dann in einem sp^2- und endlich in einem sp-Orbital. Die damit einhergehende Basizitätsabnahme kommt in den beiden oben angeführten pK_a-Werten zum Aus-

druck, sowie in dem Befund, daß die Basizität der Alkylcyanide (Nitrile; CH_3CN, pK_a = –4,3) außerordentlich klein ist.
Im Falle des Chinuclidins *(17)*

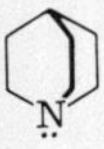

(17)

befindet sich jedoch das einsame Stickstoff-Elektronenpaar wieder in einem sp^3-Orbital, daher ist sein zugeordneter pK_a-Wert (10,95) fast identisch mit dem des Triethylamins (10,75).
Beim Pyrrol *(18)* stellt man bis zu gewissem Grade aromatischen Charakter fest, wenn dieser auch nicht so stark ausgeprägt ist wie beim Benzol oder beim Pyridin. Pyrrol verhält sich jedenfalls nicht wie ein konjugiertes Dien, wie man dies nach seiner Formel *(18a)* eigentlich erwarten müßte, sondern wie ein N-Analogon *(18b)* des Benzols.

(18a)

(18b)

Damit dieser aromatische Charakter zustande kommen kann, müssen die Ringatome wieder sechs (d. h. $4n + 2$, $n = 1$) π-Elektronen für die drei bindenden Molekülorbitale (S. 17) zur Verfügung stellen. Das verlangt, daß das Stickstoffatom *zwei* Elektronen beisteuert. Wenngleich die entstehende Ladungswolke – wie man annehmen darf – ihre höchste Ladungsdichte am elektronegativen Stickstoff hat, ist doch eine Protonierung an dieser Stelle nicht mehr ohne weiteres möglich. Vielmehr wird ein Proton unter forcierten Bedingungen am α-Kohlenstoffatom zum Kation *(19)* aufgenommen:

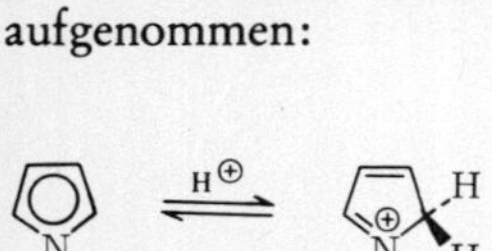

(18b) *(19)*

Die Ursache ist darin zu sehen, daß der Einbau des einsamen Elektronenpaares am Stickstoffatom in das aromatische 6π-Elektronensystem alles in allem eine positive Partialladung am Stickstoffatom erzeugt, die der

Aufnahme eines Protons entgegenwirkt. Die Protonierung wird daher in die α-Position dirigiert.
Wir haben es hier mit einer ganz ähnlichen Situation wie beim Anilin (S. 80) zu tun, insofern das Kation *(19)* relativ zum neutralen Molekül *(18)* destabilisiert ist. Der Effekt ist aber beim Pyrrol noch viel stärker, denn die basische Wirkung des Pyrrols kann sich nur unter *völliger* Aufgabe des aromatischen Charakters und Verlust der damit verbundenen Stabilität entfalten. Entsprechend ist die Basizität des Pyrrols (pK_a = –0,27) noch sehr viel geringer als die des Anilins (pK_a = 4,62), d. h. Pyrrol ist eine wirklich schwache Base. Die Verbindung kann sogar als Säure wirken, wenn auch nur als eine schwache. Durch starke Basen wie $NH_2^{\ominus}$ wird das Proton der NH-Gruppe entfernt: Das entstehende Anion (*20*) behält den aromatischen Charakter von Pyrrol, ganz im Gegensatz zum Kation (*19*):

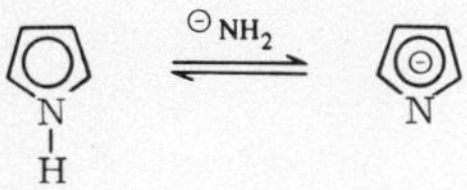

(18) *(20)*

Für das Perhydro-Derivat des Pyrrols, Pyrrolidin *(21)*, gelten die oben geschilderten Verhältnisse nicht, d. h. wir haben es hier mit einer normalen starken Base zu tun, deren Basizität (pK_a = 11,27) ganz mit derjenigen von Diethylamin (pK_a = 11,04) zu vergleichen ist.

(21)

3.3 Säure-Base-Katalyse

Wie schon früher (S. 48) erwähnt, bedeutet Katalyse in homogener Lösung die Bereitstellung eines anderen Reaktionswegs mit geringerem Energieaufwand, der oft über ein neues, stabileres Zwischenprodukt verläuft. Bei weitem die verbreitetsten und wichtigsten Katalysatoren der Organischen Chemie sind Säuren und Basen.

3.3.1 Spezifische und allgemeine Säurekatalyse

Im einfachsten Fall der Säurekatalyse ist die Reaktionsgeschwindigkeit mit dem pH-Wert korreliert, sie steigt mit fallendem pH und ist in Wasser als Lösungsmittel proportional zur $H_3O^{\oplus}$-Konzentration. Ein bekanntes Beispiel ist die Hydrolyse einfacher Acetale (S. 244) wie $CH_3CH(OEt)_2$, für das folgender Geschwindigkeitsausdruck gefunden wird (Et = Ethyl):

$$r = k[H_3O^{\oplus}][CH_3CH(OEt)_2]$$

Man spricht hier von *spezifischer Säurekatalyse*, weil das Hydroxonium-Ion das *einzige* acide Teilchen ist, das die Reaktion katalysiert. Die Zufügung anderer potentieller Proton-Donoren (Säuren) wie $NH_4^{\oplus}$ ändert die Reaktionsgeschwindigkeit r nicht, vorausgesetzt, daß sich $[H_3O^{\oplus}]$ bzw. der pH-Wert dabei nicht ändert und die Reaktionsgeschwindigkeit so nicht indirekt beeinflußt wird. Man stellt sich für die Acetal-Katalyse folgenden Ablauf vor:

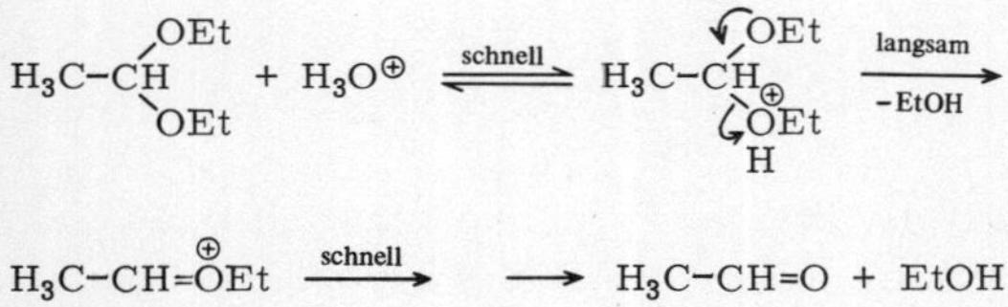

Allgemein ist spezifische Säurekatalyse charakteristisch für Reaktionen mit einem schnellen, reversiblen Protonierungsschritt *vor* dem langsamen, geschwindigkeitsbestimmenden Schritt.
Es gibt auch Reaktionen, die nicht nur durch $H_3O^{\oplus}$, sondern auch durch andere Säuren im System katalysiert werden. Ein Beispiel ist die Hydrolyse von Orthoestern wie $CH_3C(OEt)_3$, für die man in Gegenwart der allgemeinen Säure HA findet:

$$r = k_{H_3O^{\oplus}}[H_3O^{\oplus}][CH_3C(OEt)_3] + k_{HA}[HA][CH_3C(OEt)_3]$$

Dies ist der Fall der *allgemeinen Säurekatalyse*, allgemein deshalb, weil generell alle Proton-Donoren wirksam sind und nicht nur $H_3O^{\oplus}$. Die allgemeine Säurekatalyse tritt oft erst bei höheren pH-Werten in Erscheinung, z. B. bei $pH > 7$. Hier wäre also $[H_3O^{\oplus}] \approx 10^{-7}$ oder kleiner, während [HA] 1- oder 2-molar sein kann. Im Prinzip kann die allgemeine Säurekatalyse auch bei niedrigeren pH-Werten vonstatten gehen, sie kommt dann aber wegen des weit größeren Beitrags durch die Hydroxonium-Ionen praktisch nicht mehr zum Zuge. Für die Orthoester-Hydrolyse nimmt man den folgenden Ablauf an, worin HA auch $H_3O^{\oplus}$ sein kann:

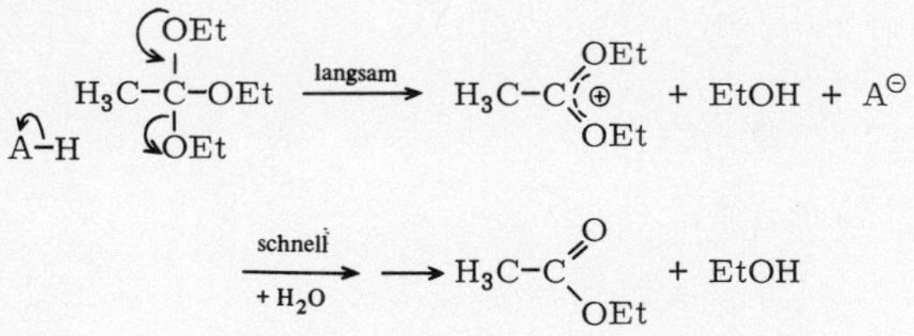

Generell ist die allgemeine Säurekatalyse charakteristisch für Reaktionen, in denen die Protonierung des Substrats den langsamen, geschwindigkeitsbestimmenden Schritt bildet, dem eine rasche Umwandlung des Zwischenprodukts in die Produkte folgt.

3.3.2 Spezifische und allgemeine Basekatalyse

Genau denselben Unterschied kann man hinsichtlich der Katalyse durch Basen machen. In der *spezifischen Basekatalyse* ist die Reaktionsgeschwindigkeit proportional zur Konzentration der Hydroxid-Ionen, etwa in der Umkehrung der Aldol-Kondensation (S. 261) (Me = Methyl):

$$r = k[HO^{\ominus}][Me_2C(OH)CH_2COMe]$$

Die Reaktion verläuft vermutlich folgendermaßen:

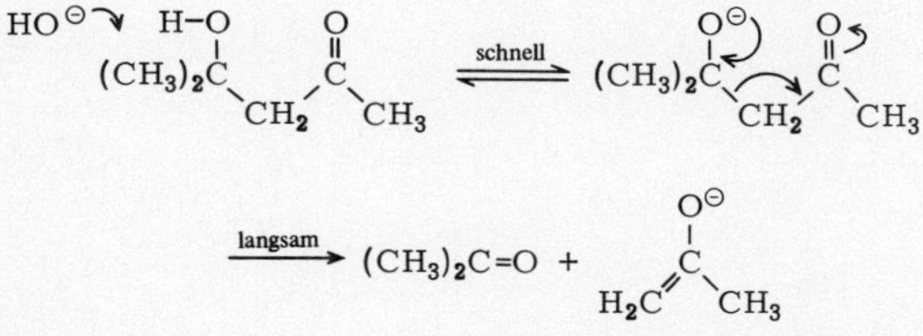

In Analogie zu den Verhältnissen bei der Säurekatalyse kann man wieder feststellen, daß spezifische Basekatalyse charakteristisch ist für Reaktionen mit einer raschen, reversiblen Deprotonierung des Substrats *vor* dem langsamen, geschwindigkeitsbestimmenden Schritt.

In der *allgemeinen Basekatalyse* können auch andere Basen als $HO^{\ominus}$ wirksam sein. Ein Beispiel bietet die basekatalysierte Bromierung des Acetons (S. 46) in Acetat-Puffer

$$r = k_{HO^\ominus}[HO^\ominus][CH_3COCH_3] + k_{CH_3CO_2^\ominus}[CH_3CO_2^\ominus][CH_3COCH_3]$$

mit dem vermutlichen Reaktionsablauf:

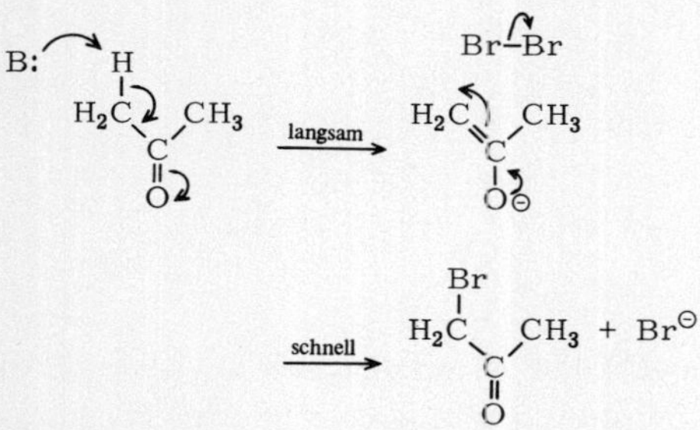

Auch hier gilt die Analogie zur Säurekatalyse, d. h. allgemeine Basekatalyse ist charakteristisch für Reaktionen, in denen die Ablösung eines Protons vom Substrat den langsamen, geschwindigkeitsbestimmenden Schritt bildet, dem eine rasche Umwandlung des Zwischenprodukts in die Endprodukte folgt.

4 Nucleophile Substitution am gesättigten Kohlenstoffatom

Ein Reaktionstyp, der vor allem durch die umfangreichen Arbeiten von C. K. Ingold und seiner Schule eingehender untersucht worden ist als jeder andere, ist die nucleophile Substitution am gesättigten Kohlenstoffatom. Ein Beispiel für diesen klassischen Reaktionstyp bietet die Umwandlung eines Alkylhalogenids in einen Alkohol unter der Einwirkung von Alkali:

$$HO^{\ominus} + R{-}Hal \longrightarrow HO{-}R + Hal^{\ominus}$$

Die Verfolgung der Kinetik solcher Reaktionen hat gezeigt, daß es hier zwei Grenzfälle gibt. Für den einen gilt die Geschwindigkeitsgleichung

$$r \sim [R{-}Hal]\,[HO^{\ominus}] \qquad (1)$$

während die Kinetik des anderen von der $HO^{\ominus}$-Konzentration unabhängig ist und durch die Beziehung

$$r \sim [R{-}Hal]$$

beschrieben wird. Entsprechendes gilt auch für viele andere Substrate $R{-}X$ und andere Nucleophile (Nu: anstelle von $HO^{\ominus}$). Zwar sind viele Fälle mit einer gemischten oder sonst komplizierten Kinetik bekannt, in denen beide Geschwindigkeitsgesetze gleichzeitig gelten; doch kennt man auch Beispiele für Reaktionen, die den oben beschriebenen einfachen Gleichungen gehorchen.

4.1 Beziehungen zwischen Kinetik und Reaktionsmechanismus

Es hat sich gezeigt, daß die Hydrolyse des Methylbromids *(1)* in wäßrigem Alkali nach Gleichung (1) verläuft. Dieser Befund wurde durch die Vorstellung interpretiert, daß sowohl das Alkylhalogenid als auch das Hydroxid-Ion am geschwindigkeitsbestimmenden, d. h. langsamsten Schritt der Reaktion teilnehmen. Ingold hat für diesen Reaktionstyp einen Übergangszustand *(2)* vorgeschlagen, in welchem das angreifende Hydroxid-Ion schon partiell mit dem reagierenden Kohlenstoffatom verknüpft ist, bevor das bei der Reaktion entstehende Bromid-Ion sich gänzlich von ihm gelöst hat. In diesem Prozeß wird ein Teil der zur Trennung der C−Br-Bindung benötigten Energie durch die Energie geliefert, welche bei der Bildung der

HO – C-Bindung frei wird. Durch quantenmechanische Rechnung läßt sich nachweisen, daß die Annäherung des Hydroxid-Ions in der Richtung der C – Br-Bindung den geringsten Energieaufwand erfordert. Das läßt sich durch folgende Formelbilder anschaulich machen:

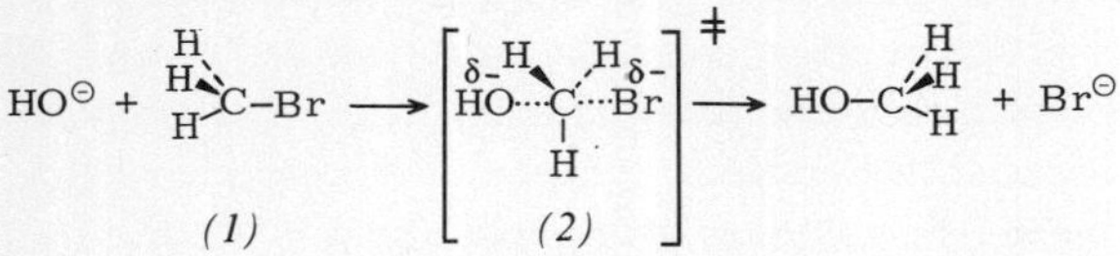

(1) *(2)*

Übergangszustand

Im Verlauf der Reaktion wird die negative Ladung vom Hydroxid-Ion zum Brom übertragen. Im Übergangszustand ist sie annähernd gleichmäßig auf alle Reaktionspartner verteilt; die an das angegriffene Kohlenstoffatom gebundenen Wasserstoffatome durchlaufen hierbei eine Position, in der sie alle in einer Ebene angeordnet sind, die senkrecht auf der Papierebene steht. Das ursprünglich sp^3-hybridisierte Kohlenstoffatom geht im Übergangszustand in eine sp^2-Hybridisierung über: Dadurch wird ein unhybridisiertes p-Orbital „frei", mit dessen Orbitallappen die Orbitale der OH- und Br-Gruppe wechselwirken. Dieser Reaktionstyp wurde von Ingold als S_N2 (*bi*molekulare *n*ucleophile *S*ubstitution) gekennzeichnet.

Im Gegensatz hierzu hat man gefunden, daß die Hydrolyse des *tert.*-Butylchlorids *(3)* in wäßrigem Alkali einer Kinetik der Gleichung (2) folgt. Da hierbei die Reaktionsgeschwindigkeit von der $HO^{\ominus}$-Konzentration unabhängig ist, kann das Hydroxid-Ion nicht am geschwindigkeitsbestimmenden Schritt teilnehmen. Man hat dies durch die Vorstellung gedeutet, daß das Halogenid zunächst in einem langsamen und daher geschwindigkeitsbestimmenden Schritt unter Vervollständigung der bereits besprochenen Polarisation der Kohlenstoff-Halogenbindung $R^{\delta+}-Hal^{\delta-}$ derartiger Moleküle dissoziiert und danach in einem raschen, nicht geschwindigkeitsbestimmenden Schritt mit einem Hydroxid-Ion oder auch mit den im Überschuß vorhandenen Lösungsmittelmolekülen reagiert.

Dieser Mechanismus wird als S_N1 bezeichnet, für *S*ubstitution, *n*ucleophil und *uni*molekular. Die Energie, die für die einleitende Ionisation erforderlich ist, wird zum Teil durch die Energie zurückerhalten, die bei der Solvatation des resultierenden Ionenpaars frei wird. Auch die Aktivierungsentropie, $\Delta S^{\ddagger}$ (S. 45), begünstigt einen derartigen Dissoziationsvorgang. So beträgt $\Delta S^{\ddagger}$ für die Hydrolyse von $(CH_3)_3CCl$ + 51 J $K^{-1}mol^{-1}$ verglichen mit –175 J $K^{-1}mol^{-1}$ für die Hydrolyse von CH_3Cl. Bei dem Kation des Ionenpaars *(4)*, in dem das zentrale Kohlenstoffatom die positive Ladung trägt, handelt es sich natürlich um eine Carbokation-Zwischenstufe. Im

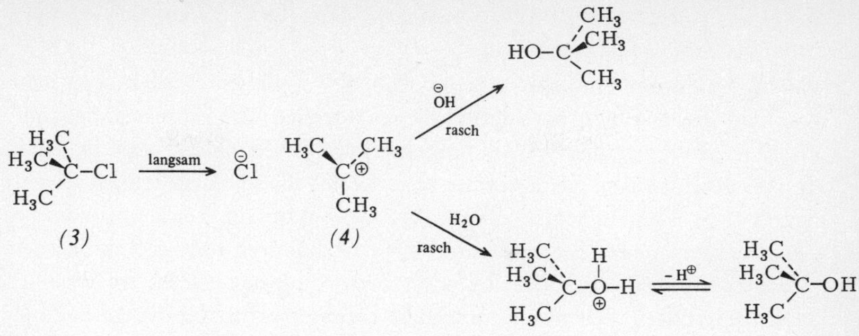

Verlaufe ihrer Bildung wandelt sich das ursprünglich sp^3-hybridisierte Kohlenstoffatom in den sp^2-Zustand um, in dem die drei Methylsubstituenten ihre größtmögliche Entfernung (unter Energiegewinn) erreichen. Der Angriff von $HO^{\ominus}$ oder dem Solvens (z. B. H_2O:) kann naturgemäß von beiden Seiten dieses planaren Intermediats erfolgen. Wird die Erreichung der planaren Struktur durch sterische oder andere Faktoren erschwert oder verhindert (vgl. S. 101), so wird sich das Carbokation nur mit Mühe oder gar nicht bilden: die Ionisation, und somit auch die Reaktion nach S_N1, werden dann nicht eintreten. S_N2- und S_N1-Reaktionen unterscheiden sich also vor allen Dingen darin, daß der S_N2-Prozeß in nur *einem* Schritt über einen Übergangszustand verläuft, während die S_N1-Reaktion in *zwei* Schritten über ein echtes Intermediat, das Carbokation, führt.
In manchen Lehrbüchern und in der Literatur besteht eine gewisse Verwirrung hinsichtlich des Gebrauchs der Ausdrücke *Reaktionsordnung* (S. 46) und *Molekularität*. Die Reaktionsordnung ist eine experimentell bestimmbare Größe, nämlich die Summe der Exponenten der einzelnen Konzentrationsterme, die in der Geschwindigkeitsgleichung erscheinen, z. B.

$r = k[A][B][C]$ Reaktion 3. Ordnung

$r = k[A]^2[B]$ Reaktion 3. Ordnung

$r = k[A]^2$ Reaktion 2. Ordnung usw.

Oftmals allerdings interessiert man sich mehr für die Ordnung in bezug auf einen bestimmten Reaktanden als für die Gesamtordnung der Reaktion. In diesem Fall wird man sagen, die obigen Reaktionen seien erster, zweiter bzw. zweiter Ordnung in bezug auf A. Es gibt auch Beispiele, in denen die Reaktionsordnung in bezug auf einen bestimmten Reaktanden Null oder eine gebrochene Zahl ist.

Die Molekularität hingegen gibt die Zahl der Teilchen (Moleküle, Ionen usw.) an, die in einem bestimmten Schritt der Reaktion die Lösung und/oder Knüpfung chemischer Bindungen erfahren. Gemeinhin geht es dabei um den geschwindigkeitsbestimmenden Schritt. Es sei ausdrücklich darauf hingewiesen, daß die Molekularität – im Gegensatz zur Reaktionsordnung – *keine* experimentell bestimmbare Größe ist, sondern nur im Rahmen des gedachten Mechanismus der Reaktion Bedeutung hat. Sie ist ein wesentlicher Bestandteil der mechanistischen Interpretation der Reaktion und muß insofern möglicherweise revidiert werden, wenn neue experimentelle Fakten bekannt werden, was im Grundsatz bei der Reaktionsordnung nicht vorkommen kann. Ihrem Wesen nach kann sich die Molekularität immer nur auf einen *Elementarschritt* der Reaktion beziehen, auf die Reaktion *als Ganze* angewandt hat sie nur Bedeutung, wenn diese in einem einzigen Schritt verläuft (wie dies für die Hydrolyse des Methylbromids angenommen wird). In diesem letzteren Fall werden Reaktionsordnung und Molekularität identisch, die Reaktion ist also insgesamt von der 2. Reaktionsordnung (je 1. Ordnung in bezug auf beide Reaktanden) und gleichzeitig bimolekular. Ordnung und Molekularität haben aber, wie danach klar sein dürfte, keineswegs immer oder notwendigerweise denselben Zahlenwert.

Die einfache kinetische Untersuchung kann ein durchaus unzulängliches Instrument sein, um über die Reaktionsordnung, etwa die Alternative S_N1 oder S_N2 in der Hydrolyse einer organischen Halogenverbindung, zu entscheiden. Wenn beispielsweise das Wasser – allgemein das Lösungsmittel – als Nucleophil an der Reaktion beteiligt ist, würden wir für eine S_N2-Reaktion ansetzen:

$$r = k\,[RX]\,[H_2O]$$

Da nun aber $[H_2O]$ praktisch konstant bleibt, ist dieser Ansatz von dem folgenden nicht zu unterscheiden:

$$r = k\,[RX]$$

Wenn man dieses experimentelle Ergebnis vorbehaltlos interpretiert, könnte man zu dem falschen Ergebnis gelangen, es liege eine S_N1-Reaktion vor.

Eine kinetische Unterscheidung zwischen S_N1 und S_N2 kann man oft dadurch herbeiführen, daß man dem Reaktionsgemisch ein konkurrierendes Nucleophil, z. B. das Azid-Ion $N_3^{\ominus}$, beifügt und das Ergebnis beobachtet.

Die Gesamtkonzentration an Nucleophil wird dadurch erhöht. Für eine S_N2-Reaktion, bei der [Nu:] im Geschwindigkeitsausdruck erscheint, muß sich dadurch eine erhöhte Reaktionsgeschwindigkeit ergeben. Im Gegensatz dazu geht die Konzentration des Nucleophils bei einer S_N1-Reaktion *nicht* in die Reaktionsgeschwindigkeit ein, da sie auf den geschwindigkeitsbestimmenden Schritt (die Ionisation des Substrats) keinen Einfluß hat. Die Zugabe von $N_3^{\ominus}$ wird also in diesem Fall ohne ausgeprägten Einfluß auf die Reaktionsgeschwindigkeit bleiben, obwohl sie selbstverständlich die Produktzusammensetzung ändert.

4.2 Lösungsmitteleffekte

Ein Wechsel des Lösungsmittels, in dem man eine bestimmte Reaktion ablaufen läßt, übt oft einen tiefgreifenden Einfluß auf die Reaktionsgeschwindigkeit aus und kann sogar zu einem Umschlagen des Reaktionsmechanismus führen. Beispielsweise bewirkt die Erhöhung der Polarität (d. h. der Dielektrizitätskonstante ε) oder auch der Ionen-Solvatationskraft des Lösungsmittels, daß die Geschwindigkeit der Hydrolyse von organischen Halogeniden nach dem S_N1-Mechanismus ganz erheblich *steigt.* So solvolysiert *tert.*-Butylbromid in 50-proz. wäßrigem Ethanol um den Faktor $3 \cdot 10^4$ schneller als in reinem Ethanol. Der Grund liegt darin, daß bei einer S_N1-Reaktion Ladung im Übergangszustand erzeugt und konzentriert wird und daß die dafür erforderliche Energie um so geringer ist, je größer ε ist:

$$\text{R-Hal} \longrightarrow \overset{\delta+}{\text{R}}\ldots\overset{\delta-}{\text{Hal}} \longrightarrow \text{R}^{\oplus}\text{Hal}^{\ominus}$$

Auch durch höhere Solvatationskraft für das sich entwickelnde Ionenpaar wird der Prozeß beschleunigt. Wie wesentlich solche Effekte, insbesondere der Solvatation, sind, geht auch daraus hervor, daß S_N1-Reaktionen in der Gasphase in der Regel nicht vorkommen.

Umgekehrt hat steigende Lösungsmittelpolarität auf eine S_N2-Reaktion nur einen schwachen Einfluß, und zwar im Sinne einer *Abnahme* der Reaktionsgeschwindigkeit. Die Ursache ist darin zu sehen, daß – wenn das Nucleophil ein Anion ist – neue Ladung ja nicht erzeugt, sondern vielmehr die bestehende Ladung im Übergangszustand stärker ausgebreitet wird:

$$\text{Nu}^{\ominus} + \text{R-Hal} \longrightarrow \left[\overset{\delta-}{\text{Nu}}\ldots\text{R}\ldots\overset{\delta-}{\text{Hal}}\right]^{\ddagger} \longrightarrow \text{Nu-R} + \text{Hal}^{\ominus}$$

Folglich ist der Übergangszustand etwas weniger stark als die Reaktanden auf Solvatation angewiesen, und die Abnahme der Reaktionsgeschwindig-

keit mit steigender Lösungsmittelpolarität wird verständlich. Gelegentlich kann dieses unterschiedliche Ansprechen von S_N1- und S_N2-Reaktionen auf die Polarität des Lösungsmittels als zusätzliches Unterscheidungsmerkmal dienen.
Ein sehr starker Einfluß auf die Geschwindigkeit einer S_N2-Reaktion ist aber mit der Überführung der Reaktion von einem polaren hydroxylischen in ein polar nicht-hydroxylisches (d. h. aprotisches) Lösungsmittel verbunden. Beispielsweise wird die Reaktion von Methyliodid mit dem Azid-Ion, $N_3^{\ominus}$, bei 0 °C um einen Faktor von $4{,}5 \cdot 10^4$ beschleunigt, wenn man sie von Methanol ($\varepsilon = 33$) in Dimethylformamid [DMF, HCON-$(CH_3)_2$] mit einer Dielektrizitätskonstante in derselben Größenordnung, $\varepsilon = 37$, verlegt. Dieser eklatante Unterschied rührt daher, daß das angreifende Azid-Ion in Methanol in hohem Maße durch Wasserstoffbrücken solvatisiert ist, während es in DMF nur schwach – und nicht durch Wasserstoffbrücken – solvatisiert ist. Das in DMF weitgehend „nackt" vorliegende Azid-Ion ist ein sehr viel stärkeres Nucleophil als dasselbe Ion in Methanol, wo es mit einer Hülle von Solvensmolekülen umgeben ist. Es sind Geschwindigkeitssteigerungen bis zum 10^9-fachen bei Verlegung von S_N2-Reaktionen aus Lösungsmitteln wie Methanol in polar-aprotische Lösungsmittel beobachtet worden. Eine hervorragende Rolle spielt dabei das Dimethylsulfoxid (DMSO, CH_3SOCH_3, $\varepsilon = 46$).
Was den tatsächlichen Reaktionsablauf angeht, so kann der Übergang zu einem Lösungsmittel mit höherer Polarität und Ionen-Solvatationskraft natürlich auch eine Umstellung von S_N2 nach S_N1 zur Folge haben, muß es aber nicht. Einen Wechsel in umgekehrter Richtung, S_N1 nach S_N2, kann man bei der Überführung von einem hydroxylischen in ein polar-aprotisches Lösungsmittel wie DMSO – wegen der erwähnten enormen Steigerung der Nucleophilie – beobachten.

4.3 Einflüsse der Molekülstruktur

Die folgende Reihe von Alkylhalogeniden zeigt bei der Hydrolyse interessante Unterschiede.

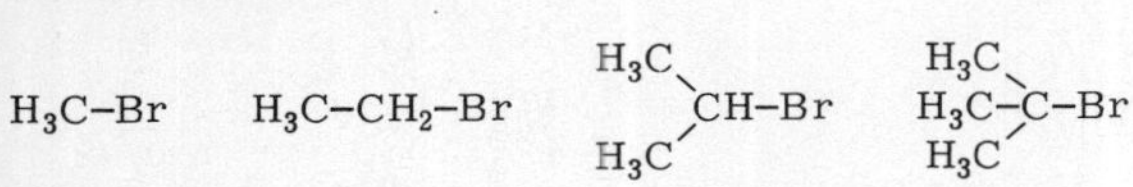

(5) (6) (7) (8)

Das erste und das letzte Glied der Reihe werden in der Literatur als leicht hydrolysierbar, die beiden mittleren Glieder als widerstandsfähiger gegen

Hydrolyse beschrieben. Die Bestimmung der Reaktionsgeschwindigkeiten der Hydrolyse mit verdünntem Alkali in Ethanol/Wasser-Gemischen ergibt folgendes schematisches Diagramm (nach C.K. Ingold, Structure and Mechanism in Organic Chemistry, mit Genehmigung von Cornell University Press):

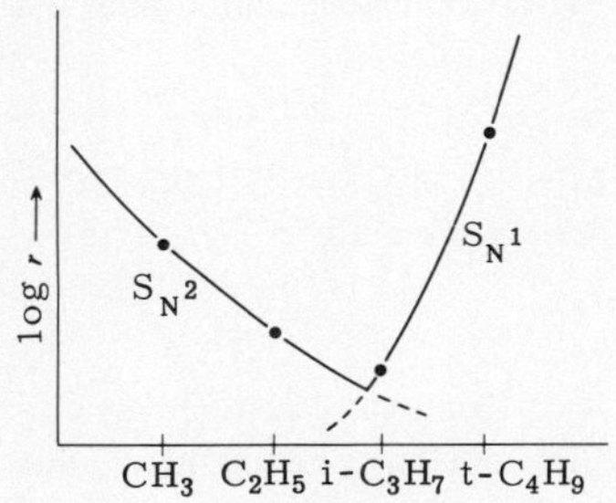

Wie weitere kinetische Untersuchungen zeigen, ändert sich beim Durchlaufen der Reihe die Reaktionsordnung und damit wahrscheinlich auch der Mechanismus der Reaktion. So findet man beim Methylbromid *(5)* und Ethylbromid *(6)* eine Kinetik 2. Ordnung. Isopropylbromid *(7)* zeigt eine aus 1. und 2. Ordnung gemischte Kinetik, wobei die relativen Anteile von der ursprünglichen $HO^{\ominus}$-Konzentration abhängen: Je höher diese ist, desto größer ist der S_N2-Anteil. Insgesamt ist die Reaktionsgeschwindigkeit bei dieser Verbindung die geringste in der ganzen Reihe. *tert.*-Butylbromid *(8)* schließlich wird nach 1. Ordnung solvolysiert.

Eine Erklärung für den Wechsel von einem Mechanismus zum anderen kann nur auf der Basis der Auswirkung elektronischer und sterischer Faktoren auf den Übergangszustand versucht werden. Im Fall eines S_N2-Angriffs kann man erwarten, daß die in der obigen Reihe von links nach rechts sich verstärkenden induktiven Effekte der Alkylgruppen die positive Partialladung am Kohlenstoff zunehmend „neutralisieren" und dadurch den Angriff von $HO^{\ominus}$ erschweren. Diese Wirkung dürfte aber schwächer sein als der sterische Faktor: je stärker das den Bromsubstituenten tragende Kohlenstoffatom mit Alkylgruppen beladen wird, desto schwieriger wird der Angriff für das $HO^{\ominus}$-Ion. Außerdem befinden sich im S_N2-Übergangszustand *fünf* Gruppen am Substitutionszentrum, während es vor der Reaktion nur *vier* waren. Je voluminöser also die Gruppen sind, desto größer die Gruppenhäufung im Übergangszustand (relativ zum Grundzustand) und desto geringer die Bildungstendenz.

Man würde deshalb erwarten, daß die Geschwindigkeitskonstante – reine S_N2-Reaktion vorausgesetzt – beim Durchlaufen der obigen Serie absinkt. Es ist in der Tat möglich, mit einer Serie von Halogeniden nucleophile Substitutionen durchzuführen, die durchgängig dem linken Ast des vorstehenden Diagramms folgen, wenn man Bedingungen wählt (z. B. $Br^{\ominus}$ + R-Cl), unter denen ein Geschwindigkeitsgesetz 2. Ordnung (S_N2-Mechanismus) im gesamten Bereich strikt eingehalten wird. Man beobachtet dann die folgende Sequenz:

	CH_3Cl	CH_3CH_2Cl	$(CH_3)_2CHCl$	$(CH_3)_3CCl$
relative S_N2-Geschwindigkeit	1	2.7×10^{-2}	4.9×10^{-4}	2.2×10^{-5}

Vom Übergangszustand der S_N1-Reaktion kann man sich weniger genaue Vorstellungen machen, doch wird gewöhnlich ein aus Carbokation und Halogenid-Anion zusammengesetztes Ionenpaar als Modell dafür genommen. Geht man wieder in der obigen Reihe von links nach rechts, so nimmt die Stabilität der betreffenden Carbokationen zu, und da diese näherungsweise die Eigenschaften der Übergangszustände widerspiegeln, werden die letzteren zunehmend leichter gebildet werden.

Die Stabilisierung kann auf die induktiven Effekte der Alkylgruppen,

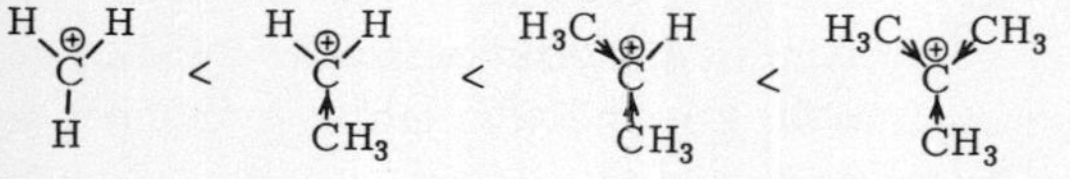

aber auch auf die Hyperkonjugation zurückgeführt werden (vgl. S. 30):

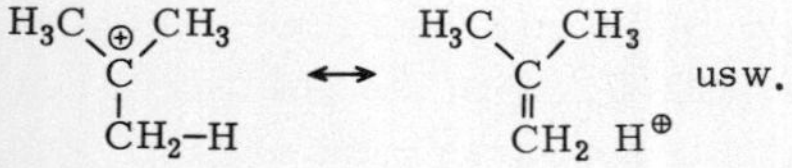

Methyl-, Ethyl-, Isopropyl- und *tert.*-Butyl-Kation tragen 0, 3, 6 bzw. 9 Wasserstoffatome an den zum Ionisationszentrum benachbarten Kohlenstoffatomen; deshalb ist eine in dieser Reihenfolge zunehmende Stabilisierung der Kationen durch Hyperkonjugation zu erwarten.

Einen Beleg für die Realität dieses Effektes kann man in der Tatsache sehen, daß Ersatz der β-Wasserstoffatome in den entsprechenden Halogenverbindungen durch Deuterium zu einer Verzögerung der Reaktion um ca.

10 % pro Deuteriumatom führt, was man wohl nur durch Beteiligung der benachbarten C−H (bzw. C−D)-Bindungen an der Ionisation erklären kann. Es ist dies ein markanter Fall eines sog. *sekundären kinetischen Isotopieeffekts*, sekundär deshalb, weil die das Isotop tragenden Bindungen nicht selbst gebrochen werden.

Es besteht noch wenig Einhelligkeit über den Anteil der induktiven und Hyperkonjugations-Effekte an der Stabilisierung einfacher Carbokationen. Sicher ist aber, daß Carbokationen nur entstehen, wenn sie eine planare oder annähernd planare Anordnung einnehmen können, und das ist die Anordnung, in der Hyperkonjugation am wirksamsten möglich ist.

Die Planarität ist aber auch durch die vorteilhafte Energiebilanz eines Carbokations im trigonal ebenen Zustand bedingt: Mit drei sp^2-Hybridorbitalen erzielt das positiv geladene dreibindige Kohlenstoffatom ein Maximum an Orbitalüberlappung mit seinen Bindungspartnern, während das energiereichere p-Atomorbital unbesetzt bleibt. Ein sp^3-hybridisiertes Carbokation würde für die Valenzelektronen drei Bindungsorbitale mit höherem p-Charakter (75 %, verglichen mit 66,6 % bei sp^2-Hybridisierung), also einem größeren Anteil an $2s \longrightarrow 2p$-Anregungsenergie (vgl. S. 4), zur Verfügung stellen und wäre damit weniger günstig. (Zwar wäre dafür umgekehrt das vierte Hybridorbital etwas stabiler als das reine p-Orbital bei sp^2-Hybridisierung; aber das ist belanglos, da dieses Orbital ja nicht von Elektronen besetzt wird.)

Ferner ist der planare Zustand auch aus sterischen Gründen begünstigt, da darin die *drei* Substituenten – im ursprünglichen Alkylhalogenid waren es deren *vier*, im S_N2-Übergangszustand sogar *fünf* – so weit auseinander stehen wie nur möglich. Dieser sterische Faktor schlägt um so stärker zu Buche, je größer die Gruppen sind ($H \rightarrow CH_3 \rightarrow (CH_3)_3C$). Man würde deshalb sowohl aus elektronischen wie sterischen Gründen erwarten, daß die S_N1-Reaktionsgeschwindigkeit beim Durchschreiten der Serie von Halogenverbindungen von links nach rechts beträchtlich ansteigt. Leider ist es experimentell noch nicht gelungen, Bedingungen zu finden, unter denen alle vier Halogenide nach einem S_N1-Mechanismus reagieren.

Da somit die Geschwindigkeit der S_N2-Reaktion längs der oben (S. 96) vorgestellten Reihe der Halogenide fällt, die der S_N1-Reaktion aber steigt, ist der Wechsel des Mechanismus verständlich.

Einen ähnlichen mechanistischen Wechsel findet man, freilich früher, in folgender Reihe:

$H_3C{-}Cl$	$C_6H_5CH_2{-}Cl$	$(C_6H_5)_2CH{-}Cl$	$(C_6H_5)_3C{-}Cl$
(9)	*(10)*	*(11)*	*(12)*

Bei der Hydrolyse in 50proz. wäßrigem Aceton beobachtet man schon für Benzylchlorid *(10)* eine aus Beiträgen 1. und 2. Ordnung gemischte Geschwindigkeitsgleichung, die in eine Beziehung 1. Ordnung beim Wechsel zu reinem Wasser übergeht. Diphenylchlormethan *(11)* reagiert nach 1. Ordnung (mit erheblich höherer Geschwindigkeit), während schließlich bei Triphenylchlormethan [„Tritylchlorid", *(12)*] die Ionisationstendenz so ausgeprägt ist, daß die Verbindung bei der Auflösung in flüssigem Schwefeldioxid elektrische Leitfähigkeit zeigt. Die Ursache für diese verstärkte Ionisationstendenz und den daraus folgenden frühen Umschlag zum S_N1-Mechanismus liegt darin, daß hier das Carbokation durch Delokalisierung der positiven Ladung folgendermaßen stabilisiert wird:

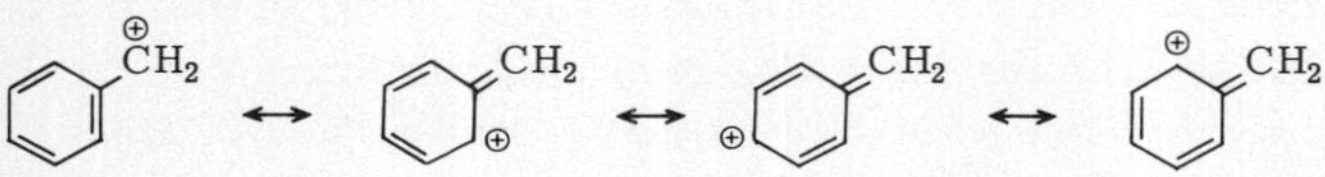

Wir haben hier ein klassisches Beispiel für die Stabilisierung eines Ions durch Ladungsdelokalisierung infolge Konjugation mit den delokalisierten π-Orbitalen des Benzolkerns, wie wir sie bereits beim negativ geladenen Phenolat-Ion auf S. 28 kennengelernt haben. Der Effekt verstärkt sich in der Reihe *(10)* → *(12)* mit der Zahl der Benzolkerne, und die S_N1-Substitution bei $(C_6H_5)_2CHCl$ *(11)* und $(C_6H_5)_3CCl$ *(12)* wird immer leichter, da die positive Ladung in den aus diesen Chloriden gebildeten Kationen zunehmend durch Resonanz stabilisiert werden kann.

Der S_N2-Angriff auf das Benzyl-Kohlenstoffatom in *(10)* erfolgt in etwa mit derselben Geschwindigkeitskonstanten wie der auf die entsprechende Position im Ethylchlorid, woraus man folgern kann, daß reaktionsverlangsamende Gruppenhäufung im Übergangszustand durch die Phenylgruppe durch einen kleinen elektronischen (induktiven?) Effekt kompensiert wird, der sich reaktionsbeschleunigend auswirkt.

Bei der Hydrolyse von Allylhalogeniden wie 3-Chlorpropen beobachtet man eine ähnliche Carbokation-Stabilisierung:

$$CH_2{=}CH{-}CH_2Cl \longrightarrow [CH_2{=}CH{-}\overset{\oplus}{C}H_2 \longleftrightarrow \overset{\oplus}{C}H_2{-}CH{=}CH_2]\ Cl^{\ominus}$$

Die S_N1-Reaktion wird dadurch gefördert, und wie Benzyl- sind Allylhalogenide normalerweise reaktiver als entsprechende Verbindungen, bei denen eine derartige Carbokation-Stabilisierung nicht eintreten kann, wie beispielsweise bei $CH_3CH_2CH_2Cl$ oder $C_6H_5{-}CH_2CH_2CH_2Cl$.

Auch die S_N2-Reaktion ist in derartigen Fällen – im Vergleich zu Molekülen wie 1-Chlorpropan – beschleunigt. Vermutlich liegt das daran, daß der – reaktionsbeschleunigende – elektronische Effekt seitens der Doppelbindung hier nicht durch einen gegenläufigen sterischen Effekt vernichtet wird, wie das bei der voluminösen Phenylgruppe in Benzylchlorid der Fall war. Zu welchen Anteilen sich die Gesamtreaktion auf die beiden Mechanismen verteilt, hängt von den Reaktionsbedingungen ab, wobei starke Nucleophile den S_N2-Modus begünstigen.

Im Gegensatz dazu sind Vinylhalogenide wie $H_2C{=}CHCl$ sehr wenig reaktionsfähig gegenüber Nucleophilen. Das rührt daher, daß nun das Halogenatom unmittelbar an einen sp^2-hybridisierten Kohlenstoff gebunden ist mit dem Ergebnis, daß das Elektronenpaar der C–Cl-Bindung näher an den Kohlenstoff herangezogen wird als bei einer Bindung am sp^3-hybridisierten Kohlenstoff. Die C–Cl-Bindung hat eine größere Bindungsstärke und ist schon daher weniger leicht zu lösen als die entsprechende Bindung etwa in Ethylchlorid, CH_3CH_2Cl. Auch ist das C–Cl-Dipolmoment kleiner. Es besteht also eine geringere Neigung zur Ionisation nach S_N1, aber auch eine geringere Neigung für einen S_N2-Angriff auf das weniger positivierte Kohlenstoffatom. Zudem erschweren die π-Elektronen der Doppelbindung die Annäherung des nucleophilen Agens, und schließlich könnte die Doppelbindung weder den S_N2-Übergangszustand noch den Carbokationen-ähnlichen Übergangszustand der S_N1-Reaktion stabilisieren.

Ganz ähnliche Überlegungen gelten auch für nucleophile Substitutionen an Arylhalogeniden (Halogenbenzolen) mit ihren sp^2-hybridisierten Kohlenstoffatomen und der π-Elektronenwolke des Benzolkerns. Sie laufen zwar häufig bimolekular ab, sind aber meistens keine echten S_N2-Reaktionen, wie später noch näher diskutiert wird (vgl. S. 201).

Die Auswirkung sterischer Faktoren auf den Reaktionsmechanismus ist besonders klar zu erkennen, wenn man in β-Stellung substituierte Halogenide betrachtet.

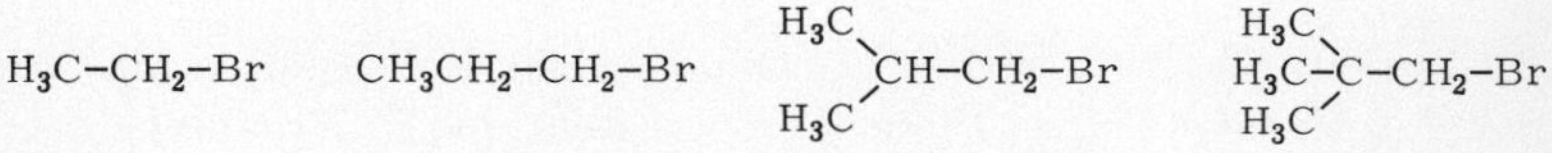

(6) 1,0 *(13)* $2{,}8 \cdot 10^{-1}$ *(14)* $3{,}0 \cdot 10^{-2}$ *(15)* $4{,}2 \cdot 10^{-6}$

Die angegebenen Zahlen sind die relativen Geschwindigkeitskonstanten – es handelt sich durchweg um Substitutionen nach dem S_N2-Mechanismus – für die Reaktion mit dem Ethanolat-Anion in Ethanol bei 55 °C. Etwaige

Einflüsse durch die elektronischen Effekte der Methylgruppen dürften über zwei gesättigte Kohlenstoffatome hinweg sehr klein sein, so daß wir es hier mit sterischen Effekten zu tun haben. Für das $C_2H_5O^{\ominus}$-Ion wird es zunehmend schwieriger, sich „von rückwärts" dem das Brom tragenden Kohlenstoff zu nähern, wie überhaupt der Übergangszustand zunehmend sterisch überfrachtet wird. Der besonders starke Abfall der Geschwindigkeit vom 1-Brom-2-methylpropan *(14)* zum 1-Brom-2,2-dimethylpropan (Neopentylbromid) *(15)* bedarf einer besonderen Erklärung. Im Übergangszustand der ersteren Verbindung kann durch Rotation um die $C_\alpha-C_\beta$-Bindungsachse noch eine Konformation *(14a)* erreicht werden, in der das angreifende $C_2H_5O^{\ominus}$-Ion sich lediglich an einem H-Atom vorbeidrängen muß; hingegen gibt es im Übergangszustand *(15a)* für die letztere Verbindung keine solche Ausweichmöglichkeit mehr (vgl. jedoch auch S. 129):

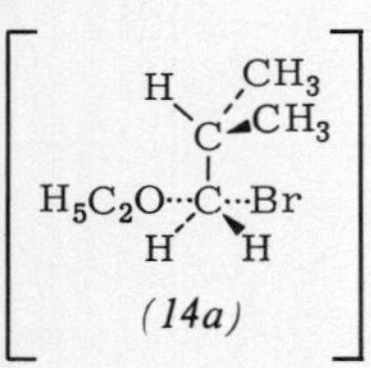

(14a)

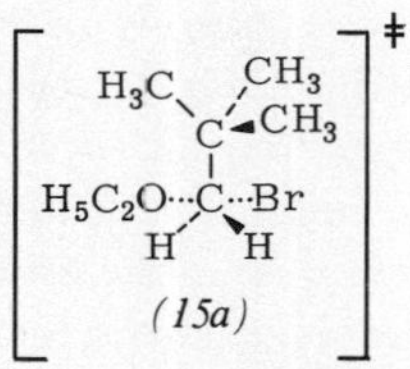

(15a)

Besonders deutlich tritt der Einfluß der Molekülstruktur auf die Reaktivität in Erscheinung, wenn das Halogenatom am Brückenkopf eines bicyclischen Systems gebunden ist. So beobachtet man die folgenden Geschwindigkeiten für die Solvolyse in 80proz. wäßrigem Ethanol bei 25 °C:

(8)

1

(16)

$\approx 10^{-6}$

(17)

$\approx 10^{-14}$

In allen drei Beispielen handelt es sich um tertiäre Halogenide, so daß der S_N2-Angriff auf *(16)* oder *(17)* keine größere Rolle spielen dürfte als bei dem schon weiter oben besprochenen *tert.*-Butylbromid *(8)* (S. 95). Auf jeden Fall würde ein Angriff „von rückwärts" auf das das Brom tragende Kohlenstoffatom in *(16)* und *(17)* durch die käfigartige Struktur dieser Verbindungen sterisch verhindert werden, wie es ja überhaupt bei Verbindungen mit so starrer Struktur nicht möglich wäre, daß Übergangszustände mit der erforderlichen planaren Konfiguration am Brückenkopf-Kohlen-

stoff durchlaufen würden. Aus demselben Grund ist aber auch die S_N1-Reaktion, die bei *(8)* zum Zuge kommt, im Falle von *(16)* und *(17)* unterbunden, weil die betreffenden Carbokationen nicht in den bevorzugten planaren Zustand übergehen könnten und einen sehr hohen Energieinhalt (mit entsprechend geringer Bildungsbereitschaft) haben müßten. Wenn man von *(16)* nach *(17)* noch einmal einen scharfen Abfall der relativen Reaktionsgeschwindigkeit feststellt, so offensichtlich deshalb, weil das Brückenkopf-Carbokation mit einer Brücke aus *einem* Kohlenstoffatom – im Falle *(17)* – noch starrer ist als das entsprechende Ion mit einer Brücke aus zwei Kohlenstoffatomen im Falle *(16)*.
Noch augenfälliger treten die Konsequenzen, die eine starre Molekülstruktur nach sich ziehen kann, im Falle des 1-Brom-trypticens *(19)* in Erscheinung.

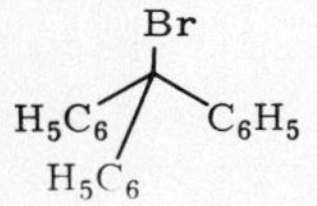

(18)
1

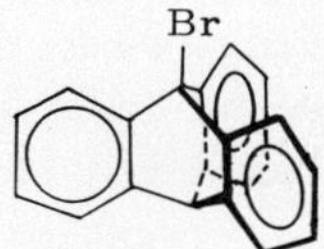

(19)
10^{-23}

Hier ist das Bromatom praktisch inert gegen Nucleophile. *(19)* reagiert im Vergleich zu Triphenylbrommethan *(18)* um einen Faktor von ca. 10^{23} langsamer (unter vergleichbaren Bedingungen), obwohl sich die Bromatome in beiden Verbindungen scheinbar in einer ganz ähnlichen Umgebung befinden! Wiederum liegt der Grund darin, daß sich das Carbokation aus *(18)*, nicht aber – wegen der absolut starren Struktur des Molekülgerüsts – dasjenige aus *(19)* einebnen und durch Delokalisation der Ladung über die π-Orbitale der drei Benzolringe stabilisieren kann. Im letzteren Falle stünden das leere p-Orbital des Kations und die π-Systeme der Benzolringe praktisch rechtwinklig zueinander, was natürlich eine Überlappung ausschließt.

4.4 Stereochemische Konsequenzen des Reaktionsmechanismus

Die Hydrolyse der optisch aktiven Form einer *chiralen**) Verbindung bietet einige besonders interessante stereochemische Aspekte, die wir wieder unter Berücksichtigung beider Mechanismen diskutieren wollen.

---

* Eine Verbindung ist chiral, wenn sie mit ihrem Spiegelbild nicht zur Deckung gebracht werden kann.

4.4.1 Der S_N2-Mechanismus

Aus dem folgenden Formelschema ist zu ersehen, daß die drei mit dem zentralen Kohlenstoffatom verknüpften Gruppen bei einem S_N2-Angriff wie beim Umstülpen eines Regenschirms von innen nach außen gekehrt werden.

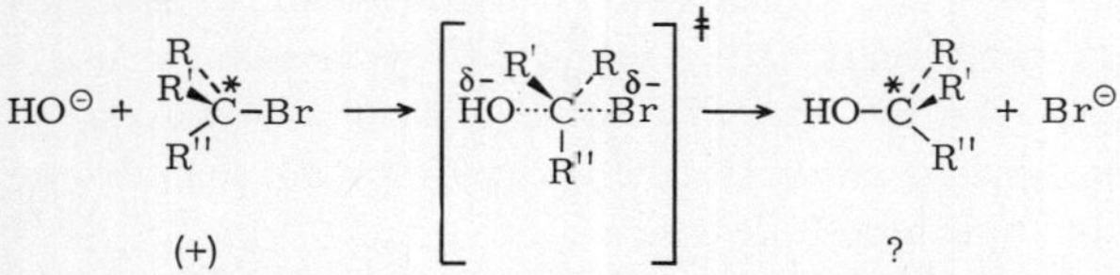

Einen solchen stereochemischen Verlauf bezeichnet man als *Inversion der Konfiguration* oder auch als *Waldensche Umkehrung* an dem betreffenden Kohlenstoffatom in bezug auf die räumliche Anordnung seiner Substituenten. Wenn das Endprodukt der Reaktion wieder das Bromid und nicht der entsprechende Alkohol wäre, würde man feststellen, daß es die Ebene des polarisierten Lichtes um den gleichen Betrag, doch in entgegengesetzter Richtung [also nach links oder (−), wenn das ursprüngliche Bromid rechtsdrehend (+) war] wie das Ausgangsmaterial dreht, denn das Endprodukt wäre dann das Spiegelbild des Ausgangsmaterials. Das tatsächliche Endprodukt unserer Reaktion ist jedoch der Alkohol, und wir können leider aus der Beobachtung seiner Drehrichtung allein nicht entnehmen, ob er die gleiche oder entgegengesetzte Konfiguration besitzt wie das Bromid, aus dem er hergestellt wurde. Verbindungen mit entgegengesetzter Konfiguration weisen nämlich nicht unbedingt auch entgegengesetzte Drehrichtungen auf, wenn an ihrem asymmetrischen Kohlenstoffatom nicht die gleichen Liganden sitzen; ebenso müssen Verbindungen mit gleicher Konfiguration, aber verschiedenartigen Liganden, nicht unbedingt die gleiche Drehrichtung haben. Um daher zu bestätigen, daß die S_N2-Reaktion – wie es die Theorie verlangt – wirklich mit einer Konfigurationsumkehrung verbunden ist, muß man nach einer unabhängigen Methode suchen, welche die Konfiguration des Ausgangsmaterials (z. B. des Halogenids) und des Endproduktes (z. B. des Alkohols) zueinander in Beziehung bringt.

4.4.2 Die Bestimmung der relativen Konfiguration

Dabei stützt man sich im wesentlichen auf folgende Tatsachen: immer dann, wenn bei einer Reaktion chiraler Verbindungen eine direkt vom Chiralitätszentrum ausgehende Bindung gelöst wird, kann das Zentrum eine Konfigurationsumkehrung erfahren, muß es aber nicht. Geht dieselbe

Substanz dagegen eine Reaktion ein, bei der keine derartige Bindung gelöst wird, so behält das Chiralitätszentrum seine ursprüngliche Konfiguration bei.

Wie man weiß, bleibt in der nachstehenden Reaktionsfolge bei der Umsetzung des optisch aktiven (+)-Alkohols *(20)* mit Tosylchlorid (*p*-Toluolsulfonylchlorid) die C–O-Bindung des Alkohols intakt*), so daß das Tosylat *(21)* dieselbe Konfiguration haben muß wie der ursprüngliche Alkohol.

Von der Umsetzung des Esters *(21)*, Ar = *p*-CH_3-C_6H_4-, mit Acetat hingegen weiß man*), daß es sich um eine Verdrängung handelt, bei der die

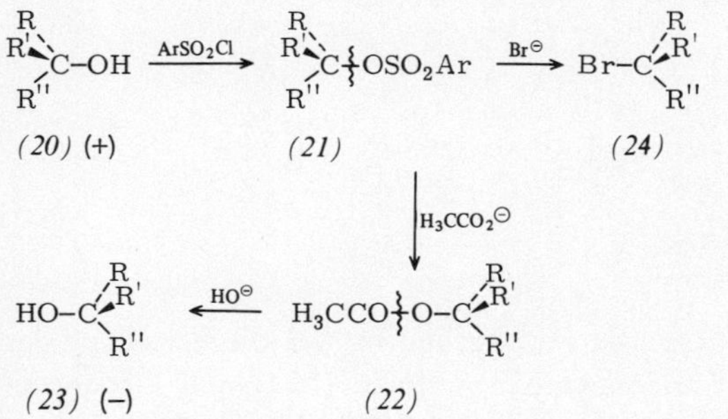

R : $C_6H_5CH_2$ –
R' : CH_3 –
R'' : H –
Ar : p–$CH_3C_6H_4$ –

$ArSO_3$-Gruppe durch die CH_3CO_2-Gruppe ersetzt wird, folglich *wird* hier die C–O-Bindung gelöst, und Konfigurationsumkehrung kann bei der Bildung des Acetats *(22)* stattfinden. Bei der alkalischen Hydrolyse des Acetats *(22)* zum Alkohol *(23)* wiederum wird die Alkyl-Sauerstoff-Bindung nachweislich**) nicht betroffen, so daß der Alkohol *(23)* dieselbe Konfiguration haben muß wie das Acetat *(22)*. Da nun, wie sich herausstellt, *(23)* das Spiegelbild des Ausgangsmaterials *(20)* ist – die beiden strukturgleichen Alkohole haben entgegengesetzte optische Drehrichtungen – muß irgendwann während dieser Reaktionsfolge eine Konfigurationsumkehrung stattgefunden haben, und das kann *nur* bei der Umsetzung des Tosylats *(21)* mit dem Acetat–Ion der Fall gewesen sein.

---

* Man kann dies durch Verwendung eines Alkohols beweisen, der in der OH-Gruppe mit ^{18}O markiert ist. Das ^{18}O-Atom wird bei der Bildung des Tosylats nicht eliminiert, tritt jedoch aus dem Molekül aus, wenn das Tosylat mit Acetat umgesetzt wird.

** Bei der Hydrolyse eines Acetats mit ^{18}O-markiertem alkoholischem Sauerstoff wird dieser nicht ausgetauscht, ein Beweis, daß die Alkyl-O-Bindung des Acetats dabei nicht gelöst wird.

Die Umsetzung des Tosylats *(21)* mit einer Reihe weiterer Nucleophiler zeigte immer wieder, daß jedes Mal die Konfiguration umgekehrt wird. So kann man mit einiger Sicherheit schließen, daß auch die Umsetzung mit $Br^{\ominus}$ zum Bromid *(24)* unter Konfigurationsumkehrung erfolgt, daß also *(24)* – wie auch das Acetat *(22)* – die umgekehrte Konfiguration wie der ursprüngliche Alkohol *(20)* hat.

Das allgemeine Prinzip, daß S_N2-Substitutionen stets mit einer Umkehrung der Konfiguration verbunden sind, wurde in einem geistreichen Experiment bewiesen, bei dem ein optisch aktives Halogenid mit demselben, aber isotop-markierten Halogenid-Ion zur Umsetzung gelangte. Und zwar ließ man radioaktives $^{128}I^{\ominus}$ auf (+)-2-Iodoctan *(25)* einwirken:

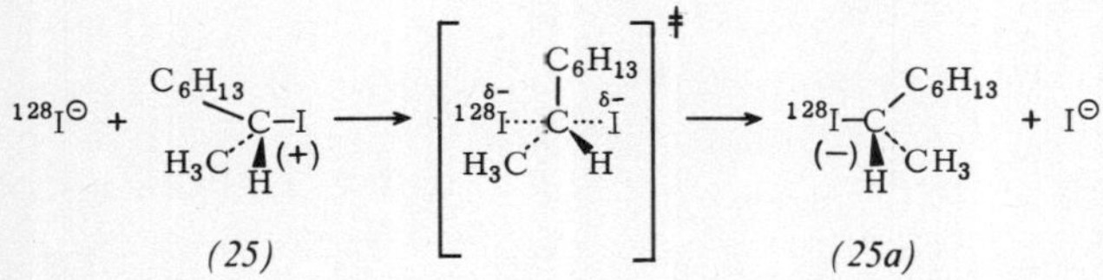

Die Substitutionsreaktion wurde verfolgt, indem man die Verteilung des radioaktiven ^{128}I zwischen anorganischem Iodid (NaI) und 2-Iodoctan bestimmte. Die Reaktion verlief nach einem Zeitgesetz 2. Ordnung, je 1. Ordnung in bezug auf $^{128}I^{\ominus}$ und 2-Iodoctan, mit einer Geschwindigkeitskonstante $k = (3{,}00 \pm 0{,}25) \cdot 10^{-5}$ bei 30 °C.

Wenn Inversion stattfindet, wie der S_N2-Mechanismus verlangt, dann muß die optische Aktivität der Lösung gegen Null gehen, d. h. das Produkt wird racemisieren, weil nämlich bei jeder Inversion der Konfiguration eines Moleküls (+) *(25)* ein Molekül (–) *(25)* entsteht, das sich mit einem noch vorhandenen Molekül (+) *(25)* von entgegengesetzter Konfiguration zu einem Racemat-Paar (±) *(25)* ergänzt. Die Racemisierungsgeschwindigkeit muß dann *doppelt* so groß sein wie die Inversionsgeschwindigkeit. Die polarimetrische Messung ergab eine Racemisierungsgeschwindigkeit, die genau dieser Erwartung entsprach. Auf die Inversion bezogen war die Geschwindigkeitskonstante $k = (2{,}88 \pm 0{,}003) \cdot 10^{-5}$ bei 30 °C.

Innerhalb der Fehlergrenzen sind also tatsächlich die Geschwindigkeiten der Substitution und der Inversion identisch, was bedeutet, daß *jeder* bimolekulare Verdrängungsakt mit einer Konfigurationsumkehrung verbunden sein muß. Nachdem dieser Beweis einmal geführt war, konnte man oft umgekehrt aus einem unabhängig nachgewiesenen S_N2-Modus einer Reaktion auf die Konfiguration eines Reaktionsprodukts relativ zum Ausgangsmaterial schließen.

4.4.3 Der S_N1-Mechanismus

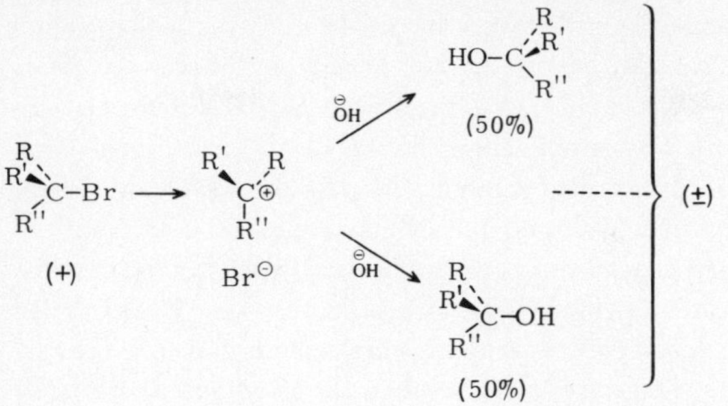

Da das im langsamen, geschwindigkeitsbestimmenden Schritt der Reaktion gebildete Carbokation eben gebaut ist, könnte man erwarten, daß der rasche anschließende Angriff eines nucleophilen Agens wie $HO^{\ominus}$ oder des Lösungsmittels (z. B. H_2O) mit *gleicher* Wahrscheinlichkeit von *beiden* Seiten des ebenen Ions erfolgt. Es sollten daher zu gleichen Teilen Moleküle mit der Konfiguration des Ausgangsmaterials und des optischen Antipoden entstehen, d. h. es müßte unter Bildung des optisch inaktiven Produktes Racemisierung eintreten.

Tatsächlich wird die erwartete Racemisierung – jedenfalls eine vollständige – selten beobachtet; sie ist vielmehr meistens von einem bestimmten Anteil Inversion begleitet. Die relativen Anteile von Racemisierung und Inversion hängen vor allem von zwei Faktoren ab, a) der Struktur der organischen (Halogen)Verbindung, insbesondere der Stabilität des daraus entstehenden Carbokations, und b) dem Lösungsmittel, im besonderen von dessen Nucleophilie. Je stabiler das Carbokation, desto größer ist der Anteil an Racemisierung, und je ausgeprägter der nucleophile Charakter des Lösungsmittels, desto größer der Anteil an Inversion. Diese Beobachtungen lassen sich mit Hilfe des folgenden mehrstufigen Ionisations/Dissoziations-Schemas erklären, das hier für den Fall eines organischen Bromids R–Br aufgezeichnet ist:

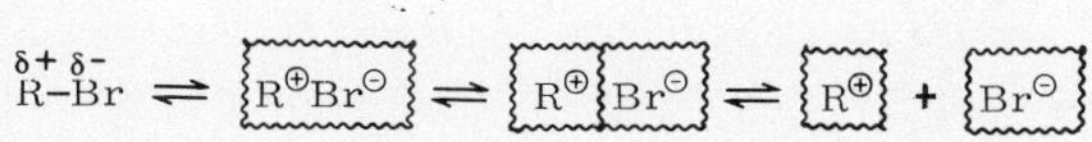

(26) *(27)* *(28)*

Hierin ist *(26)* das *innere Ionenpaar*, in welchem Ion und Gegenion in engem Kontakt stehen und von einer gemeinsamen Solvathülle umgeben sind; *(27)*

heißt das *Solvens-getrennte Ionenpaar*, und schließlich sind *(28)* die dissoziierten, je für sich selbständig solvatisierten Ionen.
In einer Solvolyse wird der Angriff eines Solvens-Moleküls (z. B. Wasser) auf das Carbokation $R^{\oplus}$ in *(26)* bevorzugt zur Inversion führen, da dieser Angriff auf die „Rückseite" von $R^{\oplus}$ zielen muß: Die „Vorderseite" ist ja vom Gegenion $Br^{\ominus}$ gegen die Solvathülle abgeschirmt. In *(27)* kann man schon eher mit einem zur Racemisierung führenden Angriff der Solvens-Moleküle von beiden Seiten rechnen, während schließlich bei *(28)* beide Angriffsrichtungen vollkommen gleichwertig geworden sind. Je größer die Lebensdauer von $R^{\oplus}$ ist, je länger also das Carbokation der nucleophilen Substitution entgeht, desto größer ist der zu erwartende Racemisierungsanteil. $R^{\oplus}$ überlebt um so länger, je größer seine strukturbedingte Stabilität ist [Faktor (a) oben], aber um so kürzer, je stärker nucleophil das Lösungsmittel ist [Faktor (b)].
Beispielsweise erfolgt die Solvolyse von (+)-$C_6H_5CH(CH_3)Cl$, das ein stabilisiertes Carbokation vom Benzyl-Typ (S. 98) bilden kann, mit 98 % Racemisierung, während (+)-$C_6H_{13}CH(CH_3)Cl$ ohne eine derartige Stabilisierung nur 34 % Racemisierung erbringt. Das erste Ergebnis gilt übrigens für ein Mischlösungsmittel von 80 % Aceton/20 % Wasser; im stärker nucleophilen Wasser geht auch hier die Racemisierung auf 80 % zurück.
Ähnliche Überlegungen wie für die Solvolyse gelten auch für die Substitution durch andere Nucleophile Nu: (die also nicht Solvens-Moleküle sind), nur mit dem Unterschied, daß hier das Carbokation in der Regel länger existieren wird, da das Nucleophil ja erst die Solvenshülle durchdringen muß, bevor es zum Carbokation gelangt. Jedenfalls gilt festzuhalten, daß Racemisierung keinesfalls eine so strikte Forderung an einen S_N1-Mechanismus ist wie die Inversion für den S_N2-Prozeß.

4.4.4 Der mechanistische Grenzbereich

Gewisse Substrate (z. B. sekundäre Halogenide) reagieren, wie wir gesehen haben (S. 95), nach einem „gemischten" Zeitgesetz 1. und 2. Ordnung. Daraus ergibt sich die Frage, ob denn eine derartige Reaktion simultan einem S_N1- und einem S_N2-Mechanismus folgt (wobei deren relativer Anteil vom Solvens und anderen Parametern abhängen kann) oder ob hier ein spezifischer „Zwischenmechanismus" vorliegt.
In Solvolysereaktionen wie wir sie gerade diskutiert haben, in denen das Solvens als Nucleophil fungiert, wird ein gemischtes kinetisches Verhalten

nicht feststellbar sein. Was immer auch passiert, sowohl der S_N1- als auch der S_N2-Weg werden der Geschwindigkeitsgleichung $r = k$ [R–X] folgen. Dies liegt im S_N2-Fall daran, daß das Nucleophil während der gesamten Reaktion in konstanter Konzentration vorhanden ist, da es mit dem Solvens identisch ist und folglich in einem sehr großen, praktisch unveränderten Überschuß vorliegt. Dann ergibt sich aber die Frage, ob die Mischung aus Racemisierung und Inversion, die man in einigen Fällen beobachtet, auf dem gleichzeitigen Wirken von S_N1- und S_N2-Mechanismus für die Solvolyse beruht oder auf einem Zwischentyp nach der recht komplizierten variablen Ionenpaar-Hypothese, die weiter oben vorgestellt wurde.
In einigen Fällen wenigstens läßt sich zeigen, daß ein Nebeneinander von S_N1- und S_N2-Reaktion *nicht* vorliegt. So wird für die bereits erwähnte Solvolyse von (+)-$C_6H_5CHCH_3Cl$ beobachtet, daß sie in Essigsäure

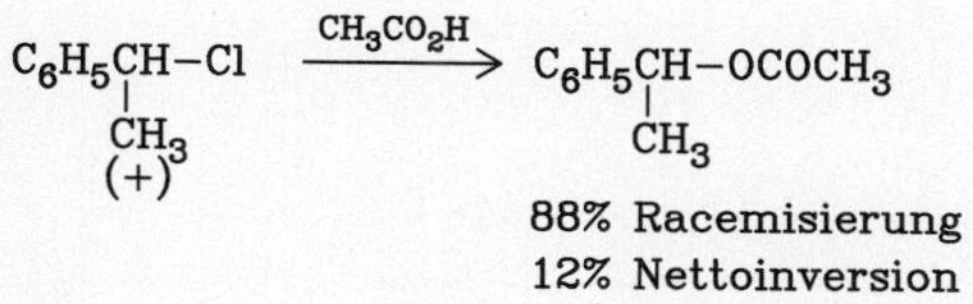

zu 88 % Racemisierung und zu 12 % Inversion führt. Gibt man nun das stärkere Nucleophil Acetat – in Form von Natriumacetat – in die Reaktionsmischung, so macht man folgende Beobachtungen: a) die Gesamtreaktionsgeschwindigkeit steigt nicht an, b) der Anteil des Nettoinversionsprodukts vergrößert sich nicht. Diese Resultate sprechen dafür, daß die beobachtete Inversion *nicht* von einem die Gesamtreaktion begleitenden S_N2-Prozeß herrührt, der simultan zu dem S_N1-artigen Hauptweg abläuft. Sonst hätten wir beim Wechsel zu dem viel stärkeren Nucleophil ($CH_3COOH \rightarrow CH_3COO^{\ominus}$) sowohl für a) als auch für b) ein deutlich ausgeprägtes Anwachsen feststellen müssen.
Ein beträchtlicher Teil des Interesses – und der wissenschaftlichen Kontroverse – beruht in diesem Zusammenhang darauf, ob in letzter Analyse vielleicht ein kontinuierliches Spektrum mechanistischer Möglichkeiten vorliegt, das vom S_N2- bis zum S_N1-Extrem reicht. In diesem Spektrum würden die beiden Alternativen in feinster Abstufung ineinander übergehen: über sich graduell verändernde Übergangszustände von der reinen S_N2-Seite oder graduell variierende Ionenpaar/Solvens-Kombinationen von der reinen S_N1-Seite her. Bei der Diskussion dieser Details sollte man sich davor hüten, theoretische Vorstellungen zur Haarspalterei werden zu lassen oder für sie Glaubenskriege zu führen.

4.4.5 Der S_Ni-Mechanismus

Trotz allem, was wir eben über Substitutionsreaktionen gesagt haben, die zu einer Konfigurationsumkehrung oder zu einer Racemisierung oder auch zu einer Mischung von beidem führen, kennt man auch einige wenige Substitutionsreaktionen, die unter *Konfigurationserhaltung (Retention)* verlaufen. Bei diesen Umsetzungen besitzt also das Endprodukt dieselbe Konfiguration wie das Ausgangsmaterial. Ein Beispiel ist der Ersatz von OH durch Cl mit Hilfe von Thionylchlorid, $SOCl_2$, im Falle des Alkohols *(29)*:

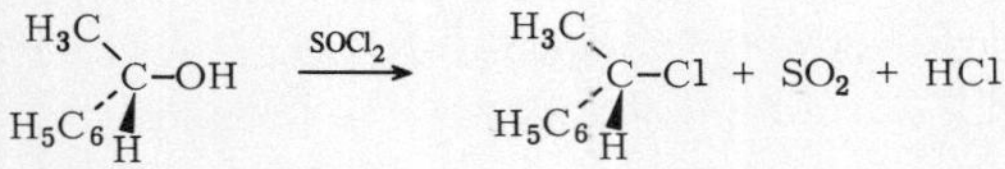

(29) *(30a)*

Es handelt sich um eine Reaktion 2. Ordnung, ihre Geschwindigkeit ist proportional [ROH] und [$SOCl_2$]. Doch liegt offensichtlich kein S_N2-Typ vor, da man sonst Inversion beobachten müßte, was nicht der Fall ist.
Führt man die Umsetzung unter milderen Bedingungen durch, so läßt sich ein Alkylchlorsulfit ROSOCl *(31)* isolieren, von dem man zeigen kann, daß es ein echtes Zwischenprodukt der Reaktion ist. Das Chlorsulfit wird unter Erhaltung der Konfiguration gebildet, da die R–O-Bindung dabei gar nicht angegriffen wird. Sein Zerfall zum Endprodukt RCl *(30a)* der Reaktion verläuft in polaren Lösungsmitteln rascher als in unpolaren und auch um so schneller, je stabiler das Kation $R^{\oplus}$ ist, das aus der Struktur entstehen kann. Man kann daher mit ziemlicher Sicherheit davon ausgehen, daß ein Ionenpaar $R^{\oplus\ominus}$OSOCl *(32)* durchlaufen wird.
Nimmt man jetzt noch an, daß das Ionenpaar rasch zerfällt, nämlich auf der Stufe des inneren Ionenpaares *(33)* innerhalb des Lösungsmittelkäfigs, dann wird plausibel, weshalb $Cl^{\ominus}$ von derselben Seite des Carbokations aus angreift, auf der sich zuvor das $^{\ominus}$OSOCl-Anion abgelöst hat, also unter Erhaltung der Konfiguration.

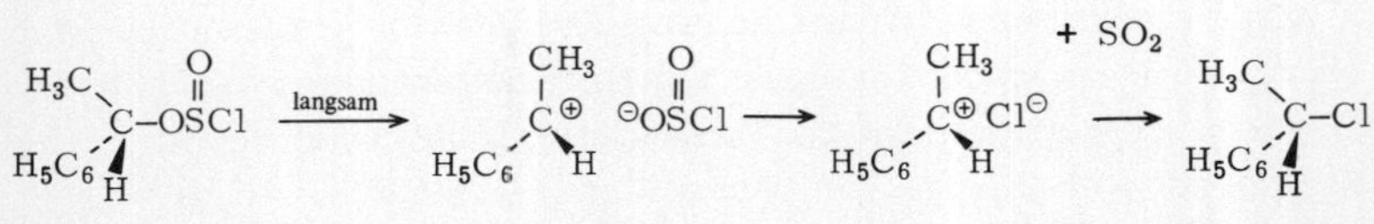

(31) *(32)* *(33)* *(30a)*

Ob die C–O- und die S–Cl-Bindung möglicherweise gleichzeitig gelöst werden (was zu Modifikationen des formulierten Ablaufs führen würde), ist eine noch strittige Frage.
Interessanterweise führt die Umsetzung des Alkohols *(29)* mit $SOCl_2$ in Pyridin zum Produkt RCl mit der umgekehrten Konfiguration *(30b)*. In diesem basischen Medium wird nämlich der bei der Reaktion freiwerdende Chlorwasserstoff zu $C_5H_5NH^{\oplus}Cl^{\ominus}$ gebunden, und das Chlorid-Anion $Cl^{\ominus}$ erweist sich als starkes Nucleophil, das das Chlorsulfit *(31)* in einer normalen S_N2-Reaktion „von der Rückseite" her, also unter Inversion, angreift:

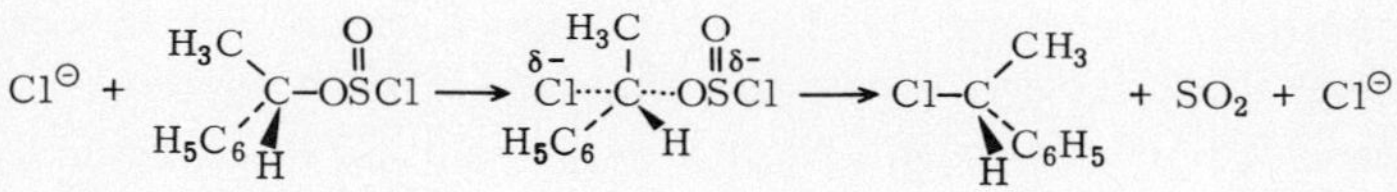

(31) (30b)

4.4.6 Nachbargruppeneffekte

Es gibt noch einige weitere Fälle, in denen Substitutionsreaktionen unter Konfigurationserhaltung ablaufen. Für sie alle läßt sich jedoch ein gemeinsames Merkmal nachweisen: Die Ausgangsstoffe tragen in unmittelbarer Nähe des Kohlenstoffatoms, an dem die Substitution stattfindet, ein anderes Atom (oder eine Grüppe), das ein freies Elektronenpaar zur Verfügung stellen kann. Diese *Nachbargruppe* beteiligt sich am Reaktionsgeschehen nun in der Weise, daß ihr Elektronenpaar mit der „Rückseite" des Reaktionszentrums wechselwirkt und es so gegen den Angriff des nucleophilen Agens abschirmt. Der Angriff kann folglich nur von der „Vorderseite" her erfolgen, woraus die beobachtete Retention resultiert. Beispielsweise hat das bei der Hydrolyse des 1,2-Chlorhydrins *(34)* unter basischen Bedingungen entstehende 1,2-Diol *(35)* dieselbe Konfiguration wie das Ausgangsmaterial:

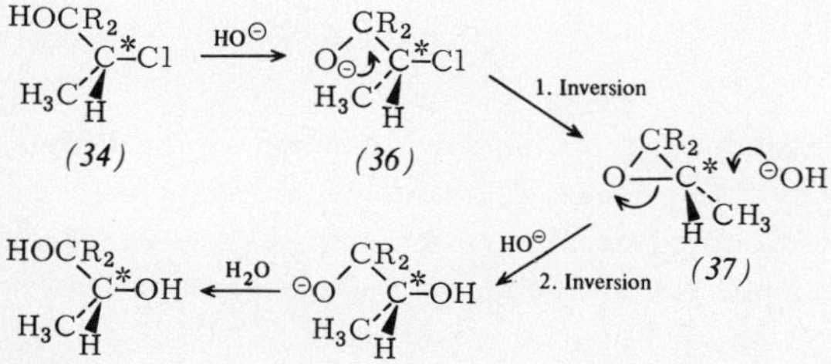

(34) (36) (37) (35) (38)

Die Einwirkung der Base auf *(34)* liefert zunächst das Alkoxid-Anion *(36)*, woraufhin durch inneren Angriff der $CO^{\ominus}$-Gruppe das Epoxid *(37)* entsteht unter Umkehrung der Konfiguration an C*. Das cyclische Zwischenprodukt *(37)* kann tatsächlich in manchen Fällen isoliert werden. Dieses Kohlenstoffatom bleibt nun – bevorzugt vor dem anderen C-Atom des Dreirings – Reaktionszentrum, da es nur *eine* elektronenliefernde Alkylgruppe trägt und daher stärker positiviert ist. Und zwar findet jetzt durch Angriff von $HO^{\ominus}$ in einer normalen S_N2-Reaktion eine zweite Inversion an C* statt. Schließlich übernimmt das neue Alkoxid-Ion *(38)* ein Proton vom Lösungsmittel und liefert so das 1,2-Diol *(35)* mit derselben Konfiguration wie die Ausgangsverbindung *(34)*. Die beobachtete Retention erweist sich so allerdings als eine Folge von zwei Inversionen.

Ein weiteres Beispiel, in dem eine Nachbargruppe über ein Sauerstoffatom wirkt, ist die Hydrolyse des α-Brompropionat-Anions *(39)* bei niedriger $HO^{\ominus}$-Konzentration. Die Reaktion führt mit einer von $[HO^{\ominus}]$ unabhängigen Geschwindigkeit zum Produkt *(40)* mit erhaltener Konfiguration, vermutlich auf dem folgenden Wege:

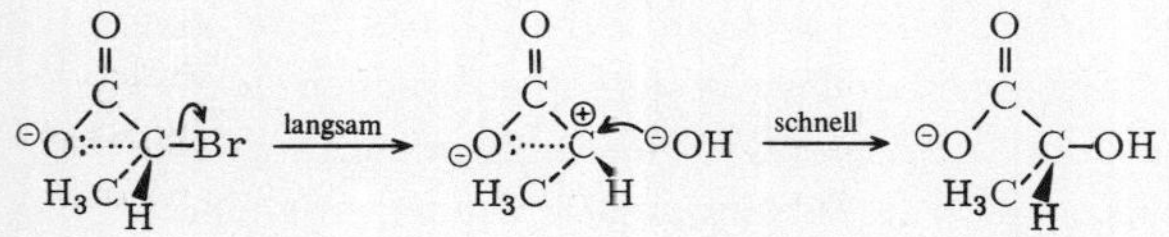

(39) *(41)* *(40)*

Man ist sich noch nicht sicher, ob das Zwischenprodukt eine Art Zwitterion *(41)* oder vielleicht eher ein energiereiches α-Lacton *(41a)* ist. Jedenfalls ist experimentell nachgewiesen, daß mit steigender Konzentration des Nucleophils $HO^{\ominus}$ ein zunehmender Anteil an Konfigurationsumkehrung durch normalen S_N2-Angriff auftritt.

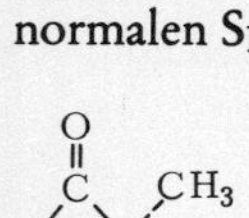

(41a)

Nachbargruppeneffekte sind auch mit anderen Atomen als Sauerstoff, insbesondere mit Stickstoff und Schwefel, beobachtet worden. Auch wo keine stereochemischen Konsequenzen zu beobachten sind, weisen doch häufig noch unerwartet hohe Reaktionsgeschwindigkeiten auf die Beteiligung der Nachbargruppe hin. Beispielsweise wird $C_2H_5SCH_2CH_2Cl$ *(42)* 10^4 mal schneller hydrolisiert als $C_2H_5OCH_2CH_2Cl$ *(43)* unter vergleichbaren Bedingungen, was nur verständlich erscheint, wenn das S-Atom als Nachbargruppe wirkt:

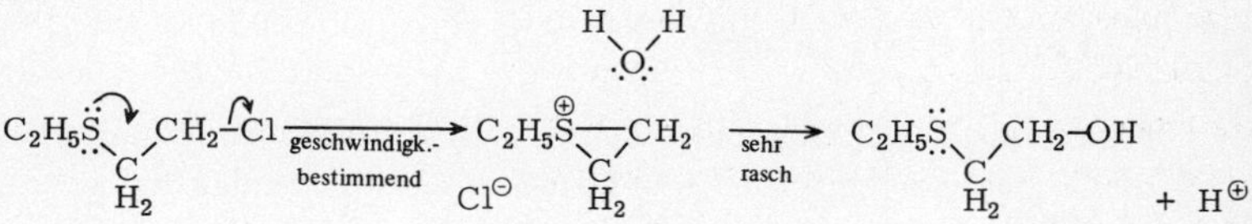

(42) (44)

Im Gegensatz dazu stellt das elektronegativere O-Atom im *(43)* – im Gegensatz zu $O^{\ominus}$ in $RO^{\ominus}$ und $RCO_2^{\ominus}$ in den Beispielen weiter oben – sein Elektronenpaar nicht zur Verfügung, die Hydrolyse der entsprechenden Ethoxy-Verbindung *(43)* ist also eine normale S_N2-Reaktion unter Beteiligung eines externen Nucleophils. Daß im Falle des obigen Sulfids ein cyclisches Sulfonium-Salz *(44)* tatsächlich Zwischenprodukt ist, erkennt man im Falle der analogen Verbindung *(45)*, die *zwei* Alkohole liefert, wobei der unerwartete sogar in größerer Ausbeute entsteht. Das unsymmetrische Zwischenprodukt *(46)* erklärt dieses Ergebnis zwanglos:

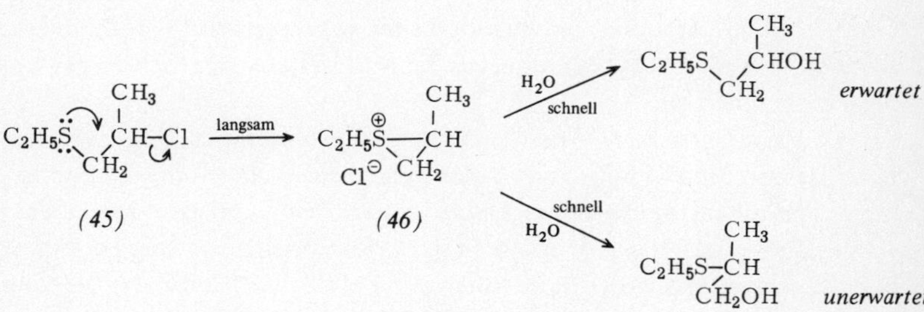

(45) (46)

Auch Stickstoff kann an Nachbargruppen-Effekten beteiligt sein, beispielsweise in der Hydrolyse von $(CH_3)_2NCH_2CH_2Cl$, aber die Reaktionsgeschwindigkeit ist deutlich kleiner als im Falle des Schwefel-Analogons *(42)*, weil das zu *(44)* analoge cyclische Immonium-Zwischenprodukt stabiler ist. Entsprechende cyclische Zwischenprodukte werden auch im Zuge der Hydrolyse von Senfgas, $S(CH_2CH_2Cl)_2$, und entsprechenden Stickstoff-Verbindungen wie $CH_3N(CH_2CH_2Cl)_2$ gebildet. Die von diesen Verbindungen abgeleiteten cyclischen „onium“-Salze sind starke Nervengifte. Schließlich sei erwähnt, daß auch das π-Orbitalsystem des Benzolrings als Nachbargruppe wirken kann (S. 121).

4.5 Die Wirkung der eintretenden und abgehenden Gruppen

4.5.1 Die eintretende Gruppe

Durch Änderung des nucleophilen Agens, d.h. der *eintretenden Gruppe*, kann die Geschwindigkeit einer S_N1-Substitution, etwa an einem Halogenid, nicht beeinflußt werden, denn das eintretende Agens nimmt ja am geschwindigkeitsbestimmenden Schritt der Reaktion nicht teil. Die Geschwindigkeit einer S_N2-Substitution wird jedoch in dem Maße erhöht, in dem der nucleophile Charakter des eintretenden Agens zunimmt. Man könnte vermuten, die Nucleophilie stiege parallel zur Basizität eines Agens an, da beide Eigenschaften von der Neigung, freie Elektronenpaare zur Verfügung zu stellen, abhängen. Als Faustregel erweist sich die Annahme eines solchen Zusammenhangs manchmal als nützlich, aber von einer exakten Parallele kann keine Rede sein. Unter *Nucleophilie* verstehen wir hier die Fähigkeit von Teilchen, als Donoren von Elektronenpaaren gegenüber Kohlenstoff zu wirken, während *Basizität* die entsprechende Beziehung zu Wasserstoff bedeutet. Die erstere Eigenschaft ist aber viel stärker als die letztere von sterischen Faktoren abhängig; auch ist die Nucleophilie eine kinetische Größe – die aus Reaktionsgeschwindigkeiten abgeleitet wird –, während die Basizität eine thermodynamische, aus Säure/Base-Gleichgewichten gewonnene Eigenschaft ist.

Bis zu einem gewissen Grade entspricht die Unterscheidung zwischen Basizität und Nucleophilie auch der in jüngerer Zeit eingeführten Unterteilung in *harte* und *weiche Basen*. Dabei versteht man unter einer harten Base eine solche, bei der das Donor-Atom stark elektronegativ, wenig polarisierbar und schwer oxidierbar ist, beispielsweise $HO^{\ominus}$, $RO^{\ominus}$ und R_3N. Bei einer weichen Base hingegen hat das Donor-Atom eine niedrige Elektronegativität, hohe Polarisierbarkeit und ist leicht zu oxidieren, z.B. $RS^{\ominus}$, $I^{\ominus}$ und $SCN^{\ominus}$. Wenn wir von einer bestimmten Basizität ausgehen, so können wir sagen, daß die Base eine eher höhere Nucleophilie besitzen wird, wenn sie weich ist. So lange uns vornehmlich Basizitätsdaten zur Verfügung stehen, können wir diese als Anhaltspunkte auch für die Nucleophilie benutzen, vorausgesetzt, wir vergleichen Gleiches mit Gleichem. Wenn das angreifende Atom dasselbe ist, gehen beide Eigenschaften in etwa parallel, die stärkere Base wird sich i.a. auch als das stärkere Nucleophil erweisen, z.B. in der Reihe:

$$C_2H_5^{\ominus} > C_6H_5O^{\ominus} > CH_3CO_2^{\ominus} > NO_3^{\ominus}$$

Wenn man zu anderen Nucleophilen übergeht, kann ein Wechsel des Reaktionsmechanismus eintreten. Beispielsweise kann eine Substitution mit H_2O, $HCO_3^{\ominus}$, $CH_3CO_2^{\ominus}$ vom S_N1-Typ sein, aber eine S_N2-Reaktion mit $HO^{\ominus}$ oder $C_2H_5O^{\ominus}$.
Ganz entscheidend hängt die Nucleophilie eines angreifenden Atoms von dessen Größe ab. Jedenfalls innerhalb einer Gruppe oder Untergruppe des Periodensystems gilt dieser Vergleich immer: Je größer das Atom, desto größer die Nucleophilie, z. B.:

$$I^{\ominus} > Br^{\ominus} > Cl^{\ominus}; \qquad RS^{\ominus} > RO^{\ominus}$$

Größe sowie Elektronegativität bestimmen die Polarisierbarkeit (vgl. die Ausführungen oben über weiche Basen). Wenn das Atom größer wird, werden auch die Elektronen in der äußersten Schale weniger fest gebunden; sie sind dann leichter zu polarisieren und leiten schon bei größeren Kernabständen die Bildung neuer Bindungen ein. Mit steigender Größe eines nucleophilen Ions geht auch dessen Solvatation zurück (meßbar etwa als Solvatationsenergie), und dementsprechend entsteht das eigentlich wirksame, mehr oder weniger unsolvatisierte Teilchen um so leichter. So betragen die Hydrationswärmen von $I^{\ominus}$ und $F^{\ominus}$ 284 bzw. 490 kJ/mol. Durch das Zuammenwirken dieser Faktoren wird das große, stark polarisierbare und schwach solvatisierte Iodid-Ion ein sehr viel stärkeres Nucleophil als das kleine, schwer zu polarisierende und – vor allem in hydroxylischen Lösungsmitteln durch Wasserstoffbrücken – stark solvatisierte Fluorid-Ion. Man erwartet deshalb für $I^{\ominus}$ eine geringere Steigerung der Reaktivität bei der Verlegung einer Reaktion von einem hydroxylischen (protischen) Lösungsmittel in ein aprotisches als etwa für $Br^{\ominus}$ oder $Cl^{\ominus}$. Das entspricht den Beobachtungen: $Br^{\ominus}$ ist in Aceton ein stärkeres Nucleophil als $I^{\ominus}$.
Von besonderem Interesse sind in diesem Zusammenhang Nucleophile, denen mehrere – meist zwei – Atome für den Angriff auf ein Substrat zur Verfügung stehen, die sog. *ambidenten* Nucleophile:

$$^{\ominus}\ddot{X}{=}\ddot{Y} \longleftrightarrow \ddot{X}{-}\ddot{Y}^{\ominus}$$

Carbokation-Zwischenstufen in (stark polaren) S_N1-Reaktionen werden gewöhnlich durch das Atom mit der höheren *Elektronendichte* angegriffen. Um diesen Effekt etwa für das ambidente Cyanid-Ion, $CN^{\ominus}$, sichtbar zu machen, läßt man das entsprechende Silbersalz, hier also AgCN, auf die organische Halogenverbindung – die ja häufig wenig zur S_N1-Reaktion neigt – einwirken. Das Silber-Kation fördert nämlich die Bildung von Carbokationen durch Bildung (und Ausfällung) von AgHal, z. B.:

$$R{-}Br + Ag^{\oplus}[CN]^{\ominus} \xrightarrow{\text{langsam}} AgBr\downarrow + R^{\oplus} + [CN]^{\ominus}$$

$$\xrightarrow{\text{schnell}} R{-}\overset{\oplus}{N}{\equiv}C{:}^{\ominus}$$

$$[^{\ominus}\ddot{N}{=}C] \longleftrightarrow [\ddot{N}{\equiv}C^{\ominus}]$$

Ohne die Förderung durch $Ag^{\oplus}$, also etwa bei Verwendung von $Na^{\oplus}[CN]^{\ominus}$, kommt es zur S_N2-Reaktion, und hier erweist sich dasjenige Atom im angreifenden Nucleophil als das wirksamere, dem die höhere *Polarisierbarkeit* zukommt:

$$NC^{\ominus} + R{-}Br \longrightarrow \left[\overset{\delta-}{NC}\cdots R\cdots\overset{\delta-}{Br}\right]^{\ddagger} \longrightarrow N{\equiv}C{-}R + Br^{\ominus}$$

Übergangs-
zustand

Das leuchtet nach dem oben Gesagten ohne weiteres ein, weil ja jetzt die Schließung der neuen Bindung bereits im Übergangszustand des geschwindigkeitsbestimmenden Schritts einsetzt. Dafür ist eine hohe Polarisierbarkeit im angreifenden Atom von Vorteil, weil dann der Prozeß der Bindungsbildung schon bei großem Abstand einsetzen kann. Dieses gegensätzliche Verhalten von AgCN und NaCN ist schon lange präparativ ausgenutzt worden. Ähnlich führt das Nitrit-Ion $NO_2^{\ominus}$ unter S_N1-Bedingungen zur Bildung von Alkylnitriten $R{-}O{-}N{=}O$ (O ist der Sitz der höheren Elektronendichte), unter S_N2-Bedingungen hingegen zur Bildung von Nitroalkanen $R{-}NO_2$ (N ist das leichter polarisierbare Atom).

4.5.2 Die abgehende Gruppe

Die Natur der *abgehenden Gruppe* (auch *Abgangsgruppe* oder *Austrittsgruppe* genannt) beeinflußt sowohl die Geschwindigkeit der S_N1- als auch der S_N2-Reaktion, da in beiden Fällen die betreffende Bindung im langsamen, geschwindigkeitsbestimmenden Schritt gelöst wird. Die relative Leichtigkeit, mit der die Abgangsgruppe Y das Substrat R-Y verläßt, sollte beeinflußt werden durch a) die Stärke der R-Y-Bindung, b) die Polarisierbarkeit dieser Bindung, c) die Stabilität von $Y^{\ominus}$ und – verknüpft damit – d) das Ausmaß der Stabilisierung (durch Solvatation) des sich im Übergangszustand der S_N1- oder S_N2-Reaktion bildenden $Y^{\ominus}$. Die beobachtete Reaktivitätsfolge für Halogenide (sowohl in der S_N2- als auch in der S_N1-Reaktion)

R–I > R-Br > R-Cl > R-F

suggeriert, daß hier (a) und (b) wichtiger als (c) und (d) sind. Bei Berücksichtigung von (c) würde man erwarten: je schwächer $Y^{\ominus}$ als Base – oder je stärker H-Y als Säure – ist, desto besser müßte dieses Anion als Abgangsgruppe fungieren. Diese Annahme wird in gewisser Weise durch eine Serie von Experimenten bestätigt, in denen man die Umgebung des Kohlenstoffatoms, an das Y gebunden ist, konstant hält. So sind die Anionen starker „Sauerstoffsäuren" wie p-CH_3-C_6H_4-$SO_3^{\ominus}$ (Tosylat, siehe S. 117) und CF_3-$SO_3^{\ominus}$ (Triflat) gute Abgangsgruppen, wie es in der Tat auch die Halogenid-Anionen sind. Für derartige O-Abgangsgruppen sind die Punkte (c) und (d) von steigender Bedeutung. Die relative Abgangsneigung variiert jedoch auch mit dem Lösungsmittel, ein Beleg für die Bedeutung von (d). Diese Änderung der relativen Reaktivität kann besonders dann sehr ausgeprägt sein, wenn man von einem hydroxylischen zu einem polar-aprotischen Solvens wie Dimethylsulfoxid oder Dimethylformamid übergeht: die ursprüngliche c/d-Dominanz kann sich dann zu einer Kontrolle durch a/b verschieben.

Da das Iodatom mit seiner hohen Polarisierbarkeit als eintretende *und* als austretende Gruppe besonders wirksam ist, kann man es als Katalysator zur Beschleunigung von Reaktionen einsetzen, die sonst langsam verlaufen würden. Man spricht hier von *nucleophiler Katalyse.*

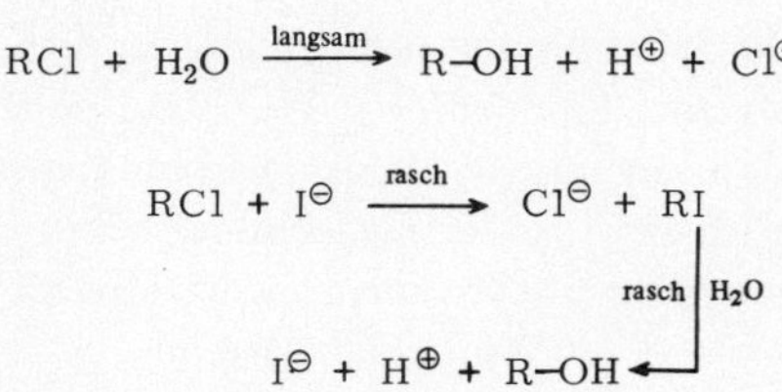

Je stärker und härter die Abgangsgruppe als Base ist, um so schwieriger ist sie zu verdrängen. So können Gruppen wie –OH, –OR oder $-NH_2$, die an Kohlenstoff durch kleine, stark elektronegative Atome geringer Polarisierbarkeit gebunden sind (harte Basen!), normalerweise nicht durch andere Nucleophile verdrängt werden. Die besten Abgangsgruppen sind die Anionen starker Säuren, also die Halogene oder Gruppen wie *p*-$CH_3C_6H_4$--SO_3–(Tosylate), *p*-$BrC_6H_4SO_3$–(Brosylate) usw.

Verdrängungen, die normalerweise nur schwierig oder gar nicht auszuführen sind, lassen sich oft doch bewerkstelligen, wenn man die austretende Gruppe modifiziert, z. B. durch Protonierung. Es kommt darauf an, sie zu einer schwächeren und/oder weicheren Base zu machen. Beispielsweise läßt sich die OH-Gruppe nicht direkt, wohl aber nach Protonierung durch Brom ersetzen:

$$Br^{\ominus} + R{-}OH \not\longrightarrow Br{-}R + HO^{\ominus}$$

$$\downarrow\uparrow H^{\oplus}$$

$$Br^{\ominus} + R{-}\overset{\oplus}{\underset{H}{O}}H \longrightarrow Br{-}R + H_2O$$

Die Erklärung ist zweifach. Zum einen greift jetzt $Br^{\ominus}$ nicht mehr ein neutrales, sondern ein positiv geladenes Teilchen an, und zum andern ist die sehr schwache Base H_2O eine viel bessere Abgangsgruppe als die starke Base $HO^{\ominus}$. Die bekannte Verwendung von Iodwasserstoff zur Etherspaltung beruht darauf, daß $I^{\ominus}$ zu den stärksten Nucleophilen zählt, die in einer so stark sauren Lösung, wie sie für die Protonierung des Ethers erforderlich ist, existieren:

$$H_5C_6{-}\ddot{\underset{\cdot\cdot}{O}}{-}R \overset{H^{\oplus}}{\rightleftharpoons} H_5C_6{-}\overset{H}{\underset{\oplus}{O}}{-}R \overset{I^{\ominus}}{\longrightarrow} H_5C_6{-}OH + RI$$

4.6 Andere nucleophile Substitutionen

Wir haben uns bisher auf nucleophile Substitutionen am gesättigten Kohlenstoff konzentriert, die im Angriff von Anionen (wie $HO^{\ominus}$) auf polarisierte Neutralmoleküle, insbesondere organische Halogenverbindungen $R^{\delta+}-Hal^{\delta-}$, bestehen. Tatsächlich ist der Typ der nucleophilen Substitution noch sehr viel weiter verbreitet und umfaßt vor allem auch zahlreiche ungeladene Nucleophile, z. B.

$$(CH_3)_3N{:} + C_2H_5{-}Br \longrightarrow (CH_3)_3\overset{\oplus}{N}C_2H_5 + Br^{\ominus}$$

$$(C_2H_5)_2S{:} + CH_3{-}Br \longrightarrow (C_2H_5)_2\overset{\oplus}{S}CH_3 + Br^{\ominus}$$

den Angriff von Anionen auf positiv geladene Teilchen

$$I^{\ominus} + C_6H_{13}{-}\overset{\oplus}{\underset{H}{O}}H \longrightarrow C_6H_{13}{-}I + H_2O{:}$$

$$Br^{\ominus} + H_3C{-}\overset{\oplus}{N}(CH_3)_3 \longrightarrow H_3C{-}Br + {:}N(CH_3)_3$$

oder auch von ungeladenen Nucleophilen auf positiv geladene Teilchen. Hervorzuheben ist die hervorragende Eignung von N_2 als Abgangsgruppe, der vermutlich besten Abgangsgruppe überhaupt:

$$H_2O: + C_6H_5N_2^{\oplus} \longrightarrow C_6H_5OH + N_2 + H^{\oplus}$$

Auch haben wir neben den Halogeniden andere gute Abgangsgruppen kennengelernt, wie das schon erwähnte Tosylat-Anion

$$CH_3CO_2^{\ominus} + R\text{–}OSO_2C_6H_4CH_3\text{-}p \longrightarrow CH_3COOR + p\text{-}CH_3C_6H_4SO_3^{\ominus}$$

oder auch „innere Abgangsgruppen" wie den negativ geladenen Sauerstoff im folgenden Beispiel:

$$Cl^{\ominus}\ \underset{\diagdown O \diagup}{CH_2\text{–}CH_2} \longrightarrow ClCH_2CH_2O^{\ominus}$$

In einer sehr großen Gruppe nucleophiler Verdrängungsreaktionen von erheblicher synthetischer Bedeutung ist das angreifende Nucleophil ein Carbanion oder ein Teilchen mit negativ polarisiertem Kohlenstoff. Wir gelangen so zu Beispielen von C–C-verknüpfenden Reaktionen:

$$HC{\equiv}CH \xrightleftharpoons{H_2N^{\ominus}} HC{\equiv}C:^{\ominus} + C_3H_7\text{–}Br \longrightarrow HC{\equiv}C\text{–}C_3H_7 + Br^{\ominus}$$

$$CH_2(COOEt)_2 \xrightleftharpoons{EtO^{\ominus}} (EtOOC)_2CH:^{\ominus} + C_6H_5CH_2\text{–}Br \longrightarrow (EtOOC)_2CH\text{–}CH_2C_6H_5 + Br^{\ominus}$$

$$\overset{\delta-}{C_6H_5}\text{–}\overset{\delta+}{Mg}Br + C_6H_{13}\text{–}Br \longrightarrow C_6H_5\text{–}C_6H_{13} + MgBr_2$$

Wir müssen hier daran erinnern, daß das, was sich vom einen Reaktionspartner her gesehen als nucleophiler Angriff darbietet, für den anderen Reaktionspartner eine elektrophile Reaktion ist. Die Zweideutigkeit dieser Bezeichnungsweise rührt letztlich daher, daß es unserer Willkür anheimgestellt ist, was wir als Substrat und was als Reagenz ansehen wollen.
Nucleophile Verdrängungen geben selten 100 % Ausbeute des gewünschten Produkts, was kaum überraschen kann. Hier wie in anderen Fällen gibt es Nebenreaktionen, die zu oft unerwarteten, in präparativer Hinsicht meist unerwünschten Nebenprodukten führen. Eine häufig auftretende Nebenreaktion ist die zu ungesättigten Verbindungen führende Eliminierung. Hierauf werden wir später ausführlich eingehen (Kap. 9).

5 Carbokationen, Stickstoff- und Sauerstoffatome mit Elektronenmangel und ihre Reaktionen

Im letzten Kapitel sprachen wir bereits kurz über Carbokationen, die bei S_N1-Substitutionsreaktionen am gesättigten Kohlenstoffatom als Zwischenprodukte auftreten, z. B. bei der Hydrolyse eines Alkylhalogenids. Carbokationen treten jedoch auch sonst in vielen Reaktionen auf; sie sind, obwohl im allgemeinen nur kurzlebig, für eine Vielzahl chemischer Reaktionen von größter Wichtigkeit.

5.1 Methoden zur Bildung von Carbokationen

5.1.1 Heterolytische Spaltung neutraler Verbindungen

Die einfache *Ionisation* neutraler Moleküle unter Bildung von Ionenpaaren, gegebenenfalls mit anschließender *Dissoziation* in freie, solvatisierte Ionen, liefert die übersichtlichsten Beispiele:

$$(CH_3)_3C{-}Br \rightleftharpoons (CH_3)_3C^{\oplus}Br^{\ominus}$$

$$(C_6H_5)_2CH{-}Cl \rightleftharpoons (C_6H_5)_2CH^{\oplus}Cl^{\ominus}$$

$$H_3COCH_2{-}Cl \rightleftharpoons H_3COCH_2^{\oplus}Cl^{\ominus}$$

Die Aufspaltung einer kovalenten Bindung in zwei ionische Bruchstücke wird auch als *Heterolyse* bezeichnet. In jedem Falle ist dafür ein stark polares (hohe Dielektrizitätskonstante) Medium mit hoher Solvatationskraft für Ionen erforderlich. In anderem Zusammenhang ist die katalytische Wirkung von $Ag^{\oplus}$ bei einigen nucleophilen Austauschreaktionen an Halogeniden, die einen Übergang von S_N2 nach S_N1 bewirken kann, schon erwähnt worden (S. 114); sie hat ihre Ursache in dem „elektrophilen Zug", den das Schwermetall-Kation auf das Halogenatom ausübt, einem Effekt, dem sich allerdings noch eine zusätzliche heterogene Katalyse durch bereits ausgefälltes Silberhalogenid überlagern kann:

$$Ag^{\oplus} + Br{-}R \longrightarrow AgBr + R^{\oplus}$$

An die Stelle der Solvatation eines Ions, $Br^{\ominus}$, ist hier seine chemische Bindung (als AgBr) unter der Wirkung der starken Lewis-Säure $Ag^{\oplus}$ getreten. Auch ungeladene Lewis-Säuren wie BF_3 können die Ionisation herbeiführen, beispielsweise unter Bildung eines Acyl-Kations:

$$CH_3COF + BF_3 \rightleftharpoons CH_3CO^{\oplus}BF_4^{\ominus}$$

Hier stellt sich ein Gleichgewicht ein, das wesentlich auf der sehr großen Stabilität des $BF_4^{\ominus}$-Ions beruht. Mit $AlCl_3$ gelingt eine ähnliche Ionisation im folgenden Beispiel, in dem allerdings das primär entstehende Acyl-Kation instabil ist und zum stabileren *tert.*-Butyl-Kation, $(CH_3)_3C^{\oplus}$, zerfällt. Durch die Freisetzung von CO wird das Ionisationsgleichgewicht praktisch vollständig nach rechts verlagert:

$$(CH_3)_3C\text{-}COCl + AlCl_3 \rightleftharpoons (CH_3)_3C\text{-}CO^{\oplus}AlCl_4^{\ominus} \rightarrow (CH_3)_3C^{\oplus}AlCl_4^{\ominus} + CO$$

Von besonderem Interesse sind die Untersuchungen von Olah und seinen Mitarbeitern, die mit Hilfe von SbF_5 als Lewis-Säure und flüssigem Schwefeldioxid oder auch überschüssigem SbF_5 als Lösungsmittel auch einfache Alkyl-Kationen herstellen und NMR-spektroskopisch und anderweitig untersuchen konnten:

$$R-F + SbF_5 \rightleftharpoons R^{\oplus}SbF_6^{\ominus}$$

Mit „Supersäuren“ wie SbF_5/FSO_3H lassen sich Alkyl-Kationen sogar unmittelbar aus den entsprechenden Kohlenwasserstoffen herstellen:

$$(CH_3)_3C-H + SbF_5/FSO_3H \longrightarrow H_2 + (CH_3)_3C^{\oplus}SbF_5 \cdot FSO_3^{\ominus}$$

Die relativ hohe Stabilität des *tert.*-Butyl-Kations, $(CH_3)_3C^{\oplus}$, ist daran zu erkennen, daß sich unter diesen Bedingungen das Kation $CH_3\overset{\oplus}{C}HCH_2CH_3$, das entsprechend aus *n*-Butan erhalten wird, praktisch momentan in das stärker verzweigte Kation umlagert. (Auf Fragen der Stabilität und Struktur von Carbokationen und auf ihre Umlagerungsreaktionen wird weiter unten, S. 122, noch näher eingegangen.)

5.1.2 Anlagerung von Kationen an neutrale Moleküle

Am weitesten verbreitet ist die Anlagerung eines Protons an ungesättigte Verbindungen, beispielsweise die Protonierung der C=C-Doppelbindung in der säurekatalysierten Hydratisierung von Alkenen (S. 49):

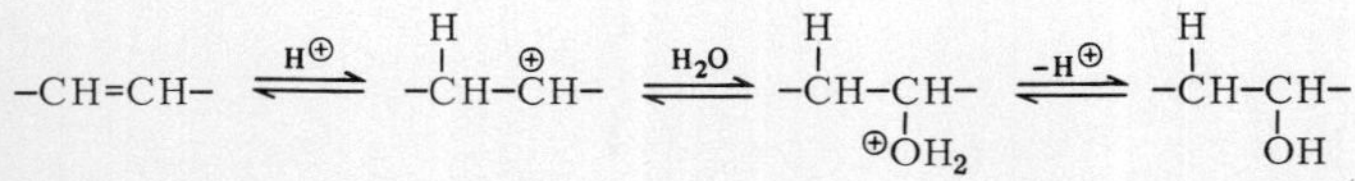

Die Reaktion ist reversibel, wobei ihre Umkehrung, die säurekatalysierte Dehydratisierung von Alkoholen (S. 288), vielleicht noch besser bekannt ist. Die Protonierung kann auch am Sauerstoffatom der C=O-Bindung erfolgen:

$$>C{=}O \xrightleftharpoons{H^{\oplus}} >\overset{\oplus}{C}{-}OH \xrightleftharpoons{Y^{\ominus}} >C(OH)(Y)$$

Auf diese Weise wird das Kohlenstoffatom für den nachfolgenden Angriff eines Nucleophils noch stärker positiviert. Wir gelangen so zur säurekatalysierten Hydratisierung von Carbonyl-Verbindungen (S. 241). Einen direkten Beleg für derartige Protonierungen liefert die zweifache Gefrierpunktserniedrigung, die man bei der Lösung von Ketonen in konzentrierter Schwefelsäure beobachtet:

$$>C{=}O + H_2SO_4 \rightleftharpoons >\overset{\oplus}{C}{-}OH + HSO_4^{\ominus}$$

Die Anlagerung von Protonen an freie Elektronenpaare von Substituenten erhöht ihre Austrittsbereitschaft und fördert so die Ionisation; der nachstehende Vorgang erinnert an die oben erwähnte säurekatalysierte Dehydratisierung der Alkanole, aber auch an die Heterolyse der C – Br-Bindung durch Silber-Ionen (S. 119):

$$(C_6H_5)_3C{-}OH \xrightleftharpoons{H_2SO_4} HSO_4^{\ominus} + (C_6H_5)_3C{-}\overset{\oplus}{\underset{H}{O}}H \xrightleftharpoons{H_2SO_4} (C_6H_5)_3C^{\oplus} + H_3O^{\oplus} + 2\ HSO_4^{\ominus}$$

Ähnlich wie Protonen fungieren oft auch Lewis-Säuren wie $AlCl_3$, wobei es nicht immer zur heterolytischen Trennung kommen muß, wie eingangs (Abschn. 5.1.1) beschrieben; die Polarisation ungesättigter Verbindungen („Aufrichtung“ von Doppelbindungen) ist eine andere Möglichkeit:

$$>C{=}O + AlCl_3 \rightleftharpoons >\overset{\oplus}{C}{-}O\overset{\ominus}{Al}Cl_3$$

Ein markantes Beispiel für die Bildung eines (delokalisierten) Carbokations durch die Anlagerung eines elektrophilen Kations liefert die Nitrierung des Benzols, die durch den folgenden Schritt eingeleitet wird:

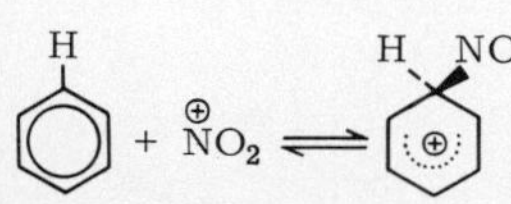

(1)

Das Zwischenprodukt *(1)* stabilisiert sich in einem Folgeschritt durch Abspaltung eines Protons zum Nitrobenzol (S. 156).

5.1.3 Aus anderen Kationen

Carbokationen entstehen auch beim Zerfall anderer Kationen. Besonders hervorzuheben ist hier die Desaminierung von Aminen mit $NaNO_2/HCl$ über die entsprechenden Diazonium-Kationen (S. 195):

$$|R{-}N{=}\overset{\oplus}{N} \longleftrightarrow R{-}\overset{\oplus}{N}{\equiv}N| \longrightarrow R^{\oplus} + N{\equiv}N\uparrow$$

In diesem Zusammenhang sei auch die Möglichkeit erwähnt, ein schwerer zugängliches Carbokation aus einem leichter zugänglichen zu erzeugen:

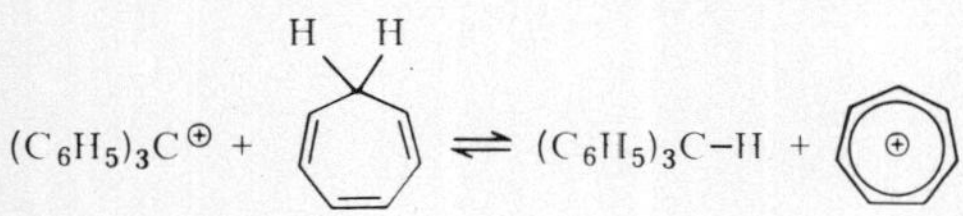

5.2 Stabilität und Struktur von Carbokationen

Bei den einfachen Alkyl-Kationen haben wir bereits folgende Stabilitätsreihe kennengelernt (S. 96):

$$CH_3^{\oplus} < CH_3CH_2^{\oplus} < (CH_3)_2CH^{\oplus} < (CH_3)_3C^{\oplus}$$

Die steigende Zahl von Substituenten am Ladungszentrum führt hier zu einer Ausbreitung der positiven Ladung (durch induktiven Effekt und Hyperkonjugation), die eine zunehmende Stabilität zur Folge hat. Die besondere Stabilität des $(CH_3)_3C^{\oplus}$ ist aus der Tatsache zu ersehen, daß andere Carbokationen durch Isomerisierung in dieses übergehen (S. 120). In einem Versuch war das *tert.*-Butyl-Kation noch unverändert, nachdem seine Lösung in SbF_5/FSO_3H 4 Wochen lang auf 170 °C erhitzt worden war!

Nach quantenmechanischen Berechnungen sind einfache Alkyl-Kationen um ca. 84 kJ (20 kcal) mol^{-1} stabiler, wenn sie in der planaren sp^2-Konfiguration statt in einer pyramidalen sp^3-Konfiguration vorliegen. Abweichungen von der Planarität (bei Behinderung durch bestimmte Strukturmerkmale) haben rasch fallende Stabilität und Bildungsbereitschaft zur Folge. Ein Beispiel dafür haben wir in der fehlenden S_N1-Reaktivität des 1-Bromtrypticens bereits kennengelernt (S. 101). Die planare Struktur einfacher Alkyl-Kationen konnte inzwischen durch Analyse ihrer NMR- und

IR-Spektren unmittelbar nachgewiesen werden. Diese Ionen erweisen sich somit als strukturanalog zu den Trialkylbor-Verbindungen, mit denen sie isoelektronisch sind.
Die Stabilität von Kohlenstoff-Kationen mit Aryl- und ähnlichen Substituenten am Ladungszentrum, die zur Ladungsdelokalisation durch π-Orbitalüberlappung befähigt sind, hängt natürlich in besonderem Maße von der planaren Anordnung der Liganden ab.

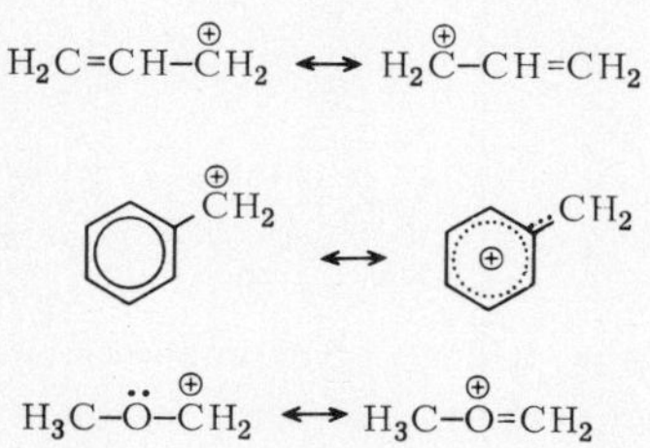

Auf die erhöhte Reaktivität von Allyl- und Benzylhalogeniden in S_N1-Reaktionen haben wir schon früher hingewiesen. Das einsame Elektronenpaar am Sauerstoff des Methoxy-Substituenten führt anscheinend zu einer äußerst wirksamen Stabilisierung, denn die Verbindung CH_3OCH_2Cl solvolysiert unter bestimmten Bedingungen wenigstens 10^{14} mal schneller als CH_3Cl.
Eine Stabilisierung durch Delokalisation kann auch unter Bildung eines „verbrückten" Carbokations im Sinne einer Nachbargruppen-Beteiligung erreicht werden. So entsteht bei der Einwirkung von SbF_5 in flüssigem SO_2 auf *p*-CH_3O-C_6H_4-CH_2CH_2Cl *(2)* das verbrückte Kation *(3)* und nicht etwa die offene Struktur *(4)*:

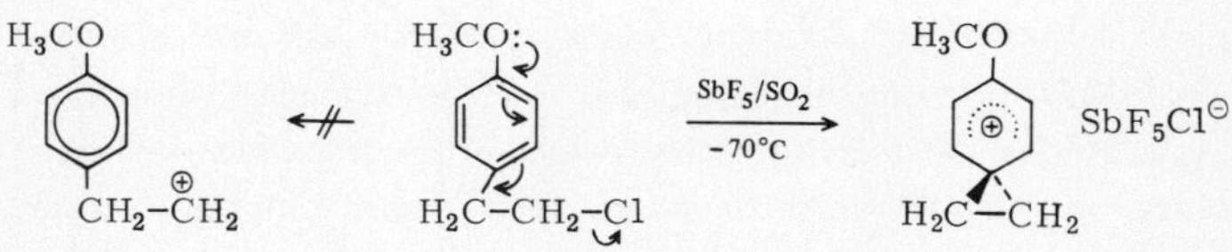

(4) *(2)* *(3)*

Solche Kationen mit verbrückenden Phenylgruppen werden als *Phenonium-Ionen* bezeichnet. Mit einer OH- anstelle einer OCH_3-Gruppe in para-Stellung ist der Nachbargruppeneffekt noch stärker. Unter vergleichbaren Bedingungen ist die Solvolyse ca. 10^6 mal so rasch, und unter bestimmten Bedingungen kann man das verbrückte Zwischenprodukt *(5)* isolieren, das in diesem Falle allerdings kein Carbokation ist:

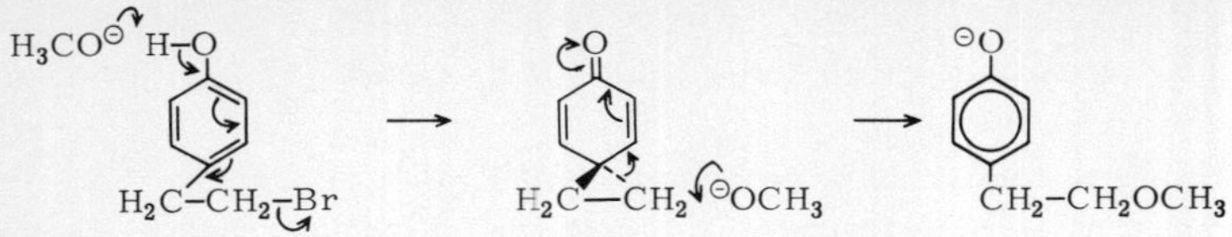

(5)

Eine Stabilisierung durch Delokalisation kann auch durch *Aromatisierung* zustande kommen. Anstelle von 1-Bromcyclohepta-2,4,6-trien *(6)*

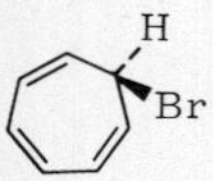

(6)

liefert die Synthese eine Verbindung, die – ganz im Gegensatz zum isomeren Benzylbromid, $C_6H_5CH_2Br$ – ein kristalliner Festkörper mit dem Schmelzpunkt 280 °C ist. Sie ist in Wasser sehr gut löslich, die Lösung enthält Bromid-Ionen. Offensichtlich hat die Verbindung nicht die kovalente Struktur *(6)*, sondern ist ein Salz. Der Grund ist darin zu sehen, daß das cyclische Kation *(7)* ein Elektronensystem besitzt, dessen sechs π-Elektronen in drei Molekülorbitalen, die alle sieben Kohlenstoffatome des Rings umfassen, untergebracht werden können. Wir haben es also wie im Falle von Benzol mit einem Hückel-System ($4n + 2, n = 1$) zu tun, dem quasiaromatische Stabilität zukommt (vgl. S. 21):

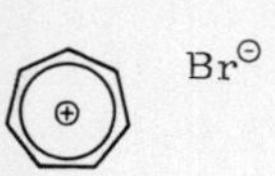

(7)

Die planare, delokalisierte Struktur dieses stabilen Carbokations wird durch sein NMR-Spektrum bewiesen, das nur ein einziges Protonsignal zeigt, da ja alle sieben Wasserstoffatome gleichwertig sind. Die aromatische Stabilisierung in *(7)* übertrifft diejenige des Triphenylmethyl-Kations, $(C_6H_5)_3C^{\oplus}$, um einen Faktor von ca. 10^{11}. Es wundert daher nicht, daß man das Cycloheptatrienyl(Tropylium)-Kation *(7)* durch Einwirkung des letzteren Kations auf Cycloheptatrien darstellen kann (S. 21).
Ein besonders interessanter Fall von Stabilisierung eines Carbokations ist das cyclische 2π-Elektronensystem ($4n + 2$, $n = 0$) (S. 21). Das nach der Hückel-Regel zu erwartende stabile Cyclopropenyl- (oder Cyclopropenium)-Kation entsteht z. B. leicht in Form eines Tripropyl-Derivats *(9)* aus Derivaten des 1,2,3-Tripropylcyclopropens *(8)*:

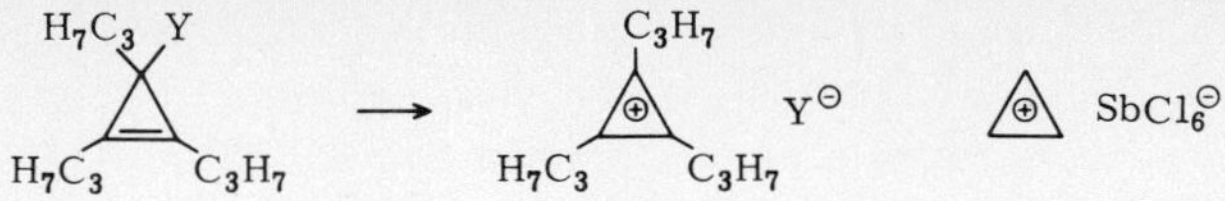

(8) (9) (10)

(9) ist noch etwa um den Faktor 10^3 stabiler als das Siebenring-Kation *(7)*: In neutralem Wasser (pH = 7) liegt die Verbindung noch zu ca. 50 % in Form der freien Carbokationen vor! Auch von der Stammverbindung selbst ist eine salzartige Substanz als farbloser, kristalliner Festkörper gewonnen worden, der das (unsubstituierte) Cyclopropenium-Kation *(10)* enthält. Für die Untersuchung derartiger Systeme hat sich die ^{13}C-NMR-Spektroskopie als sehr wertvoll erwiesen (s. auch S. 57): die chemische Verschiebung des positiv geladenen Kohlenstoffatoms korrelliert nämlich mit der an ihm herrschenden Elektronendichte.

5.3 Die Reaktionen von Carbokationen

Carbokationen können im wesentlichen vier Arten von Reaktionen eingehen:

a) Kombination mit einem Nucleophil,
b) Abspaltung eines Protons,
c) Anlagerung an eine Mehrfachbindung,
d) Umlagerung.

Die ersten beiden Reaktionswege führen zu stabilen Endprodukten, aber bei (c) und (d) entstehen neue Carbokationen, denen wieder alle vorgenannten Reaktionsmöglichkeiten offenstehen. Das vielfältige reaktive Verhalten zeigt sehr typisch die Umsetzung von 1-Aminopropan (*n*-Propylamin) *(11)* mit Natriumnitrit und verdünnter Salzsäure. (Näheres über Diazonium-Ionen vom Typ *(12)* wird später besprochen, S. 138.)

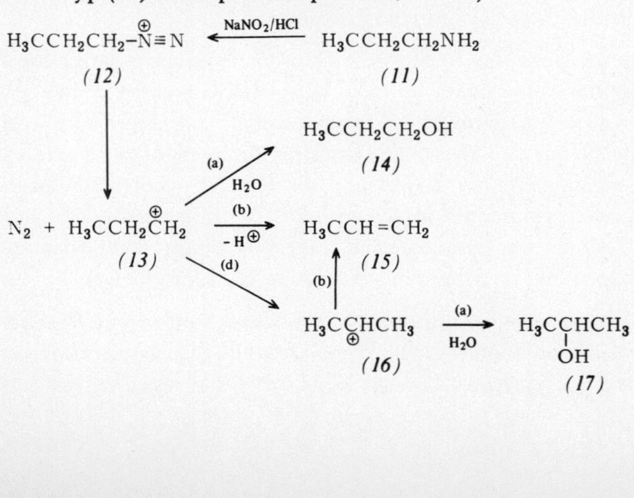

Das 1-Propyl-Kation *(13)* liefert mit Wasser als nucleophilem Agens im Sinne des allgemeinen Reaktionstyps (a) den entsprechenden Alkohol, 1-Propanol *(14)*, während Abspaltung eines Protons gemäß (b) Propen *(15)* entstehen läßt. Umlagerung (d) unter Hydrid-Verschiebung (siehe unten) führt zum neuen Kation *(16)*, aus dem durch Reaktion vom Typ (b) weiteres Propen *(15)*, vom Typ (a) der isomere Alkohol 2-Propanol *(17)* hervorgeht. Ein charakteristisches Produktgemisch bestand aus 7 % 1-Propanol, 28 % Propen und 32 % 2-Propanol. Aus den Mengenverhältnissen der beiden Alkohole kann man die relativen Stabilitäten der Kationen *(13)* und *(16)* ablesen.

Die genannten Produkte machen aber erst 67 % (mol/mol) des Reaktionsgemischs aus. Weitere Produkte leiten sich von den anderen Nucleophilen ab, die im System noch vorhanden sind, $Cl^{\ominus}$ und $NO_2^{\ominus}$, die ebenfalls mit den beiden Kationen *(13)* und *(16)* reagieren können. Das Nitrit-Ion liefert dabei sowohl Verbindungen vom Typ RNO_2 als auch solche vom Typ RONO, wobei die letzteren (Nitritester) auch durch Veresterung der primär gebildeten Alkohole entstehen können. Auch die Kationen *(13)* und *(16)* selbst können mit den zuvor entstandenen Alkoholen zu Ethern ROR reagieren, oder auch mit noch nicht umgesetztem Amin RNH_2 zu einem sekundären Amin RNHR, das seinerseits noch weiter alkyliert oder auch nitrosiert werden kann.

Schließlich kann sich jedes der beiden Kationen in Reaktionen vom Typ (c) (vgl. auch S. 217) an das zuerst gebildete Alken anlagern, wobei weitere Kationen $CH_3\overset{\oplus}{C}H-CH_2R$ entstehen, die nun selbst wieder alle vorgenannten Reaktionen eingehen können. Da außerdem das komplexe Ergebnis auch noch von den Reaktionsbedingungen abhängt, ist klar, daß die Methode für die präparative Umwandlung eines aliphatischen Amins in den entsprechenden Alkohol in aller Regel nicht in Frage kommt.

Umlagerungen im Sinne der Reaktion (d) komplizieren auch die Friedel-Crafts-Alkylierung von Benzol (S. 163). Beispielsweise entsteht bei der Einwirkung von 1-Brompropan (*n*-Propylbromid) in Gegenwart von Galliumbromid $GaBr_3$ als Lewis-Säure zunächst ein hochpolarer Komplex $R^{\delta+}GaBr_4^{\delta-}$ als angreifendes Elektrophil, in dem nun aber ein Wasserstoffatom von der sekundären in die primäre Position abwandert, weil die positive Ladung am sekundären Kohlenstoff besser stabilisiert ist. Hauptreaktionsprodukt ist daher die Verbindung $C_6H_5CH(CH_3)_2$.

Solche als Hydridverschiebung bezeichneten Wanderungen von Wasserstoff in einem Carbeniumion sind von komplexerer Natur, als man zunächst annehmen möchte. Läßt man $AlBr_3$ auf $^{13}CH_3CH_2CH_3$ einwirken, so tritt

eine statistische Verteilung der Isotopenmarkierung auf alle drei Positionen der Kohlenstoffkette ein.
Wie die massenspektrometrische Untersuchung zeigt, liegt im Endzustand 1 Teil $CH_3{}^{13}CH_2CH_3$ neben 2 Teilen $^{13}CH_3CH_2CH_3$ vor. Möglicherweise wird diese Verteilung durch ein protoniertes Cyclopropan *(18)* als Zwischenprodukt vermittelt:

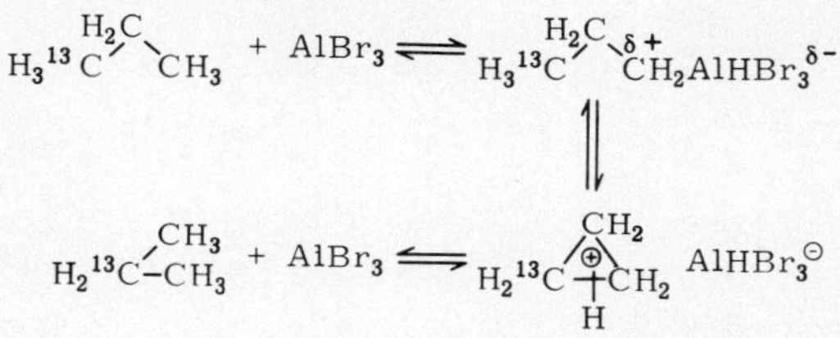

(18)

Auch beim 2-Propyl-Kation aus $CH_3{}^{13}CHClCH_3/SbF_5$ bei $-60\,°C$ tritt im Verlauf mehrerer Stunden eine statistische Verteilung der Markierung ein, wofür eine gleichartige Erklärung infrage kommt.
Eliminierungsreaktionen vom Typ (b) werden später ausführlicher besprochen, doch ist eine nähere Erörterung der Umlagerung von Carbokationen vom Typ (d) schon an dieser Stelle erforderlich.

5.4. Die Umlagerung von Carbokationen

Trotz der Verwirrung, die im letzten Abschnitt bei der Betrachtung der Isomerisierung des Propans entstanden sein könnte, lassen sich die Umlagerungsreaktionen der Carbokationen im wesentlichen in solche aufteilen, bei denen das Kohlenstoffgerüst verändert wird, und in solche, bei denen es in seiner ursprünglichen Form erhalten bleibt. Obwohl die ersteren wichtiger sind, wollen wir zunächst kurz die zuletzt erwähnten Umlagerungen besprechen.

5.4.1 Umlagerungen ohne Veränderung des Kohlenstoffgerüsts

Eines der Beispiele einer sog. 1,2-*Hydridverschiebung*, die wir schon kennengelernt haben (S. 125), ist die Umlagerung des 1-Propyl- in das 2-Propyl-Kation. Dabei wandert ein Wasserstoffatom mit seinem Bindungselektronenpaar, also eigentlich als Hydrid-Anion $H^{\ominus}$, von C-2 nach C-1:

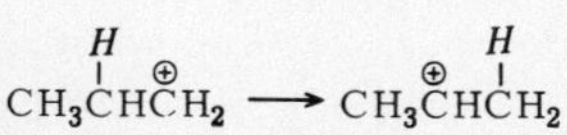

Darin kommt natürlich die größere Stabilität sekundärer gegenüber primären Carbokationen zum Ausdruck. Verschiebungen in umgekehrter Richtung können dann eintreten, wenn sie eine bessere Ladungsdelokalisation ermöglichen, beispielsweise durch Überlappung mit den π-Elektronen von Benzolkernen; im folgenden Beispiel geht ein tertiäres Kation in ein sekundäres über:

$$C_6H_5CH_2\overset{OH}{\overset{|}{C}}(CH_3)_2 \xrightarrow[SbF_5]{FSO_3H} C_6H_5\overset{H}{\overset{|}{C}}H\overset{\oplus}{C}(CH_3)_2 \longrightarrow C_6H_5\overset{\oplus}{C}H\overset{H}{\overset{|}{C}}(CH_3)_2$$

Von größerer praktischer Bedeutung sind aber die Umlagerungen delokalisierter Kationen, z. B. *Allyl-Umlagerungen.*

Umlagerungen dieses Typs können dann eintreten, wenn das entstandene Carbokation durch Delokalisierung stabilisiert ist, z. B. bei der S_N1-Solvolyse des 3-Chlor-1-butens *(19)* in Ethanol, bei der eine Mischung zweier isomerer Ether *(21)* und *(22)* erhalten wird. Dieselben beiden Ether entstehen auch in praktisch gleichem Mengenverhältnis bei der entsprechenden Ethanolyse des 1-Chlor-2-butens *(20)*:

$$\underset{(19)}{H_3C\overset{Cl}{\overset{|}{C}}HCH{=}CH_2} \xrightarrow{C_2H_5OH} \underset{(21)}{H_3C\overset{OC_2H_5}{\overset{|}{C}}HCH{=}CH_2} + \underset{(22)}{H_3CCH{=}CHCH_2OC_2H_5} \xleftarrow{C_2H_5OH} \underset{(20)}{H_3CCH{=}CHCH_2Cl}$$

In beiden Fällen tritt das delokalisierte Allyl-Kation *(23)* als Ionenpaar-Zwischenprodukt auf, das in einem raschen Folgeschritt an C-1 oder C-3 vom Lösungsmittel angegriffen werden kann:

$$\underset{(23)}{[H_3C\overset{\oplus}{C}H{-}CH{=}CH_2 \longleftrightarrow H_3CCH{=}CH{-}\overset{\oplus}{C}H_2]\ Cl^{\ominus}}$$

Führt man jedoch die Reaktion von *(19)* in Ethanol unter Verwendung von Ethanolat-Ionen als kräftig nucleophilen Agentien aus, so verläuft die Umsetzung nach einem S_N2-Substitutionsmechanismus, wobei ausschließlich *(21)* entsteht.

Es sind aber auch Allyl-Umlagerungen beobachtet worden, die eindeutig bimolekular verlaufen. Sie werden als S_N2'-Reaktionen bezeichnet und sind wohl wie folgt zu formulieren:

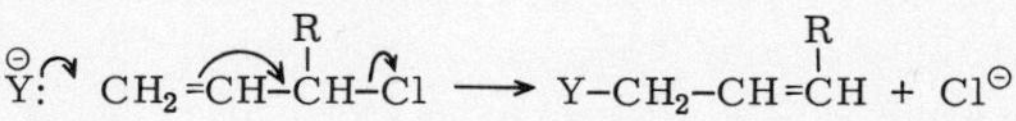

S_N2'-Reaktionen treten besonders dann auf, wenn die Geschwindigkeit des konkurrierenden direkten Austauschs nach einem normalen S_N2-Mechanismus durch sperrige Substituenten am α-Kohlenstoffatom herabgesetzt wird. Insgesamt kann man feststellen, daß Allyl-Umlagerungen recht häufig sind, ihre exakte reaktionsmechanistische Aufklärung aber sehr sorgfältige Untersuchungen verlangt.

5.4.2 Umlagerungen mit Veränderung des Kohlenstoffgerüsts

Die Neopentyl-Umlagerung: Wir haben bereits früher (S. 100) darauf hingewiesen, daß sich 1-Brom-2,2-dimethylpropan *(24)* (Neopentylbromid) in S_N2-Reaktionen aufgrund sterischer Hinderung sehr inert verhält. Die Ausführung der Reaktion unter S_N1-Bedingungen kann zu einer Beschleunigung führen, aber als Produkt findet man nicht den erwarteten Neopentylalkohol *(25)*, sondern das isomere 2-Methyl-2-butanol *(26)*. Eine Neopentyl-Umlagerung hat stattgefunden:

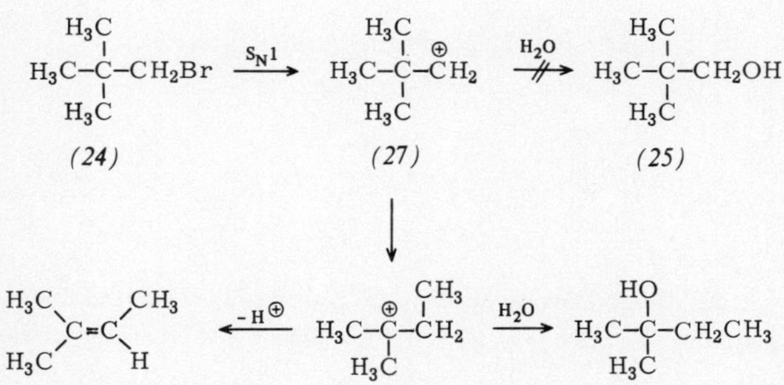

(24) *(27)* *(25)*

(29) *(28)* *(26)*

Die Triebkraft für die erforderliche Lösung einer C–C-Bindung bei der Wanderung der Methylgruppe rührt von der größeren Stabilität des tertiären Carbokations *(28)*, verglichen mit dem zunächst entstehenden primären Ion *(27)*, her. Derartige Umwandlungen des Kohlenstoffgerüsts über intermediäre Carbokationen werden zusammenfassend als *Wagner-Meerwein*-Umlagerungen bezeichnet. Einen zusätzlichen Beweis für das Auftreten des Ions *(28)* liefert die gleichzeitige Bildung von 2-Methyl-2-buten *(29)* durch Verlust eines Protons; aus *(27)* kann dieses Alken nicht unmittelbar gebildet werden.

Die mögliche Umlagerung von Kohlenstoffgerüsten bei scheinbar eindeutigen Reaktionen ist natürlich für alle Untersuchungen zur Strukturaufklärung von größter Bedeutung, vor allem dann, wenn das tatsächlich isolierte Produkt isomer zum erwarteten ist. Einige dieser Umlagerungen, z. B. in der Terpenchemie, sind sehr komplex und gestalten die einwandfreie Aufklärung der Reaktionsabläufe äußerst schwierig. Man sollte die Struktur eines Reaktionsprodukts *niemals* voraussetzen, sondern *immer* durch Routinemessungen beweisen. Hier hat sich die ^{1}H- und ^{13}C-NMR-Spektroskopie als ganz besonders wertvoll erwiesen.

Während das Bromid *(30)* vom Neopentyl-Typ bei der S_N1-Hydrolyse Umlagerung erfährt, bleibt eine solche Umlagerung beim Phenyl-Analogon *(31)* aus:

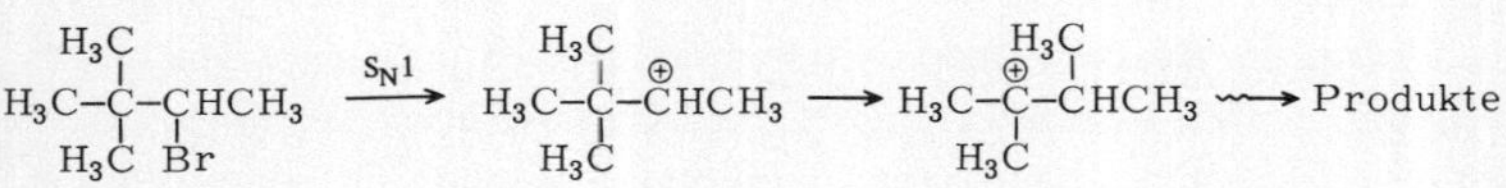

(30)

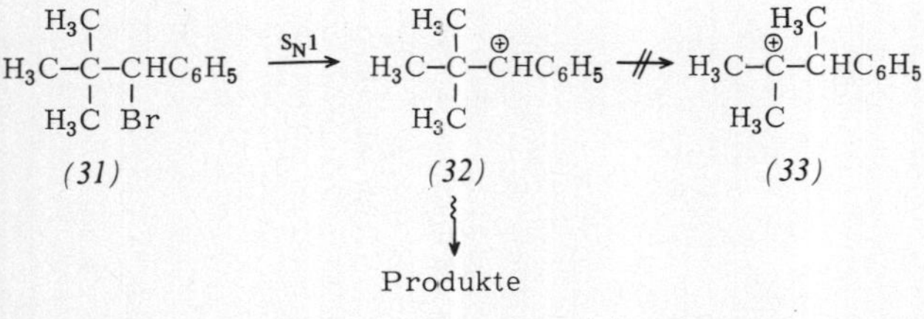

Offensichtlich ist das Benzyl-artige Kation *(32)*, obwohl es sekundär ist, stabiler als das tertiäre Kation *(33)*, das daraus durch Umlagerung hätte entstehen können.

Umlagerung von Kohlenwasserstoffen: Wagner-Meerwein-Umlagerungen begegnen wir beim Cracken von Erdöl-Kohlenwasserstoffen, wenn Lewis-Säuren als Katalysatoren verwendet werden. Diese erzeugen aus den geradkettigen Kohlenwasserstoffen (vgl. die Isomerisierung des ^{13}C-markierten Propans oben) Carbokationen, die sich dann unter Bildung verzweigter Produkte umlagern. Freilich können die Kohlenwasserstoffe dabei auch

gespalten werden; das Entstehen von verzweigten Verbindungen ist deshalb erwünscht, weil sie sich in Benzinmotoren als klopffester als ihre geradkettigen Isomeren erwiesen haben. Es sei erwähnt, daß man für das Cracken der Kohlenwasserstoffe auch Katalysatoren verwenden kann, welche die Reaktion durch Bildung radikalischer Zwischenstufen fördern (S. 358).
Ungesättigte Kohlenwasserstoffe lagern sich in Gegenwart von Säuren leicht um:

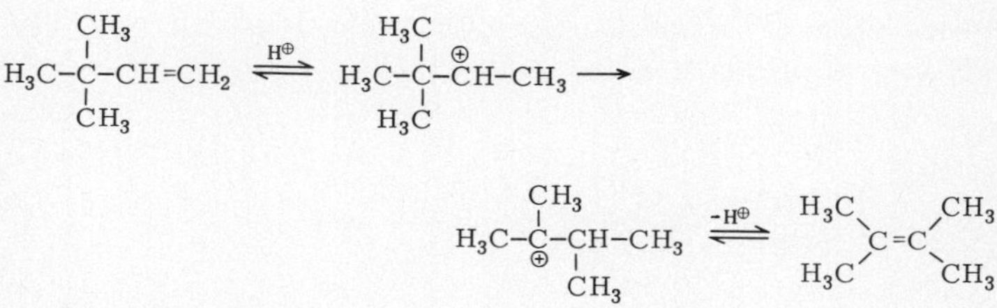

Diese Tendenz kann bei der Anlagerung saurer Reagenzien (z. B. von Halogenwasserstoffen, S. 212) an Alkene oder bei deren säurekatalysierter Hydratisierung (S. 215) recht störend bei der präparativen Nutzung sein, da oft schwer trennbare Substanzgemische entstehen, die unter besonders ungünstigen Umständen das gewünschte Produkt überhaupt nicht enthalten. Auch die Neigung der Carbokationen zur Anlagerung an Alkene ist hier sehr hinderlich.
Umlagerungen von Di- und Polyalkylbenzolen werden in Gegenwart von Lewis-Säuren (S. 165) und in der Dienon/Phenol-Umlagerung (S. 134) beobachtet.
Die Pinakol/Pinakolon-Umlagerung: Auf ein weiteres Beispiel der Wanderung einer Alkylgruppe an ein Carbokationen-Kohlenstoffatom treffen wir bei der säurekatalysierten Umlagerung von 1,2-Diolen in Ketone. Der Prototyp ist die Umlagerung von Pinakol *(34)* in Pinakolon *(35):*

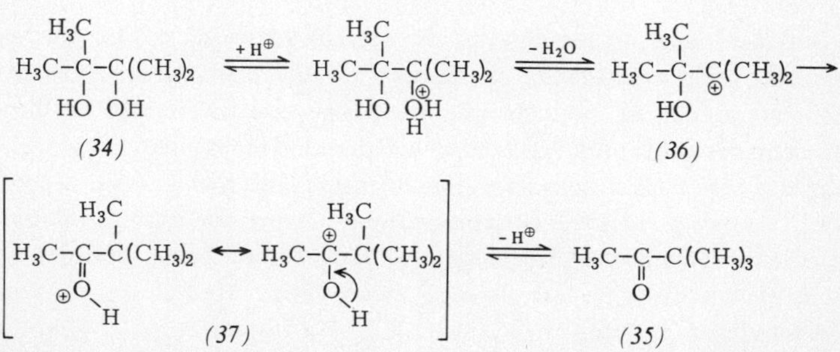

(34) *(36)* *(37)* *(35)*

Hier findet die 1,2-Verschiebung von Methyl in einem Carbokation *(36)* statt, das bereits tertiär ist. Die Triebkraft für die Umlagerung ist in der zusätzlichen Stabilisierung zu sehen, die das umgelagerte Ion *(37)* durch Delokalisation seiner Ladung zum Sauerstoffatom erfährt; auch kann *(37)* leicht durch Abgabe eines Protons in das stabile Endprodukt *(35)* übergehen. Man sollte erwarten, daß immer dann eine analoge Reaktion eintritt, wenn aus irgendeiner Verbindung das Carbokation *(36)* entstehen kann, und in der Tat findet man das bestätigt. So geben das Bromhydrin *(38)* und der 1,2-Aminoalkohol *(39)* ebenfalls Pinakolon, wenn man $Ag^{\oplus}$ bzw. Na-NO_2/HCl auf sie einwirken läßt:

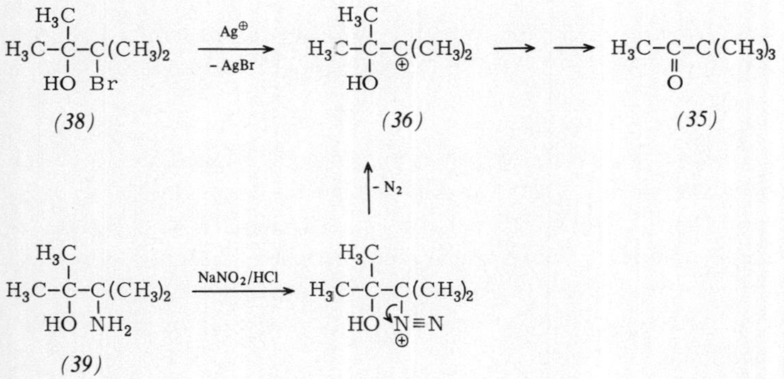

Eine Reihe von Untersuchungen sind mit dem Ziel durchgeführt worden, die *relativen Wanderungsfähigkeiten* von Gruppen in Umlagerungen wie der Pinakol/Pinakolon-Umlagerung zu bestimmen. Man findet gewöhnlich die folgende Abstufung:

$C_6H_5 > (CH_3)_3C > CH_3CH_2 > CH_3$

Man muß sich dabei im klaren sein, daß es sehr schwierig ist, für solche Experimente geeignete Modellverbindungen auszuwählen und die erzielten Ergebnisse sinnvoll zu interpretieren. Beispielsweise findet man bei der Umlagerung des Diols *(40)*, daß Methyl wandert und nicht Phenyl, wie nach der obigen Folge zu erwarten wäre. Die Reaktion läuft hier deshalb anders ab, weil bevorzugt die OH-Gruppe protoniert wird, die zum stabileren ursprünglichen (noch nicht umgelagerten) Carbokation führt, und das ist *(41)* und nicht etwa *(42)*. Danach muß zwangsläufig Methyl anstelle von Phenyl wandern:

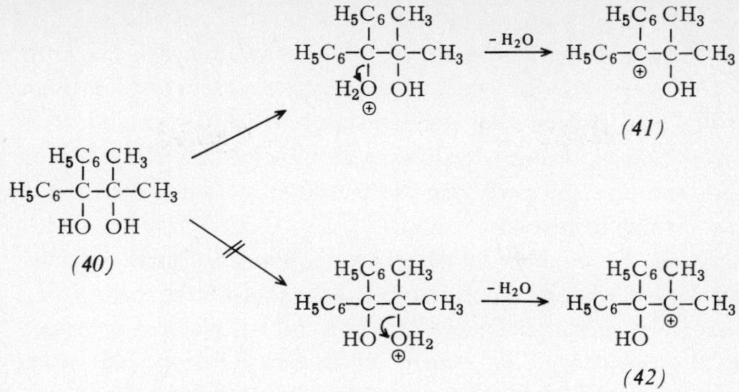

Dieses Problem kann man dadurch umgehen, daß man mit symmetrischen 1,2-Diolen vom Typ PhArC(OH)C(OH)ArPh *(43)* arbeitet:

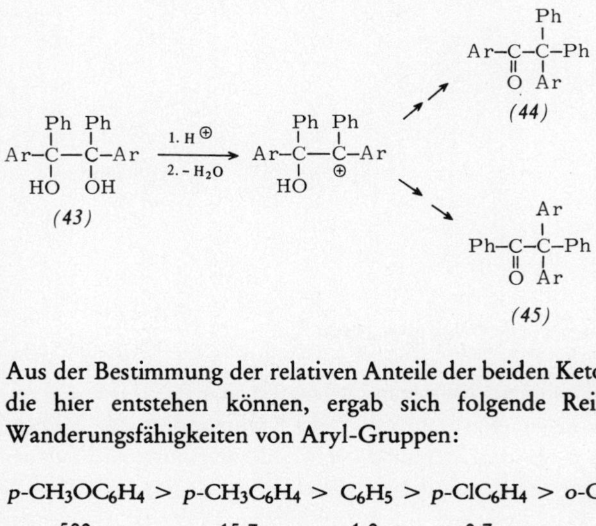

Aus der Bestimmung der relativen Anteile der beiden Ketone *(44)* und *(45)*, die hier entstehen können, ergab sich folgende Reihe der relativen Wanderungsfähigkeiten von Aryl-Gruppen:

p-$CH_3OC_6H_4$	>	*p*-$CH_3C_6H_4$	>	C_6H_5	>	*p*-ClC_6H_4	>	*o*-$CH_3OC_6H_4$
500		15.7		1.0		0.7		0.3

Diese Abstufung läßt sich (mit Ausnahme von *o*-$CH_3OC_6H_4$) auf die von links nach rechts abnehmende Elektronen-Donorstärke der wandernden Gruppen zurückführen. Das Ergebnis ist verständlich, da die wandernde Gruppe ja mit ihrem Elektronenpaar zu einem positiven Zentrum, dem Carbokationen-Kohlenstoff, verschoben wird. Auf derselben Grundlage kann man auch die oben erwähnte Reihenfolge bei den Alkylgruppen erklären.

Daß die *o*-$CH_3OC_6H_4$-Gruppe langsamer wandert als Phenyl, obwohl sie dieser gegenüber ein stärkerer Donor ist, weist darauf hin, daß hier noch andere Faktoren eine Rolle spielen. Es sind dies die räumliche Überfrachtung der zur Wahl stehenden Übergangszustände und die Konformation, die die Ausgangsverbindung vor der Reaktion einnimmt (siehe unten). Wie die *o*-$CH_3OC_6H_4$-Gruppe zeigt, können diese Faktoren von stärkerem Gewicht sein als die elektronischen.

Eine Umlagerung, die als eine Umkehrung der Pinakol/Pinakolon-Umlagerung aufgefaßt werden kann, eine Art *retro*-Pinakol-Umlagerung, ist die *Dienon/Phenol-Umlagerung.* Diese Reaktion führt, wieder eingeleitet durch eine Protonierung, von einem cyclischen Dienon *(46)* unter 1,2-Verschiebung einer Alkylgruppe zum aromatischen System *(47)*:

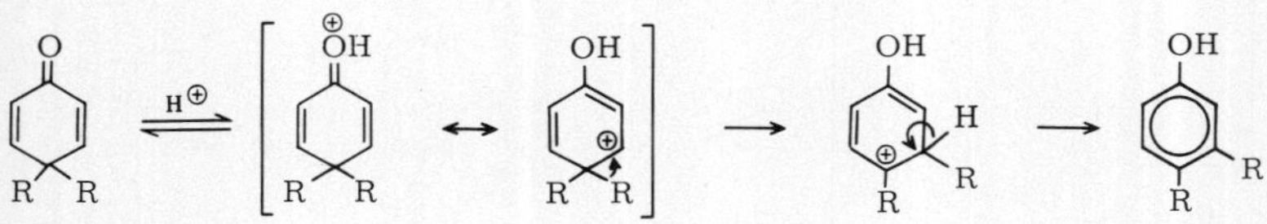

(46) *(47)*

5.4.3 Stereochemie der Umlagerungen

Drei Fragen von stereochemischem Belang stellen sich bei Carbokationen-Umlagerungen: Wie steht es um die Konfiguration der Kohlenstoffatome im Ausgangs- und Zielpunkt der Wanderung und schließlich der wandernden Gruppe selbst, wenn diese chiral ist [z. B. $C_6H_5CH(CH_3)$-]? Bemerkenswerterweise sind diese drei Fragen bei aller Intensität, mit der das Gebiet der Carbokationen bearbeitet worden ist, nie im Zusammenhang an ein und derselben Verbindung untersucht worden.

Es ließ sich zeigen, daß die wandernde Gruppe während der Umlagerung niemals „frei“ wird. Bringt man beispielsweise in einem sog. *Kreuzungs-Experiment* zwei Pinakole wie *(48)* und *(49)* mit sehr ähnlicher Struktur und Umlagerungsgeschwindigkeit, aber verschiedenen wandernden Gruppen, in einer Lösung gemeinsam zur Reaktion, so beobachtet man niemals eine Wanderung „über Kreuz“:

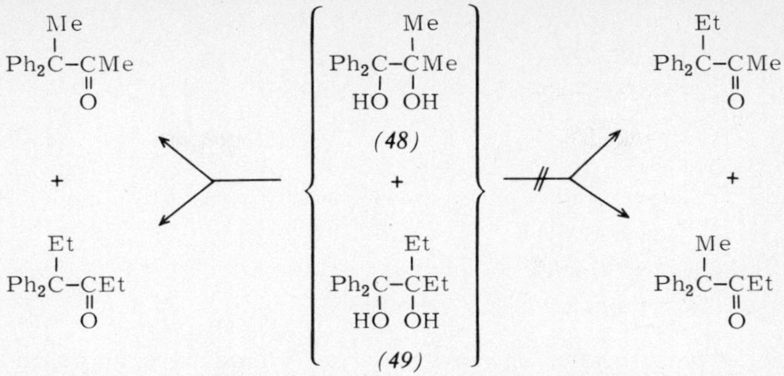

Auch wenn man Umlagerungen, die mit einer Hydrid-Verschiebung (S. 127) verbunden sind, in einem deuterierten Lösungsmittel wie D_2O, CH_3OD o. ä. durchführt, beobachtet man niemals den Einbau von Deuterium in die neue C–H(D)-Bindung im Umlagerungsprodukt. In beiden Fällen ist die Umlagerung also streng *intramolekular*, d. h. die wandernde Gruppe löst sich in keinem Augenblick ganz vom Rest des Moleküls ab. (Von einer *intermolekularen* Umlagerung würde man sprechen, wo dies doch der Fall ist.)

Man muß also annehmen, daß die wandernde Gruppe R schon in enger Bindungsbeziehung zum Zielpunkt der Wanderung (dem Carbokation-Zentrum) steht, bevor sie sich von ihrem ursprünglichen Bindungsort ganz gelöst hat. Demnach sollte auch keine Gelegenheit für eine Änderung der Konfiguration bestehen, d. h. man muß Erhaltung der Konfiguration im Falle einer chiralen Gruppe R* erwarten. Das ist für den nachstehenden Fall auch beobachtet worden:

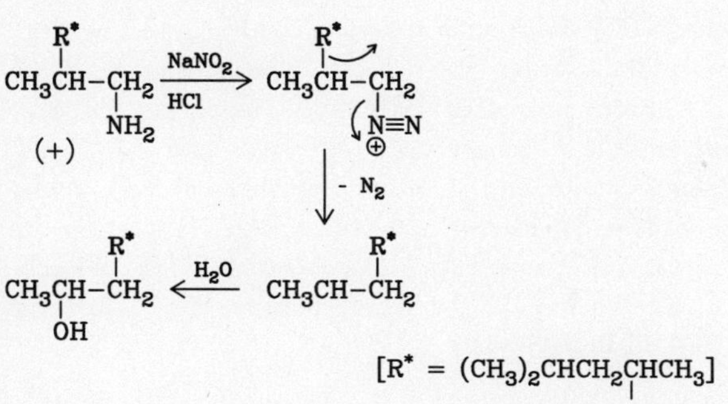

Was die beiden anderen Punkte anbelangt, so spricht das vorliegende experimentelle Material für *Konfigurationsumkehr* an Ausgangs-(a) und Endpunkt (b) der Wanderung:

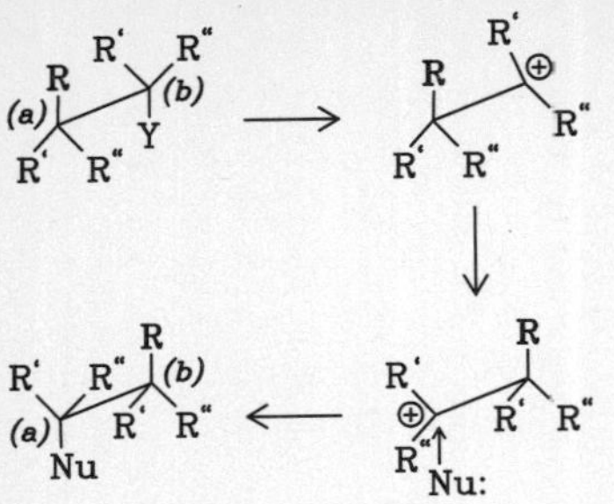

Die Inversion erweist sich vor allem in cyclischen Verbindungen, bei denen eine Rotation um die (C-1)−(C-2)-Bindungsachse weitgehend verhindert ist, als nahezu vollständig, aber auch in acyclischen Verbindungen ist sie ausgeprägt. Zu einer einfachen Erklärung gelangt man, wenn ein „verbrücktes" Zwischenprodukt (oder Übergangszustand) *(50)* angenommen wird (vgl. das Bromonium-Ion, S. 209):

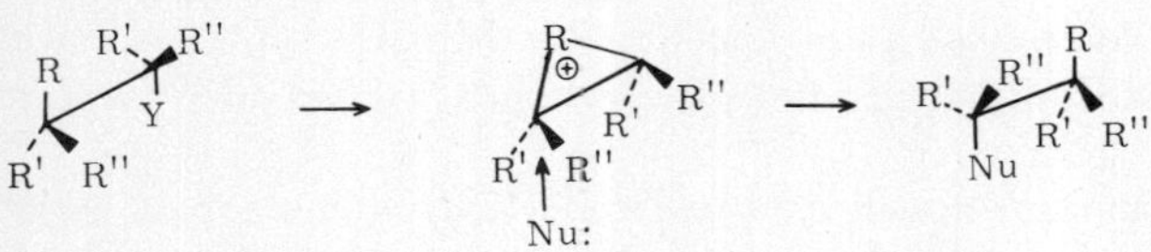

(50)

Eine solche Verbrückung ist aber keineswegs ein allgemeines Merkmal von Umlagerungen, selbst dann nicht, wenn ein Phenylrest – dessen π-Elektronen zur Stabilisierung einer verbrückten Struktur in besonderem Maße beitragen könnten (durch Ladungsdelokalisation, vgl. S. 123/124) – wandert. Das zeigt sehr deutlich die Desaminierung einer optisch aktiven Form des Aminoalkohols *(50)*, die unter Wanderung von Phenyl erfolgt (vgl. die Pinakol/Pinakolon-Umlagerung, S. 131). Die Umlagerung geht von der *antiperiplanaren* Konformation *(50a)* oder *(50b)* aus, in der die wandernde Phenylgruppe und die Abgangsgruppe ($-NH_2$ als $-N_2^{\oplus}$, vgl. S. 135) TRANS zueinander angeordnet sind. Umlagerung über ein verbrücktes Carbokation müßte notwendigerweise zur vollständigen Inversion am Zielpunkt der Wanderung und damit zum nachstehend als *(51ab)* bezeichneten Keton führen, gleichgültig ob die Konformation *(50a)* oder *(50b* beteiligt war (Me, Methyl: Ph, Phenyl):

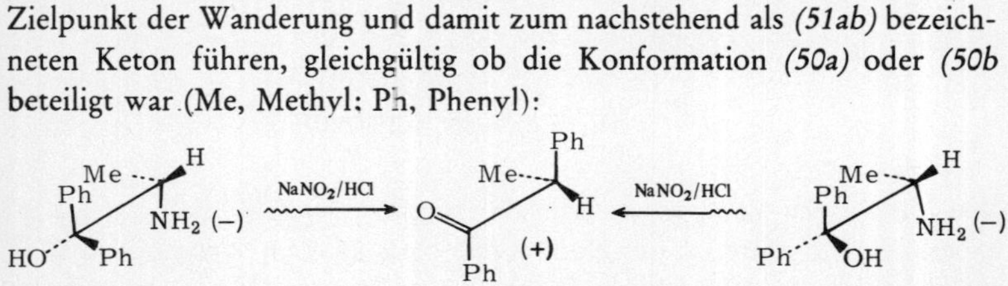

(50a) *(51ab)* *(50b)*

Tatsächlich wurde aber neben dem Produkt der Inversion [*(51ab)*, 88 %] auch ein nennenswerter Anteil an Keton mit spiegelbildlicher Konfiguration gefunden [*(51d)*, 12 %]. 12 % der Moleküle können also *nicht* über ein verbrücktes Phenonium-Ion reagiert haben. Die einfachste Erklärung besteht in der Annahme, daß zumindest ein Teil der Umlagerung über ein unverbrücktes Carbokation [*(52c)* → *(52d)*] bis zu einem gewissen Grad möglich ist; dadurch kommt es dann zur Bildung des Ketons *(51d)* unter Erhalt der Konfiguration an C-2 (Phenyl nimmt die Position der Aminogruppe ein):

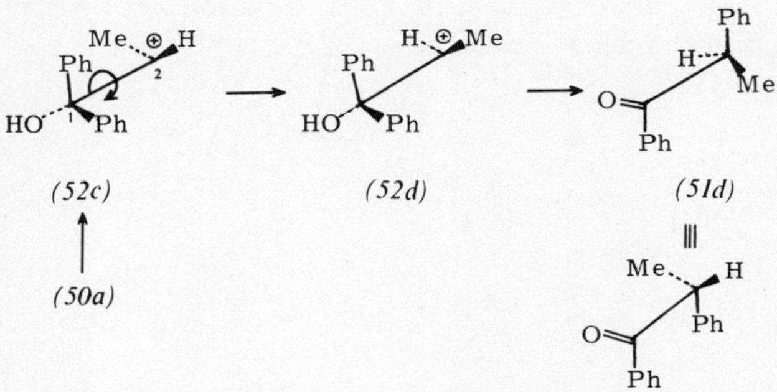

(52c) *(52d)* *(51d)* *(50a)*

Das Verhältnis von Inversion [*(51ab)*] zu Retention [*(51d)*] im entstehenden Keton hängt dann vom Verhältnis der Geschwindigkeiten von (C-1)–(C-2)-Rotation in *(52c)* und Phenylwanderung ab.

5.4.4 Wolff-Umlagerung

Wir haben diese Umlagerung von den eigentlichen Carbokationen-Umlagerungen abgetrennt, weil die Verschiebung der wandernden Gruppe an ein ungeladenes Kohlenstoffzentrum erfolgt, dessen Elektronenmangel auf einem Carben-artigen Bindungszustand (S. 4) beruht. Es geht hier um die Abspaltung von Stickstoff aus α-Diazoketonen *(53)* unter Umlagerung zu *Ketenen (54)*:

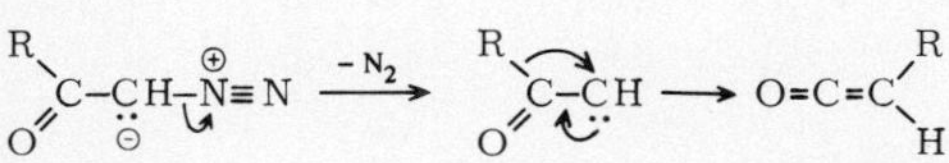

(53) *(55)* *(54)*

Das reaktionsfähige Keten wird dann mit einem im System vorhandenen Nucleophil, im Beispiel unten mit Wasser, reagieren. Man kann die Reaktion photolytisch, thermisch oder durch Behandlung mit Silberoxid herbeiführen. In den ersten beiden Fällen entsteht aus dem Diazoketon wahrscheinlich wirklich ein Carben *(55)*, wie oben formuliert. In der Silber-katalysierten Variante scheinen die Abspaltung von Stickstoff und die Wanderung von R mehr oder weniger gleichzeitig vonstatten zu gehen. $C_4H_9\overset{*}{C}(CH_3)C_6H_5$ als chirale wandernde Gruppe wird unter Erhaltung der Konfiguration verschoben.

Diazoketone *(53)* erhält man durch die Einwirkung von Diazomethan, CH_2N_2, auf Säurechloride. Die nachfolgende Wolff-Umlagerung in Gegenwart von Wasser ist insofern von präparativer Bedeutung, als sie ein Teilschritt der Arndt-Eistert-Reaktion ist, durch die man Säuren in ihre nächsthöheren Homologen umwandeln kann:

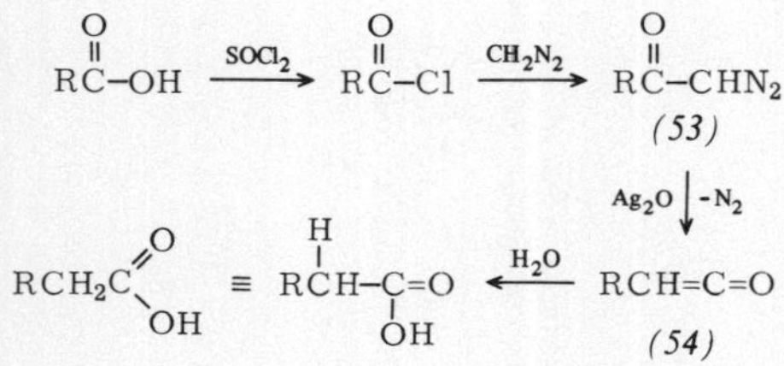

Statt in Wasser kann man die Reaktion auch in Alkohol oder Ammoniak durchführen. Jedes Mal findet nucleophile Anlagerung an die reaktive C=C-Doppelbindung des Ketens statt, wobei ein Ester oder das Amid der homologen Säure entstehen.

Die Wolff-Umlagerung ähnelt formal dem Hofmannschen Säureamid-Abbau und verwandten Reaktionen (S. 141), bei denen die Wanderung zu einem Stickstoffatom mit Elektronenmangel erfolgt und ein reaktionsfähiges Isocyanat RN=C=O als Zwischenprodukt gebildet wird.

5.5 Diazonium-Kationen

Die Nitrosierung primärer Amine RNH_2 beispielsweise mit Natriumnitrit und verdünnter Mineralsäure führt zur Bildung von Diazonium-Kationen *(56)*:

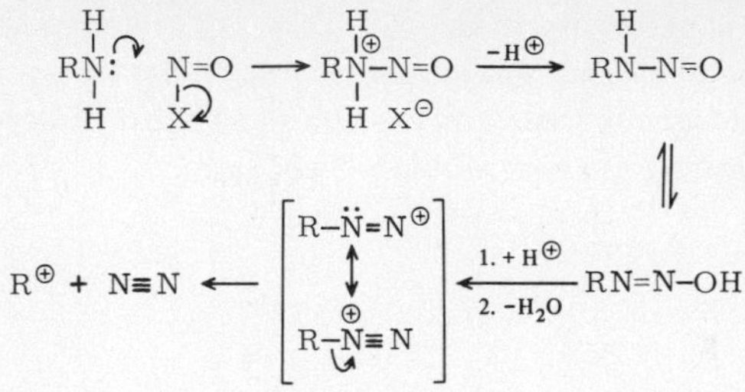

(56)

Das wirksame Nitrosierungsmittel ist wahrscheinlich niemals die salpetrige Säure HNO_2 selbst. Bei relativ niedrigen Säuregraden ist es wahrscheinlich N_2O_3 ($X = ONO$), das gemäß

$$2HNO_2 \rightleftharpoons ONO-NO + H_2O$$

entsteht. Bei steigender Acidität kommt protonierte salpetrige Säure, $H_2\overset{\oplus}{O}-NO$ ($X = H_2O$), zum Zuge, und schließlich das Nitrosonium-Ion $NO^{\oplus}$. Bei Nitrosierungen muß man allerdings zwischen dem Wunsch, ein möglichst starkes Nitrosierungsmittel zur Verfügung zu haben, und der bei höheren Säurekonzentrationen abnehmenden Amin-Konzentration – das Amin wird ja durch die Säure zunehmend protoniert und dadurch der Reaktion entzogen – einen Kompromiß schließen.

Bei einfachen aliphatischen Aminen zerfallen die zunächst gebildeten Diazonium-Kationen *(56)* außerordentlich leicht zu Carbokationen, die, aus noch nicht genau verstandenen Gründen, deutlich reaktiver sind als Carbokationen aus anderen heterolytischen Prozessen wie $RBr \rightarrow R^{\oplus}Br^{\ominus}$. Wo es vor allem auf die Bildung des Carbokations ankommt, wird man besser ein Amin-Derivat der Nitrosierung unterwerfen, um dadurch die Entstehung von Wasser zu vermeiden und unter wasserfreien Bedingungen arbeiten zu können:

$$RNH_2 \xrightarrow{COCl_2} RNCO \xrightarrow{NO^{\oplus}SbF_6^{\ominus}} R^{\oplus}SbF_6^{\ominus} + N_2\uparrow + CO_2\uparrow$$

Enthält aber der organische Rest R eine kräftig elektronenanziehende Gruppe, so kann es zur Abspaltung von $H^{\oplus}$ – anstelle von N_2 – kommen, wobei ein substituiertes Diazoalkan entsteht. Ein Beispiel ist die Bildung von Diazoessigester aus Ethylaminoacetat (Aminoessigsäure-ethylester):

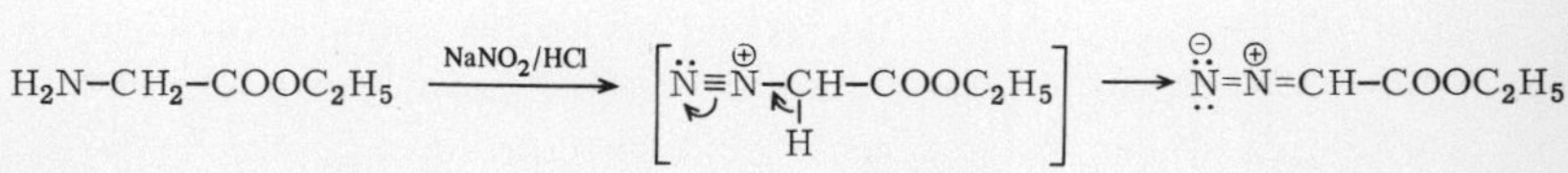

Die Instabilität aliphatischer Diazonium-Kationen beruht weitgehend auf der außerordentlichen Wirksamkeit von N_2 als Abgangsgruppe. Bei aromatischen Diazonium-Kationen gibt es aber einen stabilisierenden Faktor, nämlich die π-Orbitalüberlappung mit dem aromatischen Kern:

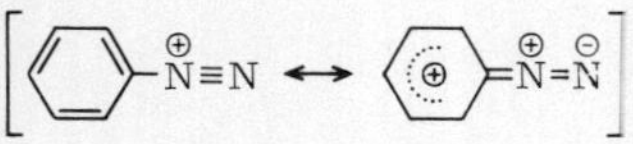

Da primäre aromatische Amine schwächere Basen (und Nucleophile) sind als aliphatische (wiederum wegen der π-Orbitalwechselwirkung mit dem Ring), braucht man ein ziemlich starkes Nitrosierungsmittel; die Nitrosierung wird also gewöhnlich in stark sauren Lösungen durchgeführt. Dabei bleibt von der schwachen Base $ArNH_2$ noch eine ausreichend hohe Konzentration an nicht-protonierten Teilchen übrig, aber die Konzentration an freiem aromatischem Amin ist doch so gering, daß seine sog. Kupplung (S. 168) mit bereits gebildetem Aryldiazonium-Ion weitgehend vermieden wird. Aromatische Diazonium-chloride, -sulfate, -nitrate usw. sind in wäßrigen Lösungen bei Raumtemperatur oder darunter recht stabil, können aber nicht ohne weiteres ohne Zersetzung in Substanz isoliert werden. Die Tetrafluoroborate, $ArN_2^{\oplus}$ $BF_4^{\ominus}$, sind wegen des hervorragenden stabilisierenden Effekts des $BF_4^{\ominus}$-Ions auf Ionenpaare (S. 120) ausreichend stabil, um ihre Isolierung als kristalline Festkörper zu gestatten. Deren Thermolyse im trockenen Zustand liefert einen präparativ wichtigen Zugang zu Arylfluoriden:

$$ArN_2^{\oplus}BF_4^{\ominus} \xrightarrow{\Delta} Ar{-}F + N_2\uparrow + BF_3\uparrow$$

Wie nicht anders zu erwarten, beeinflussen Substituenten im Ring die Stabilität des $ArN_2^{\oplus}$ sehr deutlich, wobei Elektronendonor-Substituenten kräftig stabilisierend wirken:

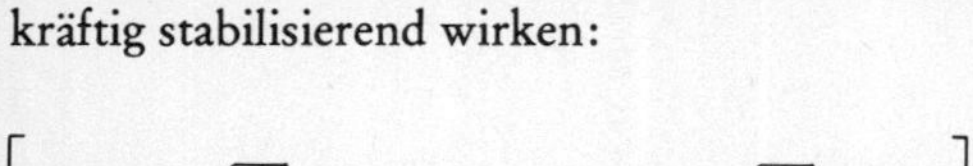

Auch sekundäre Amine lassen sich nitrosieren, doch gelangt man dabei zu stabilen N-Nitroso-Verbindungen $R_2N{-}N{=}O$. Aus tertiären aliphatischen Aminen entstehen zunächst Nitrosotrialkylammonium-Kationen $R_3\overset{\oplus}{N}{-}NO$, die dann allerdings unter C–N-Spaltung in recht unübersichtlicher Weise zerfallen. Bei tertiären aromatischen Aminen, $ArNR_2$, findet die

Nitrosierung nicht am Stickstoff, sondern in der aktivierten para-Position des Kerns unter Bildung von C-Nitroso-Verbindungen statt:

5.6 Wanderung zu Stickstoffatomen mit Elektronenmangel

Die bisher besprochenen Umlagerungen hatten alle eines gemeinsam: es wanderte eine Alkyl- oder Arylgruppe mit ihrem Elektronenpaar an ein *Kohlenstoff*atom, das – ob es nun ein Carbokation war oder nicht - Elektronenmangel aufwies. Ein anderes Atom, das oft in ähnlicher Weise einen Elektronenunterschuß aufweisen kann, ist der *Stickstoff*, z. B. in den Verbindungen $R_2\ddot{N}^{\oplus}$ oder $R\ddot{N}$ (ein Nitren; vgl. Carben, S. 137), und man sollte erwarten, daß die Stickstoffatome solcher Verbindungen ebenfalls die Wanderung von Gruppen verursachen, genau wie wir es bei $R_3C^{\oplus}$ oder $R_2\ddot{C}$ beobachtet haben. Dies ließ sich in der Tat bestätigen.

5.6.1 Die Reaktionen nach Hofmann, Curtius, Lossen und Schmidt

Ein typisches Beispiel ist die Umwandlung eines Amids *(57)* unter der Einwirkung alkalischen Hypobromits in ein Amin *(58)*, das ein Kohlenstoffatom weniger als die Ausgangsverbindung enthält, die sog. Hofmann-Reaktion (auch: Hofmannscher Säureamid-Abbau):

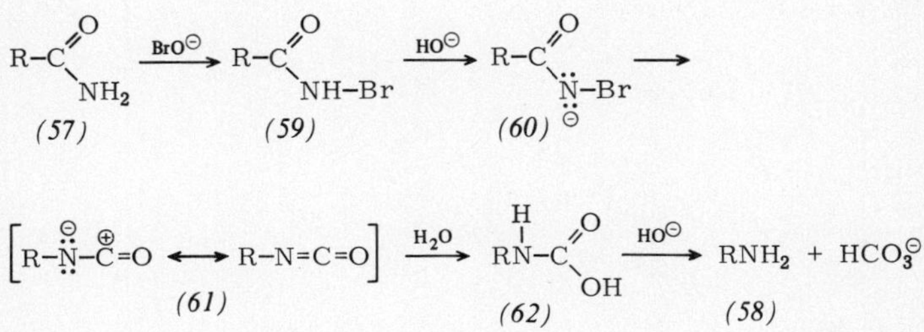

Formales Endprodukt der Reaktion ist das Isocyanat *(61)*, das genau dem Keten in der Wolff-Reaktion entspricht. Unter den Reaktionsbedingungen lagert dieses Wasser an und liefert die instabile Carbaminsäure *(62)*, die ihrerseits unter Freisetzung des Amins *(58)* decarboxyliert. Durch sorgfältige Kontrolle der Reaktionsbedingungen gelingt es, das N-Bromamid *(59)*, sein Anion *(60)* und das Isocyanat *(61)* als Zwischenprodukte zu isolieren. Der angenommene Reaktionsablauf ist somit ungewöhnlich gut belegt. Geschwindigkeitsbestimmender Schritt ist wahrscheinlich die Abspaltung des Bromid-Ions aus *(60)*, und hier erhebt sich die Frage, ob gleichzeitig damit auch schon R wandert (wie in der Formulierung oben angenommen wurde), oder ob zunächst ein Carbonylnitren RCON als weiteres Zwischenprodukt entsteht, das dann die eigentliche Umlagerung eingeht. Mehrere Beobachtungen sprechen gegen diese letztere Annahme und für einen „konzertierten" Prozeß: Die Umlagerung von aromatischen Säureamiden $ArCONH_2$ wird beschleunigt, wenn Ar Substituenten mit Elektronendonor-Wirkung enthält (vgl. die Pinakol/Pinakolon-Umlagerung, S. 131); die Bildung von Hydroxamsäuren RCONHOH, die bei der Einwirkung von Wasser (aus dem Lösungsmittel) auf das Carbonylnitren entstehen müßten, ist nie beobachtet worden; Kreuzungsexperimente liefern keine gemischten Produkte, d. h. die Umlagerung ist streng intramolekular; und schließlich wandert eine chirale Gruppe R wie $C_6H_5\overset{*}{C}(CH_3)H$ unter Erhaltung ihrer Konfiguration.

Es gibt eine Reihe von Reaktionen, die mit der Hofmann-Reaktion nahe verwandt sind und über ein Isocyanat *(61)* – durch Umlagerung eines zu *(60)* analogen Zwischenprodukts – führen:

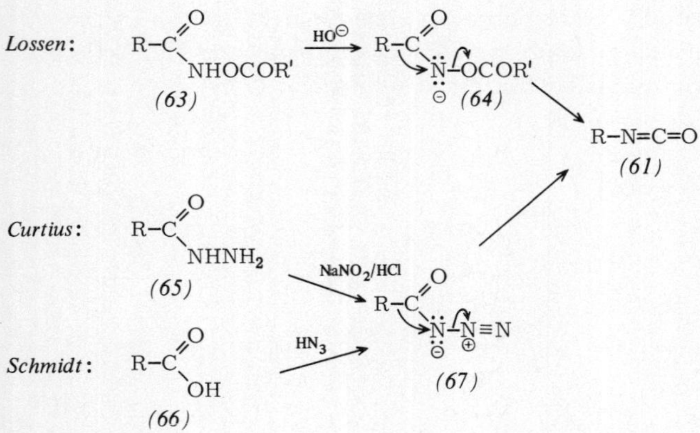

Bei der Lossen-Reaktion läßt man eine Base auf das O-Acyl-Derivat *(63)* einer Hydroxamsäure RCONHOH einwirken. Als Abgangsgruppe vom

intermediären Anion *(64)* fungiert bei diesem „Abbau von Hydroxamsäuren“ $R'CO_2^{\ominus}$, also ein Carboxylat-Anion, anstelle des Bromid-Anions beim Säureamid-Abbau nach Hofmann. Die Reaktion kann auch mit den Hydroxamsäuren selbst ausgeführt werden, aber nicht so gut wie mit den O-Acyl-Derivaten, da $R'CO_2^{\ominus}$ eine bessere Abgangsgruppe ist als $HO^{\ominus}$. Die konzertierte Natur der Umlagerung wird dadurch nahegelegt, daß die Reaktion nicht nur durch Substituenten R mit Elektronen-Donorwirkung erleichtert wird (wie in der Hofmann-Reaktion), sondern umgekehrt auch durch Substituenten R' mit Elektronen-Akzeptor-Wirkung, d. h. offensichtlich sind *beide* Liganden für den Übergangszustand des geschwindigkeitsbestimmenden Schritts von Bedeutung.
Beim Abbau von Säureaziden *(67)* nach Curtius oder Schmidt fungiert N_2 als Abgangsgruppe, R wandert wieder synchron mit deren Ablösung. In der einen Reaktion wird das Azid durch Nitrosierung des entsprechenden Hydrazids *(65)* gewonnen, im anderen Fall durch Einwirkung von Stickstoffwasserstoffsäure, HN_3, auf eine Carbonsäure *(66)*.

5.6.2 Beckmann-Umlagerung

Von allen Umlagerungen, bei denen eine Gruppe R von einem Kohlenstoff- an ein Stickstoffatom wandert, ist die Umwandlung von Ketoximen in N-substituierte Amide, die Beckmann-Umlagerung, zweifellos am bekanntesten:

$$RR'C{=}N{-}OH \longrightarrow R'{-}CO{-}NHR \quad \text{oder} \quad R{-}CO{-}NHR'$$

Die Reaktion wird durch viele saure Reagenzien katalysiert, z. B. H_2SO_4, P_2O_5, SO_3, $SOCl_2$, BF_3, PCl_5 usw., und läßt sich nicht nur mit den Oximen selbst, sondern auch mit ihren Estern durchführen. *Aldoxime* lagern sich mit den erwähnten Katalysatoren nur selten um; mehr Erfolg hat man mit Polyphosphorsäure als Katalysator. Die interessanteste Eigenschaft der Beckmann-Umlagerung ist, daß – anders als bei den bisher besprochenen Reaktionen – nicht die *Natur* der Gruppen R, R' (d. h. ihre Fähigkeit, Elektronen zu liefern), sondern ihre *sterische Anordnung* darüber entscheidet, welcher Substituent wandert. Man stellte nämlich fest, daß stets die zum Hydroxyl *anti*-ständige Gruppe R wandert:

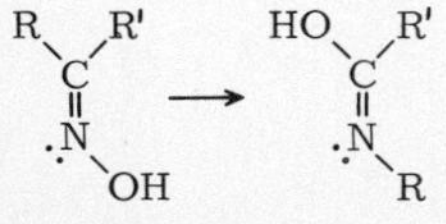

(d.h. *nur* R'–CO–NHR)

Um das zu beweisen, mußte man zunächst die Konfiguration eines Oxim-Paares auf einem unabhängigen Weg festlegen. Das gelang für die Oxime *(68)* und *(69)*: die eine Verbindung gab bei der Behandlung mit Alkali bereits in der Kälte Ringschluß zum Isoxazol *(70)*, wogegen die andere Substanz sogar unter weit schärferen Bedingungen nur wenig angegriffen wurde.

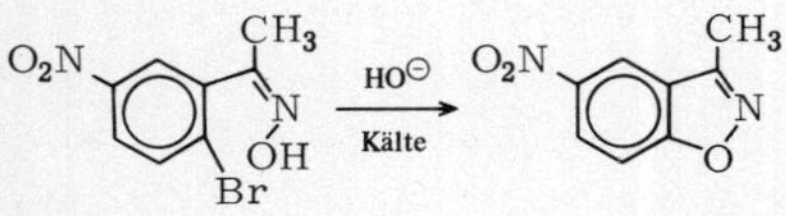

(68) *(70)*

Dem Oxim, das sich leicht cyclisieren ließ, schrieb man daraufhin die Konfiguration *(68)* zu, in der die OH-Gruppe des Oxims ($O^{\ominus}$ in basischer Lösung) und das kerngebundene Bromatom dicht nebeneinander stehen. Das zweite Oxim hat demnach die Konfiguration *(69)*, in der die beiden Gruppen weit voneinander entfernt sind und es demzufolge unwahrscheinlich ist, daß sie in Wechselwirkung miteinander treten können:

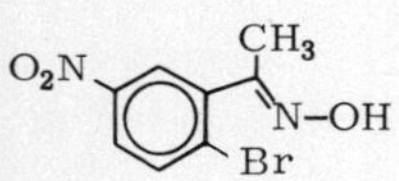

(69)

Die Konfigurationen weiterer Ketoxim-Paare lassen sich nunmehr dadurch festlegen, daß man ihre physikalischen Eigenschaften mit denen solcher Oxim-Paare vergleicht, deren Konfiguration bereits bekannt ist. Nachdem einmal klar bewiesen war, daß bei der Beckmann-Reaktion *stets* die *anti*-ständige Gruppe R wandert, lassen sich anhand des bei einer solchen Umlagerung erhaltenen Produkts genaue Aussagen über die Konfiguration des ursprünglichen Oxims machen. So gibt *(68)* erwartungsgemäß nur ein substituiertes N-Methylbenzamid *(71)*, *(69)* nur ein substituiertes Acetanilid *(72)*.

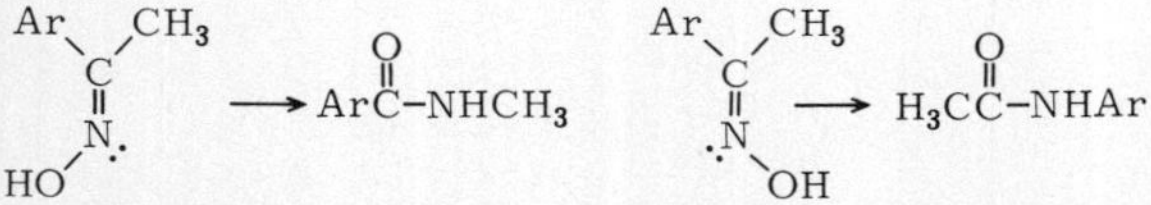

(68) *(71)* *(69)* *(72)*

Daß kein direkter gegenseitiger Austausch von R und OH stattgefunden hat, wurde durch die Umlagerung von Benzophenon-oxim zu Benzanilid in $H_2{}^{18}O$ bewiesen:

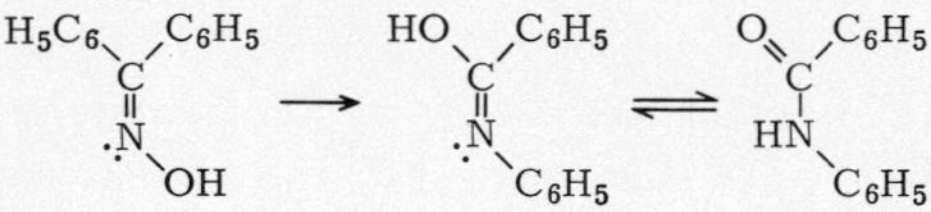

Vorausgesetzt, daß weder das ursprüngliche Oxim noch das entstandene Anilid in $H_2{}^{18}O$ ihren Sauerstoff gegen ^{18}O austauschen (was sich beweisen ließ), kann ein intramolekularer Austausch von C_6H_5 und OH nicht zu einem Einbau von ^{18}O in das Umlagerungsprodukt führen. Da dieses aber genau den gleichen Gehalt an ^{18}O wie das eingesetzte Wasser aufwies, mußte die OH-Gruppe während der Umlagerung abgespalten und anschließend durch Reaktion mit dem Wasser wieder aufgenommen worden sein. Die Hauptaufgabe des sauren Katalysators besteht in der Tat darin, die OH-Funktion des Oxims durch Protonierung oder Veresterung in eine bessere Abgangsgruppe umzuwandeln.
Man nimmt daher an, daß die Umlagerung folgendermaßen vor sich geht:

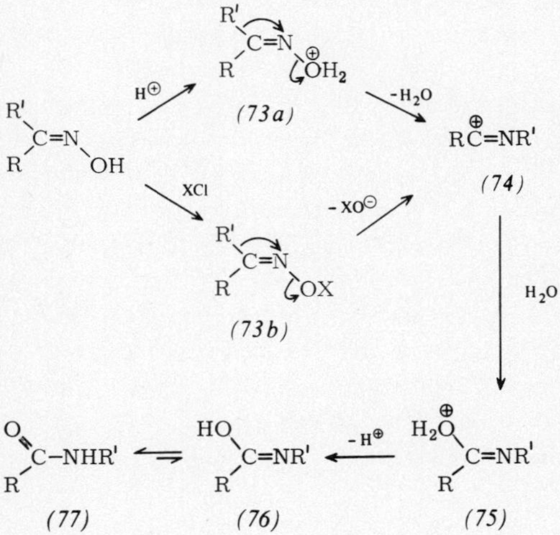

In stärkeren Säuren beginnt die Umlagerung mit einer O-Protonierung zu *(73a)*, worauf Wasserabspaltung unter Bildung der Verbindung *(74)* erfolgt.

Bei Verwendung von Säurechloriden usw. erhält man den Ester *(73b)*, der nach Abspaltung des Anions $XO^{\ominus}$ dasselbe Zwischenprodukt gibt. Einen Beweis für diese Interpretation liefert die Tatsache, daß man derartige O-Ester auf anderem Wege darstellen und sie dann in neutralen Lösungsmitteln ohne Katalysatoren umlagern kann. Je stärker die Säure XOH ist, d. h. je stabiler das Anion $XO^{\ominus}$, um so leichter wird $XO^{\ominus}$ abgespalten und um so schneller verläuft demnach die Reaktion. So nimmt die Reaktionsgeschwindigkeit mit $CH_3-CO_2^{\ominus} < ClCH_2-CO_2^{\ominus} < C_6H_5-SO_3^{\ominus}$ als $XO^{\ominus}$-Gruppe in der angegebenen Reihenfolge zu. Auch ein Übergang zu stärker polaren Lösungsmitteln erhöht die Reaktionsgeschwindigkeit, ein weiteres Zeichen dafür, daß diese Spaltung in Ionen geschwindigkeitsbestimmender Schritt der Reaktion ist.

Wie bei den zuvor diskutierten Umlagerungen, nimmt man auch hier an, daß die Ablösung der Abgangsgruppe und die Wanderung von R′ bei der Umwandlung von *(73)* in *(74)* praktisch gleichzeitig erfolgen. Dieser Schritt ist wieder streng intramolekular (bildet also keine gemischten Produkte im Kreuzungsexperiment), und wenn R′ chiral ist, behält es seine Konfiguration bei. Auch die schon beobachtete Stereoselektivität (nur R′ wandert, nicht R) paßt zu diesem Bild. Wahrscheinlich spiegelt sich in dieser Synchronisation der Umlagerung eine größere Stabilität der Carbokation-Zwischenstufe *(74)* – die sich NMR-spektroskopisch hat nachweisen lassen –, verglichen mit einem Nitrenium-Ion $RR'C=N^{\oplus}$, wider. (Das letztere müßte entstehen, wenn zuerst die Ablösung der Abgangsgruppe vom Stickstoff erfolgt, bevor R′ wandert.)

Die Umlagerung wird in jedem Fall durch Angriff von Wasser abgeschlossen. Auf dieser Stufe tritt auch der markierte Sauerstoff in das Endprodukt ein, wenn man die Umlagerung wie oben erwähnt in $H_2{}^{18}O$ durchführt. Es entsteht so aus dem Carbokation *(74)* ein Oxonium-Ion *(75)*, das durch Verlust eines Protons in die Enol-Form *(76)* des Säureamids *(77)* übergeht.

Die Verwendung der Beckmann-Umlagerung bei der Konfigurationszuordnung von Ketoximen ist bereits erwähnt worden. In großem Maßstab nutzt man sie heute bei der Synthese des für Textilien verwendeten Polymeren Nylon-6 („Perlon") aus Cyclohexanon-oxim *(78)*. Dessen Umlagerung führt zu dem cyclischen Amid (Lactam) *(79)*, ε-Aminocaprolactam, der eigentlichen Vorstufe für die Polymerisation:

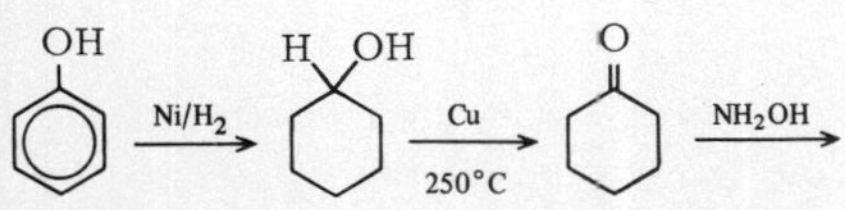

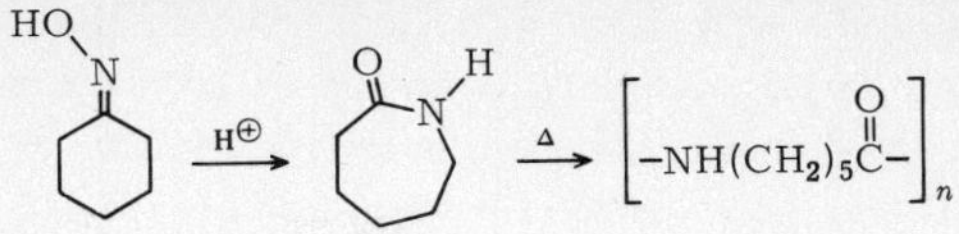

(78) *(79)* *Perlon*

5.7 Wanderung zu Sauerstoffatomen mit Elektronenmangel

Man kann erwarten, daß ähnliche Umlagerungen vorkommen, bei denen Ziel der Wanderung ein *Sauerstoff*atom mit Elektronenmangel ist. Solche Umlagerungen sind in der Tat bekannt.

5.7.1 Die Baeyer-Villiger-Oxidation von Ketonen

Behandelt man Ketone mit Wasserstoffperoxid oder Persäuren, RC(O)OOH, so werden sie in Ester umgewandelt:

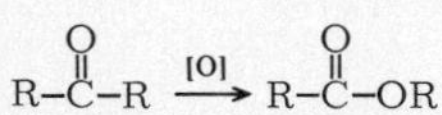

Entsprechend werden cyclische Ketone in cyclische Ester, Lactone, umgewandelt:

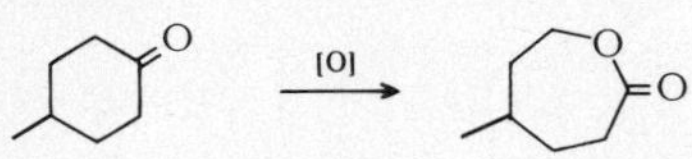

Für den Fall der Reaktion mit Persäure wird folgender Reaktionsverlauf angenommen:

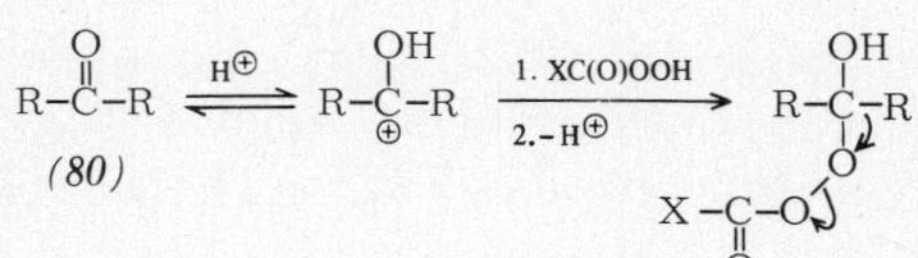

(80) *(81)*

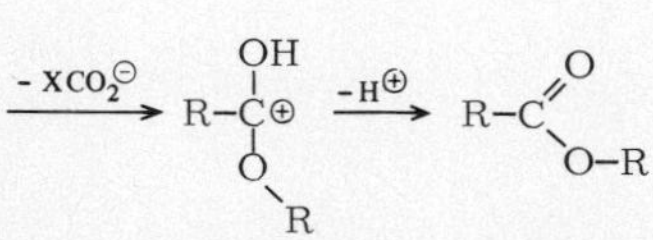

(82) *(83)*

Einer einleitenden Protonierung des Ketons *(80)* folgt die Anlagerung der Persäure zum Addukt *(81)*, aus dem die gute Abgangsgruppe $XCO_2^{\ominus}$ unter gleichzeitiger Verschiebung von R an das Sauerstoffatom austritt. Dieser Ausgleich eines Elektronenmangels am Sauerstoff führt unmittelbar zu *(82)*, der protonierten Form des Esters *(83)*. Gestützt wird diese Vorstellung durch die Beobachtung, daß die Oxidation von ^{18}O-markiertem Benzophenon, $Ph_2C{=}^{18}O$, ausschließlich zu $PhC(^{18}O){-}OPh$ führt, also ohne jegliche Gleichverteilung des markierten Sauerstoffs zwischen den beiden Sauerstoffatomen der Estergruppe. Die Reaktion wird durch elektronenanziehende Substituenten in der Abgangsgruppe sowie durch elektronenliefernde Substituenten in der wandernden Gruppe R beschleunigt. Dies spricht für die Synchronisation des Abgangs von $XCO_2^{\ominus}$ und der Verschiebung von R wie im Reaktionsschema angenommen, wobei die Umwandlung *(81)* ⟶ *(82)* geschwindigkeitsbestimmend ist. Dementsprechend wandert eine chirale Gruppe R unter Erhaltung ihrer Konfiguration. In einem unsymmetrischen Keton RCOR′ kann im Prinzip jede der beiden Gruppen R bzw. R′ wandern, doch ist es in der Regel die stärker nucleophile Gruppe (die also eine positive Ladung besser stabilisieren kann), die tatsächlich verschoben wird, eine zwangsläufige Folge des schon oben angeführten elektronischen Effekts. Entsprechendes beobachteten wir schon bei der Pinakol/Pinakolon-Umlagerung (S. 131). Allerdings können genau wie dort auch hier sterische Faktoren eine Rolle spielen, so daß die Wanderungsfähigkeit verschiedener Reste R deutlich von der Reihenfolge abweichen kann, die man bei alleiniger Berücksichtigung des nucleophilen Charakters der Reste R erwarten sollte.

5.7.2 Umlagerung von Peroxiden

Zu einer verwandten Umlagerung kommt es auch bei der säurekatalysierten Zersetzung von Hydroperoxiden, RO−OH, wenn R ein sekundäres oder tertiäres Kohlenstoffatom mit Alkyl- oder Aryl-Liganden ist. Ein schönes Beispiel ist die Zersetzung des Hydroperoxids *(84)*, das durch Luftoxidation von Isopropylbenzol (Cumol) erhalten wird. Die Reaktion ist die Grundlage des „Cumol-Verfahrens" zur großtechnischen Synthese von Phenol und Aceton:

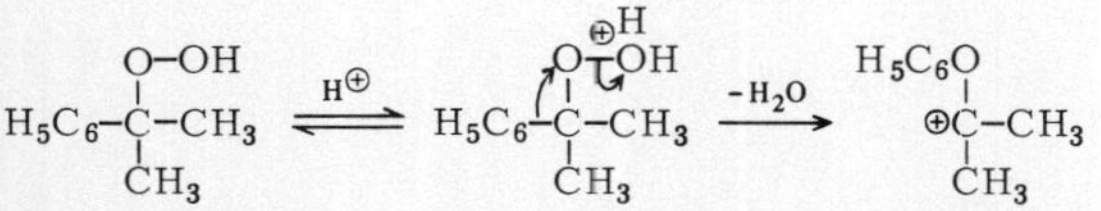

(84) *(85)* *(86)*

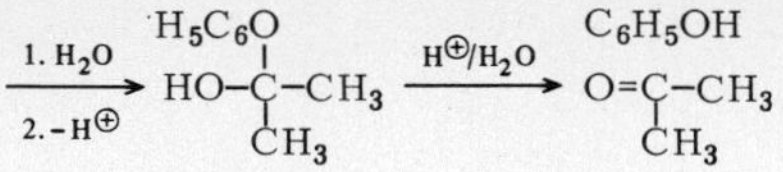
(87)

Auch hier verlaufen die Lösung der Abgangsgruppe (H_2O) und die Verschiebung von Phenyl zum Sauerstoffatom mit Elektronenmangel in *(85)* höchstwahrscheinlich synchron, eine Zwischenstufe mit Elektronensextett am Sauerstoff tritt also vermutlich nicht auf. Anlagerung von Wasser an das aus der Spaltung/Umlagerung hervorgehende Carbokation *(86)* liefert das Halbacetal *(87)*, das leicht unter Hydrolyse zu Phenol und Aceton zerfällt.

Es sei darauf hingewiesen, daß Phenyl erwartungsgemäß bevorzugt vor Methyl in *(85)* wandert. Ganz allgemein wissen wir ja, daß Gruppen mit Elektronen-Donorwirkung besonders leicht bei derartigen Reaktionen verschoben werden. Möglicherweise rührt die besondere Eignung der Phenyl-Gruppe zur Wanderung von der Ausbildung eines verbrückten Übergangszustandes:

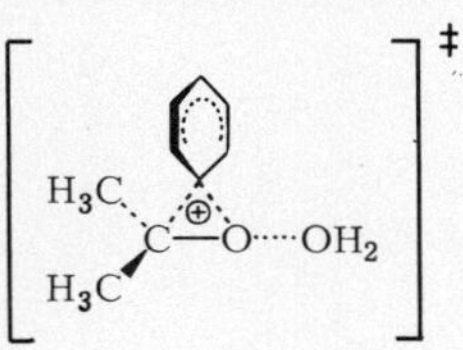

Intermediate der allgemeinen Struktur *(86)* sind in Supersäuren (vgl. S. 120) erzeugt und ihre Strukturen NMR-spektroskopisch bestimmt worden. Wir haben in diesen Beispielen die *heterolytische* Spaltung der Peroxidbindungen betrachtet ($-O{:}O- \rightarrow -O^{\oplus} + {:}O^{\ominus-}$), wie sie in stärker polaren Solventien auftritt. Die Spaltung kann jedoch auch *homolytisch* erfolgen ($-O{:}O- \rightarrow -O\cdot + \cdot O$), wobei freie Radikale auftreten. Hierüber werden wir auf S. 357 sprechen.

6 Elektrophile und nucleophile Substitution an aromatischen Systemen

Wir sprachen bereits über die Delokalisierung der π-Elektronen des Benzols (S. 16). Die daraus folgende hohe Dichte negativer Ladung oberhalb und unterhalb der von den Ring-Kohlenstoffatomen gebildeten Ebene ist von großem Einfluß auf die Eigenschaften des Benzols.

Man sollte erwarten, daß diese hohe Ladungsdichte die Ring-Kohlenstoffatome gegen den Angriff nucleophiler Agentien abschirmt und andererseits den Angriff durch Kationen $X^{\oplus}$ oder andere Elektronenmangel-Systeme, d. h. durch elektrophile Agentien, fördert. Die experimentellen Befunde bestätigen diese Erwartung.

6.1 Elektrophiler Angriff am Benzol, π- und σ-Komplexe

Die erste Phase der Reaktion sollte in einer Wechselwirkung zwischen dem sich nähernden elektrophilen Agens und den delokalisierten π-Elektronen-Orbitalen bestehen. Tatsächlich konnte man feststellen, daß sog. *π-Komplexe* wie *(1)* entstehen:

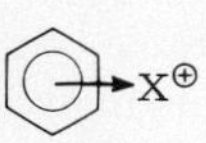

(1)

So bildet Toluol mit Chlorwasserstoff bei $-78\,^{\circ}C$ in glatt umkehrbarer Reaktion einen 1 : 1-Komplex. Durch Ausführung des Versuchs mit DCl läßt sich beweisen, daß keine echte Bindung zwischen einem Ring-Kohlenstoffatom und dem Proton bzw. Deuteron der Säure gebildet wird. Die Bildung und Zersetzung des Komplexes aus Toluol und DCl führt nicht zu einem H/D-Austausch mit den Wasserstoffatomen des Benzolkerns; somit kann sich im π-Komplex keine C–D-Bindung gebildet haben.
Auch Komplexe von aromatischen Kohlenwasserstoffen mit Halogenen und $Ag^{\oplus}$ sind nachgewiesen worden. Mit Pikrinsäure, 2,4,6-$(NO_2)_3C_6H_2OH$,

entstehen stabile gefärbte kristalline Addukte, deren Schmelzpunkte zur Charakterisierung der Kohlenwasserstoffe verwendet werden. Sie werden häufig als „Pikrate“ der Kohlenwasserstoffe bezeichnet, obwohl es sich auch hierbei um π-Komplexe handelt, oder, wenn man auf den Wirkmechanismus dieser Art von Komplexbildung abheben will, um Ladungsüberführungs (charge transfer)- oder Donor-Akzeptor-Komplexe. Der Komplex zwischen Benzol und Brom ist näher untersucht worden; es konnte gezeigt werden, daß das Halogenmolekül zentral und im rechten Winkel über dem Benzolring angeordnet ist.

In Gegenwart von Verbindungen mit Elektronenlücke, z. B. einer Lewis-Säure wie $AlCl_3$, werden andersartige Komplexe gebildet. Verwendet man jetzt DCl anstelle von HCl, so findet ein rascher Austausch des Deuteriums mit den Wasserstoffatomen des Kerns statt. Dies zeigt die Bildung eines *σ-Komplexes (2)* – eines Arenium-Ions, auch Wheland-Komplex genannt – an, in dem jeweils $H^{\oplus}$ oder $D^{\oplus}$ eine echte Bindung zu einem Ring-Kohlenstoffatom gebildet haben. Die positive Ladung verteilt sich dabei über die π-Orbitale der restlichen fünf Kohlenstoffatome des Kerns, die in der Formel gekennzeichneten Deuterium- und Wasserstoffatome liegen in einer Ebene senkrecht zu der des Ringes:

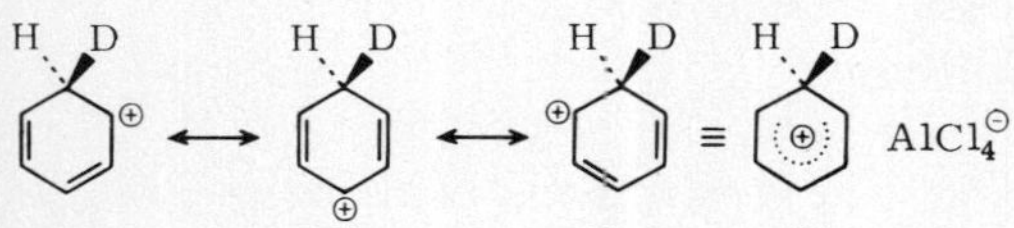

(2a) *(2b)* *(2c)* *(2)*

Daß die π- und σ-Komplexe, die beispielsweise Toluol und HCl bilden, tatsächlich voneinander verschieden sind, bestätigt ihr unterschiedliches Verhalten. So führt die Bildung des ersteren zu einer farblosen, den elektrischen Strom nicht leitenden Lösung und nur zu einer geringfügigen Abwandlung des Absorptionsspektrums; daraus ist zu ersehen, daß praktisch keine Änderung in der Elektronenverteilung des Toluols eingetreten ist. Dagegen erhält man bei Gegenwart von $AlCl_3$ eine grüne Lösung, die den elektrischen Strom leitet; außerdem ändert sich das Absorptionsspektrum des Toluols. Man wertet dies als Beleg dafür, daß der σ-Komplex *(2)* entstanden ist, denn es gibt keinen Anhaltspunkt dafür, daß Aluminiumchlorid Komplexe des Typs $H^{\oplus}$ $AlCl_4^{\ominus}$ bildet.

Die Reaktion kann vom $AlCl_4^{\ominus}$-Ion durch die Abspaltung eines Protons aus dem σ-Komplex *(2)* ⟶ *(4)* zu Ende geführt werden. Bei Verwendung von HCl kann dies lediglich zu einem unspezifischen Austausch der Wasserstoffatome führen, mit DCl dagegen zu einer partiellen Substitution des Wasserstoffs durch Deuterium. Der Gesamtprozeß stellt demnach eine elektrophile *Substitution* dar. Im Prinzip könnte *(2)* auch ein $Cl^{\ominus}$-Ion aus dem $AlCl_4^{\ominus}$ aufnehmen zu *(3)*, so daß sich im ganzen eine elektrophile *Additionsreaktion* ergäbe, wie wir sie bei einer gewöhnlichen Kohlenstoff-Kohlenstoff-Doppelbindung antreffen (S. 212). Dies wäre jedoch mit dem Verlust der Stabilisierung des Moleküls durch die Delokalisierung der π-Orbitale über alle sechs Kohlenstoffatome des Kerns verbunden. So hätte die entstandene Additionsverbindung keinen aromatischen Charakter mehr. Durch die Abspaltung eines Protons bei der Substitution erhält man wieder vollständig delokalisierte π-Orbitale und damit die charakteristische aromatische Stabilität zurück:

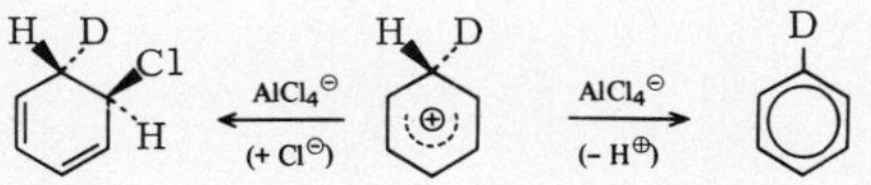

(3) Addition *(2)* *(4)* Substitution

Der Gewinn an Stabilität beim Übergang *(2)*⟶*(4)* liefert einen Teil der Energie, die zur Lösung der starken C—H-Bindung bei der Abspaltung des Protons erforderlich ist. Bei der Reaktion von z. B. HCl mit Alkenen (S. 212) liegt kein derartiger, eine Substitution begünstigender Faktor vor. Deshalb sind dort Additionsreaktionen die Regel.

Man könnte erwarten, daß die Umwandlung des Benzolmoleküls in den σ-Komplex *(2)*, die den Verlust der aromatischen Stabilisierung zur Folge hat, einen beträchtlichen Energieaufwand erfordert. Die Aktivierungsenergie für diesen Schritt sollte hoch und die Reaktionsgeschwindigkeit dementsprechend niedrig sein. In praxi findet man jedoch, daß viele elektrophile Substitutionen am Aromaten schon bei Zimmertemperatur rasch ablaufen. Zwei Faktoren tragen dazu bei, die Energieschwelle bei der Bildung von *(2)* herabzusetzen: einmal wird Energie frei bei der Knüpfung der neuen Bindung zu dem angreifenden Elektrophil, zum anderen kann sich der positiv geladene σ-Komplex durch Delokalisierung stabilisieren, d. h. sein Energieniveau erniedrigen, wie es in der Schreibweise für *(2)* zum Ausdruck gebracht werden soll. Die Formel mit Ladungsdelokalisation darf allerdings nicht zu der Annahme verführen, daß jetzt eine völlig gleichmäßige Verteilung der positiven Ladung auf fünf Ringatome vorliege. In Wirklichkeit haben die in *(2)* enthaltenen kanonischen Strukturen *(2a)*/*(2c)* und *(2b)* unterschiedliches Gewicht.

Wenn wir zu Recht annehmen, daß die elektrophile Substitution aromatischer Verbindungen über die vorgenannten σ-Komplexe als Zwischenprodukte verläuft – und es ließen sich ja tatsächlich solche Komplexe im Verlauf einiger derartiger Substitutionen (vgl. S. 163) isolieren – dann ist die sog. aromatische „Substitution" in Wirklichkeit eine Reaktionsfolge einer einleitenden *Addition* und einer anschließenden *Eliminierung*.
Wir wollen nun untersuchen, wie diese grundlegende Theorie mit den bekannten elektrophilen Substitutionsreaktionen des Benzolmoleküls im Einklang steht.

6.2 Nitrierung

Die Nitrierung ist die aromatische Substitutionsreaktion, die am gründlichsten untersucht worden ist. Man kann sich daher heute ein recht detailliertes Bild von ihrem Reaktionsmechanismus machen. Die Nitrierung im präparativen Maßstab wird meist mit einer Mischung aus konzentrierter Salpetersäure und Schwefelsäure, der sog. „Nitriersäure", ausgeführt. Nach der klassischen Vorstellung war es Aufgabe der H_2SO_4, das bei der Reaktion entstandene Wasser zu binden

$$C_6H_6 + HNO_3 \longrightarrow C_6H_5{-}NO_2 + H_2O$$

und hierdurch die Rückreaktion zu verhindern. Diese Deutung ist in mancher Hinsicht unbefriedigend, nicht zuletzt deshalb, weil einmal entstandenes Nitrobenzol unter den Reaktionsbedingungen nicht von Wasser angegriffen wird. Es steht fest, daß die Nitrierung bei Abwesenheit von Schwefelsäure langsam verläuft, während andererseits Benzol von reiner Schwefelsäure unter den üblichen Bedingungen fast gar nicht angegriffen wird. Danach scheint es so, als würde die Schwefelsäure auf die Salpetersäure und nicht auf das Benzol einwirken. Dieser Deutung entspricht, daß die Gefrierpunkterniedrigung einer Lösung von Salpetersäure in konzentrierter Schwefelsäure viermal so groß ist als zu erwarten wäre, wenn HNO_3 und H_2SO_4 unverändert vorlägen. Man führt das auf die Bildung folgender vier Ionen zurück*):

$$HNO_3 + 2\,H_2SO_4 \rightleftharpoons NO_2^{\oplus} + H_3O^{\oplus} + 2\,HSO_4^{\ominus}$$

d. h.

$$HO{-}NO_2 \xrightarrow{H_2SO_4} HSO_4^{\ominus} + H\overset{\oplus}{\underset{H}{O}}{-}NO_2 \xrightarrow{H_2SO_4} H_3O^{\oplus} + 2\,HSO_4^{\ominus} + NO_2^{\oplus}$$

* Tatsächlich entstehen etwas weniger als vier Teilchen, wahrscheinlich wegen unvollständiger Protonierung von H_2O.

Das Auftreten des *Nitronium-Ions* $NO_2^{\oplus}$ in dieser Lösung sowie in einer Reihe seiner Salze ist unlängst spektroskopisch nachgewiesen worden: Eine Linie im Raman-Spektrum bei 1 400 cm^{-1} kann nur von einem linearen, dreiatomigen Teilchen rühren. Einige der Salze, wie z. B. $NO_2^{\oplus}ClO_4^{\ominus}$, wurden sogar isoliert. Da die Salpetersäure in konzentrierter Schwefelsäure fast vollständig in $NO_2^{\oplus}$ umgewandelt wird, besteht kaum ein Zweifel daran, daß dieses Ion das eigentlich wirksame elektrophile Agens bei der Nitrierung mit Nitriersäure ist. Bestünde nun die Wirkung der Schwefelsäure lediglich darin, ein stark saures Medium zu liefern, in dem $NO_2^{\oplus}$ aus $HO-NO_2$ abgespalten werden kann, dann sollte man erwarten, daß andere starke Säuren, z. B. $HClO_4$, die Nitrierung ebenfalls fördern. Dies ließ sich in der Tat zeigen; auch HF und BF_3 wirken in gleicher Weise. Die geringe Wirksamkeit der reinen Salpetersäure bei der Nitrierung des Benzols erklärt sich daraus, daß sie nur wenig $NO_2^{\oplus}$ enthält, das sich durch den folgenden Zweistufenprozeß bildet:

$$HO-NO_2 + HNO_3 \xrightleftharpoons{\text{schnell}} NO_3^{\ominus} + H\overset{\oplus}{\underset{H}{O}}-NO_2$$

$$H\overset{\oplus}{\underset{H}{O}}-NO_2 + HNO_3 \xrightleftharpoons{\text{langsam}} H_3O^{\oplus} + NO_3^{\ominus} + NO_2^{\oplus}$$

Hierbei wird die Salpetersäure zunächst rasch in ihre konjugate Säure überführt, die sich dann langsamer in das Nitronium-Ion umwandelt.

Die Geschwindigkeit der Nitrierung von aromatischen Verbindungen, die reaktiver als Benzol sind, ist häufig unabhängig von der Konzentration der Aromaten. Das deutet darauf hin, daß in diesen Fällen die Bildung von $NO_2^{\oplus}$ der langsame und daher geschwindigkeitsbestimmende Schritt der gesamten Nitrierreaktion ist. Daß $NO_2^{\oplus}$, nachdem es einmal gebildet worden ist, ein hochreaktives Nitrierreagenz ist, wird dadurch belegt, daß selbst vergleichsweise reaktionsträge Aromaten durch das Salz $NO_2^{\oplus}\,BF_4^{\ominus}$ bei Raumtemperatur oder darunter nitriert werden.

In anderen Fällen folgt die Nitrierung dem Geschwindigkeitsgesetz

$$r = k\,[ArH]\,[NO_2^{\oplus}]$$

Dieses idealisierte Geschwindigkeitsgesetz ist mit mindestens drei Mechanismen für die Nitrierung verträglich, nämlich einem konzertierten Einstufenprozeß [1] über einen einzigen Übergangszustand *(5)* mit gleichzeitiger Lösung der C−H- und Knüpfung der $C-NO_2$-Bindung

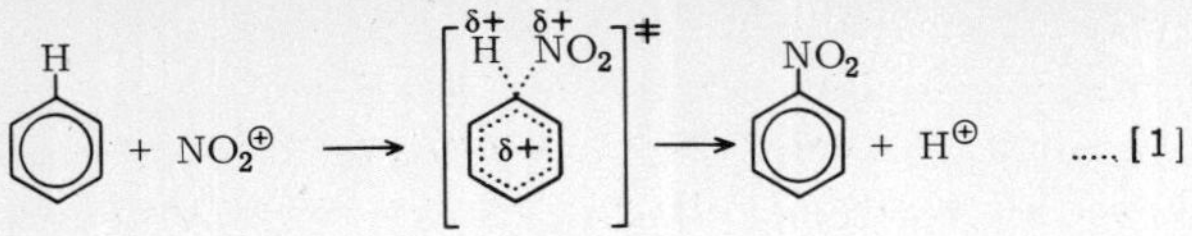

(5)

oder einem Zweistufenprozeß [2] über einen σ-Komplex *(6)*

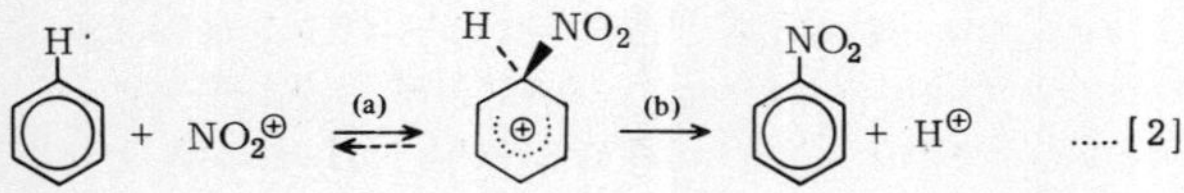

(6)

in welchem *entweder* (a) die Knüpfung der C–NO_2-Bindung *oder* (b) die Lösung der C–H-Bindung geschwindigkeitsbestimmend sein könnten*). Natürlich muß die Trennung der C–H-Bindung in jedem Fall irgendwann während der Reaktion erfolgen, aber es ist ein Unterschied, ob dies im geschwindigkeitsbestimmenden Schritt geschieht wie in [1] – ohnehin einem Einstufen-Prozeß – oder in [2] (Teilschritt b langsam), oder aber danach wie in [2a] (s. unten). Gehört die Lösung der C–H-Bindung zum geschwindigkeitsbestimmenden Schritt, so muß man einen primären kinetischen Isotopieeffekt beobachten, wenn man C_6H_6 durch C_6D_6 ersetzt. Der Vergleich wurde aus experimentellen Gründen – ohne daß dies dem Argument Abbruch täte – mit $C_6H_5NO_2$ durchgeführt, und es ergab sich ein Verhältnis der Geschwindigkeitskonstanten bei 25 °C von $k_H/k_D \approx 1{,}00$, d. h. das System zeigt *keinen* Isotopieeffekt. Die C–H-Bindung wird also im geschwindigkeitsbestimmenden Schritt *nicht* gebrochen, und damit scheiden die Varianten [1] und [2b] oben aus. Freilich *beweist* das nicht die Richtigkeit des Ablaufs [2a] für die Nitrierung – Herstellung der C–NO_2-Bindung im geschwindigkeitsbestimmenden Schritt, gefolgt vom schnellen, nicht-limitierenden Bruch der C–H-Bindung –, aber dieser Mechanismus ist der einzige von den hier vorgeschlagenen, der mit allen experimentellen Fakten übereinstimmt.

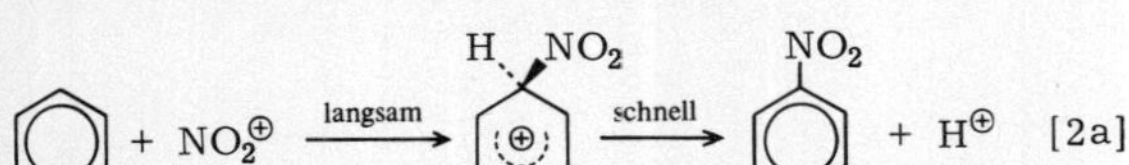

(6)

* *Anmerkung der Übersetzer:* Im letzteren Fall müßte, damit der experimentelle Geschwindigkeitsausdruck erfüllt ist, die Bildung des σ-Komplexes aus den Reaktanden schnell und reversibel erfolgen. Die Umkehrung des Schrittes (a) ist durch einen gebrochenen Pfeil angedeutet.

Es ist vielleicht nicht so verwunderlich, daß die Lösung der starken C–H-Bindung rasch erfolgen sollte, wenn wir uns erinnern, daß das Zwischenprodukt *(6)* durch Abspaltung des Protons in den hochgradig stabilisierten aromatischen Zustand (des fertigen Nitrobenzols) zurückkehren kann. Das Proton wird natürlich nicht als solches frei, sondern wird von einem basischen Agens, wahrscheinlich $HSO_4^{\ominus}$ im Falle der Nitriersäure, in anderen Fällen möglicherweise auch durch Lösungsmittelmoleküle, aufgenommen. Verbindungen vom Typ *(6)* gewinnen dadurch noch entscheidend an Glaubwürdigkeit als Reaktionszwischenprodukte, daß man analoge Verbindungen – wie etwa *(8)* bei der Nitrierung von Trifluormethylbenzol *(7)* mit NO_2F/BF_3 – hat isolieren können:

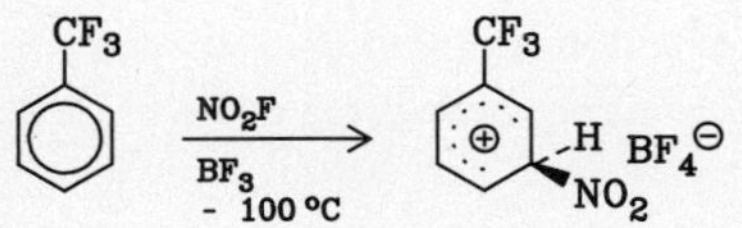

(7) *(8)*

Das Salz *(8)* ist unterhalb von –50°C recht stabil, wandelt sich jedoch beim Erwärmen in das für *(7)* erwartete Nitrierprodukt um. Die relative Stabilität von *(8)* beruht zum Teil auf der Anwesenheit des $BF_4^{\ominus}$-Anions im Ionenpaar (S. 120). Die Isolierung von *(8) beweist* selbstverständlich nicht, daß ähnliche Intermediate zwangsläufig im Verlaufe der Nitrierung mit Nitriersäure gebildet werden, aber im Verbund mit kinetischen und anderen Hinweisen machen die obigen Befunde derartige Zwischenstufen recht wahrscheinlich.

Beim angenommenen Ablauf für diesen Typ von aromatischen Substitutionen ist es natürlich der dem Zwischenprodukt *(6)* unmittelbar vorausgehende Übergangszustand $ÜZ_1$, der von beherrschendem Einfluß auf das Reaktionsgeschehen ist:

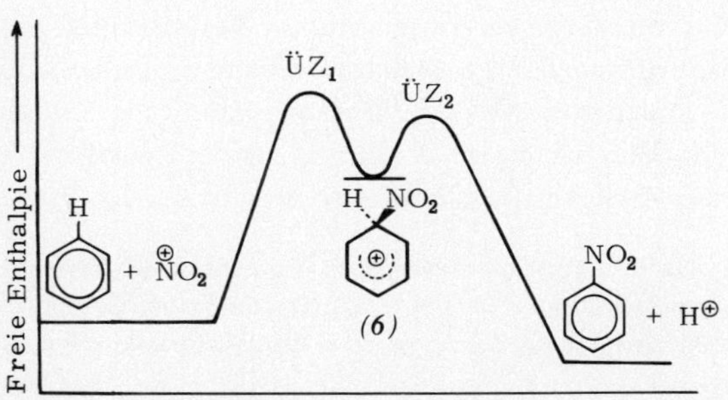

Im allgemeinen ist es äußerst schwierig, über derartige Aktivierungskomplexe (wie man Übergangszustände auch nennt) genaueres auszusagen, und daher nimmt man oft die Zwischenprodukte, die im Energieprofil den Übergangszuständen unmittelbar folgen, als Modelle für die letzteren, da man über sie die benötigten Informationen eher beibringen kann. Die allgemeine Rechtfertigung hierfür bietet das Polanyi-Hammond-Postulat*) in der Form: Spezies, die längs einer Reaktionskoordinate eng aufeinanderfolgen und damit vergleichbare Energieinhalte haben, ähneln sich auch in ihrer Struktur. So ist das Zwischenprodukt *(6)* zweifellos für den Übergangszustand $ÜZ_1$ in obiger Darstellung ein besseres Modell als das Ausgangsmaterial. Wir werden im folgenden noch mehrfach auf Beispiele stoßen, in denen σ-Komplexe als Modelle für die vorausgehenden Übergangszustände in der aromatischen Substitution herangezogen werden.

Hier sei noch eine weitere Frage von präparativer Bedeutung erläutert. Man fand, daß besonders reaktionsfähige aromatische Verbindungen, wie z. B. Phenol, bereits in verdünnter Salpetersäure rasch nitriert werden, und zwar weitaus rascher, als man es nach der Konzentration an $NO_2^{\oplus}$ in der Nitriermischung erwarten sollte. Es ließ sich zeigen, daß dies auf die Anwesenheit von salpetriger Säure zurückzuführen ist, die das *Nitrosyl-Ion* $NO^{\oplus}$ bilden kann, das den reaktionsfähigen Kern nitrosiert:

$$HNO_2 + 2\,HNO_3 \rightleftharpoons H_3O^{\oplus} + 2\,NO_3^{\ominus} + NO^{\oplus}$$

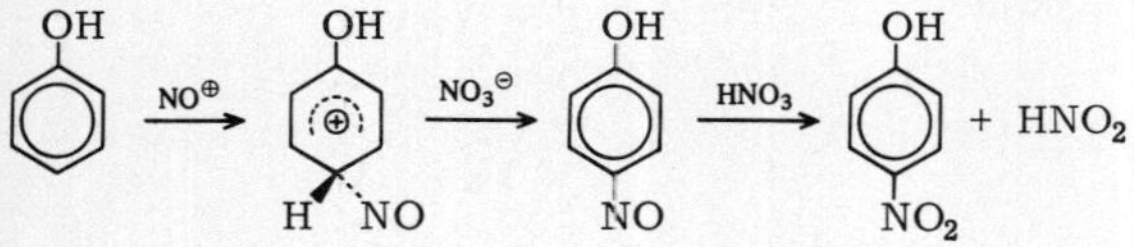

(9) *(10)* *(11)*

Bekanntlich wird das zunächst auftretende, unter bestimmten Bedingungen auch isolierbare Nitrosophenol *(10)* durch Salpetersäure sehr schnell unter gleichzeitiger Bildung von salpetriger Säure zu Nitrophenol *(11)* oxidiert. Durch diese Neubildung von salpetriger Säure bleibt die Reaktion im Gang. Um die Reaktion zu starten, braucht die Salpetersäure keine salpetrige Säure zu enthalten, da HNO_3 in geringem Maße das Phenol oxidativ angreift und dabei in HNO_2 übergeht. Man hält auch hier die Bildung der Zwischenverbindung *(9)* für den geschwindigkeitsbestimmenden Schritt. Bei der Nitrie-

* *Anmerkung der Übersetzer:* Man spricht hier, vor allem im angelsächsischen Schrifttum, meist kurz vom Hammond-Postulat. Die grundsätzlichen Überlegungen hat aber schon in den 30er Jahren der ungarische Physikochemiker Polanyi angestellt.

rung von derartigen reaktionsfähigen Aromaten findet neben der Umsetzung mit $NO^{\oplus}$ jedoch auch die direkte Nitrierung mit $NO_2^{\oplus}$ statt; es kommt auf die Reaktionsbedingungen an, welcher von beiden Chemismen überwiegt.

6.3 Halogenierung

Im Gegensatz zur Nitrierung kommen in der Halogenierung als aktive Elektrophile eine Reihe von Agentien in Frage. Die freien Halogene selbst, insbesondere Cl_2 und Br_2, vermögen einen aktivierten Kern (S. 173) wie den von Phenol zu *substituieren,* nicht aber Benzol selbst. (Allerdings kommt photochemisch eine *Addition* über freie Halogenatome in Gang, S. 371.) Im allgemeinen braucht man eine Lewis-Säure wie $AlCl_3$, die das angreifende Halogenmolekül polarisiert und somit einen „elektrophilen Pol" schafft. Zur Bildung eines freien Ions $Cl^{\oplus}$ reicht die Energie bei weitem nicht aus. Das Geschwindigkeitsgesetz nimmt oftmals die Form an:

$r = k\,[ArH]\,[Hal_2]\,[\text{Lewis-Säure}]$

Wahrscheinlich bildet Benzol zunächst mit dem Halogen, z. B. Br_2, einen π-Komplex *(12),* mit dem dann die Lewis-Säure reagiert. Der Katalysator lockert die Br—Br-Bindung, fördert die Entstehung einer σ-Bindung zwischen dem jetzt positivierten Ende des Brommoleküls und einem der Ringkohlenstoffatome und entfernt schließlich das entstehende Bromid-Anion in komplexgebundener Form *(13)*:

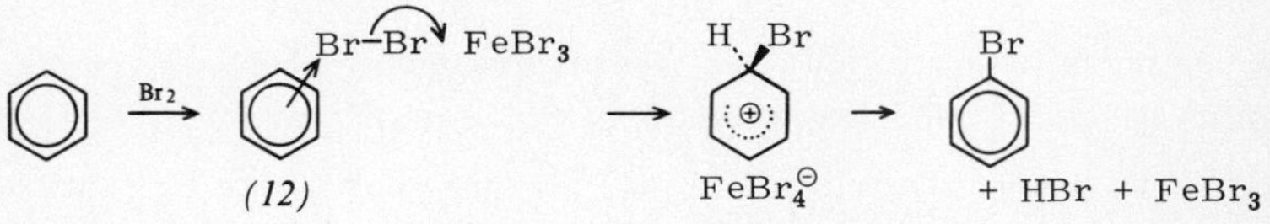

(12) *(13)*

Das Anion $FeBr_4^{\ominus}$ in diesem Beispiel hilft seinerseits bei der Ablösung des Protons aus dem σ-Komplex *(13).* Die gewöhnlich bei der Synthese verwendeten Eisenspäne wirken natürlich dadurch, daß sie zunächst in die Lewis-Säure FeX_3 umgewandelt werden.
Kinetische Isotopieeffekte sind bei der Chlorierung nie, bei der Bromierung nur in bestimmten Systemen beobachtet worden, d. h. die Reaktion folgt normalerweise dem Reaktionsweg [2a] (siehe oben) wie die Nitrierung. Bei der Iodierung, die nur zwischen Iod selbst und aktivierten Aromaten zustande kommt, ist ein kinetischer Isotopieeffekt die Regel. Wahrscheinlich

liegt der Grund darin, daß diese Reaktion – im Gegensatz zu den anderen Halogenierungen – reversibel ist, d.h. der σ-Komplex *(14)* spaltet öfter wieder rückwärts Iod ab als ein Proton, entsprechend $k_{-1} > k_2$ im folgenden Schema (vgl. Fußnote S. 158):

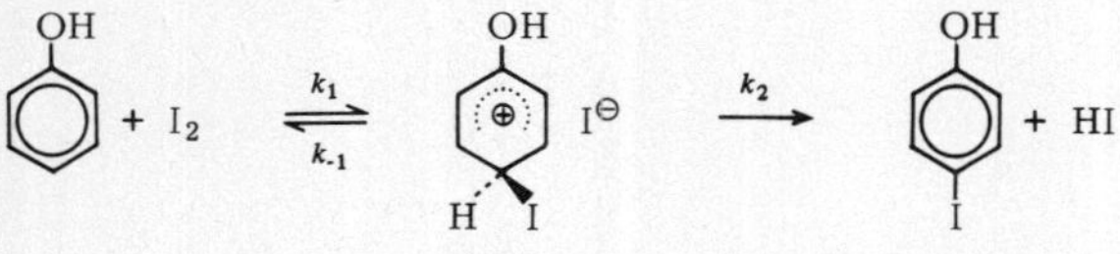

(14)

Dementsprechend findet man für die Iodierung von Phenol und 2,4,6-Trideuterophenol einen Isotopieeffekt $k_H/k_D \approx 4$, offensichtlich liegt eine Reaktion vom Typ [2b] (s. oben) vor. Durch Basen oder Oxidationsmittel, die HI entfernen und dadurch das Gleichgewicht nach rechts verlagern, wird die Iodierung beschleunigt. Oxidationsmittel können auch $I^{\oplus}$ oder Iod-Komplexe mit positiviertem Iod erzeugen, die stärkere Elektrophile sind. Auch mit gemischten Halogenverbindungen wie BrCl, ICl usw. kann man halogenieren, wobei das weniger elektronegative Element (in den Beispielen Br bzw. I) das „elektrophile Ende" des Moleküls abgibt.

Auch mit den unterhalogenigen Säuren $HO^{\delta-}{-}Hal^{\delta+}$ kann man aromatische Halogenierungen durchführen, wenn auch weniger gut als mit den Halogenen selbst, da $HO^{\ominus}$ eine schlechtere Abgangsgruppe vom Reagenz ist als $Hal^{\ominus}$ aus Hal–Hal. Halogenid-Ionen beschleunigen die Reaktion, da sie HO–Hal in Hal_2 umwandeln:

$$ClO^{\ominus} + Cl^{\ominus} + 2\,H^{\oplus} \rightleftharpoons Cl_2 + H_2O$$

In Gegenwart starker Säuren wirken die unterhalogenigen Säuren wegen der Bildung polarer Komplexe *(15)* kräftig halogenierend:

$$HO{-}Hal + H^{\oplus} \longrightarrow H_2\overset{\oplus}{O}{-}Hal$$

(15)

Einiges spricht dafür, daß unter diesen Bedingungen der Komplex *(15)* das wirksame Elektrophil ist und nicht etwa ein Halogen-Kation $Hal^{\oplus}$, das daraus durch Spaltung hervorgehen könnte (vgl. aber den Fall des $H_2\overset{\oplus}{O}{-}NO_2$ bei der Nitrierung, S. 155). Insgesamt erweist sich die Kombination HOCl/Säure als ein stärkeres Chlorierungsmittel als $Cl_2/AlCl_3$.

Fluor (F_2) reagiert sehr heftig mit Benzol. Dabei kommt es jedoch zu Prozessen, bei denen C–C-Bindungen gebrochen werden, und die Reaktion ist insgesamt für präparative Zwecke bedeutungslos.

6.4 Sulfonierung

Die mechanistischen Einzelheiten bei der Sulfonierung sind weniger sorgfältig untersucht worden als bei der Nitrierung oder Halogenierung. Benzol selbst wird durch heiße konzentrierte Schwefelsäure nur recht langsam sulfoniert, rasch dagegen durch Oleum, wobei dessen SO_3-Gehalt ausschlaggebend ist. Auch SO_3 in inerten Lösungsmitteln wird verwendet. Die Natur des tatsächlich angreifenden Elektrophils hängt von den Bedingungen ab, aber SO_3 ist wahrscheinlich immer im Spiel: entweder in freier Form oder an einen „Träger" gebunden, z. B. $H_2SO_4 \cdot SO_3$ ($H_2S_2O_7$) in Schwefelsäure. In geringer Gleichgewichtskonzentration liegt SO_3 auch in Schwefelsäure selbst vor:

$$2\,H_2SO_4 \rightleftharpoons SO_3 + H_3O^{\oplus} + HSO_4^{\ominus}$$

Der Angriff geht vom stark positiv polarisierten Schwefelatom aus:

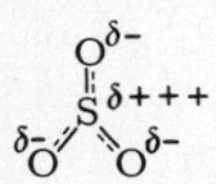

Die Sulfonierung ist ebenso wie die Iodierung reversibel und nimmt in konzentrierter Schwefelsäure wahrscheinlich den folgenden Verlauf:

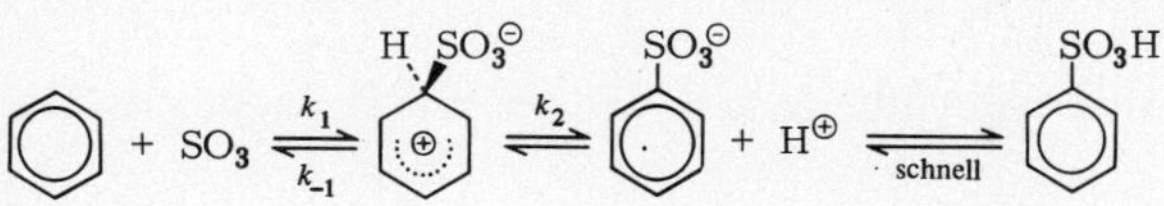

(16) *(17)*

(16) entsteht in einem sich rasch einstellenden Gleichgewicht und geht langsam mit k_2 in *(17)* über, das seinerseits rasch zum Endprodukt, der Benzolsulfonsäure, protoniert wird. In Oleum wird der σ-Komplex *(16)* wahrscheinlich noch vor der Spaltung der C–H-Bindung in der $SO_3^{\ominus}$-Gruppe protoniert, so daß statt *(17)* gleich die fertige Sulfonsäure entsteht. Wie die Iodierung zeigt auch die Sulfonierung einen kinetischen Isotopieeffekt, ein Beweis, daß die Lösung der C–H-Bindung am geschwindigkeitsbestimmenden Schritt der Reaktion beteiligt ist, d. h. $k_2 \lesssim k_1, k_{-1}$.

Von der Reversibilität der Reaktion macht man praktischen Gebrauch, indem man aromatische Sulfonsäuren mit Wasserdampf behandelt und dadurch die SO_3H-Gruppe durch H ersetzt. Man kann so eine Sulfonsäure-Gruppe einführen, um beispielsweise einen bestimmten dirigierenden Effekt für die weitere Substitution zu erzielen (S. 174), und sie anschließend wieder entfernen. Auf einige interessante Aspekte bei der Sulfonierung von Naphthalin sei hier schon hingewiesen (S. 190).

6.5 Friedel-Crafts-Reaktionen

Man teilt diese wichtige Klasse C – C-verknüpfender Reaktionen zweckmäßig in Alkylierungen und Acylierungen ein.

6.5.1 Alkylierung

Das Kohlenstoffatom von Alkylhalogeniden ist elektrophiler Natur, $R^{\delta+}-Hal^{\delta-}$, doch reicht dies in aller Regel nicht aus, um die Substitution aromatischer Verbindungen herbeizuführen. Folglich muß ein Katalysator vom Lewis-Säure-Typ, beispielsweise $AlHal_3$, zugegen sein. Daß sich Alkylhalogenide und Lewis-Säuren gegenseitig beeinflussen und miteinander reagieren, läßt sich experimentell zeigen. Wenn man Ethylbromid und radioaktives Al^*Br_3 mischt und die Komponenten wieder trennt, stellt man einen Austausch des radioaktiven Broms fest. Auch ist die Isolierung von 1 : 1-Komplexen wie $CH_3Br \cdot AlBr_3$ bei tiefen Temperaturen (– 78 °C) gelungen. Diese Komplexe sind zwar polar, zeigen aber in Lösung nur geringe elektrische Leitfähigkeit. Wenn der organische Rest ein besonders stabilisiertes Carbokation bilden kann, fungiert dieses wahrscheinlich als elektrophiles Agens der Alkylierung, z. B. das *tert.*-Butyl-Kation aus *tert.*-Butylbromid:

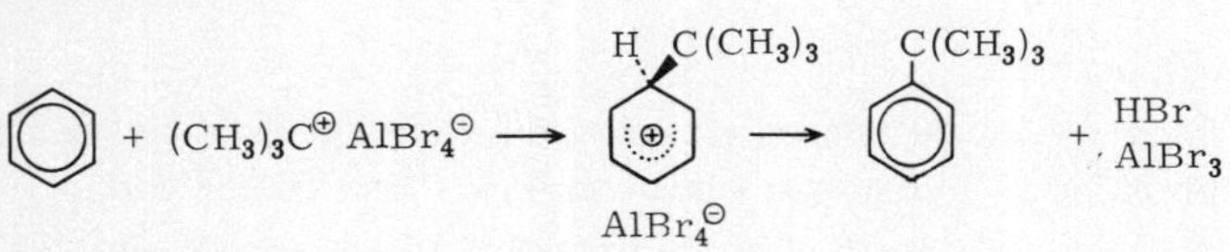

(18)

In anderen Fällen ist es vermutlich ein polarisierter Komplex *(19)*, der den elektrophilen Angriff einleitet, wobei der Grad der Polarisierung von der Natur des Restes R in R – Hal sowie der verwendeten Lewis-Säure abhängt:

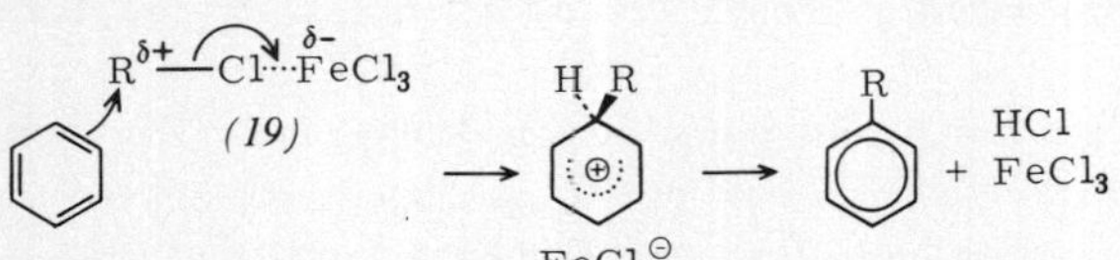

(20)

In jedem Fall wird ein Addukt (σ-Komplex) zwischen Aromat und Carbokation [*(18)* bzw. *(20)*] als primäres Reaktionsprodukt angenommen, und das beobachtete Geschwindigkeitsgesetz

$$r = k\,[\mathrm{ArH}]\,[\mathrm{RX}]\,[\mathrm{MX_3}]$$

ist mit den entwickelten Vorstellungen vereinbar. Für eine Reihe von Lewis-Katalysatoren „MX_3", deren Konzentration wie die der beiden Reaktanden in den Geschwindigkeitsausdruck eingeht, wurde folgende Abstufung der Wirksamkeit beobachtet:

$$AlCl_3 > FeCl_3 > BF_3 > TiCl_4 > ZnCl_2 > SnCl_4$$

Daß σ-Komplexe vom Typ *(18)* oder *(20)* in Friedel-Crafts-Alkylierungen tatsächlich auftreten können, wurde dadurch bestätigt, daß in einigen Fällen ihre Isolierung bei tiefer Temperatur gelang. Im Fall des Komplexes *(21)* spielt sicher auch die besondere stabilisierende Wirkung des Anions $BF_4^{\ominus}$ für Ionenpaare (S. 120) eine Rolle:

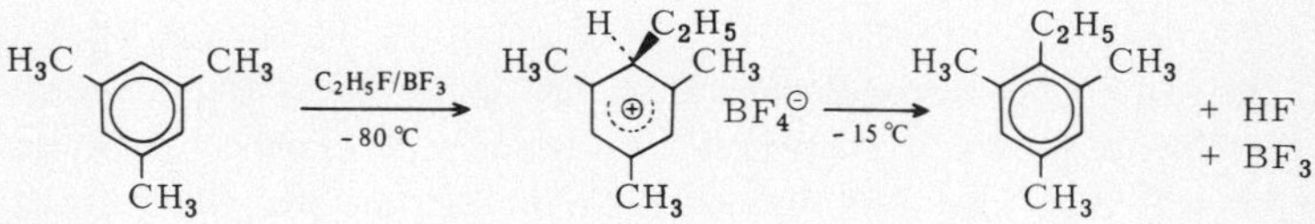

(21)

(21) ist ein organgefarbener, kristalliner Festkörper, der bei −15 °C unter Zersetzung schmilzt und dabei das erwartete Alkylierungsprodukt in praktisch quantitativer Ausbeute bildet.

Gelegentlich werden bei Friedel-Crafts-Alkylierungen Umlagerungen in der Alkylgruppe beobachtet. Beispielsweise liefert $(CH_3)_3CCH_2Cl/AlCl_3$ mit Benzol fast ausschließlich das umgelagerte Produkt $C_6H_5C(CH_3)_2$-CH_2CH_3, was anzeigt, daß der ursprüngliche Komplex des Alkylierungsmittels mit dem Katalysator ausreichend stark polarisiert ist, um eine Umlagerung von $[(CH_3)_3CCH_2]^{\delta+}\ldots Cl\ldots AlCl_3^{\delta-}$ zum stabileren $[(CH_3)_2CCH_2CH_3]^{\delta+}\ldots Cl\ldots AlCl_3^{\delta-}$ zu ermöglichen (vgl. die Stabilitätsverhältnisse der entsprechenden freien Carbokationen, S. 122). Läßt man aber dasselbe Halogenid, Neopentylchlorid, in Gegenwart von $FeCl_3$ statt $AlCl_3$ als Katalysator auf Benzol einwirken, so bekommt man fast ausschließlich das nicht-umgelagerte Produkt $C_6H_5CH_2C(CH_3)_3$. Sicher darf man daraus schließen, daß die Polarisierung im Komplex mit der schwächeren Lewis-Säure $FeCl_3$ nicht ausreichend stark ist, um eine Umlagerung im Alkylteil zu erlauben. Auch die Temperatur spielt in diesen

Systemen eine Rolle, und zwar sinkt die Umlagerungstendenz mit fallender Temperatur.
Man muß hierzu einschränkend feststellen, daß das Verhältnis der entstandenen Produkte nicht unbedingt die relativen Stabilitäten der entsprechenden Carbokationen widerspiegeln muß. Wahrscheinlich gehen nämlich die Geschwindigkeiten, mit denen die isomeren Formen des Elektrophils mit dem Aromaten reagieren, nicht parallel mit deren relativen Stabilitäten, Reaktivität und Stabilität dürften vielmehr eher gegenläufig sein. Der Angriff des zuerst gebildeten Komplexes mit dem Katalysator auf den Aromaten kann also sehr wohl schneller sein als seine Umlagerung. Die Untersuchung dieser Reaktionen ist zudem dadurch erschwert, daß Lewis-Säuren nicht nur die ursprünglichen Halogenverbindungen umlagern können, sondern auch die bei der Reaktion entstehenden Alkylierungsprodukte:

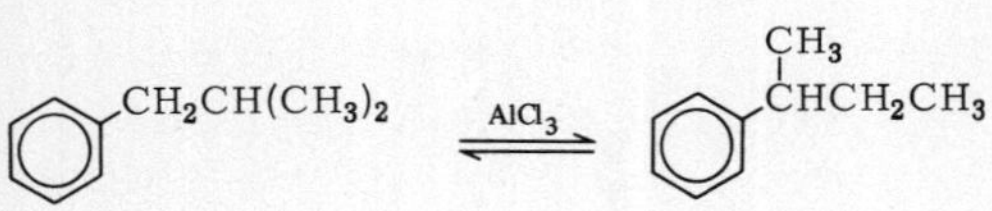

Anstelle von Halogenverbindungen kann man auch Alkene oder Alkohole für die Alkylierung von aromatischen Verbindungen heranziehen. In diesem Fall braucht man eine Protonsäure zur Protonierung des Alkens oder Alkohols. Gewöhnlich nimmt man dann BF_3 als Katalysator:

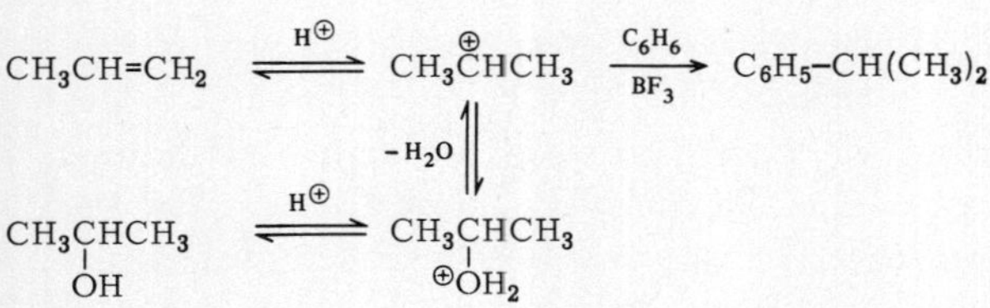

Lewis-Säuren können auch *de*alkylierend wirken, d. h. die Reaktionen sind reversibel. Beispielsweise unterliegt Ethylbenzol *(22)* in Gegenwart von BF_3/HF einer „Disproportionierung“:

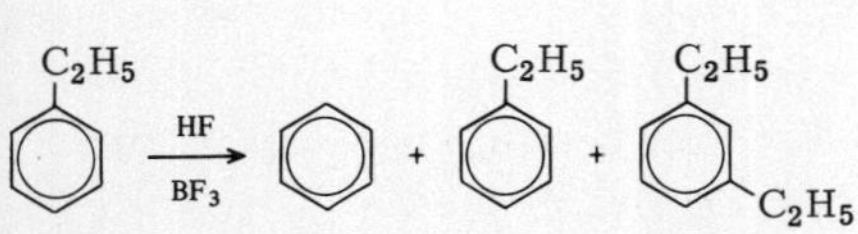

(22) 45% 10% 45%

Diese Reaktion muß natürlich intermolekular sein, aber es gibt auch Reaktionen, bei denen nur Substituenten am Benzolkern ihre Stellung zueinander ändern, und dieser Typ von Umlagerungen erweist sich als intramolekular. Erhitzt man beispielsweise *p*-Xylol *(23)* mit $AlCl_3/HCl$, so geht es großenteils in das stabilere *m*-Xylol *(24)* über. Die Gegenwart von HCl ist wesentlich, weshalb man Wanderung einer Methylgruppe in einem zunächst entstehenden protonierten Teilchen *(25)* annimmt:

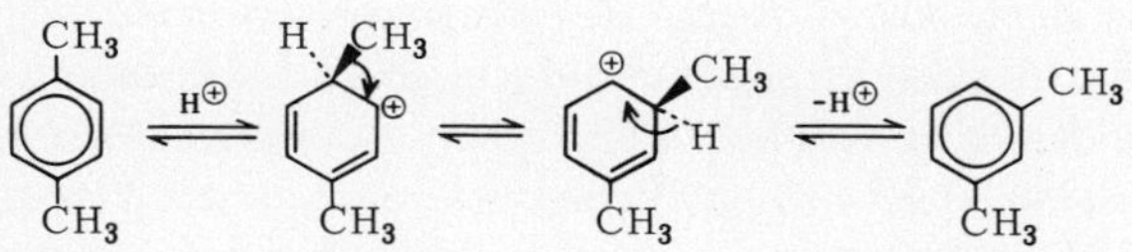

(23) *(25)* *(24)*

Abgesehen von diesen Möglichkeiten der Umlagerung ist ein ernstlicher Mangel für die präparative Verwendung der Friedel-Crafts-Alkylierung, daß häufig Poly-Alkylierung eintritt (S. 167). Die Gegenwart eines einzigen elektronenanziehenden Substituenten reicht gewöhnlich schon aus, um die Reaktion überhaupt zu unterdrücken, so daß beispielsweise Nitrobenzol als sehr geeignetes Lösungsmittel – es löst $AlCl_3$ bereitwillig auf und gestattet so das Arbeiten in homogener Phase – verwendet werden kann, ohne selbst angegriffen zu werden.

6.5.2 Acylierung

In Fällen, in denen sich die Kinetik verfolgen läßt, findet man für die Friedel-Crafts-Acylierung einen Geschwindigkeitsausdruck, der vollkommen demjenigen für die Alkylierung entspricht:

$$r = k\,[ArH]\,[RCOCl]\,[AlCl_3]$$

Auch hier erhebt sich wieder die Frage, ob das wirksame Elektrophil etwa das Acylium-Kation *(26)* oder ein polarisierter Komplex *(27)* ist.

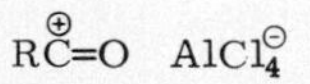

(26)

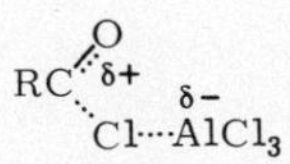

(27)

Acylium-Kationen kommen in einer Reihe fester Komplexe vor oder auch als flüssige Verbindung wie $CH_3COCl/AlCl_3$ (IR-spektroskopischer Nachweis), ferner in Lösung in polaren Lösungsmitteln oder in besonderen

Fällen, wenn R ein stark raumerfüllender Rest ist. In weniger polaren Lösungsmitteln und unter eher üblichen Bedingungen sind Acylium-Kationen nicht nachweisbar, so daß es wahrscheinlich in der Regel polarisierte Komplexe *(27)* sind, die als Elektrophile wirken.
Man kann auf rein chemischem Wege zeigen, daß teils ein freies Acylium-Ion *(26)*, teils ein Komplex vom Typ *(27)* in die Reaktion eintritt, je nach den Umständen. Wenn man beispielsweise Toluol einer Benzoylierung unterwirft, so erhält man dasselbe Produktgemisch (1 % *m*, 9 % *o*, 90 % *p*), ganz gleichgültig, welche Lewis-Säure man als Katalysator verwendet oder ob man von Benzoylchlorid oder -bromid ausgeht. Nur die Reaktionsgeschwindigkeiten ändern sich natürlich. Man kommt so zu der Überzeugung, daß immer dasselbe Teilchen angreift, und das kann nur das Kation $C_6H_5-\overset{\oplus}{C}=O$ sein. In vielen anderen Fällen ist allerdings der Anteil an *o*-Substitutionsprodukt sehr klein, auch verglichen mit anderen elektrophilen Substitutionen wie der Nitrierung. Das läßt auf ein sehr stark raumbeanspruchendes Agens schließen, eine Rolle, die besser der Komplex *(27)* als das lineare Ion $R-\overset{\oplus}{C}=O$ spielen kann. Die Natur der Teilchen, die von Fall zu Fall als Elektrophile zum Zuge kommen, hängt sicher in starkem Maße von den jeweiligen Bedingungen ab.
Das Gesamtgeschehen läßt sich etwa so darstellen:

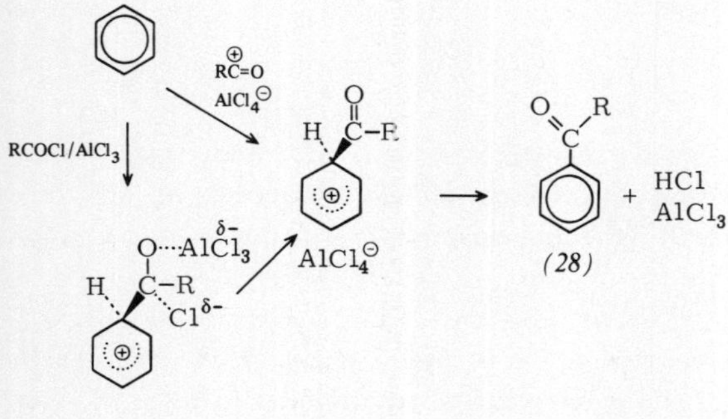

Ein charakteristischer Unterschied zwischen der Alkylierung und Acylierung nach Friedel-Crafts besteht darin, daß in der ersteren nur eine katalytische Menge Lewis-Säure erforderlich ist, in der letzteren dagegen eine über-stöchiometrische Menge. Die Ursache liegt auf der Hand: Der Katalysator wird durch das in der Reaktion entstehende Keton *(28)* in komplexer Bindung als *(29)* festgelegt und dadurch seiner katalytischen Wirksamkeit entzogen:

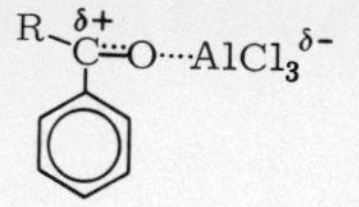

(29)

Eine Polysubstitution tritt hier im Gegensatz zur Alkylierung kaum auf, weil nämlich das primär gebildete Acylierungs-Produkt – ein Keton – sehr viel weniger reaktionsfähig ist als der ursprüngliche Kohlenwasserstoff. Eine Gefahr besteht in anderer Hinsicht: Gelegentlich kommt es zur Decarbonylierung, vor allem dann, wenn der Rest R ein stabiles Carbokation ausbilden kann; das Endergebnis der „Acylierungs-Reaktion" ist dann eine Alkylierung:

$$(CH_3)_3C-\overset{\oplus}{C}=O \longrightarrow CO + (CH_3)_3C^{\oplus} \xrightarrow{C_6H_6} C_6H_5C(CH_3)_3$$

Eine wichtige Reaktion ist die Formylierung, die man nach Gattermann/Koch mit $CO/HCl/AlCl_3$ durchführen kann. Man muß bezweifeln, ob dabei jemals so etwas wie HCOCl (Formylchlorid) entsteht. Das wahrscheinlichste Elektrophil ist das Formylium-Ion $H\overset{\oplus}{C}=O$, wenn man so will das protonierte CO, das in Form des Ionenpaars $HCO^{\oplus}AlCl_4^{\ominus}$ vorliegt:

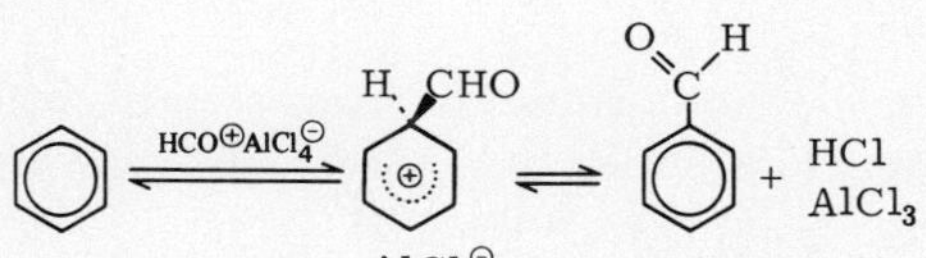

(30)

Die Reaktion erweist sich als ein Gleichgewicht, das ganz zu ungunsten der Produktbildung liegen würde, aber durch die Komplexierung des Aldehyds *(30)* mit dem Lewis-Katalysator doch nach rechts verschoben wird.

Acylierungen dieser Art kann man auch mit Säureanhydriden in Gegenwart von Lewis-Säuren herbeiführen. Wirksames Teilchen könnte hier wieder das Acylium-Kation $R-\overset{\oplus}{C}=O$ sein, vielleicht aber auch RCOCl, das durch die Einwirkung von $AlCl_3$ auf das ursprüngliche Anhydrid entstanden sein könnte. Schließlich können auch Carbonsäuren selbst in Aktion treten. Dazu bedarf es der Gegenwart starker Mineralsäuren oder auch Lewis-Säuren, wobei das Acylium-Kation vermutlich durch Protonierung entsteht:

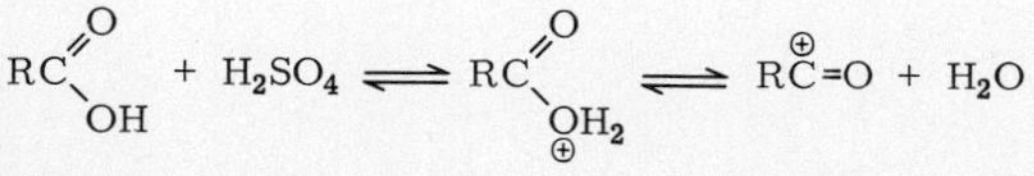

Dieser letztere Acylierungs-Typ spielt vor allem bei Ringschlußreaktionen eine Rolle, z. B.:

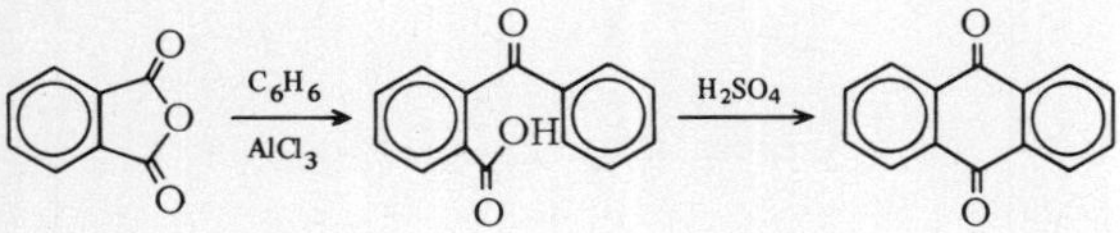

Da es zu einer mehrfachen Acylierung i. a. nicht kommt, zieht man oft die Synthese von Alkylbenzolen auf dem Umweg über die Acylierung einer direkten Alkylierung vor. Die entsprechenden Acyl-Derivate werden nachträglich durch Reduktion nach Clemmensen oder durch ein anderes Reduktionsverfahren in die Alkyl-Derivate umgewandelt:

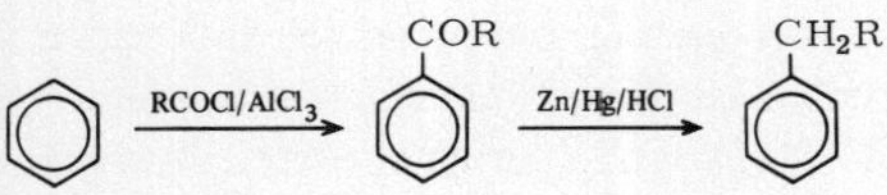

6.6 Die Azokupplung

Eine weitere klassische elektrophile Substitutionsreaktion an aromatischen Systemen ist die Azokupplung. Hier fungiert das Diazonium-Kation als elektrophiler Reaktionspartner:

$$C_6H_5-\overset{\oplus}{N}\equiv N \longleftrightarrow C_6H_5-N=\overset{\oplus}{N}$$

Verglichen mit anderen Ionen wie $NO_2^{\oplus}$ ist es allerdings nur schwach elektrophil. Es greift daher gewöhnlich nur sehr reaktionsfähige aromatische Systeme wie Phenole und Amine an. Gegenüber dem sonst sehr reaktionsfähigen Anisol, $C_6H_5OCH_3$, ist es inert. Führt man in die *o*- oder *p*-Stellungen des Diazonium-Kations elektronenanziehende Substituenten ein, so erhöht sich sein elektrophiler Charakter durch Verstärkung der positiven Ladung der Diazogruppe:

So kuppelt das 2,4-Dinitrophenyldiazonium-Kation mit Anisol, und die 2,4,6-Trinitro-Verbindung reagiert sogar mit dem Kohlenwasserstoff 2,4,6-Trimethylbenzol (Mesitylen). Aromatische Diazonium-Kationen sind in saurer und schwach alkalischer Lösung beständig; in stärker alkalischem Milieu wandeln sie sich zunächst in Diazohydroxide Ar–N=N–OH und schließlich in Diazotat-Anionen Ar–N=N–O$^{\ominus}$ um. Deshalb führt man Kupplungsreaktionen unter milden Bedingungen aus. Der optimale pH-Wert richtet sich nach der jeweils zu kuppelnden Verbindung. Bei Phenolen arbeitet man im schwach alkalischen Bereich, da es das Phenolat-Anion und nicht das Phenol selbst ist, das vom Diazonium-Kation angegriffen wird:

$$r = k\,[\mathrm{ArO}^{\ominus}]\,[\mathrm{Ar'N_2}^{\oplus}]$$

Die Kupplung mit dem Phenolat-Anion kann entweder am Sauerstoff oder an einem Ring-Kohlenstoffatom stattfinden. Obwohl man aufgrund der Elektronendichteverteilung den Sauerstoff als bevorzugten Reaktionsort annehmen möchte, entstehen doch in der Regel C-Substitutionsprodukte wie *(31)* im folgenden Beispiel. Offensichtlich ist etwas anderes von größerer Bedeutung, nämlich die Stärke der entstehenden Bindung.

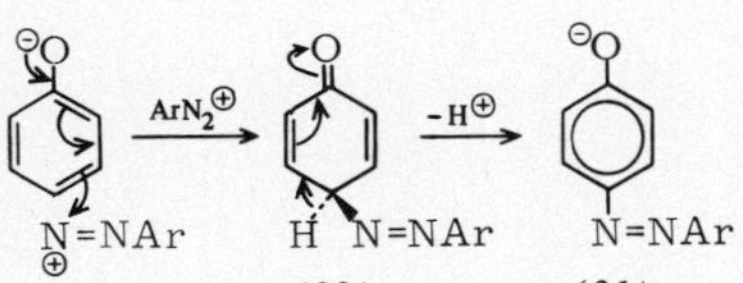

(32) *(31)*

Die Entfernung des Protons aus *(32)*, die i. a. nicht geschwindigkeitsbestimmend ist, wird durch eine der basischen Verbindungen in der Reaktionslösung bewirkt. Gewöhnlich zielt die Kupplung auf die *p*-Position und nicht auf die *o*-Position, was mit dem erheblichen Raumbedarf des angreifenden $ArN_2^{\oplus}$ in Zusammenhang stehen mag.

Aromatische Amine reagieren im allgemeinen etwas langsamer als Phenole. Man führt ihre Kupplung häufig in schwach saurer Lösung durch und stellt damit eine hohe Konzentration an $C_6H_5-N_2^{\oplus}$ sicher, ohne daß gleichzeitig ein größerer Anteil des Amins $Ar-NH_2$ in das protonierte reaktionsträge Kation $Ar-NH_3^{\oplus}$ umgewandelt wird. (Es sei daran erinnert, daß aromatische Amine sehr schwache Basen sind, vgl. S. 79.)

Zur Diazotierung primärer aromatischer Amine verwendet man andererseits eine stark saure Lösung, um sicherzustellen, daß das noch nicht umgesetzte Amin als Kation vorliegt und nicht mit dem bei der Diazotierung entstehenden Diazoniumsalz kuppelt. Aromatische Amine können am Stickstoff oder am Kohlenstoff angegriffen werden. Anders als bei Phenolen kuppeln primäre und sekundäre Amine (z. B. N-Alkylaniline) vorwiegend am Stickstoff, wobei *Diazoamino*verbindungen *(33)* entstehen:

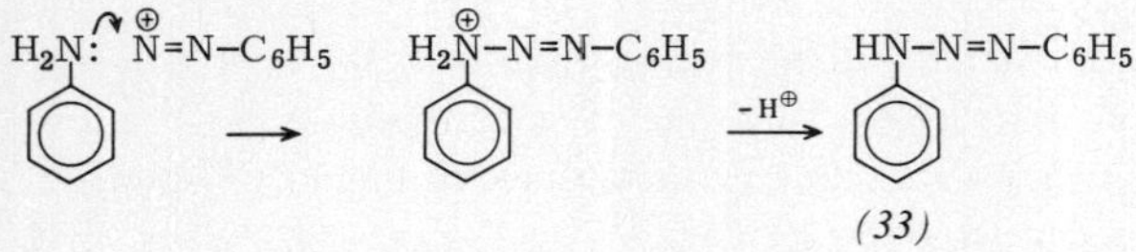

(33)

Bei den meisten primären Aminen sind sie das einzige Produkt. Bei sekundären N-Alkylanilinen tritt zum Teil auch eine Kupplung am Benzolkern ein, während man bei tertiären Aminen (N,N-Dialkylanilinen) nur das am Kohlenstoff substituierte Produkt *(34)* erhält:

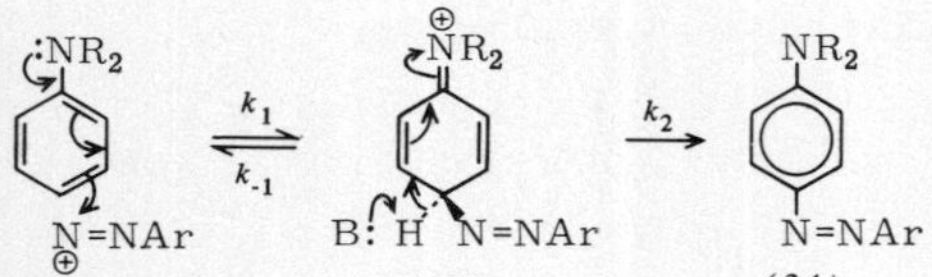

(35) *(34)*

Gewöhnlich findet man hier das folgende allgemeine Geschwindigkeitsgesetz:

$$r = k\,[ArN_2^{\oplus}]\,[PhNR_2]$$

Gelegentlich unterliegt die Kupplung der Basekatalyse. In diesem Fall beobachtet man einen kinetischen Isotopieeffekt, d. h. $k_2 \lessapprox k_{-1}$, und die Lösung der C–H-Bindung in *(35)* ist zum Teil geschwindigkeitsbestimmend.

Zu einem interessanten Beispiel einer internen Kupplungsreaktion gelangt man bei der Diazotierung von *o*-Diaminobenzol *(36)*:

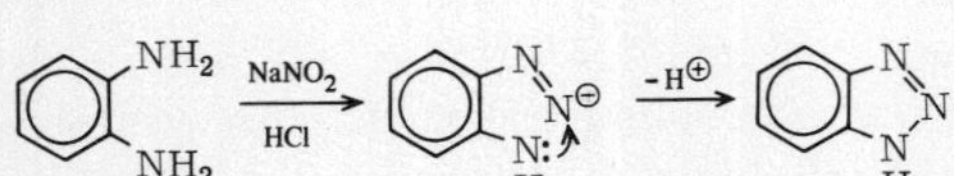

(36) *(37)*

Man erhält auf diesem Weg Benzotriazol *(37)* in Ausbeuten bis zu 75 %.
Wenn sich, wie wir festgestellt haben, die Positionen für den Angriff von Diazonium-Kationen bei primären oder sekundären Aminen und bei Phenolen unterscheiden, so offensichtlich deshalb, weil die Kupplungsreaktion bei den aromatischen Aminen (im Gegensatz zu den Phenolen) von der Elektronendichteverteilung beherrscht wird. Anders als die meisten elektrophilen aromatischen Substitutionen spricht die Azokupplung sehr empfindlich auf kleine Unterschiede in den Elektronendichten an, was wiederum mit dem nur schwach ausgeprägten elektrophilen Charakter der Diazonium-Kationen zusammenhängt. Natürlich gibt es auch bei den Phenolen Unterschiede in den Elektronendichteverteilungen, doch scheinen hier, worauf wir oben schon hingewiesen haben, nicht die Elektronendichten, sondern die relativen Bindungsstärken in den wahlweise entstehenden Produkten ausschlaggebend zu sein. (Im Fall der aromatischen Amine unterscheiden sich die Stärken der entsprechenden C—N- bzw. N—N-Bindungen nicht in so hohem Maße.)
Die Bildung von Diazoamino-Verbindungen bei der Kupplung (primärer) aromatischer Aminen ist glücklicherweise kein wirkliches Hindernis für die Gewinnung der synthetisch wertvolleren Kern-Kupplungsprodukte, denn die primären Kupplungsprodukte *(33)* können durch Erwärmen in saurer Lösung in die Aminoazo-Verbindungen *(38)* umgewandelt werden:

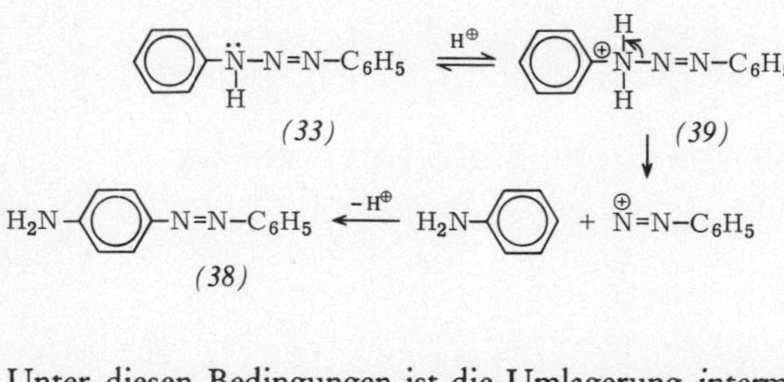

Unter diesen Bedingungen ist die Umlagerung *inter*molekular und setzt, wie im Reaktionsschema formuliert, zwischenzeitlich Diazonium-Kationen frei, die dann mit zugesetzten Phenolen, anderen aromatischen Aminen oder sonstigen geeigneten Verbindungen abgefangen werden können. Auch stellt man fest, daß die Reaktion dann am besten vonstatten geht, wenn man außer dem sauren Katalysator noch einen Überschuß Anilin (oder des entsprechenden Derivats) – also der ursprünglichen Kupplungskomponente – zusetzt. Möglicherweise greift das Anilin unmittelbar die protonierte Diazoamino-Verbindung *(39)* an:

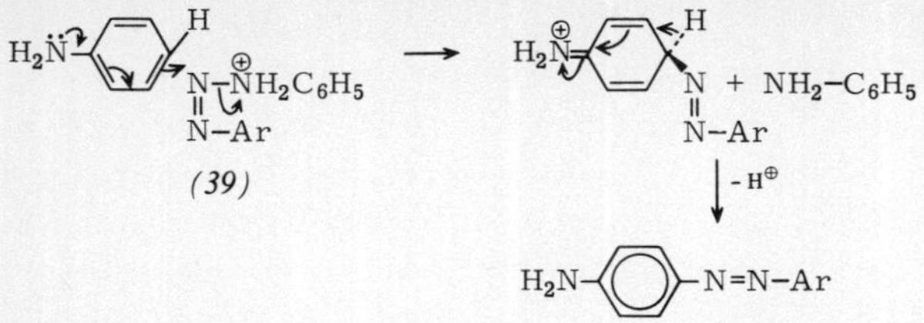

(39)

(38)

Es ist noch zu erwähnen, daß auch andere Atome und Gruppen als Wasserstoff in aromatischen Systemen elektrophil substituiert werden können. Die Verdrängung von SO_3H in der Umkehrung der Sulfonierung (S. 161) und von Alkyl bei der Dealkylierung (S. 164) haben wir bereits kennengelernt. Ein weiteres, weniger geläufiges aber sehr typisches Beispiel ist die Verdrängung von SiR_3 in der *Protodesilylierung* (vgl. S. 186):

$$Ar-SiR_3 + H^{\oplus} \longrightarrow Ar-H + {}^{\oplus}SiR_3$$

Derartige Reaktionen zeigen alle charakteristischen Merkmale elektrophiler aromatischer Substitutionen (z. B. hinsichtlich der beobachteten Substituenteneffekte, siehe unten), doch sind sie präparativ nicht von so großer Bedeutung wie die zuvor besprochenen Beispiele. Abschließend sei darauf hingewiesen, daß es neben den bisher besprochenen Substitutionstypen über polare Zwischenprodukte auch homolytische aromatische Substitutionen gibt, die also über Radikale führen (S. 390), sowie polare Substitutionen, in denen die angreifenden Reagenzien nucleophil sind (S. 193).

6.7 Der Einfluß von Erstsubstituenten auf die Zweitsubstitution

Unterwirft man ein monosubstituiertes Benzol-Derivat C_6H_5Y einer weiteren elektrophilen Substitution, so kann der neu hinzukommende Substituent die *o*-, *m*- oder *p*-Position in bezug auf Y einnehmen, und die Gesamtgeschwindigkeit der Reaktion kann größer oder kleiner sein als die am Benzol selbst. Man findet hier zwei Verhaltensmuster: *Entweder* entsteht überwiegend das *m*-Isomere, *oder* man erhält überwiegend eine Mischung der *o*- und *p*-Disubstitutionsprodukte. Im ersteren Fall ist die Geschwindigkeit der Zweitsubstitution *immer* kleiner als die Geschwindigkeit der Reaktion am unsubstituierten Benzol, im letzteren Fall ist die Reaktion *gewöhnlich* (aber nicht immer) schneller als beim Benzol. Diese Einflüsse gehen natürlich vom Erstsubstituenten Y aus und lassen sich weitgehend auf dessen elektronische Eigenschaften zurückführen. Darüber hinaus kommen auch sterische Effekte zur Geltung, die sich aber fast ausschließlich auf die *o*-Position auswirken; wir kommen hierauf weiter unten zu sprechen (S. 183).

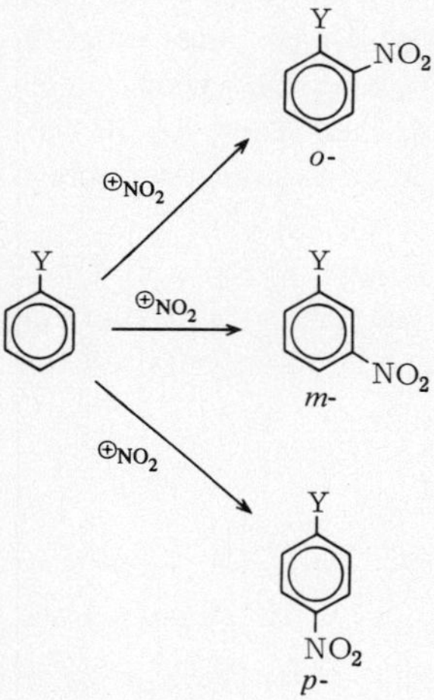

Im Sinne dieser Ausführungen klassifiziert man Substituenten Y als *m*-dirigierend oder als *o/p*-dirigierend; darüber hinaus kann man von *aktivierenden* oder *desaktivierenden* Substituenten sprechen, je nachdem, ob sie die Substitutionsgeschwindigkeit gegenüber Benzol erhöhen oder senken. Es sei darauf hingewiesen, daß diese Einteilung nicht absolut genommen werden darf: In der Regel entstehen bei jeder Zweitsubstitution alle drei möglichen Isomeren, nur sind eben die Verhältnisse $m:(o,p)$ entweder sehr groß oder sehr klein. Beispielsweise liefert die Nitrierung von Nitrobenzol ($Y=NO_2$) eine Mischung von 93 % *m*-, 6 % *o*- und 1 % *p*-Dinitrobenzol. Die Nitrogruppe wird danach als *m*-dirigierend eingestuft. Bei der Nitrierung von Anisol ($Y = OCH_3$) findet man die Produktzusammensetzung 56 % *p*-, 43 % *o*- und 1 % *m*-Nitroanisol: Die Methoxy-Gruppe ist danach ein *o/p*-dirigierender Substituent.

6.7.1 Elektronische Effekte von Y

Wir werden im folgenden erörtern, welche Einflüsse man für einen bestimmten Substituenten Y auf die Geschwindigkeit der Substitution in den verschiedenen Ringpositionen erwarten kann. Wenn man dabei Reaktionsgeschwindigkeiten und Produktzusammensetzungen unmittelbar miteinander vergleicht, so macht man stillschweigend die Annahme, daß die Reaktionen einer *kinetischen Kontrolle* (S. 49) unterliegen, weil nur dann die mengenmäßigen Anteile der Isomeren im Produktgemisch im Verhältnis der Geschwindigkeitskonstanten stehen. Von der Theorie her möchten wir eigentlich die Einflüsse von Y auf die Übergangszustände der konkurrierenden Substitutionsreaktionen untersuchen, doch ist das i. a. nicht möglich. Wir werden daher wieder, wie schon bei der Diskussion der verschiedenen Typen elektrophiler aromatischer Substitutionen, die σ-Komplexe als Modelle für die Übergangszustände der geschwindigkeitsbestimmenden Schritte nehmen.

Y = $R_3N^{\oplus}$, Cl_3C, NO_2, CHO, COOH u.a.: Diesen Gruppen und auch weiteren wie SO_3H, COR oder CN ist gemeinsam, daß sie entweder eine positive Ladung tragen oder daß das mit dem Benzolkern verknüpfte Atom positiv polarisiert ist:

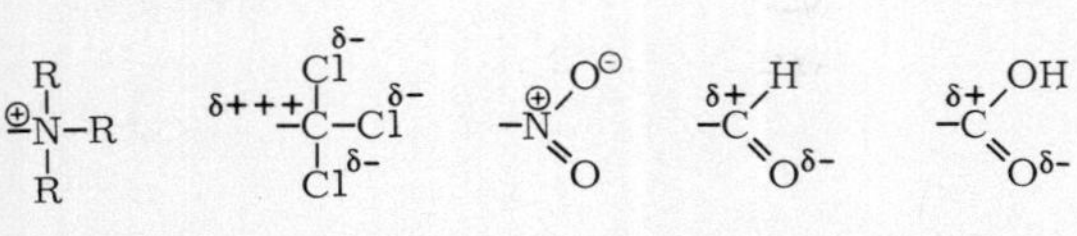

Alle diese Substituenten wirken demgemäß gegenüber dem Benzolring als Elektronen-Akzeptoren und erzeugen einen positiven Pol am Kernbindungsort. In den folgenden Formulierungen der zu den isomeren Produkten führenden σ-Komplexe steht $-\overset{\oplus}{N}R_3$ repräsentativ auch für die anderen Substituenten dieser Gruppe.

o-Angriff: 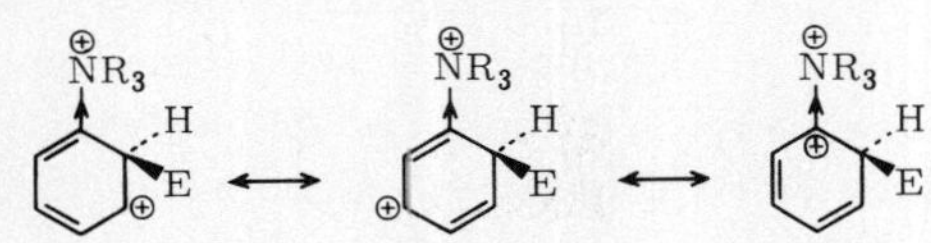

(40a) *(40b)* *(40c)*

m-Angriff: 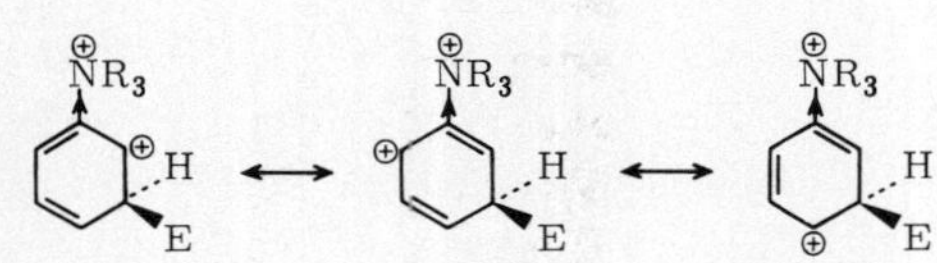

(41a) *(41b)* *(41c)*

p-Angriff: 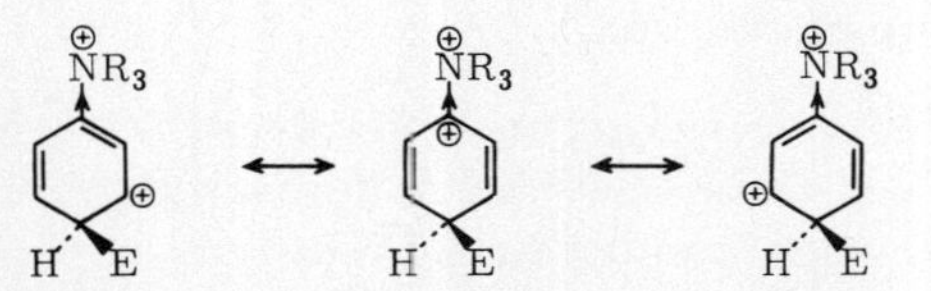

(42a) *(42b)* *(42c)*

Der $R_3N^{\oplus}$-Substituent wird auf alle drei positiv geladenen σ-Komplexe *(40)*, *(41)* und *(42)* einen elektronenanziehenden und somit destabilisierenden induktiven Effekt ausüben. Folglich muß die Substitution in jeder Position des Substrats, $C_6H_5-\overset{\oplus}{N}R_3$, gegenüber Benzol verlangsamt sein. In der Tat findet man für die Bromierung des Trimethylanilinium-Kations ($R = CH_3$) ein Verhältnis der Geschwindigkeitskonstanten $k_{C_6H_5Y}/k_{C_6H_6} = 1{,}6 \cdot 10^{-5}$. In besonderem Maße wird der $R_3N^{\oplus}$-Substituent jedoch auf eine der kanonischen Strukturen des σ-Komplexes für die *o*-Substitution, *(40c)*, und gleichfalls auf eine der Strukturen für die *p*-Substitution, *(42b)*, destabilisierend wirken, da in beiden Strukturen positive Ladungen an benachbarten Atomen lokalisiert sind. Insgesamt wird also die positive Ladung in *(40)* und *(42)* weniger gut delokalisiert sein als in *(41)*. Folglich wird auch der Übergangszustand, für den *(41)* als Modell dient, auf niedrigerem Energieniveau liegen, als die entsprechenden Übergangszustände zu *(40)* und *(42)*; auch die Freie Aktivierungsenthalpie $\Delta G^{\ddagger}$ wird im ersteren Fall niedriger sein, so daß dieser Komplex schneller gebildet werden kann: Insgesamt ergibt sich – in Übereinstimmung mit der Erfahrung – ein Übergewicht des *m*-Isomeren im Reaktionsprodukt.

Wenn der Substituent wie $-\overset{\oplus}{N}R_3$ eine volle positive Ladung trägt und nicht nur eine formale wie z. B. das N-Atom der Nitrogruppe, scheint sich die Wirkung dieser Ladung auf die übrigen Molekülteile und die resultierende Stabilität des σ-Komplexes als *Feldeffekt* durch den Raum auszubreiten und nicht durch die einzelnen Bindungen, wie das sonst bei polaren (induktiven) Effekten der Fall ist. Der desaktivierende Effekt von Y auf den Kern nimmt in der folgenden Reihenfolge von links nach rechts ab, während umgekehrt die Bruttogeschwindigkeiten der Reaktionen steigen:

$$R_3N^{\oplus} < NO_2 < CN < SO_3H < C{=}O < COOH$$

Die Reihe vermag nur eine ungefähre Orientierung zu geben, da die genaue Einordnung eines Substituenten vom Prozeß selbst, letztlich also dem angreifenden elektrophilen Reagenz, abhängt. Beispielsweise ist es verständlich, daß $-\overset{\oplus}{N}R_3$ vor allem in solchen Substitutionsreaktionen desaktivierend wirkt, in denen das angreifende Elektrophil selbst ein Kation ist, z. B. $NO_2^{\oplus}$ in der Nitrierung. Das Geschwindigkeitsverhältnis für $Y = \overset{\oplus}{N}(CH_3)_3$ ist hier noch deutlich kleiner ($k_{C_6H_5Y}/k_{C_6H_6} = 1{,}5 \cdot 10^{-8}$) als in dem oben erwähnten Beispiel.

Y = Alkyl, Phenyl: Alkylgruppen wirken im Vergleich zu Wasserstoff elektronenliefernd, und somit sind die Grenzstrukturen für die *o*- und *p*-Substitution, in denen eine positive Ladung an dem den Alkylsubstituenten tragenden Ringkohlenstoffatom erscheint [*(43c)* und *(44b)*], besonders *stabilisiert,* also ganz im Gegensatz zu den analogen Strukturen *(40c)* und *(42b)* oben, die in besonderem Maße destabilisiert waren:

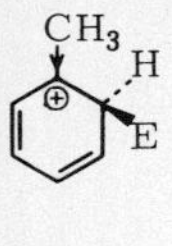

(43c)

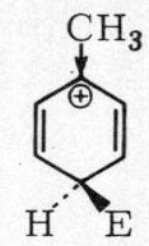

(44b)

Im σ-Komplex für die *m*-Substitution und dem zugehörigen Übergangszustand gibt es keinen solchen Effekt, so daß die *o/p*-Substitution vor der *m*-Substitution den Vorteil hat. Da insgesamt ein induktiver Effekt mit Elektronen-Donorwirkung vorliegt, ist der Angriff an sämtlichen Positionen gegenüber dem am unsubstituierten Benzol beschleunigt ($k_{C_6H_5CH_3}/k_{C_6H_6} = 3{,}4 \cdot 10^2$).

Da die tert.-Butylgruppe ein stärkerer induktiver Elektronen-Donor als die Methylgruppe ist, würde man erwarten, daß tert.-Butylbenzol rascher angegriffen wird als Toluol. Dieses wird im Falle der Nitrierung auch beobachtet, bei der Chlorierung ist die Reaktivitätsfolge aber vertauscht. Das könnte daran liegen, daß in dieser weniger polaren Reaktion die Elektronendichte durch Hyperkonjugation bestimmt wird, die für Toluol *(45b ↔ 45d)* viel größer als für tert.-Butylbenzol *(46b)* ist. Auch die relative Größe dieser Alkylgruppen dürfte eine Rolle spielen (S. 184).

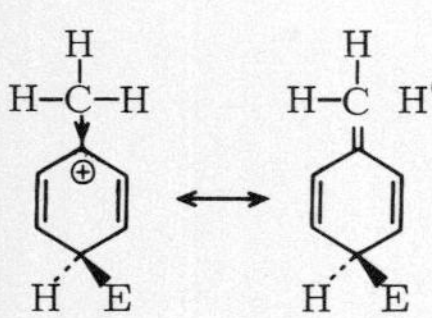

(45b) *(45d)*

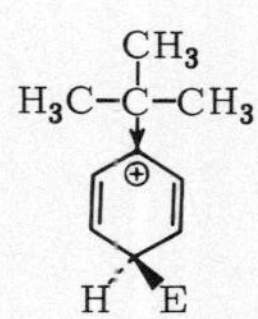

(46b)

Auch die Phenylgruppe kann σ-Komplexe für die *o*- und *p*-Substitution (und die zugehörigen Übergangszustände) stabilisieren, hier durch einen konjugativen Effekt entsprechend der Mesomerie *(47b)*⟷*(47d)*:

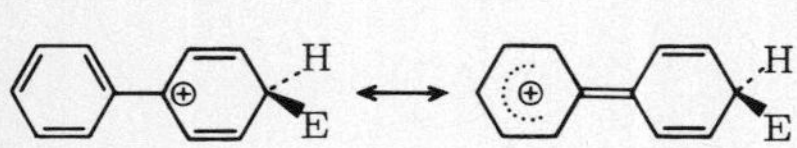

(47b) *(47d)*

Demgemäß ist die Bruttoreaktionsgeschwindigkeit beispielsweise für die Chlorierung von Biphenyl größer als für die von Benzol ($k_{C_6H_5C_6H_5}/k_{C_6H_6} = 4{,}2 \cdot 10^2$).

Y = OCOR, NHCOR, OR, OH, NH_2, NR_2: Diesen Substituenten ist gemeinsam, daß sie zwar einen elektronenanziehenden induktiven Effekt ausüben können, daß sie aber gleichzeitig über freie Elektronenpaare am ringnächsten Atom verfügen, durch die sie die σ-Komplexe für die *o/p*-Substitution im Sinne der Mesomerie *(48c)*⟷*(48d)* und *(49c)*↔*(49d)* – für den Fall des Anisols – zu stabilisieren vermögen, nicht jedoch den σ-Komplex für den *m*-Angriff *(50a,b,c)*:

o - Angriff:

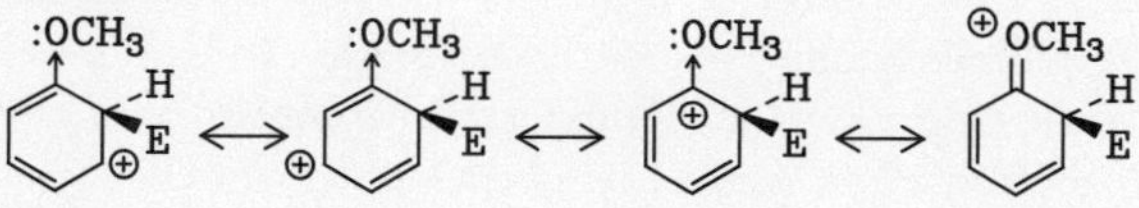

(48a) (48b) (48c) (48d)

p - Angriff:

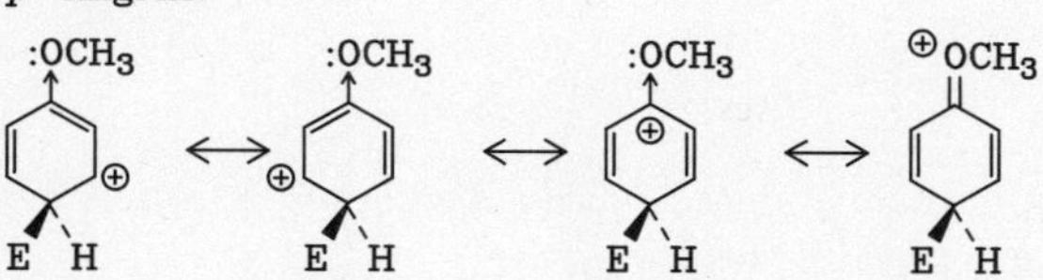

(49a) (49b) (49c) (49d)

m- Angriff:

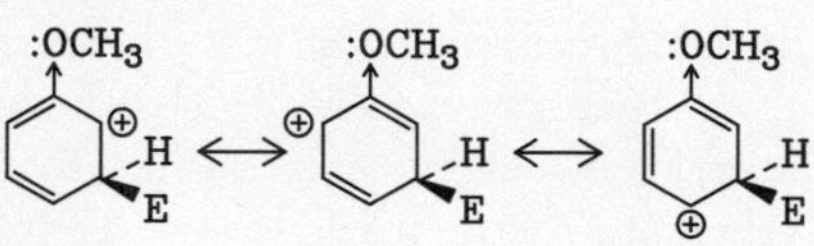

(50a) (50b) (50c)

Die Stabilisierung ist sehr ausgeprägt, da in den zusätzlichen Grenzstrukturen *(48d)* und *(49d)* Sauerstoff der Träger der positiven Ladung ist, was energetisch erheblich günstiger ist als die Unterbringung der Ladung am Kohlenstoff. Der gegenläufige (destabilisierende) induktive Einfluß der Substituenten auf die Stabilität der Komplexe wird dadurch vollkommen überspielt, so daß beispielsweise die Chlorierung des Anisols sehr viel rascher erfolgt als die von Benzol ($k_{C_6H_5OCH_3}/k_{C_6H_6} = 9{,}7 \cdot 10^6$). Dabei entstehen fast ausschließlich die *o/p*-Produkte mit << 1 % *m*-Produkt im Fall der Nitrierung von Anisol.

Immerhin kann man die Wirksamkeit des elektronenanziehenden induktiven Effekts daran erkennen, daß die *m*-Substitution, zu der es in geringem Umfang kommt, tatsächlich langsamer erfolgt als die entsprechende Substi-

tution am Benzol selbst. In dieser Position ist der konjugative Effekt ausgeschaltet, da zu *(48d)* oder *(49d)* analoge Strukturen mit Ladungsdelokalisation zum Heteroatom nicht existieren.
Beim Phenolat-Anion kehrt sich der induktive Effekt um, weil das jetzt negativ geladene Sauerstoffatom Elektronendichte in den Benzolring hineindrückt. Der elektrophile Angriff erfolgt noch rascher als beim ungeladenen Phenol. Selbst die *m*-Position wird jetzt schneller angegriffen als eine Ringposition des unsubstituierten Benzols, wenngleich nach wie vor die Menge an gebildetem *m*-Produkt sehr gering ist. Die meisten elektrophilen Substitutionen erfolgen freilich unter sauren Bedingungen, so daß dieser Effekt nicht zum Zuge kommt; eine wichtige Ausnahme ist aber die Azokupplung der Phenole, die in schwach basischem Medium durchgeführt wird (S. 168).

Der aktivierende Einfluß von Y und damit die Reaktionsgeschwindigkeit nimmt normalerweise in dieser Reihenfolge zu:

$OCOR < NHCOR < OR < OH < NH_2 < NR_2$

$-NR_2$ aktiviert wegen der Elektronendonor-Wirkung der Alkylgruppen R stärker als $-NH_2$. Man darf aber nicht übersehen, daß in stärker saurer Lösung – z. B. bei der Nitrierung – Aminogruppen zu $-\overset{\oplus}{N}H_3$ bzw. $-\overset{\oplus}{N}HR_2$ protoniert werden. In dieser Form desaktivieren sie den Kern für den elektrophilen Angriff, die Substitution richtet sich dann vornehmlich auf die *m*-Position (vgl. $-\overset{\oplus}{N}H_3$, S. 174). Die OH-Gruppe wirkt im Falle von Phenol so stark aktivierend, daß dieses von Bromwasser bei Raumtemperatur schlagartig zu 2,4,6-Tribromphenol bromiert wird. Die im Vergleich zu –OH und $-NH_2$ geringere aktivierende Wirkung von –OCOR und –NHCOR geht auf die Delokalisation der Elektronen zur benachbarten Carbonyl-Funktion zurück:

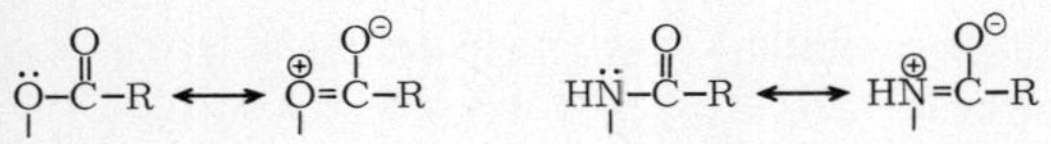

Da die NHCOR-Gruppe in saurer Lösung nicht protoniert wird, kann man beispielsweise Anilin *o*- und *p*- ständig nitrieren, indem man Acetyl (oder einen anderen Acyl-Rest) als Schutzgruppe einführt, die später wieder entfernt wird.

Y = Cl, Br, I: Auch in den Halogenbenzolen (Arylhalogeniden) trägt das an den Kern gebundene Atom freie Elektronenpaare. Wiederum können die σ-Komplexe für die *o*- und *p*-Substitution spezifisch stabilisiert werden [*(51c)*⟷*(51d)*; *(52b)*⟷*(52d)*]:

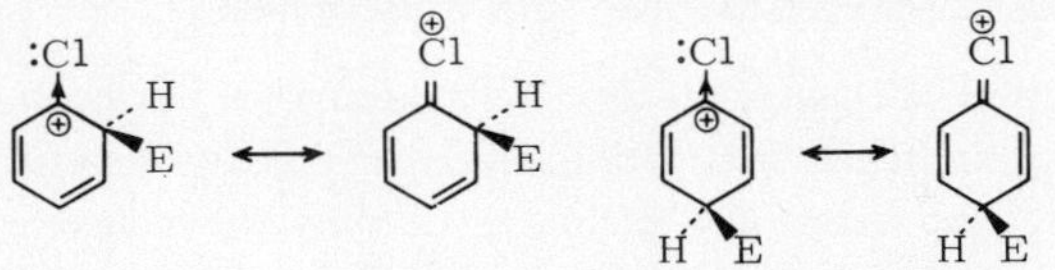

(51c) *(51d)* *(52b)* *(52d)*

Die Halogene sind also *o/p*-dirigierende Substituenten. Andererseits bewirken ihre sehr stark elektronenanziehenden induktiven Effekte, daß die Halogenbenzole *langsamer* angegriffen werden als Benzol ($k_{C_6H_5Cl}/k_{C_6H_6} = 3 \cdot 10^{-2}$ für die Nitrierung). Insgesamt sind also die Halogene Elektronen-Akzeptoren und müssen als *desaktivierende* Substituenten eingestuft werden. Schon im Grundzustand der Moleküle beobachtet man entsprechende elektrische Dipolmomente, deren positiver Pol im Kern liegt – mit $5{,}34 \cdot 10^{-30}$ C m für Chlorbenzol *(53)* –, umgekehrt wie beispielsweise bei Anisol *(54)* (mit $4{,}00 \cdot 10^{-30}$ C m).

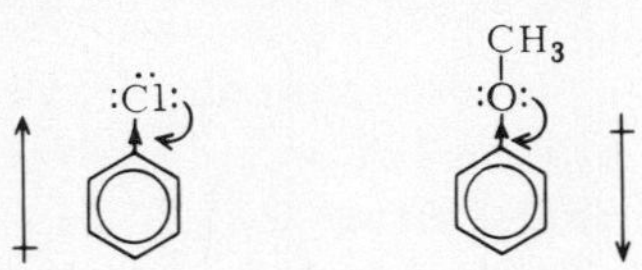

(53) *(54)*

Der Gesamteinfluß, den ein Substituent ausübt, setzt sich selbstverständlich aus induktiven und Feldeffekten sowie mesomeren Beiträgen zusammen. Im Falle von Methoxy (S. 177) ist die selektive Stabilisierung der positiv geladenen Intermediate für den *o*- und den *p*-Angriff *(48* bzw. *49)* viel größer als die Stabilisierung des entsprechenden Intermediats (*2,* S. 152) für Benzol selber: der *o/p*-Angriff auf Anisol ist daher viel schneller als die Substitution von Benzol. Bei einem Halogensubstituenten wie z. B. Chlor verschiebt sich die Balance jedoch wegen des starken elektronenziehenden induktiven Effekts. Nunmehr ist die selektive Stabilisierung der Zwischenverbindungen für den *o*- und *p*-Angriff *(51* bzw. *52)* ein wenig *schwächer* als die Stabilisierung des entsprechenden Intermediats in der Reaktion von Benzol: Die *o/p*-Substitution von Chlorbenzol erfolgt mithin ein wenig langsamer als der Angriff auf Benzol.

Auf eine ähnliche Situation stößt man bei der elektrophilen Addition beispielsweise von HBr an Vinylhalogenide wie $CH_2{=}CHBr$. Hier bestimmt der induktive Effekt des organisch gebundenen Halogens die Geschwindigkeit, aber die konjugative Stabilisierung der intermediären Carbokationen die Orientierung der Addition (S. 214).

6.7.2 Partielle Geschwindigkeitsfaktoren und Selektivität

Die aromatische Substitution läßt sich heute sehr viel quantitativer beschreiben, als wir dies bisher getan haben, nachdem nämlich zuverlässige kinetische Methoden zur Verfügung stehen und nachdem vor allem die relativen Anteile der isomeren Produkte sehr viel genauer bestimmt werden können als früher. Für solche Zwecke ist die früher übliche Isolierung der Produkte weitgehend durch moderne, insbesondere spektroskopische, Meßmethoden ersetzt worden. So war es möglich, die sog. *partiellen Geschwindigkeitsfaktoren* zu definieren und zu ermitteln. Sie sind das Verhältnis der Geschwindigkeit, mit der *eine* bestimmte Position, z. B. die *p*-Position in C_6H_5Y, angegriffen wird, zur Reaktionsgeschwindigkeit an *einer* Position des Benzols in der jeweils betrachteten Umsetzung.
Partielle Geschwindigkeitsfaktoren *f* lassen sich durch getrennte kinetische Messungen der Gesamtgeschwindigkeiten $k_{C_6H_5Y}$ und $k_{C_6H_6}$ unter identischen Bedingungen oder durch *Konkurrenzexperimente* bestimmen, in denen man äquimolare Mengen von C_6H_5Y und C_6H_6 um einen Unterschuß an Elektrophil konkurrieren läßt, so daß man sofort das Verhältnis $k_{C_6H_5Y}/k_{C_6H_6}$ erhält. Zusätzlich müssen in jedem Fall noch die relativen Anteile an *o*-, *m*- und *p*-Disubstitutionsprodukten aus C_6H_5Y, die sog. *Isomerenverteilung* (die man gewöhnlich in % vom Gesamtreaktionsprodukt angibt), ermittelt werden. Berücksichtigt man, daß in Benzol 6 Positionen für die Substitution zur Verfügung stehen, in C_6H_5Y aber 2 *o*- und 2 *m*- sowie nur 1 *p*-Position, so ergibt sich:

$$f_o = \frac{k_o}{k_H} = 3\,\frac{k_{C_6H_5Y}}{k_{C_6H_6}} \cdot \frac{\%\,o\text{-Isomer}}{100}$$

$$f_m = \frac{k_m}{k_H} = 3\,\frac{k_{C_6H_5Y}}{k_{C_6H_6}} \cdot \frac{\%\,m\text{-Isomer}}{100}$$

$$f_p = \frac{k_p}{k_H} = 6\,\frac{k_{C_6H_5Y}}{k_{C_6H_6}} \cdot \frac{\%\,p\text{-Isomer}}{100}$$

Beispielsweise wurde für die Nitrierung von Toluol mit Salpetersäure in Acetanhydrid bei 0 °C ein Geschwindigkeitsverhältnis $k_{C_6H_5CH_3}/k_{C_6H_6} = 27$ gefunden, die Isomerenverteilung war 61,5 % *o*, 1,5 % *m* und 37,0 % *p*.

Daraus ergeben sich die partiellen Geschwindigkeitsfaktoren wie folgt:

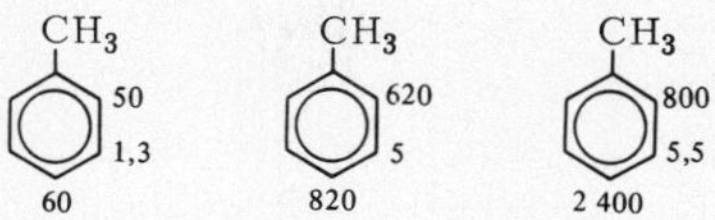

Nitrierung *Chlorierung* *Bromierung*

In diesem Diagramm sind den partiellen Geschwindigkeitsfaktoren für die Nitrierung des Toluols auch noch die für die Chlorierung und Bromierung gegenübergestellt. Wie man sieht, hängen diese absolut und relativ vom jeweiligen angreifenden Elektrophil ab: Die dirigierenden Wirkungen bei der Zweitsubstitution von C_6H_5Y sind also nicht nur eine Angelegenheit des Erstsubstituenten Y, worauf schon weiter oben (S. 175) hingewiesen worden ist. In den drei hier verglichenen Reaktionen steigen die Werte der partiellen Geschwindigkeitsfaktoren insgesamt in der Reihe

Nitrierung < Chlorierung < Bromierung

also genau in dem Maße, wie die Reaktivität der angreifenden Elektrophile *abnimmt.* Dieses zunächst vielleicht überraschende Ergebnis ist von sehr weitläufiger Bedeutung und läßt sich ohne weiteres logisch begründen. Nehmen wir im Extremfall an, ein Elektrophil sei so reaktiv, daß praktisch jeder Zusammenstoß mit dem Substratmolekül zur Reaktion führe, so würde ein solches Reagenz in keiner Weise differenzierend wirken, und die partiellen Geschwindigkeitsfaktoren für alle Positionen wären gleich 1. In dem Maße wie die Reaktivität des angreifenden Agens fällt, werden immer weniger Zusammenstöße wirksam sein, und ob es zu einem Reaktionsergebnis kommt oder nicht, hängt zunehmend von der Verfügbarkeit von Elektronendichte an den jeweiligen Positionen ab. Das Reagenz zeigt also eine zunehmende *Selektivität*, d. h. seine partiellen Geschwindigkeitsfaktoren steigen absolut, und die Differenzen zwischen den einzelnen Faktoren werden immer größer, genau wie die obigen Beispiele zeigen. Für derartige Betrachtungen eignet sich vor allem der Vergleich der f_p- und f_m-Werte, da die f_o-Werte zusätzlich zu energetisch-elektronischen Faktoren noch in besonderem Maße von sterischen Einflüssen, nämlich der Größe von Y und angreifendem Elektrophil, abhängen.

Mit Hilfe der partiellen Geschwindigkeitsfaktoren lassen sich dirigierende Substituenteneffekte besser analysieren, als uns dies bislang möglich war. Wenn wir z. B. feststellen, daß sämtliche Faktoren für Toluol > 1 sind, so können wir dies als (quantitativen) Ausdruck dafür nehmen, daß Methyl eine aktivierende Gruppe (für sämtliche Ringpositionen) ist. Dasselbe gilt auch für Y = $C(CH_3)_3$, aber hier findet man für die Nitrierung $f_m = 3,0$, während wir vorhin für Y = CH_3 (Toluol) nur $f_m = 1,3$ hatten. Man kann daraus sofort schließen, daß der elektronenliefernde induktive Effekt der *tert.*-Butylgruppe stärker ist als derjenige der Methylgruppe. Im Gegensatz dazu findet man für Y = C_6H_5 [Biphenyl, *(55)*] in der Chlorierung $f_m = 0,7$, d. h. der Angriff auf die *m*-Position ist hier langsamer als auf eine Ringposition des Benzols, obwohl die Bruttoreaktionsgeschwindigkeit des Biphenyls um den Faktor $4,2 \cdot 10^2$ größer ist als diejenige des Benzols (S. 176). Die Ursache liegt in dem elektronenanziehenden induktiven Effekt des sp^2-hybridisierten Kohlenstoffatoms im Phenyl-Substituenten.

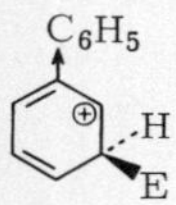

(55)

Ähnliches beobachtet man wiederholt bei *o/p*-dirigierenden, aktivierenden Substituenten, sofern überhaupt genug *m*-Produkt gebildet wird, daß seine Menge exakt bestimmt werden kann.
Ein Beispiel ist die Deuterierung (H/D-Austausch) mit einer starken Säure wie CF_3COOD, die für Diphenylether *(56)* zu folgenden Ergebnissen führt:

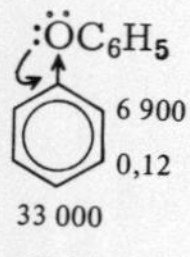

(56)

Die außerordentlich hohen Werte für f_o und f_p sind ein Ausdruck für die selektive Stabilisierung der Übergangszustände für die *o*- und *p*-Substitution durch Delokalisation der freien Elektronenpaare am Ether-Sauerstoff, während $f_m < 1$ die destabilisierende Wirkung durch den elektronenanziehenden induktiven Effekt des Sauerstoffatoms anzeigt.
Die partiellen Geschwindigkeitsfaktoren und damit die Isomerenverteilung einer bestimmten Reaktion hängen auch von der Temperatur ab. Den größten Einfluß hat eine Temperaturerhöhung auf die Reaktion mit dem höchsten $\Delta G^{\ddagger}$-Wert, d. h. auf die langsamste Teilreaktion. Temperaturerhöhung wirkt also ähnlich wie eine Steigerung der Reaktivität des Elektro-

phils in dem Sinne, daß Unterschiede zwischen den partiellen Geschwindigkeitsfaktoren „ausgebügelt“ werden und die Produktzusammensetzung sich einer rein statistischen Verteilung nähert.

6.7.3 Das *o/p*-Verhältnis

Nach all dem, was wir bisher über die Substitution von C_6H_5Y gelernt haben – mit Y als *o/p*-dirigierender Gruppe – überrascht es wenig, daß das beobachtete *o/p*-Verhältnis selten dem statistischen Wert von 2:1 entspricht.

Für den σ-Komplex des Protonaustauschs von Benzol (vgl. S. 152) findet man eine sehr gute Übereinstimmung zwischen der rechnerisch bestimmten Verteilung der positiven Ladung im Cyclohexadienyl-Kation *(57)* und der NMR-spektroskopisch ermittelten:

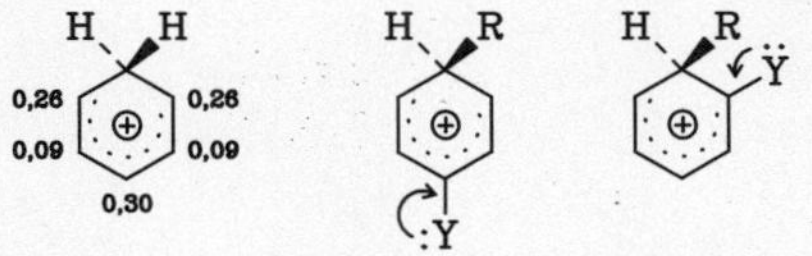

(57) *(57a)* *(57b)*

Aufgrund dieser Befunde sollte ein Elektronendonorsubstituent Y den Angriff durch $H^{\oplus}$ auf die *p*-Position *(57a,* R=H) ein wenig stärker begünstigen als auf die *o*-Stellung *(57b,* R=H), da die positive Ladung im ersten Fall wirksamer delokalisiert wird als im zweiten. Aus den Zahlenwerten der Formel *(57)* errechnet sich ein partieller Geschwindigkeitsfaktor $\log f_o / \log f_p \approx 0{,}87$, und tatsächlich wurden für die Protonierung verschiedener C_6H_5Y-Derivate Werte in dieser Größenordnung gefunden. Die sterischen Anforderungen, die das Proton stellt, sind jedoch außerordentlich klein. Wird C_6H_5Y durch ein beliebiges anderes Elektrophil, $E^{\oplus}$, das zwangsläufig größer als das Proton sein muß, angegriffen, dann wird es im *o*-Übergangszustand *(57b,* R=E) zu Wechselwirkungen kommen, die um so schwerwiegender sein werden, je *größer* das attackierende Elektrophil und der schon vorhandene Substituent sind. Für den *p*-Angriff kann es eine derartige Wechselwirkung im Übergangszustand jedoch nicht geben. Diese Situation spiegelt sich in einer für den *o*-Angriff immer größer werdenden freien Aktivierungsenthalpie $\Delta G^{\ddagger}$ wider, was wiederum eine immer langsamer verlaufende Reaktion zur Folge haben wird. Der relative Anteil des *o*-Produkts wird also mit zunehmender Größe von E und/oder Y fallen. Diese Überlegungen werden durch die fallenden f_o/f_p-Quotienten gestützt, die man für die Nitrierung verschiedener Alkylbenzole [Y = CH_3 → $C(CH_3)_3$] unter vergleichbaren Bedingungen beobachtet hat:

	Y	% *o*	% *p*	f_o/f_p
zunehmende Größe von Y ↓	CH_3	58	37	0,78
	CH_2CH_3	45	49	0,46
	$CH(CH_3)_2$	30	62	0,24
	$C(CH_3)_3$	16	73	0,11

Ähnlich sind die Ergebnisse für verschiedene elektrophile Substitutionen des Chlorbenzols:

	Reaktion	% *o*	% *p*	f_o/f_p
zunehmende Größe von $E^{\oplus}$ ↓	Chlorierung	39	55	0,35
	Nitrierung	30	70	0,21
	Bromierung	11	87	0,06
	Sulfonierung	1	99	0,005

Freilich scheint ein derartiger sterischer Effekt nicht allein wirksam zu sein, wie die Nitrierung der Halogenbenzole zeigt, die ja *o/p*-dirigierend sind, aber insgesamt ein wenig langsamer reagieren als Benzol selbst (S. 179):

	Y	% *o*	% *p*	f_o/f_p
zunehmende Größe von Y ↓	F	12	88	0,07
	Cl	30	69	0,22
	Br	37	62	0,30
	I	38	60	0,32

Trotz der Zunahme der Größe des Substituenten Y (F→Cl), wächst der Anteil des *o*-Isomers und folglich auch das f_o/f_p-Verhältnis. Ein wachsender sterischer Einfluß wird – wie im Falle der oben behandelten Alkylbenzole – diese *o*-Substitution immer schwieriger machen. Offensichtlich wird aber seine Wirkung durch einen elektronenanziehenden induktiven oder Feldeffekt durch das Halogenatom überkompensiert. Dieser Effekt wird mit steigender Entfernung von Y abnehmen, d. h. sich auf die entfernte *p*-Position weniger stark als auf die nachbarständige *o*-Position auswirken. Der Elektronenzug wird orthoständig zum hochelektronegativen Fluor-Substituenten besonders stark sein; folglich wird man im Falle des

Fluorbenzols nur wenig *o*-Substitutionsprodukt erhalten – trotz der geringen Größe von F. Der elektronenanziehende Einfluß des Halogenatoms Y nimmt von Fluor zu Iod stark ab (wobei der größte „Sprung“ von Fluor zu Chlor erfolgt), und verursacht so den zunehmenden Angriff auf die ortho-Stellung, *trotz* wachsender Raumerfüllung von Y.

Gelegentlich wird die Zweitsubstitution zu Lasten des Angriffs auf die *p*-Position fast vollständig in die *o*-Stellung dirigiert. In solchen Fällen wird das angreifende Elektrophil stets in irgendeiner Weise an den Erstsubstituenten gebunden und von da zwangsläufig in die nächstgelegenen Ringpositionen eingeschleust. Die Nitrierung von 1-Methoxy-2-phenylethan *(58)* mit Nitriersäure liefert 32 % *o*- und 59 % *p*-Isomere, ein durchaus „normales“ Ergebnis. Läßt man aber N_2O_5 in Acetonitril einwirken, so steigt der *o*-Anteil im Produktgemisch auf 69 %, der *p*-Anteil fällt entsprechend auf 28 %. Die Bevorzugung des *o*-Angriffs im zweiten Fall wird auf eine Komplexbildung am Ether-Sauerstoff zurückgeführt.

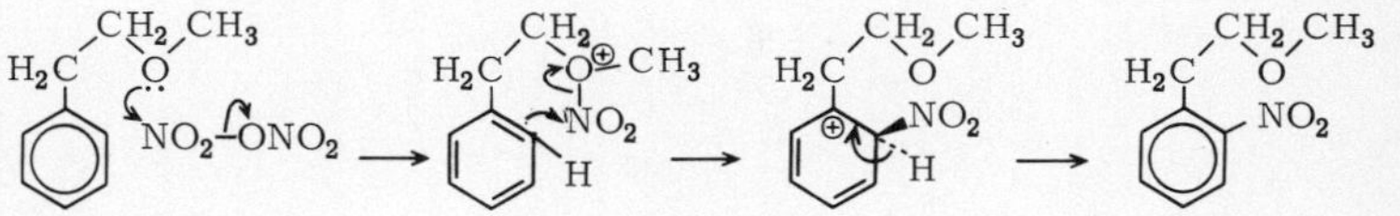

(58)

Schließlich sollte darauf hingewiesen werden, daß die *o*/*p*-Verhältnisse in beträchtlichem Maße vom Lösungsmittel abhängen können, in dem man die Reaktion durchführt. Das kann daher rühren, daß die zu den isomeren Produkten führenden Übergangszustände durch verschiedene Lösungsmittel unterschiedlich stabilisiert werden; stattdessen können aber auch die elektrophilen Reagenzien selbst in ihrem Charakter durch die Solvatation verändert werden. Es kann zur Komplexbildung zwischen Reagenz und Lösungsmittel kommen, so daß das eigentliche Elektrophil in jedem Lösungsmittel ein anderes ist. Diese Situation liegt mit ziemlicher Sicherheit bei der Halogenierung in Abwesenheit von Lewis-Katalysatoren vor, wo man etwa in der Chlorierung von Toluol bei 25°C f_o/f_p-Verhältnisse zwischen 0,75 und 0,34 beobachtet, je nach Lösungsmittel.

6.7.4 *Ipso*-Substitution

Neben dem *o*-, *m*- und *p*-Angriff auf C_6H_5Y gibt es – zumindest theoretisch – die Möglichkeit, daß ein Elektrophil das Ringkohlenstoffatom angreift, an das Y bereits gebunden ist:

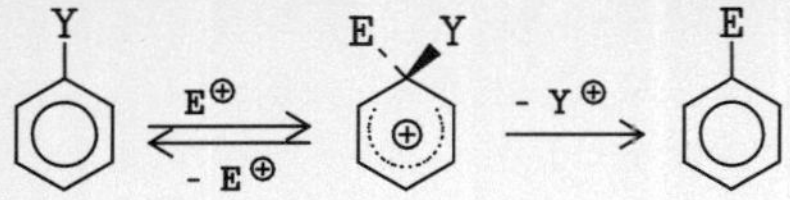

Zwischenprodukt

Das Resultat einer derartigen Reaktion, in deren Verlauf es zu mehr als der reversilben Bildung eines Zwischenprodukts kommt, ist der Austausch von $Y^{\oplus}$ durch $E^{\oplus}$. Insgesamt bezeichnet man diesen Prozeß als *ipso*-Substitution. Es sind einige Reaktionen dieses Typs bekannt, in denen das Proton als angreifendes Elektrophil fungiert:

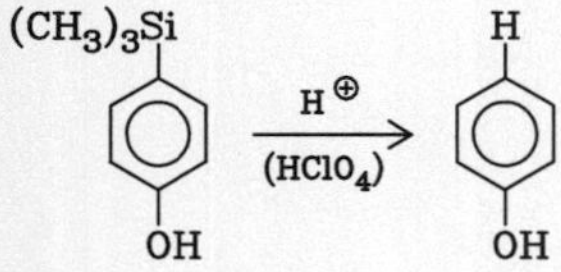

$[Y^{\oplus} = (CH_3)_3Si^{\oplus}]$

Der Trimethylsilyl-Substituent läßt sich auf diese Weise besonders leicht austauschen (die Reaktion wird als *Protodesilylierung* bezeichnet); vertrauter ist uns die *Protodesulfonierung*, die wir als Umkehr der Sulfonierung bereits kennengelernt haben (S. 161):

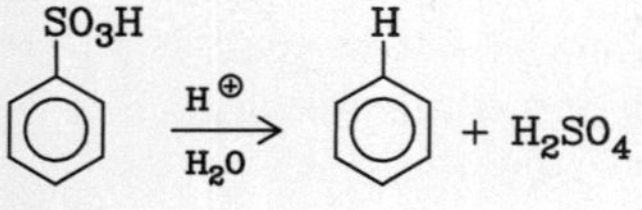

Die *ipso*-Substitution wird vor allen Dingen durch die Leichtigkeit begünstigt, mit der sich $Y^{\oplus}$ zu bilden vermag. Man kann deshalb erwarten, daß sekundäre und tertiäre Alkylsubstituenten vergleichsweise leicht ersetzt werden, da ja die aus ihnen gebildeten Carbokationen $R^{\oplus}$ relativ stabil sind. Das wird bei den folgenden Nitrierreaktionen, die man als *Nitrodealkylierungen* bezeichnen kann, in der Tat beobachtet:

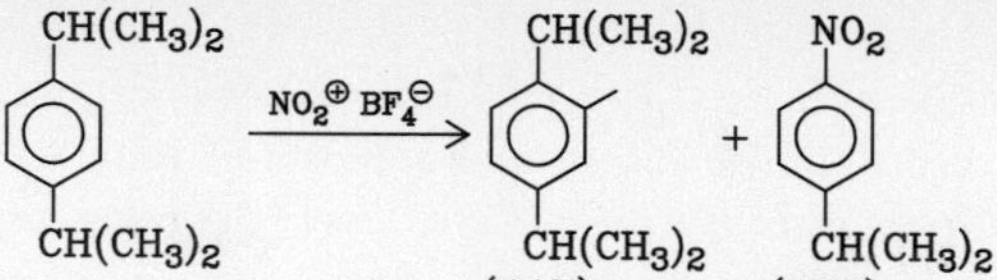

(44%) (56%)

$[Y^{\oplus} = (CH_3)_2CH^{\oplus}]$

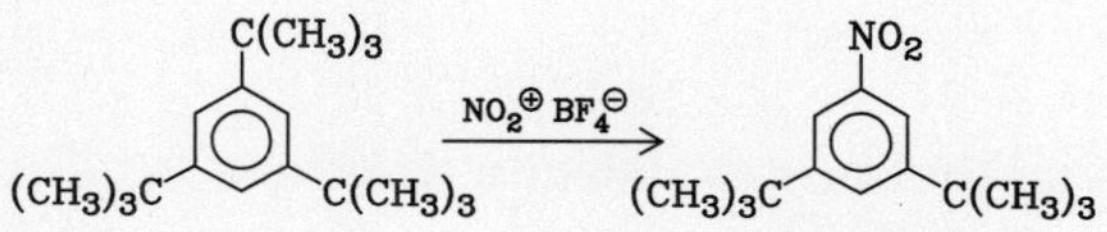

(100%)

$[Y^{\oplus} = (CH_3)_3C^{\oplus}]$

Aber auch andere als Alkylgruppen lassen sich substituieren, wie die folgende *Nitrodehalogenierung* zeigt:

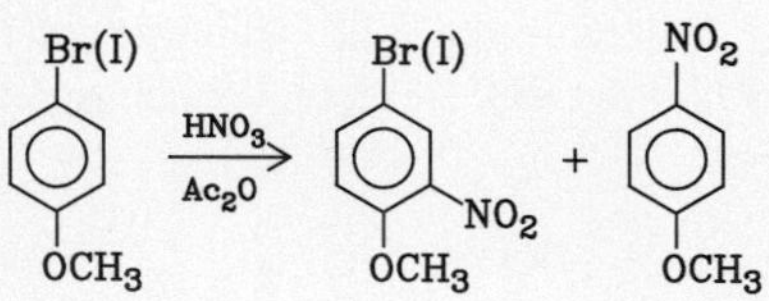

$\begin{bmatrix} Y^{\oplus} = Br^{\oplus}, 31\% \\ Y^{\oplus} = I^{\oplus}, 40\% \end{bmatrix}$

Die entsprechende *Nitrodechlorierung* wird hingegen nicht beobachtet: $Cl^{\oplus}$ bildet sich schwerer als $Br^{\oplus}$ oder $I^{\oplus}$. Obwohl es sich bei vielen der bekannten *ipso*-Substitutionen um Nitrierungen handelt, wird diese Reaktion auch beim Angriff anderer Elektrophile beobachtet, wie die folgende *Bromodealkylierung* zeigt:

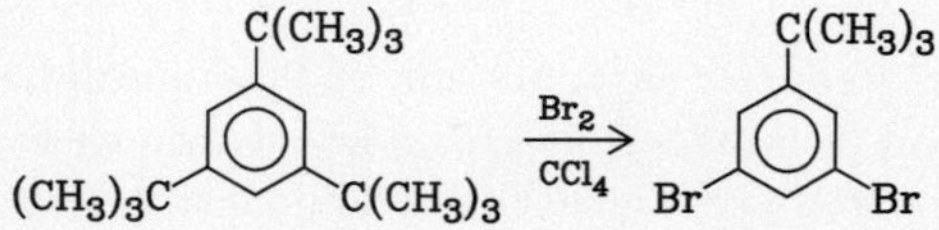

(71%)

$[Y^{\oplus} = (CH_3)_3C^{\oplus}]$

Es besteht kein Zweifel, daß der *ipso*-Angriff in diesem Fall – wie auch bei einigen anderen der obigen Dealkylierungen – dadurch begünstigt wird, daß die in einer normalen elektrophilen Substitution attackierten Ringpositionen von raumbeanspruchenden Substituenten flankiert werden. Insgesamt sollte man mit der Möglichkeit eines *ipso*-Angriffs immer rechnen, wenn man elektrophile Substitutionsreaktionen an hochsubstituierten Aromaten studiert.

6.8 Kinetische und thermodynamische Kontrolle

Bei allen vorausgegangenen Betrachtungen sind wir stillschweigend von der Voraussetzung ausgegangen, daß das Mengenverhältnis der im Verlauf einer Reaktion wahlweise gebildeten Reaktionsprodukte durch ihre relativen Bildungsgeschwindigkeiten bestimmt wird, d. h., daß der Reaktionsverlauf kinetisch kontrolliert ist (S. 49). Die Praxis gibt dieser Annahme aber nicht in allen Fällen recht. So findet man bei der Friedel-Crafts-Alkylierung von Toluol (CH_3 ist *o/p*-dirigierend!) mit Benzylbromid und Galliumbromid (als Lewis-Säure-Katalysator) bei 25°C folgende Isomerenverteilung in Abhängigkeit von der Reaktionsdauer:

Zeit (*s*)	% *o*	% *m*	% *p*
0,01	40	21	39
10	23	46	31

Es ist zu bezweifeln, ob die nach der sehr kurzen Reaktionszeit von 0,01 Sekunden (in dem bis dahin gebildeten Reaktionsprodukt) gefundene Isomerenverteilung rein kinetisch kontrolliert ist, denn der Anteil des *m*-Isomers ist bereits verhältnismäßig hoch; nach 10 Sekunden ist sie es mit Sicherheit nicht: *m*-Benzyltoluol, das thermodynamisch stabilste Isomer, dominiert, und wir haben demnach einen thermodynamisch kontrollierten Reaktionsverlauf (S. 50).

Diese Situation tritt immer auf, wenn sich die verschiedenen Produkte unter den Bedingungen der Reaktion ineinander umwandeln können, entweder durch direkte Isomerisierung oder durch Umkehr der Reaktion, wobei sich das Ausgangsmaterial zurückbildet, das dann durch erneute Reaktion ein thermodynamisch stabileres Isomer entstehen läßt. Es ist sehr deutlich hervorzuheben, daß das Mengenverhältnis der verschiedenen Reaktions-

produkte abhängig ist von der thermodynamischen Stabilität *unter den jeweiligen Reaktionsbedingungen.* Diese thermodynamischen Stabilitäten können sich von denen der isolierten Moleküle unterscheiden.
Wird *m*-Xylol mit Fluorwasserstoff und einer katalytischen Menge BF_3 auf 82 °C erhitzt, so kommt im Reaktionsprodukt das Mengenverhältnis der drei isomeren Xylole dem thermodynamisch berechneten Mengenverhältnis sehr nahe:

	gefunden	berechnet
% *o*-	19	18
% *m*-	60	58
% *p*-	21	24

Setzt man aber der Reaktion BF_3 im Überschuß zu, so finden sich im Reaktionsprodukt > 97 % *m*-Xylol. Unter diesen Bedingungen wandeln sich die Xylole in die entsprechenden Tetrafluoroborate um, wodurch sich das Gleichgewicht in Richtung auf das am stärksten basische Isomer verlagert.

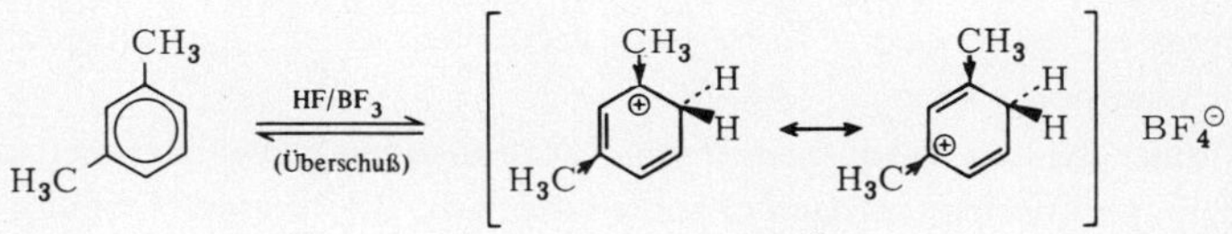

(59)

Dies ist aber das *m*-Isomer, für das die Salzbildung hier formuliert worden ist, weil dessen Kation *(59)* optimal durch die elektronenliefernden Methylgruppen stabilisiert wird.
Auch Temperaturänderungen können die Art der Kontrolle des Reaktionsablaufs beeinflussen (S. 50, 190).

6.9 Die elektrophile Substitution anderer aromatischer Systeme

Naphthalin wird bei elektrophilen Substitutionen, z. B. bei der Nitrierung, leichter in α- als in β-Stellung angegriffen, was sich durch die wirkungsvollere Ladungsdelokalisation und Stabilisierung im Zwischenprodukt der α-Substitution [*(60a)* ⟷ *(60b)*], verglichen mit der entsprechenden Struktur *(61)* bei β-Substitution, zwanglos erklären läßt.

α-

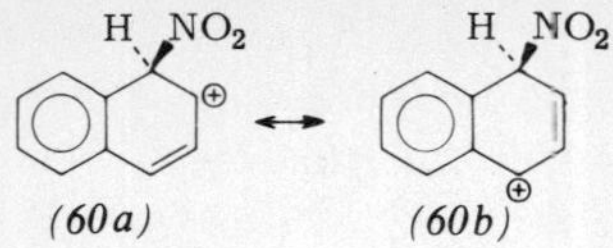

(60a) (60b)

β-

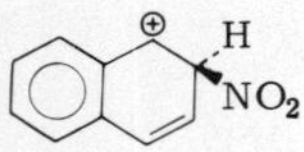

(61)

In beiden Fällen können weitere Strukturen geschrieben werden, in denen die positive Ladung über den zweiten Ring delokalisiert ist. Man erhält so insgesamt sieben Formen für das Zwischenprodukt beim α-Angriff gegenüber sechs bei der β-Verbindung. Allerdings sind die oben aufgezeichneten Grenzstrukturen wahrscheinlich die wichtigsten, da bei ihnen der zweite Ring seine Benzol-artige Überlappung der π-Orbitale beibehält. Trifft dies zu, so tragen *zwei* Grenzstrukturen zur Stabilisierung des Zwischenprodukts bei der α-Substitution bei, aber nur *eine* im β-Fall. Insgesamt ist Naphthalin dem elektrophilen Angriff leichter zugänglich als Benzol, da es die Ladung in den zu den σ-Komplexen führenden Übergangszuständen besser delokalisieren kann.

Die Sulfonierung des Naphthalins mit konzentrierter Schwefelsäure bei 80 °C ergibt praktisch quantitativ α-Substitution; die Bildungsgeschwindigkeit der β-Sulfonsäure ist bei dieser Temperatur sehr gering. Es liegt also ein kinetisch kontrollierter Reaktionsverlauf vor. Führt man die Sulfonierung aber bei 160 °C aus, so steigt der Anteil der β-Sulfonsäure auf 80 %, und nur der Rest ist das α-Isomere.

Daß jetzt ein thermodynamisch kontrollierter Reaktionsablauf vorliegt, läßt sich durch die Beobachtung sichern, daß man beim Erhitzen von Naphthalin-α- *oder* -β-sulfonsäure in konzentrierter Schwefelsäure bei 160 °C jeweils genau die gleiche Mischung erhält wie oben, nämlich 80 % β-Säure und 20 % α-Säure. Die größere thermodynamische Stabilität der β-Säure ist dabei weitgehend dem Umstand zuzuschreiben, daß sich in der α-Säure die geräumige SO_3H-Gruppe und das H-Atom am Scheitelpunkt des Nachbarrings in Position 8 störend beeinflussen. Die Wasserstoffatome in 1- und 3-Stellung der β-Säure sind beide weiter von der SO_3H-Gruppe entfernt.

Die gegenseitige Umwandlung der α- und der β-Säure in H_2SO_4 bei 160 °C könnte entweder aus einer direkten intramolekularen Isomerisierung resultieren, oder sie könnte durch Umkehrung der Sulfonierungsreaktion unter

Rückbildung von Naphthalin (das erneut, jetzt an anderer Stelle, sulfoniert wird) zustande kommen. Indem man die Reaktion in $H_2{}^{35}SO_4$ ausführt, sollte es möglich sein, zwischen den beiden vorgenannten Alternativen zu unterscheiden. Die erste Alternative sollte keinen ^{35}S-Einbau in die resultierenden Sulfonsäuren ergeben, während die zweite zu einem solchen Einbau führen sollte. Man findet, daß tatsächlich ^{35}S eingebaut wird, allerdings mit einer Geschwindigkeit, die geringer ist als die der Umwandlung. Dies könnte entweder bedeuten, daß beide Reaktionswege gleichzeitig beschritten werden, oder aber, daß die Sulfonierung zwar rückgängig gemacht wird, das frei werdende Naphthalin aber schneller vom abgespaltenen Schwefelsäuremolekül als von den umgebenden $H_2{}^{35}SO_4$-Molekülen angegriffen wird (partielle Intramolekularität). Diese Frage ist bisher ungeklärt.
Pyridin *(62)* verfügt ebenso wie Benzol über sechs π-Elektronen, von denen eines vom Stickstoff stammt, aber das π-Elektronensystem ist im Gegensatz zu dem des Benzols deformiert, da Stickstoff stärker elektronegativ ist als Kohlenstoff und die Elektronen anzieht. Dementsprechend hat Pyridin ein Dipolmoment mit dem negativen Pol am Stickstoff.

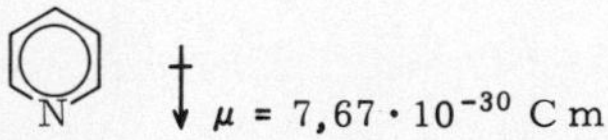

(62)

Pyridin ist somit ein Heterocyclus mit π-Elektronenmangel und sollte ähnlich wie ein Benzol-Derivat mit elektronenanziehenden Substituenten, z. B. Nitrobenzol, gegenüber elektrophilen Substitutionen desaktiviert sein. Das ist in der Tat so. Die Substitution erfolgt nur schwierig, und zwar in 3-Position, da der zunächst entstehende σ-Komplex *(63)* vergleichsweise stabil ist. Zu den Zwischenprodukten *(64)* und *(65)* der Substitution in 2- bzw. 4-Position gehören kanonische Strukturen, in denen die positive Ladung an zweibindigem Stickstoff lokalisiert ist, was sehr instabilen Zuständen entspricht.

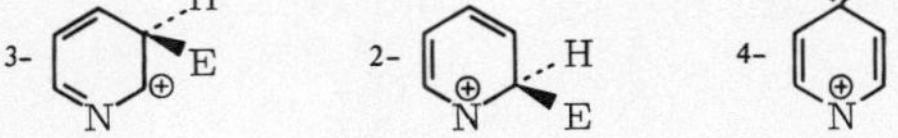

(63) *(64)* *(65)*

Es gibt hier deutliche Parallelen zur *m*-Substitution des Nitrobenzols, nur daß Pyridin noch sehr viel schwieriger zu substituieren ist. Präparativ brauchbare Nitrierungen, Chlorierungen, Bromierungen oder Friedel-Crafts-Reaktionen gelingen nicht, und die Sulfonierung erfordert langes (24h) Erhitzen in Oleum auf 230 °C in Gegenwart von Hg^{2+} als Katalysator. Zu dieser auffallenden Reaktionsträgheit trägt sicher die Tatsache bei, daß das freie Elektronenpaar am N-Atom des Pyridins ein Proton oder anderes Elektrophil zu *(66)* bzw. *(67)* aufnehmen kann.

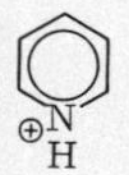
(66)

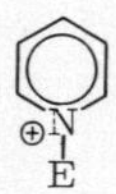
(67)

Die damit verbundene positive Aufladung bewirkt eine weitere Destabilisierung der σ-Komplexe in der elektrophilen Substitution, ähnlich wie das auch bei einem $R_3N^{\oplus}$-Substituenten am Benzol der Fall war. Die Destabilisierung ist jetzt aber viel ausgeprägter, da die positive Ladung unmittelbar an einem der Ringatome lokalisiert ist und nicht nur an einem Substituenten.

Pyrrol *(68)* besitzt ebenfalls delokalisierte π-Orbitale. Hier hat das Stickstoffatom allerdings *zwei* Elektronen beizusteuern, so daß es damit seinen basischen Charakter praktisch verliert (S. 84). Sein Dipolmoment weist in die entgegengesetzte Richtung wie das des Pyridins:

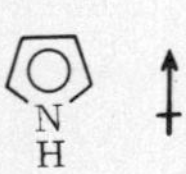
$\mu = 6{,}00 \cdot 10^{-30}$ C m

(68)

Pyrrol ist daher ein Heterocyclus mit π-Elektronenüberschuß und verhält sich wie ein reaktives Benzol-Derivat, z. B. Anilin, indem es sehr leicht elektrophile Substitutionen eingeht.
Eine Komplikation kann dadurch eintreten, daß in stark saurer Lösung eine Protonierung des – an sich nur schwach basischen – Pyrrols erzwungen wird, wobei die Struktur *(69)* entsteht.

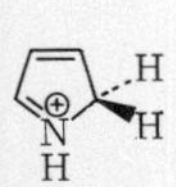
(69)

Dieses Kation hat keine aromatischen Eigenschaften mehr und ähnelt eher einem konjugierten Dien, das rascher Polymerisation unterliegt.
Durch die Wahl spezieller Reaktionsbedingungen kann man jedoch eine elektrophile Substitution erreichen. Beispiele sind die Acetylierung mit $(CH_3CO)_2O/BF_3$ und die Sulfonierung mit einem SO_3/Pyridin-Komplex vom Typ *(67)*, wobei bevorzugt die 2-, nicht die 3-Position angegriffen wird. Hierin spiegelt sich die etwas größere Stabilität des σ-Komplexes *(70)*, verglichen mit *(71)*, wider.

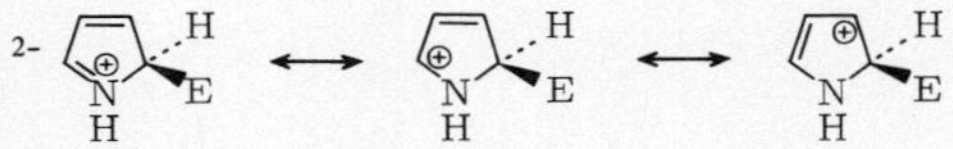

(70a) *(70b)* *(70c)*

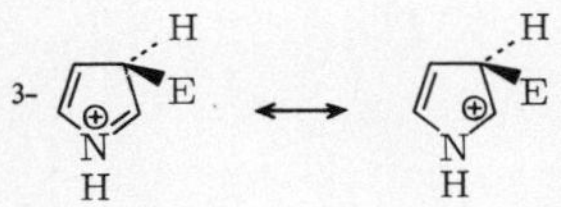

(71a) *(71b)*

Der Unterschied ist jedoch nicht sehr ausgeprägt, und wenn die 2-Stellung blockiert ist, reagiert der hochreaktive Kern auch bereitwillig in 3-Stellung. Tatsächlich werden nicht selten sämtliche vier Kohlenstoffatome substituiert, z. B. bei der Bromierung in Essigsäure.

6.10 Nucleophiler Angriff an aromatischen Systemen

6.10.1 Substitution von Wasserstoff

Nucleophile können mit dem unsubstituierten Benzolkern nur sehr viel schwerer in Reaktion treten als Elektrophile, weil a) die π-Elektronenwolke des Kerns das sich nähernde Nucleophil abstößt und b) eine Delokalisation und damit Stabilisierung der negativen Ladung in einem Zwischenprodukt *(72)*, dem anionischen (d. h. um 2 Elektronen reicheren) Analogon der σ-Komplexe vom Typ *(73)*, nicht in entsprechendem Maße möglich ist.

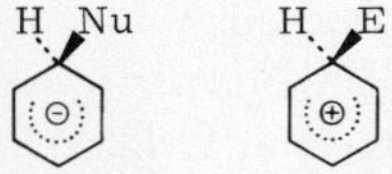

(72) *(73)*

Beide Hindernisse sollten durch starke Elektronenakzeptoren als Substituenten zu überwinden sein (vgl. die Addition von Nucleophilen an Alkene mit elektronenanziehenden Substituenten, S. 230). Tatsächlich gelingt es beispielsweise, Nitrobenzol mit geschmolzenem Kaliumhydroxid in Gegenwart von Luft zu *o*-Nitrophenol *(74)* (neben etwas *p*-Isomer) umzusetzen:

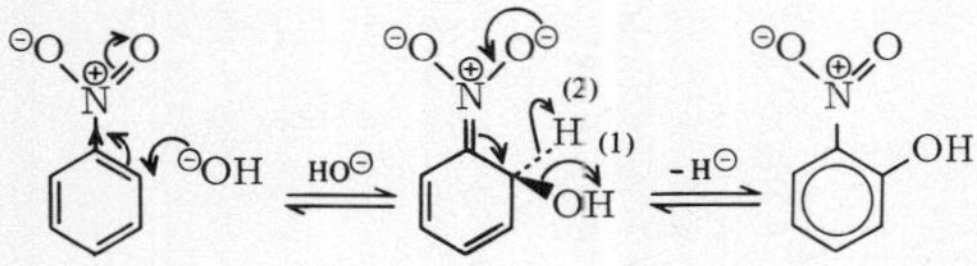

(75) *(74)*

Man kann zwar noch andere kanonische Strukturen für das anionische Zwischenprodukt *(75)* schreiben, aber bei weitem die wichtigste ist die oben dargestellte mit der negativen Ladung an einem Sauerstoffatom der Nitrogruppe. Eine Delokalisation in diesem Sinne ist nur möglich, wenn das $HO^{\ominus}$-Ion die *o*- oder *p*-Stellung zur Nitrogruppe angreift. Verbindung *(75)* kann sodann in den aromatischen Zustand zurückkehren, in dem entweder $HO^{\ominus}$ oder $H^{\ominus}$ abgespalten werden. Der erstere Fall ist lediglich die Umkehrung der ursprünglichen Reaktion und führt zum Ausgangsmaterial zurück. Der zweite Fall führt zum Produkt *(74)*. Nun ist $H^{\ominus}$ im Gegensatz zu $H^{\oplus}$ bei elektrophilen Substitutionen eine sehr schlechte Abgangsgruppe, in der Tat eine schlechtere als $HO^{\ominus}$. Sofern also nicht ein Oxidationsmittel wie KNO_3, $K_3Fe(CN)_6$ oder Luft zugegen ist, das die Ablösung des Hydrid-Anions unterstützt und dieses aus dem Reaktionsgeschehen entfernt, würde der einleitende Reaktionsschritt lediglich ein ganz auf der Ausgangsseite liegendes Gleichgewicht herbeiführen. Zu einer gewissen Umsetzung kommt es allerdings auch in Abwesenheit eines zugesetzten Oxidationsmittels, aber es stellt sich heraus, daß hier Nitrobenzol seine eigene Umwandlung fördert, indem es als Oxidationsmittel wirkt und dabei selbst in Azoxybenzol übergeht; die Ausbeute an Nitrophenol unter diesen Bedingungen ist aber gering.

Wie zu erwarten, dirigiert der elektronenanziehende Substituent NO_2 angreifende Nucleophile in die *o*- und *p*-Positionen; wir wissen bereits, daß er für die weiter verbreitete elektrophile Substitution ein „*m*-dirigierender Substituent" ist. Beim Pyridin *(76)* bedarf es keiner weiteren Aktivierung, hier macht schon der Ring-Stickstoff das Molekül ausreichend reaktiv gegenüber starken Nucleophilen. Mit Natriumamid in N,N-Dimethylanilin gelingt so die direkte Einführung der Aminogruppe in der sog. Tschitschibabin-Reaktion:

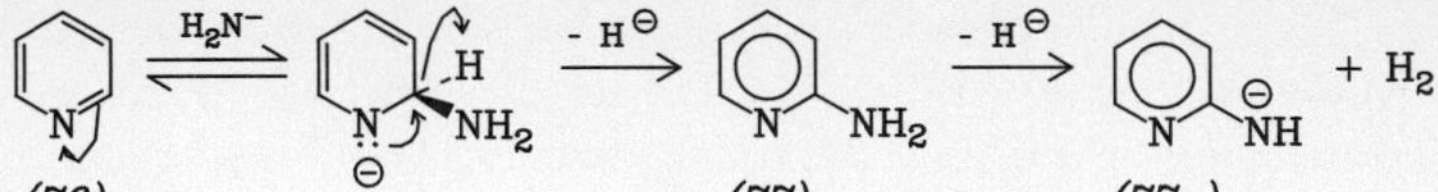
(76) (77) (77a)

Die austretende Gruppe, $H^{\ominus}$, entreißt im Folgeschritt der eingeführten Aminofunktion ein Proton, wodurch – unter Wasserstoffentwicklung – aus *(77)* sein Anion *(77a)* wird. Dieses wird schließlich beim Aufarbeiten mit Wasser in das gewünschte 2-Aminopyridin *(77)* übergeführt, eine für weitere Synthesezwecke nützliche Substanz.

6.10.2 Die Substitution anderer Atome als Wasserstoff

Das Hydrid-Ion $H^{\ominus}$ ist im Gegensatz zum Proton $H^{\oplus}$ eine außerordentlich schlechte Abgangsgruppe, mit dem Resultat, daß bei der einfachen *nucleophilen* aromatischen Substitution der *ipso*-Angriff (S. 185) die Regel – statt der Ausnahme – ist. $Cl^{\ominus}$, $Br^{\ominus}$, N_2, SO_3^{2-}, $R_2N^{\ominus}$ usw. zählen zu den besseren Abgangsgruppen, und mit ihnen kann man tatsächlich ein Verhalten beobachten, das dem der nucleophilen Substitution analog ist (S. 89). Präparativ sehr wertvoll ist die Verdrängung des Stickstoffs von Diazonium-Salz durch eine Vielfalt von Nucleophilen im Sinne der Reaktion

$$ArN_2^{\oplus} + Y^{\ominus} \longrightarrow ArY + N_2$$

mit dem Geschwindigkeitsgesetz:

$$r = k\,[ArN_2^{\oplus}]$$

Da die Reaktionsgeschwindigkeit demnach unabhängig von $[Y^{\ominus}]$ ist, sieht man sich an die S_N1-Reaktion der aliphatischen Verbindungen erinnert. Tatsächlich wird auch hier die langsame, geschwindigkeitsbestimmende Bildung eines (Aryl)Kations – im einfachsten Fall also des Phenyl-Kations *(78)* – angenommen, der sich eine rasche Reaktion mit vorhandenen Nucleophilen anschließt.

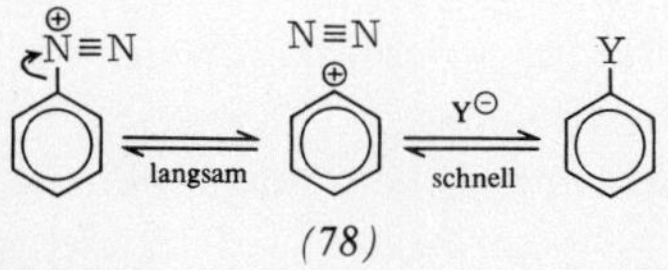

(78)

In Übereinstimmung mit dieser Vorstellung vermag die Zugabe irgendwelcher Nucleophile wie $Cl^{\ominus}$, CH_3OH usw. zwar die Produktzusammensetzung, nicht aber die Reaktionsgeschwindigkeit zu ändern, eine zwangsläufige Folge des obigen Geschwindigkeitsgesetzes.

Es mag überraschen, daß ein so energiereiches Teilchen wie das Phenyl-Kation *(78)*, dessen positive Ladung durch das π-Orbitalsystem nicht delokalisiert werden kann, gebildet werden soll. Wir dürfen aber nicht vergessen, daß die Triebkraft der Reaktion von der außerordentlich guten Eignung des N_2 als Abgangsgruppe stammt: Die N≡N-Bindungsenergie beträgt 946 kJ (226 kcal) mol^{-1}! Wahrscheinlich ist die Zersetzung von Diazonium-Kationen in Gegenwart von Nucleophilen auch die einzige Reaktion, bei der einfache Aryl-Kationen in Lösung gebildet werden. Als hoch reaktive Teilchen sind diese gegenüber Nucleophilen sehr wenig selektiv.

Für $C_6H_5^{\oplus}$ ergibt sich ein Selektivitätsfaktor gegenüber $Cl^{\ominus}$ und H_2O von $k_{Cl^{\ominus}}/k_{H_2O} \approx 3$, verglichen mit einem Wert von 180 für das *tert.*-Butyl-Kation. Das Phenyl-Kation kann sogar mit N_2 rekombinieren (wodurch die Zersetzung der Diazonium-Kationen reversibel wird), wahrhaftig ein Zeichen ungewöhnlicher Reaktionsfähigkeit! Zu dieser Schlußfolgerung zwingt die Beobachtung des ^{15}N-Austauschs in *(79)*.

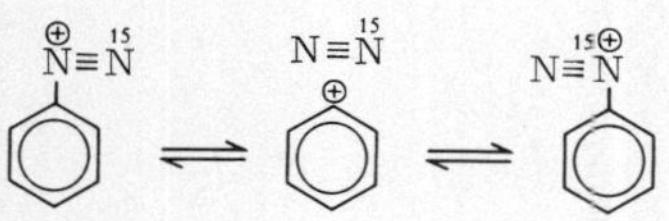

(79a) *(79b)*

Eine präparativ sehr nützliche Reaktion der Diazonium-Salze ist die Einführung von Fluor in den Benzolkern, die durch die direkte Fluorierung mit molekularem Fluor nicht erzielt werden kann (S. 160):

$$Ar{-}N_2^{\oplus}\ BF_4^{\ominus} \xrightarrow{\Delta} Ar{-}F + N_2\uparrow + BF_3\uparrow$$

Diazoniumfluoroborate sind gemeinhin relativ stabil. Man kann sie in Substanz isolieren und dann im trockenen Zustand erhitzen: unter Abgang von Stickstoff und Bortrifluorid als Gasen werden die reinen Arylfluoride erhalten!

Eine Reihe von Reaktionen der Diazonium-Salze, vor allen solche in wenig polaren Lösungsmitteln, dürfte allerdings über Aryl-*Radikale* ablaufen (S. 393), worauf an dieser Stelle schon hingewiesen sei.

Wohl die am weitesten verbreitete nucleophile aromatische Substitution ist die Verdrängung von Halogenid-Ionen von einem durch elektronenanziehende Gruppen aktivierten Arylhalogenid, beispielsweise *p*-Nitrochlorbenzol *(80)*.

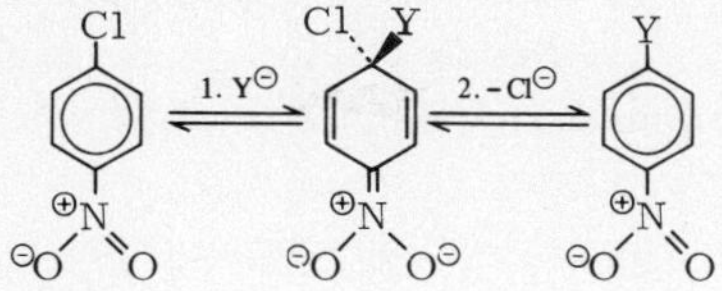

(80) *(81)*

Man beobachtet hier gewöhnlich ein Geschwindigkeitsgesetz von der Form

$$r = k\,[\mathrm{ArX}]\,[\mathrm{Y}^{\ominus}]$$

in formaler Analogie zur S_N2-Reaktion der aliphatischen Verbindungen. Die Analogie kann aber nur äußerlich sein, denn ein Angriff von $Y^{\ominus}$ von der Rückseite des die Abgangsgruppe tragenden Kohlenstoffatoms (vgl. S_N2, S. 102) ist hier nicht möglich. Dieser besondere Reaktionstyp, bei dem das Nucleophil seitlich an das zu substituierende Kohlenstoffatom herantreten muß, wird oft als S_N2*(aromatisch)*-Reaktion bezeichnet. Dabei bleibt zunächst offen, ob die Reaktion einstufig abläuft wie in der normalen S_N2-Reaktion oder in zwei Schritten. Im ersteren Fall wäre eine Struktur wie *(81)* als Übergangszustand des einstufigen Prozesses aufzufassen. Im zweiten Fall sind zwei Varianten denkbar und mit dem Geschwindigkeitsgesetz verträglich: entweder könnte der 1. Schritt des obigen Reaktionsschemas langsam und damit geschwindigkeitsbestimmend sein, oder aber der 2. Schritt (die Abspaltung der Abgangsgruppe) nach einem vorausgegangenen sich rasch einstellenden Anlagerungsgleichgewicht. In jedem Falle wäre *(81)* ein echtes Zwischenprodukt.

Diese letztere Interpretation ist vermutlich die richtige. Eine Reihe von anionischen Komplexen vom Typ *(81)*, allerdings mit höherer Beladung durch Nitrogruppen, konnte in Substanz isoliert und durch ihre NMR-Spektren und Röntgenbeugung charakterisiert werden. Ein Beispiel dieser Art von Verbindungen, die auch als Meisenheimer-Komplexe bezeichnet werden, ist *(82)*.

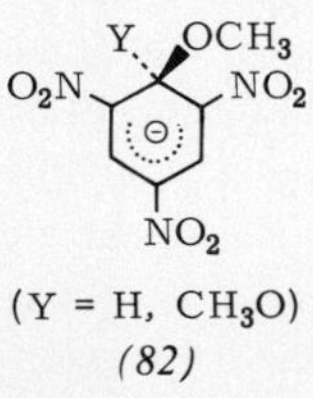

(Y = H, CH_3O)
(82)

Bemerkenswert ist der Komplex *(83)*, der (als Natrium- oder Kaliumsalz) nach Einwirkung von Ethanolat $C_2H_5O^{\ominus}$ auf den Methylether *(84)* oder umgekehrt von Methanolat $CH_3O^{\ominus}$ auf den Ethylether *(85)* in Form tiefroter Kristalle erhalten werden kann. Säuert man die Reaktionsmischung an, so bekommt man dieselbe Gleichgewichtsmischung der beiden Ether *(84)* + *(85)* zurück, gleichgültig von welchem Ether man ausgegangen war. All dies beweist nicht, daß die übliche nucleophile Verdrängung an aromatischen (Halogen)Verbindungen über ähnliche Zwischenprodukte verläuft, aber sie verleiht dieser Annahme Gewicht.

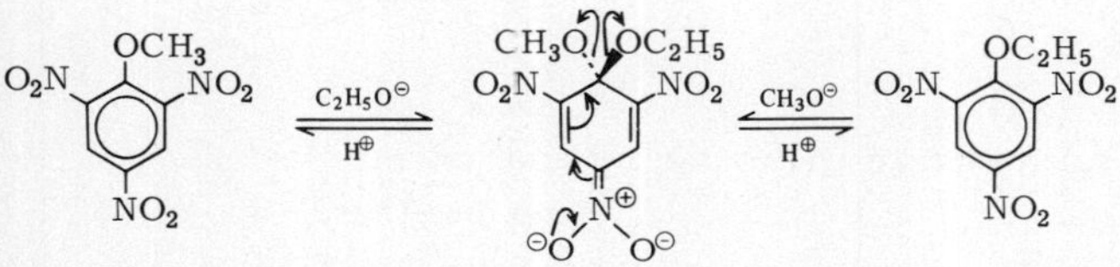

(84) *(83)* *(85)*

Einen direkteren Beweis liefert der Vergleich der Reaktionsgeschwindigkeiten einer Reihe von Substraten mit verschiedenen Abgangsgruppen bei der Substitution mit demselben Nucleophil, z. B. in der Umsetzung der 2,4-Dinitro-halogenbenzole *(86)* mit Piperidin *(87)*.

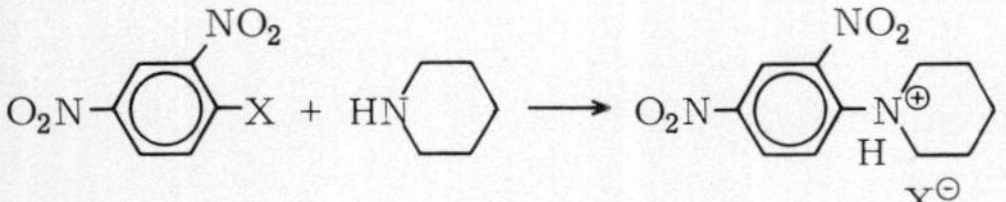

(86) *(87)*

Die auf Iod bezogenen relativen Geschwindigkeiten ergeben sich zu 4,3, 4,3 bzw. 1 für X = Cl, Br und I. Die Lösung der C–Hal-Bindung ist offensichtlich nicht entscheidend am geschwindigkeitsbestimmenden Schritt beteiligt, weil man sonst sehr viel größere Unterschiede, zudem in der Reihenfolge I > Br > Cl, hätte finden müssen. Wir müssen also die Vorstellung eines einstufigen Prozesses aufgeben und einen Zweischritt-Mechanismus annehmen, bei dem der Angriff des Nucleophils (1. Schritt im allgemeinen Reaktionsschema von S. 197) geschwindigkeitsbestimmend ist. Von Interesse ist auch die hohe relative Reaktionsgeschwindigkeit von 3 300 in der obigen Reaktion für X = F. Der stark elektronenanziehende Fluor-Substituent beschleunigt den Anlagerungsschritt, indem er das Ringkohlenstoffatom stärker positiviert und dadurch dem angreifenden Nucleophil leichter zugänglich macht, und indem er das zwitterionische Addukt *(88)* stabilisiert.

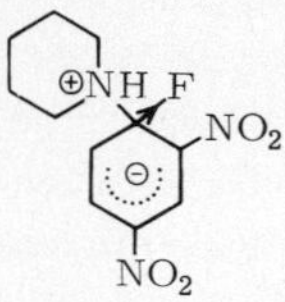

(88)

Aufgrund seiner hohen Reaktivität wird 2,4-Dinitrofluorbenzol [*(86)*, X = F] häufig zur Kennzeichnung der endständigen NH_2-Gruppen von Aminosäuren bei der Endgruppenbestimmung von Proteinen verwendet. Nach seiner Verknüpfung mit der NH_2-Gruppe ist das Reagenz nur schwer wieder zu entfernen und widersteht der nachfolgenden Hydrolyse des Proteins in seine Aminosäuren-Bestandteile.

Die – geringfügigen – Reaktivitätsunterschiede, die im obigen System *(86)* beobachtet werden, lassen sich auf die unterschiedliche Fähigkeit der Halogenatome, Elektronen anzuziehen und dadurch den Angriff des Nucleophils zu erleichtern, zurückführen; sie liegen in der umgekehrten Reihenfolge der Eignung der Halogenid-Ionen als Abgangsgruppen. Setzt man aber dieselbe Reihe von Halogenverbindungen mit N-Methylanilin in Nitrobenzol bei 120°C um, so findet man relative Geschwindigkeiten für X=F, Cl und Br von 1,15 bzw. 46, diesmal also in der Reihenfolge der Eignung der Halogene als Abgangsgruppen. Es ist zu vermuten, daß jetzt der 2. Schritt des Reaktionsschemas beteiligt und zumindest teilweise geschwindigkeitsbestimmend ist.

Der erstere Reaktionstyp ist aber der sehr viel weiter verbreitete. Wir haben also nach der S_N1-Reaktion der aliphatischen Verbindungen, bei der die Lösung der Bindung zur Abgangsgruppe der Schließung der neuen Bindung zum Nucleophil vorauseilt, und der S_N2-Reaktion, bei der beides gleichzeitig geschieht, jetzt in der S_N2*(aromatisch)*-Reaktion einen dritten Fall, Ablösung der Abgangsgruppe *nach* Anbindung des Nucleophils. Die nucleophile aromatische „Substitution" ist somit eigentlich eine Additions/Eliminierungs-Sequenz und gleicht insofern der elektrophilen aromatischen Substitution, nur daß eben die angreifenden Reagenzien andere sind.

Andere wichtige Beispiele von nucleophilen aromatischen Substitutionen mit präparativer Bedeutung sind die Verdrängung der $SO_3^{2\ominus}$-Gruppe aus den Alkalimetall-Salzen von Sulfonsäuren durch $HO^\ominus$ oder $CN^\ominus$ sowie die Verdrängung von $R_2N^\ominus$ aus *p*-Nitroso-N,N-dialkylanilinen durch $HO^\ominus$.

Der Abzug von Elektronendichte durch Substituenten und damit die Stabilisierung der (anionischen) Zwischenprodukte ist nur dann wirklich wirksam, wenn Ladungsdelokalisation durch einen konjugativen Effekt möglich ist. Zu diesem Zweck muß beispielsweise die Nitrogruppe *o*- oder *p*- ständig zur Abgangsgruppe angeordnet sein. Man beobachtet folglich die nachstehende Reaktivitätsreihe. Aus demselben Grund unterliegen auch die 2- und 4-, nicht aber die 3-Halogenpyridine einer raschen nucleophilen Substitution.

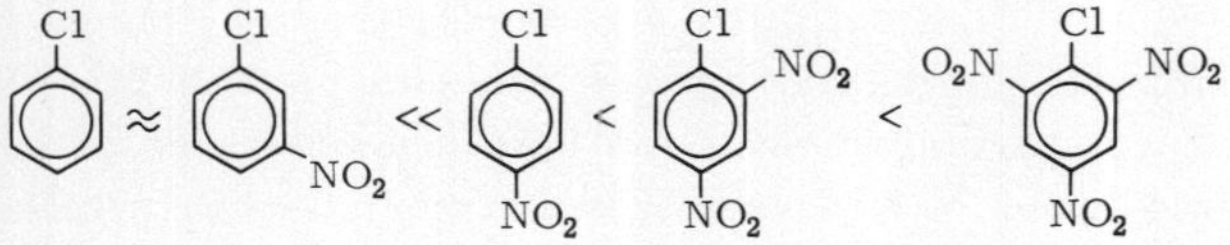

Die konjugative Wechselwirkung des elektronenanziehenden Substituenten mit dem Kern wird beeinträchtigt oder aufgehoben, wenn das mit dem Kern verbundene Schlüsselatom des Substituenten (z. B. N in NO_2) sein p-Orbital aufgrund einer sterischen Hinderung nicht parallel zum p-Orbital des benachbarten Ringkohlenstoffatoms ausrichten kann. Man beobachtet folgende relativen Reaktivitäten bei nucleophilen Substitutionen:

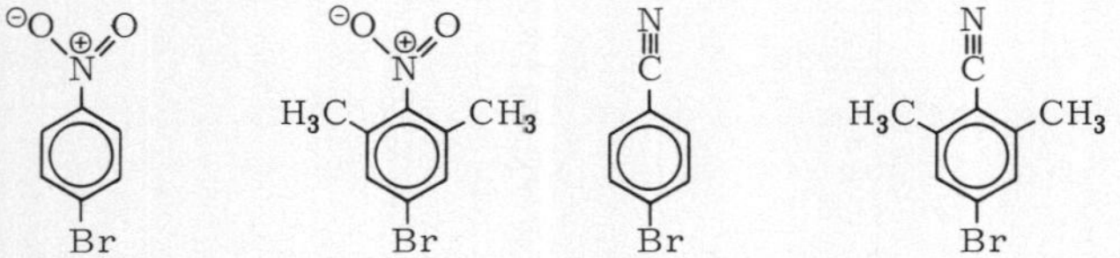

(89)	*(90)*	*(91)*	*(92)*
40	1	4	1

Der Abfall der Substitutionsgeschwindigkeit um einen Faktor von 40 beim Gang von *(89)* zu *(90)* zeigt an, daß tatsächlich die beiden Methylgruppen in der letzteren Verbindung die O-Atome der Nitrogruppe daran hindern, in die Ebene des Benzolkerns einzuschwenken, wodurch die N−C-Orbitalüberlappung wirksam beeinträchtigt wird. Beim analogen Verbindungspaar *(91)/(92)*, bei dem nur die Nitrogruppe durch die Cyanogruppe ersetzt ist, fällt der Reaktivitätsunterschied sehr viel geringer aus: Für den linear gebundenen CN-Substituenten stellen die Methylgruppen praktisch kein Hindernis dar, die p-Orbitalüberlappung ist also nicht beeinträchtigt.

Abschließend hierzu sollten wir anmerken, daß auch bei nichtaktivierten Halogenbenzolen nucleophile Verdrängungen möglich werden, wenn man die Reaktionen in dipolar-aprotischen Lösungsmitteln wie Dimethylsulfoxid (DMSO) durchführt. Nucleophile Anionen $Y^{\ominus}$ sind darin sehr viel energiereicher, da die starke Solvatation durch Wasserstoffbrücken entfällt, und die Freien Aktivierungsenthalpien sinken entsprechend. Beim Wechsel von Methanol zu DMSO als Lösungsmittel sind Geschwindigkeitssteigerungen um Faktoren bis 10^9 beobachtet worden. Beispielsweise reagiert Chlorbenzol glatt unter aprotischen Bedingungen mit dem *tert.*-Butylalkoholat-Anion:

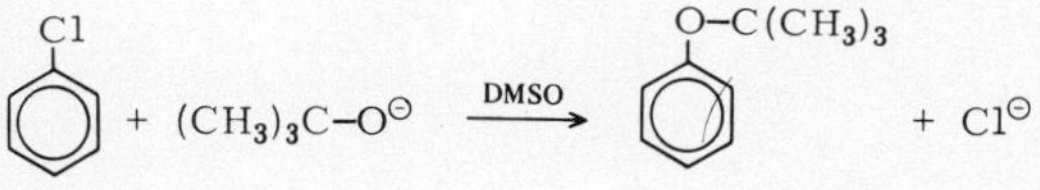

6.10.3 Substitution über Dehydroaromaten (Arine)

Unter normalen Bedingungen sind nicht-aktivierte aromatische Halogenide zwar kaum zur Umsetzung mit Nucleophilen bereit, doch entfalten sie oft gegenüber sehr starken Basen eine auffällige Reaktivität. Beispielsweise kann man Chlorbenzol mit Natriumamid in flüssigem Ammoniak bei −33 °C glatt in Anilin umwandeln:

$$C_6H_5Cl + H_2N^{\ominus} \longrightarrow C_6H_5NH_2 + Cl^{\ominus}$$

Dieses überraschende Verhalten weist auf einen besonderen Reaktionsablauf hin. Einen Fingerzeig auf das mechanistische Geschehen liefert die Beobachtung, daß die entsprechende Umsetzung des *p*-Chlortoluols *(93)* nicht nur das erwartete *p*-Aminotoluol (*p*-Toluidin) *(94)*, sondern auch das unerwartete *m*-Isomer *(95)* – sogar in größerer Ausbeute – liefert (S. 51).

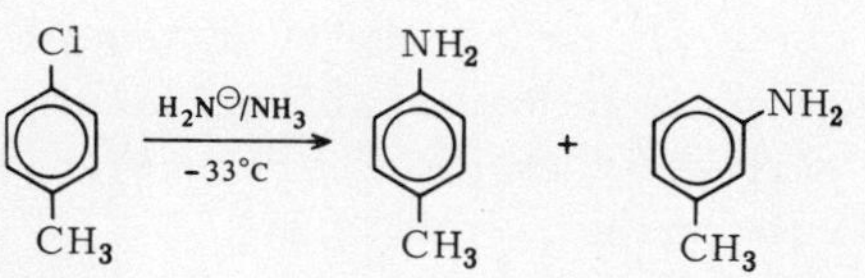

(93) *(94)* *(95)*

38% 62%

Das *o*-Isomer wurde niemals gefunden, und *(94* und *(95)* sind unter den Reaktionsbedingungen nicht ineinander umwandelbar. Wenn man zudem noch weiß (durch H/D-Austauschexperimente), daß das Amid-Ion in flüssigem Ammoniak Protonen aus Benzol abzulösen vermag und daß dieser Vorgang in *o*-Stellung zu Halogensubstituenten ausgesprochen rasch verläuft, gelangt man zu der Vermutung, daß das Amid hier zunächst gar nicht als Nucleophil, sondern als Base fungiert, daß also nicht Kohlenstoff, sondern Wasserstoff in *o*-Stellung zum Cl-Substituenten angegriffen wird.

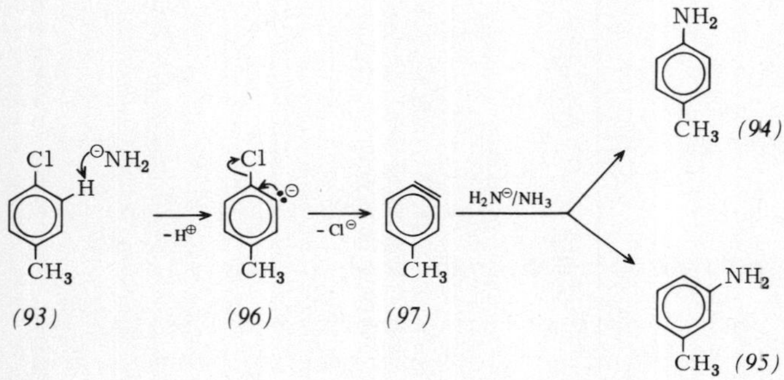

(93) *(96)* *(97)* *(94)* *(95)*

Die Deprotonierung von *(93)* in *o*-Position zum Halogen führt zum Carbanion *(96)*, das dann unter Abspaltung des Halogenid-Anions in die Struktur *(97)* übergeht. Man nennt die reaktiven cyclischen Produkte dieses Typs *Dehydroaromaten* oder *Arine*. Deprotonierung und anionischer Abgang des Halogens könnten auch synchronisiert sein, so daß eine carbanionische Zwischenstufe *(96)* übersprungen wird. Wesentlich ist, daß *(97)* alternativ an zwei benachbarten Positionen $H_2N^{\ominus}$ anlagern kann, um nach abschließender Protonierung die beiden isomeren Produkte *(94)* und *(95)* zu bilden. Deren Anteile am Gesamtprodukt sind ungleich, da *(97)* nicht symmetrisch ist und die Methylgruppe einen dirigierenden Einfluß ausübt. Insgesamt haben wir es dann mit einer Eliminierung/Addition zu tun, nachdem wir vorher die normale aromatische nucleophile Substitution als eine Addition/Eliminierung erkannt hatten. In mechanistischer Hinsicht ähnelt dieser neue „Substitutions"-Typ tatsächlich eher der Eliminierung von Alkylhalogeniden, die wir später besprechen werden (S. 287).

Als ein Beweis für den Arin-Mechanismus der Substitution nicht-aktivierter aromatischer Halogenverbindungen kann die Tatsache gelten, daß Verbindungen wie *(98)*, *(99)* oder *(100)* unter den vorgenannten Bedingungen überhaupt nicht mit Amid reagieren. Ihnen ist gemeinsam das Fehlen von Wasserstoffatomen in *o*-Stellung zum Halogen, was die Ausbildung der Arin-Struktur verhindert.

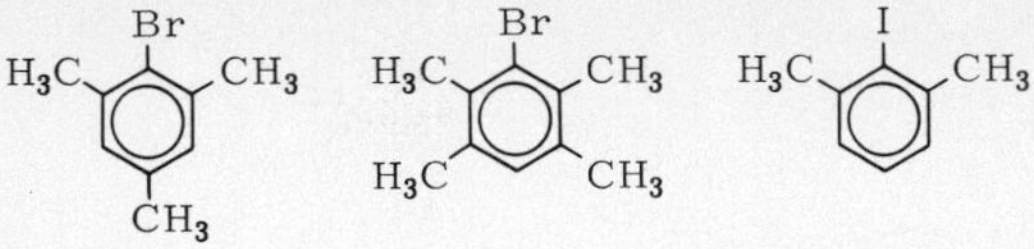

(98) *(99)* *(100)*

Die Struktur der Arine mit ihrer dem aromatischen Zustand überlagerten zusätzlichen Mehrfachbindung ist von einigem Interesse. Um eine acetylenische Bindung im üblichen Sinne kann es sich nicht handeln, da dies eine starke Verzerrung des Benzolkerns bedeuten würde, müßte doch zweimal ein Bindungswinkel von 180°, der durch die lineare sp-Hybridisierung der Acetylene diktiert ist, im Ring untergebracht werden. Eher dürfte die Vorstellung richtig sein, daß das π-Orbitalsystem des Benzolkerns mehr oder weniger unverändert ist und daß die beiden zusätzlich zur Verfügung stehenden Elektronen in Atomorbitalen vom ursprünglichen sp^2-Typ untergebracht sind. Dehydrobenzol *(101)*, die Stammverbindung der Klasse, kann dann wie folgt formuliert werden:

(101a) *(101b)* *(101c)*

Die Überlappung zwischen den beiden Orbitalen kann aus räumlichen Gründen nur sehr gering sein, eine „Bindung" zwischen ihnen nur entsprechend schwach. Arine sollten daher sowohl gegenüber Nucleophilen als auch Elektrophilen äußerst reaktionsfähig sein. Dies ist der Fall, wenn auch kein völlig unselektives Verhalten beobachtet wird.

Dehydrobenzol selbst ist kürzlich in festem Argon als Matrix bei 8K isoliert worden, und zahlreiche Hinweise auf das Auftreten von Arinen haben Abfangexperimente und spektroskopische Untersuchungen geliefert. Erzeugt man Dehydrobenzol *(101)* in Gegenwart von Furan *(102)*, so entsteht ein Diels-Alder-Addukt (vgl. S. 228) *(103)*, das säurekatalytisch leicht in α-Naphthol *(104)* umgewandelt wird.

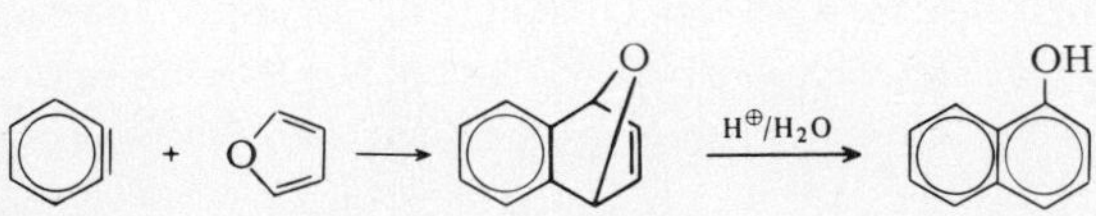

(101) *(102)* *(103)* *(104)*

Sind geeignete „Abfänger“ nicht zugegen, so dimerisiert Dehydrobenzol zum stabilen Biphenylen *(105)*.

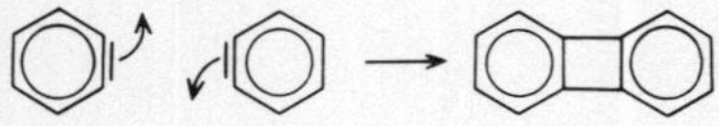

(105)

Einen der überzeugendsten Beweise für das Auftreten von Dehydrobenzol liefert die Massenspektrometrie: Wird ein Salz der diazotierten Anthranilsäure *(106)* in das erhitzte Einlaßsystem eines Massenspektrometers gebracht, so tritt ein recht einfaches Massenspektrum auf mit Peaks bei *m/z* 28, 44, 76 und 152. Der Peak bei *m/z* 76 geht im Laufe der Zeit zurück, der bei *m/z* 152 wächst, ein Zeichen, daß Dehydrobenzol zunehmend zu Biphenylen *(105)* dimerisiert:

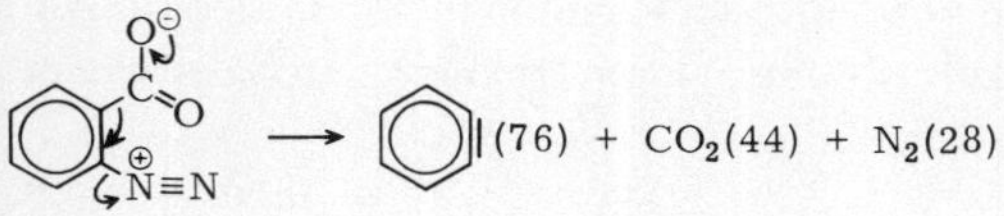

(106)

Methoden wie die Pyrolyse von *(106)*, die keine stark basischen Bedingungen erfordern, wurden erfolgreich zur Erzeugung von Dehydroaromaten in präparativem Maßstab herangezogen. Ein noch ergiebigeres Verfahren ist die Oxidation von 1-Amino-benztriazol *(107)* mit Bleitetraacetat.

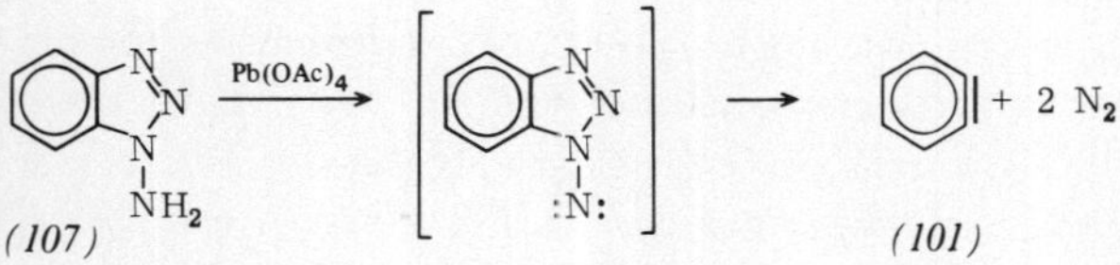

(107) *(101)*

Reaktionen nicht-aktivierter Halogenverbindungen mit schwächeren Basen wie $HO^{\ominus}$, die unter stärker forcierten Bedingungen zustande kommen, verlaufen möglicherweise zweigleisig teils über Arine teils auf dem Wege der S_N2 *(aromatisch)*-Substitution. In welchem Umfang der eine oder andere Mechanismus zum Zuge kommt, hängt von der Natur des Nucleophils bzw. der Base, der Struktur des aromatischen Substrats und den Reaktionsbedingungen ab.

7 Elektrophile und nucleophile Additionen an Kohlenstoff-Kohlenstoff-Doppelbindungen

Wie wir bereits sahen (S. 9), besteht eine Kohlenstoff-Kohlenstoff-Doppelbindung aus einer festen σ- und einer schwächeren π-Bindung:

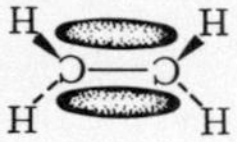

Das Elektronenpaar im π-Orbital ist diffuser und weniger fest durch die Kohlenstoffatome gebunden und kann daher leichter polarisiert werden als das der σ-Bindung. Hieraus erklärt sich die charakteristische Reaktionsfähigkeit solcher Doppelbindungen. Da die für die Kohlenstoff-Kohlenstoff-Doppelbindung charakteristischen π-Elektronen in der Peripherie des Moleküls angeordnet sind, sollte man erwarten, daß sie das Molekül gegen den Angriff nucleophiler Agentien abschirmen. Das Experiment bestätigt diese Erwartung (vgl. allerdings S. 230).
Die typischen Reaktionen des Systems werden durch Teilchen mit Elektronenmangel, wie $X^{\oplus}$ oder X·, eingeleitet. (Radikale lassen sich als Elektronenmangelstrukturen ansehen, da sie zur Bildung einer Bindung ein weiteres Elektron suchen.) Kationen rufen dabei eine heterolytische, Radikale eine homolytische Spaltung der π-Bindung hervor. Ionische Mechanismen überwiegen im allgemeinen in polaren Solventien, Radikalmechanismen dagegen in unpolaren Lösungsmitteln, besonders unter der Einwirkung von Licht. Über die durch freie Radikale eingeleiteten Anlagerungen werden wir später sprechen (S. 368) und uns hier zunächst den polaren Mechanismen zuwenden.

7.1 Die Addition von Halogenen

Die Entfärbung einer Lösung von Brom in Tetrachlorkohlenstoff zählt zu den klassischen Nachweisreaktionen für Alkene. Diese wohl bekannteste Additionsreaktion der Alkene verläuft auch ohne die Mitwirkung eines Katalysators sehr rasch, und man könnte vermuten, daß sie sich als einfache Einstufen-Reaktion vollzieht und z. B. vom Ethylen *(1)* in folgender Weise zum 1,2-Dibromethan *(2)* führt:

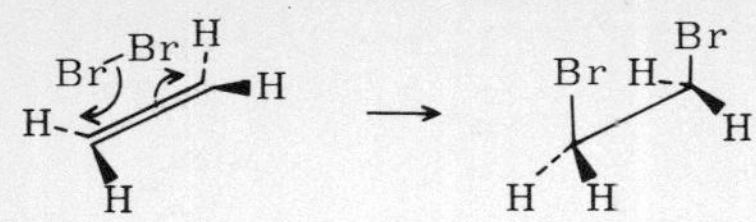

(1) *(2)*

Es gibt jedoch zwei überzeugende experimentelle Hinweise dafür, daß die Reaktion anders verläuft. Einerseits liefert die Bromaddition in Gegenwart nucleophiler Reagenzien, $Y^{\ominus}$: oder Y: (z. B. $Cl^{\ominus}$, $NO_3^{\ominus}$, H_2O: usw.) neben dem erwarteten 1,2-Dibromid *(3)* Reaktionsprodukte *(4)*, in denen ein Brom- und ein Y-Atom an die Doppelbindung addiert worden sind:

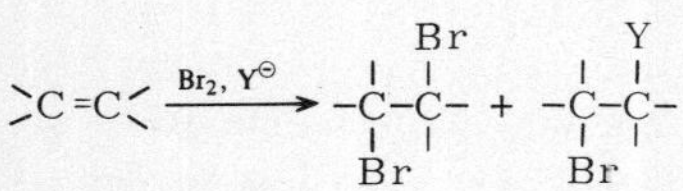

(3) *(4)*

Dieses Ergebnis ist unvereinbar mit dem oben postulierten Einstufen-Mechanismus, bei dem ein weiteres Nucleophil Y keine Chance zum Angriff hätte. Selbstverständlich muß nachgewiesen werden, daß Produkt *(4)* nicht durch nachträgliche Reaktion von $Y^{\ominus}$ mit bereits gebildetem *(3)* entsteht. Wie das Experiment zeigt, erfolgt unter den Bedingungen der Addition die Bildung von *(4)* viel schneller als eine nucleophile Substitutionsreaktion. Daß *(4)* als Zweitprodukt entsteht, wird hingegen verständlich, wenn man annimmt, daß $Y^{\ominus}$ und $Br^{\ominus}$ (das aus einem Brommolekül entstanden ist) um eine gemeinsame Zwischenstufe konkurrieren (siehe unten).

Zum anderen erfolgt die Anlagerung der beiden Bromatome von entgegengesetzten Seiten des ebenen Alkenmoleküls, wie sich mit geeigneten Modellverbindungen nachweisen läßt. Diese Art der Addition wird als TRANS-Addition bezeichnet*). Beispielsweise liefert *trans*-2-Buten *(5)* nur das *meso*-Dibromid *(6)*:

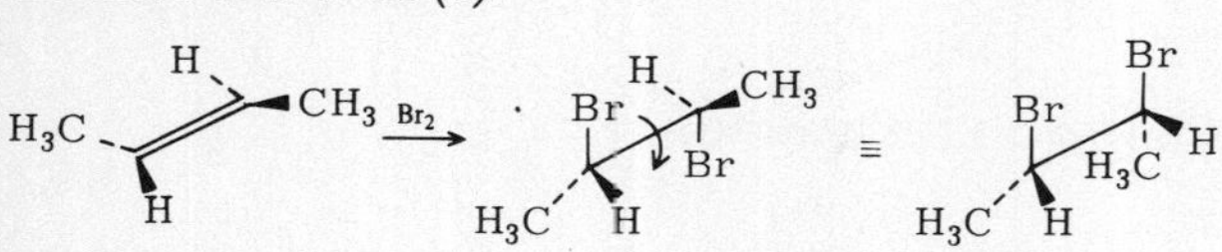

(5) *(6)* *meso*-Produkt: TRANS-Addition

* *Anmerkung der Übersetzer:* CIS und TRANS bezeichnen den Additions- (oder Eliminierungs)-Modus, *cis* und *trans* Strukturmerkmale.
vgl. P. Sykes, Reaktionsaufklärung. taschentext 8. Verlag Chemie, Weinheim 1973 (S. 153) (vergriffen).

Wäre die Reaktion nach einem CIS-Mechanismus verlaufen, d. h. hätten beide Bromatome des Alken von ein und derselben Seite angegriffen, so wäre das *d,l*-Dibromid *(7)* entstanden:

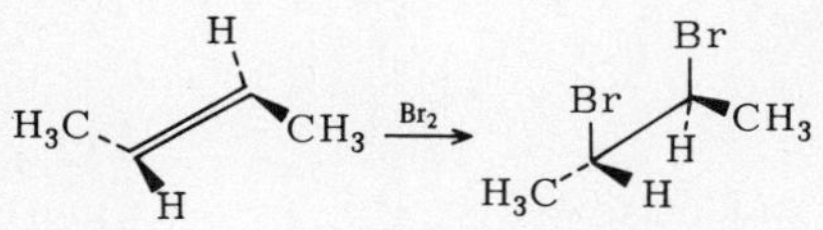

(5) *(7)* *d, l* - Produkt: CIS - Addition

Auch an anderen Alkenen konnte gezeigt werden, daß die Bromanlagerung mit sehr hoher Stereoselektivität verläuft; der Anteil des TRANS-Produkts beträgt meistens nahezu 100 %. Dieser stereochemische Befund spricht ebenfalls gegen den einstufigen Reaktionsverlauf, denn in einem Brommolekül ist der Abstand zwischen den beiden Atomen viel zu klein, als daß sie in einem Schritt TRANS-ständig addiert werden könnten.

Um diesen Beobachtungen gerecht zu werden, nimmt man an, daß die Addition ein Mehrstufenprozeß ist. Er wird eingeleitet durch die Anlagerung des positiven Endes eines Brommoleküls, das durch die Annäherung an die π-Elektronenwolke der Doppelbindung oder durch einen anderen Bestandteil des Reaktionssystems polarisiert wird. Das auf diese Weise entstehende lose Assoziat *(8)* wird als *π-Komplex* bezeichnet (vgl. die Reaktion von Brom mit Benzol, S. 151). Im nächsten Schritt wird hieraus das cyclische Bromonium-Ion *(9)*. (Daneben wurde auch noch ein Carbokation *(10)* formuliert, das eine C–Br-σ-Bindung besitzt; die eigenständige Existenz solcher α-Brom-carbokationen ist nicht gesichert, vgl. unten.) Der nucleophile Angriff des übriggebliebenen Bromid-Ions bzw. von zugesetzten $Y^{\ominus}$-Ionen auf eines der beiden Kohlenstoffatome der ursprünglichen Doppelbindung beschließt die Reaktion. Die beobachtete TRANS-Stereochemie des Dibromids*) *(11)* ist eine Folge der Beteiligung des Bromonium-Ions *(9)*, das von den voluminösen $Y^{\ominus}$- oder $Br^{\ominus}$-Ionen sehr viel leichter von der Rückseite als vorderseitig angegriffen wird:

* *Anmerkung der Übersetzer:* In dem gewählten einfachen Beispiel ist die TRANS-Addition von einer CIS-Addition nicht zu unterscheiden, was aber der Formulierung keinen Abbruch tut. Erst wenn die C-Atome verschiedene Substituenten tragen wie in *(5)*, wird der Unterschied evident.

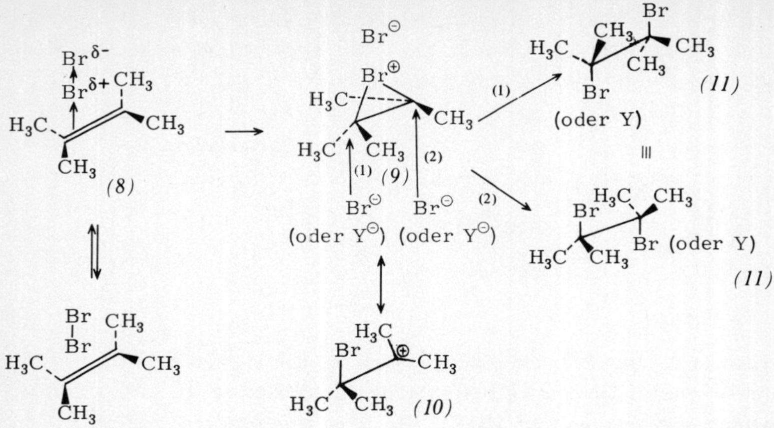

Obwohl die gegenseitige Polarisierung in *(8)* offensichtlich ausreicht, um das Zwischenprodukt *(9)* zu bilden, wird die Polarisierung des Brommoleküls durch Zugabe von Lewis-Säuren wie Aluminiumtribromid stark vergrößert (vgl. Bromierung von Benzol, S. 159). Eine Steigerung der Additionsgeschwindigkeit ist die Folge. Die Bildung des Kations *(9)* ist übrigens normalerweise der geschwindigkeitsbestimmende Schritt der Reaktion.

Bromonium-Ionen wurden erstmals 1938 als Ursache der hohen Stereoselektivität (TRANS-Addition) der Anlagerung von Brom an einfache acyclische Alkene angenommen. Hinweise für ihr Auftreten entstammen ganz unterschiedlichen Gebieten. Schließlich gelang Olah und seinen Mitarbeitern mit Hilfe der sog. Supersäuren (S. 120) ihr direkter Nachweis unter Verwendung der Kernresonanzspektroskopie. Das 1,2-Dibromid *(11)* reagiert mit Antimonpentafluorid in flüssigem Schwefeldioxid bei –60°C zu einem Ionenpaar, das statt der für das Kation *(12)* zu erwartenden zwei Methylsignale (je eins für die beiden äquivalenten Paare von Methylgruppen) nur eine einzige Resonanzlinie bei δ = 2,9 zeigt. Offensichtlich sind alle zwölf Protonen äquivalent geworden, was durch die Bildung des Bromonium-Ions *(9)* erklärt werden kann:

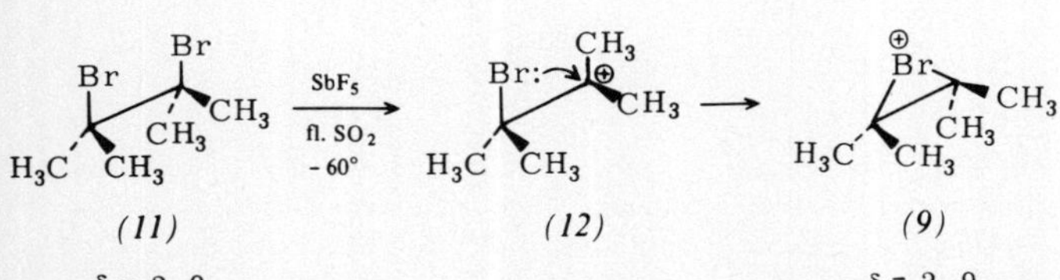

(11) δ = 2,0 *(12)* *(9)* δ = 2,9

Die Nachbargruppenbeteiligung eines Bromatoms (vgl. S. 109) beweist selbstverständlich nicht, daß die Bromaddition an Alkene auch über cyclische Bromonium-Ionen verläuft. Aber sie zeigt, daß derartige Teilchen prinzipiell existenzfähig und deshalb plausible Zwischenprodukte sind.
Bei dem Versuch, Brom an das höchst ungewöhnliche Alken *(13)* zu addieren, ist es tatsächlich gelungen, das cyclische Bromonium-Ion *(14)* zu isolieren:

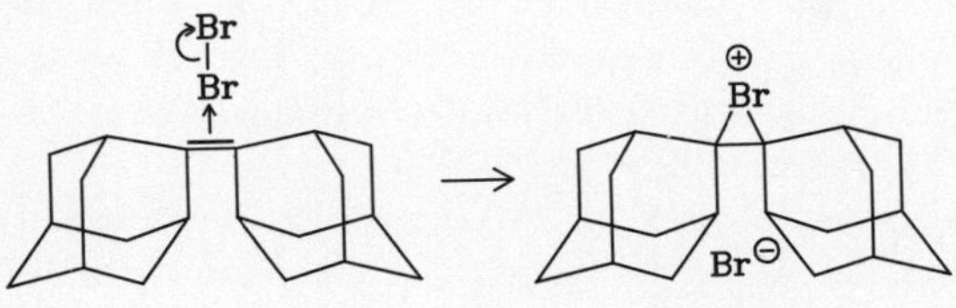

(13) *(14)*

Das ist nur möglich, weil der weitere Angriff von Bromid-Ionen auf das zunächst gebildete Intermediat *(14)* durch die außerordentlich voluminösen, käfigartigen Strukturen an beiden Enden der ursprünglichen Doppelbindung verhindert wird. Der abschließende Schritt der üblichen Brom-Anlagerung an Alkene kann deshalb nicht mehr erfolgen.
Das Ausmaß der TRANS-Stereoselektivität dieser Reaktion hängt erwartungsgemäß von der relativen Stabilität ab, die die cyclischen Halonium-Ionen wie *(9)* bzw. die entsprechenden „offenen" Kationen wie *(12)* unter den jeweiligen Reaktionsbedingungen besitzen. Sofern nicht-verbrückte Carbokationen eine eigene Existenz führen, sollten sie die Bildung von CIS-Addukten ermöglichen. Wegen seiner größeren Elektronegativität sollte beispielsweise Chlor weniger bereit sein als Brom, seine nichtbindenden Elektronenpaare zum Ausgleich des Ladungsmangels in einem Kation zur Verfügung zu stellen. Die Anlagerung von Chlor an Alkene sollte also weniger selektiv erfolgen als die von Brom. Das Experiment bestätigt diese Vermutung. Auch wenn ein bestimmtes Strukturmerkmal des Alkens zu einer bevorzugten Stabilisierung von Carbokationen beiträgt, sollte sich die TRANS-Stereoselektivität verringern. Wie die Addition von Brom an *trans*-1-Phenylpropen *(15)* zeigt, ist das der Fall:

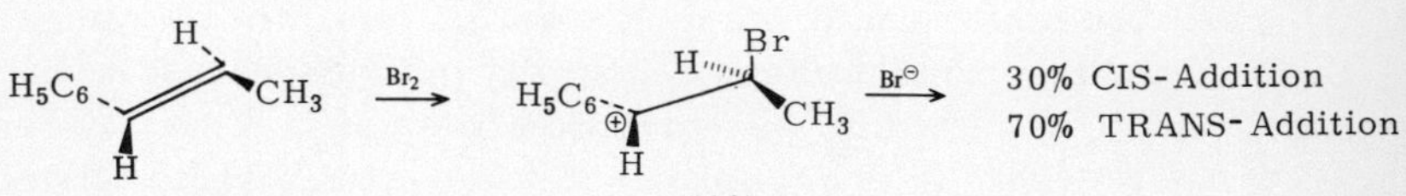

(15) *(16)*

Hier ist die Ausbildung des resonanzstabilisierten Benzyl-Kations *(16)* dafür verantwortlich, daß die TRANS-Selektivität viel kleiner (70 %) als beim *trans*-2-Buten [*(5)*, 100 %; vgl. S. 206] ist, für das die Delokalisierung der positiven Ladung durch einen Substituenten entfällt.
Bestimmte Lösungsmitteleinflüsse (größere Polarität, bessere Solvatation von Ionen u. a.) führen ebenfalls zu einer Stabilisierung der offenen (d. h. Carbokation-artigen) Struktur und damit zu einer Verringerung der TRANS-Stereoselektivität. So verläuft die Anlagerung von Brom an 1,2-Diphenylethen (Stilben) in Lösungsmitteln kleiner Dielektrizitätskonstante zu 90–100 % nach dem TRANS-Mechanismus, in einem Lösungsmittel mit $\varepsilon = 35$ hingegen nur zu ca. 50 %.
Fluor kann normalerweise nicht direkt an Alkene addiert werden: Die Reaktion ist so exotherm, daß es zur Bindungsspaltung kommt. Auch die direkte Anlagerung von Iod mißlingt in vielen Fällen. Tritt sie überhaupt ein, so ist die Reaktion zudem reversibel. Auch bei der Halogen-Anlagerung an Alkine wird die TRANS-Addition bevorzugt. Wie die Reaktion von Acetylendicarbonsäure *(17)* mit Brom zeigt, entstehen hierbei jedoch auch beträchtliche Mengen des *cis*-Produkts:

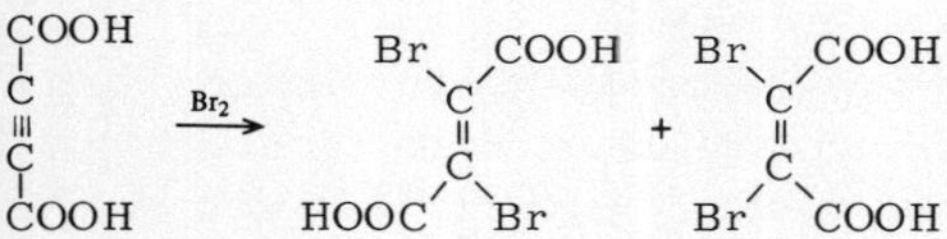

(17) ca. 70% ca. 30%

7.2 Der Einfluß von Substituenten auf die Additionsgeschwindigkeit

Gleichgültig, ob das Zwischenprodukt der Brom-Addition die Struktur eines Bromonium-Ions oder eines Carbokations besitzt, es handelt sich um eine positiv geladene Spezies. Und wenn deren Bildung geschwindigkeitsbestimmend ist, dann sollte sie bzw. der Übergangszustand, der ihr vorausgeht, durch elektronenliefernde Substituenten stabilisiert werden (vgl. die elektrophile aromatische Substitution, S. 176). Moleküle wie *(18)* sollten also rasch, solche mit elektronenanziehenden Substituenten wie *(19)* langsam reagieren:

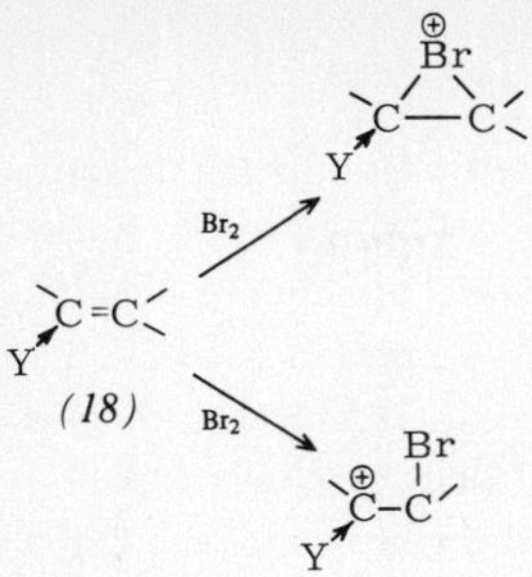

(18)

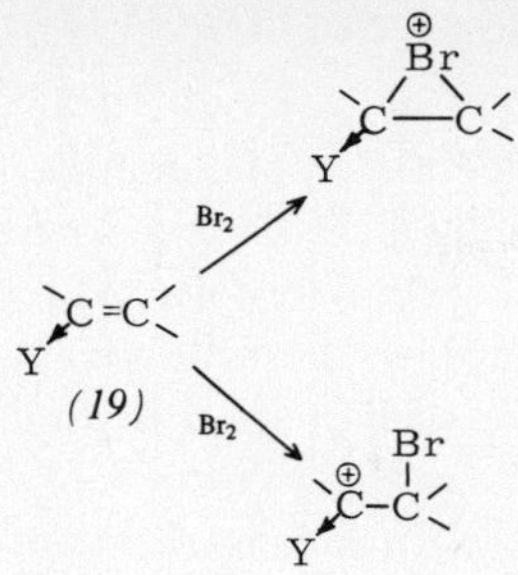

(19)

Man beobachtet die folgenden relativen Bromierungsgeschwindigkeiten:

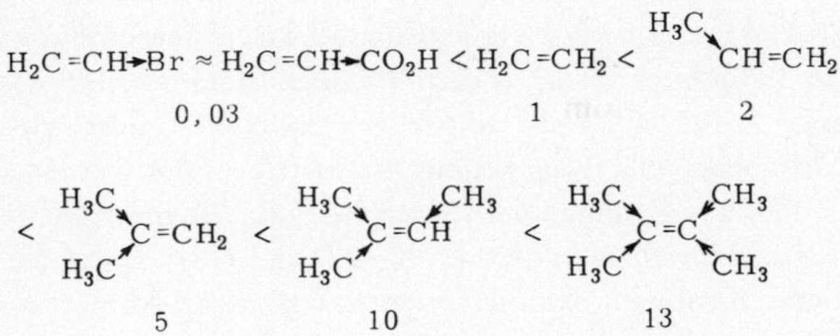

Bei der Ermittlung derartiger Reaktivitätsreihen muß unter möglichst ähnlichen Bedingungen gearbeitet werden, da die relativen Reaktionsgeschwindigkeiten stark von den genauen experimentellen Bedingungen abhängen.

Die Additionsgeschwindigkeit wächst zwar mit steigender Methylsubstitution des Alkens, jedoch weniger stark, als man erwarten möchte. Ursache ist vermutlich die mit der Zahl der Alkylgruppen zunehmende sterische Befrachtung des Übergangszustandes. Ein Phenylsubstituent beschleunigt hingegen die elektrophile Addition beträchtlich, weil das indermediär gebildete Carbokation *(20)* bzw. der Übergangszustand, der ihm vorausgeht, konjugativ stabilisiert ist und daher leichter entsteht.

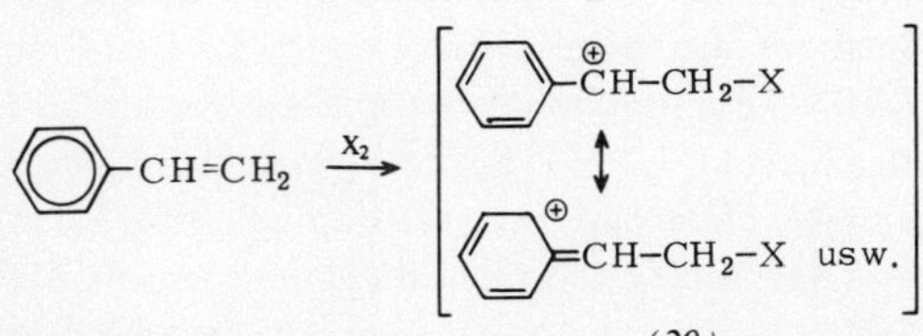

(20)

7.3 Die Orientierung der Addition

Wenn das zu addierende Elektrophil und das Alken unsymmetrisch sind, dann tritt das Problem der Orientierung der Addition auf. Das ist z. B. bei der Anlagerung der Halogenwasserstoffe an Propen der Fall. Man findet, daß die Reaktivität der Halogenwasserstoffe mit einem bestimmten Alken in der Reihe HF < HCl < HBr < HI steigt, d. h. parallel zu ihrer Säurestärke. Das spricht dafür, daß der Angriff des Protons auf das Alken geschwindigkeitsbestimmend ist. Der schnelle Abfangschritt durch das Halogenid-Ion wirkt sich auf die Reaktionsgeschwindigkeit nicht aus. In unpolaren Lösungsmitteln wird das Proton zweifellos direkt vom Halogenwasserstoff-Molekül H–X zur Verfügung gestellt. In polaren, insbesondere Hydroxygruppen-enthaltenden Lösungsmitteln dürfte der Angriff hingegen von der konjugaten Säure des Lösungsmittels (also $H_3O^{\oplus}$ im Falle H_2O) ausgehen. Eine überbrückte, dem Bromonium-Ion vergleichbare Zwischenverbindung wird bei dieser Addition nicht gebildet, da dem Wasserstoffatom nichtbindende Elektronenpaare fehlen. Obwohl möglicherweise π-Komplexe wie *(21)* in gewissen Additionen im ersten Reaktionsschritt gebildet werden, sollen diese Teilchen hier aus Gründen der Einfachheit und Übersichtlichkeit als Carbokationen geschrieben werden [z. B. *(23)* und *(24)*]. Es ist die relative Stabilität dieser Kationen, die die Orientierung der Addition an Verbindungen wie Propen *(22)* bestimmt:

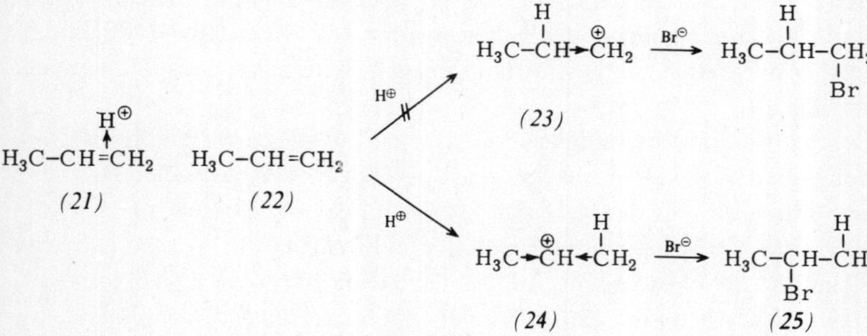

Daß sekundäre Carbokationen stabiler als primäre sind, wurde bereits erörtert (S. 96). Gilt dies auch für die Übergangszustände, die bei ihrer Erzeugung durchlaufen werden, so muß im obigen Beispiel das Kation *(24)* rascher gebildet werden als das Kation *(23)*. Wie das Experiment zeigt, wird *(24)* sogar *ausschließlich* gebildet, denn das einzige Additionsprodukt ist 2-Brom-propan *(25)*. Diese Art der Addition, bei der das Halogenatom oder allgemein der negativere Teil eines beliebigen Additionsreagenz an das höher substituierte Kohlenstoffatom der Doppelbindung angelagert wird, wird als *Markownikoff-Addition* bezeichnet.

Der Vorschlag, daß die Addition von Halogenwasserstoffen an Alkene normalerweise über Carbokation-Zwischenstufen abläuft, wird durch die Bildung von „unnatürlichen“ (d. h. unerwarteten) Additionsprodukten aus gewissen Alkenen gestützt, Addukten, die nur nach Umlagerung eines Carbokations (S. 129) entstanden sein können. Ein Beispiel ist die Anlagerung von Iodwasserstoffsäure an 3,3-Dimethylbuten *(26)*:

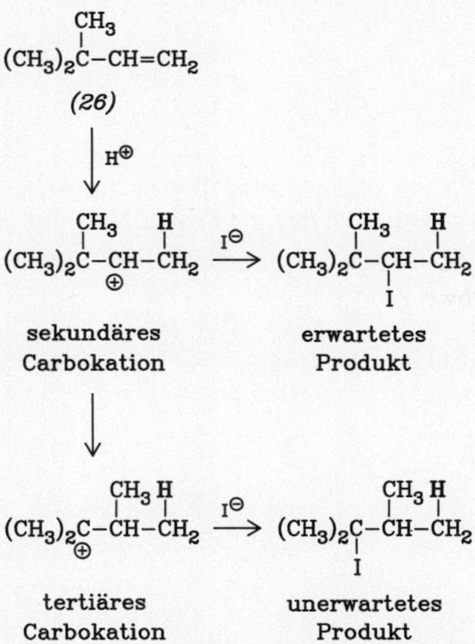

Zu den weiteren Komplikationen der HHal-Anlagerung an Alkene zählt z. B. die Beobachtung, daß bei der Reaktion in Wasser oder anderen Hydroxygruppen enthaltenden Lösungsmitteln die säurekatalysierte Hydratisierung und Etherbildung (siehe unten) Konkurrenzreaktionen sind, während in weniger polaren Solventien eine Radikalbildung erleichtert wird, so daß wir dort einen anderen Reaktionsmechanismus vorfinden. HBr wird hier in einer *anti*-Markownikoff-Addition angelagert, wobei man über das bevorzugt gebildete Zwischenprodukt $CH_3\text{–}\dot{C}H\text{–}CH_2Br$ die Verbindung $CH_3\text{–}CH_2\text{–}CH_2Br$ erhält. Der Radikalmechanismus der Addition und die Gründe für sein Auftreten sollen später besprochen werden (S. 372).

Die elektrophile Addition an 1–Halogen-alkene [z. B. Vinylbromid *(27)*] erinnert in mehrfacher Hinsicht an die elektrophile Substitution von Halogenbenzolen (S. 179).

Bei *(27)* wird die Additionsrichtung durch die nichtbindenden Elektronenpaare des Bromsubstituenten bestimmt (vgl. die Verhältnisse bei der Zweitsubstitution der Halogenbenzole, S. 179):

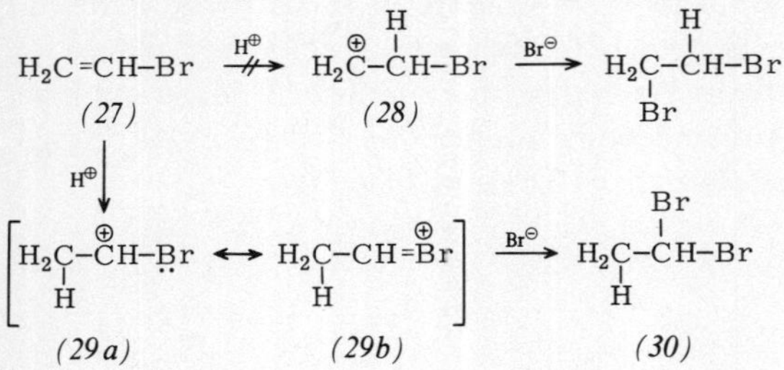

Das Zwischenprodukt *(29)* ist stabiler als *(28)* und wird deshalb bevorzugt gebildet. Tatsächlich ist 1,1-Dibrom-ethan *(30)* einziges Reaktionsprodukt. Die Additionsgeschwindigkeit wird andererseits durch den elektronenanziehenden Effekt des Halogenatoms bestimmt, und *(27)* addiert deshalb Bromwasserstoff ca. 30 mal langsamer als Ethylen. (Entsprechend wird Brombenzol von elektrophilen Reagenzien langsamer angegriffen als Benzol.) Carbokation *(29)* ist also weniger stabil als das Kation *(31)* und wird deshalb langsamer gebildet:

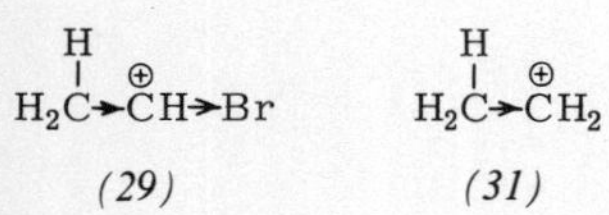

Im übrigen erfolgt die Addition der Halogenwasserstoffsäuren an einfache Alkene mit einer geringeren Stereoselektivität als die Anlagerung der Halogene, wobei vor allen Dingen Substituenteneffekte und Reaktionsbedingungen einen starken Einfluß auf den stereochemischen Verlauf der Reaktion ausüben.

7.4 Weitere Additionsreaktionen

7.4.1 Die Anlagerung weiterer Halogen-Derivate

Die Addition von Interhalogenverbindungen an Alkene unterscheidet sich kaum von der der reinen Halogene. Die folgende Reaktivitätsordnung wurde beobachtet: $BrCl > Br_2 > ICl > IBr > I_2$. Die Addition beginnt am positiv polarisierten Ende des unsymmetrischen Moleküls, d. h. am weniger stark elektronegativen Halogenatom, und führt im ersten Schritt wahrscheinlich zu einem cyclischen Halonium-Ion. Die Addition von I–Cl verläuft hochgradig stereoselektiv (TRANS), weil sich cyclische Iodonium-Ionen besonders leicht bilden und – verglichen mit Carbokationen – vergleichsweise stabil sind. Im Falle eines unsymmetrischen Alkens wie 2-Methylpropen *(32)* wird die Ladung in der Zwischenstufe am höher substituierten Kohlenstoffatom besser stabilisiert. Br in *(33)* wird also schwächer an dieses Carbokation-Zentrum gebunden, und das übriggebliebene Nucleophil $Cl^{\ominus}$ wird an dieser Stelle bevorzugt angreifen. Wiederum entsteht also bevorzugt das Markownikoff-Produkt, *(34)*:

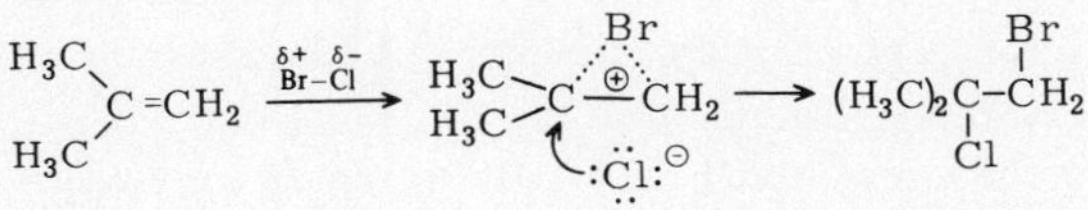

(32) *(33)* *(34)*

Lange hat man angenommen, daß Hypohalogensäuren, z. B. $HO^{\delta-} - Br^{\delta+}$ (d. h. Bromwasser) nach einem ganz ähnlichen Mechanismus reagieren; heute ist man eher der Meinung, daß tatsächlich das Halogen selbst, z. B. Brom, als elektrophiles Agens fungiert und daß sowohl das 1,2-Dibromid *(35a)* als auch das 1,2-Bromhydrin *(35b)* durch konkurrierenden Angriff von $Br^{\ominus}$ bzw. Wasser auf das zunächst gebildete Bromonium-Ion *(36)* entstehen:

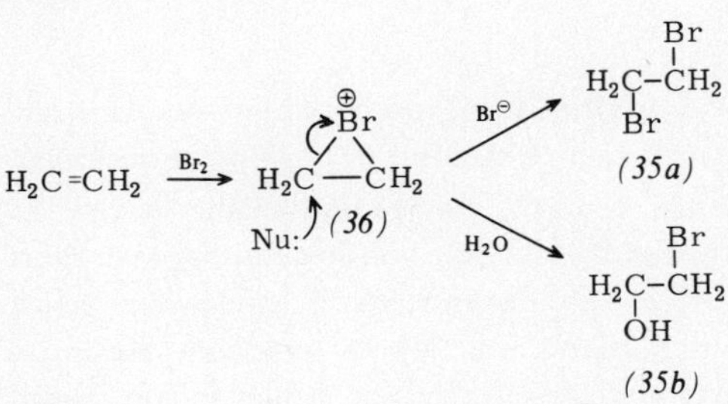

7.4.2 Die Hydratisierung

Die Hydratisierung einer Kohlenstoff-Kohlenstoff-Doppelbindung ist die Umkehrung der säurekatalysierten Wasserabspaltung bei Alkoholen unter Bildung von Alkenen (S. 289):

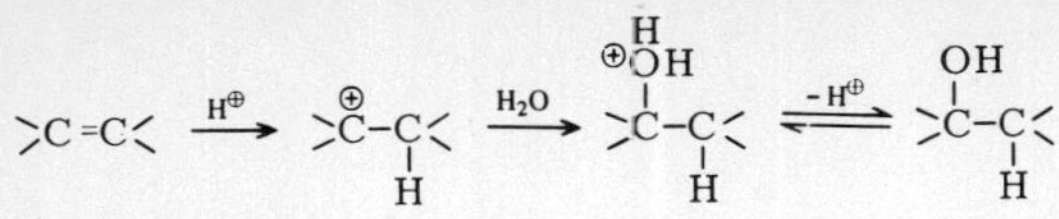

(37)

Die Bildung des Carbokations *(37)* ist der geschwindigkeitsbestimmende Schritt in dieser Reaktion. Es ließ sich jedoch nicht entscheiden, ob *(37)* direkt gebildet wird oder über einen π-Komplex, der schnell und reversibel entstehen könnte, um sich dann langsam und geschwindigkeitsbestimmend in *(37)* umzuwandeln. Die Markownikoff-Orientierung wird normalerweise bevorzugt, und es gibt Hinweise auf eine TRANS-Stereoselektivität. Diese ist jedoch nicht sehr ausgeprägt und hängt sowohl von den Substituenten am Alken als auch von den Reaktionsbedingungen ab.

Halogenwasserstoffe werden gewöhnlich nicht als Proton-Donoren verwendet, da sie sich leicht selbst anlagern. Die bei der Dissoziation von Schwefelsäure entstehenden $HSO_4^{\ominus}$-Ionen sind hingegen nur sehr schwach nucleophil. Sollten sie sich dennoch addieren, so werden die gebildeten Alkylhydrogensulfate durch Wasser sehr leicht hydrolysiert:

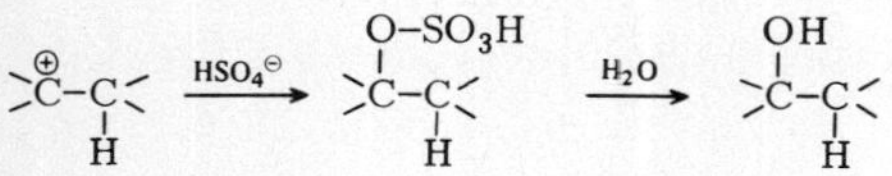

Gelegentlich lagern sich die Carbokationen vor Abschluß der Hydratisierung um, außerdem können sie sich elektrophil an noch nicht protoniertes Alken addieren (siehe unten, S. 218). Die Hydratisierung ist bei der Umwandlung von Erdölfraktionen in Alkohole von Bedeutung; man führt sie bisweilen so aus, daß die Alkene in konzentrierter Schwefelsäure gelöst werden und die Lösung anschließend mit Wasser verdünnt wird. Im technischen Maßstab wird diese Hydratisierung durch Einleiten von Dampf in Gegenwart saurer Katalysatoren ausgeführt. Unter dem katalytischen Einfluß von Säure können außerdem Alkohole zu Ethern und Carbonsäuren zu Estern addiert werden.

Die *anti*-Markownikoff-Hydratisierung von Alkenen gelingt indirekt durch Anlagerung von Diboran (B_2H_6) und anschließende Oxidation des gebildeten Trialkylborans *(38)* mit alkalischer Wasserstoffperoxid-Lösung in der sog. Hydroborierungs-Reaktion:

$$H_3CCH{=}CH_2 \xrightarrow{B_2H_6} \underset{(38)}{(H_3CCH_2CH_2)_3B} \xrightarrow{H_2O_2} \underset{(39)}{H_3CCH_2CH_2OH} + B(OH)_3$$

Das benötigte Diboran wird entweder *in situ* oder in einem anderen Reaktionsgefäß aus Natriumborhydrid ($NaBH_4$) und Bortrifluorid-Etherat [$BF_3 \cdot O(C_2H_5)_2$] erzeugt; es bildet wahrscheinlich mit dem als Lösungsmittel verwendeten Ether eine Komplexverbindung, ähnlich wie das monomere Boran (BH_3). Als Lewis-Säure greift BH_3 bevorzugt das am niedrigsten substituierte Kohlenstoffatom der Doppelbindung an (Markownikoff-Addition). Anschließend wird die Reaktion durch Hydrid-Verschiebung an das benachbarte, positiv polarisierte Kohlenstoffatom abgeschlossen:

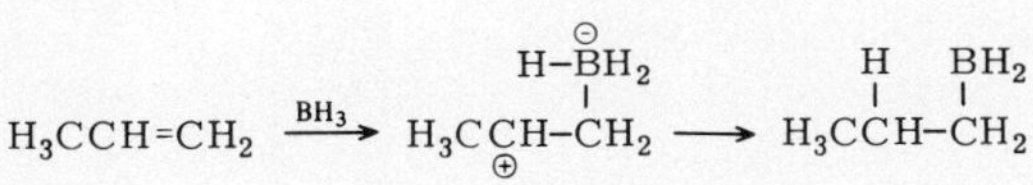

(40)

Wie die CIS-Stereoselektivität zeigt, die bei der Hydroborierung geeigneter Modellverbindungen beobachtet wird, hat das Zwischenprodukt *(40)* vermutlich eine cyclische Struktur. Das zuerst gebildete Monoalkylboran RBH_2 reagiert mit weiterem Alken bis zur Trialkylboran-Stufe [R_3B, *(38)*]. Durch Oxidation mit H_2O_2 wird die Kohlenstoff-Bor-Bindung gespalten und der Alkohol *(39)* freigesetzt. Insgesamt erfolgt demnach eine (häufig CIS-stereoselektive) *anti*-Markownikoff-Hydratisierung des Alkens. Die Ausbeuten der Reaktion sind im allgemeinen gut.

7.4.3 Die Addition von Carbokationen an Doppelbindungen

Die in einigen der oben erwähnten Reaktionen gebildeten Carbokationen können sich bei Abwesenheit anderer nucleophiler Reagenzien (z. B. von Wasser, S. 215) elektrophil an noch nicht protonierte Alken-Moleküle addieren. So kann das aus Isobutylen[2-Methylpropen, *(41)*] im ersten Reaktionsschritt entstandene Kation *(42)* ein zweites Molekül des Ausgangsalkens *(41)* angreifen, wobei sich das neue, „dimere" Kation *(43)* bildet:

Dieses lagert sich nun seinerseits an die Doppelbindung eines dritten Moleküls unter Bildung des „trimeren“ Kations *(45)* an, oder es gibt ein Proton ab und geht in den C_8-Kohlenwasserstoff *(44)* über. Diese Schritte, die sich noch mehrmals wiederholen können (siehe unten), erfolgen stets so, daß sowohl die Protonierung als auch die Addition zum stabilsten Carbokation führen:

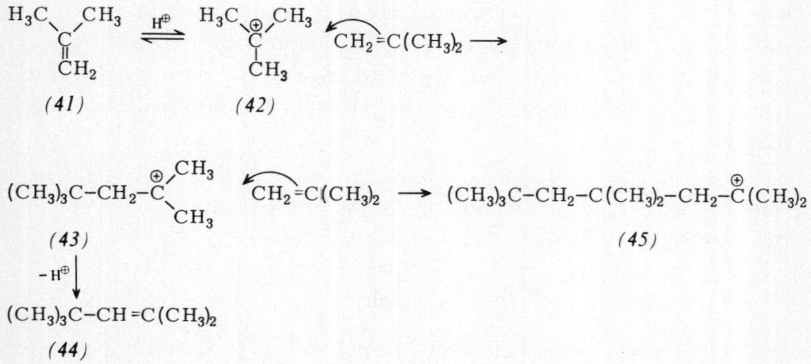

Im Falle des Isobutylens können auf diesem Wege, der sog. *kationischen Polymerisation*, tatsächlich hochmolekulare Polymere hergestellt werden; bei den meisten einfachen Alkenen bleibt der Prozeß auf der Stufe des Di- oder Trimers stehen. Großtechnisch werden vor allen Dingen Styrol ($C_6H_5CH{=}CH_2$) und Vinylether ($RO{-}CH{=}CH_2$) durch kationische Polymerisation in die entsprechenden Polymere umgewandelt (Polystyrol, Polyvinylether). Als Initiator verwendet man dazu häufig Lewis-Säure-Katalysatoren wie Bortrifluorid, denen als Co-Katalysator Wasser oder andere Verbindungen zugesetzt werden, die die in der Anfangsphase der Reaktion erforderlichen Protonen liefern. Die meisten Alken-Polymerisationen werden allerdings durch Radikale eingeleitet (S. 377).

7.4.4 Die Hydroxylierung

Es gibt eine Anzahl von Reagenzien, die zur Übertragung von zwei Hydroxygruppen („Hydroxylierung“) auf eine Doppelbindung verwendet werden können.

Bei der Einwirkung von Osmiumtetroxid auf Alkene entsteht der cyclische Osmiumsäureester *(46)*, der beispielsweise im alkalischen Medium unter Bildung des 1,2-Diols *(47)* rasch hydrolysiert wird:

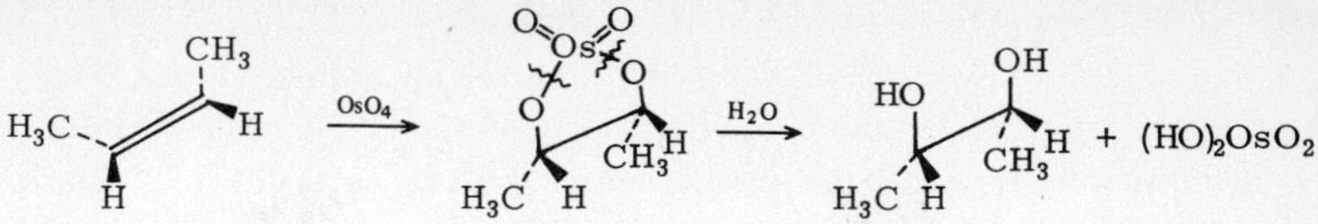

(48a) *(46)* *(47) meso*

Da die Hydrolyse eine Aufspaltung der Osmium-Sauerstoff- und nicht der Sauerstoff-Kohlenstoff-Bindung in *(46)* bewirkt, kann keine Inversion der Konfiguration an den Kohlenstoffatomen eintreten. Das entstehende Glykol muß also, wie der cyclische Osmiumsäureester, *cis*-Konfiguration, im obigen Beispiel demnach die *meso*-Konfiguration *(47)*, haben. Preis und Giftigkeit des Osmiumtetroxids schließen seine Verwendung in größerem Maßstab aus, doch genügen katalytische Mengen, wenn Wasserstoffperoxid zugeführt wird, das die Osmiumsäure zum Tetroxid reoxidiert.
Das *cis*-Glykol erhält man auch bei der Einwirkung von alkalischem Permanganat, dem klassischen Nachweisreagenz auf Doppelbindungen. Obwohl hier keine cyclischen Ester als Zwischenstufen isoliert werden konnten, kann man vernünftigerweise einen ähnlichen Reaktionsverlauf wie oben annehmen. Diese Annahme wird dadurch bekräftigt, daß mit ^{18}O markiertes $MnO_4^{\ominus}$ zu einem in *beiden* Sauerstoffatomen markierten Glykol führt, was bedeutet, daß beide aus dem Permanganat stammen und nicht aus dem Lösungsmittel. *cis*-Hydroxylierungen mit Permanganat haben den Nachteil, daß das gebildete *cis*-Diol *(47)* unter den Reaktionsbedingungen sehr leicht weiteroxidiert werden kann.

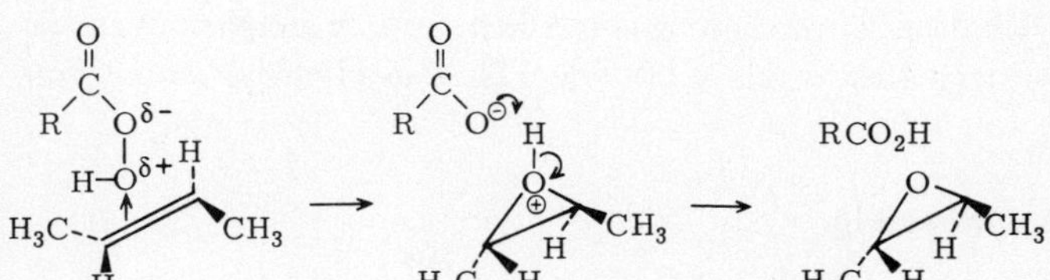

(48b) *(49)*

Oxidiert man Alkene mit Persäuren (RCO−O−OH), so entstehen Epoxide *(49)*. Wie die Epoxidierung von *trans*-2-Buten *(48b)* zeigt, verläuft auch diese Addition mit hoher Stereoselektivität. Epoxide besitzen eine ähnliche Struktur wie die oben diskutierten Bromonium-Ionen (S. 208), sind jedoch im Gegensatz zu diesen geladenen Zwischenprodukten normalerweise stabil und isolierbar. Durch säure- oder basekatalysierte Hydrolyse (eine nucleophile Reaktion) gehen Epoxide in 1,2-Diole über. Da der Angriff von der Rückseite des cyclischen Epoxids *(49)* erfolgen muß, tritt eine Inversion der Konfiguration am angegriffenen Kohlenstoffatom ein, so daß diese Additionsreaktion im ganzen gesehen unter Bildung eines *trans*-1,2-Diols verläuft:

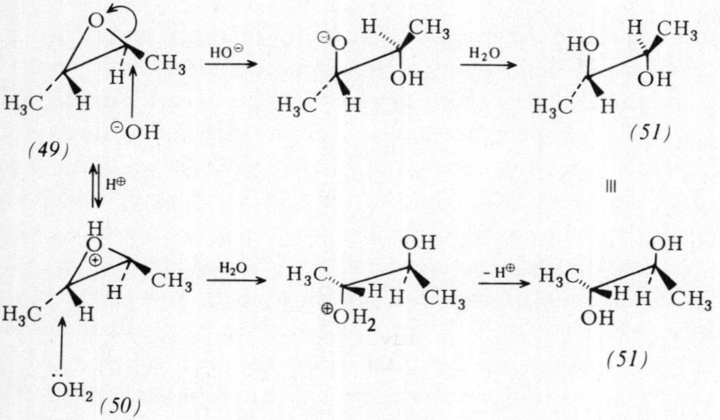

Die Formeln zeigen den Angriff von $HO^{\ominus}$ auf *ein* Kohlenstoffatom in *(49)*, den im Prinzip gleichwertigen von H_2O auf das andere in *(50)*. In jedem Falle führen beide Angriffsrichtungen zu demselben Stereoisomer *(51)*, d.h. insgesamt entsteht aus dem ursprünglichen *trans*-Alken ein *meso*-Glykol, eine Bestätigung für den TRANS-Modus der Hydroxylierung. Aus *cis*-2-Buten *(48a)* erhält man analog das *d,l*-Diol.
Somit läßt sich die Hydroxylierung von Alkenen durch geeignete Wahl der Reagenzien stereoselektiv als CIS- oder TRANS-Hydroxylierung ausführen.

7.4.5 Die Hydrierung

Die Anlagerung von Wasserstoff an ungesättigte Verbindungen zählt zu den bekanntesten und sicherlich nützlichsten aller Additionsreaktionen. Wegen ihrer großen praktischen Bedeutung wird die Hydrierung in diesem Kapitel über Additionsreaktionen behandelt, obwohl sie nicht über polare, sondern normalerweise als heterogene Reaktion in Gegenwart feinverteilter Metallkatalysatoren wie Nickel, Platin, Palladium, Ruthenium oder Rhodium. Die Metallatome der Oberfläche beispielsweise eines Nickelkristalls haben vermutlich ungesättigte Valenzen, die vom Kristall nach außen gerichtet sind.

Wichtig ist die Beobachtung, daß sowohl Ethylen als auch Wasserstoff mit der Oberfläche des Nickelkatalysators exotherm und reversibel reagieren. Dies muß beim Ethylenmolekül in der Existenz der π-Elektronen begründet liegen, da Ethan nicht annähernd so fest adsorbiert wird. Im Wasserstoffmolekül gibt es keine π-Elektronen, und man muß deshalb bei der beobachteten exothermen Adsorption annehmen, daß sie mit einer beträchtlichen Lockerung der Bindung zwischen den beiden Wasserstoffatomen einhergeht, die allerdings nicht notwendigerweise zu einer Spaltung in zwei einzelne Wasserstoffatome führen muß.

Die Abstände der Atome an der Katalysatoroberfläche entscheiden mit darüber, ob ein bestimmtes Metall als wirksamer Hydrierungskatalysator geeignet ist oder nicht. Sogar bei einem geeigneten Metall wie beispielsweise Nickel sind einzelne Kristallebenen stärker katalytisch als andere, je nachdem wie genau die Metallatomabstände den Bindungsabständen der Alken- bzw. Wasserstoffmoleküle entsprechen. Die Praxis zeigt auch, daß lediglich ein verhältnismäßig kleiner Teil der gesamten Metalloberfläche katalytisch aktiv ist; man nennt diesen Teil die „aktiven Zentren". Von ihnen werden die Alkenmoleküle stark adsorbiert, das gebildete Alkan hingegen rasch desorbiert, so daß die Metalloberfläche für die nächste katalytische Reaktion wieder frei ist.

Man nimmt nun an, daß die Hydrierung eines Alkens an einer Metalloberfläche eine im wesentlichen gleichzeitige Addition zweier Wasserstoffatome an die gleiche Seite des parallel auf der Metalloberfläche liegenden Alkenmoleküls ist. Das Ergebnis wäre also eine stereoselektive CIS-Addition. Der Additionsmodus läßt sich beweisen, wenn man cyclische Alkene der Reaktion unterwirft; beispielsweise entsteht aus 1,2-Dimethyl-cyclopenten bei der katalytischen Hydrierung *cis*-1,2-Dimethyl-cyclopentan:

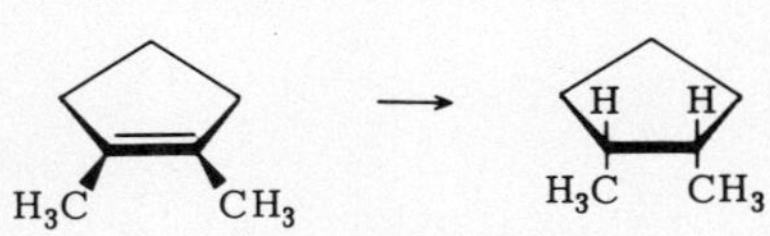

Die hochgradige CIS-Selektivität der katalytischen Hydrierung hat sich sowohl bei der Synthese als auch bei der Konstitutionsermittlung zahlreicher organischer Verbindungen als sehr wertvoll erwiesen. Alkine können mit Hilfe des sog. Lindlar-Katalysators (Palladium auf Calciumcarbonat, partiell mit Bleiacetat vergiftet) zu Alkenen hydriert werden. Auch in diesem Fall wird CIS-Addition beobachtet, selbst wenn dabei ein sterisch gehindertes und deshalb thermodynamisch weniger stabiles Alken entsteht [*(52)* statt *(53)*]:

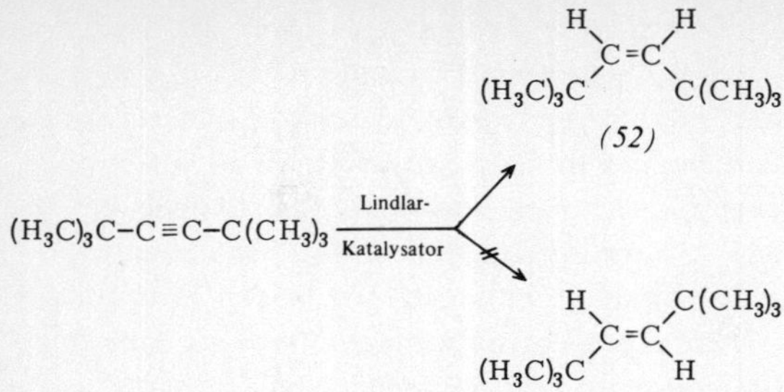

(52)

(53)

Die katalytische Hydrierung verläuft nicht immer nach einem CIS-Mechanismus, und unter bestimmten Bedingungen kann die CIS-Stereoselektivität sogar sehr viel kleiner als 100 % sein (siehe unten). Der genaue Reaktionsmechanismus der Hydrierung ist sehr kompliziert. Experimente mit Deuterium (D_2) anstelle von Wasserstoff zeigen beispielsweise, daß das Alken seine Wasserstoffatome austauscht. Unvollständige Stereoselektivität wird auf ungleichzeitige Übertragung der beiden Wasserstoffatome zurückgeführt. Die Hydrierungsgeschwindigkeit nimmt erwartungsgemäß mit steigender Substitution der Doppelbindung ab; *cis*-Alkene werden außerdem häufig rascher hydriert als ihre *trans*-Isomere.

In neuerer Zeit werden in zunehmenden Maße „homogene Hydrierkatalysatoren“ wie $RhCl([C_6H_5]_3P)_3$, die sich in dem jeweiligen Solvens lösen, eingesetzt. Man nimmt an, daß diese Katalysatoren Wasserstoff über ein Metallhydrid-Intermediat an das Alken transferieren, wobei gleichfalls eine beachtliche CIS-Stereoselektivität beobachtet wird.

7.4.6 Die Ozonolyse

Die Addition von Ozon an Alkene ist seit vielen Jahren bekannt. Hierbei entstehen die sog. Ozonide als Zwischenprodukte, die sich u. a. zu Carbonyl-Derivaten abbauen lassen:

$$R_2C{=}CR'_2 \xrightarrow{O_3} \left[\begin{array}{c} R_2C{=}CR'_2 \\ + \\ O_3 \end{array}\right] \xrightarrow{H_2/Pt} R_2C{=}O + O{=}CR'_2 + H_2O$$

Ozonid

Die Struktur der primären Anlagerungsprodukte, der Primär- oder Molozonide, war zunächst unklar. Heute weiß man, daß es sich um 1,2,3-Trioxolane handelt. So konnte das Addukt *(54)* durch Reaktion von Ozon mit dem Alken *(55)* bei − 70 °C hergestellt werden. Die Struktur der kristallinen Verbindung folgt aus dem Kernresonanzspektrum und der Reduktion mit Natrium in flüssigem Ammoniak, die zu dem Diol *(56)* führt:

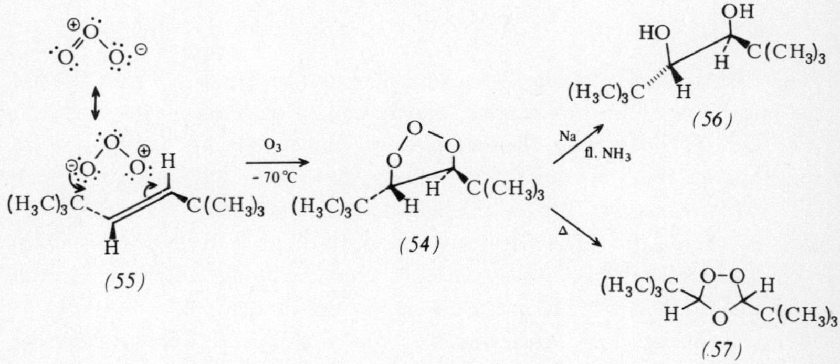

Man kann sich vorstellen, daß die Ozonolyse mit einer 1,3-dipolaren Addition des Ozon-Moleküls an das Alken beginnt. Es ist aber schwer einzusehen, wie aus *(54)* durch katalytische Hydrierung Carbonylverbindungen entstehen sollen. Tatsächlich lagert sich das im allgemeinen instabile Primärozonid zuerst in das sog. normale Ozonid *(57)* um, und diese Verbindung liefert bei der reduktiven Aufarbeitung die Carbonylverbindungen.

Die Isomerisierung des Molozonids *(54)* zum normalen Ozonid *(57)* erfolgt vermutlich über folgende Zwischenstufen:

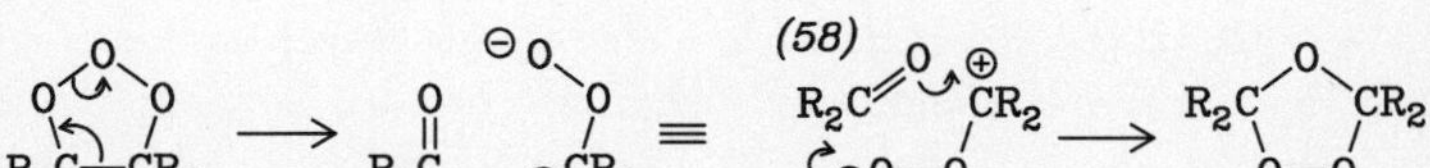

(54a) *(58)* *(59)* *(59)* *(57a)*

Zunächst zerfällt *(54a)* in zwei Fragmente: eine Carbonylverbindung *(58)* und ein Peroxy-Zwitterion *(59)*. Rekombination dieser beiden Hälften, nachdem sich ihre Orientierung zueinander verändert hat, liefert das Normalozonid *(57a)* durch eine 1,3-dipolare Cycloaddition. Ausweichreaktionen des Zwitterions *(59)* – seine Polymerisation eingeschlossen – führen zur Bildung der „anomalen" Produkte, die gelegentlich neben dem Ozonid beobachtet werden. Wird beispielsweise die Ozonolyse in Methanol als Lösungsmittel durchgeführt, dann wird *(59)* sobald es sich bildet, zu dem vergleichsweise stabilen α-Hydroxyperoxyether *(60)* abgefangen:

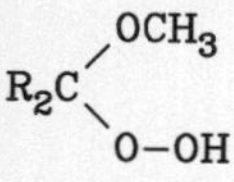

(60)

Dem Zwitterion wird so die Gelegenheit genommen, mit dem Keton *(58)* das Ozonid auf dem üblichen Wege zu bilden, und infolgedessen lassen sich jetzt *(58)* und *(60)* isolieren und identifizieren. Führt man die Ozonolyse im präparativen Maßstab durch, ist wichtig, das Ozonid *(57a)* durch einen geeigneten reduktiven Prozeß zu zersetzen, da andernfalls Wasserstoffperoxid entstünde (beispielsweise durch hydrolytische Zersetzung des Ozonids). Das gebildete H_2O_2 kann empfindliche Carbonylverbindungen weiter oxidieren, z. B. Aldehyde in Carbonsäuren umwandeln.

Wenngleich der obige Reaktionsweg die wichtigsten Kennzeichen der Ozonolyse befriedigend zu beschreiben vermag, muß er doch im einzelnen zur Deutung der experimentell beobachteten Stereochemie modifiziert werden. So liefert die Ozonolyse eines *trans*- (oder *cis*-) Alkens häufig erwartungsgemäß ein Gemisch aus *cis*- und *trans*-Ozoniden, das *trans*-Alken *(55)* geht jedoch ausschließlich in das *trans*-Ozonid *(57)* über. Dieses letztere Beispiel erfordert also ein hohes Maß an Stereoselektivität – sowohl für den Zerfall von *(54)* in den Aldehyd und das Zwitterion als auch für deren anschließende Rekombination zu *(57)*. So, wie wir den Mechanismus oben formuliert haben, erlaubt er die Erfüllung dieser Anforderungen aber nicht.

Die Ozonolyse spielte früher eine sehr wichtige Rolle bei der Strukturbestimmung organischer Verbindungen, vor allen Dingen wegen der Leichtigkeit, mit der Carbonylverbindungen identifiziert werden können. Heute wird die Reaktion für die Lokalisierung von Doppelbindungen kaum noch verwendet, da leistungsfähigere und schnellere Methoden wie die Kernresonanzspektroskopie zur Verfügung stehen.

Benzol bildet ein Trisozonid, das in drei Äquivalente Glyoxal, OHC–CHO, zerfällt – die einzige Reaktion von Benzol, aus der man vielleicht folgern könnte, daß es drei „richtige" Doppelbindungen in einer Kekulé-Struktur enthält. Alkine werden wesentlich langsamer ozonolysiert als Alkene.

Zur Spaltung von Kohlenstoff-Kohlenstoff-Doppelbindungen hat sich außerdem die folgende Methode bewährt:

$$R_2C{=}CR'_2 \xrightarrow[\text{OsO}_4]{\text{MnO}_4^{\ominus}\ \text{oder}} R_2\overset{\text{HO}}{\overset{|}{C}}-\overset{\text{OH}}{\overset{|}{C}}R'_2 \xrightarrow{\text{NaIO}_4} R_2C{=}O + O{=}CR'_2$$

Wird hierbei soviel Periodat zugegeben, daß die benötigten katalytischen Mengen an Permanganat bzw. Osmiumtetroxid immer wieder reoxidiert werden, so kann diese Reaktion in einem Schritt durchgeführt werden.

1,3-dipolare Cycloadditionen an Alkene werden später noch ausführlich besprochen (S. 415). An dieser Stelle sei lediglich erwähnt, daß auch andere Moleküle als Ozon, beispielsweise Azide *(61)*, ähnlich reagieren:

(61)

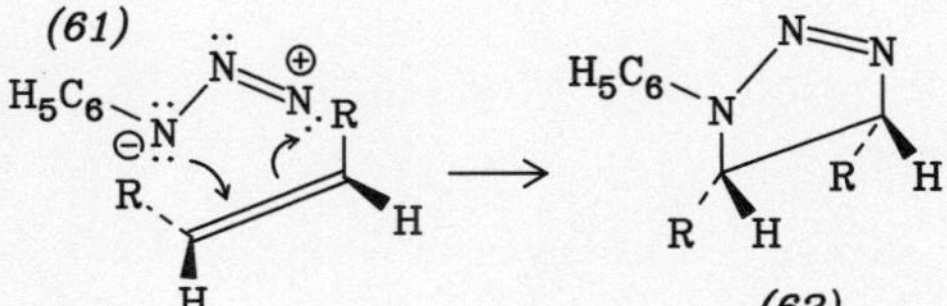

(62)

Die gebildeten Dihydrotriazole *(62)* sind wesentlich stabiler als die zersetzlichen Molozonide *(54)*.

7.5 Die Addition an konjugierte Diene

Konjugierte Diene wie 1,3-Butadien *(63)* sind etwas energieärmer, also stabiler als entsprechende Diene, in denen die Doppelbindungen nicht konjugiert sind. Dies zeigt sich bei einem Vergleich der Hydrierungswärmen; man findet für konjugierte Diene eine Stabilisierungsenergie in der Größenordnung von 17 kJ mol^{-1} (vgl. S. 16). Trotz dieser größeren Stabilität reagieren konjugierte Diene bei Additionsreaktionen etwas leichter als nichtkonjugierte Diene, denn das Zwischenprodukt und damit auch der Übergangszustand in solchen Reaktionen – gleichgültig, ob die Anlagerung nach einem polaren Mechanismus [Zwischenprodukt *(64)*] oder radikalisch verläuft [vgl. *(65)*] – hat Allyl-Charakter; dieser Übergangszustand wird daher leichter gebildet (vgl. S. 98, 128) als der aus einer isolierten Doppelbindung *(66)* bzw. *(67)*:

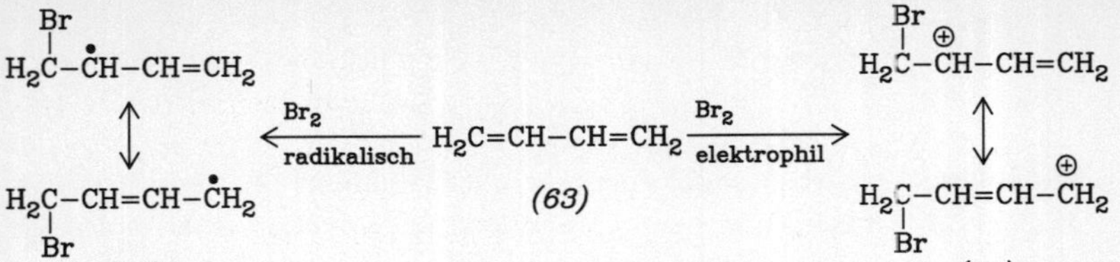

(62) (63) (64)

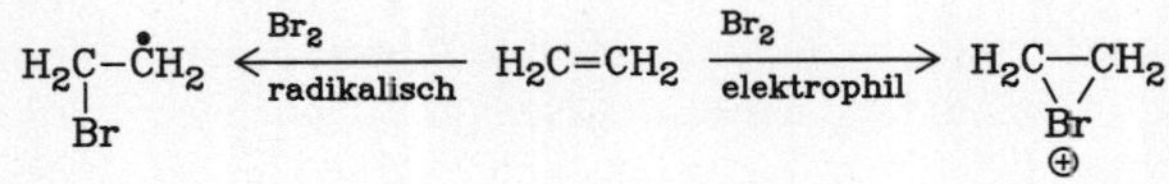

(67) (66)

7.5.1 Elektrophile Additionen

Der erste Angriff eines Elektrophils auf ein konjugiertes System wird immer an einem endständigen Kohlenstoffatom erfolgen, da sich sonst das resonanzstabilisierte Carbokation *(64)* nicht bilden würde. Diese Stabilisierung ist dafür verantwortlich, daß sich überhaupt eine Carbokation-Zwischenstufe bildet, statt eines ebenfalls denkbaren cyclischen Bromonium-Ions (S. 227). Im anschließenden nucleophilen Abfangschritt kann andererseits entweder C-2 oder C-4 von *(64)* angegriffen werden. Man spricht von einer 1,2-(Richtung a) oder einer 1,4-Addition (Richtung b), die zum 1,2-Addukt *(68)* bzw. 1,4-Addukt *(69)* führt:

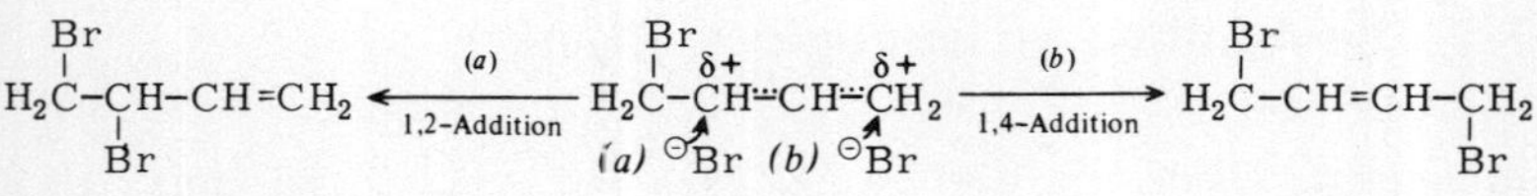

(68) (64) (69)

Normalerweise fallen beide Produkte an; ihr Anteil hängt jedoch stark von den Reaktionsbedingungen ab. Beispielsweise liefert Chlorwasserstoff mit Butadien *(63)* bei −60 °C 20–25 % 1,4- und 75–80 % 1,2-Additionsprodukt; bei höherer Temperatur entstehen hingegen rund 75 % der 1,4-Verbindung. Man nimmt an, daß bei tiefen Temperaturen das Produktverhältnis der kinetischen Kontrolle unterliegt (vgl. S. 50): das 1,2-Addukt bildet sich rascher aus *(64)* als die 1,4-Verbindung. Bei höheren Temperaturen oder längeren Reaktionszeiten dominiert hingegen die thermodynamische Kontrolle, und das thermodynamisch stabilere 1,4-Addukt wird zum

Hauptprodukt. Gestützt werden diese Erklärungen durch die Tatsache, daß bei höheren Temperaturen unter den Bedingungen der Addition aus dem reinen 1,2- bzw. 1,4-Dibromid Gleichgewichtsmischungen gleicher Zusammensetzung hergestellt werden können. Der 1,4-Additionsmechanismus wird außerdem durch polare Reaktionsmedien begünstigt.

Man kann sich fragen, ob bei der Anlagerung von Brom an Butadien das 1,4-Addukt über ein spannungsfreies fünfgliedriges Bromonium-Ion *(70)* gebildet werden könnte. Durch nucleophilen Angriff von Bromid-Ionen könnte hieraus das *cis*-1,4-Dibromid *(71)* entstehen:

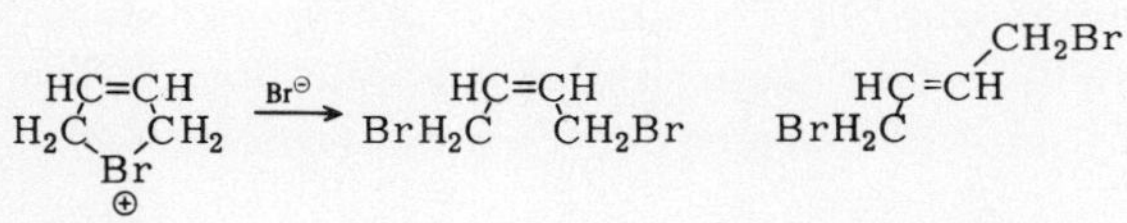

(70) *(71)* *(72)*

Da im Experiment ausschließlich die *trans*-Verbindung *(72)* erhalten wird, kann *(70)* kein Zwischenprodukt sein. Gemeinsame Zwischenstufe ist wahrscheinlich das resonanzstabilisierte Ionenpaar *(73)*, über das auch die gegenseitige Umwandlung von *(68)* und *(69)* verlaufen könnte:

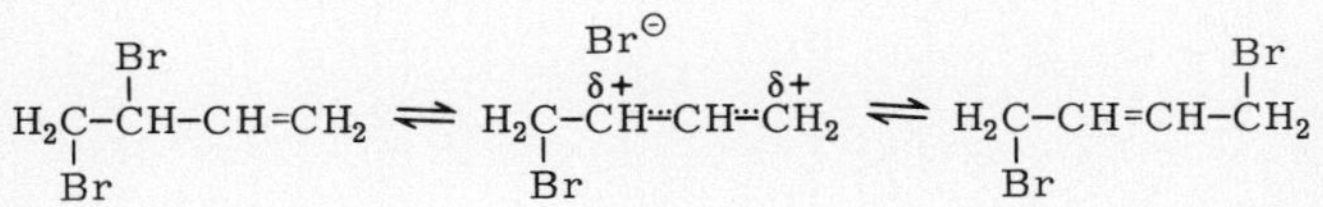

(68) *(73)* *(69)*

Bei unsymmetrischen Dienen wie *(74a)* und *(74b)* oder unsymmetrischen Reagenzien taucht wieder das Problem der Orientierung der Addition auf (S. 212). Der Angriff des Protons wird nach wie vor an einem terminalen Kohlenstoffatom des konjugierten Diens erfolgen, nur wird dasjenige endständige Kohlenstoffatom bevorzugt angegriffen, welches das stabilere der beiden möglichen Allyl-Kationen liefert, d. h. *(75)* statt *(76)* und *(77)* statt *(78)*:

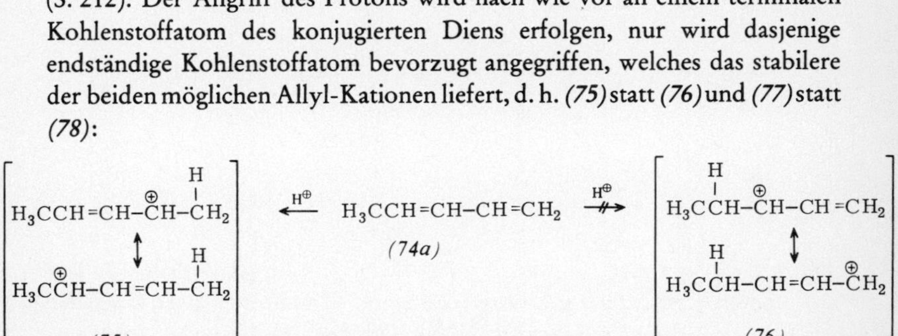

(75) *(74a)* *(76)*

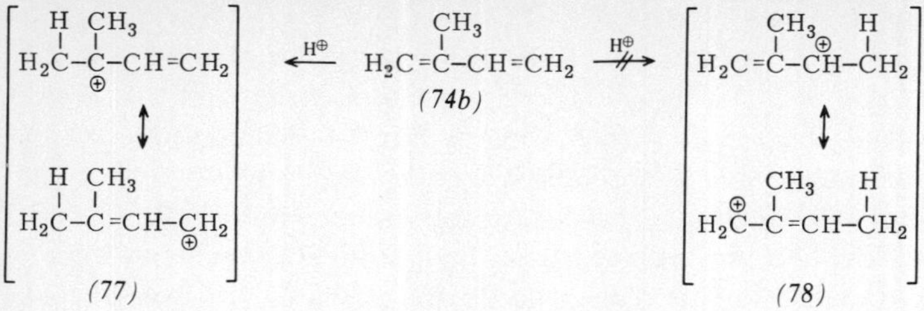

(77) (74b) (78)

Auch bei der katalytischen Hydrierung von Dienen konkurrieren die 1,2- und 1,4-Addition miteinander. Die Epoxidierung, die langsamer als bei einfachen Alkenen verläuft, führt ausschließlich zum 1,2-Epoxid. Die Hydratisierung von Dienen wird hingegen nur sehr selten beobachtet.

7.5.2 Die Diels-Alder-Addition (Dien-Synthese)

Das klassische Beispiel bietet die Reaktion von Butadien *(63)* mit Maleinsäureanhydrid *(79)*, d. h. die 1,4-Addition eines Alkens an ein konjugiertes Dien:

(63) (79)

Die Reaktion ist von großer präparativer Bedeutung, da sie leicht durchzuführen ist, normalerweise rasch verläuft und einen breiten Anwendungsbereich besitzt. Das Dien muß zur Reaktion die sog. *cisoide* Konformation *(80)* einnehmen können. Cyclische Diene wie Cyclopentadien *(82)* mit fixierter *cisoider* Geometrie reagieren viel schneller als acyclische Diene, in denen die erforderliche Konformation durch Rotation um die zentrale Kohlenstoff-Kohlenstoff-Einfachbindung aus der normalerweise stabileren *transoiden* Konformation *(81)* erst hervorgehen muß:

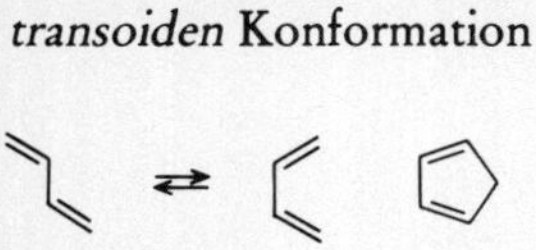

(81) (80) (82)

Cyclopentadien ist sogar so reaktiv, daß es mit sich selbst reagiert. Das dabei gebildete tricyclische Dimer zerfällt beim Erhitzen wieder in das Ausgangs-

material *(82)*. Eine derartige Reversibilität ist für viele Diels-Alder-Additionen charakteristisch, sie wird als Retro-Diels-Alder-Reaktion bezeichnet.
Die Dien-Synthese wird durch elektronenliefernde Substituenten im Dien und durch elektronenanziehende Substituenten im Alken, dem sog. *Dienophil*, gefördert. Die Aktivierung des Dienophils ist besonders wichtig, denn mit einer einfachen ungesättigten Verbindung tritt eine Reaktion kaum oder gar nicht ein. So liefert Butadien *(63)* mit Ethylen selbst bei 200 °C und unter Druck nur 18 % Cyclohexen, mit Maleinsäureanhydrid *(79)* in Benzol bei 15 °C jedoch quantitativ das entsprechende Diels-Alder-Addukt. Häufig verwendete Dienophile sind p-Benzochinon *(83)*, Acrolein *(84)*, Tetracyanethylen *(85)*, Dehydrobenzol *(86)* (vgl. S. 203) und Acetylendicarbonsäurediethylester *(87)*:

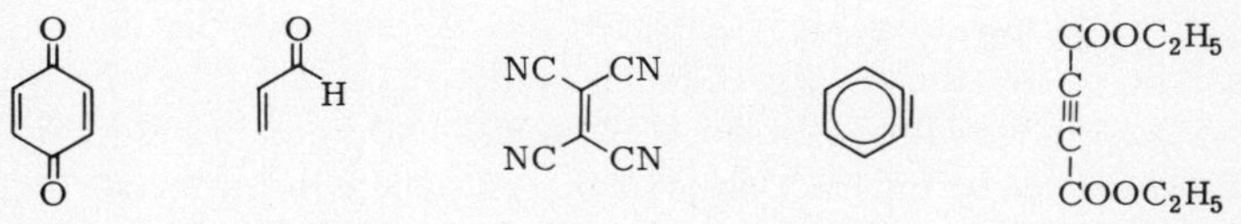

(83) *(84)* *(85)* *(86)* *(87)*

Die Reaktion ist gegen sterische Einflüsse empfindlich; so reagiert von den drei 1,4-Diphenyl-butadienen lediglich die *trans,trans*-Form mit Maleinsäureanhydrid:

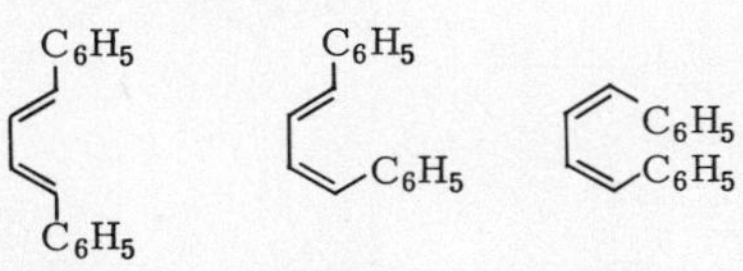

(88a) *trans, trans* *(88b)* *trans, cis* *(88c)* *cis, cis*

Die Reaktionsgeschwindigkeit der Diels-Alder-Addition wird weder durch Zusatz von Radikalen (S. 352) noch durch Variation des Lösungsmittels stark beeinflußt. Es ist deshalb wenig wahrscheinlich, daß die Reaktion über radikalische oder ionische Zwischenprodukte verläuft. Dien-Synthesen sind CIS-Additionen, sie verlaufen sowohl an der Dien- als auch an der Dienophil-Komponente unter Beibehaltung der ursprünglichen Anordnungen ab. Die Reaktion erscheint ‚konzertiert' in dem Sinne, daß zwar Bindungsbildung und -lösung im Übergangszustand mehr oder weniger gleichzeitig erfolgen, die Bindungsreorganisation an den Enden der beiden reagierenden Moleküle aber nicht unbedingt gleich weit fortgeschritten sein muß. Im

Übergangszustand der Diels-Alder-Addition kommt es zu einer cyclischen Überlappung der sechs beteiligten p-Orbitale (vier vom Dien und zwei vom Dienophil), man schreibt ihm deshalb „aromatische" Eigenschaften zu. Derartige *pericyclische* Reaktionen werden später noch ausführlich besprochen (S. 401).

7.6 Nucleophile Additionsreaktionen

Wir sahen bereits (S. 172), daß die Einführung elektronenanziehender Gruppen in einen aromatischen Kern die elektrophile Substitution hemmt, die nucleophile dagegen fördert. Das gleiche gilt für Additionsreaktionen: tragen die Kohlenstoffatome einer Doppelbindung elektronenanziehende Substituenten, so wird der Angriff elektrophiler Reagenzien erschwert, die nucleophile Addition hingegen erleichtert. Die Wirksamkeit der Substituenten fällt in der Reihenfolge CHO > COR > COOR > CN > NO_2. Einen starken Einfluß üben außerdem SOR, SOOR und F aus. Die Wirkung dieser Substituenten beruht einerseits darauf, daß sie die π-Elektronendichte an dem Kohlenstoffatom verringern, an das sie gebunden sind; der Angriff eines Nucleophils $Y^{\ominus}$ wird dadurch erleichtert. Zum anderen tragen die Substituenten zur Delokalisierung der negativen Ladung des gebildeten Carbanions bei, z. B. in *(89)* und *(90)*:

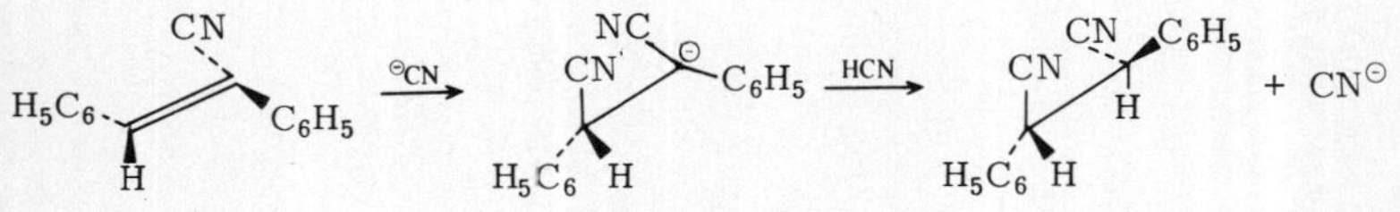

(89)

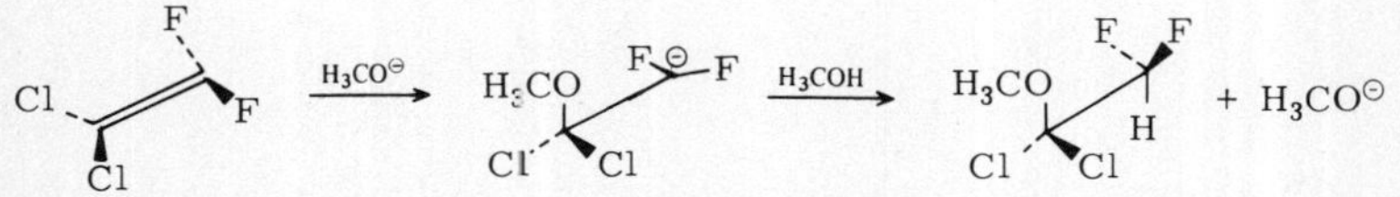

(90)

Die Delokalisierung ist bei resonanzstabilisierten Carbanionen *(89)* ausgeprägter als bei Zwischenprodukten, die ihre Stabilität lediglich einem elektronenanziehenden induktiven Effekt verdanken, wie in *(90)*. Um die Additionsrichtung bei der Anlagerung einer unsymmetrischen Verbindung H—Y oder X—Y an ein unsymmetrisch substituiertes Alken vorherzusagen, geht man ähnlich vor wie bei der elektrophilen Addition (S. 212), d. h. man ermittelt die relativen Stabilitäten der verschiedenen möglichen Carbanionen und läßt dann die Addition über das stabilste Zwischenprodukt verlaufen.

Über die Stereochemie der nucleophilen Addition an acyclische Alkene ist wenig bekannt. Die Reaktion verläuft im allgemeinen mit Alkinen rascher als mit Alkenen. Einige dieser Additionen haben bei Synthesen größere Bedeutung erlangt.

7.6.1 Die Cyanethylierung

Durch die Cyanogruppe im Acrylnitril, $H_2C=CH-CN$ *(91)*, wird das β-Kohlenstoffatom der Doppelbindung Angriffen von Anionen oder anderen kräftig nucleophilen Agentien leicht zugänglich. Die Addition wird durch die Anlagerung eines aus dem Lösungsmittel stammenden Protons beendet:

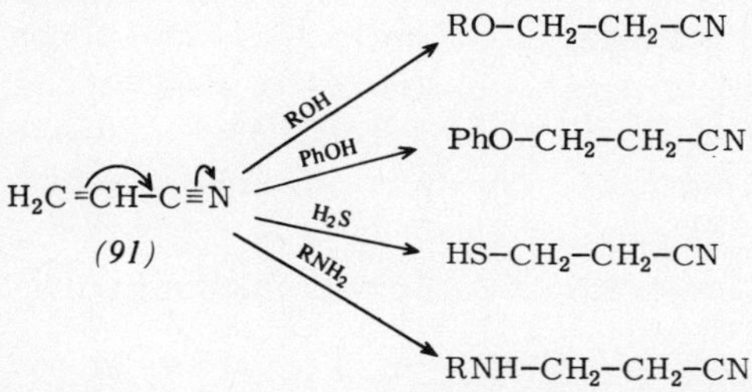

(91)

Da bei der Reaktion eine Cyanethyl-Gruppe an das ursprüngliche Nucleophil gebunden wird, bezeichnet man sie als *Cyanethylierung*. Man führt die Reaktion normalerweise in Gegenwart einer Base aus, um die Bildung des Anions $Y^{\ominus}$ aus $H-Y$ zu erleichtern. Die Bedeutung der Cyanethylierung liegt darin, daß in einer Umsetzung gleich drei Kohlenstoffatome eingeführt werden, deren endständige Gruppe durch Reduktion, Hydrolyse usw. als Vorbereitung für weitere synthetische Operationen abgewandelt werden kann.

Durch Addition von $Y^{\ominus}$, z. B. $^{\ominus}NH_2$, wird selbstverständlich ein Carbanion, $Y\ CH_2-^{\ominus}CH\ CN$, gebildet. Fehlt ein Proton-Donor im Reaktionsgemisch, so wird sich das Anion an ein weiteres Molekül Acrylnitril addieren. Erneute Wiederholung führt dann schließlich zur *anionischen* Polymerisation (S. 377).

7.6.2 Die Michael-Reaktion

Handelt es sich bei dem nucleophilen Reagenz, das die substituierte Doppelbindung angreift, um ein Carbanion, so bezeichnet man die Addition als Michael-Reaktion. Sie stellt ein allgemeines Verfahren zur Knüpfung von Kohlenstoff-Kohlenstoff-Einfachbindungen dar, z. B. mit *(91)*, und ist deshalb präparativ von großem Wert:

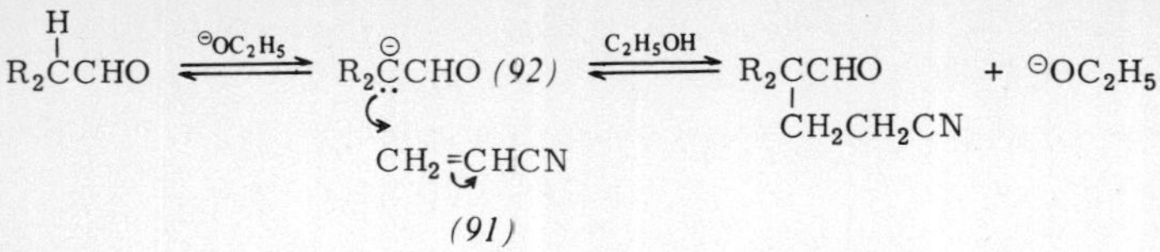

Die Reaktion wird durch Zugabe katalytischer Mengen einer Base gefördert [Bildung der Gleichgewichtskonzentration des Carbanions *(92)*], sie ist reversibel, und der geschwindigkeitsbestimmende Schritt ist die Kohlenstoff-Kohlenstoff-Verknüpfung, d.h. die Reaktion von *(92)* mit dem Ausgangsalken *(91)*. Die große Variationsbreite der Michael-Reaktion beruht auf der Vielzahl von substituierten Alkenen und Carbanionen, die benutzt werden können; die bekanntesten und wichtigsten Carbanionen leiten sich vom Malonester (siehe unten), Acetessigester, Cyanessigester und von aliphatischen Nitroverbindungen wie Nitromethan ab. Als substituierte Alkene werden gerne α,β-ungesättigte Carbonylverbindungen eingesetzt.

7.6.3 Die Addition an α,β-ungesättigte Carbonylverbindungen

Eine wichtige elektronenanziehende Gruppe ist die Carbonylgruppe >C=O, wie sie in α,β-ungesättigten Aldehyden, Ketonen, Estern usw. vorgefunden wird. Da die Carbonylgruppe in diesen Verbindungen selbst nucleophil angegriffen werden kann (S. 238), ergibt sich die Frage, ob es sich hier um eine Addition an die Kohlenstoff-Kohlenstoff-Doppelbindung, an die Carbonylgruppe oder um eine 1,4-Addition an das gesamte C=C−C=O-System handelt. Wie das folgende Beispiel zeigt, führen die erste und die dritte Möglichkeit häufig zum gleichen Produkt, da sich das bei der 1,4-Addition zunächst gebildete Zwischenprodukt *(93)* beim Ansäuern über das Enol *(95)* in das (formale) 1,2-Addukt *(94)* umwandelt:

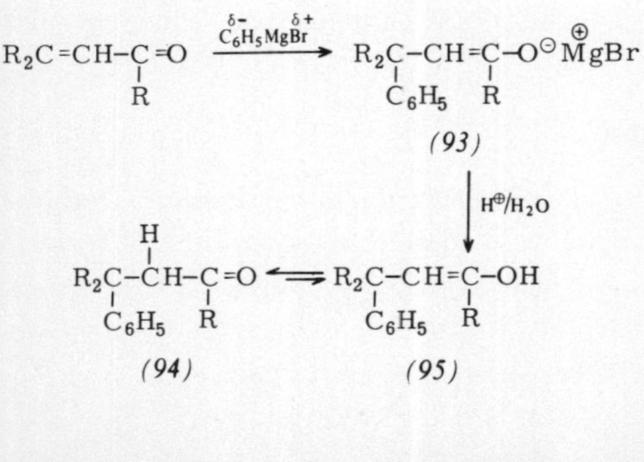

Aus demselben Grunde liefert übrigens auch die elektrophile 1,4-Addition (z. B. von HBr) an eine α,β-ungesättigte Carbonylverbindung formal ein 1,2-Additionsprodukt *(96)*. Diesen Prozeß kann man als säurekatalysierte Addition [Bildung des Enols *(97)*] von Bromid-Ionen auffassen:

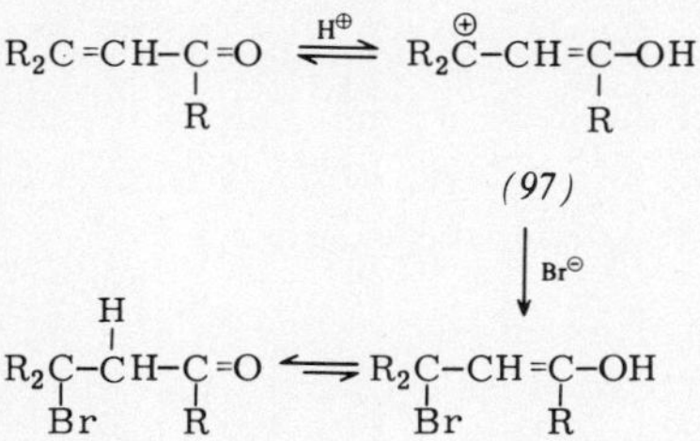

(97)

(96)

Auch schwächer nucleophile Reagenzien wie Alkohole gehen unter dem Einfluß von Säuren eine 1,4-Addition ein.

Ob die 1,2-Addition an die Carbonylgruppe mit der 1,4-Addition an das Gesamtsystem konkurrieren kann, hängt davon ab, ob die Reaktion reversibel ist. Bei reversiblem Verlauf unterliegt die Addition der thermodynamischen Kontrolle, und der 1,4-Prozeß wird bevorzugt. Das 1,4-Addukt *(98)* ist thermodynamisch stabiler als das Produkt der 1,2-Anlagerung an die Carbonylgruppe, da es noch eine Kohlenstoff-Sauerstoff-Doppelbindung enthält und diese stabiler als die Kohlenstoff-Kohlenstoff-Doppelbindung des 1,2-Addukts *(99)* ist:

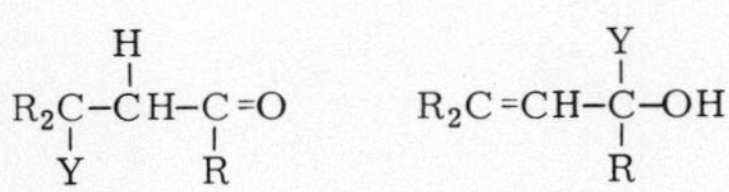

(98) *(99)*

Sterische Hinderung kann ebenfalls einen starken Einfluß auf die Art der Addition ausüben. So addiert sich Phenylmagnesiumbromid zu 100 % an die Carbonylgruppe von Zimtaldehyd, $C_6H_5-CH=CH-CHO$, während mit $C_6H_5-CH=CH-CO-C(CH_3)_3$ unter den gleichen Bedingungen ausschließlich die C=C-Doppelbindung angegriffen wird (1,4-Addition). Hierbei spielt allerdings auch eine Rolle, daß die Reaktivität der Carbonylgruppe in Aldehyden größer als in Ketonen ist (und diese wiederum reaktionsfreudiger als Ester sind, vgl. S. 238). Je stärker polarisiert die Kohlenstoff-Sauerstoff-Bindung ist, desto leichter wird ihr Kohlenstoffatom von einem nucleophilen Reagenz angegriffen.

Amine, Thiole usw. addieren sich ebenfalls an das β-Kohlenstoffatom α,β-ungesättigter Aldehyde, Ketone und Ester. Präparativ am wertvollsten sind jedoch die Additionen von Carbanionen an α,β-ungesättigte Carbonylverbindungen, da durch sie Kohlenstoff-Kohlenstoff-Bindungen geknüpft werden können. Ein gutes Beispiel ist die Synthese von Dimedon *(100)* (1,1-Dimethyl-3,5-cyclohexandion) aus Mesityloxid *(101)* (2-Methyl-2-penten-4-on) und dem Carbanion des Malonsäurediethylesters:

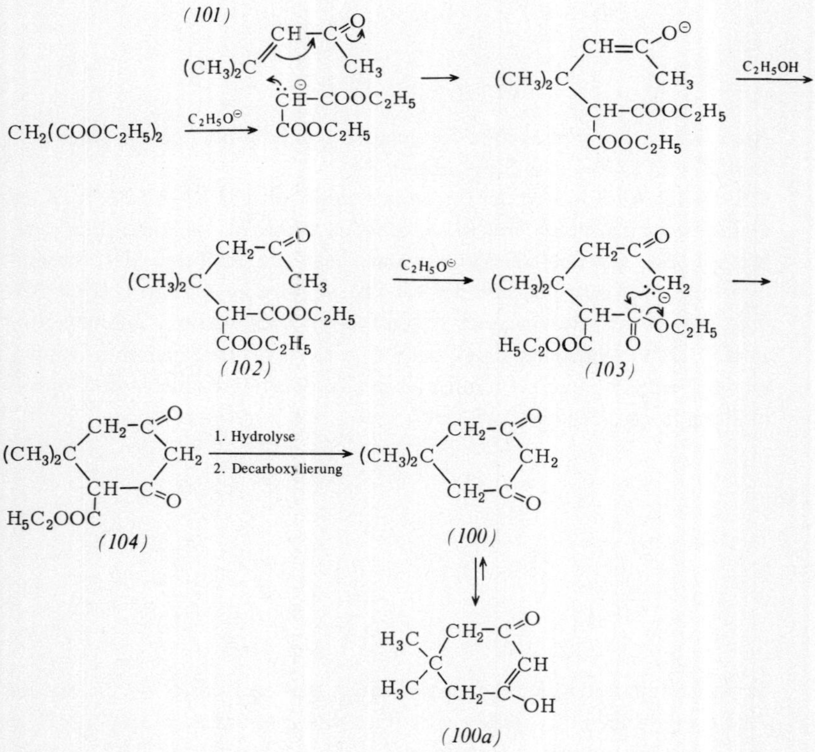

Die eigentliche Michael-Reaktion ist mit der Bildung des Ketons *(102)* abgeschlossen. Dieses reagiert jedoch mit Ethanolat zum Carbanion *(103)* weiter, das seinerseits unter Angriff auf das Carbonylkohlenstoffatom einer

Estergruppe und Abspaltung eines Ethanolat-Ions zum β-Ketoester *(104)* cyclisiert (vgl. hierzu die sog. Dieckmann-Reaktion, S. 269). Hydrolyse und Decarboxylierung der übriggebliebenen Estergruppe führen schließlich zum gewünschten Endprodukt Dimedon *(100)*, das fast ausschließlich in der Enolform *(100a)* vorliegt.

Das Dimedon ist ein wichtiges Reagenz zur Unterscheidung und Trennung von Carbonylverbindungen; im Gemisch eines Aldehyds mit einem Keton reagiert nur der Aldehyd, wobei sich Verbindungen vom Typ *(105)* bilden:

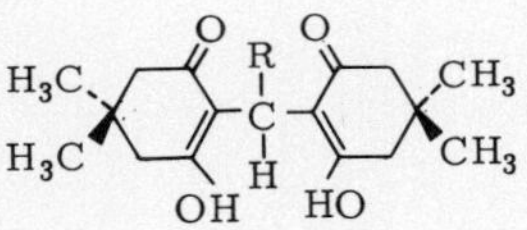

(105)

Die Selektivität beruht zum größten Teil auf sterischen Effekten: Wegen zu großer sterischer Hinderung der Substituenten R werden aus Ketonen keine zu *(105)* analogen Produkte gebildet.

8 Nucleophile Additionen an Kohlenstoff-Sauerstoff-Doppelbindungen

Aldehyde und Ketone haben ein Dipolmoment (μ), da das Sauerstoffatom ihrer Carbonylgruppe elektronegativer als das Kohlenstoffatom ist:

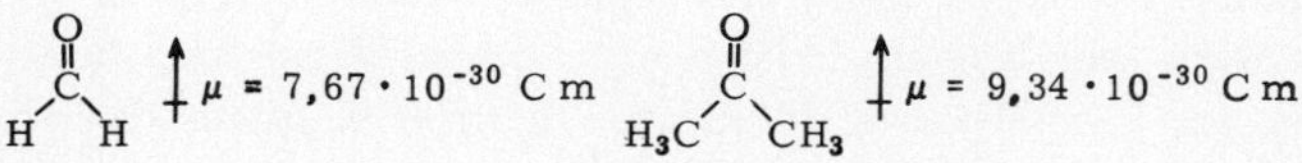

Zusätzlich zur induktiven Beeinflussung der σ-Bindung zwischen den beiden Atomen der Carbonylgruppe werden auch die leicht polarisierbaren π-Elektronen beeinflußt. Die tatsächliche Struktur der Carbonylgruppe wird wohl am besten durch die folgenden Formeln wiedergegeben *(1a, 1b, 1ab)*:

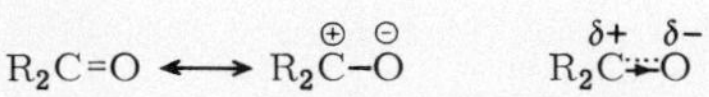

(1a) *(1b)* *(1ab)*

In Analogie zu den Reaktionen der $>C=C<$-Gruppe können wir erwarten, daß auch für die $>C=O$-Gruppe Anlagerungen charakteristisch sind. Während allerdings bei der $>C=C<$-Gruppe der (polare) Angriff fast ausschließlich durch elektrophile Agentien eingeleitet wird (vgl. S. 205), beobachten wir bei der $>C=O$-Gruppe zwei Möglichkeiten: entweder einen nucleophilen Angriff (durch $Y^{\ominus}$ oder Y:) auf das Kohlenstoffatom oder einen elektrophilen Angriff (durch $X^{\oplus}$ oder X) auf das Sauerstoffatom. Durch Radikale eingeleitete Additionen an die Carbonylgruppe sind selten. In der Praxis hat der elektrophile Angriff auf das Sauerstoffatom wenig Bedeutung, außer im Fall des Wasserstoff-Kations (Protons), dessen schnelle reversible Anlagerung dem langsamen, geschwindigkeitsbestimmenden Angriff des Nucleophils auf das Kohlenstoffatom vorgeschaltet ist. Manche Lewis-Säuren verhalten sich in dieser Hinsicht ähnlich wie das Proton.
Die Protonierung zu *(2)* erhöht den positiven Charakter des Carbonylkohlenstoffatoms und damit dessen Bereitschaft, mit einem Nucleophil zu reagieren:

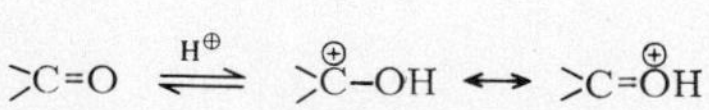

(2)

Eine ähnliche, wenn auch schwächere Aktivierung gemäß *(3)* und *(4)* ruft die Ausbildung von Wasserstoffbrücken mit einer Säure und selbst mit einem Hydroxygruppen-haltigen Lösungsmittel hervor:

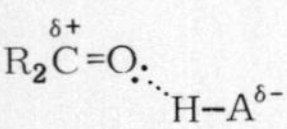
(3)

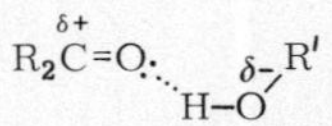
(4)

Fehlt eine derartige Polarisierung, so reagieren schwache Nucleophile wie Wasser nur noch sehr langsam. Andererseits greifen Reagenzien hoher Nucleophilie wie Cyanid-Ionen die Carbonylgruppe in jedem Fall an. Basekatalysierte Additionen sind ebenfalls bekannt: Durch den Einfluß der Base kann ein schwaches Nucleophil H−Y in ein stärkeres $Y^{\ominus}$ umgewandelt werden, z. B. HCN + Base ⟶ Cyanid-Ion. Bei der Aktivierung der Carbonylfunktion durch Protonierung ist zu beachten, daß die Zugabe von Säuren gleichzeitig die effektive Konzentration des Nucleophils zurückdrängen kann, z. B. $^{\ominus}CN + HA \longrightarrow HCN + A^{\ominus}$ oder $R-NH_2 + HA \longrightarrow R-NH_3^{\oplus} + A^{\ominus}$. Aus diesem Grunde verlaufen viele Additionsreaktionen an Carbonylverbindungen bei einem bestimmten, optimalen pH-Wert besonders rasch, eine Tatsache, die für präparative Zwecke von großer Bedetung ist.

8.1 Struktur und Reaktionsfähigkeit

Bei einfachen nucleophilen Additionsreaktionen, deren geschwindigkeitsbestimmender Schritt der Angriff von $Y^{\ominus}$ ist, verringert sich der positive Charakter des Carbonylkohlenstoffatoms beim Gang vom Grundzustand *(5)* zum Aktivierungskomplex (Übergangszustand) *(6)*.

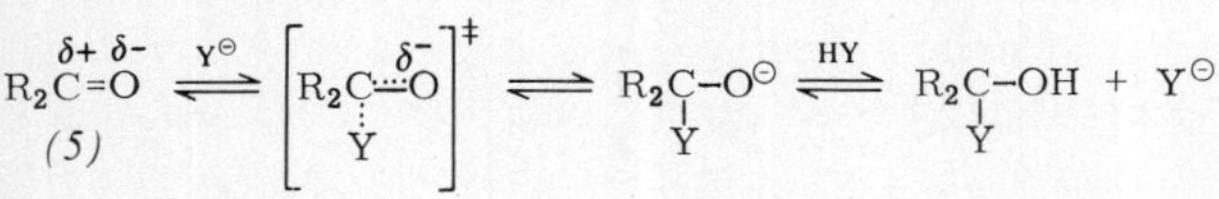
(5) *(6)*

Es ist deshalb zu erwarten, daß die Additionsgeschwindigkeit durch elektronenanziehende Substituenten vergrößert und durch elektronenliefernde verkleinert wird. Die folgende Reaktivitätsreihe bestätigt diese Vermutung:

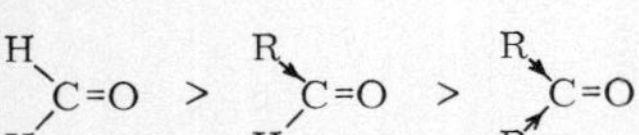

Wenn die Substituenten R eine Doppelbindung in α,β-Position zur Carbonylgruppe enthalten oder aus einem Benzolring bestehen, verringert sich die Additionsgeschwindigkeit ebenfalls (zur Frage der Konkurrenz von 1,2- und 1,4-Addition bei α,β-ungesättigten Systemen vgl. S. 226). In diesen Fällen geht die konjugative Stabilisierung der Ausgangsverbindungen *(7)* und *(8)* beim Übergang in die Produkte *(9)* und *(10)* bzw. die Übergangszustände, die ihnen vorausgehen, verloren:

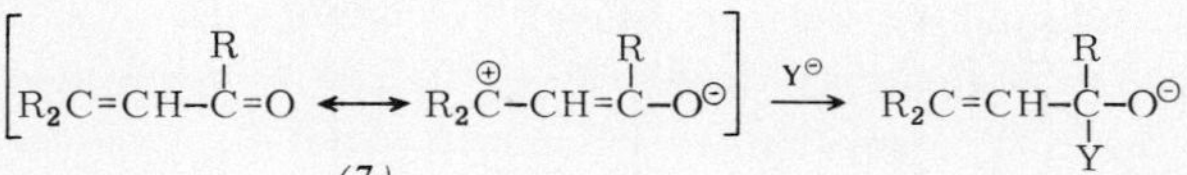

(7) *(9)*

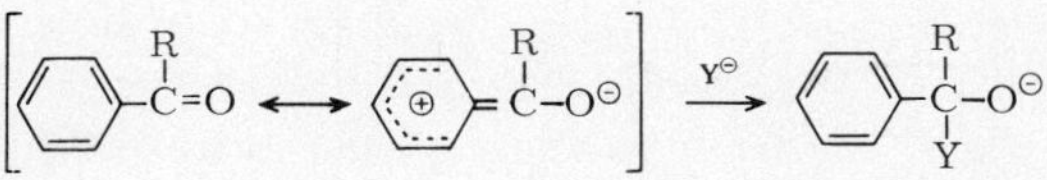

(8) *(10)*

In den obigen Beispielen wird die Reaktionsgeschwindigkeit sowohl durch sterische als auch durch elektronische Effekte beeinflußt. Eine Trennung dieser beiden Parameter gelingt mit Hilfe von Verbindungen wie *(11)*, in denen der Benzolring Substituenten und Carbonylgruppe zwar räumlich voneinander trennt, ihre elektronische Wechselwirkung aber nach wie vor gestattet.

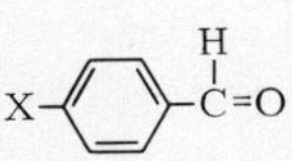

relative Reaktionsgeschwindigkeiten: X = NO_2 > H > OCH_3

(11)

Die relativen Additionsgeschwindigkeiten fallen in der Reihe $X = NO_2 > H > OCH_3$, d. h. der elektronenanziehende Substituent beschleunigt die Addition.

Was den sterischen Effekt anbelangt, so wird der Angriff des Nucleophils auf das Carbonylkohlenstoffatom dann besonders wenig Energie erfordern, wenn er rechtwinklig zur Carbonylebene (d. h. von oben oder von unten) erfolgt. Das sich nähernde Nucleophil $Y^{\ominus}$ wird außerdem das Kohlenstoffatom eher ein wenig von der „Rückseite" angreifen *(12)*, damit die Abstoßungskräfte zwischen den Elektronen von $Y^{\ominus}$ und den Elektronenpaaren am Carbonylsauerstoffatom möglichst klein gehalten werden.

(12)

Wird der Raumbedarf der Reste R vergrößert, so sinkt die Reaktionsgeschwindigkeit. Bei der Umwandlung einer Carbonylverbindung in ihr Additionsprodukt bzw. dessen vorgeschalteten Übergangszustand ändert sich die Hybridisierung von sp^2 (planar, RCR-Bindungswinkel ca. 120°) zu sp^3 (tetragonal, RCR-Bindungswinkel ca. 109°). Die Substituenten rücken während dieses Vorgangs näher zusammen, und die sterische Hinderung zwischen ihnen und damit der Energieinhalt des Übergangszustandes nimmt zu. Infolgedessen sind Raumerfüllung von R und Reaktionsgeschwindigkeit gegenläufig. Die beobachtete Reaktivitätsfolge $H_2C{=}O > RHC{=}O > R_2C{=}O$ hat somit elektronische und sterische Ursachen. Bei unveränderter Carbonylverbindung und wachsendem Raumbedarf des angreifenden Nucleophils fällt die Additionsgeschwindigkeit aus dem gleichen Grund.

Die meisten Additionsreaktionen an Carbonylverbindungen sind reversibel; nur bei sehr starken Nucleophilen wie $AlH_4^{\ominus}$ (S. 249) oder Grignard-Reagenzien (S. 258) liegt das Gleichgewicht ganz auf der Produktseite. Im allgemeinen wird die Gleichgewichtslage (gemessen durch die Gleichgewichtskonstante *K*) durch die gleichen Faktoren bestimmt wie die Additionsgeschwindigkeit, für die die Geschwindigkeitskonstante *k* ein Maß darstellt. Das liegt daran, daß sich bei einfachen Additionsreaktionen Übergangszustand und Reaktionsprodukt stärker ähneln als Übergangszustand und Ausgangsmaterial (der Übergangszustand „liegt spät" auf der Reaktionskoordinate).

In den *K*-Werten für die Cyanhydrin-Bildung (S. 246) spiegeln sich sterische und elektronische Effekte in der erwarteten Weise wider:

	K
CH_3CHO	sehr groß
p-$NO_2C_6H_4CHO$	1420
C_6H_5CHO	210
$H_3COC_6H_4CHO$	32
$H_3CCOCH_2CH_3$	38
$C_6H_5COCH_3$	0,8
$C_6H_5COC_6H_5$	sehr klein

Sterisch sehr stark gehinderte Ketone, z. B. $(CH_3)_3C-CO-C(CH_3)_3$, reagieren nur noch mit den kleinsten und reaktivsten Nucleophilen. Bei gegebener Carbonylverbindung hängt *K* auch von der Größe des Nucleophils ab. Die Gleichgewichtskonstante für die Bisulfit-Anlagerung (Angriff des recht voluminösen $S_2O_3^{2\ominus}$, vgl. S. 248) an Diisopropylketon beträgt nur $4 \cdot 10^{-4}$, hingegen ist $K = 38$ bei der Anlagerung von HCN an das sterisch recht ähnliche Methylisopropylketon (siehe oben). Auch die Art der Bindung, die durch den nucleophilen Angriff auf das Carbonylkohlenstoffatom erzeugt wird, spielt eine Rolle. Je stärker die Bindung ist, desto weiter verschiebt sich das Gleichgewicht auf die Seite des Anlagerungsprodukts. So findet man in der Reihe $ROH < RNH_2 < {}^{\ominus}CN$ im Reaktionsgleichgewicht einen steigenden Anteil der jeweiligen Anlagerungsverbindung.

8.2 Einfache Additionsreaktionen

8.2.1 Die Hydratisierung

Viele Carbonylverbindungen bilden in wäßriger Lösung Hydrate:

$$R_2C{=}O + H_2O \rightleftharpoons R_2C(OH)_2$$

Die Gleichgewichtskonstanten für Formaldehyd, Acetaldehyd und Aceton bei 20 °C betragen $2 \cdot 10^3$, 1,4 und $2 \cdot 10^{-3}$, d. h. sie fallen mit zunehmender elektronenliefernder Wirkung der Substituenten. Daß die Hydratisierung tatsächlich leicht umkehrbar ist, zeigt die leichte Destillierbarkeit von reinem Formaldehyd aus seiner wäßrigen Lösung. Im Falle des Acetons ist die Gleichgewichtskonzentration des Hydrats außerordentlich klein (es kann in gefrorenen Aceton/Wasser-Gemischen nachgewiesen werden); daß sich ein dynamisches Gleichgewicht einstellt, läßt sich jedoch durch Austausch mit markiertem Wasser ($H_2{}^{18}O$) nachweisen.

$$(CH_3)_2C{=}O + H_2{}^{18}O \rightleftharpoons \underset{(13)}{(CH_3)_2C(OH)({}^{18}OH)} \rightleftharpoons (CH_3)_2C{=}{}^{18}O + H_2O$$

Der Einbau von ^{18}O in das Keton erfolgt bei $pH = 7$ nur sehr langsam. Enthält die Lösung jedoch nur eine Spur Säure oder Base, so tritt der Austausch – über das Hydrat *(13)* – so schnell ein, daß er mit den üblichen Methoden nicht messend verfolgt werden kann. Die Hydratisierung einer Carbonylverbindung beeinflußt den Verlauf einer irreversiblen nucleophilen Addition nicht, wirkt sich jedoch manchmal auf die Lage des Gleichgewichts und die Anlagerungsgeschwindigkeit bei reversiblen Additionen aus, da sie die effektive Konzentration der freien Carbonylverbindung ($R_2C=O$) reduziert.

Die Hydratisierung unterliegt sowohl der allgemeinen Säure- als auch der allgemeinen Basekatalyse (S. 86). In ihrem geschwindigkeitsbestimmenden Schritt wird also entweder die Carbonylgruppe protoniert gemäß Übergangszustand *(14)*, oder das Wasser wird in das nucleophile Hydroxid-Ion umgewandelt gemäß *(15)*.

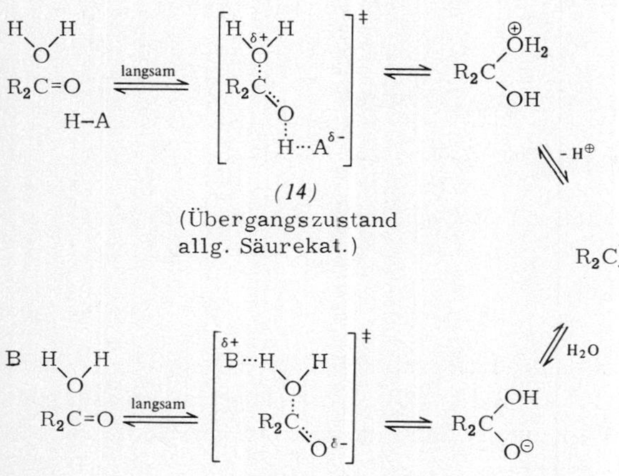

(14)
(Übergangszustand allg. Säurekat.)

(15)
(Übergangszustand allg. Basekat.)

Im Gegensatz zu Aceton lagert Formaldehyd bei pH = 7 leicht Wasser an; offensichtlich bedarf das positivierte Carbonylkohlenstoffatom nicht der Aktivierung durch Protonierung des Sauerstoffatoms. Aber auch Formaldehyd wird bei pH = 4 oder 11 sehr viel rascher hydratisiert als unter Neutralbedingungen.

Im Gegensatz zu elektronenliefernden Substituenten erleichtern elektronenanziehende Reste die Hydratbildung. Beispielsweise beträgt die Gleichgewichtskonstante für die Hydratisierung von Chloral [Cl_3C-CHO, *(16)*] $K = 2{,}7 \cdot 10^4$, und sein Hydrat *(17)* läßt sich als kristalline Substanz isolieren. Die stark elektronenanziehenden Chloratome destabilisieren die ursprüngliche Carbonylverbindung, nicht hingegen das Hydrat, dessen Bildung somit gefördert wird:

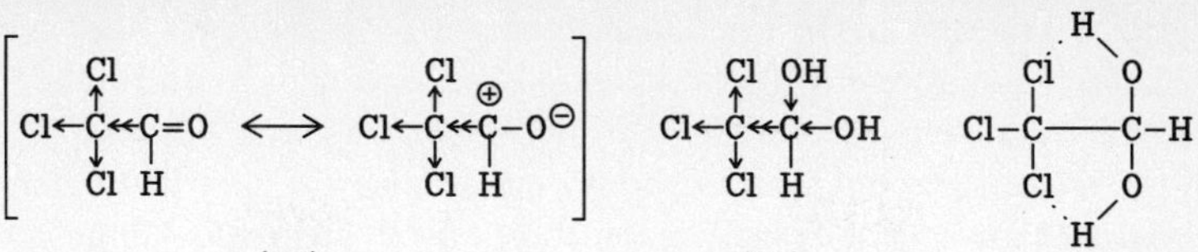

(16) (17) (17a)

Zur Umkehrung der Reaktion muß *(17)* ein Hydroxid-Ion bzw. Wasser abspalten, was wiederum durch die elektronenanziehenden Substituenten erschwert wird. Wie schwingungsspektroskopische Untersuchungen gezeigt haben, wird das Hydrat des Chlorals auch durch Wasserstoffbrücken zwischen seinen OH-Gruppen und den stark elektronegativen Chlorsubstituenten stabilisiert *(17a)*. Auch Carbonylgruppen sind dazu in der Lage, Hydrate zu stabilisieren, möglicherweise durch die gleichzeitige Wirkung von Wasserstoffbrückenbindung und Elektronenzug. So kristallisiert Diphenylpropantrion *(18)* aus Wasser in Form des Hydrats *(19)*:

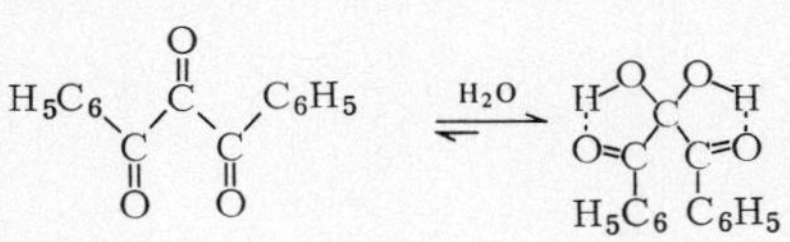

(18) (19)

Triebkraft für die Bildung des aus Cyclopropanon *(20)* leicht herstellbaren Hydrats *(21)* ist die Verringerung der Winkelspannung. Im Ausgangsmaterial beträgt der CCC-Bindungswinkel 60°, verglichen mit 120° bei ungespannten Carbonylverbindungen. Im Hydrat beträgt hingegen der Unterschied zu normalen Modellverbindungen nur noch 49° (= 109°–60°).

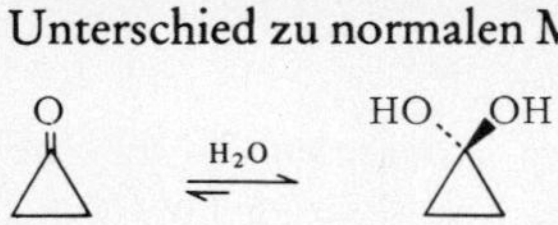

(20) (21)

8.2.2 Die Addition von Alkoholen

In einer der Hydratisierung sehr ähnlichen Reaktion werden Alkohole (R′OH) unter Bildung von sog. Halb- (oder Hemi)-acetalen *(22)* an Carbonylverbindungen addiert:

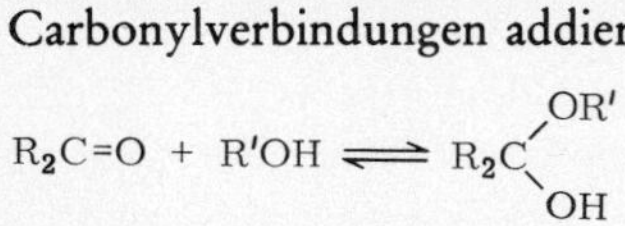

(22)

Auch diese Addition unterliegt der allgemeinen Säurekatalyse. Aber die Gleichgewichtskonstante *K* für die Reaktion von Acetaldehyd mit Ethanol beträgt nur 0,50, verglichen mit 1,4 für die Anlagerung von Wasser.
Stabile Hemiacetale können aus Carbonylverbindungen hergestellt werden, die elektronenanziehende Substituenten tragen (z. B. aus Br_3C–CHO mit Ethanol). Andererseits erfordert die Umwandlung des Halbacetals in das Acetal *(23)* die Bedingung der spezifischen Säurekatalyse (S. 86). Die Abspaltung von Wasser (siehe S_N1-Reaktion auf S. 121) aus *(24)* ist der geschwindigkeitsbestimmende Schritt der Reaktion, der nucleophile Angriff des Alkoholmoleküls R'OH erfolgt rasch:

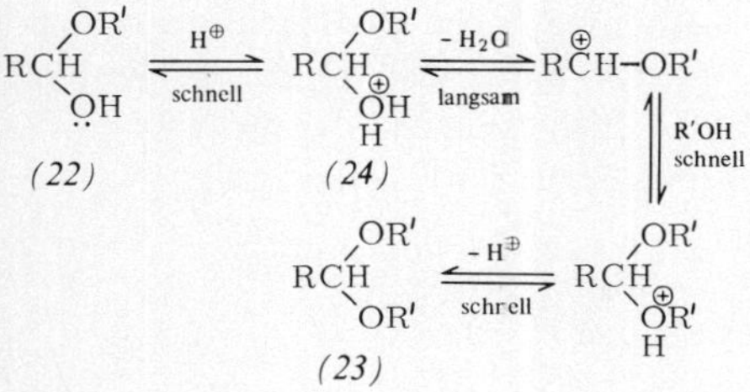

Mit Ketonen reagieren einfache Alkohole nur sehr schwer. Hingegen liefern 1,2-Diole wie *(25)* meistens glatt die cyclischen Acetale *(26)*:

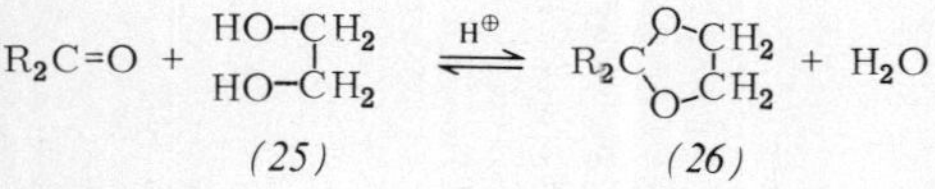

Daß es mit *(25)*, nicht hingegen mit einfachen Alkoholen R'OH zur Acetalbildung kommt, liegt wahrscheinlich an der Reaktionsentropie (ΔS°, S. 40). Für die Reaktion mit dem Diol ist deren Wert günstiger als für die Anlagerung des Monoalkohols, da sich im letzteren Fall die Zahl der an der Addition beteiligten Moleküle bei der Produktbildung verringert. Acetale und Ketale mit geringer Bildungstendenz können häufig durch Einwirkung von Orthoameisensäureestern [$HC(OR)_3$, „Trialkoxymethanen"] auf die betreffenden Aldehyde bzw. Ketone erhalten werden, wobei Ammoniumchlorid als Katalysator dient.
Die Acetalbildung ist reversibel, und die Lage des Gleichgewichts hängt für einen gegebenen Aldehyd von der Konzentration des anwesenden Alkohols R'OH und des Wassers ab. Beim präparativen Arbeiten wird die Acetalbildung deshalb meistens in Gegenwart von überschüssigem Alkohol R'OH

mit einer wasserfreien Säure als Katalysator durchgeführt. Das Gleichgewicht läßt sich entweder durch azeotrope Destillation nach rechts verschieben, durch die das Wasser, sobald es sich gebildet hat, entfernt wird, oder dadurch, daß man überschüssigen Katalysator, z. B. gasförmigen Chlorwasserstoff, kontinuierlich durch die Reaktionslösung leitet. Auf diese Weise wird das Wasser in das nichtnucleophile $H_3O^{\oplus}$ umgewandelt. Die Hydrolyse eines Acetals zurück zur Ausgangscarbonylverbindung läßt sich mit Hilfe von verdünnter Säure leicht bewerkstelligen.
Gegenüber Basen sind Acetale stabil, da am Sauerstoffatom kein Proton vorhanden ist, das entfernt werden könnte (vgl. die basekatalysierte Dehydratation der Hydrate, S. 242). Acetale und Ketale sind aus diesem Grunde sehr nützliche *Schutzgruppen* für die Carbonylfunktion, die ihrerseits von Basen im allgemeinen leicht angegriffen wird (S. 261). Ein Beispiel für die Anwendung dieser Schutzfunktion ist die Umwandlung von *(27)* in *(30)*:

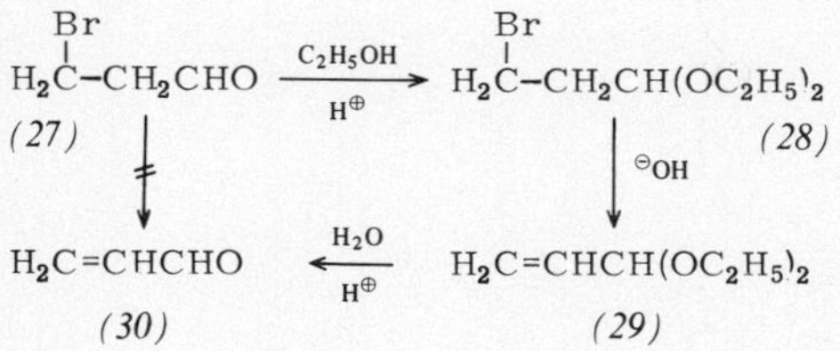

Hier wird das Acetal *(28)* durch basekatalysierte Eliminierung in das ungesättigte Acetal *(29)* übergeführt und dieses anschließend zum α,β-ungesättigten Aldehyd *(30)* hydrolysiert. Eine direkte Eliminierung von HBr aus *(27)* ist unmöglich, da Acrolein *(30)* unter basischen Reaktionsbedingungen polymerisiert.
Acetale und Ketale erfüllen demnach die drei Hauptanforderungen, die an eine gute Schutzgruppe gestellt werden: sie muß leicht einführbar sein, bei der eigentlichen Reaktion stabil in ihrer Position bleiben und am Ende leicht wieder entfernbar sein.

8.2.3 Die Addition von Thiolen

Carbonylverbindungen reagieren mit Thiolen, R–SH, unter Bildung von Hemithioacetalen und Thioacetalen. Die Reaktion erfolgt rascher als der analoge Prozeß mit Alkoholen (s.o.), was die größere Nucleophilie des Schwefels im Vergleich zu ähnlich gebundenem Sauerstoff widerspiegelt. Auch durch die Bildung von Thioacetalen und Thioketalen kann man die Carbonylgruppe schützen, wobei die Schwefelderivate im Gegensatz zu den

Sauerstoffanaloga gegenüber verdünnten Säuren vergleichsweise stabil sind. Hingegen werden sie leicht durch das System $H_2O/HgCl_2/CdCO_3$ zersetzt. Mit Hilfe einer Thioacetal-Gruppierung läßt sich die Polarität einer Carbonylfunktion in einem Aldehyd umkehren; dadurch wird ein ursprünglich elektrophiles Zentrum in ein nucleophiles in einem Anion wie *(31)* umgewandelt:

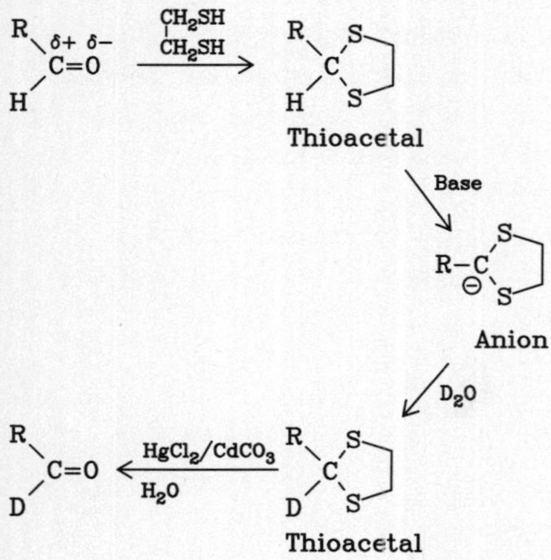

(31)

Diese Polaritätsumkehr, die man als *Umpolung* bezeichnet, kann in dem Aldehyd R–CHO auf direktem Wege nicht erzielt werden. Behandelt man das Carbanion *(31)* zunächst mit schwerem Wasser und hydrolysiert anschließend, so wird der ursprüngliche Aldehyd R–CHO selektiv und in hoher Ausbeute in sein Deuterioderivat R–CDO übergeführt. Alternativ kann *(31)* durch Abfangen mit R′I alkyliert werden, wodurch der Ausgangsaldehyd R–CHO in das Keton RR′CO umgewandelt worden ist. Mit Raney-Nickel/H_2 lassen sich Thioacetale und Thioketale entschwefeln:

$$R_2C{=}O \longrightarrow R_2C(SR')_2 \xrightarrow{Ni/H_2} R_2CH_2$$

Die Gesamtreaktion stellt eine wertvolle Methode zur Reduktion von $-CH{=}O$ zu $-CH_3$ und von $>C{=}O$ zu $>CH_2$ dar.

8.2.4 Die Addition von Blausäure (Cyanhydrin-Bildung)

Die Anlagerung von Blausäure an Carbonylverbindungen kann man formal als Carbanion-Reaktion auffassen. Meistens wird sie jedoch bei der Addition einfacher Anionen behandelt. Die Cyanhydrin-Bildung zählt zu den organischen Reaktionen, deren Mechanismus schon außerordentlich früh aufgeklärt wurde (Lapworth, 1903). Da die undissoziierte Blausäure nicht nucleophil genug ist, um die Carbonylgruppe anzugreifen, wird der Reaktionsmischung zur Bildung des nucleophilen $CN^{\ominus}$-Ions eine Base zugesetzt. Die Reaktionsgeschwindigkeit ist sowohl der Cyanid- als auch der $R_2C{=}O$-Konzentration proportional. Die Reaktion ist reversibel, und das Gleichgewicht liegt bei Abwesenheit von Protondonoren auf der Seite der Ausgangsverbindungen. In Gegenwart von Säuren wird es auf die rechte Seite verschoben, da die Cyanhydrine *(31)* stabiler sind als die entsprechenden Anionen *(32)*.

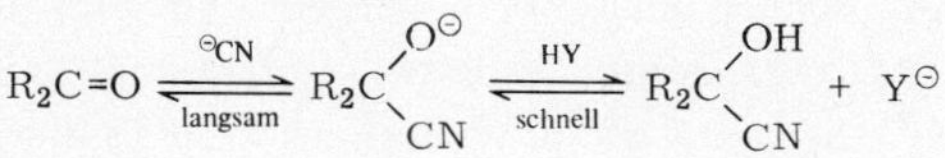

(32) *(31)*

Der Angriff des Cyanid-Ions ist der langsame, der sich anschließende Protontransfer aus der Blausäure oder einem Protonen-haltigen Lösungsmittel wie Wasser, der rasche Schritt der Zweistufenreaktion. Der Zusammenhang zwischen Gleichgewichtslage und Struktur der Carbonylverbindung wurde bereits erörtert (S. 240). Aldehyde und einfache aliphatische oder cyclische Ketone bilden leicht Cyanhydrine, Alkylarylketone nur schwer und Diarylketone gar nicht. Bei aromatischen Aldehyden konkurriert gelegentlich die Benzoinreaktion (S. 270), bei α,β-ungesättigten Carbonylverbindungen die 1,4-Addition (S. 232).

Diejenigen Carbonylverbindungen, die in der Gleichgewichtsreaktion mit Blausäure nicht bevorzugt zum Cyanhydrin reagieren, können zufriedenstellend durch Reaktion mit Trimethylsilylcyanid in ein Derivat des Cyanhydrins umgewandelt werden:

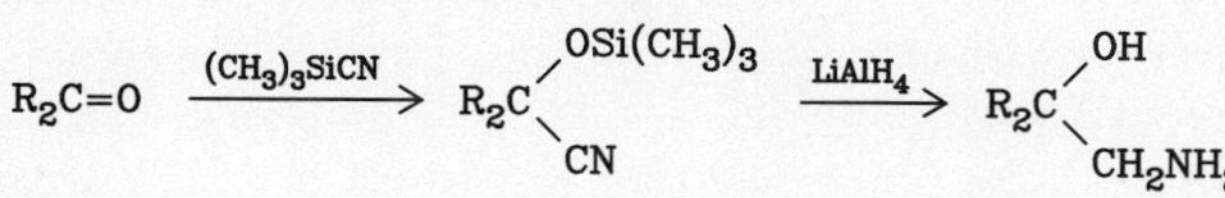

Die Verschiebung des Gleichgewichts wird durch den großen Energiebetrag ermöglicht, der bei Ausbildung der sehr starken O-Si-Bindung frei wird. Präparativ sind Cyanhydrine von Interesse, weil man die Cyanofunktion weiter abwandeln kann, z. B. durch Reduktion oder Hydrolyse.

Entsprechende Reaktionen lassen sich auch – und in hohen Ausbeuten – mit dem Trimethylsilyl-Derivat ausführen. Diese weiterführenden Transformationen müssen jedoch unter Bedingungen durchgeführt werden, unter denen

– wie im obigen Beispiel – eine Rückreaktion zur ursprünglichen Carbonylverbindung unmöglich ist. Verglichen mit Blausäure besitzt Trimethylsilylcyanid den zusätzlichen Vorteil, daß α,β-ungesättigte Carbonylverbindungen ausschließlich 1,2-Addition eingehen (S. 232) und daß mit Benzaldehyd keine Benzoinkondensation eintreten kann (S. 270).

8.2.5 Die Anlagerung von Bisulfit und anderen Ionen

Die Addition von Hydrogensulfit („Bisulfit"), eine weitere klassische Reaktion der Carbonylverbindungen, führt zu kristallinen Addukten. Die Struktur dieser „Bisulfit-Addukte" war lange Zeit umstritten; ihr Sulfonsäure-Charakter *(33)* wurde aber schließlich durch die Untersuchung ihres Ramanspektrums bestätigt. Im angreifenden Anion ist demnach das Schwefelatom nucleophiler als das Sauerstoffatom. Weiterhin konnte gezeigt werden, daß das $SO_3^{2\ominus}$-Anion *(34)* und nicht das $HSO_3^{\ominus}$-Ion angreift ($HO^{\ominus} + HSO_3^{\ominus} \rightleftharpoons H_2O + SO_3^{2\ominus}$): die höhere Konzentration des Hydrogensulfit-Ions wird durch die wesentlich größere nucleophile Kraft des doppelt geladenen Anions *(34)* wettgemacht:

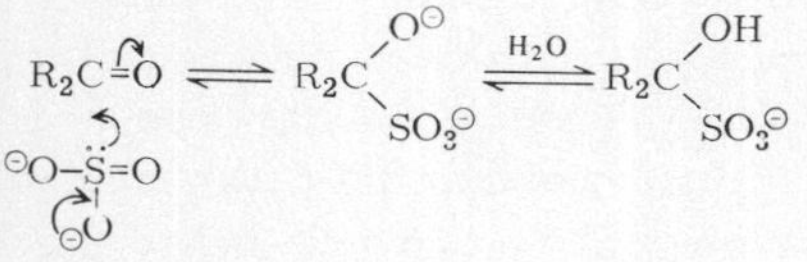

(34) *(33)*

Da das Anion in der Reaktionslösung vorliegt, ist eine Basekatalyse nicht erforderlich. Die Aktivierung der Carbonylgruppe durch Protonierung (Säurekatalyse) ist ebenfalls unnötig, denn *(34)* ist ausreichend nucleophil. Andererseits ist dieses Anion verhältnismäßig groß, und die Gleichgewichtskonstante ist aus diesem Grund bei gegebener Carbonylverbindung normalerweise viel kleiner als bei der Cyanhydrin-Bildung (S. 246). Im präparativen Maßstab lassen sich nur Aldehyde, Methylketone und einige cyclische Ketone in ihre Bisulfit-Addukte überführen. Diese Verbindungen können deshalb aus Mischungen abgetrennt und nach Reinigung der Bisulfit-Derivate und deren Zersetzung in reiner Form isoliert werden.
Halogenid-Ionen lagern sich an die Carbonylgruppe in Gegenwart von Säuren ebenfalls an, doch ist die Reaktion derartig leicht umkehrbar, daß man das resultierende 1,1-Halohydrin *(35)* nicht isolieren kann. Führt man die Reaktion in Alkohol aus, so läßt sich der entstehende α-Halogenether *(36)* nach Neutralisation der Lösung isolieren:

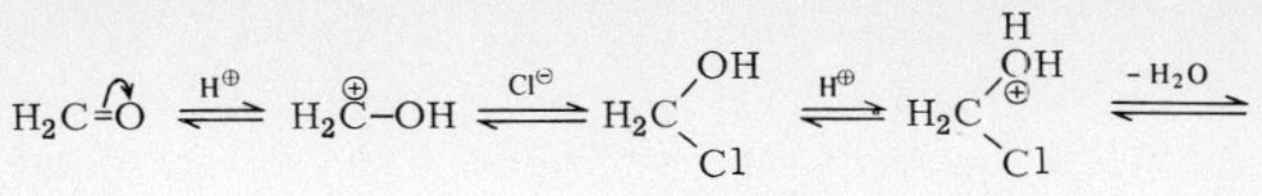

(35)

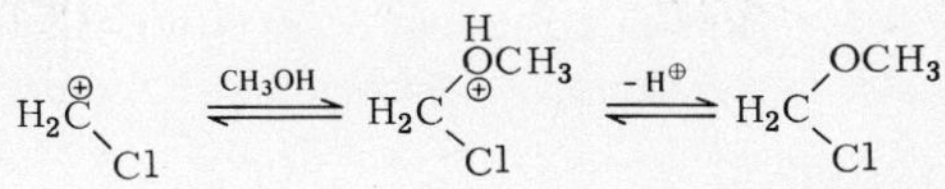

(36)

Chlormethyl-
methylether

8.2.6 Reaktionen mit Hydrid-Ionen

Carbonylgruppen können ähnlich wie Kohlenstoff-Kohlenstoff-Doppelbindungen katalytisch hydriert werden (S. 220). Allerdings ist es nicht möglich, die Kohlenstoff-Sauerstoff-Doppelbindung selektiv zu reduzieren, wenn das Molekül noch andere ungesättigte funktionelle Gruppen enthält (C=C, C≡C, C=N oder C≡N). Tritt ein derartiges Problem auf, so wird es normalerweise durch den Einsatz komplexer Hydride gelöst.

8.2.6.1 Ionen komplexer Metallhydride

Zu den reaktionsfreudigsten komplexen Hydriden zählt das Lithiumaluminiumhydrid ($Li^{\oplus}AlH_4^{\ominus}$). Es reduziert die Carbonylgruppe von Aldehyden, Ketonen, Carbonsäuren und Estern zur Alkoholfunktion bzw. die von Amiden zur Methylengruppe, ohne gleichzeitig im Molekül vorhandene Kohlenstoff-Kohlenstoff-Doppel- oder -Dreifachbindungen anzugreifen. In α,β-ungesättigten Carbonylverbindungen wird allerdings gelegentlich auch die Doppelbindung reduziert. Lithiumaluminiumhydrid wirkt als kräftiger Hydrid-Donor ($H^{\ominus}$). Es kann deshalb nicht in protischen Lösungsmitteln wie Wasser oder Alkoholen verwendet werden, da es diesen sofort ein Proton entreißen würde. Gewöhnlich dienen daher Ether oder Tetrahydrofuran als Lösungsmittel, in denen sich $LiAlH_4$ auch relativ gut löst. Im ersten Schritt der $LiAlH_4$-Reduktion überträgt das nucleophile $AlH_4^{\ominus}$-Ion ein Hydrid-Ion irreversibel auf das Carbonylkohlenstoffatom, und das zurückbleibende Aluminiumhydrid (AlH_3) wird vom Sauerstoffatom als Komplex *(37)* gebunden.

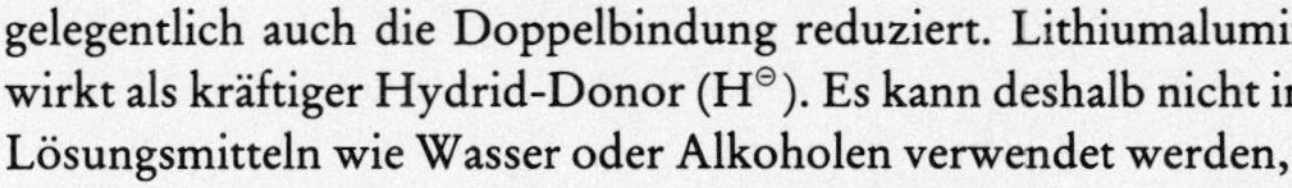

(37) *(38)* *(39)*

Das Zwischenprodukt *(37)* überträgt anschließend Hydrid-Ionen auf drei weitere Moleküle $R_2C{=}O$, so daß der Komplex *(38)* entsteht. Dieser wird schließlich durch Hydrolyse mit einem protonhaltigen Lösungsmittel (Wasser, Alkohol) zum Produkt *(39)* zersetzt. Ein Wasserstoffatom im Produktalkohol *(39)* stammt demnach aus dem $AlH_4^{\ominus}$-Ion, das zweite (am Sauerstoff gebundene) aus dem zur Aufarbeitung verwendeten Lösungsmittel.

Bei der Reduktion von Carbonsäuren fällt manchmal das Salz $RCO_2^{\ominus}Li^{\oplus}$ aus, und die Reaktion kommt zum Stillstand. Man vermeidet diese Komplikation durch Überführung der Säure in einen einfachen Ester (Methyl- oder Ethylester). Die Reduktion der letzteren Verbindungen wird durch einen Additions/Eliminierungs-Schritt eingeleitet [OR′ in *(40)* ist eine gute Abgangsgruppe] und dann wie oben über die Carbonylverbindung *(41)* beendet:

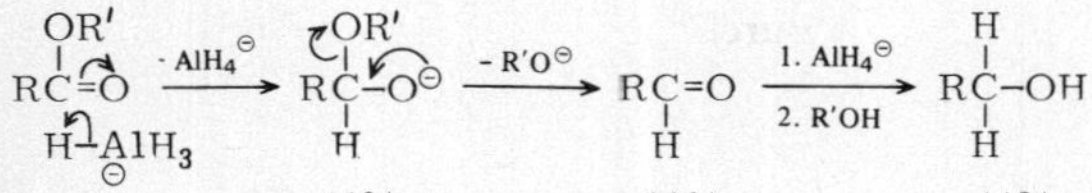

(40) *(41)* *(42)*

Reaktionsprodukt ist in diesem Fall ein primärer Alkohol *(42)*.

Das weniger reaktive Natriumborhydrid ($Na^{\oplus}BH_4^{\ominus}$) reduziert zwar noch Aldehyde und Ketone, greift aber Carbonsäure-Derivate nicht mehr an. Auch Nitro- und Cyanogruppen werden – im Gegensatz zu Lithiumaluminiumhydrid – nicht reduziert. Außerdem besitzt $NaBH_4$ den großen Vorteil, auch in Hydroxygruppen-haltigen Lösungsmitteln verwendbar zu sein. In den letzten Jahren sind zahlreiche weitere Reagenzien vom Typ $MH_4^{\ominus}$, $MH_3OR^{\ominus}$, $MH_2(OR)_2^{\ominus}$ usw. hergestellt worden, deren Wirksamkeit bei Reduktionen von ihrer Nucleophilie und der Raumerfüllung ihrer Substituenten R abhängt.

8.2.6.2 Die Meerwein-Ponndorf-Reaktion

Man versteht hierunter die Reduktion von Ketonen *(43)* zu sekundären Alkoholen, vor allen Dingen durch Aluminiumisopropylalkoholat *(44)* in Isopropylalkohol-Lösung:

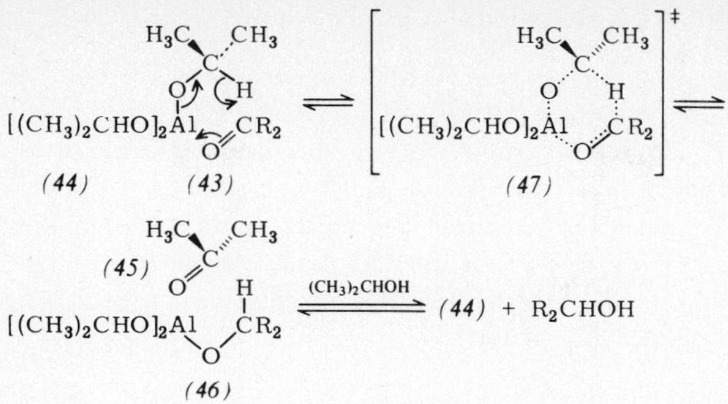

Indem das Reaktionsprodukt mit dem niedrigsten Siedepunkt, Aceton *(45)*, laufend aus dem Reaktionsgemisch herausdestilliert wird, läßt sich das Gleichgewicht praktisch ganz auf die rechte Seite verschieben. Der gebildete sekundäre Alkohol R_2CHOH wird durch den im Überschuß verwendeten Isopropylalkohol aus dem Alkoholat *(46)* in Freiheit gesetzt. Wiederum stammt also ein Wasserstoffatom aus dem Hydrid-Übertragungsreagenz und das andere aus dem Hydroxygruppen-haltigen Lösungsmittel. Da die Einstellung des Gleichgewichts zwischen *(44)* und *(46)* der entscheidende Schritt der Reaktion ist, muß diese sehr spezifisch sein. In der Tat werden Kohlenstoff-Kohlenstoff-Doppel- oder -Dreifachbindungen, Nitrogruppen usw. nicht reduziert.

Daß wirklich eine spezifische Hydrid-Übertragung von einem Kohlenstoffatom zu einem anderen stattfindet, ließ sich durch Verwendung von deuteriertem Aluminiumisopropylalkoholat $[(CH_3)_2CDO]_3Al$ zeigen: das Deuterium wird in die α-Stellung des resultierenden Carbinols R–CD(OH)–R′ eingebaut. Die Meerwein-Ponndorf-Reduktion verläuft wahrscheinlich über einen cyclischen Übergangszustand wie *(47)*, obwohl auch Fälle bekannt sind, in denen zwei Alkoholmoleküle eine Rolle spielen. Dabei scheint das eine als Hydrid-Quelle zu fungieren, während das andere das Carbonylsauerstoffatom komplexiert. Wegen der einfacher durchführbaren $MH_4^{\ominus}$ -Reduktionen spielt die Meerwein-Ponndorf-Reaktion heute nur noch eine untergeordnete Rolle.

Die Reaktion läßt sich umkehren [R–CH(OH)–R′ → R–CO–R′], wenn man Aluminium-*tert.*-butylalkoholat und einen hohen Überschuß an Aceton auf einen sekundären Alkohol einwirken läßt. Durch den hohen Aceton-Überschuß wird das Gleichgewicht nach links, zugunsten, des Ketons, verschoben (Oppenauer-Oxidation).

8.2.6.3 Die Cannizzaro-Reaktion

In der Cannizzaro-Reaktion wird ein Hydrid-Ion von einem Aldehyd, der kein α-Wasserstoffatom besitzt (HCHO, R_3CCHO, ArCHO usw.), entweder auf ein Molekül desselben Aldehyds übertragen (Disproportionierung) oder auf ein Molekül eines anderen Aldehyds („gekreuzte" Cannizzaro-Reaktion). Die Reaktion tritt nur in Gegenwart starker Basen ein. Ihre Geschwindigkeit ist – wie sich am Beispiel des Benzaldehyds zeigen ließ – dem Quadrat der Aldehyd- sowie der Basekonzentration proportional. Man nimmt deshalb folgenden Ablauf an:

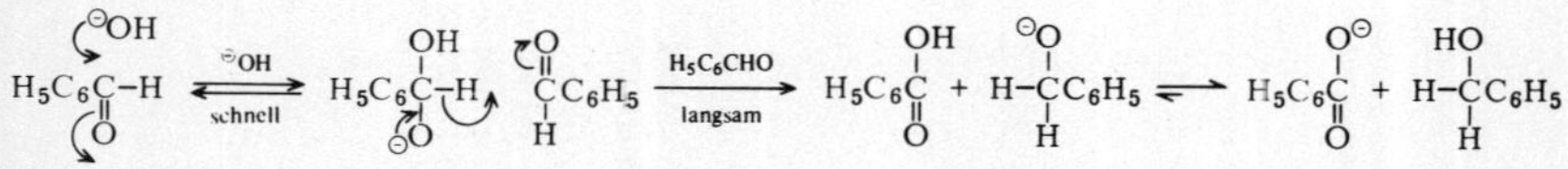

(48) (49) (50) (51)

Durch schnelle, reversible Anlagerung von $HO^{\ominus}$ an ein Molekül Benzaldehyd wird zunächst der Hydrid-Donor *(48)* erzeugt. Dieser überträgt im geschwindigkeitsbestimmenden Folgeschritt das $H^{\ominus}$-Ion auf ein zweites Aldehyd-Molekül *(49)*. Die dadurch gebildete Säure und das Alkoholat-Anion *(49)* tauschen ein Proton aus, wobei das stabilere Paar aus Säureanion *(50)* und Alkohol *(51)* entsteht. Insgesamt hat also eine gegenseitige Oxidation/Reduktion, d. h. eine Disproportionierung zweier Aldehyd-Moleküle stattgefunden. Wird Benzaldehyd in schwerem Wasser umgesetzt, so wird kein Deuterium in die Methylengruppe von *(51)* inkorporiert. Das beweist, daß H(D) *direkt* von einem Aldehydmolekül auf das andere übertragen wird – wie es der obige Mechanismus fordert. Ein indirekter Verlauf, in den z. B. das Solvens involviert ist, wird also nicht beobachtet.

In einigen Fällen, z. B. mit Formaldehyd *(52)* in Alkali sehr hoher Konzentration, wird eine Reaktion 4. Ordnung gefunden: die Reaktionsgeschwindigkeit ist proportional zu $[CH_2O]^2[HO^{\ominus}]^2$. Zur Erklärung wird angenommen, daß der dem Ion *(48)* entsprechenden Spezies *(53)* ein zweites Proton entrissen und das Dianion *(54)* gebildet wird:

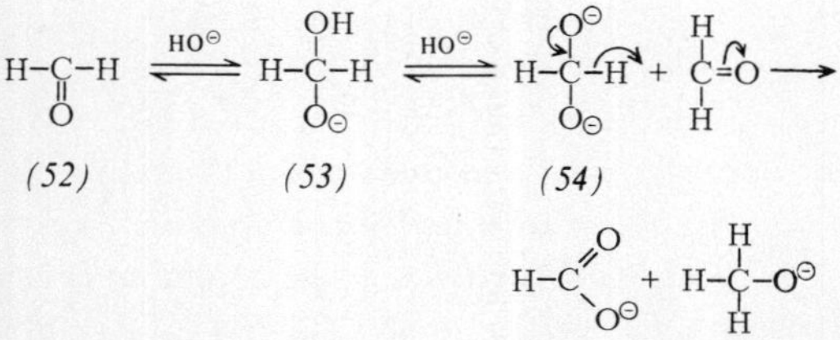

(52) (53) (54)

Das Zwischenprodukt *(54)* ist ein noch stärkerer Hydrid-Donor als *(53)* oder *(48)*; es greift wiederum ein zweites Aldehyd-Molekül an, und dieses Mal entsteht ein Säure- und ein Alkoholat-Anion.
Auch intramolekulare Cannizzaro-Reaktionen sind bekannt, z. B. Glyoxal *(55)* ⟶ Hydroxyessigsäure-Anion *(56)*:

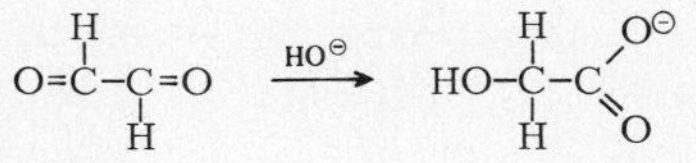

(55) *(56)*

Wie zu erwarten, ist die Reaktionsgeschwindigkeit proportional zu [OHC−CHO] [$HO^{\ominus}$]. Führt man die Reaktion in D_2O aus, so wird auch hier kein Deuterium in die Hydroxyessigsäure eingebaut.
Besitzt ein Aldehyd hingegen ein α-Wasserstoffatom, so wird mit Basen keine Cannizzaro-Reaktion beobachtet, sondern die wesentlich rascher verlaufende Aldolreaktion (S. 261).

8.2.7 Der Angriff von Elektronen auf die Carbonylgruppe

Stark elektropositive Metalle wie Natrium und Kalium geben unter geeigneten Bedingungen Elektronen ab, die in Lösung als sog. *solvatisierte Elektronen* vorliegen:

$$Na\cdot \xrightleftharpoons{\text{fl. } NH_3} Na^{\oplus} + e^{\ominus}(NH_3)_n$$

Derartige Elektronen besitzen nucleophile Eigenschaften und können sich an das Kohlenstoffatom einer Carbonylgruppe unter Ausbildung eines Radikalanions *(57)*, das meistens mit seinem Gegenion $M^{\oplus}$ ein Ionenpaar bildet, addieren:

$$R_2C{=}O + M^{\oplus} + e^{\ominus} \rightleftharpoons R_2\dot{C}{-}O^{\ominus}\,M^{\oplus}$$

(57)

Man kann diese Reaktion sehr leicht sichtbar machen, wenn man Natrium unter Luftausschluß in einer Etherlösung aromatischer Ketone löst: Es bildet sich eine blaue Farbe, die von dem sog. *Natriumketyl (58)* hervorgerufen wird:

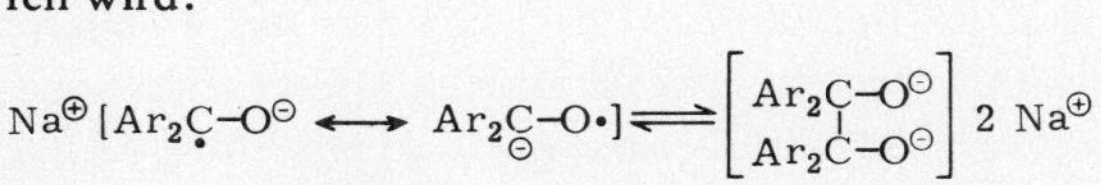

(58) *(59)*

Das Ketyl, in dem die Elektronen sowohl über die Arylsubstituenten als auch über die Carbonylgruppe delokalisiert sind, steht mit einem Dimer *(59)*, dem Dianion eines 1,2-Diols oder *Pinakols*, im Gleichgewicht. Ist ein Proton-Donor wie Ethanol zugegen, so wird aus *(59)* das Pinakol freigesetzt. Präparativ kann die Reaktion besonders zur Verknüpfung aromatischer Ketone benutzt werden; aber gelegentlich gehen auch aliphatische Ketone glatt in die entsprechenden Diole über. Beispielsweise reagiert Aceton *(60)* mit Magnesium zu 2,3-Dimethyl-2,3-butandiol *(61)*, dem eigentlichen Pinakol:

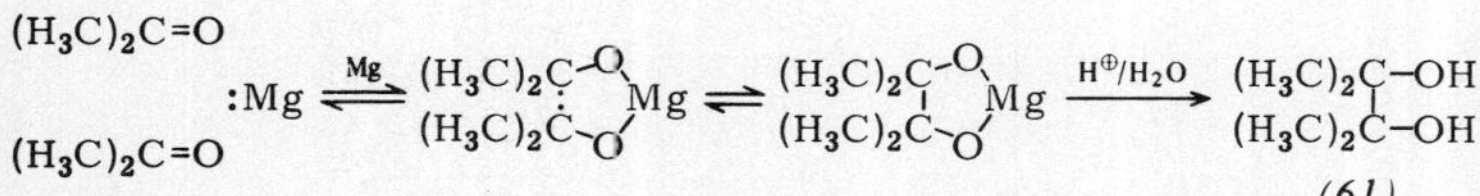

(60) *(61)*

In präparativem Maßstab lassen sich Ketone (besonders aromatische) in Pinakole photochemisch durch UV-Bestrahlung in Gegenwart von Wasserstoffdonatoren wie Isopropanol umwandeln.
Solvatisierte Elektronen (z. B. aus Natrium in Xylol) können auch die Carbonylkohlenstoffatome von Diestern *(62)* nucleophil angreifen. Die Dianionen *(63)*, die hierdurch entstehen, unterscheiden sich von *(59)* dadurch, daß sie über ausgezeichnete Abgangsgruppen wie $^{\ominus}OC_2H_5$ verfügen:

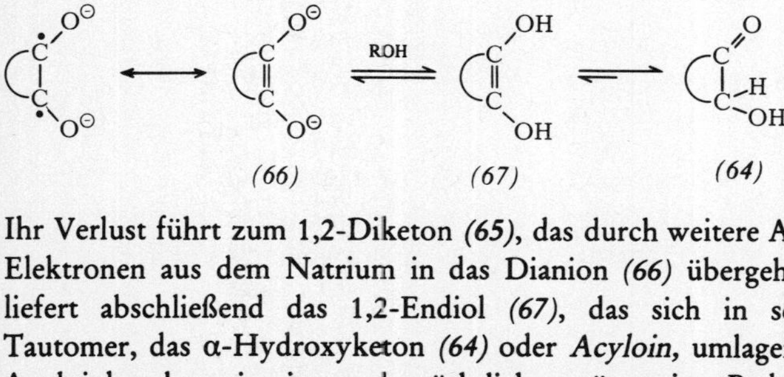

(62) *(63)* *(65)*

(66) *(67)* *(64)*

Ihr Verlust führt zum 1,2-Diketon *(65)*, das durch weitere Aufnahme von Elektronen aus dem Natrium in das Dianion *(66)* übergeht. Hydrolyse liefert abschließend das 1,2-Endiol *(67)*, das sich in sein stabileres Tautomer, das α-Hydroxyketon *(64)* oder *Acyloin*, umlagert. Diese sog. Acyloinkondensation ist von beträchtlicher präparativer Bedeutung bei der Cyclisierung langkettiger Diester $H_5C_2OOC-(CH_2)_n-COOC_2H_5$ zu makrocyclischen Hydroxyketonen. Mit 60–95 % für $n = 8$–18, d.h. für 10–20-gliedrige Ringe, sind die Ausbeuten dieser Reaktion gut bis ausgezeichnet.

8.3 Additions/Eliminierungs-Reaktionen – Die Addition von Ammoniak und seinen Derivaten

Es gibt zahlreiche nucleophile Additionsreaktionen von Carbonylverbindungen, bei denen das zunächst addierte nucleophile Reagenz noch über ein acides Wasserstoffatom verfügt *(68)*. Dieses ermöglicht eine Eliminierung von Wasser am Primäraddukt *(68)*, so daß insgesamt das Carbonylsauerstoffatom durch einen nucleophilen Rest ersetzt worden ist wie in der Folge *(68)* → *(69)*.

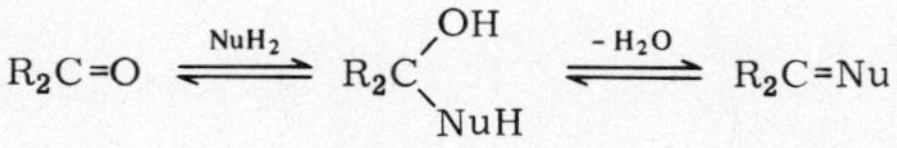

(68) *(69)*

Zu den bekanntesten und wichtigsten Reaktionen dieser Art zählen die Additionen von Derivaten des Ammoniaks an Carbonylverbindungen, d.h. von Hydroxylamin ($HONH_2$), Semicarbazid ($H_2N-CO-NH-NH_2$), Phenylhydrazin ($C_6H_5-NH-NH_2$) usw. In der qualitativen Analyse organischer Verbindungen werden diese Reagenzien dazu benutzt, flüssige Carbonylverbindungen in feste, und damit leichter charakterisierbare Derivate umwandeln. Besonders nützlich für diesen Zweck ist 2,4-Dinitrophenylhydrazin, $(NO_2)_2\ C_6H_3$–NH-NH_2.

Wird bei pH = 7 die Reaktion von Hydroxylamin mit dem Anion der Brenztraubensäure *(70)* (dem Pyruvat-Anion) durch kontinuierliche Messung des Infrarotspektrums der Reaktionslösung verfolgt, so stellt man fest, daß die charakteristische Bande für die Carbonylgruppe der Ausgangsverbindung bei 1710 cm^{-1} völlig verschwunden ist, bevor das Absorptionsmaximum bei 1400 cm^{-1}, das für die C=N-Bindung des Produkts *(71)* typisch ist, zu erscheinen beginnt. Offensichtlich verläuft die Reaktion über ein Zwischenprodukt, und dieses besitzt wahrscheinlich die Struktur eines *Carbinolamins (72)* [vgl. *(68)* in der obenstehenden allgemeinen Gleichung]. Tatsächlich konnte eine derartige Spezies in der Reaktion von Acetaldehyd mit Hydroxylamin NMR-spektroskopisch nachgewiesen werden.

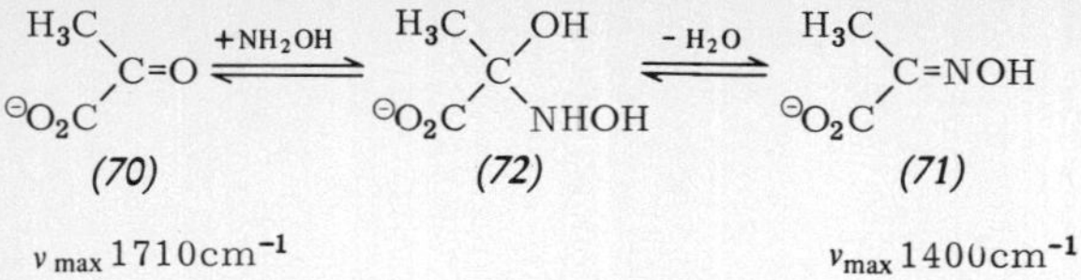

Wird die Acidität der Reaktionslösung vergrößert, so sinkt die Geschwindigkeit, mit der die Carbonyl-Absorption verschwindet. Das Hydroxylamin wird unter diesen stärker sauren Bedingungen in steigendem Maße zu $H_3\overset{\oplus}{N}-OH$ protoniert, das selbstverständlich weniger nucleophil als die freie Base ist. Andererseits steigt die Bildungsgeschwindigkeit des Oxims *(71)* mit fallendem pH-Wert, wie sich durch die jetzt rascher anwachsende C=N-Abdorption zeigen läßt, da nunmehr die durch Säuren katalysierte Dehydratisierung von *(72)* zu *(71)* leichter erfolgt. Allgemein lassen sich diese Zusammenhänge durch die folgende Reaktionsgleichung ausdrücken:

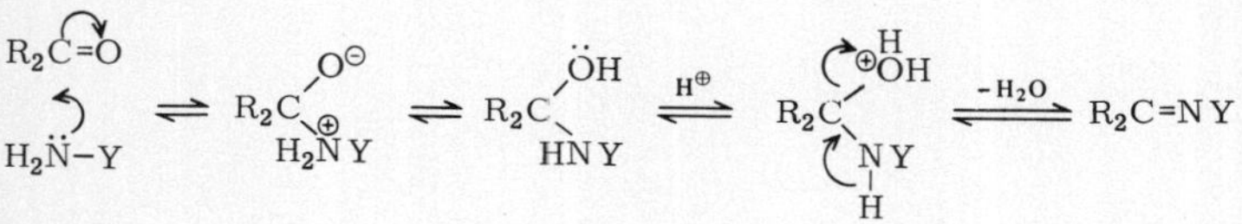

Starke Nucleophile wie NH_2OH (d.h. Y = OH) greifen die Carbonylgruppe auch ohne die Hilfe von Katalysatoren an, während schwächere wie $H_5C_6-NH-NH_2$ ($Y = H_5C_6NH$) und $H_2N-CO-NH-NH_2$ ($Y = NH-CO-NH_2$) meistens der Unterstützung von Säuren bedürfen, die die Carbonylgruppe wie üblich durch Protonierung aktivieren. Es handelt sich bei diesen Reaktionen um einen Fall der allgemeinen Säurekatalyse (S. 86). Welcher Schritt geschwindigkeitsbestimmend ist, ob die Addition oder die sich anschließende Eliminierung, kann deshalb durch den pH-Wert der Lösung festgelegt werden. In neutralem oder alkalischem Milieu ist die Dehydratisierung von *(72)* zu *(71)* der langsamste Schritt, in saurer Lösung hingegen der nucleophile Angriff auf die Carbonylfunktion [*(70)* ⟶ *(72)*]. Die Bildungsgeschwindigkeit dieser Derivate durchläuft deshalb bei einem bestimmten pH-Wert ein Maximum, was bei der präparativen Arbeit von beträchtlicher Bedeutung sein kann. Wo dieses Maximum liegt, hängt u. a. von der jeweiligen Carbonylverbindung und dem verwendeten Ammoniakderivat ab. Beispielsweise beträgt der optimale pH-Wert für die Umwandlung von Aceton in sein Oxim ca. 4,5. Mit Aldehyden und mit unsymmetrischen Ketonen R–CO–R′ gibt es natürlich die Möglichkeit, *syn-* und *anti-*Diastereomere zu bilden:

syn *anti*

In der Praxis findet man häufig, daß das *syn*-Isomer überwiegt. Im Falle von R–CO–R′ ist dieses das Isomer, in dem der Rest Y der *kleineren* der beiden Gruppen R und R′ benachbart ist.
Ammoniak selbst reagiert mit Carbonylverbindungen zu Iminen, $R_2C=NH$, instabilen Derivaten, die miteinander zu Polymeren unterschiedlicher Größe weiterreagieren. Bei dem klassischen „Aldehydammoniak" handelt es sich um hydratisierte cyclische Trimere. Trägt der Aldehyd jedoch stark elektronenanziehende Substituenten, so kann gelegentlich auch das Primärprodukt *(73)* isoliert werden [vgl. *(72)* und die Hydrat- bzw. Hemiacetalbildung, S. 241 und 243):

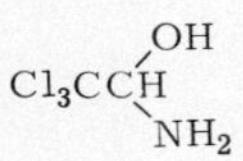

(73)

Auch mit primären Aminen (RNH_2) bilden Carbonylverbindungen Imine. Diese sind allerdings nur dann stabil, wenn einer der Substituenten der Carbonylkomponente aromatisch ist. Die resultierenden Produkte Ar–CH=N–R werden als *Schiffsche Basen* bezeichnet. Bei der Addition von sekundären Aminen (R_2NH) kann aus der Anlagerungsverbindung *(74)* auf dem normalen Wege (siehe oben) kein Wasser eliminiert werden. Derartige Primäraddukte sind zwar nicht besonders stabil, konnten jedoch in einigen Fällen isoliert werden. Wenn sie – wie *(74)* – über α-Wasserstoffatome verfügen, dann kann unter Wasserverlust eine Kohlenstoff-Kohlenstoff-Doppelbindung ausgebildet werden, und es entsteht ein *Enamin (75)*.

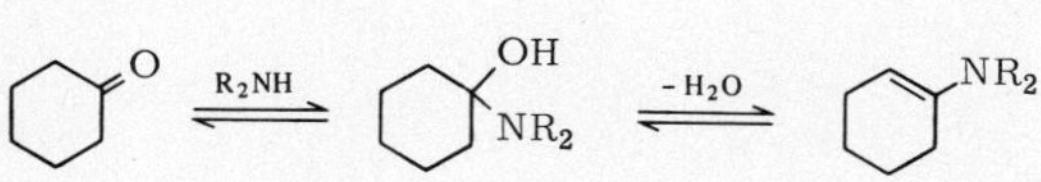

(74) *(75)*

Enamine sind als Synthesezwischenprodukte von beträchtlicher Bedeutung.

8.4 Die Addition von Carbanionen und Verbindungen mit negativ polarisierten Kohlenstoffatomen

Auf eine Trennung von einfachen Additions- und Additions/Eliminierungs-Prozessen wird bei der Diskussion der folgenden Reaktionen verzichtet. Sie werden in einer Gruppe behandelt, weil sie alle zur Knüpfung von Kohlenstoff-Kohlenstoff-Bindungen dienen und deshalb von großem präparativen Wert sind.

8.4.1 Die Addition von Grignard-Reagenzien

Die tatsächliche Struktur der Grignard-Reagenzien (RMgX) ist bis heute umstritten. Sie scheint sowohl von der Art der Substituenten R abzuhängen als auch vom Lösungsmittel, in dem die Grignard-Verbindung gelöst ist oder war. So zeigt das NMR-Spektrum von Methylmagnesiumbromid in Ether, daß diese Verbindung weitgehend als $(CH_3)_2Mg + MgBr_2$ vorliegt. Andererseits spricht die Röntgenstrukturanalyse von C_6H_5MgBr-Kristallen, die aus Diethylether erhalten wurden, für die Struktur $C_6H_5MgBr \cdot 2\,(C_2H_5)_2O$ mit den vier Liganden in tetraedrischer Anordnung um das Magnesiumatom. Wie auch immer die genaue Struktur sein mag: in den meisten Fällen verhalten sich Grignard-Reagenzien so, als wären sie im Sinne $\overset{\delta-}{R}-\overset{\delta+}{Mg}Hal$ polarisiert. Sie treten also als Moleküle mit negativiertem Kohlenstoffatom auf, wenn sich nicht sogar Carbanionen bilden (*carbanionoider* Zustand). Die Addition wird vermutlich durch eine Komplexbildung zwischen dem Magnesiumatom und dem Carbonylsauerstoffatom wie in *(76)* eingeleitet. Da außerdem in manchen Fällen *zwei* Moleküle RMgX an der Reaktion beteiligt sind, verläuft sie vermutlich über einen cyclischen Übergangszustand *(77)*:

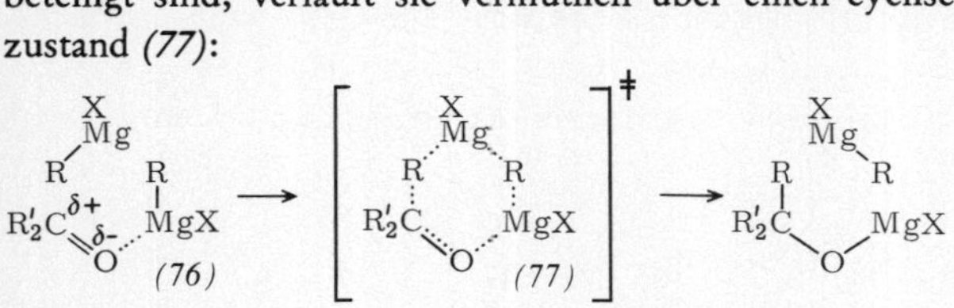

Das eine Molekül Grignard-Reagenz kann als Lewis-Säure aufgefaßt werden, die den positiven Charakter des Carbonylkohlenstoffatoms durch Komplexierung des Carbonylsauerstoffatoms verstärkt und damit den nucleophilen Angriff der Gruppe R des zweiten Moleküls der Grignard-Verbindung auf dieses Kohlenstoffatom begünstigt. Bestätigt werden diese Vorstellungen durch die Beobachtung, daß die Zugabe von Lewis-Säuren wie $MgBr_2$ die Reaktionsgeschwindigkeit der Grignard-Reaktion vergrößert. Genaue mechanistische Details über die Addition von Grignard-Reagenzien an Carbonylverbindungen sind kaum bekannt – eine überraschende Tatsache, wenn man an die große praktische Bedeutung der Reaktion denkt. Immerhin können zwei wichtige Nebenreaktionen mechanistisch besser verstanden werden, wenn man annimmt, daß sie über cyclische Übergangszustände wie *(77)* verlaufen [*(77a)* und *(77b)*]. Der eine Fall betrifft Grignard-Reagenzien mit β-Wasserstoffatomen [$R-CH_2-CH_2-MgX$, *(78)*]. Diese neigen dazu, Carbonylverbindungen zu Alkoholen *(79)* zu *reduzieren*, wobei sie selbst in Alkene *(80)* umgewandelt werden.

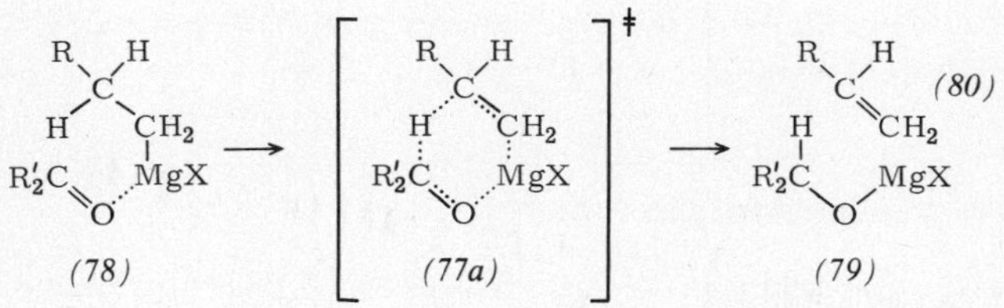

Statt der Übertragung einer $R-CH_2-CH_2$-Gruppe hat hier also ein Hydridtransfer stattgefunden.

In der zweiten Nebenreaktion gehen sterisch gehinderte Ketone *(81)*, die über α-Wasserstoffatome verfügen, beim Angriff der Grignard-Verbindung in Enole *(82)* über.

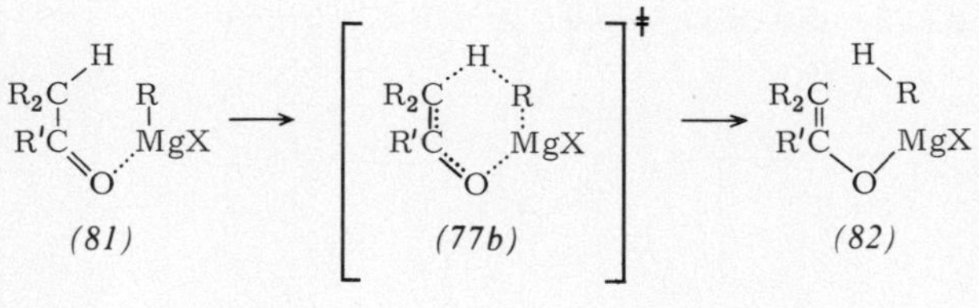

Auch in diesem Fall ist ein cyclischer Übergangszustand *(77b)* plausibel; die Grignard-Verbindung geht hier als Kohlenwasserstoff R–H verloren, wird also reduziert.

Die nucleophile Kraft der Grignard-Reagenzien ist sehr groß, und ihre Additionen sind meistens irreversibel. Die Endpunkte der Addition sind – nach hydrolytischer Aufarbeitung der zunächst gebildeten Magnesiumalko-

holate – Alkohole RR'R"C–OH. Die Grignard-Reaktion ist präparativ deshalb so wertvoll, weil mit ihrer Hilfe unterschiedlich substituierte Kohlenstoffatome miteinander verknüpft werden können. Die zunächst anfallenden Alkohole sind im allgemeinen nur Vorstufen für weitere Umsetzungen. Früher wurden auch Organozink-Verbindungen für derartige Zwecke verwendet; sie konnten sich jedoch gegenüber den Grignard-Reagenzien nicht behaupten.
Andererseits werden Grignard-Reagenzien heute in zunehmendem Maße durch Lithiumalkyle und -aryle ersetzt, da diese aufgrund ihres stärker ausgeprägten carbanionoiden Charakters eine höhere Reaktionsfähigkeit aufweisen, im allgemeinen keiner Katalyse durch elektrophile Reagenzien bedürfen, mit sterisch gehinderten Ketonen bessere Ausbeuten der normalen Additionsprodukte und mit konjugierten Systemen mehr 1,2- und weniger 1,4-Anlagerungsprodukte als Grignard-Reagenzien liefern.

8.4.2 Die Addition von Acetylid-Ionen

Als relativ saure Verbindungen können Acetylene (R–C≡C–H und HC≡CH) mit starken Basen wie Natriumamid in flüssigem Ammoniak leicht in ihre Anionen (R–C≡C$^{\ominus}$ und HC≡C$^{\ominus}$) umgewandelt werden (S. 307). Diese sind ein wenig nucleophiler als Cyanid-Ionen und benötigen keine zusätzliche Stabilisierung durch elektronenanziehende Gruppen wie >C=O, –C≡N, $-NO_2$ usw. (siehe unten). Präparativ ist die Addition von Acetylid-Ionen wichtig, weil die gebildeten Alkinylcarbinole auf vielfältige Weise modifiziert werden können. Beispielsweise liefert ihre Hydrierung in Gegenwart des Lindlar-Katalysators (S. 221) Alkenole *(83)*, die ihrerseits für weitere Synthesen verwendet werden können.

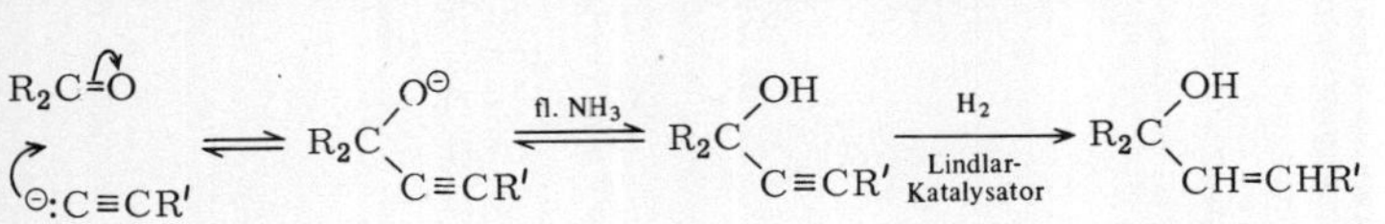

(83)

8.4.3 Die Addition von Carbanionen

Die für diese Reaktion benötigten Carbanionen ($^{\ominus}$CXYZ) werden durch Base aus den entsprechenden CH-aciden Verbindungen (H–CXYZ) hergestellt. Von den Substituenten X, Y oder Z muß mindestens einer elektronenanziehende Eigenschaften haben, um das Carbanion ausreichend zu stabilisieren. Das Primäraddukt *(84)* der Reaktion wird durch das Lösungsmittel, meistens Wasser oder Alkohol, protoniert und geht in das einfache Anlagerungsprodukt *(85)* über. Ob dieses durch Dehydratisierung zu der ungesättigten Verbindung *(86)* weiterreagiert, hängt nicht nur davon ab, ob ein α-Wasserstoffatom vorhanden ist bzw. einer der Substituenten X, Y oder Z Wasserstoff ist, sondern auch davon, ob die neugebildete Doppelbindung zu einer anderen Kohlenstoff-Kohlenstoff- bzw. Kohlenstoff-Sauerstoff-Doppelbindung im Molekül konjugiert ist:

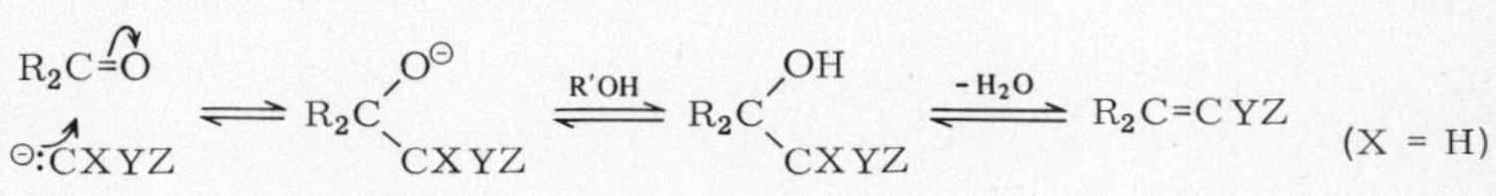

(84) *(85)* *(86)*

Da der erste Schritt der Reaktion sehr häufig reversibel ist, ist eine Folgereaktion wie die Dehydratisierung erforderlich, um das Gleichgewicht auf die Produktseite zu verschieben. Die zahlreichen Namenreaktionen, die nach dem obigen allgemeinen Schema verlaufen, unterscheiden sich im Prinzip nur durch die Carbonylkomponente voneinander (Aldehyd, Keton, Ester usw.) und in der Art des verwendeten Carbanions.

8.4.4 Die Aldolreaktion

Aldehyde mit α-ständigen Wasserstoffatomen *(88)* reagieren mit Basen (meistens $HO^{\ominus}$) unter Bildung eines stabilisierten Carbanions *(87)*; dieses kann das Carbonylkohlenstoffatom eines zweiten Aldehyd-Moleküls *(88)* angreifen, wobei schließlich die β-Hydroxycarbonyl-Verbindung *(89)*, ein sog. *Aldol*, entsteht:

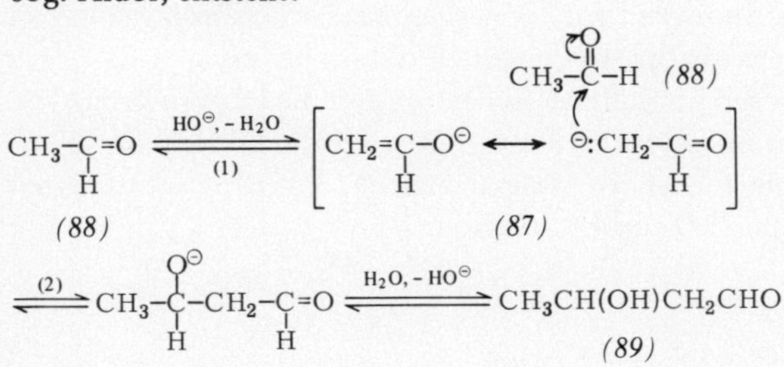

Für Acetaldehyd liegt das Gleichgewicht auf der Seite des Aldols 3-Hydroxy-butanal *(89)*.

Die Rückreaktion (1) und die Hinreaktion (2) konkurrieren um das Carbanion *(87)*. Da jedoch bei Ausführung der Kondensation in D_2O kein

Deuterium in die Methylgruppe eingebaut wird, muß die C–C-Verknüpfung so viel schneller als die Reprotonierung (Deuteronierung) von *(87)* zum Aldehyd ablaufen, daß die Deprotonierung praktisch irreversibel wird. Andererseits liegt im Falle des Acetons *(90)* das Gleichgewicht nahezu vollständig auf der linken Seite: in der Gleichgewichtsmischung lassen sich nur ca. 2 % des Ketols *(91)* (Diacetonalkohol) nachweisen:

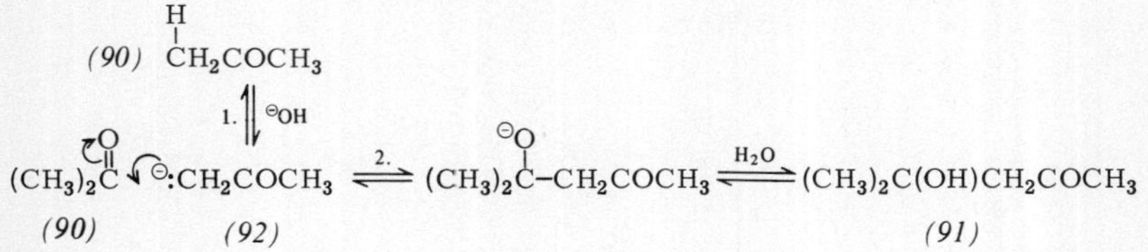

Hier greift das Carbanion *(92)* das Carbonylkohlenstoffatom des Ketons *(90)*, das deutlich weniger positiv als das eines Aldehyds und obendrein sterisch stärker gehindert ist, weniger leicht an. Wird die Reaktion in D_2O ausgeführt, so kommt es zum Einbau von Deuterium in die Methylgruppen von noch nicht umgesetztem Aceton. Schritt 2 ist also nicht wesentlich schneller als die Rückreaktion *(92)* ⟶ *(90)* (Umkehrung von Schritt 1). Um trotz ungünstiger Gleichgewichtslage eine präparativ befriedigende Ausbeute von *(91)* zu erhalten, kocht man Aceton unter Verwendung eines Soxhlet-Extraktors, in dessen Extraktionshülse Bariumhydroxid gegeben wird. An diesem basischen Katalysator bildet sich eine kleine Menge des Additionsprodukts *(91)*, das von Zeit zu Zeit in das Reaktionsgefäß zurückfließt. Da Diacetonalkohol (Kp 164 °C) um rund 100 °C höher siedet als Aceton (Kp 56 °C), sammelt sich *(91)* im Reaktionskolben an, während nur die Acetondämpfe fortwährend mit Bariumhydroxid in Berührung kommen und dadurch immer wieder das gewünschte Produkt liefern.
Unter dem katalytischen Einfluß von Säuren verläuft die Dimerisierung von Aceton hingegen problemlos. Die Säure begünstigt die Bildung der Enolform *(93)*, die mit einem zweiten Molekül Aceton, das in der protonierten Form als Carbokation *(94)* vorliegt, reagiert.

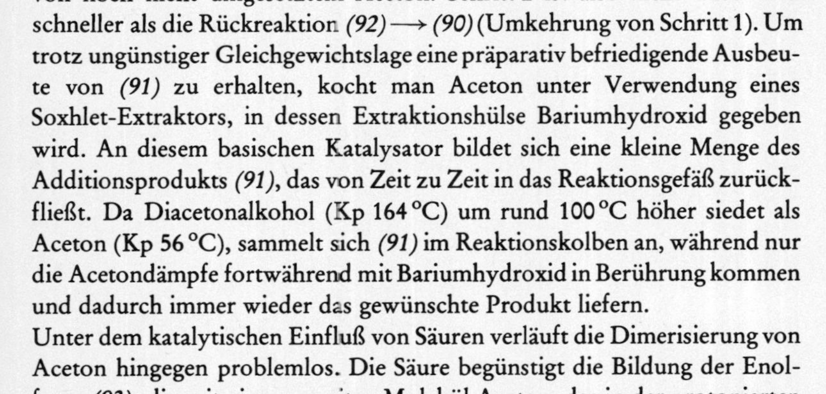

Tertiäre Alkohole wie *(91)* reagieren unter den sauren Versuchsbedingungen meistens gleich weiter: Durch eine säurekatalysierte Dehydratisierung (S. 281) gehen sie in α,β-ungesättigte Ketone, z. B. Mesityloxid *(95)* (4-Methyl-3-penten-2-on) über, so daß insgesamt Kondensation eingetreten ist:

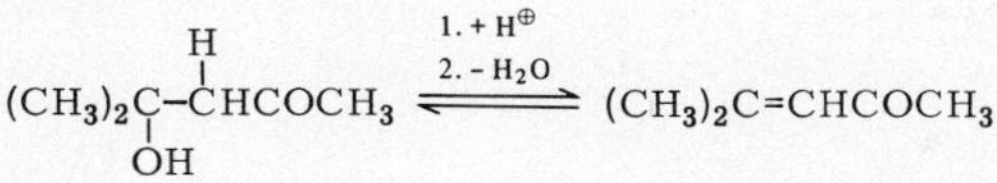

(91) *(95)*

Manche Aldole, z. B. *(89)*, werden auch durch Basen dehydratisiert [Bildung von Crotonaldehyd *(96)*].

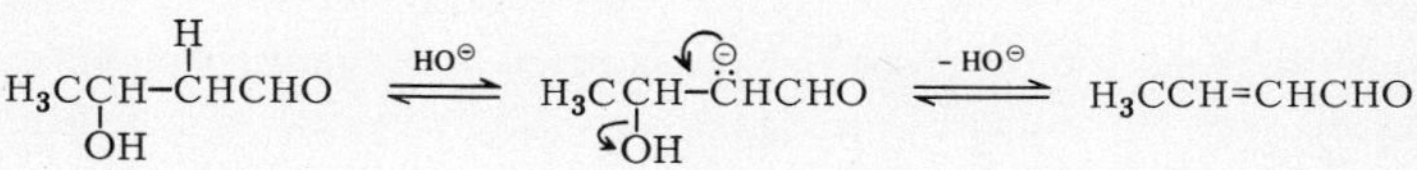

(89) *(97)* *(96)*

Die basekatalysierte Dehydratisierung ist allerdings recht selten. Daß sie hier auftritt, liegt daran, daß *(89)* über eine potentielle Abgangsgruppe und α-ständige Wasserstoffatome verfügt. Werden diese von einer Base entfernt, so entsteht das Carbanion *(97)*, das aus der β-Position relativ leicht ein Hydroxid-Ion abspaltet. Durch eine derartige Eliminierung werden Aldolreaktionen, die ohne diesen Schritt auf der linken Seite des Gleichgewichts liegen, vollständig auf die Produktseite verschoben. Es darf jedoch nicht vergessen werden, daß der Gesamtprozeß Aldolreaktion plus Dehydratisierung reversibel ist [*(88)* ⇌ *(96)*], daß also α,β-ungesättigte Carbonylverbindungen unter geeigneten Bedingungen auch von Basen gespalten werden. Dazu kommt, daß *(96)* nach wie vor ein Aldehyd ist und sich demnach die obige Reaktionsfolge wiederholen kann. Auf diese Weise erhält man durch Erhitzen von einfachen aliphatischen Aldehyden mit wäßriger Natriumhydroxid-Lösung niedermolekulare Polymere. Soll die Reaktion auf der Aldolstufe stehen bleiben, so sind mildere Reaktionsbedingungen, z. B. wäßrige Kaliumcarbonat-Lösung, oder basische Ionenaustauscherharze als Katalysatoren erforderlich.

Gemischte Aldolkondensationen, in denen beide Aldehyde (oder andere geeignete Carbonylverbindungen) α-ständige Wasserstoffatome besitzen, sind im allgemeinen von geringem präparativem Wert, da sie zu einer Mischung aus maximal vier Produkten führen können. Wird jedoch in einer gemischten Aldolreaktion ein Aldehyd eingesetzt, der über keine α-Wasserstoffatome verfügt, also nur als Carbanion-Akzeptor fungieren kann, so lassen sich präparativ brauchbare Resultate erzielen. In der Claisen-Schmidt-Kondensation reagieren aromatische Aldehyde *(98)* mit einfachen aliphatischen Aldehyden oder Methylketonen in Gegenwart von verdünnter Kaliumhydroxid-Lösung:

(98)

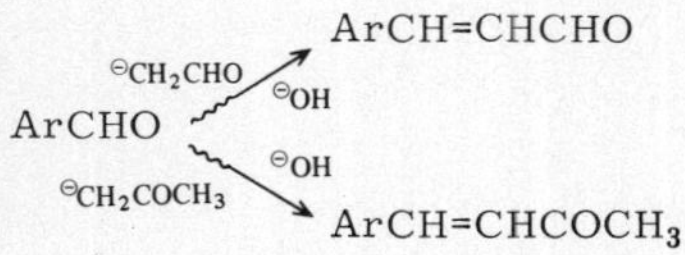

Wie in dem Beispiel oben folgt auch hier auf die Carbanion-Addition eine Dehydratisierung. Der Einbau elektronenspendender Substituenten in die Arylgruppe verringert erwartungsgemäß die Reaktionsgeschwindigkeit: p-Anisylaldehyd (*p*-$CH_3O-C_6H_4-CHO$) reagiert siebenmal langsamer als Benzaldehyd. Bei aliphatischen Aldehyden kann natürlich eine Selbstkondensation als Nebenreaktion auftreten. Andererseits kann die viel langsamere Cannizzaro-Reaktion (S. 252) nicht mit der gewünschten Kondensation konkurrieren. Kondensationsreaktionen dieser Art werden im übrigen auch durch Säuren katalysiert (S. 262) und können, bei entsprechend substituierten Dicarbonylverbindungen *(99)*, auch zum Aufbau cyclischer Moleküle dienen (intramolekulare Aldolkondensation):

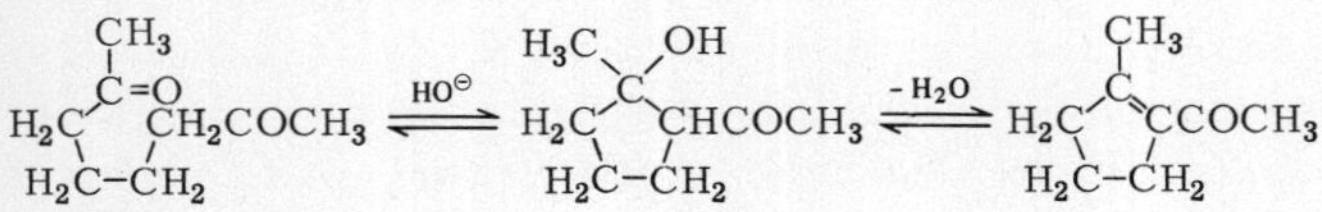

(99)

8.4.5 Reaktionen mit Nitroalkanen

Die Carbanionen *(100)* aliphatischer Nitroverbindungen wie Nitromethan *(101)* reagieren ebenfalls leicht mit Aldehyden und Ketonen:

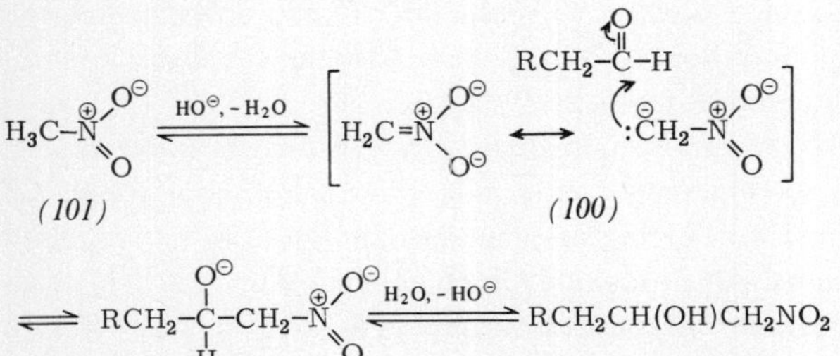

(101) *(100)* *(102)*

Normalerweise reichen Basen wie Hydroxid oder Ethanolat aus, um das Carbanion zu erzeugen. Ob die β-Hydroxy-nitroverbindung *(102)* zu $R'R''C{=}CH{-}NO_2$ dehydratisiert wird, hängt von den Reaktionsbedingungen ab. Dient ein Aldehyd als Carbonylkomponente, so besteht die Gefahr einer konkurrierenden Aldolkondensation. Im obigen Fall ist das aus der Nitroverbindung entstehende Carbanion *(100)* wegen der wirkungsvolleren Delokalisierung der Ladung die stabilere Zwischenverbindung. Sie bildet sich also leichter als $R\overset{\ominus}{C}H{-}CHO$, und die obige Reaktion überwiegt. Nitroverbindungen wie *(102)* können zu Aminen reduziert oder auf andere Weise modifiziert werden, so daß auch diese Addition wertvolle Synthese-Zwischenprodukte liefert.

8.4.6 Die Perkin-Reaktion

In dieser Reaktion wird das erforderliche Carbanion *(103)* durch Entfernung eines α-ständigen Wasserstoffatoms aus einem Säureanhydrid *(104)* erzeugt, wobei das entsprechende Säureanion als Proton-Akzeptor dient. Als Carbonylkomponenten kommen normalerweise nur aromatische Aldehyde in Frage. Bei den Produkten handelt es sich, wie die Bildung von Zimtsäure *(105)* aus Acetanhydrid *(104)* und Benzaldehyd zeigt, um α,β-ungesättigte Carbonsäuren:

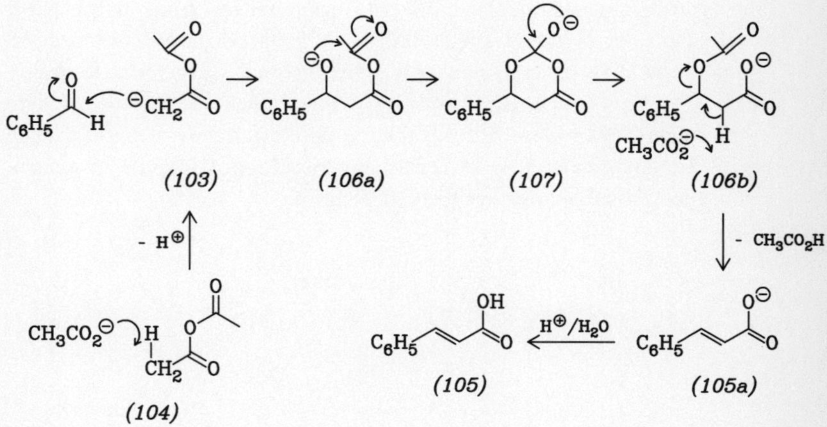

Das Carbanion *(103)* greift das Carbonylkohlenstoffatom des Aldehyds auf die übliche Weise unter Bildung des Alkoxid-Anions *(106)* an. Anschließend erfolgt eine interne Verschiebung der Acetylgruppe dieses Anions vom Carboxylsauerstoffatom in *(106a)* zum Alkoxysauerstoffatom in *(106b)*,

wobei ein cyclisches Intermediat *(107)* durchlaufen wird. Insgesamt wird dabei eine stabilere Spezies gebildet. Abstraktion eines α-Wasserstoffatoms in *(106b)* durch Acetat-Ionen ermöglicht die Abspaltung der guten Abgangsgruppe $CH_3COO^{\ominus}$ aus der benachbarten β-Position. Es resultiert das Anion *(105a)* der α,β-ungesättigten Carbonsäure, aus dem während der sauren Aufarbeitung das Produkt *(105)* freigesetzt wird.
Dieser Mechanismus wird u.a. dadurch gestützt, daß es beim Arbeiten mit Anhydriden der allgemeinen Struktur $(R_2CHCO)_2O$, deren *(106b)* entsprechendes Intermediat ein abspaltbares α-Wasserstoffatom fehlt, gelingt, das Analogon von *(106b)* als tatsächliches Endprodukt der Reaktion zu isolieren.

8.4.7 Knoevenagel- und Stobbe-Reaktion

In diesen Reaktionen werden Carbanionen vom Typ $^{\ominus}$:CHXY verwendet. Obwohl X und Y innerhalb weiter Grenzen variiert werden können, bevorzugt man gewöhnlich Estergruppen (−COOR) als Substituenten. Die Carbanionen sind dann Salze von Malonsäureestern, $CH_2(COOR)_2$. Als Katalysatoren werden häufig organische Basen benutzt, und das zunächst gebildete Aldol wird meistens zum α,β-ungesättigten Produkt (Ester) dehydratisiert. In der eigentlichen Stobbe-Kondensation werden Carbanionen von Bernsteinsäureestern *(108)* in Gegenwart von Alkoxid-Ionen mit Aldehyden oder Ketonen umgesetzt. Diese Ester reagieren überraschend schnell, und eine Estergruppe wird stets in eine Carboxylat-Funktion ($-CO_2^{\ominus}$) umgewandelt. Reaktionsprodukt ist immer eine α,β-ungesättigte Verbindung *(109)*, nie ein Aldol. Erklären lassen sich diese Beobachtungen durch Annahme einer Lacton-Zwischenverbindung *(110)*, die in einigen Fällen auch tatsächlich isoliert werden konnte:

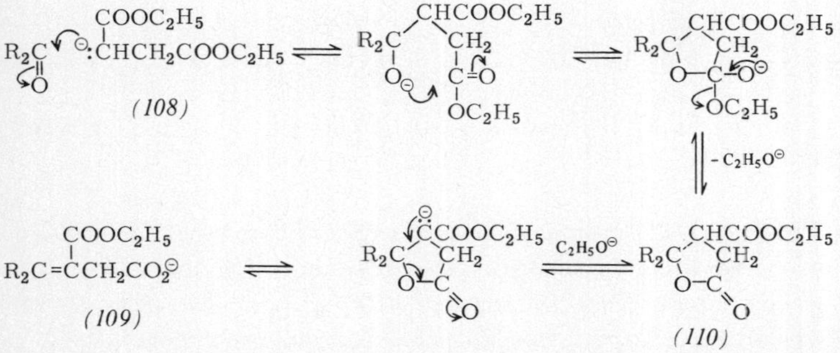

8.4.8 Die Claisensche Esterkondensation

Auch in dieser Reaktion spielen aus Estern erzeugte Carbanionen eine Rolle. Im Gegensatz zu den oben besprochenen Additionen lagern sie sich jedoch an das Carbonylkohlenstoffatom eines zweiten Ester-Moleküls an. Man kann die Reaktion als Esteranalogon der Aldolreaktion auffassen (S. 261). Die Kondensation verläuft beim Ethylacetat *(112)* (Essigester) folgendermaßen:

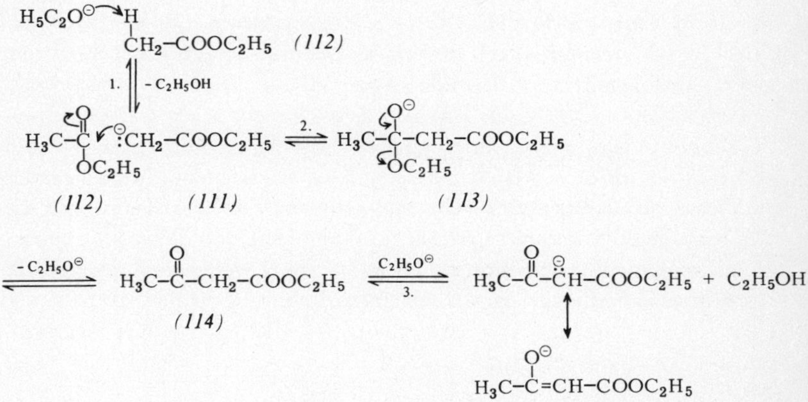

(112) (112) (111) (113) (114) (115)

Im Gegensatz zur einfachen Aldolreaktion verfügt das primäre Anlagerungsprodukt *(113)* mit OC_2H_5 über eine gute Abgangsgruppe. Statt wie bei der Aldolreaktion ein Proton anzulagern (S. 261), verliert dieses Zwischenprodukt die Ethoxygruppe, und es entsteht ein β-Ketoester *(114)* (Acetessigester). Unter dem Einfluß der Base $^{\ominus}OC_2H_5$ wandelt sich dieser abschließend in das delokalisierte Carbanion *(115)* um, worin die eigentliche Triebkraft der Reaktion zu sehen ist.

Gewöhnlich legt man 1 mol Natrium auf 1 mol Ester als Draht oder in feinverteilter Form vor und ein wenig Ethanol, damit sich das zur Katalyse erforderliche Natriumethanolat bilden kann. Da weiteres Ethanol im ersten Schritt der Reaktion entsteht und dieses wieder mit Natrium zu Natriumethanolat reagiert, wird eine bestimmte Basenkonzentration aufrechterhalten. Die Zugabe eines ganzen Mols Base ist erforderlich, damit der β-Ketoester *(114)* in Schritt 3 vollständig in sein Anion *(115)* umgewandelt wird ($CH_3CO-CH_2-COOH_2H_5$ ist stärker sauer als Ethanol, vgl. S. 319). Nur dadurch wird die Serie von Gleichgewichtsreaktionen auf die Produktseite verschoben. Das Gleichgewicht, in dem das Carbanion *(111)* gebildet wird (Schritt 1), liegt noch weiter auf der linken Seite als z. B. beim

Acetaldehyd, da die Resonanzstabilisierung im Anion *(111)* weniger ausgeprägt ist als in dem Anion *(116)* des Aldehyds:

(111) *(116)*

Die Bedeutung der Gleichgewichtsverschiebung läßt sich besonders gut an einem Ester wie $R_2CHCOOC_2H_5$ demonstrieren, der in Gegenwart von $H_5C_2O^{\ominus}$ nicht reagiert, obwohl er ein α-ständiges Wasserstoffatom besitzt und somit ein Carbanion bilden könnte. Das Reaktionsprodukt $R_2CHCOCR_2-COOC_2H_5$ läßt sich nämlich nicht in ein Carbanion wie *(115)* umwandeln, womit die Möglichkeit entfällt, das Gleichgewicht nach rechts zu verschieben. Man kann solche Ester trotzdem mit befriedigender Ausbeute zur Kondensation bringen, wenn man eine sehr starke Base wie Triphenylmethyl-natrium $(C_6H_5)_3C^{\ominus}\,Na^{\oplus}$, zufügt. Unter diesen Umständen ist die einleitende Carbanion-Bildung (Schritt 1) weitgehend irreversibel, der Schritt 3 allerdings nach wie vor unmöglich.

$$R_2CH{-}COOC_2H_5 + (C_6H_5)_3C{:}^{\ominus} \longrightarrow$$

$$R_2\overset{\ominus}{C}{-}COOC_2H_5 + (C_6H_5)_3CH$$

Wie alle Reaktionen vom Typ der Aldolkondensation ist auch die Claisensche Esterkondensation reversibel.

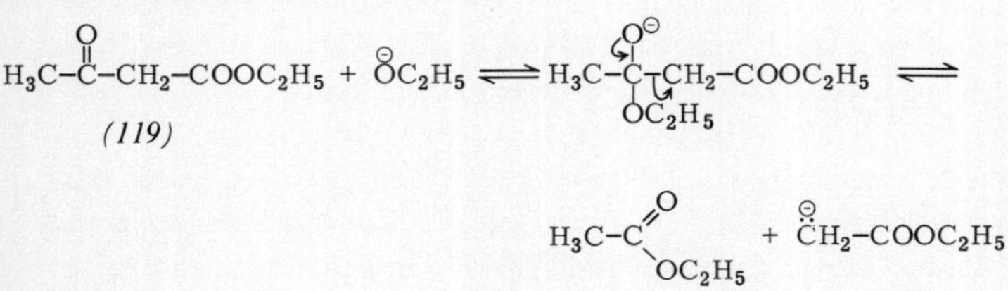

(119)

(117) *(118)*

Diese Umkehrung ist als „Säurespaltung" von β-Ketoestern *(119)* bekannt, weil es sich bei den beiden Spaltprodukten *(117)* und *(118)* um Carbonsäurederivate handelt.

β-Diketone wie *(120)* erfahren eine analoge Aufspaltung, die zu einem Säurederivat *(121)* und einem einfachen Keton bzw. dessen Anion *(122)* führt:

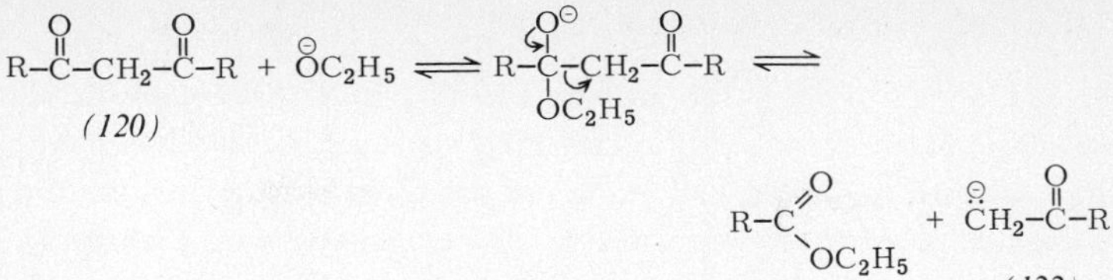

(120) *(121)* *(122)*

Eine Überkreuzkondensation zweier Ester, die beide über α-ständige Wasserstoffatome verfügen, ist wegen der Bildung von Produktgemischen mit maximal vier Produkten für präparative Zwecke nur selten von Wert. Sie kann jedoch synthetisch recht nützlich sein, wenn einer der Ester kein Carbanion bilden, d. h. nur als Carbanion-Akzeptor fungieren kann, wie im Fall von $HCOOC_2H_5$, $(COOC_2H_5)_2$ oder $Ar-COOC_2H_5$. Die Selbstkondensation der anderen Esterkomponente $RCH_2-COOC_2H_5$ spielt hier nur eine untergeordnete Rolle, da die Akzeptoreigenschaften der zuerst erwähnten Ester besser sind. Sind beide Estergruppen wie in *(123)* Teil desselben Moleküls, so kann Cyclisierung eintreten. Diese intramolekulare Claisen-Reaktion ist als *Dieckmann*-Reaktion bekannt. Die besten Resultate werden mit Estern $H_5C_2OOC-(CH_2)_n-COOC_2H_5$ mit $n = 4$–6 erzielt, d. h., wenn die Reaktion über die Anionen fünf-, sechs- oder siebengliedriger β-Ketoester *(124)* verläuft:

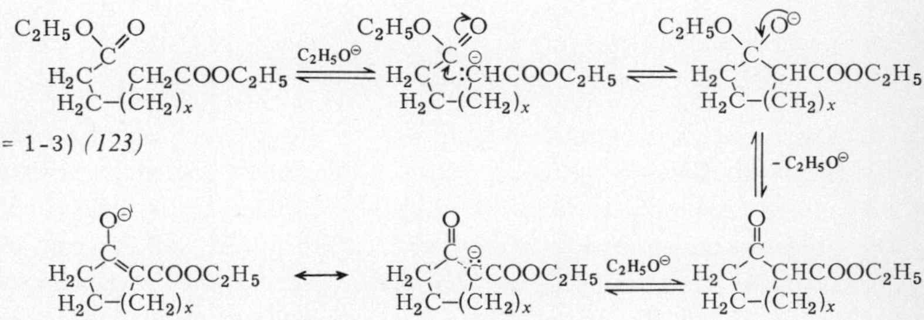

$(x = 1$-$3)$ *(123)* *(124)*

Höhergliedrige Cycloalkanone können durch Arbeiten bei großer Verdünnung hergestellt werden (vgl. die Acyloinkondensation, S. 254). Die intermolekulare Reaktion, die zur Di- und schließlich Polymerisation führt, ist unter diesen Bedingungen wenig wahrscheinlich, da die Chance eines Carbanion-Kohlenstoffatom größer ist, mit der Estergruppe am Ende eines Moleküls zu reagieren, als mit dem Carbonylkohlenstoffatom eines zweiten Estermoleküls.

8.4.9 Die Benzoinkondensation

Diese Reaktion ist typisch für aromatische Aldehyde (Ar−CHO); sie erinnert an die Cannizzaro-Reaktion (S. 252), weil auch sie durch den Angriff eines Anions, in diesem Fall $^{\ominus}CN$, auf das Carbonylkohlenstoffatom eines Moleküls, das sog. Donors, z. B. *(125)*, eingeleitet wird (Schritt 1). Auf diesen raschen und reversiblen Angriff folgt allerdings keine Hydrid-Übertragung (S. 252), sondern die Anlagerung des im Schritt 2 aus *(125)* über *(126)* gebildeten Carbanions *(127)* an das Carbonylkohlenstoffatom eines zweiten Moleküls des Aldehyds Ar−CHO, das als Akzeptor-Molekül *(128)* fungiert (Schritt 3). Der Reaktionsmechanismus der Benzoinkondensation wurde bereits im Jahre 1903 aufgeklärt (vgl. die Cyanhydrin-Bildung, S. 246). Ihre Geschwindigkeit ist proportional zu $[Ar-CHO]^2$ $[CN^{\ominus}]$, und man nimmt an, daß sie über folgende Zwischenprodukte verläuft:

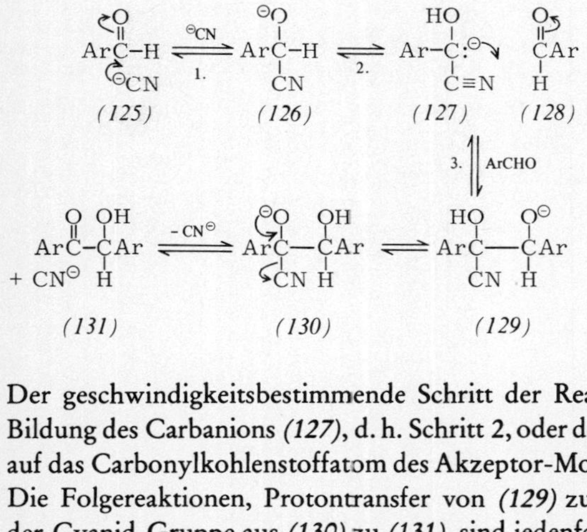

(125) (126) (127) (128) (131) (130) (129)

Der geschwindigkeitsbestimmende Schritt der Reaktion ist entweder die Bildung des Carbanions *(127)*, d. h. Schritt 2, oder der Angriff dieser Spezies auf das Carbonylkohlenstoffatom des Akzeptor-Moleküls *(128)* in Schritt 3. Die Folgereaktionen, Protontransfer von *(129)* zu *(130)* und Abspaltung der Cyanid-Gruppe aus *(130)* zu *(131)*, sind jedenfalls schneller. Der letzte Teilschritt der vollständig reversiblen Reaktion stellt eine Umkehrung der Cyanhydrin-Bildung dar (S. 246). Die Reaktion hat ihren Namen vom Benzoin, dem α-Hydroxy-keton *(131)* mit Ar = C_6H_5.

Für lange Zeit galt Cynid-Ion als einzige Spezies, die diese Reaktion zu katalysieren vermag. Diese Fähigkeit verdankt es: a) seinen guten nucleophilen Eigenschaften, b) seiner Effektivität als Abgangsgruppe, vor allen Dingen aber, c) seiner Fähigkeit durch Elektronenzug die Acidität der C–H-Bindung in *(126)* heraufzusetzen und das Carbanion *(127a ↔ 127b)*, das durch Verlust dieses Protons entsteht, zu stabilisieren.

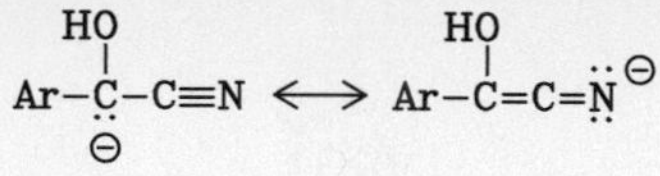

(127a) *(127b)*

Vor kurzem wurde gefunden, daß *Ylide* wie *(132)*, die sich in geringer Konzentration bei pH = 7 in Lösungen von N-Alkylthiazolium-Salzen bilden, denen ein Substituent in 2-Stellung fehlt,

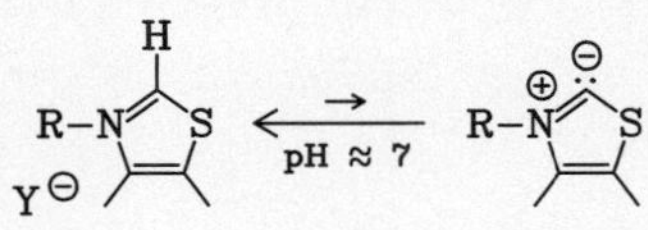

(132)

ausgezeichnete Katalysatoren für die Benzoinkondensation sind. Ylide – das sind Verbindungen, in denen benachbarte Atome Ladungen entgegengesetzten Vorzeichens tragen – sind nun in der Tat mit Cyanid kaum verwandt. Aber gerade für sie würde man erwarten, daß sie die Rollen a) und b) und ganz besonders c) sehr gut spielen können.

8.4.10 Die Benzilsäure-Umlagerung

Die Oxidation von Benzoin [$C_6H_5CH(OH)COC_6H_5$, siehe oben] liefert Benzil *(133)* (C_6H_5–CO–CO–C_6H_5), das sich – wie andere 1,2-Diketone – unter dem Einfluß von Basen in das Anion einer α-Hydroxycarbonsäure, hier das Benzilsäure-Anion *(134)*, umlagert. Hierbei handelt es sich um eine der ersten Umlagerungsreaktionen, die überhaupt als solche erkannt wurden. Die Geschwindigkeit der Reaktion ist proportional zu [C_6H_5–CO–CO–C_6H_5] [$HO^{\ominus}$], und man nimmt an, daß sie nach folgendem allgemeinen Mechanismus abläuft:

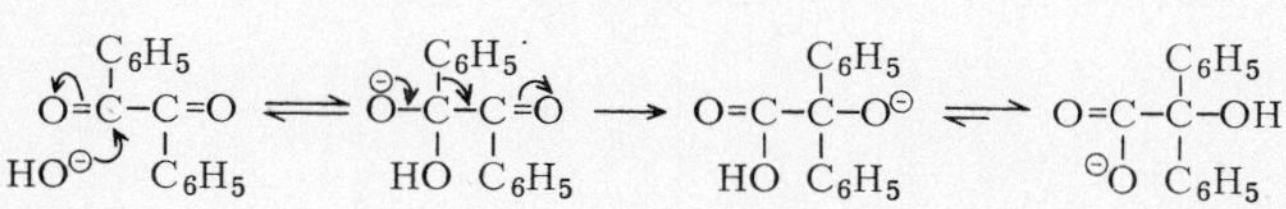

(133) *(135)* *(134)*

Der langsamste Schritt ist die Wanderung der Phenylgruppe im Primäraddukt *(135)* aus Hydroxid-Ion und Benzil. Die Reaktion verläuft analog zur intramolekularen Cannizzaro-Reaktion des Glyoxals OHC–CHO (S. 253), nur daß dort ein Wasserstoffatom mit seinem Elektronenpaar wandert und hier der Phenylrest als C_6H_5-Carbanion. Auch der Ketoaldehyd $C_6H_5CO{-}CHO$ reagiert mit Hydroxid-Ionen. Das dabei gebildete Produkt $C_6H_5CH(OH)COO^{\ominus}$ könnte im Prinzip durch Wanderung von H oder Phenyl entstehen. Experimente mit geeignetem D- und ^{14}C-markiertem $C_6H_5CO{-}CHO$ zeigen, daß es tatsächlich ausschließlich der Wasserstoff ist, der wandert. Benzilsäure-Umlagerungen, die der intermolekularen Cannizzaro-Reaktion von Ketonen entsprechen, sind hingegen nicht bekannt. In ihnen müßte ein Substituent R mitsamt seinem Elektronenpaar von einem Molekül zu einem anderen wandern: $2R_2C{=}O \rightarrow RCO_2^{\ominus} + R_3C{-}OH$. Offensichtlich werden die carbanionisch wandernden Reste R in der Benzilsäure-Umlagerung nicht wirklich „frei".

8.4.11 Die Wittig-Reaktion

Die Wittig-Reaktion ist ein außerordentlich wertvolles Verfahren zur Synthese von Alkenen. Entscheidender Schritt ist hier die Addition eines *Phosphonium-Ylids (136)* oder *Phosphorans* an einen Aldehyd oder ein Keton. Das Ylid *(136)* kann man auch als Carbanion auffassen, das einen „onium"-Heterosubstituenten trägt. Zur Darstellung von Phosphoranen werden Alkylhalogenide RR'CH–X *(137)* zunächst mit Trialkyl- oder Triarylphosphin *(138)* – meistens Triphenylphosphin, $(C_6H_5)_3P$ – zu Phosphonium-Salzen *(139)* umgesetzt, denen anschließend durch eine sehr starke Base wie Phenyllithium ein Proton entrissen wird:

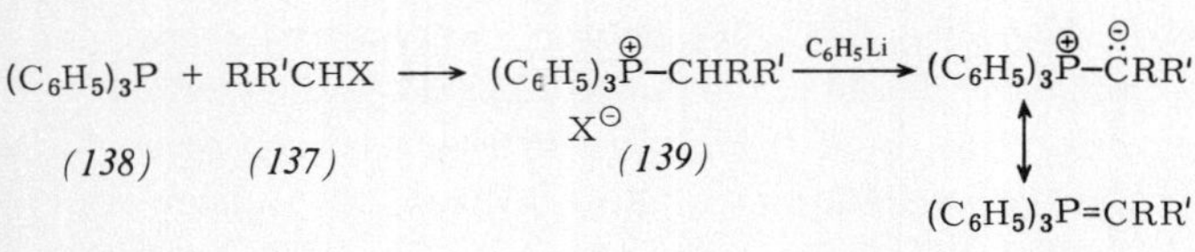

(138) *(137)* *(139)* *(136)*

Die Addition des Wittig-Reagenz *(136)* an die Carbonylverbindung *(140)* verläuft dann wahrscheinlich folgendermaßen:

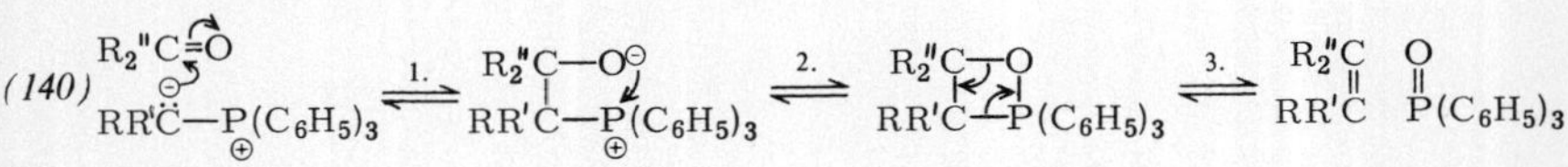

(140) *(136)* *(141)* *(142)*

Wittig-Reaktionen folgen keineswegs immer demselben Reaktionsmechanismus. Der erste Schritt kann eine Gleichgewichtsreaktion sein – oder auch nicht. Auch der geschwindigkeitsbestimmende Schritt ist nicht immer derselbe. In einigen Fällen ist es möglich, bei tiefen Temperaturen (–80 °C)

das *Oxaphosphetan (141)* als Intermediat, das dann bei Temperaturerhöhung auf 0 °C zu den Produkten zerfällt, nachzuweisen. Triebkraft dieses recht ungewöhnlichen Prozesses ist die große Energie, die bei Bildung der sehr starken P=O-Bindung frei wird (535 kJ/mol). Ist das ursprüngliche Phosphonium-Salz *(139)* am Phosphor chiral (allgemeine Struktur $RR'R''PCH_2R$), so wird gefunden, daß die Konfiguration am Phosphoratom im Produkt RR'R"P=O erhalten bleibt.
Die Wittig-Reaktion ist präparativ deshalb so nützlich, weil sowohl die Substituenten R im Halogenid *(137)* als auch in der Carbonylkomponente *(140)* innerhalb weiter Grenzen variiert werden können und somit zahlreiche substituierte Alkene zugänglich sind. Andere ungesättigte Funktionen wie −C=C− und −C≡C− stören nicht, selbst wenn sie mit der Carbonylgruppe konjugiert sind. Estergruppen reagieren zwar mit Wittig-Reagenzien, aber die Reaktionsgeschwindigkeit ist soviel geringer als bei Ketonen, daß man diese Gruppe praktisch ebenfalls als inert betrachten kann. Die Wittig-Reaktion wird häufig dazu verwendet, Doppelbindungen in Positionen einzubauen, die durch andere Methoden nur schwer oder gar nicht zugänglich sind, z. B. bei der Synthese exocyclischer Methylengruppen *(143)*

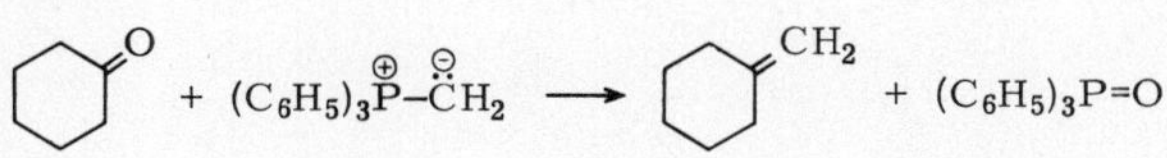

(143)

oder β,γ-ungesättigter Carbonsäuren *(144)*.

$$R_2C{=}O + (C_6H_5)_3\overset{\oplus}{P}{-}\overset{\ominus}{C}HCH_2CO_2^{\ominus} \longrightarrow R_2C{=}CHCH_2CO_2^{\ominus} + (C_6H_5)_3P{=}O$$

(144)

Gerade im letzten Fall führen die meisten konventionellen Verfahren zu den thermodynamisch stabileren α,β-ungesättigten Carbonsäuren. Eine intramolekulare Variante der Wittig-Reaktion zur Herstellung cyclischer Alkene mit fünf bis sechzehn Ringkohlenstoffatomen ist ebenfalls bekannt.

8.5 Die Stereochemie der Addition an Carbonylverbindungen

Bei Additionen an Kohlenstoff-Kohlenstoff-Doppelbindungen z. B. vom Typ *(145)* können durch CIS- oder TRANS-Anlagerung die Produkte *(146)* bzw. *(147)* entstehen (vgl. S. 206). Bei Additionen an Carbonylverbindungen *(148)* führen dagegen CIS- und TRANS-Anlagerung zum selben Produkt, denn aus dem Produkt der CIS-Anlagerung *(149)* entsteht durch eine Drehung um die C–O-Einfachbindung das Produkt der TRANS-Anlagerung *(150)* und umgekehrt:

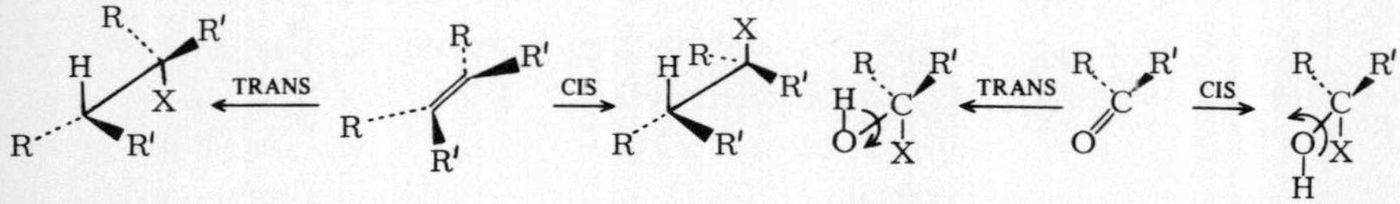

(147) *(145)* *(146)* *(150)* *(148)* *(149)*

Durch die Anlagerung von HY an ein Keton RR'C=O *(148)* wird im Addukt *(151)* ein Chiralitätszentrum erzeugt, doch entsteht – wie immer in solchen Fällen – ein Racemat [*(151a)* und *(151b)*]: Der Angriff des Nucleophils auf die planare Verbindung *(148)* kann genauso leicht von oben (a) wie von unten (b) erfolgen, so daß immer gleiche Mengen der beiden Enantiomere entstehen:

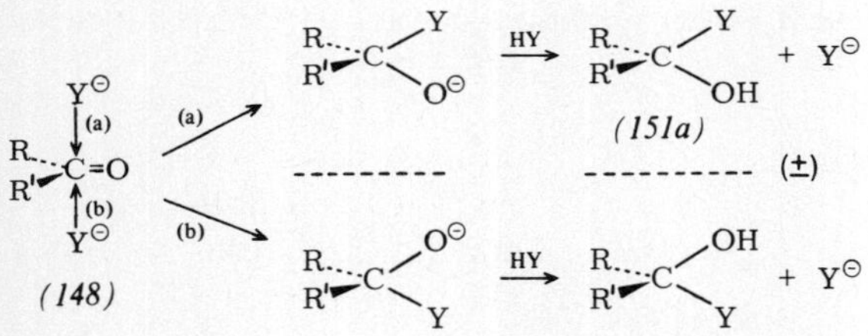

(148) *(151a)* *(151b)*

Ist hingegen schon einer der Substituenten R oder R' der Ausgangsverbindung chiral, so sind die beiden Seiten der Carbonylverbindung nicht länger äquivalent, und die Addition von oben bzw. unten erfolgt mit unterschiedlicher Wahrscheinlichkeit. Bei reversiblen Reaktionen wird in solchen Fällen das thermodynamisch stabilere der beiden möglichen Anlagerungsprodukte bevorzugt gebildet (vgl. thermodynamische oder Gleichgewichtskontrolle, S. 49). Bei irreversibler Addition, wie sie beim Angriff von Grignard-Reagenzien oder Lithiumaluminiumhydrid angetroffen wird, überwiegt das Produkt, das sich rascher bildet (kinetische Kontrolle). Welche Verbindung dieses ist, kann mittels der sog. *Cramschen Regel* vorhergesagt werden. Dazu nimmt man an, daß ein Keton aus der Konformation heraus reagiert, in der sich das Sauerstoffatom der Carbonylgruppe in *anti*-Position zu dem größten der drei Substituenten am α-Kohlenstoffatom befindet. [Die Abkürzungen L, M, S in Formel *(152)* stehen für „large",

„medium" und „small" und beschreiben die Raumerfüllung der Substituenten.] Ein nucleophiler Angriff auf *(152)*, z. B. durch R'MgBr, wird von der Seite erfolgen, die die geringste sterische Hinderung aufweist, d. h. bei *(152)* von rechts (Richtung a). Die Newman-Projektion (S. 8) verdeutlicht diese Zusammenhänge besonders anschaulich:

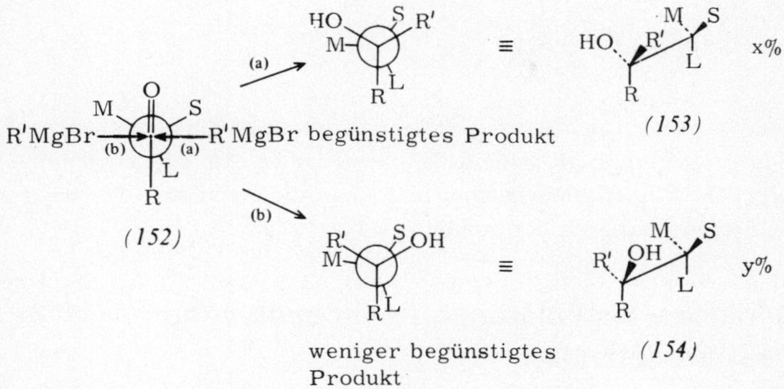

Die Reaktion verläuft also bevorzugt über den Übergangszustand mit der geringsten sterischen Hinderung. Das Verhältnis der beiden Diastereomere *(153)* und *(154)* sollte deshalb sowohl mit zunehmendem Unterschied im Raumbedarf der beiden Substituenten M und S anwachsen, als auch mit steigender Größe von R' im Grignard-Reagenz. Das Experiment zeigt, daß für die Addition von CH_3MgI an den Aldehyd $C_6H_5(CH_3)CHCHO$ [*(152)* mit L = C_6H_5, M = CH_3, S = H und R = H] das *x/y*-Verhältnis 2 : 1 beträgt, mit dem voluminösen Substituenten M = C_2H_5 hingegen 2,5 : 1. Entsprechend vergrößert sich das Diastereomeren-Verhältnis auf > 4 : 1, wenn statt Methylmagnesiumiodid das viel größere Phenylmagnesiumbromid mit dem Keton (*152*, R = CH_3) reagiert. Die Cramsche Regel kann mit gutem Erfolg zur Vorhersage des bevorzugten Produkts bei Grignard-Reaktionen und Hydrid-Anlagerungen an Carbonylverbindungen verwendet werden. Wenn man allerdings bedenkt, daß die Regel die Produktkontrolle ausschließlich auf sterische Wechselwirkungen zurückführt, überrascht es wenig, daß auch Ausnahmen bekannt sind. So wichtige Faktoren wie Komplexbildung zwischen funktionellen Gruppen in der Ausgangsverbindung (z. B. Ausbildung von Wasserstoffbrücken) oder zwischen Substrat und angreifendem Nucleophil (z. B. RMgX und dem Carbonylsauerstoffatom) werden nicht berücksichtigt. Auch Dipol-Dipol-Wechselwirkungen sind gelegentlich von Bedeutung, wie das folgende Beispiel zeigt. α-Chloraldehyde und -ketone reagieren wegen Dipol-

Dipol-Abstoßung aus der Konformation, in der das Chloratom und das Carbonylsauerstoffatom wie in *(155)* *anti*-ständig zueinander stehen:

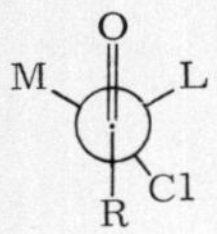

(155)

Ob die anderen Substituenten am α-Kohlenstoffatom größer oder kleiner als der Halogenrest sind, spielt keine Rolle. Derartige Effekte können den rein sterischen Faktor überkompensieren und somit die Geometrie des bevorzugten Übergangszustands bestimmen.

8.6 Additions/Eliminierungs-Reaktionen von Carbonsäurederivaten

Alle Reaktionen, die in diesem Kapitel behandelt werden, verlaufen nach dem allgemeinen Schema:

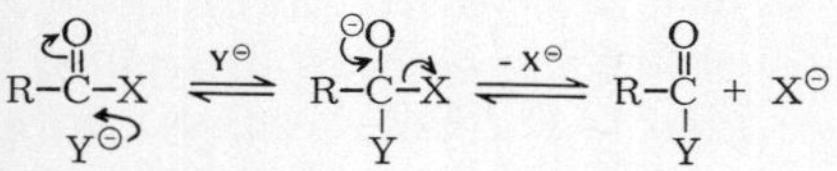

(156) *(157)*

Es sind also zunächst nucleophile Additionen, in deren Verlauf sich das *tetraedrische* oder *tetragonale* Zwischenprodukt *(157)* ausbildet, und anschließend Eliminierungsreaktionen, in denen *(157)* in ein Substitutionsprodukt von *(156)* übergeht. Der Unterschied zwischen den Reaktionen der Carbonssäurederivate vom Typ *(156)* und denjenigen der einfachen Carbonylverbindungen (Aldehyde, Ketone) besteht darin, daß erstere am Carbonylkohlenstoffatom über eine gute potentielle Abgangsgruppe X verfügen, während in den letzteren ja die extrem schlechten Abgangsgruppen $M^{\ominus}$ oder $R^{\ominus}$ austreten müßten. Die relative Reaktivität einer Reihe von Verbindungen *(156)* mit unterschiedlichem X gegenüber einem bestimmten Nucleophil wie $HO^{\ominus}$ hängt u.a. von der Fähigkeit des Substituenten X ab, an das Carbonylkohlenstoffatom Elektronen abzugeben oder sie ihm zu entziehen. Außerdem ist selbstverständlich wichtig, wie leicht sich X vom tetraedrischen Zwischenprodukt *(157)* abspaltet. Die Reaktivität von Carbonsäurederivaten fällt im allgemeinen in der Reihenfolge:

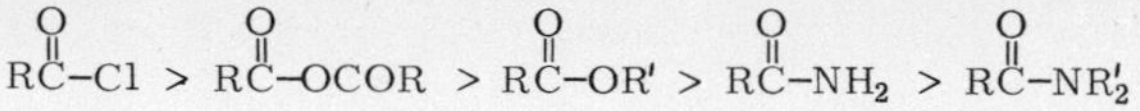

Säurechloride und -anhydride reagieren also leicht mit Alkoholen und Ammoniak zu Estern bzw. Amiden, und die Umsetzung von Estern mit Ammoniak oder Aminen führt ebenfalls meistens ohne besondere Schwierigkeiten zu Amiden. Andererseits ist die Umkehrung dieser Reaktionen, beispielsweise die Synthese von Estern aus Amiden, normalerweise nur schwer oder gar nicht durchführbar. Die relative Reaktivität wird außerdem durch die elektronischen und vor allen Dingen sterischen Eigenschaften des Restes R bestimmt. Eine ungewöhnliche, aber recht gute Abgangsgruppe ist $CX_3^{\ominus}$ (z. B. $CI_3^{\ominus}$) in Verbindungen des Typs *(158)*, die in der sog. *Haloform*-Reaktion eine Rolle spielen (S. 349).

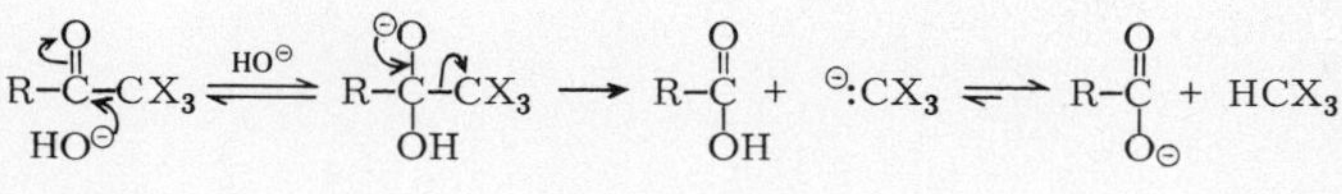

(158)

Die Geschwindigkeit dieser Reaktion ist proportional zu $[R-CO-X][Y^{\ominus}]$, und es stellt sich die Frage, ob sie nicht nach einem direkten, d h. S_N2-artigen Substitutionsmechanismus am Carbonylkohlenstoffatom ablaufen könnten. Im allgemeinen können die tetraedrischen Zwischenprodukte *(157)* nicht isoliert werden. In einigen Fällen gelang jedoch der spektroskopische Nachweis ihrer Existenz. Wie bei dem früher diskutierten Chloraldehyd (S. 242) wirken sich stark elektronenanziehende Substituenten stabilisierend aus. Bei der Reaktion von Ethanolat ($C_2H_5O^{\ominus}$) mit Trifluoressigsäureethylester *(160)* in Dibutylether verschwindet die Carbonylbande im IR-Spektrum bei 1790 cm^{-1} bei Zusatz der Base vollständig. Das in 100 % Ausbeute erhaltene Addukt läßt sich isolieren und charakterisieren.

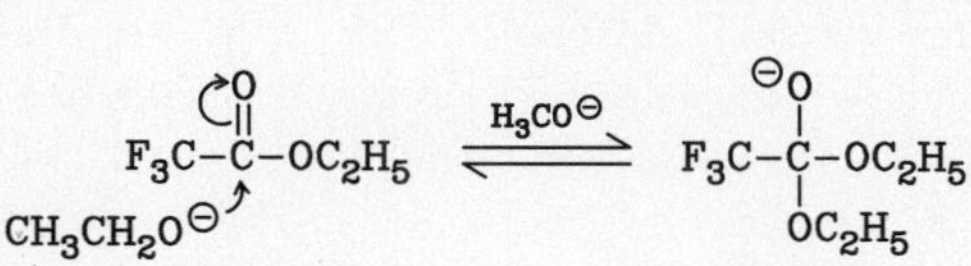

(160) *(159)*

Die weniger nucleophilen Reagenzien Wasser und Ethanol werden nicht an *(160)* addiert. Beim Übergang in das Zwischenprodukt *(157)* ändert das

Carbonylkohlenstoffatom das Ausgangsmaterial *(156)* seine Hybridisierung von sp^2 zu sp^3. Wenn der Übergangszustand des geschwindigkeitsbestimmenden Schritts der Gesamtreaktion von ähnlicher Struktur wie *(157)* ist, so kann erwartet werden, daß die Reaktionsgeschwindigkeit von sterischen Faktoren beeinflußt wird. Das ist auch der Fall, wie weiter unten noch gezeigt werden wird.

8.6.1 Die Addition von Grignard-Reagenzien

Auch die Addition von Grignard-Reagenzien an Ester – z. B. an *(161)* – folgt dem oben diskutierten Addition/Eliminierungs-Mechanismus, d. h. es bildet sich zunächst ein tetraedrisches Zwischenprodukt, welches $RO^{\ominus}$ abspaltet. Dabei entsteht ein Keton *(162)*.

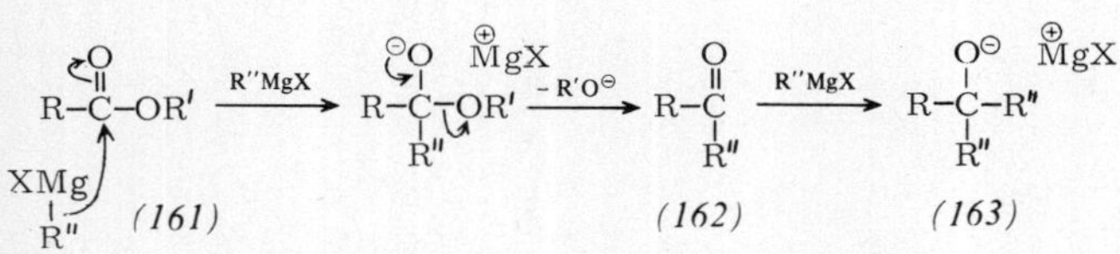

(161) *(162)* *(163)*

Das Carbonylkohlenstoffatom von *(162)* wird jedoch von nucleophilen Reagenzien leichter angegriffen als die Carbonylgruppe des Ausgangsesters *(161)*, da in diesem der elektronenspendende Alkoxyrest reaktionsverlangsamend wirkt:

(162) *(161)*

Sobald sich also *(162)* zu bilden beginnt, setzt eine rasche Folgereaktion ein, die zu dem Salz *(163)* eines tertiären Alkohols führt. Zwei der drei Alkylgruppen dieser Verbindung stammen demnach aus dem Grignard-Reagenz R″MgX. Die Reaktion von Säurechloriden R–CO–Cl mit Grignard-Reagenzien führt zu dem gleichen Produkt, da sie ebenfalls über ein Keton als Zwischenprodukt verläuft. Werden statt Organomagnesium- die weniger reaktiven Organocadmium-Verbindungen (R''_2Cd) benutzt, so bleibt die Reaktion auf der Ketonstufe stehen. Auch Ester können direkt in Ketone umgewandelt werden, wenn man statt R″MgX lithiumorganische Verbindungen (R″Li) bei erhöhter Reaktionstemperatur einsetzt.

8.6.2 Die Anlagerung weiterer nucleophiler Verbindungen

Die alkalische Esterhydrolyse ist die am besten erforschte basekatalysierte Reaktion. Sie ist eine Reaktion 2. Ordnung, bei der in den meisten Fällen, wie sich durch Verwendung von ^{18}O-markierten Estern des Typs *(164)* zeigen läßt, die Acyl-Sauerstoffbindung gespalten wird (S. 103). Die Isotopenmarkierung der Alkoxygruppe erscheint also nach der Hydrolyse im Alkohol und nicht im Säure-Anion. Wiederum kann die Bildung eines tetraedrischen Zwischenprodukts *(165)* im ersten Reaktionsschritt angenommen werden:

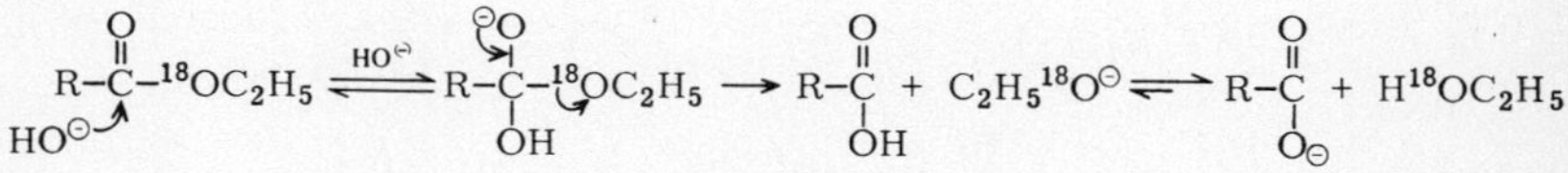

(164) *(165)* *(166)* *(167)*

Geschwindigkeitsbestimmender Schritt ist wahrscheinlich der einleitende Angriff des $HO^{\ominus}$-Anions auf den Ester *(164)*. Das wird durch die Aktivierungsparameter der base-induzierten Hydrolyse von Essigsäureethylester ($CH_3COOC_2H_5$) bestätigt: $\Delta H^{\neq}$ = 112 kJ/mol, $\Delta S^{\neq}$ = −109 J K^{-1} mol^{-1}. Der vergleichsweise große negative Wert für die Aktivierungsentropie zeigt an, daß sich der Translationsanteil der Entropie (S. 44) *verringert*. Das ist charakteristisch für eine Reaktion, in deren geschwindigkeitsbestimmendem Schritt sich zwei separate Spezies – $CH_3COOC_2H_5$ und $HO^{\ominus}$ – vereinigen (ein sog. *assoziativer* Prozeß), hier unter Bildung des Intermediats *(165)*.

Der Gesamtprozeß ist irreversibel, da $C_2H_5O^{\ominus}$ dem Zwischenprodukt *(166)* wesentlich leichter ein Proton entreißt als sein Carbonylkohlenstoffatom angreift. Außerdem wird das Säure-Anion *(167)* nicht von Ethanolat oder Ethanol attackiert. Man bezeichnet die obige Reaktionsfolge als $B_{AC}2$-Mechanismus (*Base*katalysiert, *Acyl*-Sauerstoff-Spaltung, *bimolekular*).

Läßt man statt Hydroxid-Ionen $RO^{\ominus}$-Ionen auf einen Ester einwirken, so tritt *Umesterung* unter Bildung einer Gleichgewichtsmischung der Ester *(164)* und *(168)* ein:

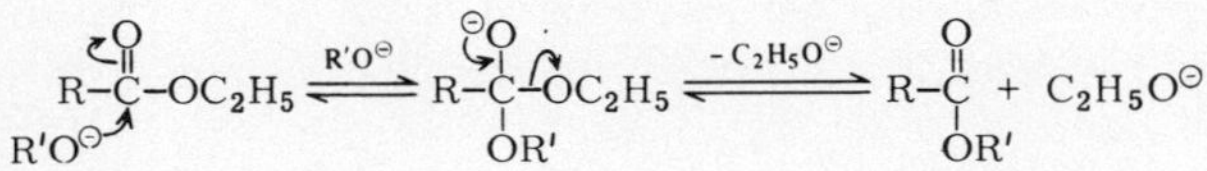

(164) *(168)*

Die Lage dieses Gleichgewichts hängt von den Konzentrationen und der Nucleophilie von $RO^{\ominus}$ relativ zu $C_2H_5O^{\ominus}$ ab.

Die alkalische Hydrolyse von Amiden $R-CO-NH_2$ verläuft ähnlich, nur daß hier statt $C_2H_5O^{\ominus}$ das Amid-Ion $H_2N^{\ominus}$ abgespalten wird. Dieses wird vom Zwischenprodukt *(166)* protoniert, und es entsteht das stabilere Paar Carboxylat-Anion *(167)*/Ammoniak. Der Ammoniak verläßt laufend die heiße, basische Reaktionslösung, wodurch das Gleichgewicht ganz auf die Produktseite verschoben wird.
Bei der Reaktion von Aminen RNH_2 mit Estern *(164)* greift nicht die konjugate Base $RNH^{\ominus}$ die Carbonylverbindung an, sondern das freie Amin:

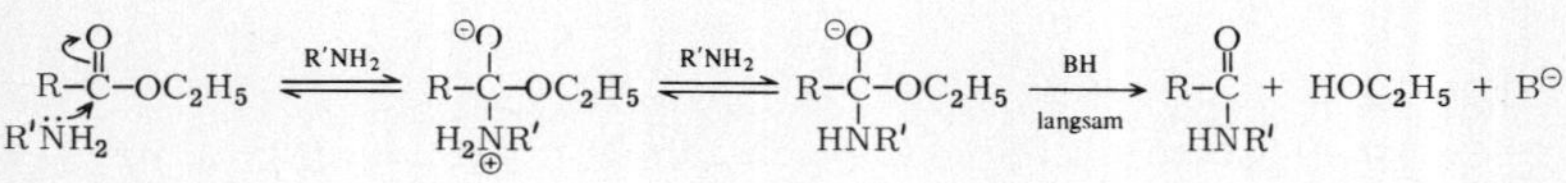

(164) *(170)* *(169)*

Das zunächst entstehende Addukt wird durch überschüssiges Amin zu *(170)* deprotoniert, das dann im geschwindigkeitsbestimmenden Schritt zum Amid *(169)* und Alkohol zerfällt. Dieser letzte Schritt erfordert normalerweise die Gegenwart eines Protonendonors B−H, z. B. Wasser.
Säurechloride (R−CO−Cl) reagieren schon mit schwachen Nucleophilen wie Wasser oder Alkohol sehr rasch. Die Reaktion verläuft entweder wieder über ein tetraedrisches Zwischenprodukt, oder nach Art einer S_N1-Reaktion (S. 105). In diesem letzteren Fall ist die Abspaltung eines Chlorid-Ions zum Acylium-Ion ($R-\overset{\oplus}{C}=O$) der geschwindigkeitsbestimmende Schritt. Welcher Reaktionsweg eingeschlagen wird, hängt u. a. von der Polarität des Reaktionsmediums und seiner Fähigkeit, Ionen zu solvatisieren, sowie von der Struktur des jeweiligen Ausgangsmaterials ab.
Säurechloride reagieren rasch mit schwächeren Nucleophilen wie Wasser oder Alkoholen. Es stellt sich die Frage, ob mit der besseren potentiellen Abgangsgruppe Chlorid diese Reaktionen einstufig, d. h. S_N2-artig (S. 102) ablaufen, mit einem Übergangszustand, in dem der Angriff von $Y^{\ominus}$ und der Verlust von $Cl^{\ominus}$ praktisch synchron verlaufen oder S_N1-artig (S. 105), mit einem langsamen Schritt, R–CO–Cl → $RCO^{\oplus}Cl^{\ominus}$, an den sich der rasche Angriff von $Y^{\ominus}$ auf das Acyl-Kation $R\text{–}CO^{\oplus}$ anschließt. Tatsächlich verlaufen die meisten Reaktionen der Säurechloride über die inzwischen wohl-etablierte „tetrahedrale Zwischenstufe" ab, obwohl es einige Ausnahmen geben mag.
Auch Anhydride $(RCO)_2O$ reagieren häufig mit schwächeren Nucleophilen, wenngleich ein wenig langsamer als Säurechloride. Auch bei diesen Verbindungen wird weder ein S_N1- noch ein S_N2-artiger Verlauf beobachtet.

Die Säureanhydride $(RCO)_2O$ stehen in ihrer Reaktivität zwischen den Säurechloriden und den Estern: Halogenid-Ionen sind bessere Abgangsgruppen als Carboxylat-Ionen, und diese reagieren wiederum rascher als Alkoholat-Ionen. Der S_N1-Mechanismus wird bei Anhydriden normalerweise nicht beobachtet.

8.6.3 Säurekatalysierte Reaktionen

Nucleophile Reagenzien vom allgemeinen Typ $Y^{\ominus}$ greifen das Carbonylkohlenstoffatom einer Carbonsäure *(171)* üblicherweise nicht an: sie abstrahieren vielmehr ein Proton, und das gebildete Carboxylat-Ion $R-CO_2^{\ominus}$ zeigt keine Tendenz mehr, nucleophile Additionen einzugehen. Für die schwächer nucleophilen Reagenzien Y–H, z. B Alkohole, gilt diese Einschränkung zwar nicht, aber sie reagieren nur sehr langsam mit dem vergleichsweise reaktionsträgen Carbonylkohlenstoffatom einer Carbonsäure. Durch Protonierung wird jedoch dessen Reaktionsbereitschaft heraufgesetzt, und Reaktionen wie die säurekatalysierte Veresterung von Carbonsäuren, z. B. *(171)* ⟶ *(172)*, verlaufen meistens ohne Schwierigkeiten:

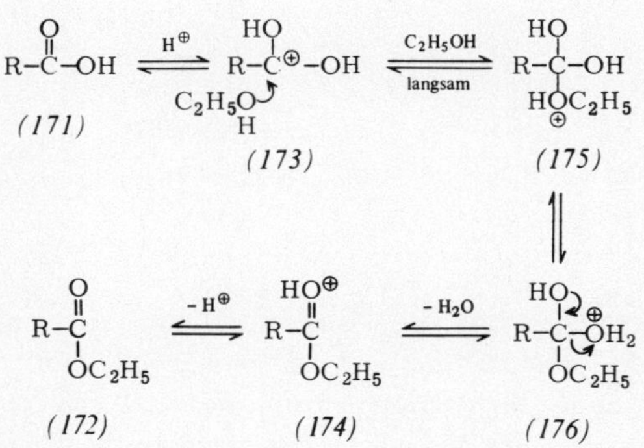

Wie NMR-spektroskopische Untersuchungen zeigen, wird sowohl in der Hin- (Veresterung) als auch der Rückreaktion (Verseifung) bevorzugt das Carbonylsauerstoffatom der Säure *(171)* bzw. des Esters *(172)* unter Bildung von *(173)* und *(174)* protoniert. Durch den Säurezusatz wird auch die Abspaltung der Abgangsgruppe erleichtert. Die Zwischenprodukte *(176)* und *(175)* verlieren leichter Wasser bzw. Ethanol als das Zwischenprodukt *(165)* bei der basekatalysierten Reaktion ihren $C_2H_5O^{\ominus}$-Rest. Die Bildung einer tetrahedralen Zwischenstufe im geschwindigkeitsbestimmenden Schritt – der assoziative Prozeß *(174)* → *(176)* – wird durch die Aktivierungsparameter gestützt, die man für die säure-katalysierte Hydrolyse einfacher Essigsäureester gemessen hat: $\Delta H^{\ddagger}$ = 75 kJ/mol, $\Delta S^{\ddagger}$ = –105 $JK^{-1}mol^{-1}$ (S. 279). Um das Gleichgewicht in die gewünschte Richtung zu verschieben, verwendet man entweder einen Überschuß Alkohol (Veresterung) oder Wasser (Verseifung). Diesen Reaktionsverlauf charakterisiert man durch die Abkürzung $A_{AC}2$-Mechanismus, um anzudeuten, daß der Prozeß durch Säure (*acid*) katalysiert wird, unter *Acyl*-Sauerstoff-Spaltung und *bimolekular* verläuft. Ester R–CO–OR′ tauschen unter diesen Bedingungen ihren OR′-Rest auch mit Alkoholen R″-OH aus (Umesterung), wobei die Lage des Gleichgewichts wie üblich von den jeweiligen Mengen von R′OH und R″OH abhängt. Der Reaktionsmechanismus der sauren Hydrolyse von Säureanhydriden und Säureamiden entspricht weitgehend demjenigen der Ester. Interessanterweise werden Ester *tertiärer* Alkohole, z. B. *(178)*, hydrolytisch an der *Alkyl*-Sauerstoffbindung gespalten, wie durch ^{18}O-Markierung gezeigt werden konnte.

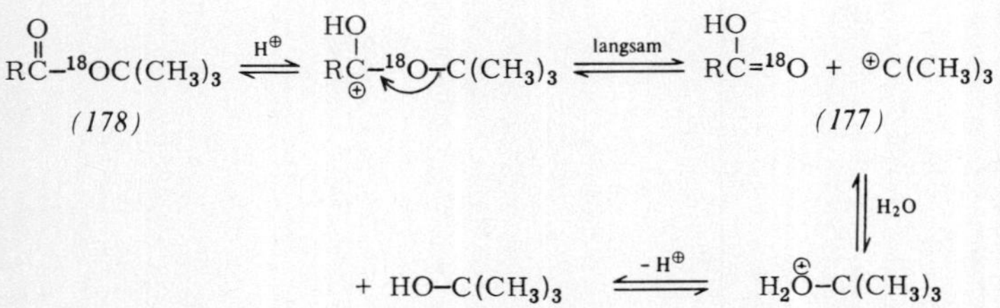

(178) *(177)*

(180) *(179)*

Die Aktivierungsparameter der säure-katalysierten Hydrolyse von $CH_3COOC(CH_3)_3$ sind $\Delta H^{\ddagger}$ = 112 kJ/mol und $\Delta S^{\ddagger}$ = +55 J $K^{-1}mol^{-1}$. Der nunmehr positive Wert für die Aktivierungsentropie bedeutet, daß der Translationsanteil der Entropie bei der Bildung des Übergangszustands für den geschwindigkeitsbestimmenden Schritt *ansteigt,* d. h. daß hier ein *dissoziativer* Prozeß vorliegt: in der obigen Reaktion der Zerfall des protonierten Esters in *zwei* Spezies, die Carbonsäure und das Carbokation *(177).*

Hieran zeigt sich, daß eine tertiäre Alkylgruppe ein recht stabiles Carbokation bilden kann. Der Mechanismus wird als $A_{AL}1$ bezeichnet (*Säure*-katalysiert, *Alkyl*-Sauerstoff-Spaltung, *unimolekular*); er tritt auch bei Estern auf, in denen Phenylgruppen das intermediär gebildete Kation stabilisieren (z. B. bei Benzhydrylestern ($(C_6H_5)_2CH-O-CO-R$). Bei dem Versuch, *(178)* mit R'OH umzuestern, wird statt des erwarteten $R-COO-R'$ die entsprechende Carbonsäure und der Ether $R'O-C(CH_3)_3$ isoliert. Dieser entsteht durch Angriff des Alkohols R'OH auf das Carbokation *(177)* in einer der obigen Umwandlung von *(177)* in *(179)* analogen Reaktion.

Bei Estern $R-COO-R'$ mit einem sehr voluminösen – z. B. tertiären wie in *(181)* – Substituenten R ist die Ausbildung eines tetraedrischen Zwischenprodukts wegen sehr starker sterischer Hinderung im Übergangszustand nicht möglich. In diesen Fällen wird der seltene $A_{AC}1$-Reaktionsweg eingeschlagen (*Säure*katalysiert, *Acyl*-Sauerstoff-Spaltung, *unimolekular*). Man beobachtet ihn nur in sehr stark ionisierenden Lösungsmitteln:

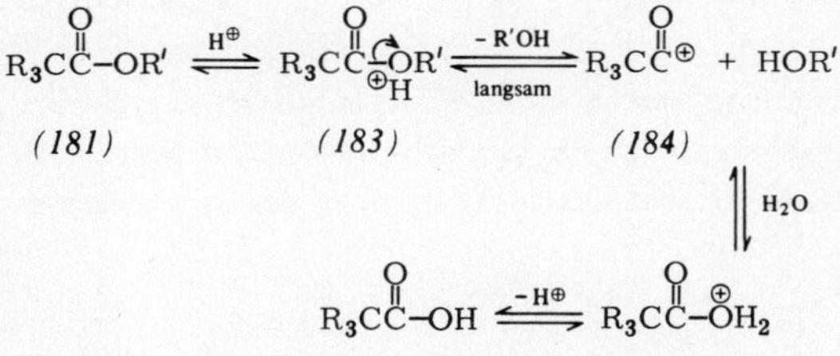

(181) (183) (184) (182) (185)

Die Veresterung sterisch gehinderter Carbonsäuren *(182)* verläuft in umgekehrter Richtung über die gleichen Zwischenstufen. Damit sich das Acylium-Ion *(184)* bilden kann, muß in *(182)* das weniger reaktive Hydroxysauerstoffatom protoniert werden [vgl. *(185)*]. Die Reaktion ist besonders gründlich an der 2,4,6-Trimethylbenzoesäure *(186)* studiert worden, einer Carbonsäure, die unter normalen Bedingungen nicht verestert werden kann und deren Ester *(187)* umgekehrt auch nicht hydrolisieren. Ändert man jedoch die Reaktionsbedingungen, indem man die organische Säure in konzentrierter Schwefelsäure löst und diese Lösung in kaltes Methanol gießt, so wird die Säure glatt verestert. Ähnlich läßt sich der Methylester in die Säure zurückverwandeln: Man gießt einfach eine Lösung der Verbindung in konzentrierter Schwefelsäure in Wasser:

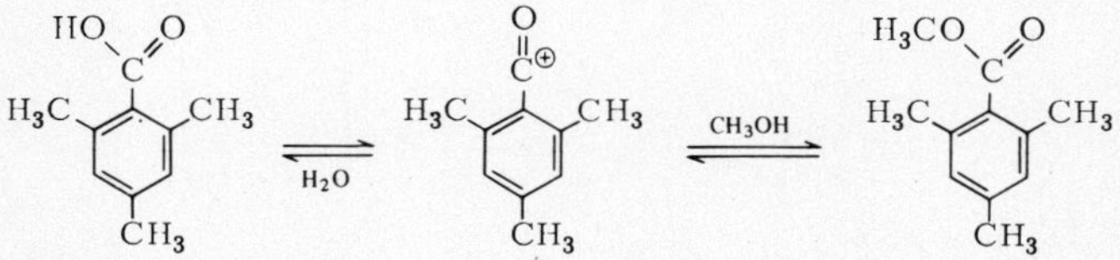

(186) (188) (187)

Die Veresterung bzw. Hydrolyse verläuft über das Acylium-Ion *(188)*. Für dessen Auftreten spricht die Beobachtung, daß die Lösung von *(186)* in konzentrierter Schwefelsäure eine vierfache molare Gefrierpunktserniedrigung ergibt gemäß der Ionenbildung

$$\underset{(186)}{ArCOOH} + 2\,H_2SO_4 \rightleftharpoons \underset{(188)}{Ar\overset{\oplus}{C}{=}O} + H_3O^{\oplus} + 2\,HSO_4^{\ominus}$$

während die nicht-substituierte Benzoesäure *(189)* nur die doppelte Gefrierpunktserniedrigung zeigt:

$$\underset{(189)}{C_6H_5\overset{O}{\overset{\|}{C}}{-}OH} + H_2SO_4 \rightleftharpoons \underset{(190)}{C_6H_5\overset{OH}{\overset{|}{\underset{\oplus}{C}}}{-}OH} + HSO_4^{\ominus}$$

Wird der Ester *(187a)* in konzentrierter Schwefelsäure aufgelöst, so erscheint schlagartig die brillante Farbe von 1,3-Diphenylfluorenon, das sich durch Ringschluß [intramolekulare Friedel-Crafts-Acylierung des Acyl-Kations *(188a)*] bildet:

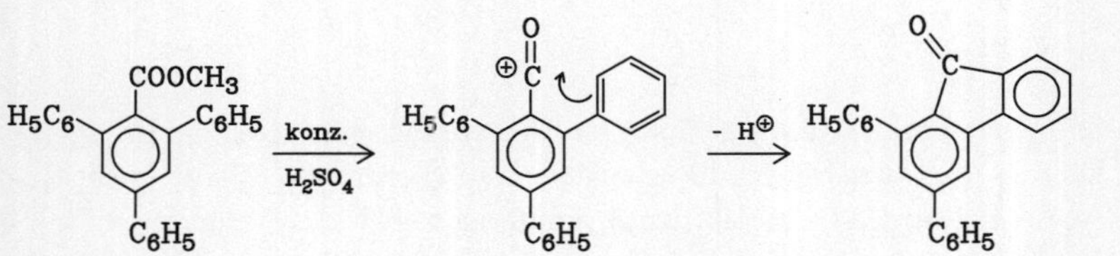

(187a) *(188a)* 1,3-Diphenylfluorenon

Würde die trisubstituierte Säure *(186)* auf normale Weise, d. h. am Carbonylsauerstoffatom protoniert – vgl. *(190)* –, so würden die raumerfüllenden *o*-Methylsubstituenten die beiden benachbarten OH-Gruppen in eine Ebene zwingen, die praktisch senkrecht zur Ringebene steht *(190a)*:

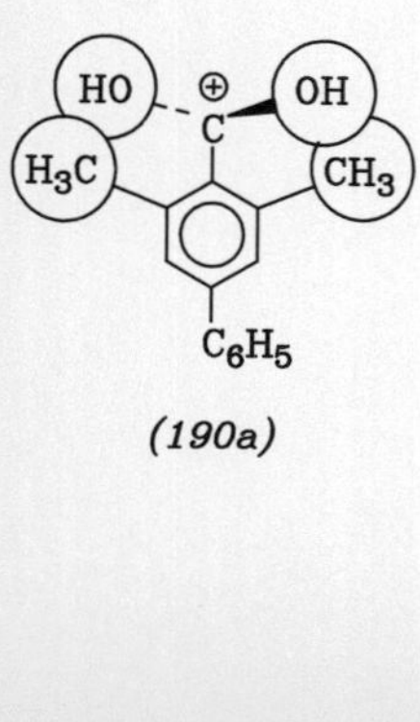

(190a)

Ein nucleophiler Angriff auf das kationische Kohlenstoffatom durch z.B. Methanol ist deshalb aus *keiner* Richtung möglich. Im Gegensatz dazu gestattet die unnormale Protonierung (siehe *185*) am Hydroxy-Sauerstoffatom von *(186)* die Bildung des planaren Acyl-Kations *(188)* durch Wasserverlust. Nun kann das kationische Kohlenstoffatom von Methanol ungehindert von beiden Seiten des Rings angegriffen werden. Daß tatsächlich zwei unterschiedliche mechanistische Wege $A_{AC}2$ und $A_{AC}1$ bei der säurekatalysierten Hydrolyse einfacher Ester von Benzoe- bzw. 2,4,6-trisubstituierten Benzoesäuren zum Zuge kommen, wird durch die entsprechenden Aktivierungsparameter belegt:

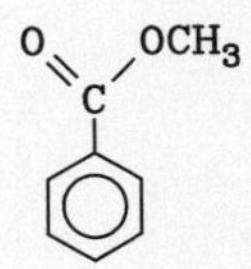

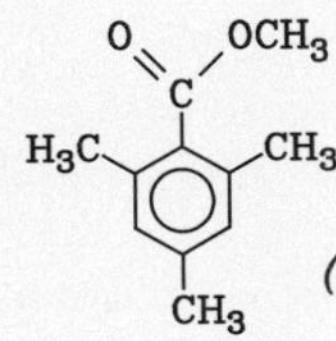

(187)

$\Delta H^{\ddagger}$ (kJ mol^{-1}):	79	115
$\Delta S^{\ddagger}$ (JK^{-1} mol^{-1}):	-110 ($A_{AC}2$)	+57 ($A_{AC}1$)

Daß tatsächlich sterische Gründe für diesen Wechsel im Reaktionsmechanismus verantwortlich sind, läßt sich mit Hilfe der Säuren *(191)* und *(192)* bzw. deren Estern demonstrieren:

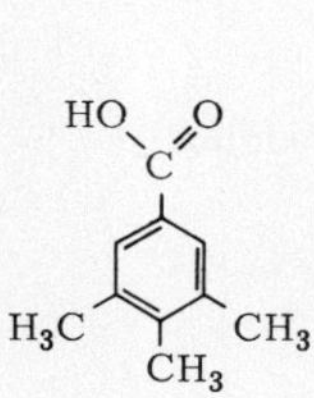

(191)

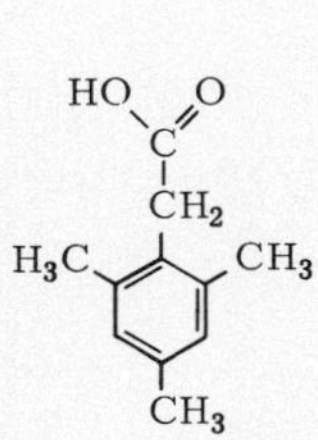

(192)

Beide können unter Standardbedingungen ($A_{AC}2$-Mechanismus) ohne Schwierigkeiten verestert bzw. verseift werden.

8.7 Additionsreaktionen bei Nitrilen

Da die Nitrilfunktion [vgl. *(193a)*, *(193b)*] formal der Carbonylgruppe gleicht,

(193a) *(193b)*

ist zu erwarten, daß sie analoge nucleophile Additionsreaktionen eingeht. Die Anlagerung von Grignard-Reagenzien bestätigt diese Vermutung:

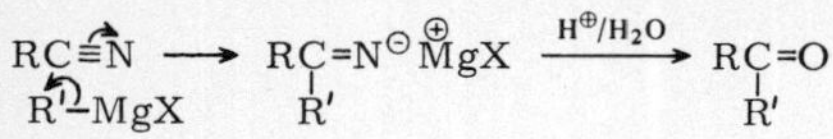

(194) *(195)*

Hierbei bilden sich zunächst Salze von Ketiminen *(194)*, die zu Ketonen *(195)* hydrolysiert werden können. Im Falle primärer Nitrile R–CH_2–CN neigt das Grignard-Reagenz dazu, ein Proton aus der (aktivierten) Methylengruppe zu abstrahieren, und es kommt zu komplexeren Folgereaktionen. Die Reduktion von Nitrilen mit Lithiumaluminiumhydrid (S. 249) führt zu primären Aminen R–CH_2–NH_2, die Anlagerung von Ammoniak in Gegenwart von Ammoniumchlorid liefert Salze von *Amidinen* $RC(NH_2){=}NH_2^{\oplus}Cl^{\ominus}$. Durch säurekatalysierte Anlagerung von Alkoholen, z.B. Ethanol, entstehen in einer Reaktion, die der Hemiacetal-Bildung der Carbonylverbindungen entspricht (S. 243), Salze von *Iminoethern (196)*:

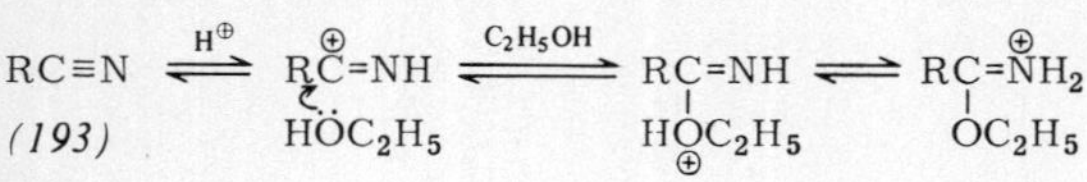

(196)

Wasser wird in Gegenwart von Säuren oder Basen ebenfalls addiert:

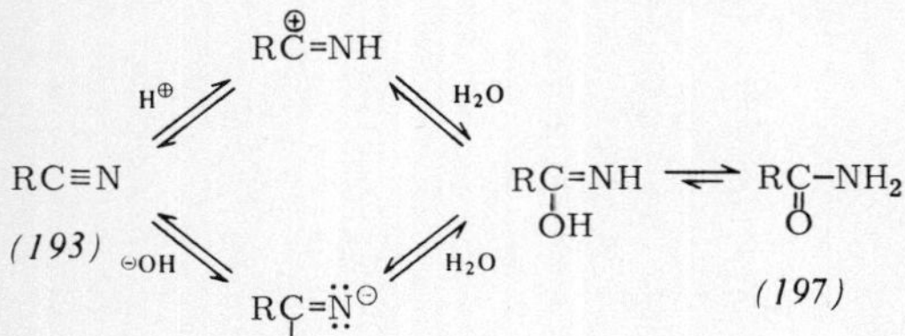

Primäraddukt ist hier ein Amid *(197)*, das jedoch häufig nicht isoliert werden kann, da es rascher hydrolysiert als das ursprüngliche Nitril. Endprodukt ist deshalb meistens die Carbonsäure oder ihr Anion.

9 Eliminierungen

In Eliminierungsreaktionen werden aus einem Molekül zwei Atome oder Gruppen abgespalten, ohne daß andere Atome oder Gruppen an ihre Stelle treten. In der Mehrzahl der Fälle stammen die beiden Gruppen von benachbarten Kohlenstoffatomen, und eine ist häufig ein Proton, die andere ein Nucleophil Y: oder $Y^{\ominus}$. Resultat dieser 1,2- oder β-Eliminierung ist eine Mehrfachbindung.

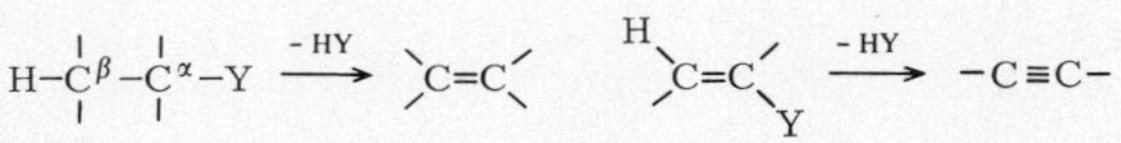

Eliminierungen von anderen als Kohlenstoffatomen sind ebenfalls bekannt:

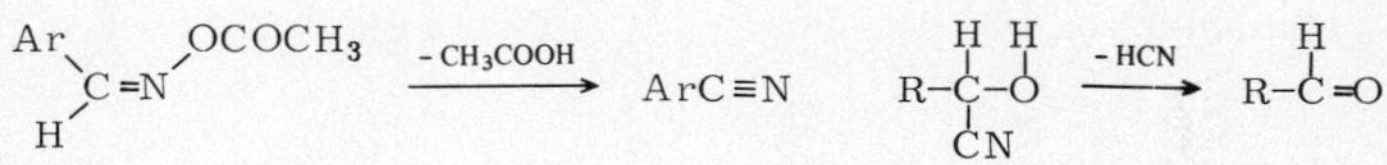

Außerdem können beide Gruppen vom gleichen Atom stammen – man spricht dann von 1,1- oder α-Eliminierung (vgl. S. 310) – oder von weiter entfernt stehenden Atomen. In diese letztere Kategorie fallen 1,4-Eliminierungen, die als Umkehrung der 1,4-Addition betrachtet werden können (S. 226), sowie 1,5- und 1,6-Eliminierungen, die zu cyclischen Produkten führen. Da 1,2-Eliminierungen am häufigsten und präparativ am wichtigsten sind, wird sich die folgende Diskussion auf sie konzentrieren.

9.1 Die 1,2- oder β-Eliminierung

Bei 1,2-Eliminierungen von Kohlenstoffatomen wird das Atom, das die Gruppe Y (die Abgangsgruppe) verliert, gewöhnlich als C-1 oder α-Kohlenstoffatom bezeichnet; das Kohlenstoffatom, von dem (normalerweise) ein Proton abgespalten wird, als C-2 oder β-Kohlenstoffatom. Bekannte Beispiele für Reaktionen diesen Typs sind die verbreitete Abspaltung von Halogenwasserstoff aus Alkylhalogeniden *(1)* mit Basen,

$$\underset{(1)}{RCH_2CH_2Br} \xrightarrow{HO^{\ominus}} RCH{=}CH_2 + H_2O + Br^{\ominus}$$

die säurekatalysierte Dehydratisierung von Alkoholen *(2)*

$$\underset{(2)}{RCH_2CR_2OH} \xrightarrow{H^{\oplus}} RCH{=}CR_2 + H_3O^{\oplus}$$

und der Hofmann-Abbau quartärer Alkylammoniumhydroxide *(3)*:

$$\underset{(3)}{RCH_2CH_2\overset{\oplus}{N}(CH_3)_3} + HO^{\ominus} \longrightarrow RCH{=}CH_2 + H_2O + N(CH_3)_3$$

Zahlreiche andere Gruppen Y: oder $Y^{\ominus}$ können ebenfalls als Abgangsgruppen fungieren, z. B. $-SR_2$, $-SO_2R$, $-SO_2Ar$ usw. Insgesamt sind 1,2-Eliminierungen zweifellos die wichtigste Bildungsweise von Alkenen. Drei Reaktionsmechanismen, die sich durch den Zeitpunkt der Kohlenstoff-Wasserstoff- bzw. Kohlenstoff-Y-Bindungslösung unterscheiden, sind für 1,2-Eliminierungen denkbar. Im Fall (a) verläuft die Reaktion konzertiert,

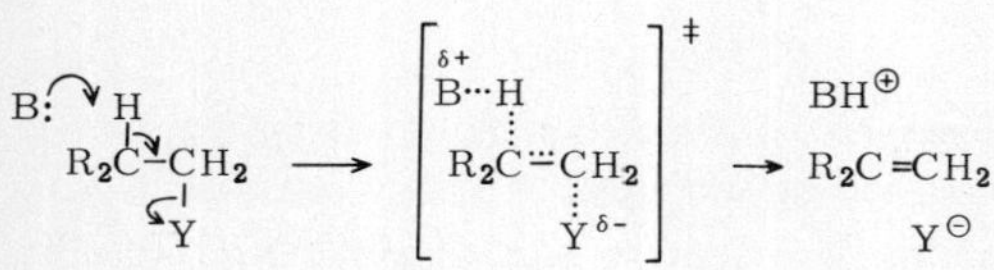

(4)

d. h. es handelt sich um einen Einstufenprozeß, bei dem ein einziger Übergangszustand *(4)* durchlaufen wird. Dieses Modell wird als E2-Mechanismus bezeichnet (*E*liminierung, *bi*molekular), es erinnert an den S_N2-Substitutionstyp (S. 102). Statt dessen können die C–H- und die C–Y-Bindung auch nacheinander, in einer Zweistufenreaktion, gebrochen werden. Wenn zuerst Y abgeht (Fall b), so bildet sich ein Carbokation *(5)* als Zwischenprodukt:

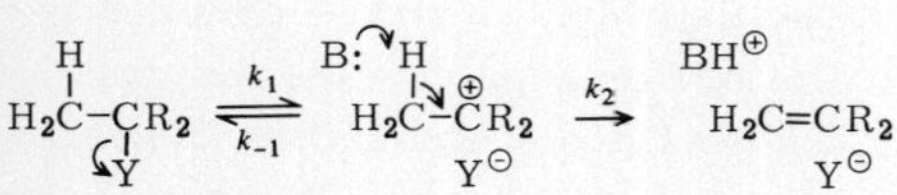

(5)

Diese Reaktionsfolge bezeichnet man als E1-Mechanismus (*E*liminierung, *mono*molekular); sie erinnert an die S_N1-Substitution (S. 105), die Carbokationen-Zwischenprodukte in S_N1- und E1-Reaktionen sind identisch. Im

Mechanismus (c) wird schließlich zuerst die C–H-Bindung gelöst und ein Carbanion *(6)* gebildet:

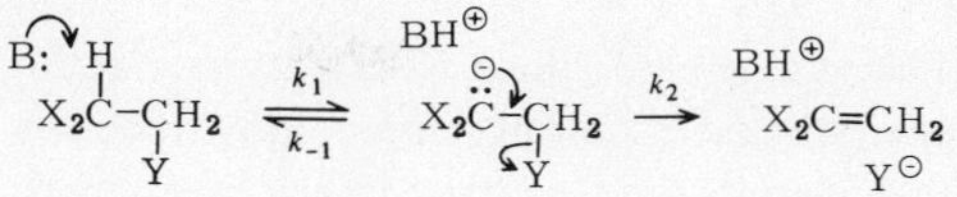

(6)

Dieser Zweistufenprozeß wird als E1cB-Mechanismus bezeichnet: *E*liminierung über die konjugate (englisch: *c*onjugate) *B*ase des Reaktanden, nämlich das Carbanion *(6)*. Beispiele für alle drei Reaktionstypen sind bekannt: E1cB ist sehr selten, E2 sehr verbreitet. Die Einzelheiten dieser drei Mechanismen wollen wir im folgenden besprechen. Hierbei ist zu bedenken, daß die drei Typen Idealisierungen darstellen (vgl. die ähnlichen Verhältnisse bei der S_N1/S_N2-Substitution, S. 107). Tatsächlich existiert ein kontinuierliches Spektrum von Reaktionsmechanismen, die sich durch das Ausmaß der Bindungslösung und -knüpfung voneinander unterscheiden.

9.2 Der E1-Mechanismus

Vorausgesetzt, daß die Bildung des Carbokations *(5)* im obigen Schema der langsamste und geschwindigkeitsbestimmende Schritt der Reaktion ist ($k_2 > k_{-1}$), ergibt sich für die Geschwindigkeit *r*, mit der beispielsweise 2-Brom-2-methylbutan reagiert, das folgende Gesetz:

$$r = k\,[CH_3CH_2C(CH_3)_2Br]$$

Mit einem schnellen, nicht geschwindigkeitsbestimmenden Schritt, in dem das Lösungsmittel (z. B. Ethanol) ein Proton aus dem Kation *(8)* entfernt, wird dann die Eliminierung zum Alken *(7)* vollendet:

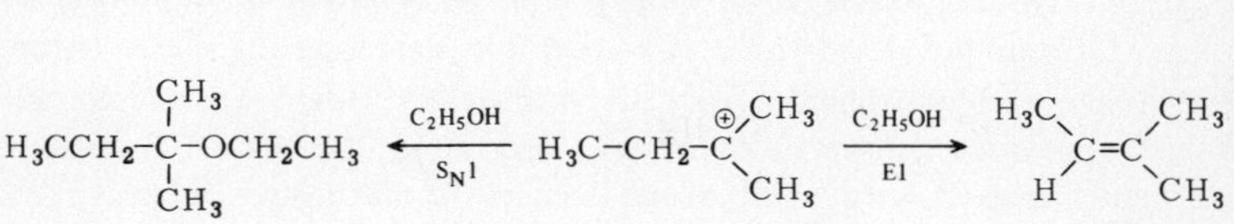

(9) *(8)* *(7)*

Auf den ersten Blick scheint es unmöglich zu sein, diese solvolytische E1-Eliminierung kinetisch von einer bimolekularen E2-Eliminierung mit

Ethanol als Base zu unterscheiden, da die Ethanol-Konzentration im Geschwindigkeitsgesetz der E2-Eliminierung

$$r = k\,[CH_3CH_2C(CH_3)_2Br]\,[C_2H_5OH]$$

konstant bleibt. Die Unterscheidung gelingt jedoch häufig durch Zugabe einer kleinen Menge der konjugaten Base des Lösungsmittels, hier Ethanolat $C_2H_5O^{\ominus}$. Wird keine deutliche Änderung der Geschwindigkeit beobachtet, so kann keine E2-Reaktion vorliegen, denn wenn sich der $C_2H_5O^{\ominus}$-Zusatz nicht auswirkt, dann greift die viel schwächere Base Ethanol ganz sicher nicht in das Reaktionsgeschehen ein.

Kation *(8)* ist identisch mit dem Carbokation, das in der entsprechenden S_N1-Solvolyse gebildet wird (vgl. S. 105). Es überrascht deshalb wenig, daß diese Reaktion, die zu dem Substitutionsprodukt *(9)* führt, im allgemeinen mit der E1-Eliminierung konkurriert. Als Hinweis auf ein gemeinsames Zwischenprodukt beider Prozesse darf die Beobachtung gewertet werden, daß das E1/S_N1-Verhältnis für eine bestimmte Alkylgruppe unabhängig von der Abgangsgruppe $Y^{\ominus}$ ist. Beide Reaktionen von *(8)* führen jedoch über unterschiedliche Übergangszustände zu *(7)* und *(9)*. Welche Parameter das Eliminierungs/Substitutions-Verhältnis beeinflussen, wird weiter unten besprochen (S. 303).

Die gleichen Faktoren, die eine S_N1- gegenüber einer S_N2-Reaktion begünstigen, fördern auch E1- gegenüber E2-Eliminierungen, d. h. 1. Alkylgruppen im Ausgangsmaterial, denn sie stabilisieren das Carbokationen-Zwischenprodukt, und 2. ein gut ionisierendes und Ionen-solvatisierendes Lösungsmittel. Als Folge von (1) wird eine mit dem Verzweigungsgrad zunehmende Tendenz zur E1-Eliminierung bei Halogeniden beobachtet (primär < sekundär < tertiär). Je stabiler das gebildete Carbokation, desto leichter erfolgt die Eliminierung. Primäre Halogenide reagieren fast nie nach E1.

Auch eine Verzweigung am β-Kohlenstoffatom wirkt sich günstig auf den E1-Mechanismus aus. Beispielsweise liefert $CH_3CH_2C(CH_3)_2Cl$ nur 34 % Alken, $(CH_3)_2CH-C(CH_3)_2Cl$ hingegen 62 %. Hierfür sind zum Teil sterische Gründe verantwortlich: je stärker die Verzweigung, desto mehr sterische Spannung wird beim Übergang vom sp^3-hybridisierten Halogenid zum sp^2-hybridisierten Carbokation frei, Spannung, die bei der Substitution erneut aufgebaut wird, nicht jedoch bei der Abspaltung des Protons zum Alken (E1). Ebenfalls eine Rolle spielt vermutlich auch die Tatsache, daß aus dem höher substituierten Halogenid ein höhersubstituiertes und damit thermodynamisch stabileres Alken entsteht (S. 31). Dieser Faktor bestimmt auch weitgehend die Orientierung der Eliminierung bei E1-Prozessen (siehe unten Saytzeff-Regel, S. 298), ein Problem, das immer dann auftaucht, wenn aus dem Carbokationen-Zwischenprodukt verschiedene β-Wasserstoffatome abgespalten bzw. Alkene gebildet werden können, z. B. im Fall von *(8)*:

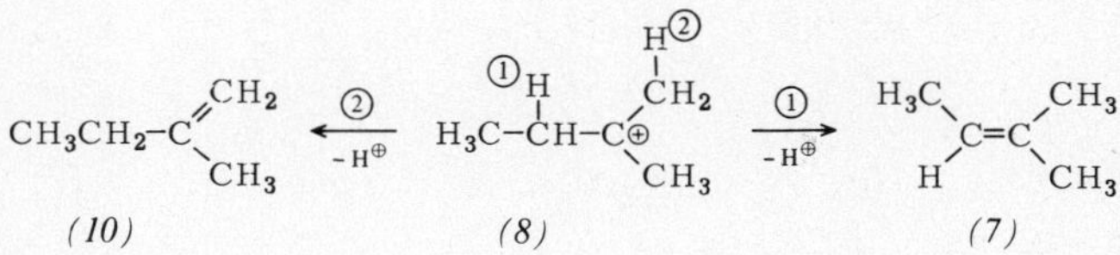

Hier enthält das Alkengemisch 82 % des (an der Doppelbindung) höhersubstituierten Alkens *(7)*. Außerdem können sich durch Umlagerung des zunächst entstandenen Kations und anschließenden Protonverlust unerwartete Alkene bilden. Bei den Carbokationen der E1-Eliminierung handelt es sich je nach Art des Lösungsmittels um dissoziierte Spezies oder um Ionenpaare unterschiedlichen Dissoziationsgrades (vgl. die S_N1-Reaktion, S. 105).

9.3 Der E1cB-Mechanismus

Bei diesem Eliminierungsmechanismus erfolgt die Bildung des intermediären Carbanions *(6)* schnell und reversibel, und der Folgeschritt – die Abspaltung von $Y^{\ominus}$ – ist langsam und geschwindigkeitsbestimmend; k_1 ist also größer als k_2. Die Reaktion folgt dem Geschwindigkeitsgesetz

$$r = k\,[R-Y]\,[B]$$

und kann kinetisch von der konzertierten E2-Eliminierung nicht unterschieden werden. Eine Entscheidung für einen der beiden Reaktionswege kann jedoch aufgrund eines Isotopenaustausch-Experiments getroffen werden. Durch die reversible Bildung von *(6)* müßte sich eine aus dem Lösungsmittel stammende Isotopenmarkierung in noch nicht umgesetztes Ausgangsmaterial einbauen lassen, während für den einstufigen E2-Prozeß diese Austauschmöglichkeit nicht besteht. Eine geeignete Verbindung zur Überprüfung dieser Hypothese ist $C_6H_5-CH_2CH_2-Br$ *(11)*, denn die Phenylgruppe erhöht die Acidität der β-Wasserstoffatome und vergrößert außerdem die Stabilität des resultierenden Carbanions *(12)* durch Delokalisierung der negativen Ladung.

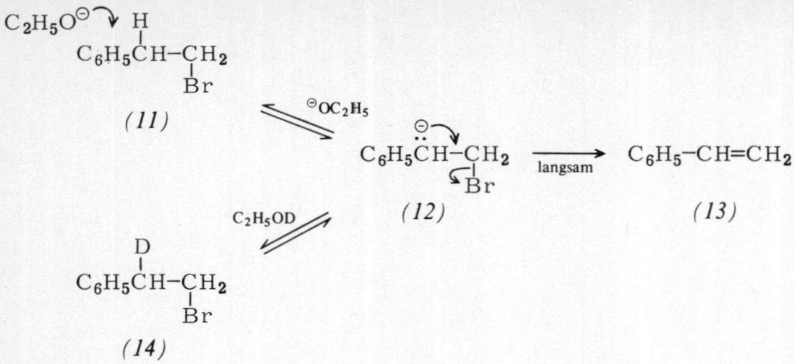

Die Reaktion wurde mit Ethanolat in Deuterioethanol durchgeführt und Verbindung *(11)* nach etwa 50 %igem Umsatz zu *(13)* zurückgewonnen: sie enthielt kein Deuterium, d. h. das Bromid *(14)* hatte sich nicht gebildet. Auch das Alken *(13)* war frei von Deuterium: wäre *(14)* hierfür Vorstufe gewesen, so hätte man auch in dieser Verbindung Deuterium finden müssen. Obwohl die Voraussetzungen günstig sind, verläuft diese Eliminierung demnach nicht nach einem E1cB-Mechanismus, wie er oben definiert wurde. Nicht ausgeschlossen wurde allerdings in diesem Experiment der Grenzfall mit praktisch irreversibler Carbanion-Bildung ($k_2 \gg k_{-1}$).
Reaktionen, die nach diesem Mechanismus verlaufen, sind in der Tat außerordentlich selten. Wie Berechnungen zeigen, ist das auch nicht überraschend, denn die Aktivierungsenergie für E2-Prozesse ist im allgemeinen um 30–60 kJ (7–14 kcal) mol^{-1} kleiner als für E1cB-Reaktionswege. (Bei einer Umkehrung von Schritt 2 müßte $Y^{\ominus}$ in einer energetisch recht aufwendigen Reaktion an die Kohlenstoff-Kohlenstoff-Doppelbindung addiert werden.)
Zu den wenigen Beispielen einer echten E1cB-Eliminierung zählt die Dehydrofluorierung von X_2CHCF_3 *(15)* mit X = Hal:

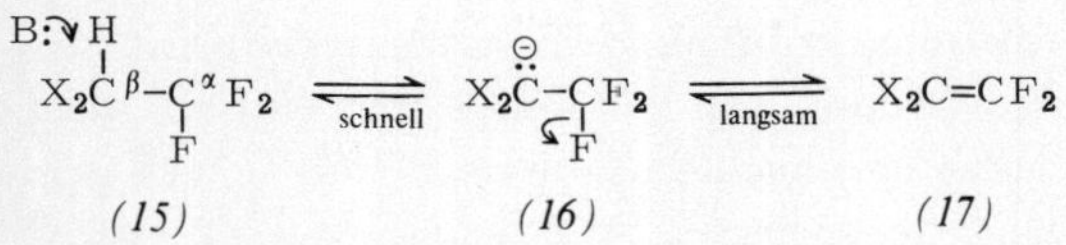

Hier bringt das Substrat die bestmöglichen Voraussetzungen mit: a) elektronegative Halogenatome am β-Kohlenstoffatom vergrößern die Acidität der β-Wasserstoffatome; b) Halogenatome am negativen Kohlenstoffatom stabilisieren das Carbanion *(16)* durch Elektronenzug; c) durch die schlechte

Abgangsgruppe Fluorid wird der letzte Schritt zum langsamsten. Man hat versucht, für unterschiedliche Abgangsgruppen bei der E_1cB-Reaktion eine Reaktivitätsskala aufzustellen:

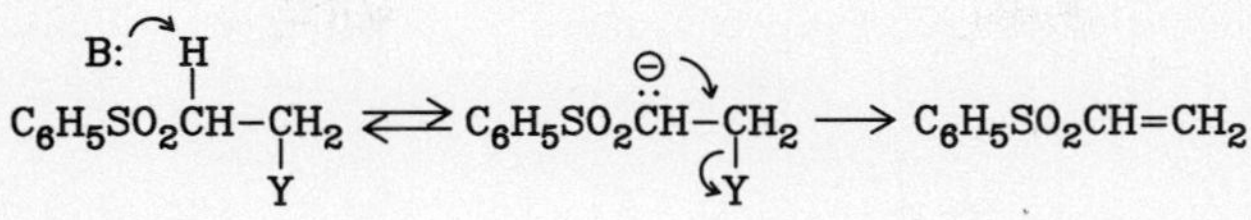

(18) *(19)*

Y: $C_6H_5Se > C_6H_5O > C_6H_5 \approx C_6H_5O_2 > C_6H_5SO > H_3CO >> CN$

Die beobachtete relative Reaktivität korreliert jedoch nicht mit dem pK_a-Wert von H–Y, der Stärke der C–Y-Bindung oder der Polarität von Y. Es ist offenkundig, daß selbst in dieser einfachen Reaktion die Leichtigkeit, mit der $Y^{\ominus}$ abgespalten wird, durch viele Parameter bestimmt wird. Weitere Beispiele für E_1cB-Reaktionen sind die Bildung von Dehydrobenzol aus Fluorbenzol (S. 202), die Umkehr der einfachen Addition an die Carbonylgruppe, z. B. bei der base-induzierten Eliminierung von HCN aus Cyanhydrinen (*20,* vgl. S. 264)

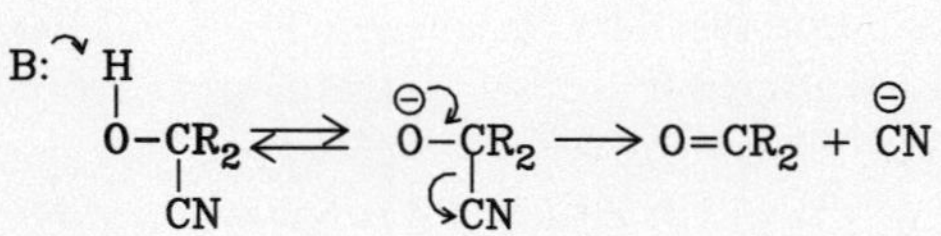

(20)

und die base-induzierte Dehydratisierung von Aldolen zu α, β-ungesättigten Carbonylverbindungen (S. 261).

9.4 Der E2-Mechanismus

Der mit Abstand häufigste und wichtigste Eliminierungsmechanismus ist der einstufige, konzertierte E2-Mechanismus. Für ihn gilt, wie beispielsweise die Dehydrobromierung primärer Alkylbromide $R-CH_2CH_2-Br$ *(21)* mit Basen zeigt, das Geschwindigkeitsgesetz:

$r = k\,[RCH_2CH_2Br]\,[B]$

Da die Base B häufig außer basischen auch nucleophile Eigenschaften besitzt, wird die E2-Eliminierung meistens von der gleichfalls einstufigen, konzertierten nucleophilen Substitution begleitet (vgl. S_N2-Mechanismus, S. 102):

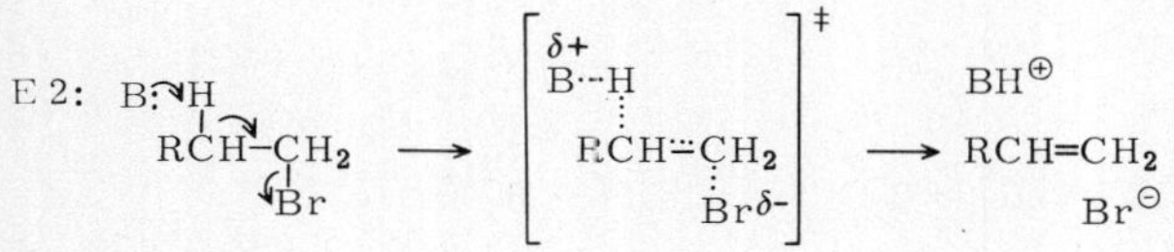

(21) (22)

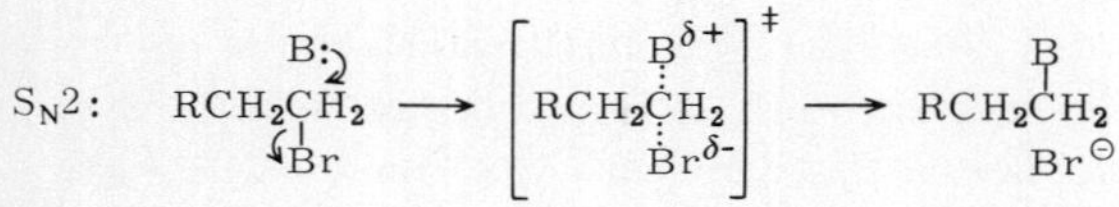

(21) (23)

Die Faktoren, die das Eliminierungs/Substitutions-Verhältnis beeinflussen, werden später besprochen (S. 303). Daß die Kohlenstoff-Wasserstoff-Bindung im geschwindigkeitsbestimmenden Schritt gespalten wird, läßt sich durch einen primären kinetischen Isotopieeffekt nachweisen (vgl. S. 53), der auftritt, wenn im Substrat der Wasserstoff am β-Kohlenstoffatom durch Deuterium ersetzt wird.

Wie nicht anders zu erwarten, besteht ein Zusammenhang zwischen der Stärke der verwendeten Base und der Eliminierungsgeschwindigkeit: sie nimmt mit wachsender Basenstärke zu ($NH_2^{\ominus} > RO^{\ominus} > HO^{\ominus}$). Für quantitative Untersuchungen besonders geeignet sind Basen vom Typ $Ar{-}O^{\ominus}$. In ihnen kann man durch Variation der *p*-Substituenten die Stärke der Base modifizieren, ohne gleichzeitig ihre Raumbeanspruchung zu verändern. Für eine gegebene Base wirkt sich ein Wechsel von einem Hydroxygruppen enthaltenden Solvens (Wasser, Ethanol u. a.) zu einem dipolar aprotischen (DMF, DMSO usw.) meistens sehr stark aus. In diesen Lösungsmittel sind die Basen ($HO^{\ominus}$, $RO^{\ominus}$) nicht von einer Hülle durch Wasserstoffbrücken gebundener Solvensmoleküle umgeben, sie sind vielmehr „nackt", und die Folge ist eine stark vergrößerte Basizität (vgl. den Lösungsmitteleinfluß auf nucleophile Reagenzien in S_N2-Reaktionen, S. 93). Für manche Substrat/Base-Kombinationen können derartige Lösungsmittelwechsel einen Umschlag im Reaktionsmechanismus hervorrufen (E1 zu E2 und umgekehrt).

Um zu erklären, welche Auswirkung eine Veränderung von Y auf die Reaktionsgeschwindigkeit von R–Y (mit unverändertem R) hat, müssen wir die folgenden Parameter betrachten: a) den Einfluß, den Y auf den C–H-Bindungslösungsprozeß ausüben könnte (die E_2-Eliminierung ist ja eine *konzertierte* Reaktion), b) die Stärke der C–Y-Bindung und c) die Stabilität von $Y^{\ominus}$, so wie sie sich im pK_a-Wert von H–Y widerspiegelt. Es dürfte deshalb kaum überraschen, daß es alles andere als einfach ist, die relative Austrittsgeschwindigkeit von Y vorherzusagen. In einer Reihe, in der das Atom in Y, das in R–Y direkt an das Kohlenstoffatom gebunden ist (und an H in H–Y), unverändert bleibt (z. B. Sauerstoff), korreliert die Reaktionsgeschwindigkeit von R–Y recht gut mit dem *Kehrwert* des pK_a von H–Y: je stärker die „Sauerstoffsäure", desto besser fungiert ihr Anion als Abgangsgruppe. So ist beispielsweise *p*-CH_3-C_6H_4-$SO_3^{\ominus}$ (Ts, Tosylat) eine wesentlich bessere Abgangsgruppe als $HO^{\ominus}$, was natürlich widerspiegelt, daß *p*-Toluolsulfonsäure eine sehr viel stärkere Säure als Wasser ist.
Bleibt hingegen das Atom, durch das Y mit dem Kohlenstoffatom von R–Y verknüpft ist, nicht dasselbe, so bricht diese inverse Korrelation mit dem pK_a-Wert oft zusammen. Beispielsweise wird die Bedeutung der Stärke der C–Y-Bindung durch die relativen Eliminierungsgeschwindigkeiten der Halogenide C_6H_5-CH_2CH_2-Hal mit Ethanolat in Ethanol illustriert:

$C_6H_5CH_2CH_2F$	$C_6H_5CH_2CH_2Cl$	$C_6H_5CH_2CH_2Br$	$C_6H_5CH_2CH_2I$
1	70	$4{,}2 \cdot 10^3$	$2{,}7 \cdot 10^4$

relative Reaktionsgeschwindigkeit

Auch die beginnende Solvatation des sich bildenden $Y^{\ominus}$-Anions im Übergangszustand durch Wasserstoffbrücken oder andere Effekte beeinflussen die Leichtigkeit, mit der $Y^{\ominus}$ abgegeben wird.
Dieser Effekt kann der Säurestärke und/oder der C–Y-Bindungsstärke proportional sein, muß es aber nicht. Durch Variation des Lösungsmittels kann deshalb auch die Reihenfolge relativer Austrittsgeschwindigkeiten einer Serie verschiedener $Y^{\ominus}$ verändert werden.
Schließlich werden E2-Eliminierungen durch alle Faktoren gefördert, die zu einer Stabilisierung des entstehenden Alkens – genauer: des Übergangszustands, der diesem vorausgeht – beitragen. Hierzu zählen steigende Alkylsubstitution an α- und β-Kohlenstoffatom (Bildung von Alkenen erhöhter thermodynamischer Stabilität) und Einführung einer Phenylgruppe, die die sich bildende Doppelbindung durch Konjugation stabilisiert.

9.4.1 Stereoselektivität in E2-Eliminierungen

Im Falle acyclischer Moleküle kann die Eliminierung prinzipiell aus zwei Grenzkonformationen erfolgen: der *anti-* *(24a)* und der *syn-periplanaren* *(24b)*:

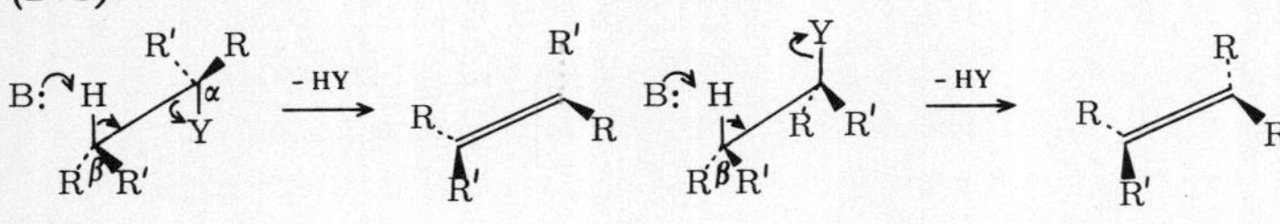

(24a) *(25)* *(24b)* *(26)*

Eine Konformation, in der sich H, C_β, C_α und Y in einer Ebene befinden, besitzt gegenüber anderen Konformationen einen klaren Vorteil: die sich durch Abspaltung von $H^{\oplus}$ und $Y^{\ominus}$ an C_β und C_α bildenden p-Orbitale sind zueinander parallel, können also während des gesamten Prozesses der Doppelbindungsbildung optimal überlappen.
Auch für das angreifende Atom der Base B ist es energetisch günstiger, in dieser Ebene zu liegen. Eine planare Anordnung aller betroffenen Atome liegt aber sowohl in *(24a)* als auch in *(24b)* vor, und es stellt sich deshalb die Frage, welche dieser Konformationen im E2-Prozeß bevorzugt wird.
Für die Bevorzugung der *anti*-periplanaren Konformation *(24a)* lassen sich drei Gründe heranziehen: a) die Eliminierung erfolgt aus der energieärmeren gestaffelten Konformation *(24a)* statt aus der energiereicheren ekliptischen *(24b)* (S. 8), und dieser Energieunterschied dürfte sich auch in den entsprechenden Übergangszuständen niederschlagen; b) die angreifende Base, B:, und die sich entfernende Abgangsgruppe, $Y^{\ominus}$, sind im Übergangszustand so weit wie möglich voneinander entfernt und c) das Elektronenpaar, das sich aus der ursprünglichen C–H-Bindung entwickelt, greift das α-Kohlenstoffatom von der Gegenseite des sich entfernenden Elektronenpaars der ursprünglichen C–Y-Bindung an. Diese Situation erinnert an den begünstigten „rückwärtigen Angriff“ der S_N2-Substitution (S. 102). Von diesen drei Ursachen scheint der ersten die größte Bedeutung zuzukommen. Die Bevorzugung der TRANS- oder ANTI-Eliminierung von H und Y aus *(24a)* gegenüber der CIS- oder SYN-Eliminierung aus *(24b)* ist also verständlich.
Vorausgesetzt, daß – wie in *(24)* – sowohl C_β als auch C_α chiral sind, wird die Eliminierung aus den beiden Konformationen zu unterschiedlichen Produkten führen: aus *(24a)* entsteht das *trans*-Alken *(25)*, aus *(24b)* das *cis*-Alken *(26)*. Durch Bestimmung der Konfiguration der Ausgangsverbindung *(24)* und der gebildeten geometrischen Isomere *(25)* und *(26)* läßt sich demnach das Ausmaß der Stereoselektivität des Eliminierungsprozesses ermitteln.

An den meisten acyclischen Verbindungen ist die Bevorzugung der TRANS-Eliminierung sehr ausgeprägt. Zu den einfachsten Systemen, die eine Unterscheidung zwischen der TRANS- und der CIS-Eliminierung gestatten, gehören die Verbindungen *(27a)* und *(27b)*:

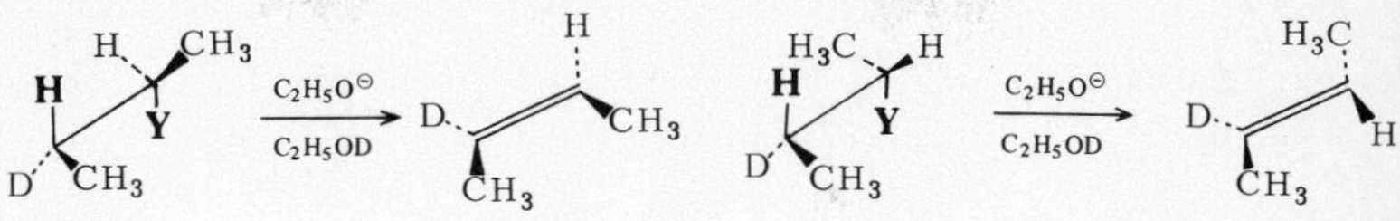

(27a) *(28)* *(27b)* *(29)*

Mit Y = Br, OTs oder $-\overset{\oplus}{N}(CH_3)_3$ verläuft die Eliminierung mit nahezu 100 %iger TRANS-Selektivität: aus *(27a)* wird *(28)* und aus *(27b)* wird *(29)* erhalten. An längerkettigen Trialkylammonium-Verbindungen werden jedoch zahlreiche Ausnahmen beobachtet. Möglicherweise wird in diesen Fällen über einen cyclischen Übergangszustand, an dem das Ammoniumhydroxid-Ionenpaar *(30)* beteiligt ist, in einer CIS-Eliminierung das β-Wasserstoffatom entfernt:

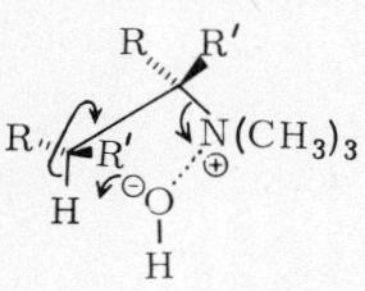

(30)

Der Grad der Stereoselektivität kann im übrigen innerhalb gewisser Grenzen durch Polarität und Solvatationseigenschaften des Lösungsmittels beeinflußt werden.

In cyclischen Verbindungen wird die Konformation, aus der die Eliminierung erfolgt, weitgehend durch die Starrheit des Ringsystems bestimmt. Eine Untersuchung des Zusammenhangs zwischen Ringgröße und Selektivitätsgrad bei der Abspaltung von HY aus den cyclischen Verbindungen $(CH_2)_nCHY$ führte zu folgendem Resultat:

Ringgröße	% CIS-Eliminierung
Cyclobutyl	90
Cyclopentyl	46
Cyclohexyl	4
Cycloheptyl	37

Wie wenig stereoselektiv Cyclopentyl-Derivate eliminieren, zeigen die *trans*- und *cis*-Tosylate *(31)* und *(32)*. Beide liefern – sofern sie überhaupt nach E2 reagieren – dasselbe Alken, 1-Phenylcyclopenten *(33)*, *(31)* durch CIS-, *(32)* durch TRANS-Eliminierung:

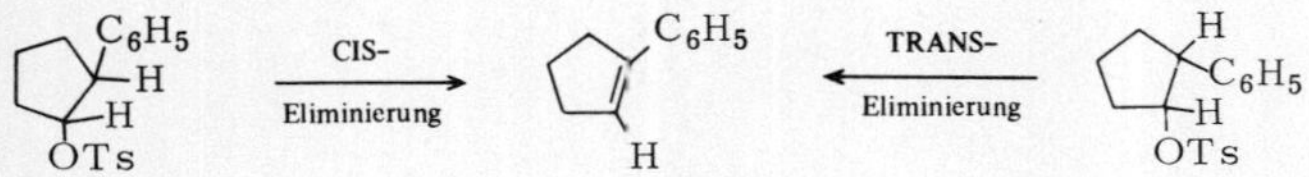

(31) *(33)* *(32)*

Die TRANS-Eliminierung *(32)* ⟶ *(33)* verläuft nur 14mal schneller als die CIS-Reaktion *(31)* ⟶ *(33)*: ein Hinweis, daß die Energie, die erforderlich ist, um *(32)* in eine weitgehend *anti*-periplanare Konformation zu verdrillen, offenbar den sonst bestehenden energetischen Vorteil der TRANS-Eliminierung vor der CIS-Eliminierung [aus *(31)*] weitgehend aufzehrt.
Die ausgeprägte TRANS-Stereoselektivität, die an Cyclohexan-Derivaten beobachtet wird (siehe Tabelle), kann auf die leichte Bildung sog. *trans*-diaxialer Konformationen wie *(34)* zurückgeführt werden, aus denen dann die Eliminierung erfolgt:

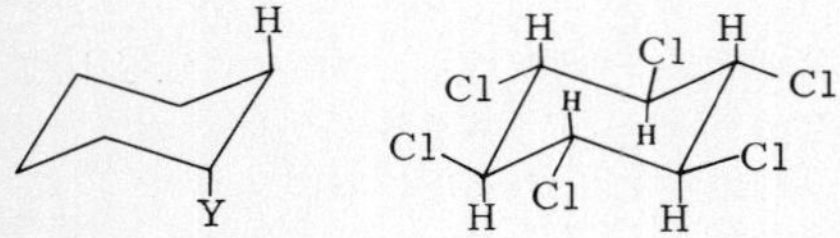

(34) *(35)*

Einen überzeugenden experimentellen Beweis hierfür liefern die geometrischen Isomere von Hexachlorcyclohexan. Eines dieser Isomere verliert Chlorwasserstoff etwa 10 000mal langsamer als sämtliche anderen: es ist genau das, das keine *trans*-diaxiale Konformation einnehmen kann, nämlich *(35)*.

9.4.2 Die Orientierung bei E2-Reaktionen: Eliminierung nach Saytzeff und Hofmann

Stehen in einer Verbindung unterschiedliche β-Wasserstoffatome zur Verfügung, so kann die Eliminierung zu mehr als einem Alken führen: aus Substrat *(36)* beispielsweise können die Alkene *(37)* und *(38)* entstehen:

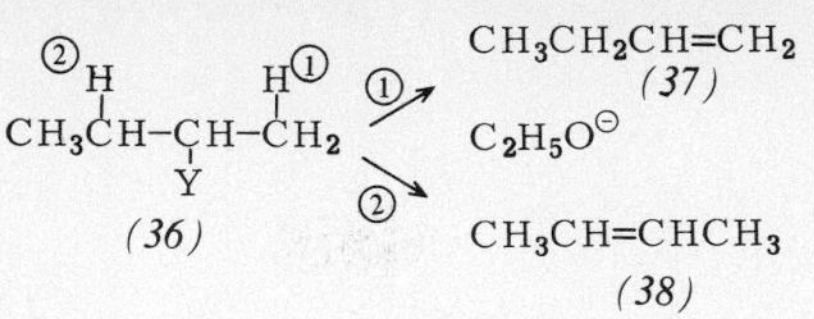

	Y = Br	$\overset{\oplus}{S}(CH_3)_2$	$\overset{\oplus}{N}(CH_3)_3$
(37)	19%	74%	95%
(38)	81%	26%	5%

Zur Vorhersage, welches Alken Hauptprodukt einer Eliminierung sein wird, verwendet der Chemiker seit vielen Jahren zwei empirische Regeln: die Regel von Hofmann (1851), nach der das Alken mit der *kleinsten* Anzahl von Alkylsubstituenten an der Doppelbindung bevorzugt wird – im obigen Schema also *(37)* – und die Regel von Saytzeff (1875), nach der gerade das Gegenteil richtig sein, also das am *höchsten substituierte* Alken, d. h. *(38)*, überwiegen soll. Wie die Daten der Tabelle zeigen, sind beide Verallgemeinerungen richtig. Da Hofmann vorwiegend mit Tetraalkylammonium-Verbindungen arbeitete (Y = $\overset{\oplus}{N}R_3$) und Saytzeff Alkylbromide (Y = Br) bevorzugte, übt offensichtlich die Abgangsgruppe einen starken Einfluß auf das Isomerenverhältnis *(37)* : *(38)* aus. Zur genauen Erklärung dieses Effekts müssen – wie immer bei mechanistischen Problemen – elektronische und sterische Faktoren herangezogen werden.

Die Saytzeff-Eliminierung, die offenbar dann eintritt, wenn Y ungeladen ist (z. B. mit Y = OTs oder Br), führt zu dem stabileren, d. h. höhersubstituierten Alken (S. 31). Man nimmt daher für diesen Fall an, daß die Reaktion über einen Übergangszustand verläuft, in dem sich ein nicht unerheblicher „Alkencharakter" bereits entwickelt hat. Die Alkylsubstituenten können also bereits sehr früh im Verlaufe des einstufigen E_2-Wegs ihren stabilisierenden, energiemindernden Einfluß auszuüben beginnen *(38a)*:

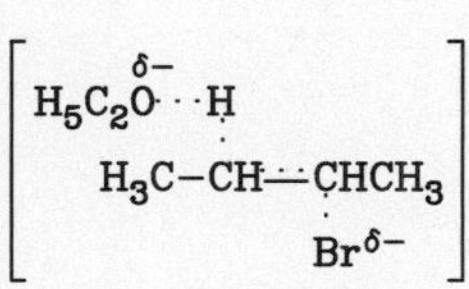

(38a)

Auf die Bevorzugung des Saytzeff-Modus bei der E_1-Eliminierung wurde bereits hingewiesen (S. 291).

All dieses erscheint logisch – es ist genau das, was wir für einen E_2-Mechanismus auch erwartet hätten. Warum soll dann aber eine positiv geladene Y-Gruppe dafür verantwortlich sein, daß diese offenkundige Normalsituation nicht länger eingehalten wird? Ein Y-Substituent wie

$(CH_3)_3\,N^{\oplus}$ wird einen sehr starken, elektronenabziehenden induktiven und Feldeffekt auf beide β-Kohlenstoffatome ausüben, den diese an ihre Wasserstoffatome weitergeben werden:

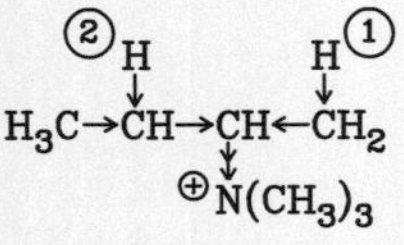

(36a)

Dadurch werden diese H-Atome deutlich stärker acid. Sie werden also durch Base viel leichter entfernt werden, als das bei den Bromiden (Y=Br) der Fall war. Der starke Elektronenzug durch $(CH_3)_3\,N^{\oplus}$ wird überdies das sich bildende Carbanion stabilisieren, gleichgültig welches Wasserstoffatom entfernt wird. Dieser Einfluß wird jedoch im Falle des Atoms ② durch den elektronenspendenden Methylsubstituenten an diesem β-Kohlenstoffatom zum Teil wieder kompensiert. Ein derartiger aciditätsverringernder Effekt tritt für das Wasserstoffatom ① nicht auf. Diese Position ist deshalb acider als Position ②, und infolgedessen wird das Proton durch Base leichter entfernt. Dieser Einfluß von $(CH_3)_3\,N^{\oplus}$ reicht offensichtlich aus, um die relative Protonenacidität – und nicht die Alkenstabilisierung – zum kontrollierenden Faktor zu machen. Nunmehr verläuft die Reaktion über den Übergangszustand *(37a)*, der einen gewissen „Carbanion-Charakter" besitzt, dessen „Alken-Charakter" hingegen noch kaum entwickelt ist. E_2-Eliminierungen können deshalb ein ganzes „Charakterspektrum" überstreichen, dessen Natur in beträchtlichem Maße durch Y bestimmt wird.

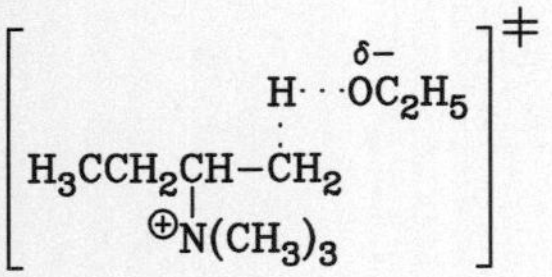

(37a)

Interessant ist in diesem Zusammenhang, daß im Falle von Y = F eine ausgeprägte Tendenz zum Hofmann-Produkt besteht – obwohl der Substituent nicht negativ geladen ist. Beispielsweise liefert C_2H_5–CH_2–CH(F)–CH_3 nicht weniger als 85% 1-Penten. Dieses „unerwartete" Resultat beruht auf dem sehr starken elektronenziehenden Effekt von F (vgl. $(CH_3)_3\,N^{\oplus}$) sowie der Tatsache, daß Fluorid eine sehr schlechte

Abgangsgruppe ist. Dadurch wird der C–F-Bindungsbruch im „Spektrum“ der Übergangszustände verzögert.

Daß Protonenacidität und die Entwicklung von „Carbanion-Charakter“ im Übergangszustand den Hofmann-Modus fördern, wird durch die Beobachtung gestützt, daß eine Vergrößerung der Basestärke gleichfalls zu verstärkter Bildung des Hofmann-Produkts führt, gleichgültig, ob Y in R–Y positiv geladen ist oder nicht. β-Substituenten, die dazu in der Lage sind, eine sich bildende negative Ladung zu stabilisieren, begünstigen die Bildung des Hofmann-Produkts. Andererseits favorisieren Substituenten wie Phenyl oder Vinyl die Bildung desjenigen Alkens, dessen Doppelbindung in Konjugation zum Substituenten steht. Gibt es – wie in *(39)* – mehrere mögliche Abgangsgruppen $RN(CH_3)_2$ bei einer Hofmann-Eliminierung, so wird immer bevorzugt das niedriger substituierte Alken erzeugt, in diesem Falle also mehr *(40)* als *(41)*:

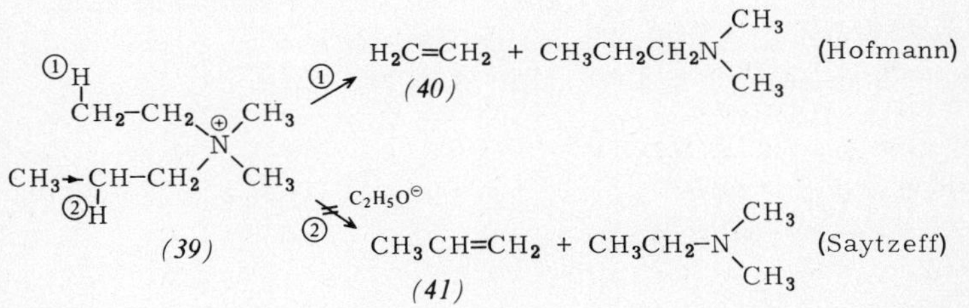

(39) *(40)* *(41)*

Daß sich auch die Raumerfüllung von Y auf die Richtung der Eliminierung auswirkt, zeigen die folgenden Experimente mit der Verbindung *(42)*:

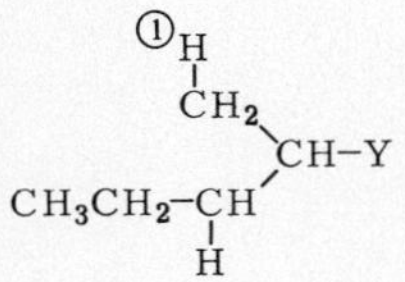
(42)

Y =	Br	$^{\oplus}S(CH_3)_2$	$^{\oplus}N(CH_3)_3$
% Hofmann-Produkt (d.h. Elim. von ①)	31	87	98

Je größer und verzweigter die Gruppe Y ist, desto ausgeprägter reagiert *(42)* im Sinne der Hofmann-Regel. Einen vergleichbaren Einfluß üben – bei unveränderter Base und Abgangsgruppe Y – Verzweigungen innerhalb der Alkylsubstituenten aus.

Am Bromid *(43)* läßt sich schließlich der Einfluß der Größe der angreifenden Base auf die Eliminierungsrichtung demonstrieren. (Wie oben gezeigt wurde, bevorzugen Bromide gewöhnlich die Saytzeff-Eliminierung.)

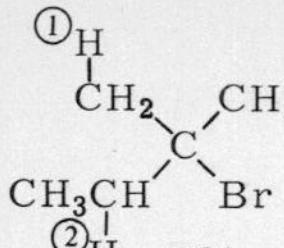
(43)

Base =	$C_2H_5O^{\ominus}$	$(CH_3)_3CO^{\ominus}$	$(CH_3)_2(C_2H_5)CO^{\ominus}$	$(C_2H_5)_3CO^{\ominus}$
% -Hofmann-Produkt (d. h. Elim. von ①)	30	72	77	78

In diesem Zusammenhang sei bemerkt, daß es ohne die Entwicklung der Gas-Flüssigkeits-Chromatographie, die eine rasche und quantitative Analyse der Alkenmischungen gestattet, unmöglich gewesen wäre, eine derartige Fülle von genauen Resultaten über Eliminierungsreaktionen zu sammeln. Die verschiedenen sterischen Effekte lassen sich durch die Annahme erklären, daß jede Art von sterischer Hinderung, gleich welchen Ursprungs, den Übergangszustand *(44)*, der zur Saytzeff-Eliminierung führt [Abspaltung des Protons ② aus *(46a)*], sterisch und damit energetisch anspruchsvoller macht als den Übergangszustand *(45)* der Hofmann-Eliminierung [Entfernung des Protons ① aus *(46b)*]. Dieser Unterschied wächst mit steigendem Raumbedarf von R, Y oder B, und die Hofmann- wird gegenüber der Saytzeff-Eliminierung in zunehmendem Maße bevorzugt.

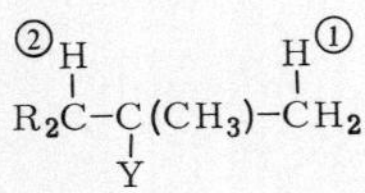
(46)

Saytzeff:
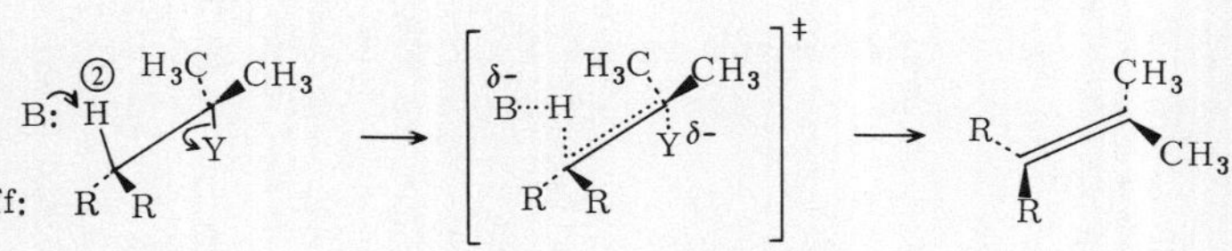
(46a) (44)

Hofmann:
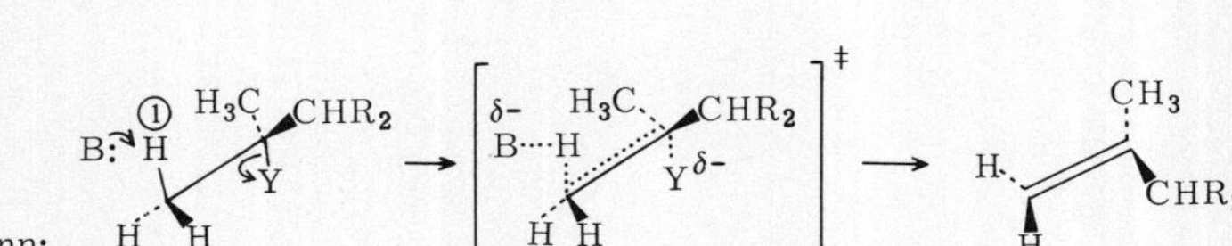
(46b) (45)

Da sie oft gleiches bewirken, können sterische Effekte in vielen Fällen nicht von elektronischen getrennt werden. Meistens überwiegen jedoch die elektronischen Einflüsse, vor allen Dingen bei Abwesenheit von starker sterischer Hinderung.

Daß in cyclischen Molekülen die einfachen Voraussetzungen für die Saytzeff- bzw. Hofmann-Eliminierung von anderen Faktoren überspielt werden können, haben wir bereits oben (S. 297) bei der bevorzugten Eliminierung aus der *trans*-diaxialen Konformation von Cyclohexan-Derivaten gesehen. Ein weiterer Grenzfall tritt bei bicyclischen Bromiden wie *(47)* auf. Eine Eliminierung, die zur Ausbildung einer Doppelbindung am Brückenkohlenstoffatom führen würde, ist nach der sog. *Bredt*schen Regel nicht möglich, Alken *(48)* entsteht also nicht.

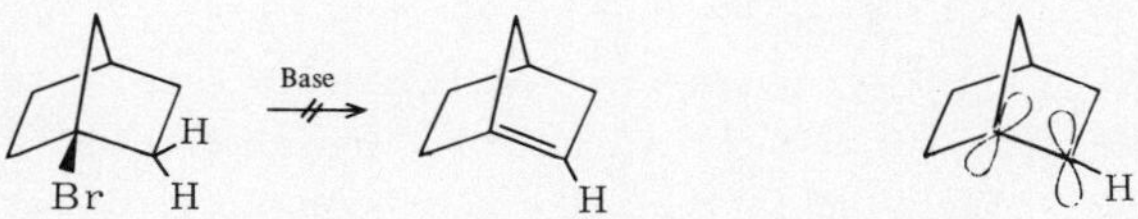

(47) *(48)* *(49)*

Die sich im Verlauf der E2-Reaktion bildenden p-Orbitale stünden, wie *(49)* zeigt, statt koplanar nahezu rechtwinklig zueinander, so daß eine wirksame Überlappung zur Doppelbindung ausgeschlossen ist. Auch durch eine E1- oder E1cB-Eliminierung läßt sich *(48)* nicht darstellen, denn es ist die Starrheit des relativ kleinen Ringsystems, die die zur Überlappung der p-Orbitale erforderliche Verdrillung vereitelt. In größeren Ringen oder flexibleren Molekülen ist der Energieaufwand zur Verdrillung offenbar geringer, und es gelingt, die Doppelbindung z. B. des Bicyclo [3.3.1] nonens *(50)* oder des Bicyclo [4.4.0] decens *(51)* durch eine Eliminierungsreaktion zu erzeugen.

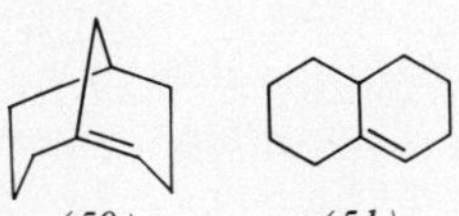

(50) *(51)*

9.5 Die Konkurrenz von Eliminierung und Substitution

E1-Eliminierungen werden normalerweise von S_N1-Substitutionen begleitet, da beide Reaktionen über ein gemeinsames Zwischenprodukt – ein Carbokation – verlaufen, das in einem raschen, die Reaktionsgeschwindigkeit nicht beeinflussenden Abfangschritt über zwei verschiedene Übergangszustände zum Eliminierungs- bzw. Substitutionsprodukt weiterreagiert. Entsprechend konkurrieren auch S_N2-Substitution und E2-Eliminierung, obwohl es sich hier um zwei parallele, einstufige Prozesse

handelt, die sich auf zwei völlig verschiedenen Reaktionswegen vollziehen. Die Frage nach dem Verhältnis von Eliminierung zu Substitution besteht deshalb mindestens aus drei Teilfragen: a) Welche Faktoren beeinflussen die E1/S_N1-Produktverhältnisse? b) welche die E2/S_N2-Verhältnisse? und c) durch welche Faktoren wird eine Änderung des Reaktionswegs von E1/S_N1 zu E2/S_N2 und umgekehrt bewirkt?
Faktoren, die die Molekularität im Sinne von Frage (c) verändern, üben gleichzeitig einen sehr starken Einfluß auf das Verhältnis von Eliminierung und Substitution aus. Beispielsweise liefert die E1/S_N1-Solvolyse von $(CH_3)_3CBr$ und $C_2H_5(CH_3)_2CBr$ in Ethanol bei 25 °C 19 bzw. 36 % der entsprechenden Alkene. In Gegenwart von 2 M Ethanolat – teilweise Verschiebung des Mechanismus in Richtung E2/S_N2 – steigen die Alkenausbeuten auf 93 bzw. 99 %. In der Tat wird allgemein beobachtet, daß für eine gegebene Substanz das E2/S_N2-Verhältnis deutlich größer ist als das Verhältnis von E1- zu S_N1-Produkt. Beim präparativen Arbeiten wird von der Tatsache, daß weniger polare und Ionen schlechter solvatisierende Lösungsmittel den E1/S_N1-Prozeß zurückdrängen, häufig Gebrauch gemacht. In der klassischen Olefinsynthese wird Bromwasserstoff aus Alkylbromiden mit einer alkoholischen Lösung von Kaliumhydroxid abgespalten – nicht mit einer wäßrigen! Auch die Erhöhung der Basekonzentration ruft wahrscheinlich eine Änderung des Reaktionstyps hervor – daher die Verwendung hoher Konzentrationen starker Basen bei der Herstellung von Alkenen.
Bei der Beantwortung der Fragen (a) und (b) muß vor allen Dingen die genaue Struktur des Substituenten im Ausgangsmaterial berücksichtigt werden. Der Anteil am Eliminierungsprodukt steigt in der Reihenfolge primär < sekundär < tertiär, und das kann auf elektronische Faktoren zurückgeführt werden: der Übergangszustand für den Eliminierungsprozeß wird durch Alkylsubstitution stabilisiert (S. 299). Für die Eliminierung von Alkylbromiden mit Ethanolat in Ethanol wird z. B. der folgende Trend beobachtet: primäre Bromide ca. 10 % Alkene, sekundäre ca. 60 % und tertiäre mehr als 90 %. Dieses Ergebnis ist sowohl Folge einer wachsenden Eliminierungs- als auch einer fallenden Substitutionsgeschwindigkeit. Ganz analog begünstigen Substituenten wie Kohlenstoff-Kohlenstoff-Doppelbindungen oder Arylgruppen, die eine sich bildende Doppelbindung durch Konjugation stabilisieren, den Eliminierungsweg stark: Ethylbromid liefert 1 % Ethylen, 1-Brom-2-phenylethan unter vergleichbaren Bedingungen hingegen rund 99 % Styrol.
Bei der E_1/S_N1-Reaktion führt eine steigende Verzweigung von R–X zum Anstieg des Eliminierungsanteils. Das beruht zum einen darauf, daß die

Stabilität des immer höher substituierten Alkens immer weiter anwächst. Eine wichtigere Rolle spielt jedoch der Übergangszustand, der auf dem Wege vom Carbokation zum Produkt durchlaufen werden muß. Ein sterischer Faktor begünstigt die Eliminierung, weil das sp^2-hybridisierte Kohlenstoffatom im Carbokation *(52)* auch im Eliminierungsprodukt *(53)* sp^2-hybridisiert bleibt (Bindungswinkel ca. 120°), während es im Substitutionsprodukt *(54)* sp^3-hybridisiert wird (Bindungswinkel ca. 109°).

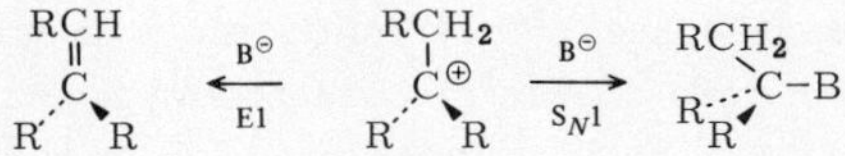

(53) *(52)* *(54)*

Die sterische Hinderung im Übergangszustand der Substitution ist deshalb größer als im Übergangszustand für die Eliminierung. Dieser Unterschied wird um so ausgeprägter sein, je größer und verzweigter die Reste R sind; hochsubstituierte Verbindungen bevorzugen deshalb die Eliminierung. Ebenfalls sterischen Ursprungs ist der folgende Effekt: je stärker die Verzweigung an einem Carbokation, desto weniger zugänglich wird es für das angreifende Nucleophil. Andererseits steigt die Zahl der peripheren Wasserstoffatome mit wachsender Substitution, was die Eliminierung durch die Base begünstigen sollte. In der Tat steigt der Anteil an Eliminierungsprodukten mit wachsendem Raumbedarf der angreifenden Base (des angreifenden Nucleophils), *tert.*-Butylalkoholat $(CH_3)_3CO^{\ominus}$ wird aus diesem Grunde bei Alkensynthesen der Base Ethanolat, $C_2H_5O^{\ominus}$, vorgezogen.

Obwohl sich diese Diskussion auf den $E1/S_N1$-Fall konzentriert hat, können praktisch analoge sterische Effekte zur Erklärung der Stabilisierung von E2- gegenüber S_N2-Übergangszuständen herangezogen werden.

Erwartungsgemäß beeinflußt die Abgangsgruppe Y das $E1/S_N1$-Verhältnis nicht, das $E2/S_N2$-Verhältnis hingegen stark, da in den geschwindigkeitsbestimmenden Schritten die C–Y-Bindung gelöst wird. Im allgemeinen beobachtet man eine steigende Begünstigung der Eliminierung, relativ zur Substitution, in der Reihenfolge:

$$\text{Tosylat} < \text{Br} < \overset{\oplus}{S}(CH_3)_2 < \overset{\oplus}{N}(CH_3)_3$$

Der angreifenden Base (dem Nucleophil) kommt eine ebenso große Bedeutung zu: benötigt wird hohe Basizität gepaart mit niedriger Nucleophilie, d. h. eine „harte" Base (S. 112). Für präparative Zwecke werden deshalb tertiäre Amine wie Triethylamin oder auch Pyridin dem Hydroxid- oder

Ethanolat-Ion vorgezogen. Dabei handelt es sich um relativ schwache Basen, die aber aus sterischen Gründen noch schlechtere Nucleophile sind. Die Verzweigung in $(C_2H_5)_3N$ macht den nucleophilen Angriff am Kohlenstoffatom unmöglich, nicht aber den basischen Angriff an einem peripheren Wasserstoffatom. Auch ein relativ hoher Siedepunkt der Base wirkt sich vorteilhaft aus. Denn beide Eliminierungsarten, E1 und E2, konkurrieren bei höheren Temperaturen erfolgreicher mit den entsprechenden Substitutionsreaktionen. Dieses kann darauf zurückgeführt werden, daß sich bei der Eliminierung die Teilchenzahl vergrößert, bei der Substitution jedoch nicht. Die Eliminierung wird also durch einen stärker positiven entropischen Faktor ($\Delta S^{\neq}$) begünstigt, und da in der Gleichung für $\Delta G^{\neq}$ mit T multipliziert werden muß ($\Delta G^{\neq} = \Delta H^{\neq} - T\Delta S^{\neq}$, vgl. S. 44), wird dieser Faktor mit wachsender Temperatur eine ungünstige Aktivierungsenthalpie $\Delta H^{\neq}$ zunehmend ausgleichen oder sogar überkompensieren.

9.6 Der Einfluß aktivierender Gruppen

Bislang haben wir nur den Einfluß von Alkyl- und gelegentlich von Arylgruppen bzw. Doppelbindungen auf die Geschwindigkeit von Eliminierungsreaktionen diskutiert. Im allgemeinen werden Eliminierungen durch fast alle elektronenanziehenden Substituenten beschleunigt: CF_3, NO_2, $ArSO_2$, CN, C=O, $COOC_2H_5$ usw. Ihr Einfluß beruht auf folgenden Faktoren: a) Aciditätssteigerung der β-Wasserstoffatome z. B. in *(55)*, die dadurch von der Base leichter entfernt werden können; b) Stabilisierung der resultierenden Carbanionen durch Elektronenzug, z. B. in *(56)*; und c) Stabilisierung der gebildeten Doppelbindung durch Konjugationseffekte, Beispiel *(57)*:

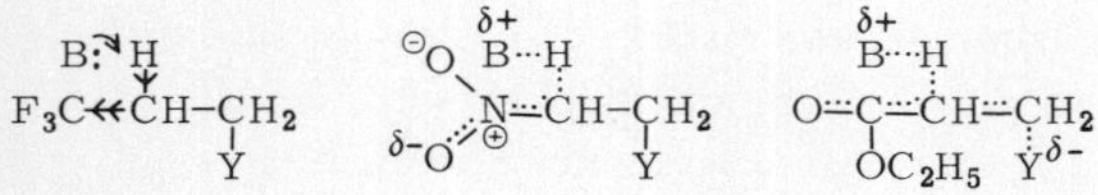

(55) *(56)* *(57)*

Je stärker der Elektronenzug des Substituenten, desto ausgeprägter ist der Carbanion-Charakter des Übergangszustands der E2-Eliminierung (S. 300). Es kann sogar zu einer Verschiebung des Reaktionsmechanismus in Richtung E1cB kommen, besonders dann, wenn eine stark elektronenanziehende Gruppe (NO_2, $ArSO_2$) zusammen mit einer schlechten Abgangsgruppe Y auftritt.

Ein gutes Beispiel für die Förderung der Eliminierung durch aktivierende Substituenten liefert die Aldehydfunktion im Aldol *(58)*.

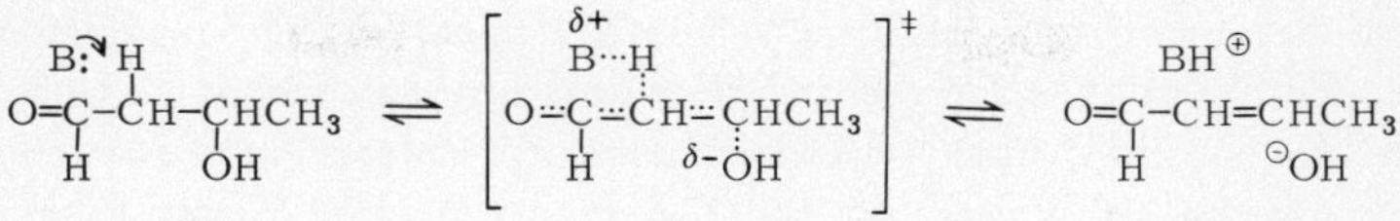

(58) *(60)* *(59)*

Ihr reaktionsbeschleunigender Einfluß ermöglicht die basekatalysierte Dehydratisierung zum α,β-ungesättigten Aldehyd *(59)* (S. 263). Dehydratisierungen werden normalerweise durch Säuren katalysiert: durch Protonierung ($-OH \longrightarrow -\overset{\oplus}{O}H_2$) wird aus einer schlechten ($HO^{\ominus}$) eine gute Abgangsgruppe (H_2O). Im Fall von *(58)* steigert die CHO-Gruppe die Acidität der β-Wasserstoffatome und stabilisiert das resultierende Carbanion [Faktoren (a) und (b), siehe oben]. Auch die Stabilisierung der entstehenden Doppelbindung durch Konjugation [Faktor (c)] ist im Übergangszustand *(60)* berücksichtigt, wenn auch die Größe dieses Effekts nur schwer abschätzbar ist. Der Substituenteneinfluß kommt im übrigen in β-Positionen wesentlich stärker zum Zuge als in der α-Position. Mit der sich bildenden Doppelbindung kann der Substituent an beiden Kohlenstoffatomen in Wechselwirkung treten, eine Aciditätsvergrößerung bzw. Stabilisierung eines Carbanions ist hingegen nur am β-Kohlenstoffatom möglich. Die beiden Bromketone *(61)* und *(62)* illustrieren diesen Punkt:

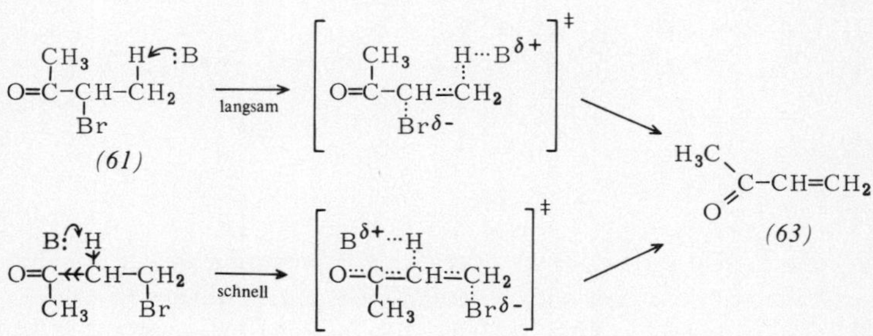

(61) *(62)* *(63)*

Aus beiden Verbindungen entsteht das α,β-ungesättigte Keton *(63*, Methylvinylketon), aber *(62)* verliert Bromwasserstoff wesentlich rascher als *(61)*, unter sonst gleichen Bedingungen. β-Substituenten können manchmal so reaktionsbeschleunigend wirken, daß sogar sehr schlechte Abgangsgruppen wie OR, NH_2 oder OH (siehe oben) eliminiert werden.

9.7 Weitere 1,2-Eliminierungen

Bislang wurden vorwiegend Eliminierungsreaktionen beschrieben, bei denen ein Wasserstoffatom – als Proton – vom β-Kohlenstoffatom abgespalten wurde. Für präparative Zwecke sind diese Reaktionen zweifellos am wichtigsten. Es gibt jedoch auch Beispiele, in denen ein anderes Atom oder eine andere Gruppe als Wasserstoff von C_β eliminiert wird. Hierzu zählen 1,2-Dehalogenierungen, insbesondere 1,2-Debromierungen, Reaktionen, die u.a. durch Iodide, Metalle wie Zink und einige Metallionen wie $Fe^{2\oplus}$ ausgelöst werden. Die Reaktion mit Iodid-Ionen in Aceton gehorcht dem Zeitgesetz:

$$r = k\,[\text{1,2-Dibromid}]\,[I^\ominus]$$

[Bei der Bestimmung der Iodid-Konzentration muß berücksichtigt werden, daß ein Teil der Iodid-Ionen durch das während der Eliminierung gebildete Iod (I_2) komplexiert wird.] Diese Gleichung ist mit einem E2-Mechanismus vereinbar, eine Vermutung, die durch stereochemische Experimente gestützt wird. Acyclische Dibromide, in denen ein oder beide Bromatome an sekundäre oder tertiäre Kohlenstoffatome gebunden sind, zeigen hochgradige TRANS-Stereoselektivität (vgl. S. 297). Beispielsweise liefert das Dibromid *(64)* ausschließlich das *trans*-Alken *(65)*:

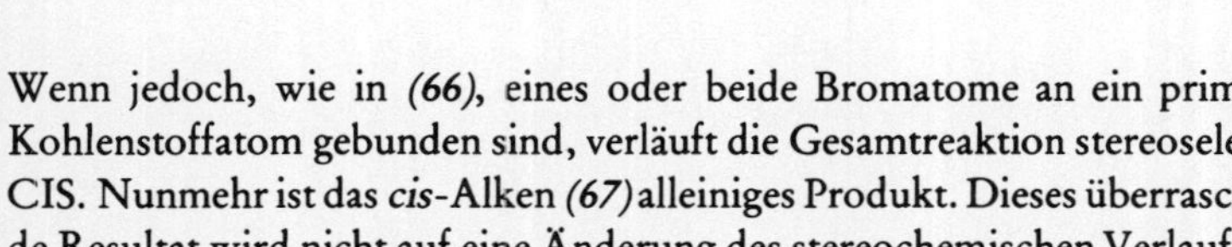

(64) *(65)*

Wenn jedoch, wie in *(66)*, eines oder beide Bromatome an ein primäres Kohlenstoffatom gebunden sind, verläuft die Gesamtreaktion stereoselektiv CIS. Nunmehr ist das *cis*-Alken *(67)* alleiniges Produkt. Dieses überraschende Resultat wird nicht auf eine Änderung des stereochemischen Verlaufs der Eliminierung zurückgeführt, sondern auf einen zusammengesetzten S_N2/E2-Mechanismus. In diesem Fall beginnt die Reaktion mit einer S_N2-Substitution von Brom durch Iodid, bei der sich die Konfiguration umkehrt [*(66)* ⟶ *(68)*], und wird durch stereoselektive TRANS-Eliminierung des 1-Iod-2-brom-ethans *(68)* abgeschlossen [*(68)* ⟶ *(67)*].

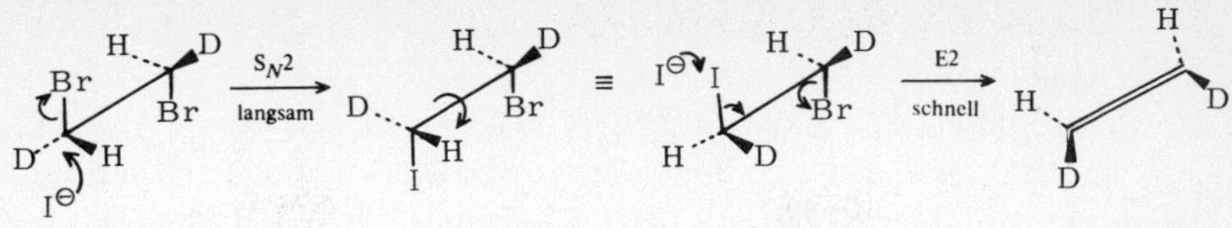

(66) (68) (68) (67)

Daß der eigentliche Eliminierungsschritt nach einem E2-Mechanismus verläuft, läßt sich in all diesen Beispielen durch Variation der Substituenten an C_α und C_β zeigen. Die Reaktionsgeschwindigkeiten sind um so größer, je größer die thermodynamische Stabilität des jeweils gebildeten Alkens ist. 1,2-Dehalogenierungen mit Hilfe von Bromid- oder Chlorid-Ionen verlaufen viel langsamer als mit Iodid-Ionen. Seit langem werden Metalle, besonders Zink, als Dehalogenierungsmittel eingesetzt. Die Eliminierung erfolgt dann heterogen auf der Metalloberfläche, wobei dem Lösungsmittel die Rolle zukommt, die aktiven Zentren durch laufendes Entfernen des gebildeten Metallhalogenids frei zu halten. Einfache Verbindungen wie *(69)* zeigen nach einem E2-Mechanismus, wobei ganz sicher auch die Metalloberfläche eine Rolle spielt:

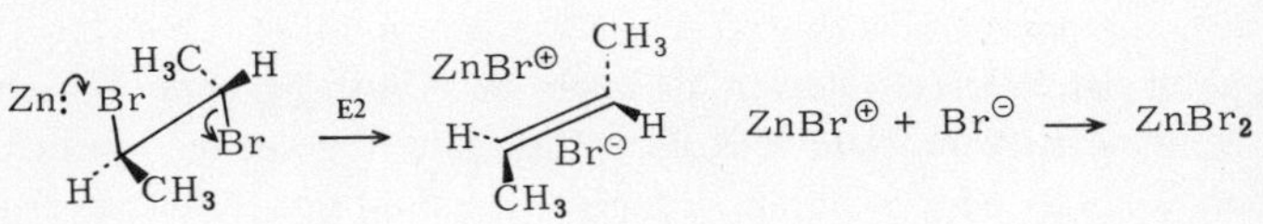

(69)

Bei längerkettigen 1,2-Dihalogeniden (oberhalb C_4) geht diese genaue stereochemische Kontrolle zum Teil verloren. Daß auch Magnesium die Reaktion auslösen kann, zeigt die Beobachtung, daß es nicht gelingt, Grignard-Reagenzien von einfachen 1,2-Dibromiden herzustellen. Bei den recht seltenen Dehalogenierungen mit Metallionen ist von Vorteil, daß in homogener Lösung gearbeitet werden kann. Präparativ ist die Debromierungsreaktion nicht allzu wichtig, da das Ausgangsdibromid ja gewöhnlich durch Brom-Anlagerung aus dem Produktalken hergestellt wird. Die Bromierung/Debromierung wird jedoch gelegentlich zum Schutz von Doppeldingungen angewendet. Beispielsweise kann *(70)* nicht direkt zu *(71)* oxidiert werden, da hierbei die Doppelbindung gleichzeitig oxidativ angegriffen würde:

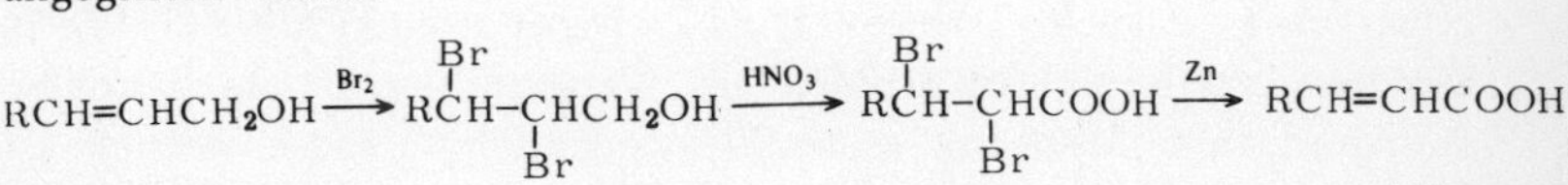

(70) (71)

Der Oxidation wird deshalb eine Bromanlagerung vor- und eine Debromierung nachgeschaltet.
Auch Verbindungen vom Typ Hal–CH_2CH_2–Y mit Y = OH, OR, OCOR, NH_2 usw. gehen Eliminierungsreaktionen ein. Die Reaktionsbedingungen sind drastischer als bei 1,2-Dihalogeniden, und Metalle oder Metallionen sind wirksamer als Iodid-Ionen. Der stereochemische Verlauf ist uneinheitlich. Andererseits werden z. B. Kohlendioxid und Bromid-Ion aus dem Diastereomer *(72)* von 2,3-Dibrom-3-phenyl-propanoat unter extrem milden Bindungen und mit 100 %iger ANTI-Selektivität abgespalten:

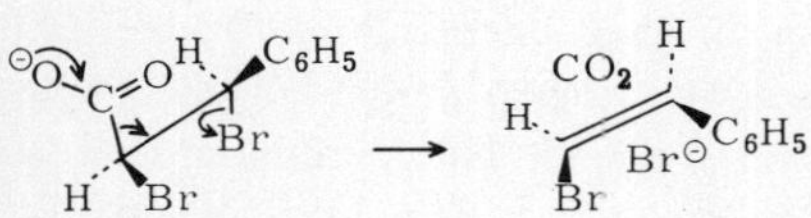

(72)

9.8 1,1-Eliminierungen (α-Eliminierungen)

Wenn sowohl das Wasserstoffatom als auch die Abgangsgruppe Y vom gleichen Kohlenstoffatom, dem α-Kohlenstoffatom, abgespalten werden, spricht man von 1,1- oder α-Eliminierungen. Ihre Zahl ist vergleichsweise klein; ein Beispiel ist die Bildung des Alkens *(74)* durch α-Eliminierung aus *(73)*. α-Eliminierungen werden durch stark elektronenanziehende Y-Gruppen gefördert: sie erhöhen die Acidität der α-Wasserstoffatome und stabilisieren die sich am α-Kohlenstoffatom ausbildende negative Ladung. Reaktivitätssteigernd wirken sich außerdem starke Basen B und das Fehlen von β-Wasserstoffatomen aus, wobei die letzte Bedingung nicht unbedingt erfüllt sein muß [vgl. *(73)*].

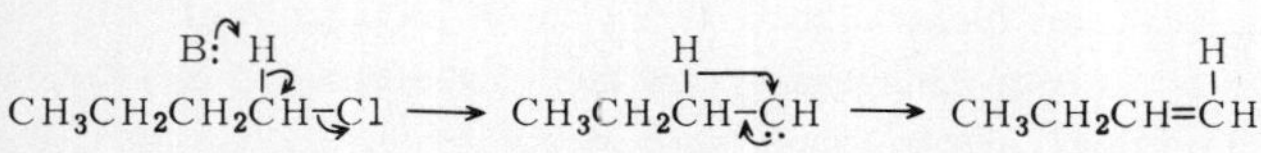

(73) *(75)* *(74)*

Man nimmt an, daß der Verlust von $H^{\oplus}$ und $Cl^{\ominus}$ in einigen Fällen konzertiert erfolgt und zu einem Carben *(75)* als Zwischenprodukt führt (S. 58). Im zweiten Reaktionsschritt wandert ein Wasserstoffatom vom β-Kohlenstoffatom unter Mitnahme seines Elektronenpaares, und es entsteht das Reaktionsprodukt *(74)*. Kinetisch kann eine 1,1- (E_α) von einer 1,2-Elimi-

nierung (E2) nicht unterschieden werden. Daß es diesen Reaktionstyp aber tatsächlich gibt, zeigen vor allen Dingen Isotopenmarkierungsexperimente sowie Reaktionsprodukte, die die intermediäre Bildung von Carbenen *(75)* nahelegen. Werden z. B. in der α-Position von *(73)* zwei Deuteriumatome eingebaut, so fehlt eines im Alken *(74)*. Verliefe die Eliminierung nach einem E2-Mechanismus, sollte *(74)* noch über beide Deuteriumatome verfügen. Wird andererseits im Kontrollexperiment doppelt β-deuteriertes *(73)* mit Base behandelt, so wird kein Deuteriumverlust festgestellt. Das Alken *(74)* trägt in diesem Fall an beiden Kohlenstoffatomen der Doppelbindung ein Deuteriumatom. In einem E2-Prozeß wäre selbstverständlich die Deuteriummenge auf die Hälfte gesunken. Mit Experimenten dieser Art kann also der Anteil des 1,1- bzw. 1,2-Mechanismus bei einer Eliminierungsreaktion bestimmt werden.
Den Einfluß der Basestärke auf den Eliminierungstyp demonstriert die folgende Versuchsserie. Die Dehydrochlorierung von *(73)* mit der außerordentlich starken Base Phenylnatrium ($C_6H_5^{\ominus}Na^{\oplus}$) erfolgt zu 94 % nach dem E_α-Mechanismus; mit der schwächeren Base Natriumamid verringert sich dieser Anteil beträchtlich, um mit Natriummethanolat praktisch ganz zu verschwinden [Faktor (b), siehe oben]. Alkylbromide und -iodide eliminieren bei gleicher Base übrigens weit weniger nach E_α als Alkylchloride [Einfluß elektronegativer Substituenten, Faktor (a), siehe oben]. Als Hinweis auf ein Carben-Zwischenprodukt *(75)* darf schließlich die Isolierung von Methylcyclopropan *(76)* aus dem Eliminierungsgemisch aufgefaßt werden:

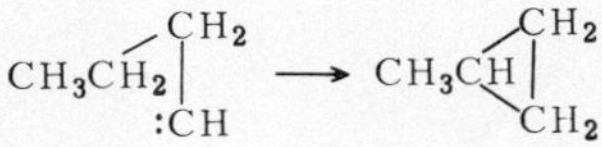

(75) *(76)*

Die Bildung derartiger Einschiebungs- oder Insertionsprodukte ist typisch für Carbene: die Umwandlung von *(75)* in *(76)* kann als „innere Abfangreaktion" betrachtet werden (S. 57). Bei der Eliminierung von *(73)* entsteht das Cyclopropan-Derivat *(76)* lediglich in einer Ausbeute von 4 %, die α-Eliminierung des isomeren Chlorids $CH_3CH(Cl)CH_2CH_3$ liefert *(76)* hingegen zu 32 %.
Das bekannteste und am gründlichsten untersuchte Beispiel einer 1,1-Eliminierung ist die Hydrolyse von Chloroform *(77)* mit starken Basen. Bei diesem Substrat fehlen β-Wasserstoffatome.

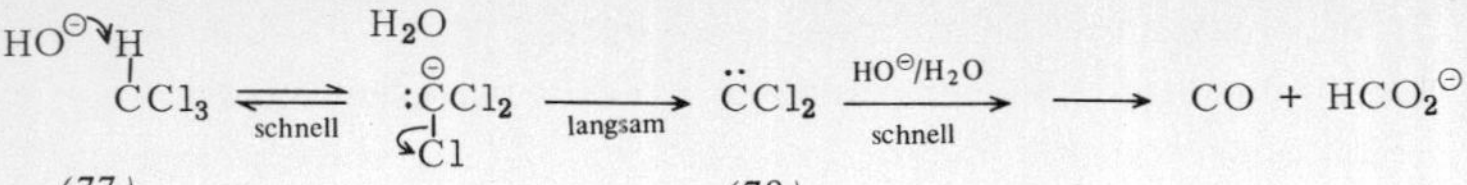

(77) (78)

Der erste Teil der Reaktion kann als 1,1-E1cB-Eliminierung bezeichnet werden. In einem raschen reversiblen Schritt bildet sich zuerst das Carbanion von *(77)*, das sich im Folgeschritt durch Abspaltung eines Chlorid-Ions zu Dichlorcarben *(78)* als Zwischenprodukt stabilisiert.

Wie erwartet, folgt die Hydrolyse dem Geschwindigkeitsgesetz

$$r = k\,[CHCl_3]\,[HO^{\ominus}]$$

und das Auftreten des schnellen, reversiblen ersten Schritts wird dadurch belegt, daß Deuteriochloroform in Gegenwart von Base und Wasser viel schneller seine Isotopenmarkierung verliert, als es zu Kohlenmonoxid und Formiat hydrolysiert. Eine weitere Stütze erfährt der obige Mechanismus durch die Beobachtung, daß Chloroform gegenüber Thiophenolat, $C_6H_5\,S^{\ominus}$, vergleichsweise inert ist. Werden aber Hydroxid-Ionen zugesetzt, so bildet sich rasch $HC(SC_6H_5)_3$. Thiophenolat ist also nicht nucleophil genug, um das Chloroform anzugreifen, wohl aber in der Lage, mit dem hochreaktiven Dichlorcarben zu reagieren.

Das elektrophile Dichlorcarben *(78)* läßt sich schließlich in nicht-protischen Lösungsmitteln durch Addition an elektronenreiche Alkene wie *cis*-2-Buten *(79)* nachweisen:

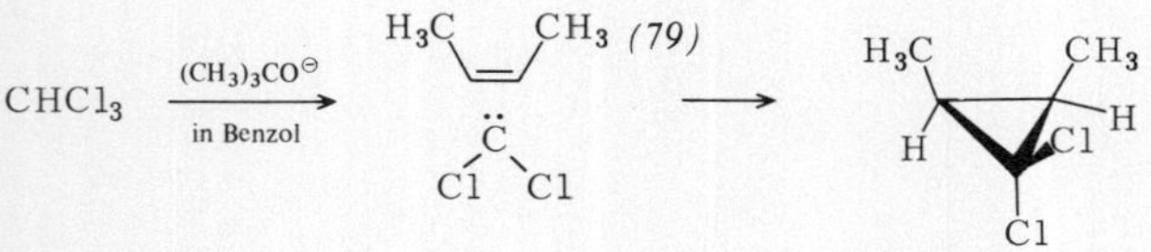

(78) (80)

Unter geeigneten Reaktionsbedingungen ist diese Abfangreaktion (S. 59) eine brauchbare Methode zur Synthese von Cyclopropanen *(80)*. Eine andere präparativ nützliche Reaktion von *(78)* ist die Reimer-Tiemann-Reaktion, der elektrophile Angriff von Dichlorcarben auf Phenole (S. 341). Abschließend sei nochmals hervorgehoben, daß in protischen Lösungsmitteln, mit normalen Basen und Molekülen, die β-Wasserstoffatome enthalten, die 1,1-Eliminierung nur eine sehr untergeordnete oder gar keine Rolle spielt.

9.9 Pyrolytische CIS-Eliminierungen

Eine beträchtliche Anzahl organischer Verbindungen, unter ihnen Ester (Acetate, Xanthogenate, siehe unten), Aminoxide und Halogenide, spalten HY unter Pyrolysebedingungen ab, d. h. ohne Zusatz anderer Reagenzien. Im allgemeinen folgen diese Eliminierungen, die in inerten Lösungsmitteln oder in der Gasphase durchgeführt werden, dem Geschwindigkeitsgesetz:

$r = k$ [Ausgangsmaterial]

Von E1-Eliminierungen (die demselben Gesetz gehorchen) sind sie gewöhnlich leicht durch ihre hohe CIS-Selektivität zu unterscheiden. Sie werden gelegentlich als E_i-Eliminierungen (*E*liminierung, *i*ntramolekular) bezeichnet, und die CIS-Selektivität ist ein Maß dafür, wie weit cyclische Übergangszustände, z. B. *(81)*, an ihnen beteiligt sind. Eine TRANS-Eliminierung könnte aus sterischen Gründen nicht über einen cyclischen Übergangszustand verlaufen.
Die präparativ wichtigste Reaktion dieser Kategorie ist die Cope-Eliminierung von *tert.*-Aminoxiden, z. B. *(82)*, die bei vergleichsweise niedrigen Temperaturen abläuft:

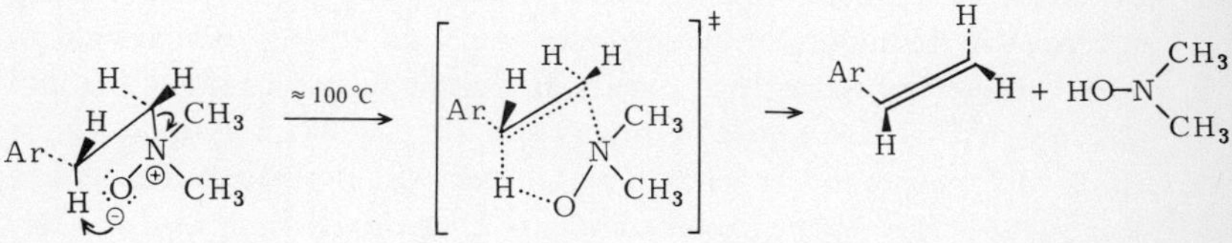

(82) *(81)* *(83)*

Die abzuspaltenden Gruppen H und $N(CH_3)_2O$ müssen *syn*-periplanar zueinander angeordnet sein, da sich sonst im Übergangszustand *(81)* die O...H-Bindung nicht ausbilden kann. Reaktionsprodukte sind das Alken *(83)* und N,N-Dimethylhydroxylamin. Die Cope-Eliminierung zeigt die höchste CIS-Selektivität aller E_i-Eliminierungen, eine Folge des gut ausgeprägten, nahezu planaren fünfgliedrigen Übergangszustands *(81)*.
Die Pyrolyse von Xanthogenaten – die sog. *Tschugaeff*-Reaktion – und von Carbonsäureestern verläuft andererseits über sechsgliedrige Übergangszustände *(86)* bzw. *(87)*:

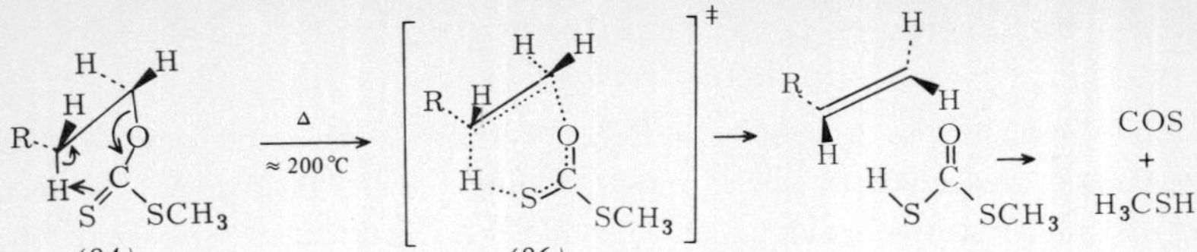

(84) (86)

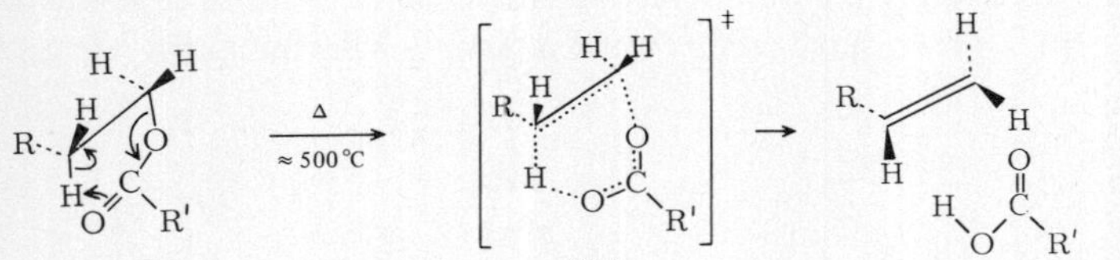

(85) (87)

Sechsgliedrige Übergangszustände sind flexibler als die oben erwähnten fünfgliedrigen und wahrscheinlich nicht planar (vgl. die Geometrie von Cyclohexan- und Cyclopentan-Derivaten, S. 298). Die Eliminierung kann deshalb, zumindest partiell, auch aus anderen als *syn*-periplanaren Konformationen erfolgen, und die Folge ist eine geringere CIS-Stereoselektivität als bei Cope-Eliminierungen. Beide Reaktionen, vor allen Dingen die Esterpyrolyse, erfordern höhere Temperaturen als die Cope-Reaktion.

E_i-Eliminierungen werden anderen Methoden zur Erzeugung von Doppelbindungen häufig deshalb vorgezogen, weil sie unter relativ milden Bedingungen in Abwesenheit von basischen oder sauren Reagenzien ablaufen. Sie gestatten die Synthese von instabilen Alkenen, die bei der Anwendung anderer Verfahren durch Bindungswanderung (zu konjugierten Systemen) oder Umlagerung isomerisieren würden. Beispielsweise kann der Alkohol *(89)* durch Pyrolyse seines Xanthogenats *(88)* in das nichtumgelagerte Alken *(90)* umgewandelt werden, wohingegen die normalerweise bei Eliminierungen verwendete säurekatalysierte Dehydratisierung zu dem thermodynamisch stabileren Alken *(92)* führt:

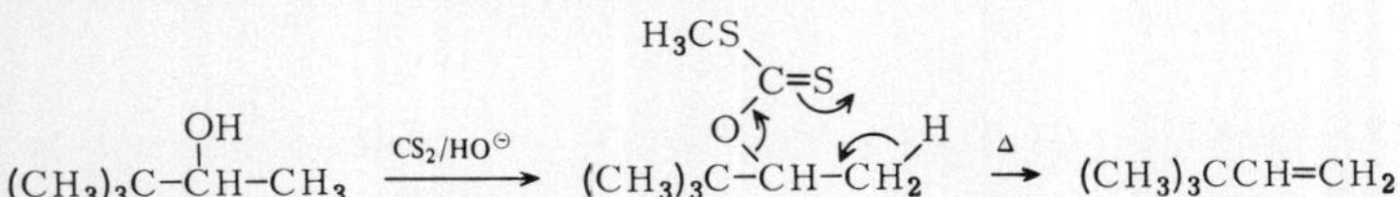

(89) (88) (90)

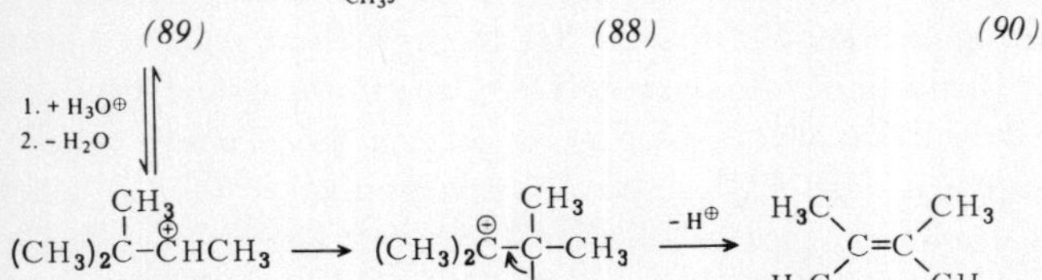

(91a) (91b) (92)

Der Deprotonierung ist in diesem Fall eine Umlagerung des primär gebildeten Kations *(91a)* zum stabileren Carbokation *(91b)* vorgeschaltet (S. 129).
Alkene entstehen auch bei der Pyrolyse von Alkylchloriden und -bromiden. (Alkylfluoride sind zu reaktionsträge, und Alkyliodide liefern außer Alkenen auch Kohlenwasserstoffe, die durch Einwirkung des Eliminierungsprodukts Iodwasserstoff auf das Ausgangsmaterial entstehen.) Obwohl diese Eliminierungen nur von geringem präparativen Nutzen sind – u. a. sind Reaktionstemperaturen bis zu 600 °C erforderlich – sind sie die mechanistisch am gründlichsten studierten E_i-Prozesse. Eine völlig konzertiert verlaufende 1,2-Eliminierung einer Halogenwasserstoffsäure müßte einen sehr gespannten, viergliedrigen Übergangszustand passieren. Es ist deshalb plausibel anzunehmen, daß ein beträchtlicher Teil des C–Hal-Bindungsbruchs der Lösung der C–H-Bindung vorauseilt, d. h. daß das Halogen-substituierte Kohlenstoffatom in nicht unerheblichem Maße „Carbanion-Charakter" entwickeln wird. Es überrascht deshalb wenig, daß die CIS-Stereoselektivität von Dehydrohalogenierungen geringer ist als die anderer Eliminierungen. Auf konzertierte E_i-Reaktionen und andere, über cyclische Übergangszustände verlaufende Umwandlungen werden wir später noch einmal zurückkommen (S. 401).

10 Carbanionen und ihre Reaktionen

Im Prinzip kann jede organische Verbindung *(1)*, die eine Kohlenstoff-Wasserstoff-Bindung enthält, als Säure im klassischen Sinn, d. h. als Proton-Donor, fungieren. Die entstehende konjugate Base *(2)* nennt man *Carbanion* (S. 25):

$$R_3C{-}H + B{:} \rightleftharpoons R_3C{:}^{\ominus} + BH^{\oplus}$$

(1) *(2)*

Die relative Stärke einer Säure wird im allgemeinen thermodynamisch definiert: aus der Lage des Umprotonierungsgleichgewichts *(1)* ⇌ *(2)* (B ist eine geeignete Base) kann der pK_a-Wert der Säure (S. 62) ermittelt werden. Die Kinetik der Reaktion spielt normalerweise nur eine sehr geringe oder gar keine Rolle, da die Übertragung von Protonen von Atomen wie Sauerstoff, Stickstoff usw. in Lösung außerordentlich rasch vonstatten geht. Andererseits kann bei *CH-aciden Verbindungen* wie *(1)* die Proton-Abspaltung so langsam verlaufen, daß sie einen begrenzenden Faktor für die Acidität darstellt. Man unterscheidet deshalb zwischen *thermodynamischer* und *kinetischer Acidität* (S. 328).
Wie wir später noch sehen werden (S. 335), gibt es außer der Abstraktion von Protonen noch andere Methoden zur Erzeugung von Carbanionen. Das Studium der Eigenschaften dieser Spezies ist sowohl von theoretischer als auch praktischer Bedeutung, da Carbanionen in zahlreichen präparativ wichtigen Reaktionen (u. a. Knüpfung von Kohlenstoff-Kohlenstoff-Bindungen, vgl. S. 117) als Zwischenprodukte auftreten.

10.1 Die Bildung von Carbanionen

Die Entfernung eines Atoms oder einer Gruppe X von einem Kohlenstoffatom unter Zurücklassung des bindenden Elektronenpaars ist die allgemeinste Methode zur Erzeugung von Carbanionen:

$$R_3C{-}X + Y \rightleftharpoons R_3C{:}^{\ominus} + XY^{\oplus}$$

Normalerweise fungiert Wasserstoff als Abgangsgruppe X [Abspaltung eines Protons wie in *(1)* → *(2)*]. Aber es können auch andere Gruppen aus dem Substrat entfernt werden, z. B. Kohlendioxid bei der Decarboxylierung von $RCOO^{\ominus}$ *(3)* (S. 335) oder Chlorid-Ion aus Triphenylmethylchlorid, wobei im letzteren Falle das tiefrot gefärbte, etherlösliche Salz *(4)* entsteht:

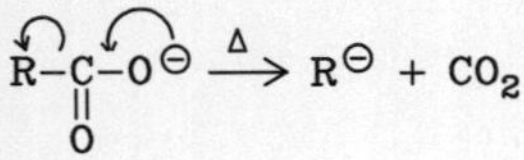

(3)

$$(C_6H_5)_3C{-}Cl \xrightarrow{Na/Hg} (C_6H_5)_3C^{\ominus}Na^{\oplus}$$

(4)

Es überrascht nicht, daß die Neigung zur Carbanion-Bildung bei aliphatischen Kohlenwasserstoffen nur wenig ausgeprägt ist. Die C–H-Bindungen sind hier sehr fest, und gewöhnlich liegt keine strukturell bedingte Ursache für die Erhöhung der Acidität des Wasserstoffatoms oder für eine ausgeprägte Stabilisierung des resultierenden Carbanions gegenüber dem undissozierten Alkan vor (vgl. Acidität von Carbonsäuren, S. 65). So wurde der pK_a-Wert von Methan auf ca. 43 geschätzt, während der von Essigsäure nur 4,76 beträgt. Die Standardmethoden zur pK_a-Bestimmung können bei derartig schwachen Säuren selbstverständlich nicht mehr verwendet werden. Statt dessen mißt man beispielsweise die Gleichgewichtslage des Metall/Halogen-Austauschs.

$$RM + R'I \overset{K}{\rightleftharpoons} RI + R'M$$

Je stärker sauer eine Verbindung RH ist, desto größer wird der Anteil von RM (M = Metall, z. B. Lithium) in diesem Gleichgewicht sein. Durch Messen der Gleichgewichtskonstante K kann deshalb die relative Acidität von RH und R'H ermittelt werden. Durch Kombination geeigneter Säurepaare gelangt man auf diese Weise entlang der gesamten Aciditätsskala bis zu Verbindungen, deren pK_a-Werte auf anderem Wege bestimmt werden können. Für Triphenylmethan, $(C_6H_5)_3CH$ *(5)*, wurde z. B. ein pK_a-Wert von 33 erhalten; dieser Kohlenwasserstoff ist also wesentlich acider als Methan. Sein Anion läßt sich präparativ sehr einfach durch die Einwirkung von Natriumamid auf *(5)* in flüssigem Ammoniak in Form des Natriumsalzes *(4)* herstellen.

$$(C_6H_5)_3C{-}H + Na^{\oplus}NH_2^{\ominus} \underset{NH_3}{\overset{fl.}{\rightleftharpoons}} (4) + NH_3$$

(5)

(Ein anderes Verfahren zur Darstellung von *(4)*, die Reaktion von $(C_6H_5)_3CCl$ *(3)* mit Natrium in einem inerten Lösungsmittel, wurde bereits erwähnt.) Die Lösung von Triphenylmethylnatrium („Tritylnatrium") wird als außerordentlich starke organische Base benutzt (S. 268), da das Carbanion in *(4)* ein sehr guter Proton-Akzeptor ist.

Die Acidität von Alkenen ist ein wenig größer als die von Alkanen, der pK_a-Wert von Ethylen beträgt z. B. ca. 37. Hingegen sind Alkine wesentlich stärker sauer: die Stammverbindung Acetylen hat einen pK_a-Wert von 25, und Acetylide ($HC{\equiv}C{:}^{\ominus}M^{\oplus}$ oder $RC{\equiv}C{:}^{\ominus}M^{\oplus}$) können aus den entsprechenden Kohlenwasserstoffen leicht durch Einwirkung von Amid-Ionen in flüssigem Ammoniak erzeugt werden. Die Bedeutung dieser Carbanionen für die organische Synthese wurde bereits auf S. 260 erwähnt.

Die Einführung von elektronenanziehenden Substituenten führt erwartungsgemäß zu einem Anstieg der Säurestärke. Die Bildung von $Cl_3C{:}^{\ominus}$ bei der Einwirkung starker Basen auf Chloroform ist ein Beispiel von vielen (S. 312). Die pK_a-Werte von Fluoroform (CF_3H) und *tris*-Trifluormethylmethan, $(CF_3)_3CH$, sind noch kleiner: 28 und 11. Noch ausgeprägter ist der Einfluß von Substituenten, die sowohl einen elektronenanziehenden induktiven Effekt ausüben als auch eine negative Ladung durch Delokalisierung stabilisieren können. Das zeigen Acetonitril ($pK_a = 25$), Aceton (20) und Nitromethan (10,2). Nitromethan liefert schon bei der Einwirkung von Ethanolat in Ethanol und selbst von Hydroxid-Ionen in Wasser das $^{\ominus}{:}CH_2NO_2$-Anion (S. 264). Die folgende Tabelle faßt die pK_a-Werte einiger wichtiger Modellverbindungen zusammen. Die Faktoren, die zur Stabilisierung der entsprechenden Anionen – und damit zur Erhöhung der Acidität der konjugaten CH-Säuren – beitragen, werden im nächsten Abschnitt ausführlicher diskutiert.

CH-acide Verbindung	pK_a-Wert
CH_4	43
$H_2C{=}CH_2$	37
C_6H_6	37
$C_6H_5{-}CH_3$	37
$(C_6H_5)_3CH$	33
F_3CH	28
$HC{\equiv}CH$	25
H_3CCN	25
H_3CCOCH_3	20
$C_6II_5COCH_3$	19
$H_2C(COOC_2H_5)_2$	13,3
$H_2C(CN)_2$	12

CH-acide Verbindung	pK_a-Wert
$HC(CF_3)_3$	11
$CH_3COCH_2COOC_2H_5$	10,7
H_3CNO_2	10,2
$(CH_3CO)_2CH_2$	8,8
$(CH_3CO)_3CH$	6
$H_2C(NO_2)_2$	4
$HC(NO_2)_3$	0
$HC(CN)_3$	0

10.2 Die Stabilität von Carbanionen

Die Entfernung von Protonen aus CH-aciden Verbindungen wird durch Strukturmerkmale erleichtert, die das resultierende Carbanion stabilisieren. Die wichtigsten sind (vgl. die entsprechende Diskussion für Carbokationen, S. 122): a) hoher s-Charakter des carbanionischen Kohlenstoffatoms, b) elektronenanziehende induktive Effekte, c) Konjugation der negativen Ladung mit polarisierten Mehrfachbindungen und d) Aromatisierung.
Die Auswirkung von a) zeigt sich im Anstieg der Acidität in der Reihe Ethan < Ethylen < Acetylen, wobei der Sprung im pK_a-Wert beim Übergang von Alken zum Alkin besonders ausgeprägt ist (vgl. die Eintragungen in obiger Tabelle). Ursache ist der wachsende s-Charakter der C—H-σ-Bindung ($sp^3 < sp^2 < sp$). s-Orbitale sind näher am Atomkern konzentriert als p-Orbitale und außerdem energieärmer. Dieser Unterschied bleibt auch in den Hybridorbitalen erhalten. Das Elektronenpaar in einem sp-Orbital ist deshalb näher und fester an das Kohlenstoffatom gebunden als das Elektronenpaar in einem sp^2- oder sp^3-Hybridorbital. Folglich steigt die Elektronegativität mit steigendem s-Charakter, die Abspaltung eines Protons wird erleichtert und die Stabilität des gebildeten Carbanions wird erhöht – die Acidität steigt.
Die Auswirkung von b) zeigt sich z. B. in den pK_a-Werten von *tris*-Trifluormethylmethan (11), Fluoroform (28) und Methan (ca. 43). Der starke elektronenanziehende induktive Effekt der Fluorsubstituenten erhöht die Dissoziationsneigung des jeweiligen Protons, d. h. die Stabilität der entstehenden Carbanionen $(CF_3)_3C:^{\ominus}$ und $F_3C:^{\ominus}$. In $(CF_3)_3CH$ sind die Fluoratome zwar nicht direkt an das negativ geladene Kohlenstoffatom gebunden, aber offensichtlich ist die vereinte elektronenanziehende Kraft von neun Fluoratomen größer als die von drei direkt gebundenen im Fluoroform. Auf

die Bildung von $Cl_3C:^{\ominus}$ aus Chloroform, für die ein ähnlicher induktiver Effekt verantwortlich ist, wurde bereits in einem anderen Zusammenhang hingewiesen (S. 312). Wegen der kleineren Elektronegativität wirkt Chlor (3,0) nicht so stark elektronenanziehend wie Fluor (4,0). Dieser Nachteil wird jedoch in gewissem Maße durch die Möglichkeit wieder wettgemacht, das Elektronenpaar des Carbanions in leere d-Orbitale zu delokalisieren. Für Fluor als Element der ersten Periode besteht diese Art von Wechselwirkung selbstverständlich nicht.

Elektronenliefernde Substituenten verringern die Stabilität von Carbanionen; wie zu erwarten, ist diese Stabilitätsfolge genau umgekehrt wie bei den Carbokationen (S. 122):

$$H_3C:^{\ominus} > RH_2C:^{\ominus} > R_2HC:^{\ominus} > R_3C:^{\ominus}$$

Der konjugative Faktor c) spielt außerordentlich häufig eine Rolle, z. B. in Cyano-, Carbonyl-, Nitro- und Carboxycarbonyl-substituierten Verbindungen wie Acetonitril *(6)*, Aceton *(7)*, Nitromethan *(8)* und Essigsäureethylester *(9)*:

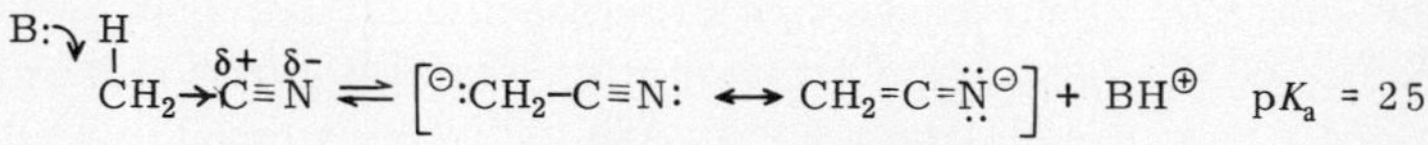

(6) *(10a)* *(10b)*

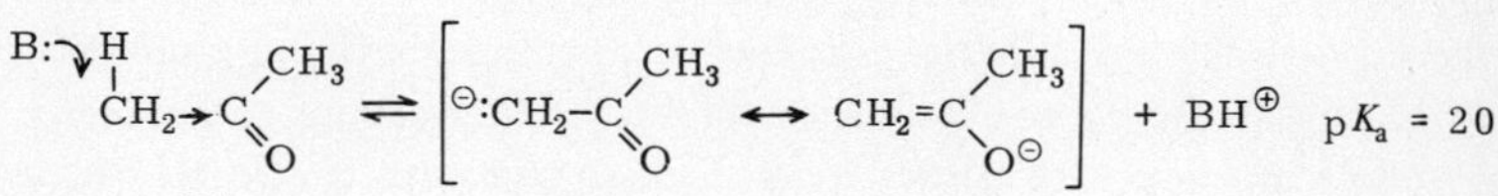

(7) *(11a)* *(11b)*

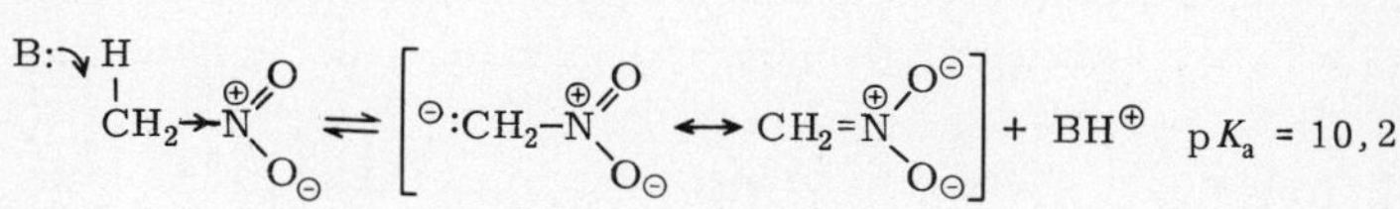

(8) *(12a)* *(12b)*

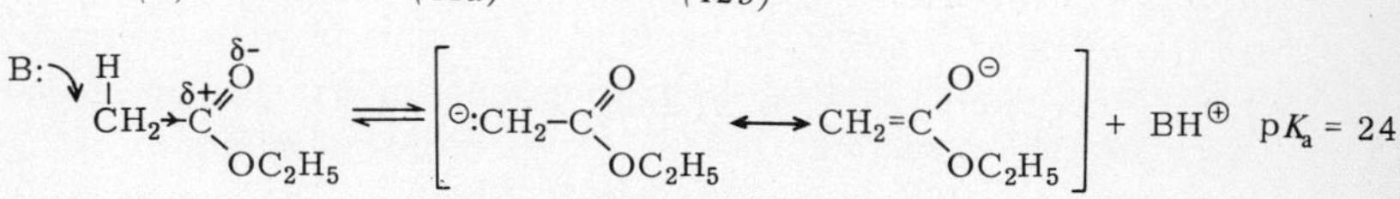

(9) *(13a)* *(13b)*

In jedem dieser Beispiele wirkt sich zwar auch der elektronenanziehende induktive Effekt des Substituenten aus (der ebenfalls die Ablösung des Protons erleichtert), der Stabilisierung des gebildeten Carbanions durch Delokalisierung kommt jedoch die größere Bedeutung zu. Den stärksten Einfluß aller Substituenten übt die Nitrogruppe aus. Das zeigt sich besonders eindrucksvoll an Polynitro-Verbindungen wie Trinitromethan,

$HC(NO_2)_3$. Wie der pK_a-Wert zeigt (Tabelle S. 319) ist diese Verbindung eine ebenso starke Säure wie Salzsäure, Salpetersäure usw.; auch $HC(CN)_3$ ist eine außerordentlich starke Säure. Es stellt sich jedoch die Frage, ob Teilchen wie *(10a)* ↔ *(10b)*, *(11a)* ↔ *(11b)*, *(12a)* ↔ *(12b)* als Carbanionen bezeichnet werden können. Sauerstoff und Stickstoff sind elektronegativer als Kohlenstoff, an diesen Atomen wird also ein Großteil der negativen Ladung konzentriert sein, d. h. die Grenzstrukturen *(10b)*, *(11b)* und *(12b)* tragen stärker zum Resonanzhybrid bei als die carbanionischen Grenzstrukturen *(10a)*, *(11a)* und *(12a)*.

Estergruppen, z. B. $-COOC_2H_5$ in *(9)*, stabilisieren Carbanionen wie *(13)* weniger wirksam als Carbonylgruppen einfacher Aldehyde und Ketone: der pK_a-Wert von Malonsäurediethylester, $H_2C(COOC_2H_5)_2$, beträgt 13,3, der von Acetylaceton, $H_3C-CO-CH_2-COCH_3$, 8,6; Acetessigester ($H_3C-CO-CH_2-COOC_2H_5$) nimmt mit 10,7 eine Zwischenstellung ein. Verantwortlich hierfür sind die nichtbindenden Elektronenpaare am Sauerstoffatom des C_2H_5O-Rests, die durch Konjugation den Elektronenmangel am Carbonylkohlenstoffatom partiell ausgleichen. Der stabilisierende Effekt mancher elektronenanziehender Gruppen, wie z. B. R_2PO-, RSO_2- usw. auf Carbanionen ist erheblich größer als man aufgrund des induktiven Effekts erwarten sollte. Charakteristisch für diese Gruppen ist die Anwesenheit von Elementen der 2. Periode. Bei diesen stehen d-Orbitale mit niedrigen Energieniveaus zur Verfügung, und man nimmt an, daß die höhere Stabilisierung durch Überlappung dieser leeren d-Orbitale mit dem Orbital des freien Elektronenpaares am benachbarten Carbanion-Kohlenstoffatom zustande kommt. Das gilt beispielsweise im Falle des Schwefels bei einem $ArSO_2$-Substituenten, im Falle des Phosphors bei $R_3P^{\oplus}$.

Wie die Acidität CH-acider Verbindungen durch den Faktor d) (Aromatisierung) beeinflußt wird, zeigt beispielsweise Cyclopentadien *(14)*. Sein pK_a-Wert beträgt 14,5, verglichen mit rund 37 für einfache Alkene. Verantwortlich hierfür ist die Bildung des Cyclopentadienyl-Anions *(15)*, eines $(4n+2)$-Hückel-Systems mit $n = 1$ (S. 21). Wie im Benzol können die sechs π-Elektronen von *(15)* in drei bindenden Molekülorbitalen untergebracht werden, d. h. dieses Anion besitzt quasi-aromatischen Charakter, es wird durch *Aromatisierung* stabilisiert:

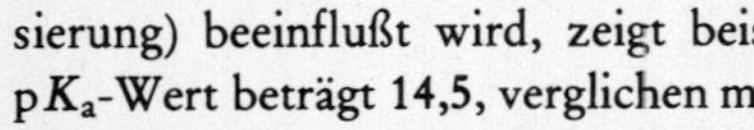

(14) *(15)*

Seinen quasi-aromatischen Charakter kann man allerdings nicht durch elektrophile Substitution demonstrieren, denn ein Angriff von $X^{\oplus}$ würde lediglich zu einer direkten Vereinigung mit dem Ion führen. Für aromatische Systeme typische Substitutionen (Friedel-Crafts-Reaktionen usw.) lassen sich aber an einer Reihe äußerst stabiler, neutraler Verbindungen wie *Ferrocen (16)* – herstellbar durch Einwirkung von *(15)* auf Metallhalogenide wie $FeCl_2$ – durchführen, die eine Art „Molekül-Sandwich" bilden:

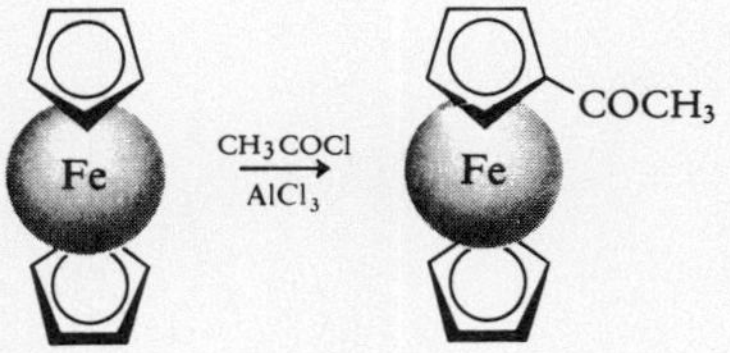

(16)

In derartigen Molekülen wird das Metallatom durch π-Elektronen-Bindungen zwischen zwei Cyclopentadienyl-Ringen festgehalten.
Es ist ferner gelungen, das Cyclooctatetraen-Dianion *(18)* durch Reduktion des Cyclooctatetraens *(17)* mit Kalium in Form des kristallisierten Dikalium-Salzes zu isolieren.

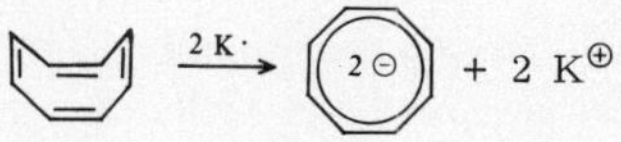

(17) *(18)*

Dieses doppelt geladene Carbanion wird durch Einwirkung von Kalium auf den nicht-planaren, nicht-aromatischen Kohlenwasserstoff Cyclooctatetraen *(17)* gewonnen. Es besitzt ebenfalls ein cyclisch delokalisiertes $(4n + 2)$-π-Elektronensystem (mit $n = 2$), wie es für den aromatischen Zustand mit seiner hohen Stabilisierungsenergie charakteristisch ist.

10.3 Stereochemie von Carbanionen

Im Prinzip können Carbanionen eben (sp^2-hybridisiert) oder pyramidal (sp^3) gebaut sein; außerdem sind alle dazwischen liegenden Konfigurationen möglich, je nach Art der Substituenten R. Die pyramidale Konfiguration

(19) sollte aus energetischen Gründen bevorzugt sein, da in ihr das freie Elektronenpaar von einem sp^3-Hybridorbital aufgenommen werden kann und nicht in dem energiereicheren unhybridisierten p-Orbital einer planaren Konfiguration untergebracht werden muß. Die pyramidale Struktur wird bekanntlich von den tertiären Aminen R_3N: eingenommen, mit denen einfache Carbanionen $R_3C^{\ominus}$ isoelektronisch sind. Es besteht kein Zweifel daran, daß auch Carbanionen einem raschen „Umklappen" der Konfiguration unterliegen *(19a ⇌ 19b)*, wie das von den Aminen ja seit langem bekannt ist:

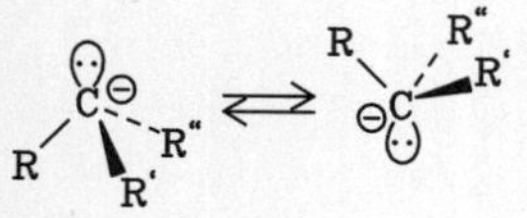

(19a) *(19b)*

Für die Bevorzugung der sp^3-Konfiguration spricht auch die Beobachtung, daß sich Carbanionen an Brückenköpfen bi- und polycyclischer Verbindungen verhältnismäßig leicht bilden, während die entsprechenden Carbokation-Reaktionen (sp^2-Hybridisierung) mißlingen (S. 122).
Organometallische Verbindungen $RR'R''C-M$ zeigen das gesamte Bindungsspektrum vom kovalenten Typus über polarisierte Systeme $RR'R''$-$C^{\delta-}$—$M^{\delta+}$ bis zu Ionenverbindungen $RR'R''C{:}^{\ominus}M^{\oplus}$. Man bezeichnet solche polaren Organometallverbindungen auch als ‚Carbanionoide'. Der stereochemische Verlauf ihrer Reaktionen ist entsprechend vielfältig: er reicht von weitgehender Retention über Racemisierung bis zur Konfigurationsumkehrung. Wie sich eine bestimmte Verbindung verhalten wird, ist schwer vorherzusagen, da nicht nur die Alkylreste und das jeweilige Metall M, sondern vor allen Dingen auch das Lösungsmittel einen starken Einfluß ausüben. Daß selbst organometallische Verbindungen mit ausgeprägtem Ionencharakter keine einfachen Carbanionen sind, zeigt die folgende Beobachtung. Bei der Alkylierung von $C_6H_5-CO-\overset{\ominus}{\ddot{C}}H-CH_3\ M^{\oplus}$ mit Ethyliodid erstrecken sich die relativen Reaktionsgeschwindigkeiten für M = Li, Na, K bei vergleichbaren Reaktionsbedingungen über einen Bereich von vier Zehnerpotenzen. Bei „freien" Carbanionen sollte der Einfluß des Gegenions viel weniger stark ausgeprägt sein.
Sobald eine oder mehrere der am Carbanion-Kohlenstoffatom gebundenen Gruppen das Ion durch Konjugation stabilisieren, wird zwangsläufig die sp^2-Konfiguration bevorzugt, da nur die planare Anordnung aller beteiligten p-Orbitale die maximale Überlappung garantiert, wie in *(4)* und *(10)*:

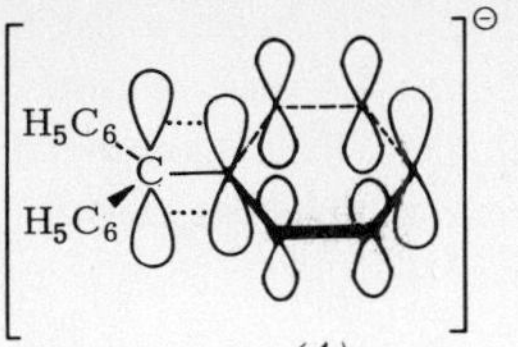

(4)

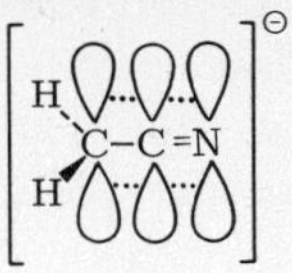

(10)

Verhindern irgendwelche Strukturelemente die koplanare Anordnung der Orbitale, dann tritt die erwartete Stabilisierung nicht ein. Von den drei β-Diketonen 2,4-Pentandion *(20)*, 1,3-Cyclohexandion *(21)* und 2,6-Bicyclo[2.2.2]octandion *(22)* zeigen nur die beiden ersten das für diese Verbindungsklasse typische Verhalten: sie lösen sich leicht in wäßriger Natriumhydroxid-Lösung und geben mit $FeCl_3$-Lösung eine rote Farbe (vgl. Phenol).

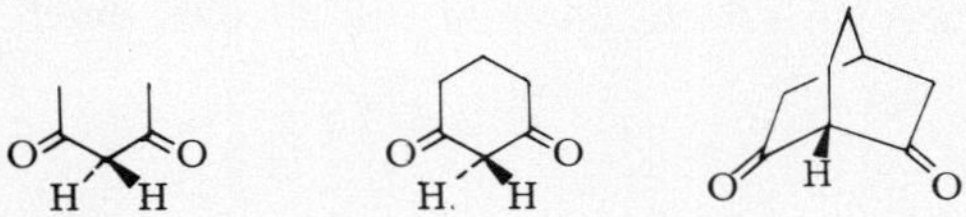

(20) (21) (22)

Obwohl ebenfalls von zwei Carbonylgruppen flankiert, besitzt das Brückenwasserstoffatom in *(22)* offenbar nur eine sehr geringe Acidität – tatsächlich kann der Stammkohlenwasserstoff Bicyclo[2.2.2]octan an dieser Stelle fast genauso leicht deprotoniert werden wie *(22)*. Das Carbanion, das bei der Abspaltung von $H^{\oplus}$ aus *(22)* entstünde, kann sich nicht durch Ladungsdelokalisation stabilisieren, da das die beiden Elektronen enthaltende p-Orbital am Brückenkopf und die p-Orbitale der Carbonylgruppen praktisch senkrecht zueinander angeordnet sind. Eine wirksame Überlappung kann daher nicht stattfinden, und das Anion bildet sich nicht. Entfernt man die Ethano-Brücke, so entfällt auch diese sterische Mesomeriebehinderung, und *(21)* ist eine ziemlich starke Säure.

10.4 Carbanionen und Tautomerie

Als *Tautomerie* im weiteren Sinn wird jede reversible Umwandlung von Isomeren bezeichnet, unabhängig von der Art und den Reaktionsbedingungen. Praktisch wird der Begriff jedoch fast nur auf Isomere angewendet, die sich leicht ineinander umwandeln lassen und die sich nur durch Elektronenverteilung und/oder die Stellung einer relativ leicht beweglichen Gruppe oder eines Atoms voneinander unterscheiden. In den meisten Fällen handelt es sich bei den Gruppen bzw. Atomen um Wasserstoffatome, und die Isomerisierung wird als Prototropie bezeichnet. Ethylacetoacetat *(23)* (Acetessigester) und Nitromethan *(24)* sind bekannte Beispiele hierfür.

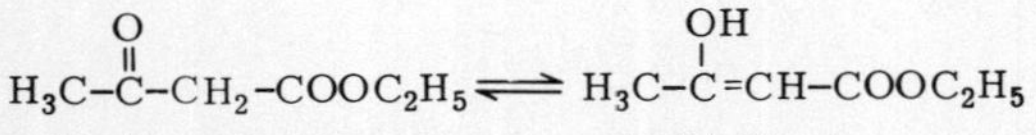

(23a) Keton *(23b)* Enol

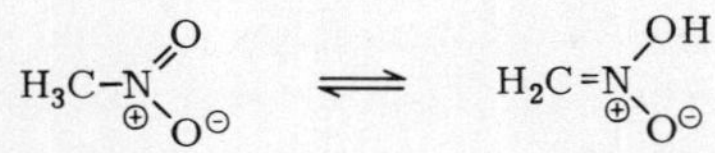

(24a) Nitroalkan *aci*-Nitroalkan *(24b)*

Umlagerungen dieses Typs werden sowohl durch Säuren als auch durch Basen katalysiert.

10.4.1 Der Mechanismus der prototropen Umlagerung

Prototrope Umlagerungen sind Gegenstand zahlreicher detaillierter mechanistischer Studien gewesen. Sie eignen sich hierzu besonders gut, da sich der Reaktionsverlauf entweder durch Deuteriummarkierung – die Markierung kann dabei aus dem Substrat oder dem Lösungsmittel stammen – verfolgen oder an optisch aktiven Verbindungen, bei denen das zu entfernende Proton an das Chiralitätszentrum gebunden ist, untersuchen läßt. Wie bei der S_N1/S_N2-Reaktion kann zwischen zwei Grenzmechanismen unterschieden werden: Im *intermolekularen* Stufenmechanismus wird im ersten Schritt ein Proton abgespalten und ein Carbanion *(25)* gebildet, das im Folgeschritt durch das Lösungsmittel abgefangen, d. h. reprotoniert wird. Im *intramolekularen* Mechanismus wird ein und dasselbe Proton innerhalb eines Moleküls verschoben [Übergangszustand *(26)*].

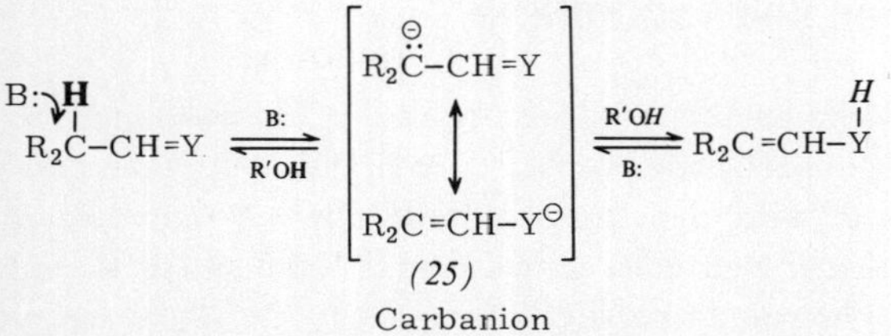

(25)
Carbanion

(intermolekular)

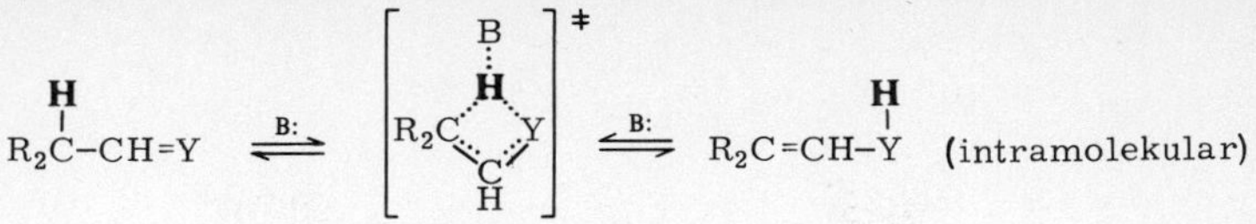

(26)
Übergangszustand

Für viele bekannte Beispiele (β-Ketoester, β-Diketone, aliphatische Nitroverbindungen), d. h. für die üblichen Keto-Enol-Systeme, nimmt man einen Stufenmechanismus an, da die relativ stabilen Carbanionen *(25)* in zahlreichen Fällen isoliert werden können. Beispielsweise gelingt es, die Carbanionen der Ketoformen des β-Ketoesters *(23a)* und von Nitromethan *(24a)* herzustellen und sie unter geeigneten Bedingungen zu den reinen Enolformen *(23b)* bzw. *(24b)* zu protonieren. Je stabiler das Carbanion-Zwischenprodukt, desto stärker wird der Stufen- dem Synchronmechanismus vorgezogen. Am obigen Beispiel läßt sich besonders gut der Unterschied zwischen *Tautomerie* und *Mesomerie* erläutern, zwei Begriffen, die häufig miteinander verwechselt werden. Die Moleküle *(23a)* und *(23b)* sind tautomere Formen des Ethylacetoacetats, nämlich die *Keto- (23a)* und die *Enolform (23b).*

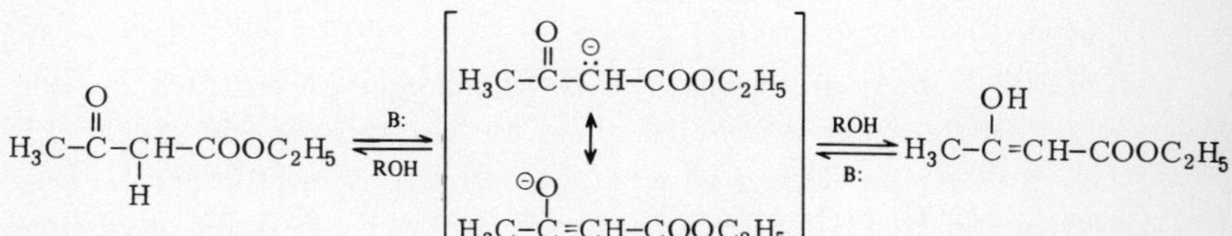

(23a) Ketoform *(27)* Carbanion *(23b)* Enolform

Es handelt sich um chemisch unterscheidbare, verschiedene Individuen. Obwohl sie leicht ineinander übergehen, kann man sie in geeigneten Fällen – wie eben bei *(23)* – beide in reiner Form isolieren. Im Gegensatz dazu sind die beiden Strukturen für das Carbanion *(27)* Grenzstrukturen eines mesomeren Zustands. Die beiden Grenzstrukturen existieren in Wirklichkeit nicht, sie sind lediglich ein mehr oder weniger erfolgreicher Versuch, die Elektronenverteilung im Carbanion, das eine *einzige* Substanz ist, zu repräsentieren. In einer anderen Art der Darstellung werden die beiden hypothetischen Strukturen zu einer Formel zusammengefaßt, indem man sie gewissermaßen ineinander projiziert:

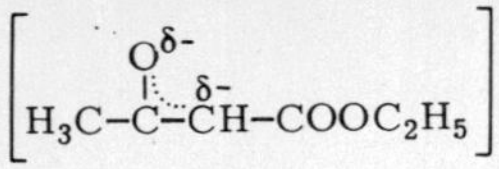

(27)

Aber auch diese Schreibweise befriedigt noch nicht, da sie der wichtigen Tatsache, daß sich ein großer Teil der negativen Ladung am Sauerstoff- und nicht am Kohlenstoffatom befindet, nicht Rechnung trägt.
Obwohl wir Spezies wie *(27)* als *Carb*anionen bezeichnet haben – und das aus Bequemlichkeitsgründen auch weiter tun werden – wäre es eigentlich korrekter, sie *Enolat*-Ionen zu nennen. Daß ein einziges, stabilisiertes Carbanion/Enolat wie *(27)* beide Strukturelemente eines Paars tautomerer Strukturen wie *(23a)* und *(23b)* „verkörpert“, ist weit verbreitet.
Der andere Extremfall, die vollständig intramolekulare Protonverschiebung, wird z. B. bei der durch Triethylamin katalysierten Umlagerung des optisch aktiven Kohlenwasserstoffs *(28)* in sein Isomer *(29)* beobachtet.

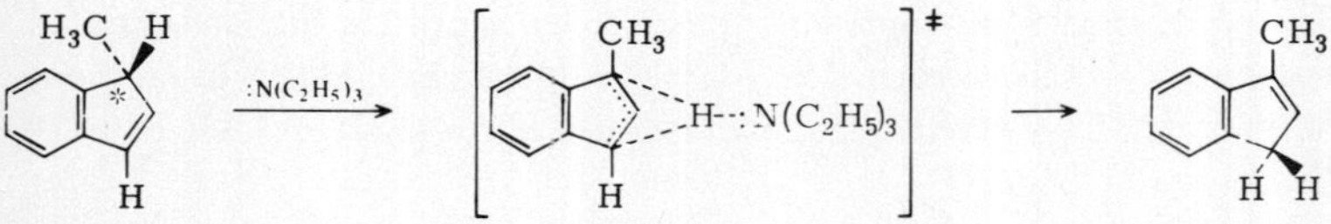

(28) (30) (29)

Bei dieser Isomerisierung sind die Geschwindigkeitskonstanten für den Verlust der optischen Aktivität und für die Umlagerung von *(28)* in *(29)* gleich groß. Da in Gegenwart eines Überschusses von D_2O (5 mol) kein Deuterium in das Produkt eingebaut wird, verläuft die Reaktion offensichtlich vollständig intramolekular. Statt eines freien Carbanions ist also ein überbrückter Übergangszustand wie *(30)* zu formulieren. Zahlreiche Verbindungen lagern sich jedoch nach „gemischten“ Mechanismen um, wobei der Anteil an intra- und intermolekularen Reaktionswegen nicht nur durch die Struktur des Ausgangsmaterials bestimmt wird, sondern auch zu einem beträchtlichen Anteil durch die Base und das Lösungsmittel.

10.4.2 Geschwindigkeit und Struktur

In praktisch allen Beispielen, die wir bisher besprochen haben, ist die Lösung oder Knüpfung einer Kohlenstoff-Wasserstoff-Bindung der geschwindigkeitsbestimmende Schritt. In diesem Aspekt unterscheiden sich also CH-acide Verbindungen grundlegend von den Säuren, in denen das abdissoziierende Proton an Sauerstoff, Stickstoff usw. gebunden ist. Die

Leichtigkeit derartiger C–H-Spaltungen wird meistens durch das Messen von Isotopenaustauschgeschwindigkeiten mit geeigneten Deuteriumdonoren wie D_2O, C_2H_5OD usw. bestimmt. Es überrascht wenig, daß die Skala der *kinetischen Acidität*, die durch k_1 definiert ist, nicht direkt mit der *thermodynamischen Acidität* korreliert werden kann, für die die Gleichgewichtskonstante K bzw. der pK_a-Wert ein Maß darstellt.

$$R_3C{-}H + B: \underset{k_{-1}}{\overset{k_1}{\rightleftharpoons}} R_3C{:}^{\ominus} + BH^{\oplus} \qquad (K = k_1/k_{-1})$$

Die Größe von k_1 wird durch die Freie Aktivierungsenthalpie $\Delta G^{\neq}$, die Gleichgewichtskonstante K durch die Reaktionsenthalpie ΔG° bestimmt, und zwischen diesen beiden thermodynamischen Größen besteht nicht notwendigerweise ein Zusammenhang. Es wird zwar häufig beobachtet, daß Strukturänderungen im Substrat, die eine größere thermodynamische Acidität zur Folge haben, auch dazu führen, daß das Ausgangsmaterial rascher in das Carbanion umgewandelt wird, jedoch gibt es, wie die folgenden Beispiele zeigen, auch zahlreiche Ausnahmen.

Verbindung	pK_a	$k_1(s^{-1})$
$H_2C(NO_2)_2$	4	$8{,}3 \cdot 10^{-1}$
$H_2C(COCH_3)_2$	8,8	$1{,}7 \cdot 10^{-2}$
H_3CNO_2	10,2	$4{,}3 \cdot 10^{-8}$
$CH_3COCH_2COOC_2H_5$	10,7	$1{,}2 \cdot 10^{-3}$
$H_2C(CN)_2$	12	$1{,}5 \cdot 10^{-2}$
$H_2C(COOC_2H_5)_2$	13,3	$2{,}5 \cdot 10^{-5}$
H_3CCOCH_3	20	$4{,}7 \cdot 10^{-10}$

Insbesondere die stark sauren Nitroverbindungen ionisieren sehr langsam. Nitromethan und $CH_3COCH_2COOC_2H_5$ haben beispielsweise praktisch den gleichen pK_a-Wert, jedoch ionisiert der Ester fast 10^5mal schneller als die Nitroverbindung. Verantwortlich hierfür ist wahrscheinlich die größere Ladungsdelokalisierung im Carbanion des Nitromethans. In solchen Fällen ist sowohl die Ionisation als auch die Reprotonierung langsamer als bei solchen CH-aciden Verbindungen, in denen die Ladung mehr am Kohlenstoffatom des Carbanions konzentriert ist. Der Einfluß, den Cyanogruppen auf Carbanionen ausüben, erhärtet diese Überlegungen. Dieser Substituent sollte die Ladung weniger stark delokalisieren als eine Carbonylgruppe, und in der Tat haben $H_2C(CN)_2$ und $H_2C(COCH_3)_2$ praktisch gleiche k_1-Werte, während sich ihre pK_a-Werte um 3,2 Zehnerpotenzen unterscheiden. Im übrigen wird die Beziehung zwischen pK_a und k_1 maßgeblich durch das Lösungsmittel beeinflußt.

10.4.3 Struktur und Gleichgewichtslage

Da in dieser Hinsicht Keto-Enol-Tautomere am gründlichsten untersucht worden sind, wollen wir uns auf sie beschränken. Die Gleichgewichtskonzentration der beiden Tautomeren wurde früher oft durch chemische Methoden ermittelt, z. B. durch Titration des Enols mit Brom bei Bedingungen, unter denen es sich nur langsam in die Ketoform umlagert. Heute werden die genaueren und bequemeren spektroskopischen Verfahren bevorzugt. Das IR-Spektrum des Ketoesters *(23)* zeigt z. B. für die Ketoform *(23a)* und die Enolform *(23b)* charakteristische Absorptionsmaxima.

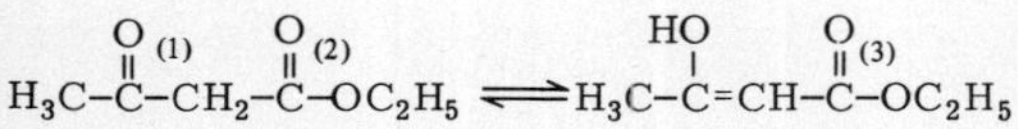

(23a) Keton *(23b)* Enol

(1) ν_{max} = 1718 cm^{-1} (3) ν_{max} = 1650 cm^{-1}
(2) ν_{max} = 1742 cm^{-1}

Bei einfachen Carbonylverbindungen wie Aceton ist die Gleichgewichtskonzentration der Enolform außerordentlich klein. Die wichtigsten Strukturmerkmale, die zu ihrer Vergrößerung beitragen, gehen aus der folgenden Tabelle hervor.

Verbindung	% Enol in der Flüssigkeit
H_3CCOCH_3	$1,5 \cdot 10^{-4}$
$H_2C(COOC_2H_5)_2$	$7,7 \cdot 10^{-3}$
$NCCH_2COOC_2H_5$	$2,5 \cdot 10^{-1}$
Cyclohexanon	1,2
$CH_3COCH_2COOC_2H_5$	8,0
$CH_3COCHC_6H_5COOC_2H_5$	30,0
$CH_3COCH_2COCH_3$	76,4
$C_6H_5COCH_2COCH_3$	89,2

Den Haupteinfluß üben Mehrfachbindungen oder π-Orbitalsysteme wie die Phenylgruppe aus, da sie in Konjugation zur Doppelbindung des Enols treten können. Die normale Carbonylgruppe wirkt sich stärker aus als eine Estercarbonylgruppe: $CH_3CO-CH_2COOC_2H_5$ enthält 8 % Enol, $CH_2(COOC_2H_5)_2$ hingegen lediglich $7{,}7 \times 10^{-3}$ %. Den zusätzlichen Einfluß einer Phenylgruppe demonstrieren $CH_3COCH_2COOC_2H_5$ (8 %) und $CH_3COCH(C_6H_5)COOC_2H_5$ (30 %) bzw. $CH_3COCH_2COCH_3$ (76,4 %) und $C_6H_5COCH_2COCH_3$ (89,2 % Enol). Bei manchen Verbindungen, z. B. *(31)*, wird die Enolform durch Ausbildung einer starken intramolekularen Wasserstoffbrücke stabilisiert:

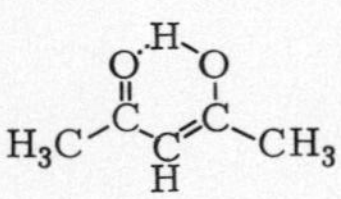

(31)

Abgesehen von dem hierdurch erzielten weiteren Stabilisierungseffekt führt die Wasserstoffbrücke zu einer Verringerung des polaren Charakters des Enols und zu einer kompakten „gefalteten" Gestalt des Moleküls (im Gegensatz zur gestreckten Gestalt der Ketoform) mit dem ziemlich überraschenden Ergebnis, daß die Enolform in den Fällen, in denen man Keto- und Enolform wirklich trennen kann, trotz der Hydroxygruppe den niedrigeren Siedepunkt hat. Wie wirksam eine derartige intramolekulare Wasserstoffbrücken-Bindung die Enolform stabilisiert, zeigen die folgenden Experimente mit Acetylaceton *(31)*, in denen das Lösungsmittel systematisch variiert wurde:

Lösungsmittel	% Enol
H_2O	15
CH_3CN	58
(31) in Substanz (flüssig)	80
C_6H_{14}	92
(31) in der Gasphase	92

Während der Enol-Anteil in der Gasphase und dem unpolaren Lösungsmittel Hexan gleich groß ist, fällt er bei der reinen Flüssigkeit, die gewissermaßen als ihr eigenes, schwach polares Lösungsmittel fungiert, ab, und verringert sich in dem noch polareren Acetonitril weiter. In Wasser liegen schließlich nur noch 15 % der Moleküle in der Enolform vor. Die Solvatation vergrößert also den Anteil der Ketoform und ist in Wasser, mit dem die Carbonylgruppe *zwischen*molekulare Wasserstoffbrücken kann, besonders ausgeprägt. Acetessigester *(23)* verhält sich ähnlich: die reine Flüssigkeit liegt zu 8 % in der Enolform vor, in Hexan sind es 46 %, in der Gasphase 50 %; hingegen beträgt der Enolanteil in verdünnter wäßriger Lösung nur 0,4 %. Im übrigen beeinflußt selbstverständlich auch die Temperatur die Lage der Keto-Enol-Gleichgewichte.

Ein besonders extremes Verhalten zeigen die beiden α-Diketone Biacetyl *(32)* und 1,2-Cyclopentandion *(33)*:

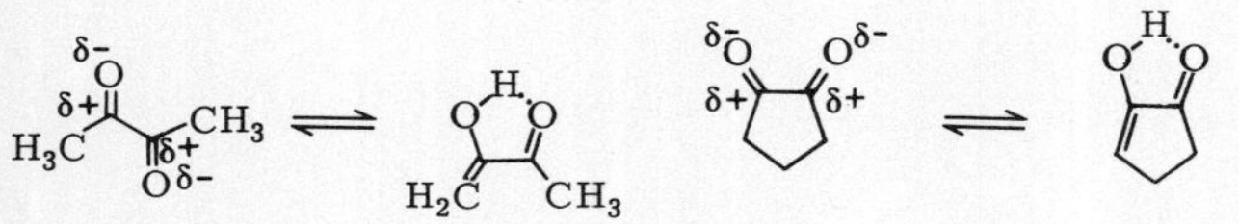

(32a) *(32b)* *(33a)* *(33b)*

$5{,}6 \cdot 10^{-3}$ % ≈100%

Obwohl sich in der Enolform *(32b)* wieder eine intramolekulare Wasserstoffbrücke ausbilden kann, bevorzugt das Molekül nahezu ausschließlich die Ketoform *(32a)*. In diesem Tautomeren sind die beiden Sauerstoffatome so weit wie möglich voneinander entfernt (d. h. sie sind *anti*-konfiguriert), und die Carbonyldipole weisen in entgegengesetzte Richtungen. In der cyclischen Verbindung *(33)* sind Keto- *(33a)* und Enolform *(33b)* in der *syn*-Konformation fixiert: jetzt bestimmt die Wasserstoffbrücke die Lage des Gleichgewichts, das ganz auf der Seite von *(33b)* liegt.

Die Gleichgewichtslage wird bei den erwähnten Beispielen, wie letztlich immer, durch die relative thermodynamische Stabilität beider Formen unter den jeweiligen Bedingungen bestimmt. Das Produktverhältnis chemischer Reaktionen hängt jedoch nicht immer nur von den thermodynamischen Daten der Endprodukte ab (vgl. S. 49). Ein interessantes Beispiel liefern aliphatische Nitroverbindungen wie Phenylnitromethan *(34)*.

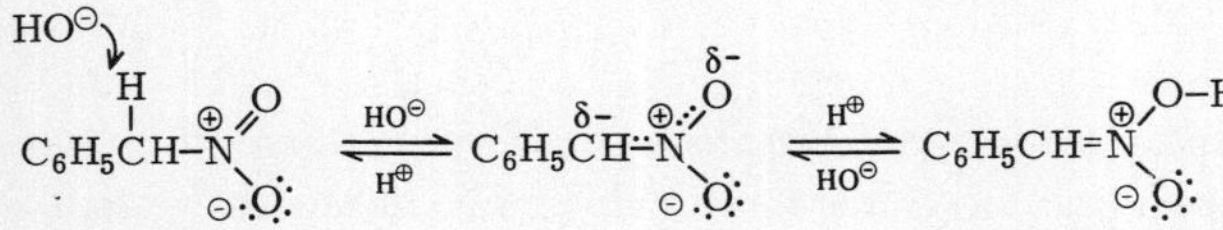

(34a) *(35)* *(34b)*

Nitro-Form *aci*-Form

Die normale Nitroalkan *(34a)* (Nitro-Form), ein gelbes Öl, ist hier die thermodynamisch stabilere Form und liegt, wenn sich das Gleichgewicht eingestellt hat, fast ausschließlich vor. Beim raschen Ansäuern des Natriumsalzes *(35)* erhält man trotzdem zunächst überwiegend die *aci*-Form *(34b)*, einen weißen Feststoff. Im mesomeren Anion *(35)* wird offensichtlich das Sauerstoffatom als Ort höherer Elektronendichte schneller protoniert als das Kohlenstoffatom, d. h. die Produktverteilung ist kinetisch kontrolliert. Das Energieprofildiagramm dieses Systems sieht folgendermaßen aus:

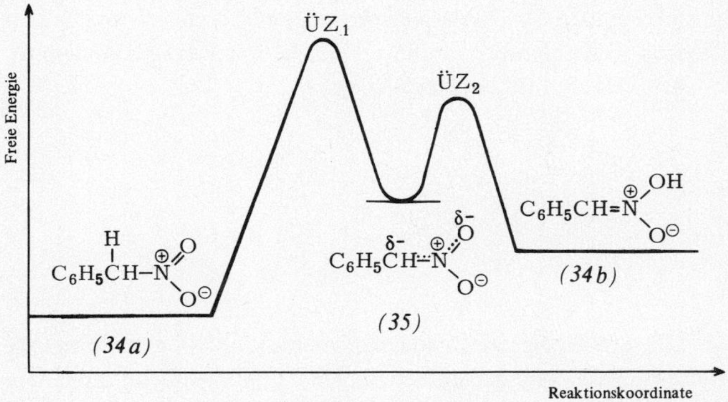

Da eine Sauerstoff-Wasserstoff-Bindung leichter gespalten wird als eine Kohlenstoff-Wasserstoff-Bindung, ist der Übergangszustand, der *(35)* von *(34b)* trennt ($ÜZ_2$), energieärmer als der zwischen *(35)* und *(34a)* ($ÜZ_1$). Die Protonierung des Anions *(35)* liefert deshalb *zunächst* die *aci*-Verbindung *(34b)*. Diese kann als Sauerstoffsäure jedoch spontan wieder zu *(35)* ionisieren, das sich langsam, aber unausweichlich mit dem stabileren Tautomer *(34a)*, einer CH-aciden Verbindung, ins Gleichgewicht setzt. In anderen Worten, die *endgültige* Produktverteilung unterliegt der thermodynamischen Kontrolle.

10.5 Reaktionen von Carbanionen

Carbanionen sind an einer großen Anzahl von Reaktionen beteiligt: Additionen, Eliminierungen, Substitutionen, Umlagerungen usw. Sie spielen außerdem bei zahlreichen Prozessen eine Rolle, die sich nur schwer in ein allgemeines Schema einordnen lassen, z. B. Oxidationen, sowie als Zwischenprodukte in zahlreichen anderen Reaktionen. Präparativ sind die Reaktionen von Carbanionen von großem Wert, da sie zur Knüpfung von Kohlenstoff-Kohlenstoff-Bindungen benutzt werden können.

10.5.1 Additionsreaktionen

Einige Additionsreaktionen von Carbanionen an Carbonylverbindungen haben wir bereits kennengelernt: Aldolreaktion (S. 261), Dieckmann-Kondensation (S. 269), Benzilsäure-Umlagerung (S. 271) und die Addition an α,β-ungesättigte Carbonylverbindungen, die Michael-Reaktion (S. 232). Eine weitere synthetisch wie analytisch wichtige Reaktion ist die Carboxylierung.

Grignard-Verbindungen sowie Alkyl-, Aryl- und Acetylen-Derivate von Metallen, die elektropositiver als Magnesium sind, addieren sich an das sehr schwache Elektrophil Kohlendioxid unter Bildung von Salzen *(36)* der entsprechenden Carbonsäuren („Carboxylierung"):

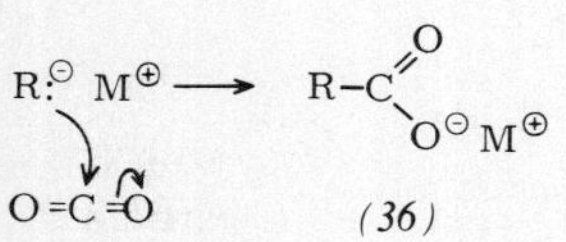

(36)

Man führt die Umsetzung häufig so aus, daß man die Lösung der Organometall-Verbindung in einem geeigneten inerten Lösungsmittel zu einem großen Überschuß festem, pulverisiertem Kohlendioxid gibt. Diese Methode ist besonders wertvoll zur Darstellung von Acetylencarbonsäuren. Die entstehenden Carbonsäuren lassen sich leicht isolieren und charakterisieren. Ein weiteres Anwendungsbeispiel der Carboxylierung ist die Kolbe-Schmitt-Reaktion (S. 342).

In reaktionsmechanistischen Studien wird die Carboxylierung häufig zum Nachweis und zur Charakterisierung der geometrischen Eigenschaften von Carbanionen verwendet. Beispielsweise verläuft die Reaktion des Bromids *(38)* mit Lithium zum (substituierten) Vinyl-Anion *(37)* unter weitgehender Retention der Konfiguration.

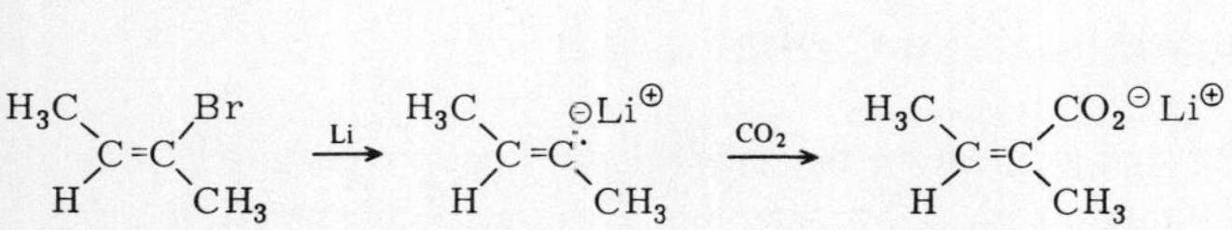

(38) *(37)* *(39)*

Das zeigt die Carboxylierung von *(37)*, die ca. 75 % des Z-Isomers *(39)* und weniger als 5 % des E-Isomers liefert.

10.5.2 Eliminierungsreaktionen

Carbanionen wie *(40)* treten gelegentlich als Zwischenprodukte in Eliminierungsreaktionen auf, z. B. in E1cB-Prozessen (vgl. S. 291).

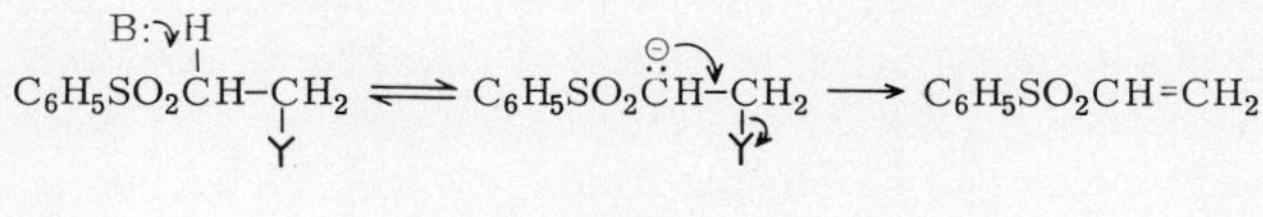

(40)

Eine weitere Reaktion unter Beteiligung von Carbanionen ist die Decarboxylierung von Carboxylat-Anionen *(41)*:

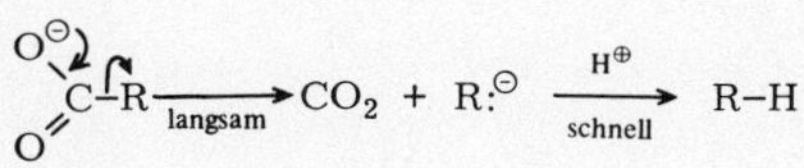

(41) *(42)*

Bei dieser Reaktion wird das zunächst gebildete Carbanion R:$^{\ominus}$ *(42)* durch das Lösungsmittel oder eine andere Protonquelle protoniert. Da die Kohlendioxid-Abspaltung gewöhnlich geschwindigkeitsbestimmend ist, lautet das Geschwindigkeitsgesetz:

$r = k\,[RCO_2^{\ominus}]$

Die Decarboxylierungsgeschwindigkeit sollte durch elektronenanziehende Gruppen in R gesteigert werden, da diese das intermediäre Carbanion *(42)* zu stabilisieren vermögen. Die äußerst leicht ablaufende Zersetzung des Nitroisobutyrats *(43)* bestätigt diese Vermutung.

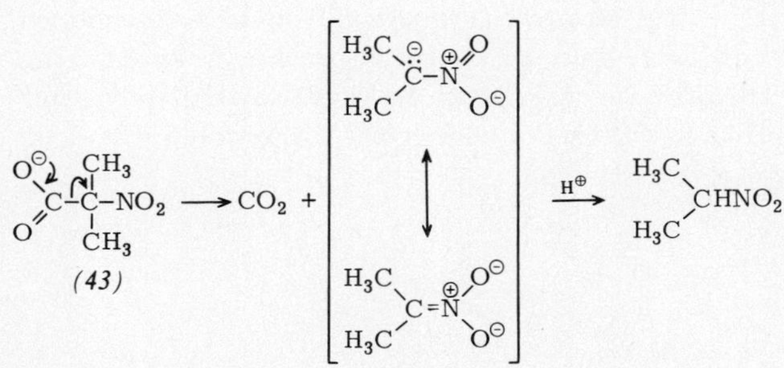

(43) *(44)*

Auch Trihalogenacetate ($X_3CCO_2^{\ominus}$) und 2,4,6-Trinitrobenzoate decarboxylieren sehr leicht; der präparative Wert dieser Reaktionen ist jedoch begrenzt.

Werden Decarboxylierungen in Gegenwart von Brom ausgeführt, so lassen sich die carbanionischen Zwischenprodukte wie *(44)* direkt nachweisen. Der Bromzusatz wirkt sich auf die Zersetzungsgeschwindigkeit zwar nicht aus, aber statt $(CH_3)_2CHNO_2$ wird jetzt $(CH_3)_2CBrNO_2$ isoliert. Da unter diesen Bedingungen weder das Carboxylat-Anion *(43)* noch das Reaktionsprodukt 2-Nitro-propan bromiert wird, entsteht das Bromid *(45)* offensichtlich durch raschen Angriff von Brom auf das Carbanion *(44)*, das demnach durch diese Reaktion *abgefangen* worden ist (vgl. die basekatalysierte Bromierung von Ketonen, S. 87):

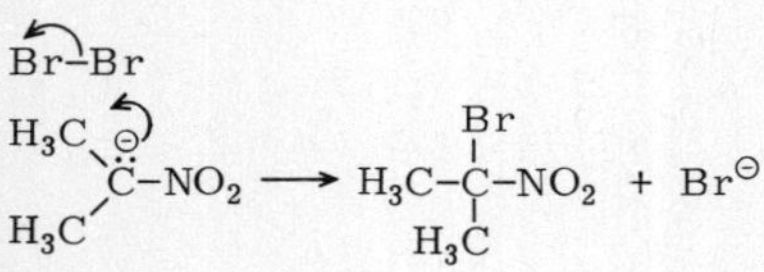

(44) *(45)*

Carbonylgruppen üben ebenfalls einen aktivierenden Einfluß aus, und die Anionen von β-Ketocarbonsäuren wie *(46)* zerfallen sehr leicht.

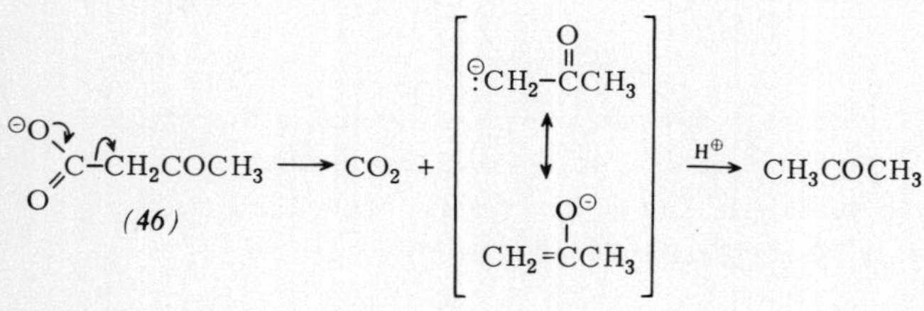

(46)

Da die Decarboxylierungsgeschwindigkeit sowohl von der Konzentration der undissoziierten Säure *(47)* als auch von derjenigen ihres Anions abhängt, wird angenommen, daß in diesem Fall auch die Säure selbst decarboxylieren kann, und zwar dadurch, daß ein Proton über eine Wasserstoffbrücke direkt an die Ketogruppe abgegeben wird.

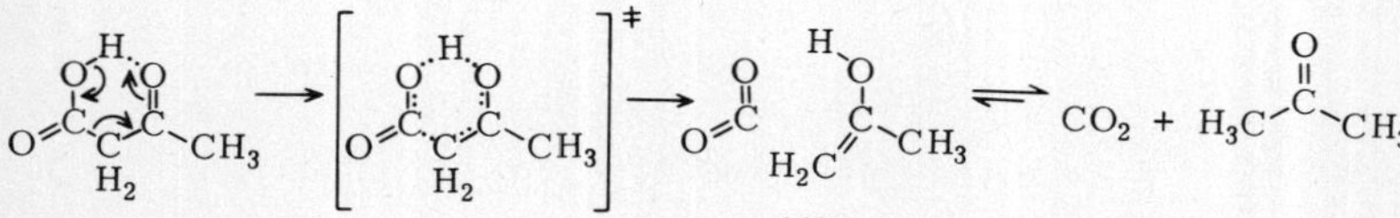

(47) *(48)*

Gestützt wird dieser Mechanismus durch Abfangexperimente, in denen das Enol-Zwischenprodukt *(48)* nachgewiesen werden konnte.
β,γ-ungesättigte Säuren wie *(49)* decarboxylieren auf ähnlicher Weise.

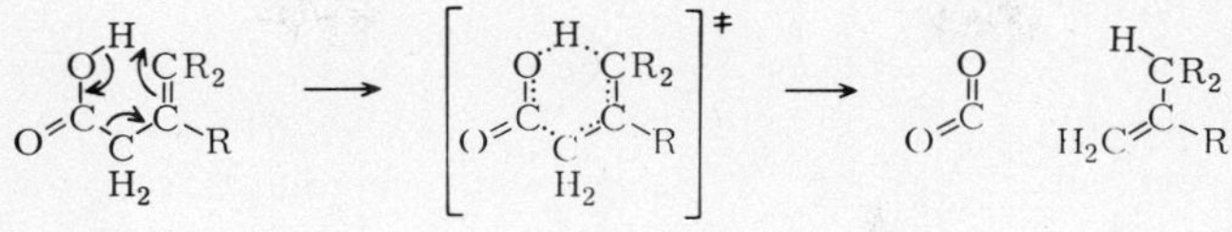

(49)

α,β-ungesättigte Carbonsäuren $R_2CHCR{=}CHCOOH$ decarboxylieren nicht direkt, sondern lagern sich zunächst in ihre β,γ-Isomere um, die dann wie oben zerfallen. Als weiteres Beispiel für den Zerfall einer nichtdissoziierten Säure sei Pyridin-1-carbonsäure *(51)* erwähnt. Im Gegensatz zu den 3- bzw. 4-Isomeren decarboxyliert *(51)* rasch, jedoch wird dieses Mal ein carbanionisches Zwitterion, das Ylid *(50)*, durchlaufen:

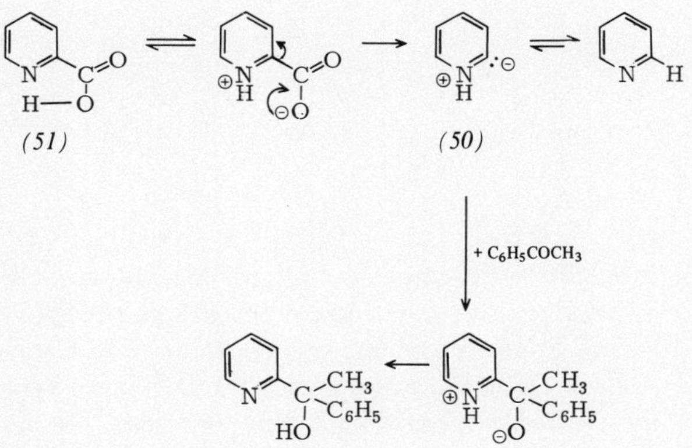

Dieses Zwischenprodukt läßt sich durch Zugabe von Carbonylverbindungen abfangen. Mit Acetophenon entsteht das Addukt *(52)*, und die Ausbeute ist so gut, daß diese Reaktion auch präparativ genutzt werden kann. Im Fall der 3- bzw. 4-Carbonsäure ist die Bildung einer zu *(50)* analogen Spezies, in der der Elektronenüberschuß am Carbanion-Kohlenstoffatom durch das benachbarte $N^{\oplus}$-Atom aufgefangen wird, nicht möglich, und diese Carbonsäuren decarboxylieren erst unter viel drastischeren Bedingungen.

10.5.3 Substitutionsreaktionen

Carbanionen und verwandte Teilchen spielen bei einer Anzahl von Substitutionsreaktionen als Zwischenprodukte oder angreifende nucleophile Reagenzien eine wichtige Rolle.

Wird das Keton *(53)* mit $DO^{\ominus}$ in D_2O behandelt, so tauscht es seine α-Wasserstoffatome gegen Deuterium aus. Wie die Wiederholung des Experiments mit optisch aktivem *(53)* zeigt, wird dabei gleichzeitig die optische Aktivität zerstört (Racemisierung), und Racemisierungs- und Austauschgeschwindigkeit sind gleich groß. In einem dritten Experiment, in dem α-deuteriertes Keton *(53)* mit Wasser behandelt wurde (Verlust der Markierung), konnte ein kinetischer Isotopieeffekt ($k_H/k_D > 1$) nachgewiesen werden.

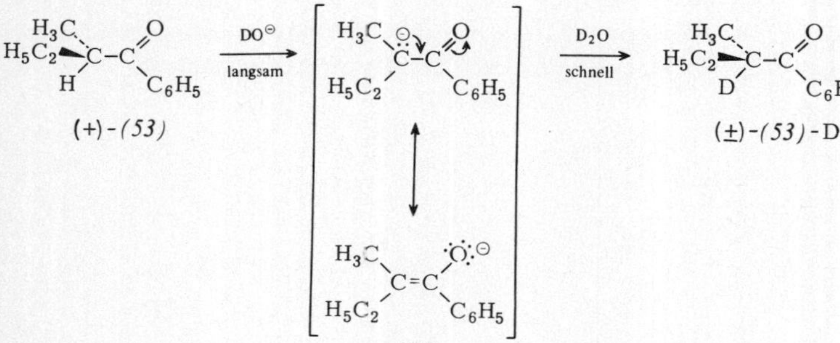

(54)

Diese Beobachtungen sprechen für einen zweistufigen Mechanismus, in dessen erstem, geschwindigkeitsbestimmendem Schritt die Kohlenstoff-Wasserstoff-Bindung gespalten und das resonanzstabilisierte Carbanion *(54)* gebildet wird. Die Deuteriumaufnahme aus dem D_2O im zweiten Schritt wirkt sich auf die Reaktionsgeschwindigkeit nicht aus. Da die Bindungen zum Carbanion-Kohlenstoffatom eine planare Anordnung einnehmen müssen, damit die benachbarte Carbonylgruppe die negative Ladung durch Delokalisierung stabilisieren kann, büßt das Ausgangsmaterial bei jeder Spaltung einer Kohlenstoff-Wasserstoff-Bindung seine optische Aktivität ein. Die sich anschließende Deuterierung von *(54)* führt dann mit gleicher Wahrscheinlichkeit zum (+)- wie zum (–)-Enantiomer, Resultat des Abfangschritts ist also Racemisierung. Formal gleicht dieser Reaktionsmechanismus (langsame Bildung eines Carbanions, schneller elektrophiler Angriff auf dieses Zwischenprodukt) der S_N1-Reaktion mit ihrer geschwindigkeitsbestimmenden Carbokation-Bildung. Man bezeichnet ihn deshalb auch als S_E1-Prozeß.

Carbanionen und organometallische Verbindungen wie die Grignard-Reagenzien zeichnen sich durch eine große nucleophile Kraft aus, wie wir bereits bei der Diskussion ihrer Additionsreaktionen an Carbonylverbindungen gesehen haben (S. 260). In Substitutionsreaktionen begünstigen sie deshalb den S_N2-Mechanismus. Präparativ besonders nützlich sind die Carbanionen von Malonestern, β-Ketoestern, β-Diketonen wie *(55)*, α-Cyanoestern, Nitroalkanen und ähnlichen Verbindungen, die über sog. *aktive Methylengruppen* verfügen:

$$\underset{(55)}{(CH_3CO)_2CH_2} \xrightleftharpoons{C_2H_5O^{\ominus}} (CH_3CO)_2CH{:}^{\ominus} \xrightarrow{+\,RBr} \underset{(56)}{(CH_3CO)_2CH{-}R} + Br^{\ominus}$$

Der S_N2-Charakter der Reaktion wurde durch kinetische Messungen gesichert; bei geeignet substituierten Bromiden R−Br wurde außerdem Konfigurationsumkehrung am Kohlenstoffatom beobachtet, das von dem nucleophilen Reagenz angegriffen wird. Da das alkylierte Produkt *(56)* noch ein acides Wasserstoffatom enthält, kann der Prozeß wiederholt und die dialkylierte Verbindung $(CH_3CO)_2CRR'$ hergestellt werden. Präparativ brauchbare Alkylierungen lassen sich auch mit Acetylid-Ionen wie *(57)* durchführen:

$$HC{\equiv}CH \xrightleftharpoons{H_2N^{\ominus}} \underset{(57)}{HC{\equiv}C{:}^{\ominus}} \xrightarrow{+\,RBr} HC{\equiv}C{-}R + Br^{\ominus}$$

Zweitalkylierung liefert in diesem Fall je nachdem symmetrisch oder unsymmetrisch substituierte Alkine R−C≡C−R bzw. R−C≡C−R'. Man sollte sich jedoch daran erinnern, daß die oben erwähnten Carbanionen und besonders das Acetylid-Ion von sehr schwachen Säuren stammen und daher selbst starke Basen sind, so daß sie außer Substitution auch Eliminierung verursachen können (S. 303). So führt im allgemeinen die Reaktion mit tertiären Halogeniden zu Alkenbildung und überhaupt nicht mehr zur Alkylierung.

Grignard-Reagenzien können als Quelle negativer Kohlenstoff-Ionen betrachtet werden, so in der präparativ recht wertvollen Darstellung von Aldehyden *(60)* über deren Acetale *(59)* aus Triethoxymethan [Ethyl-orthoformiat *(58)*].

$$\overset{\delta-\;\delta+}{R{-}MgBr} \quad \underset{(58)}{CH(OC_2H_5)_2{-}OC_2H_5} \longrightarrow \underset{(59)}{RCH(OC_2H_5)_2} \xrightarrow{H^{\oplus}/H_2O} \underset{(60)}{RCHO}$$

Unter geeigneten Bedingungen gelingt auch die Darstellung der Alkylderivate elektropositiver Metalle wie Natrium.

$$RCH_2CH_2{-}Cl \xrightarrow{2\,Na^{\cdot}} RCH_2CH_2{:}^{\ominus}Na^{\oplus} \xrightarrow{R'Br} RCH_2CH_2R'$$

(61)

Die erhaltenen Natriumalkyle *(61)* können anschließend in der sog. Wurtz-Reaktion mit Alkylhalogeniden zu Kohlenwasserstoffen umgesetzt werden. Obwohl diese Reaktion unter bestimmten Bedingungen nach einem Radikalmechanismus abläuft, wird sie häufig auch über carbanionische Zwischenprodukte formuliert. Dafür spricht, daß bei der Reaktion mit optisch aktiven Alkylhalogeniden gelegentlich Inversion am angegriffenen Kohlenstoffatom eintritt. Carbanionen wie *(61)* können außerdem als Base fungieren und Eliminierungsreaktionen einleiten.

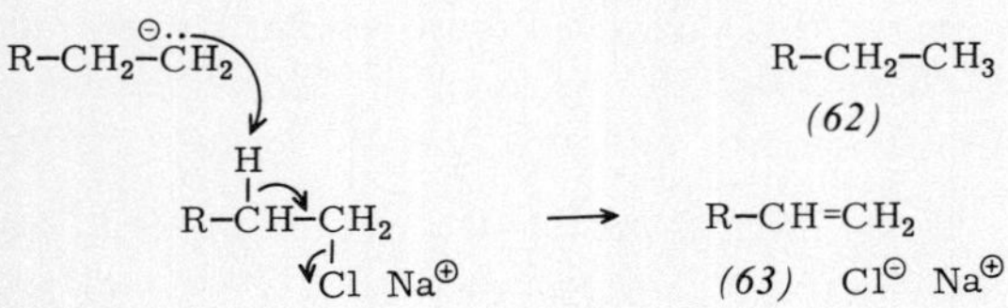

Disproportionierungen dieser Art – zum Alkan *(62)* und zum Alken *(63)* – werden tatsächlich häufig bei Wurtz-Reaktionen als Nebenreaktion beobachtet.
Eine interessante *intra*molekulare Substitution wird in der sog. *Darzens*-Reaktion beobachtet, in der von α-Halogenestern abgeleitete Carbanionen mit Carbonylverbindungen unter Bildung von α-Expoxyestern reagieren:

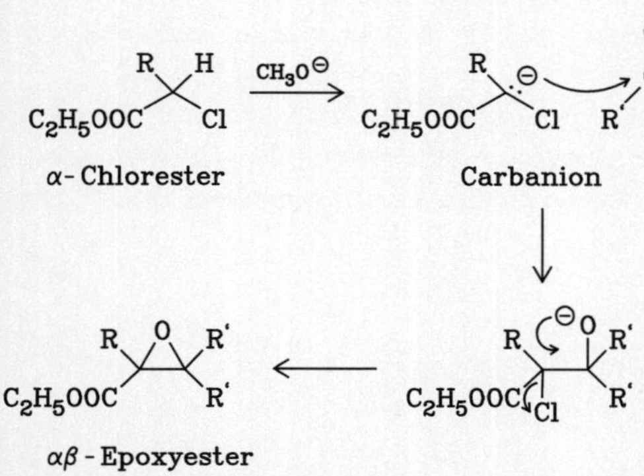

Gelegentlich ist es möglich – z. B. mit α-Chlorestern – das intermediäre Carbanion (Enolat) als solches zu isolieren.

In der Reimer-Tiemann-Reaktion treten zwei Arten organischer Anionen auf. Phenolat-Anionen *(64)* und das $Cl_3C{:}^{\ominus}$-Ion, das bekanntlich bei der Einwirkung starker Basen auf Chloroform entsteht (S. 312). Die Lebensdauer des Trichlormethyl-Anions ist nur kurz: es zerfällt zu dem elektronenarmen und deshalb stark elektrophilen Dichlorcarben ($:CCl_2$), das den aromatischen Kern des delokalisierten Phenolat-Anions *(64)* angreift:

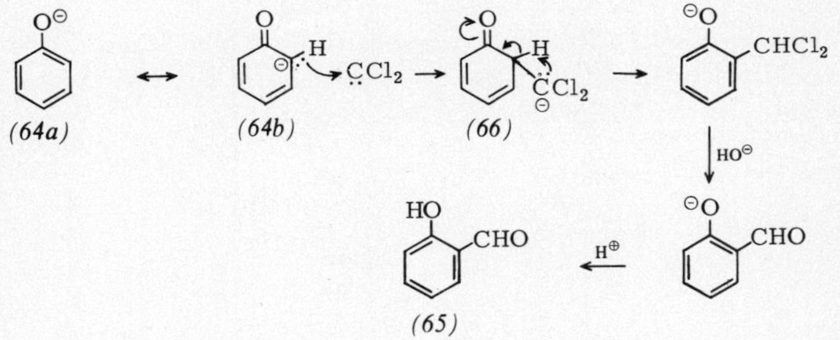

Aus *(64)* entsteht auf diesem Weg im wesentlichen der *o*-Aldehyd *(65)*, Salicylaldehyd, neben etwas *p*-Hydroxybenzaldehyd. Sind jedoch die beiden *o*-Positionen des ursprünglichen Phenolat-Anions durch Substituenten blockiert, dann entsteht der *p*-Aldehyd.

Gestützt wird der obige Mechanismus, d. h. der Angriff von Dichlorcarben, durch die Reaktion mit dem Anion von *p*-Hydroxytoluol [*p*-Kresol, *(67)*].

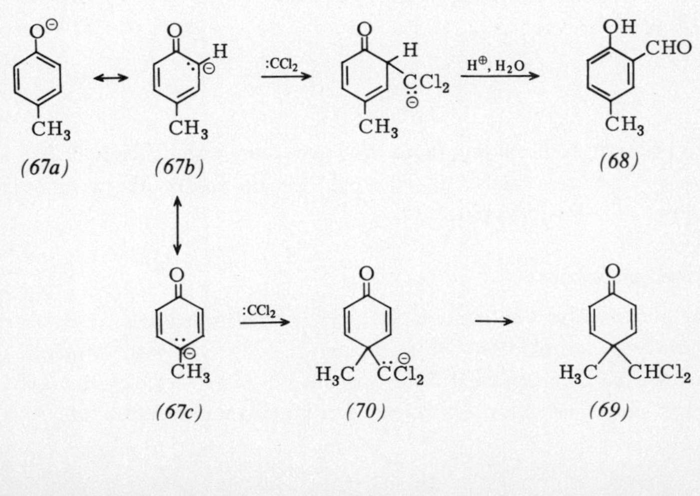

Außer dem erwarteten *ortho*-Aldehyd *(68)* kann in diesem Fall die nicht-hydrolysierte Dichlorverbindung *(69)* isoliert werden. Hier führt der Angriff des Carbens auf die *p*-Stellung von *(67c)* zum Zwischenprodukt *(70)*. Anders als beim *p*-Analogon von *(66)* kann sich hier kein Rearomatisierungsschritt anschließen, da *(70)* das dazu erforderliche Wasserstoffatom an C-4 des Rings fehlt. Bei der sauren Aufarbeitung wird die $^{\ominus}$:CCl_2-Gruppe protoniert, und es entsteht *(69)*. Die Dichlorverbindung *(69)* ist wegen ihrer geringen Löslichkeit in wäßrigem Alkali, aber sicher auch wegen sterischer Hinderung (wie wir sie beim Neopentylbromid kennengelernt haben, S. 100) gegen weitere Hydrolyse einigermaßen beständig.

Mit der Reimer-Tiemann-Reaktion verwandt ist die Kolbe-Schmitt-Synthese von Natriumsalicylat *(71)*, bei der Kohlendioxid als elektrophiles Reagenz pulverisiertes Natriumphenolat *(64b)* angreift:

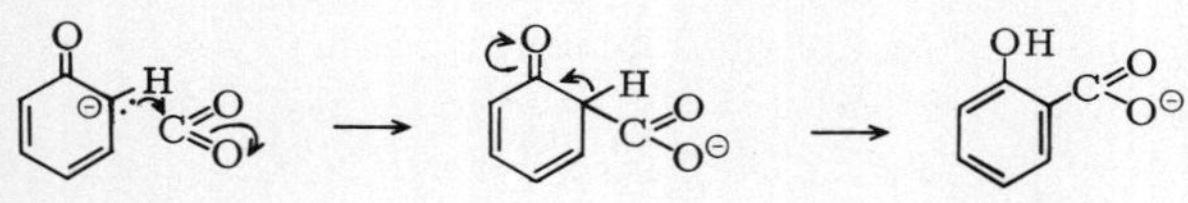

(64b) *(71)*

Das Salz der *p*-Hydroxybenzoesäure entsteht hierbei nur in Spuren. Wird hingegen *Kalium*phenolat eingesetzt, so wird die *para*-Verbindung zum Hauptprodukt. Man nimmt beim Natrium-Ion eine Stabilisierung des Übergangszustands durch Chelatbildung im Ionenpaar an.

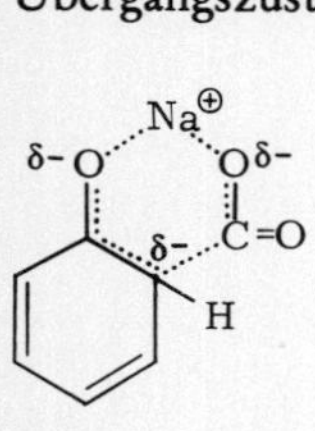

(72)

Das voluminösere Kalium-Ion kann dagegen sehr wahrscheinlich nur schlecht ein derartiges Chelat bilden, und deshalb findet überwiegend Angriff in der *para*-Position statt.

10.5.4 Umlagerungen

Umlagerungen, die über Carbanionen erfolgen, sind sehr viel seltener als die formal ähnlichen Carbokation-Umlagerungen (S. 127). Das wird verständlich, wenn wir die Übergangszustände für eine 1,2-Alkylverschiebung von Carbokation- und Carbanion-Umlagerungen miteinander vergleichen:

Carbokation-Übergangszustand (2e) — Carbanion-Übergangszustand (4e)

Im ersten Fall müssen zwei Elektronen untergebracht werden – nämlich diejenigen der ursprünglichen R-C-Einfachbindung – während es im zweiten vier sind. Zwei Elektronen füllen das zur Verfügung stehende bindende Molekülorbital auf, aber die beiden zusätzlichen Elektronen des carbanioiden Übergangszustands können nur in einem viel energiereicheren, antibindenden Molekülorbital untergebracht werden. 1,2-Wanderungen von Arylgruppen sind bekannt, wie die Reaktion des Chlorids *(73)* mit Natrium zeigt. Aber in diesem Fall wird der Carbanion-Übergangszustand durch die Delokalisierung der zusätzlichen Elektronen durch die wandernde Phenylgruppe stabilisiert:

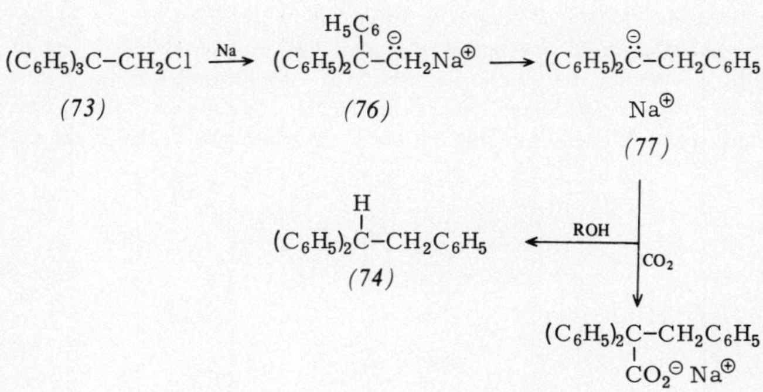

Die Einwirkung von Natrium auf das Chlorid *(73)* führt erwartungsgemäß zu einem Natriumalkyl. Daß hierbei eine Umlagerung stattfindet, erkennt man an der Struktur der Produkte *(74)* und *(75)*, die sich bei Protonierung bzw. Carboxylierung bilden. Es ist nicht bekannt, ob im ersten Schritt der Reaktion das unumgelagerte Carbanion *(76)* entsteht und anschließend zu *(77)* isomerisiert, oder ob Chlorabspaltung und Phenylverschiebung praktisch gleichzeitig erfolgen und das umgelagerte Natriumalkyl *(77)* direkt gebildet wird. Mit Lithium statt Natrium erhält man bei tiefer Temperatur die entsprechenden Produkte des nicht umgelagerten Ions, dagegen nur wieder Umlagerungsprodukte, wenn man die metallorganische Verbindung erwärmt. Bei der Reaktion von *(73)* mit Metallen oder metallorganischen Verbindungen nimmt die Umlagerungstendenz in der Reihe K ≈ Na > Li > Mg ab, d. h. mit abnehmendem Ionencharakter der Kohlenstoff-Metall-Bindung. Auch die Untersuchung der relativen Wanderungsgeschwindigkeiten *p*-substituierter Phenylreste spricht dafür, daß wirklich Carbanionen und keine Radikale beteiligt sind. Es wandert also ein $Ar^{\ominus}$-Rest und nicht ein Aryl-Radikal $Ar^{\odot}$.

Einfache 1,2-Alkylverschiebungen, die bei Carbokationen sehr häufig beobachtet werden (S. 129), gibt es bei Carbanionen praktisch gar nicht. Andererseits sind 1,2-Wanderungen, bei denen eine Alkylgruppe von einem Heteroatom wie Stickstoff oder Schwefel zu einem carbanionischen Kohlenstoffatom wandert, recht verbreitet, z. B. in der sog. Stevens-Umlagerung*):

---

* *Anmerkung der Übersetzer:* Wie neuere Arbeiten zeigen, sind die Verhältnisse komplizierter als in diesem Schema angedeutet. Beispielsweise ist für die Stevens-Umlagerung bestimmter quartärer Ammoniumsalze unter der Einwirkung starker Basen wie Alkoholat ein radikalischer Reaktionsablauf wahrscheinlich gemacht worden. Es gibt Hinweise, daß z. B. das aus dem Ammonium-Ion (*a*) durch Abspaltung eines Protons gebildete Zwitterion (*b*) den Benzylrest homolytisch abspaltet und die entstandenen Radikale zu dem umgelagerten Endprodukt (*c*) rekombinieren:

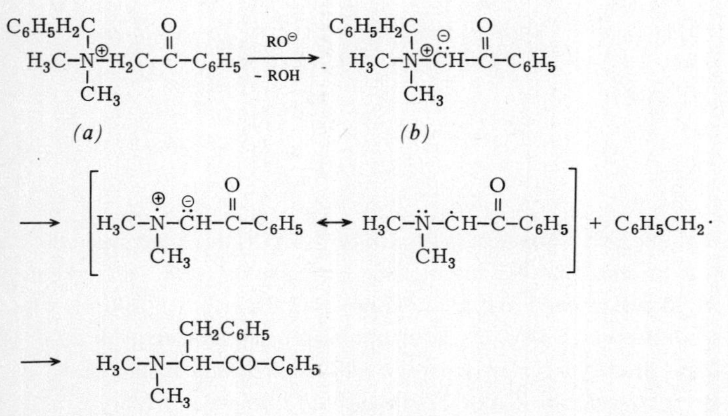

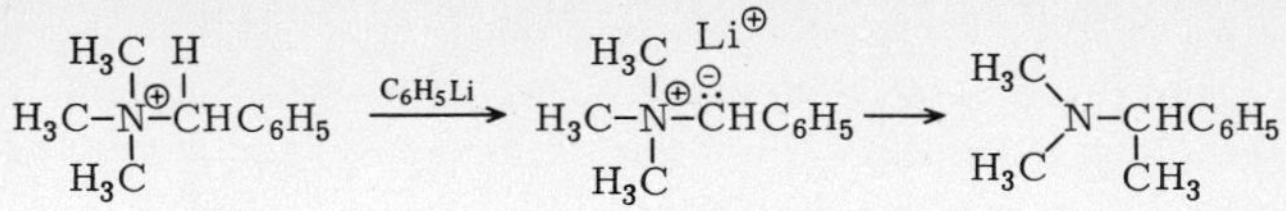

(78)

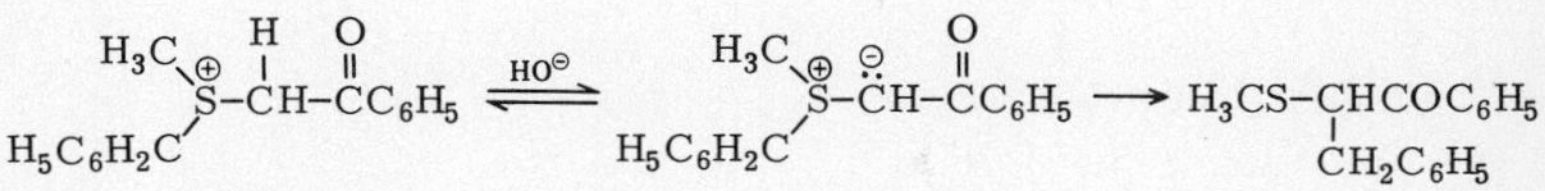

(79)

Bei nicht aktivierten Verbindungen wie *(78)* sind sehr starke Basen (Phenyllithium u. a.) erforderlich, um die Umlagerung durch Abstraktion eines α-Wasserstoffatoms einzuleiten. Besitzt das Ausgangsmaterial hingegen elektronenanziehende Substituenten, z. B. eine Carbonylgruppe im Fall von *(79)*, so erfolgt die Isomerisierung schon mit viel schwächeren Basen wie Hydroxid-Ionen. Verbindung *(79)* zeigt außerdem, daß die Benzyl- leichter als die Methylgruppe wandert: erstere ist also ohne ihr Elektronenpaar stabiler als letztere.

Allyl- und Benzylether gehen, wie Verbindung *(80)* zeigt, die analoge Wittig-Umlagerung ein (die nicht mit der Wittigschen Olefinsynthese verwechselt werden darf, vgl. S. 272).

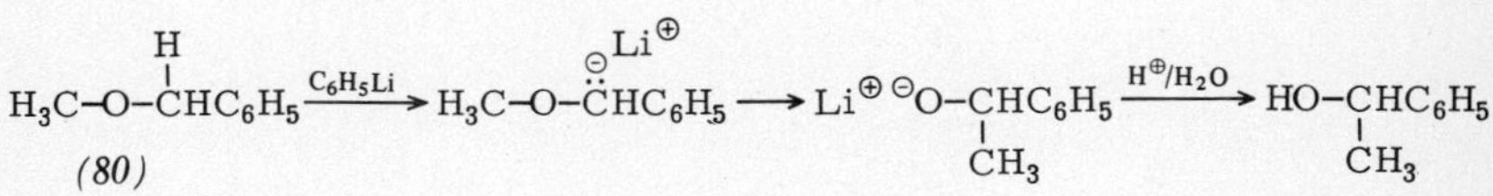

(80)

Abschließend soll noch eine baseninduzierte carbanionische Umlagerung erwähnt werden, in der durch eine 1,3-Eliminierung intermediär ein Cyclopropan-Derivat gebildet wird. In der sog. Faworskii-Umlagerung von α-Halogenketonen *(82)* wird im ersten Schritt durch eine intramolekulare Substitution das Cyclopropanon *(81)* erzeugt:

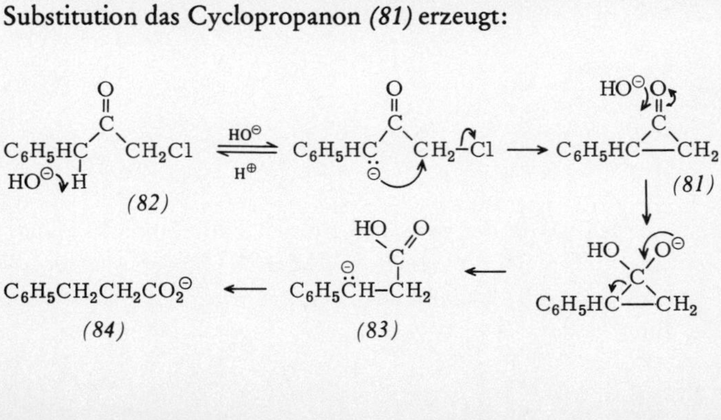

(82) (81) (84) (83)

Durch Addition eines Hydroxid-Ions an diese Zwischenverbindung wird dann die Ringöffnung eingeleitet, die zu dem stabileren der beiden möglichen Carbanionen *(83)* führt. Protontransfer unter Ausbildung des Carboxylat-Anions *(84)* beschließt den Prozeß.

10.5.5 Oxidationsreaktionen

Unter geeigneten Bedingungen können Carbanionen oxidiert werden. Beispielsweise wird das Triphenylmethyl-Anion *(85)* an der Luft langsam zum entsprechenden Radikal *(86)* oxidiert,

$$\underset{(85)}{(C_6H_5)_3C:^{\ominus}\,Na^{\oplus}} \underset{Na/Hg}{\overset{O_2}{\rightleftharpoons}} \underset{(86)}{(C_6H_5)_3C\cdot} + NaO_2\cdot$$

das seinerseits durch Schütteln mit Natriumamalgam zum Carbanion *(85)* reduziert wird. Die Oxidation von Carbanionen wird gelegentlich zu präparativen Zwecken ausgenutzt. So liefert die Oxidation von *(87)* mit dem Einelektron-Oxidationsmittel Iod das Radikal *(89)*, das unter Kohlenstoff-Kohlenstoff-Verknüpfung zum Dimer *(88)* weiterreagiert.

$$\underset{(87)}{\begin{array}{c}(CH_3CO)_2\overset{\ominus}{\ddot{C}}H\\(CH_3CO)_2\underset{\ominus}{\ddot{C}}H\end{array}} \xrightarrow{I_2} \underset{(89)}{\begin{array}{c}(CH_3CO)_2\dot{C}H\\(CH_3CO)_2\dot{C}H\end{array}} \longrightarrow \underset{(88)}{\begin{array}{c}(CH_3CO)_2CH\\|\\(CH_3CO)_2CH\end{array}}$$

Eine weitere, präparativ nützliche Reaktion ist die oxidative Kupplung terminaler Alkine, R–C≡C–H, mit Kupfer(II)-Salzen, z. B. Acetaten, in Pyridin:

$$2\ RC{\equiv}C:^{\ominus} \xrightarrow{Cu^{2\oplus}} 2\ RC{\equiv}C\cdot \longrightarrow RC{\equiv}C{-}C{\equiv}CR$$

Es gilt als sicher, daß das in der basischen Lösung vorliegende Acetylid-Anion durch das Cu^{2+} – ein weiteres Einelektron-Oxydationsmittel – zunächst zu dem entsprechenden Radikal oxidiert wird und dieses dann anschließend dimerisiert.

10.5.6 Halogenierung von Ketonen

Eine der ersten im Hinblick auf das intermediäre Auftreten von Carbanionen bedeutsamen Beobachtungen war die Tatsache, daß die Bromierung von Aceton in Anwesenheit von Basen nach dem Geschwindigkeitsgesetz

$r = k\,[\text{Aceton}]\,[\text{HO}^{\ominus}]$

abläuft, also die Geschwindigkeit unabhängig von der Brom-Konzentration $[Br_2]$, aber proportional zur Basekonzentration ist. Die spätere Beobachtung, daß unter analogen Bedingungen die Iodierung genauso schnell wie die Bromierung erfolgt, entspricht diesem Geschwindigkeitsgesetz.
Daß der basekatalysierte Deuteriumaustausch in D_2O und die Racemisierung optisch aktiver Ketone wie *(90)* ebenfalls mit gleicher Geschwindigkeit erfolgen und zudem einen kinetischen Isotopieeffekt ($k_H/k_D > 1$) zeigen, hatten wir bereits gesehen (S. 338). Alle diese Beobachtungen weisen auf das Vorliegen einer gemeinsamen Zwischenstufe hin, des Enolat-Anions *(91)*.

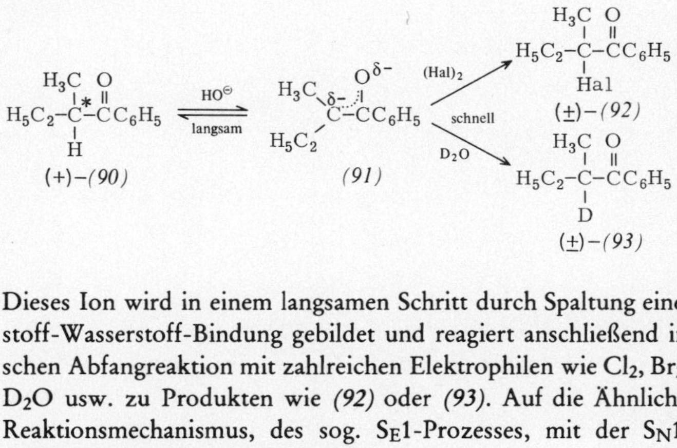

(+)-*(90)* *(91)* (±)-*(92)* (±)-*(93)*

Dieses Ion wird in einem langsamen Schritt durch Spaltung einer Kohlenstoff-Wasserstoff-Bindung gebildet und reagiert anschließend in einer raschen Abfangreaktion mit zahlreichen Elektrophilen wie Cl_2, Br_2, I_2, H_2O, D_2O usw. zu Produkten wie *(92)* oder *(93)*. Auf die Ähnlichkeit dieses Reaktionsmechanismus, des sog. S_E1-Prozesses, mit der S_N1-Reaktion wurde bereits hingewiesen (S. 338).
Bei Ketonen wie *(94)*, die über unterschiedliche α-Wasserstoffatome verfügen, tritt das Problem auf, ob die Methyl- oder die Methylengruppe bevorzugt angegriffen wird. Außerdem stellt sich die Frage, ob nach erfolgter Monohalogenierung ein zweites Halogenatom dasselbe oder das andere α-Kohlenstoffatom attackiert. Da der elektronenliefernde induktive Effekt der Alkylgruppe R die Acidität der Methylenwasserstoffatome herabsetzt und das Carbanion *(96)* gegenüber der Alternative *(95)* destabilisiert, sollte die Methylgruppe leichter angegriffen und das Carbanion *(95)* gebildet werden. Tatsächlich ist die Halogenierung in der Methylgruppe bevorzugt,

doch ist der Effekt nicht allzu ausgeprägt, wie die Ergebnisse der Bromierung zeigen.

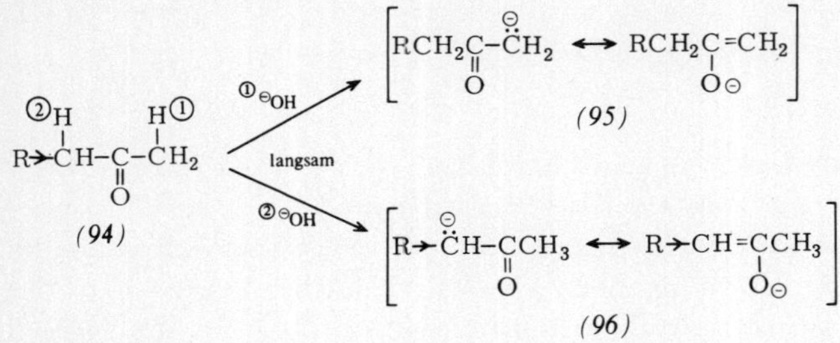

Was die Frage der Zweithalogenierung anbelangt, so beobachtet man, daß ein bereits eingeführter Halogensubstituent wie Brom in *(97)* in der Tat einen beträchtlichen Einfluß auf die Position ausübt, die weiterhalogeniert wird:

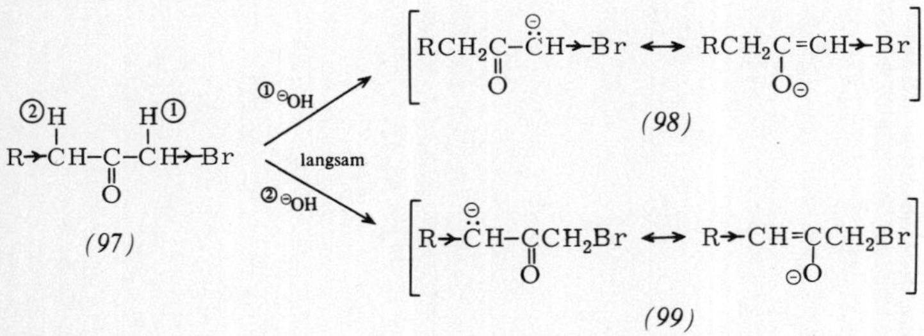

Der stark elektronenanziehende induktive und Feldeffekt der Bromsubstituenten macht die α-Wasserstoffatome der CH_2Br-Gruppe acider als die des RCH_2-Rests und dürfte auch dazu beitragen, daß das resultierende Carbanion *(98)* stabiler als die Alternative *(99)* ist. Das erstere wird also bevorzugt gebildet werden, und die weitere Bromierung sollte deshalb an CH_2–Br und nicht an CH_2–R erfolgen. Weiterhin wird wegen des Elektronenzugs des Bromsubstituenten *(98)* schneller gebildet werden als z. B. *(95)*, die Zweitbromierung wird also schneller erfolgen als die erstere, und die Drittbromierung der Methylgruppe wird noch rascher eintreten. Als Endprodukt dieser Base-katalysierten Halogenierung erwarten wir also $RCH_2\ COCX_3$ *(100)*. Die reversible Addition von $HO^{\ominus}$ an die Carbonylfunktion des Ketons kann zu jedem Zeitpunkt eintreten; mit der CX_3-Gruppe liegt nunmehr aber eine ausgezeichnete Abgangsgruppe vor. Das Resultat ist schließlich eine C–C-Bindungsspaltung (S. 277):

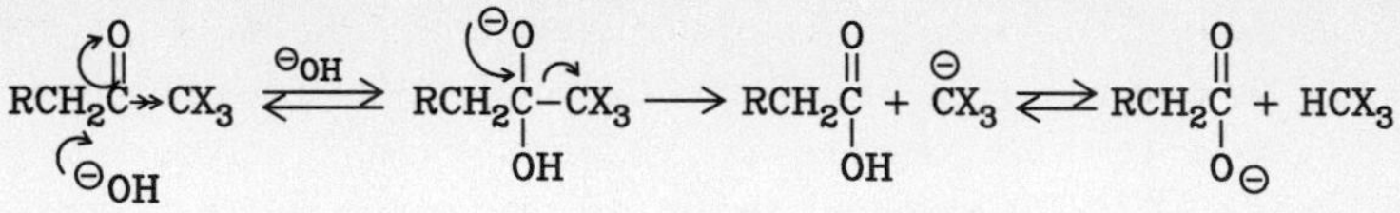

(100) *(101)* *(102)* *(103)*

CX_3 ist eine gute Abgangsgruppe wegen des elektronenziehenden induktiven Effekts der drei Halogenatome, die nicht nur das Carbonylkohlenstoffatom in *(100)* gegenüber einem nucleophilen Angriff aktivieren, sondern auch das sich entfernende Carbanion *(101)* stabilisieren. Der geschilderte Vorgang ist die bekannte *Haloform-Reaktion* zum Nachweis von Methylketonen. Meistens wird dazu Iod in wäßriger Lauge benutzt, da das entstehende Iodoform (HCI_3) eine gelbe Farbe und einen charakteristischen Geruch besitzt und außerdem im Reaktionsmedium unlöslich ist.

Säuren katalysieren die Halogenierung von Ketonen ebenfalls (allgemeine Säurekatalyse, S. 86). Das Geschwindigkeitsgesetz lautet hier

$$r = k\,[\text{Keton}]\,[H^{\oplus}]$$

und wie bei der basekatalysierten Reaktion verlaufen Bromierung, Iodierung, Deuteriumaustausch und Racemisierung gleich schnell. Gemeinsames Zwischenprodukt ist vermutlich die Enolform des Ketons *(104)*, deren Bildung geschwindigkeitsbestimmend ist:

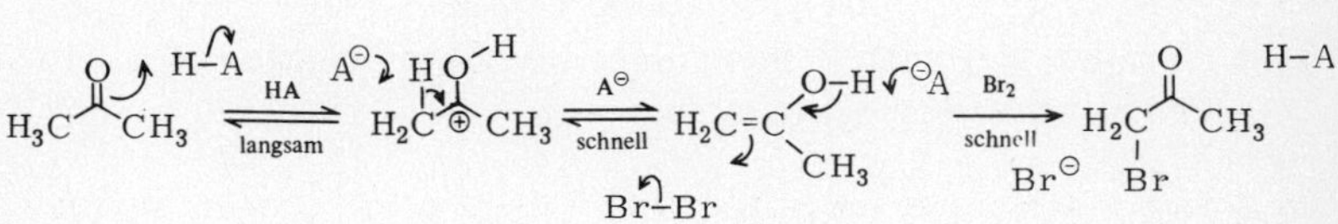

(104)

Das Enol reagiert anschließend in einem raschen Schritt mit dem Brom oder anderen elektrophilen Reagenzien zu den entsprechenden substituierten Ketonen. Um zu entscheiden, welche Gruppe von α-Wasserstoffatomen in einem Molekül RCH_2–CO–CH_3 bevorzugt angegriffen wird, muß man die Bildungswahrscheinlichkeiten der entsprechenden Enole *(105)* und *(106)* abschätzen und vergleichen:

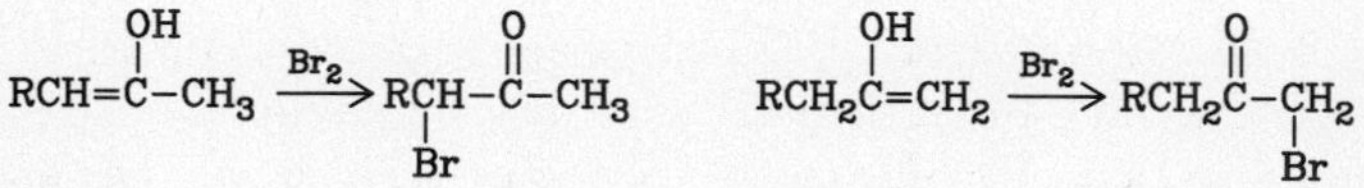

(105) *(107)* *(106)* *(108)*

Da *(105)* die höhersubstituierte Doppelbindung besitzt, sollte es stabiler als *(106)* sein (S. 31); das Bromketon *(107)* sollte also bevorzugt entstehen. Genau das wird gefunden: die säurekatalysierte Bromierung von CH_3CH_2–CO–CH_3 (2-Butanon) liefert dreimal mehr 3- als 1-Brombutanon.

Man beobachtet außerdem, daß – im Gegensatz zu der Bromierung unter basischen Bedingungen – die Einführung eines weiteren Bromsubstituenten in ein Monobromketon schwieriger ist als die Erstbromierung. Unter sauren Bedingungen kann man deshalb die Bromierung anhalten und ein Monobromderivat – wie z. B. *(107)* – in präparativen Mengen isolieren. Das ist also ganz anders als bei den oben vorgestellten Halogenierungen im basischen Milieu, bei denen man die Weiterbromierung nicht anhalten kann und wo gegebenenfalls auch noch die Haloformspaltung eintritt. Die Ursache für die Erschwerung der Weiterreaktion unter sauren Bedingungen ist darin zu suchen, daß das Intermediat (und der ihm vorangehende Übergangszustand) im Enolbildungsprozeß eine positive Ladung trägt, wie es z. B. *(104)* für den Fall des Acetons zeigt. Verglichen mit Aceton wird also die entsprechende positiv geladene Zwischenstufe bei der Enolbildung aus Br–CH_2–CO–CH_3 durch den elektronenabziehenden induktiven und Feldeffekt des Bromsubstituenten *destabilisiert.* Noch nicht umgesetztes Aceton wird also rascher enolisieren und das Enol dann schneller Brom addieren als 1-Bromaceton. Wird die Weiterbromierung doch erzwungen, so entsteht die 1,1-Dibromverbindung Br_2CH–CO–CH_3, wobei die Verhältnisse aber dadurch kompliziert werden, daß dieses Produkt unter den sauren Bedingungen z. T. zu 1,3-Dibromaceton isomerisiert.

11 Radikale und ihre Reaktionen

11.1 Einführung

Die meisten bisher behandelten Reaktionen liefen unter zum Teil nur intermediärer Beteiligung von geladenen Zwischenprodukten, z. B. Carbokationen oder Carbanionen – oft als Bestandteilen von Ionenpaaren – ab, die durch *Heterolyse* kovalenter Bindungen gebildet wurden.

$$R_3C:^{\ominus}\ X^{\oplus} \rightleftharpoons R_3C{-}X \rightleftharpoons R_3C^{\oplus}\ :X^{\ominus}$$

Es können aber auch reaktionsfähige Zwischenprodukte mit einem ungepaarten Elektron durch ***homolytische Spaltung*** einer kovalenten Bindung entstehen.

$$R_3C{-}X \rightleftharpoons \underset{(1)}{R_3C\cdot}\ \ \underset{(2)}{\cdot X}$$

In der Gasphase erfordert die homolytische Spaltung einer R_3C–X-Bindung *immer* weniger Energie als deren Heterolyse. In polaren Solventien kehrt sich dieser Energievorteil häufig um, da durch die Solvatation der sich bildenden Ionen beträchtliche Solvatationsenergien frei werden.

In diesem Fall führt der Bindungsbruch zu den Radikalen *(1)* und *(2)*. Reaktionen unter Beteiligung von Radikalen kommen in der Gasphase sehr häufig vor. Bei der Verbrennung praktisch jeder organischen Verbindung werden Radikale gebildet: der oxidative Abbau von Alkanen in Ottomotoren zählt zu den wichtigsten und mengenmäßig größten organischen Reaktionen, die es überhaupt gibt. Aber es sind auch zahlreiche in Lösung verlaufende Radikalprozesse bekannt. Hier begünstigt ein unpolares Lösungsmittel ihre Entstehung, oder die Gegenwart von Licht bzw. von Substanzen wie den organischen Peroxiden, die als Radikalbildner bekannt sind. Sind Radikale einmal gebildet worden, so greifen sie andere Verbindungen oder unterschiedliche Positionen im gleichen Molekül weniger selektiv an als Carbanionen oder Carbokationen. Ein Grund hierfür kann in dem hohen Energieinhalt von Radikalen, die ja Teilchen mit einem ungepaarten Elektron sind, gesehen werden. Für sehr viele Radikalreaktionen ist außerdem charakteristisch, daß sie, einmal ausgelöst, mit einer sehr hohen Geschwindigkeit ablaufen. Verantwortlich hierfür ist die Ausbildung von Kettenreaktionen, die vergleichsweise geringe energetische Anforderungen stellen. Bei der Bromierung von Alkanen *(3)*

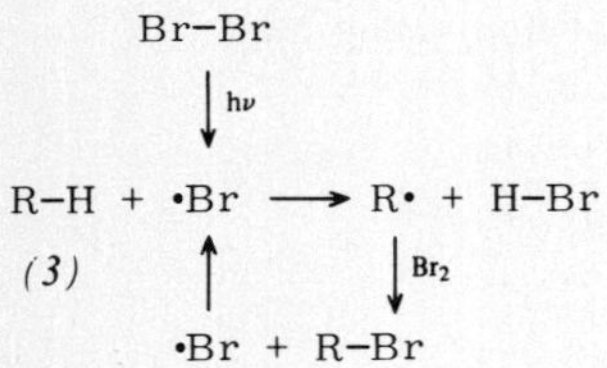

(3)

erzeugt beispielsweise ein photochemisch gebildetes Bromatom Br· ein neues Radikal R·, indem es der Ausgangsverbindung R–H *(3)* ein Wasserstoffatom entreißt. R· greift dann seinerseits ein Brommolekül (Br_2) an und erzeugt ein neues Bromradikal. Mit diesem kann sich der Vorgang wiederholen, es bildet sich eine die Reaktion fortsetzende Reaktionskette. Die Photolyse als Quelle für die Bromatome ist nun nicht länger erforderlich. Durch Zusatz von geeigneten Substanzen, die besonders leicht mit Radikalen reagieren, den sog. *Inhibitoren* oder *Radikalfängern* (englisch scavenger) – wie Phenolen, Chinonen, Diphenylamin, Iod usw. – können Radikalreaktionen entweder ganz unterbunden oder abgebrochen werden.

Die ersten Untersuchungen über Radikale und ihr chemisches Verhalten konzentrierten sich auf wenig reaktive und deshalb länger existenzfähige Vertreter. Das erste, zweifelsfrei nachgewiesene langlebige Radikal war das Triphenylmethyl-Radikal $(C_6H_5)_3C\cdot$ *(4)*, das im Jahre 1900 durch Reaktion von Triphenylmethylchlorid mit fein verteiltem Silber (vgl. S. 51) hergestellt wurde. Das Radikal reagiert mit Halogenen zu Triphenylmethylhalogeniden *(5)* und an der Luft mit Sauerstoff zu dem Peroxid *(6)* – alle Radikale reagieren rasch mit dem Luft-Sauerstoff:

$$\underset{(4)}{(C_6H_5)_3C\cdot} + X{-}X \longrightarrow \underset{(5)}{(C_6H_5)_3C{-}X} + X\cdot \xrightarrow{+\,(C_6H_5)_3C\cdot} 2\,(C_6H_5)_3C{-}X$$

$$(4) + \cdot O{-}O\cdot \longrightarrow (C_6H_5)_3COO\cdot \xrightarrow{+\,(C_6H_5)_3C\cdot} \underset{(6)}{(C_6H_5)_3COOC(C_6H_5)_3}$$

Das gelbe Radikal *(4)* steht in inerten Lösungsmitteln mit einem farblosen „Dimer" im Gleichgewicht. Der Anteil an freien Radikalen wächst mit steigender Verdünnung und mit der Temperatur. Eine verdünnte Lösung des Dimers in Benzol enthält bei 20 °C 2 %, bei 80 °C hingegen 10 % des Radikals *(4)*. Wird das Lösungsmittel entfernt, so bleibt nur die dimere Verbindung übrig. Lange Zeit nahm man an, daß es sich dabei um Hexaphenylethan $(C_6H_5)_3C{-}C(C_6H_5)_3$, handelt. Wie schon früher erwähnt (S. 51), dauerte es 70 Jahre, bis die korrekte Struktur des Dimers, nämlich *(7)*, mit Hilfe der NMR-Spektroskopie ermittelt werden konnte.

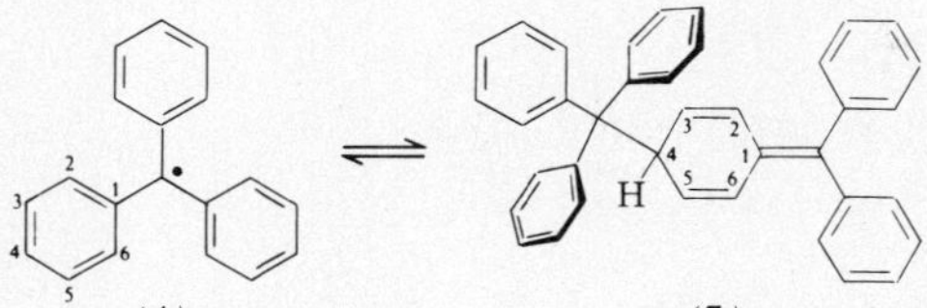

(4) (7)

Die Synthese des Hexaphenylethans gelang bis heute nicht, und es ist nicht ausgeschlossen, daß dieser Kohlenwasserstoff wegen der zu erwartenden starken sterischen Hinderung der Phenylsubstituenten unter normalen Bedingungen gar nicht existenzfähig ist. Die Gründe für die vergleichsweise hohe Stabilität des Triphenylmethyl-Radikals wollen wir weiter unten besprechen (S. 366).
Einfache Alkylradikale sind sehr reaktionsfreudig, und mit der systematischen Untersuchung ihrer Eigenschaften wurde erst im Jahr 1919 begonnen. Damals stellte man sie durch thermische Zersetzung von organometallischen Verbindungen wie Tetramethylblei her.

$$(CH_3)_4Pb \overset{\Delta}{\rightleftharpoons} Pb + 4\ CH_3\cdot$$

Zu ihrem Nachweis wurden in der klassischen *Paneth*schen *Spiegelmethode* dünne, auf der Innenwand mit einem Metallspiegel (z. B. aus Blei) versehene Glasrohre verwendet, durch die ein Radikale enthaltendes Inertgas (N_2) geleitet wird. Die Spiegel verschwinden, wenn sie von Radikalen angegriffen werden (Umkehr der obigen Reaktion). Durch Variieren a) des Abstands des Spiegels von der Stelle, an der die Radikale erzeugt werden, und b) der Strömungsgeschwindigkeit des Trägergases ist es möglich, die Halbwertszeit der Radikale zu bestimmen. Für das Methyl-Radikal ergab sich so ein Wert von ca. $8 \cdot 10^{-3}$ Sekunden. In Abwesenheit des Metallspiegels dimerisieren die Radikale.

$$H_3C\cdot + \cdot CH_3 \longrightarrow H_3C{-}CH_3$$

Nachdem Radikale einmal als existenzfähige Zwischenprodukte erkannt waren, wurde ihr Auftreten in zahlreichen Reaktionen postuliert (siehe unten).
Heteroradikale, d. h. Moleküle, bei denen sich das ungepaarte Elektron an einem Heteroatom befindet, sind ebenfalls bekannt. Durch Erwärmen von N,N,N′,N′-Tetraarylhydrazinen *(8)* in unpolaren Lösungsmitteln entsteht eine grüne Lösung, die das Stickstoffradikal *(9)* enthält.

$$2\ (C_6H_5)_2NH \xrightarrow{MnO_4^{\ominus}} \underset{(8)}{(C_6H_5)_2N{-}N(C_6H_5)_2} \rightleftharpoons \underset{(9)}{(C_6H_5)_2N\bullet} + \bullet N(C_6H_5)_2$$

Ein sehr wichtiges Stickstoffradikal ist das 1,1-Diphenyl-2-pikryl-hydrazyl-Radikal *(10)*, das durch Oxidation mit Bleidioxid aus dem Triarylhydrazin *(11)* hergestellt wird.

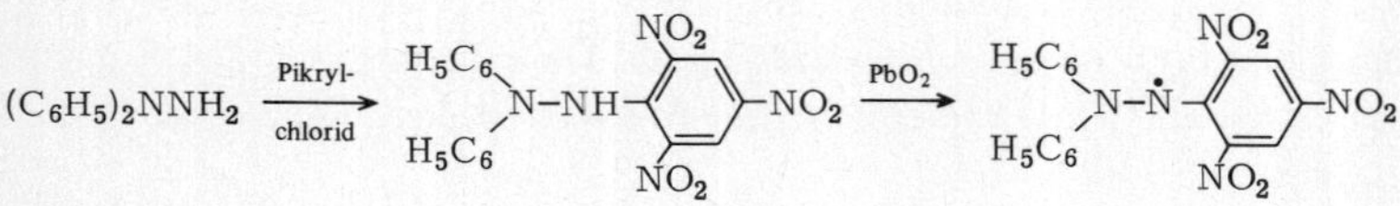

(11) *(10)*

Wegen der ausgeprägten Delokalisierung des ungepaarten Elektrons (siehe unten) ist dieses Radikal so stabil, daß es aus verschiedenen Lösungsmitteln umkristallisiert werden kann. Es kristallisiert in violetten Prismen, die praktisch unbegrenzt haltbar sind. Mit neutralen Molekülen reagiert *(10)* nur sehr langsam, mit anderen Radikalen hingegen sehr rasch. Man kann es deshalb zum Nachweis von Radikalen verwenden. Die auf diese Weise entstehenden Abfangprodukte wie *(12)* sind in den meisten Fällen stabil.

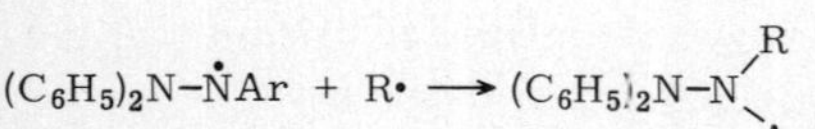

(10) *(12)*

Da außerdem die Lösung von *(10)* violett ist, kann die Reaktion mit anderen Radikalen unter Bildung farbloser Produkte auch kolorimetrisch verfolgt werden.
Ganz analog werden Lösungen von Diphenyldisulfid *(13)* beim Erwärmen gelb und beim Abkühlen wieder farblos.

$$\underset{(13)}{C_6H_5S{-}SC_6H_5} \overset{\Delta}{\rightleftharpoons} \underset{(14)}{C_6H_5S\cdot + \cdot SC_6H_5}$$

Die gebildeten Radikale *(14)* können u. a. durch Zugabe von *(10)* abgefangen werden. Einfache Alkylthiyl-Radikale wie $CH_3S\cdot$ sind ebenfalls als Reaktionszwischenprodukte nachgewiesen worden, erwartungsgemäß sind sie viel reaktiver als Teilchen wie *(14)*. Und schließlich sind noch recht stabile Radikale bekannt, in denen sich das ungepaarte Elektron an einem Sauerstoffatom befinden kann. Beispielsweise liegt das Phenoxyl-Radikal *(15)* sowohl in Lösung als auch in Substanz – es handelt sich um einen dunkelblauen Feststoff vom Schmp. 97 °C – als monomere Spezies *(15)* und nicht als dimere Verbindung vor.

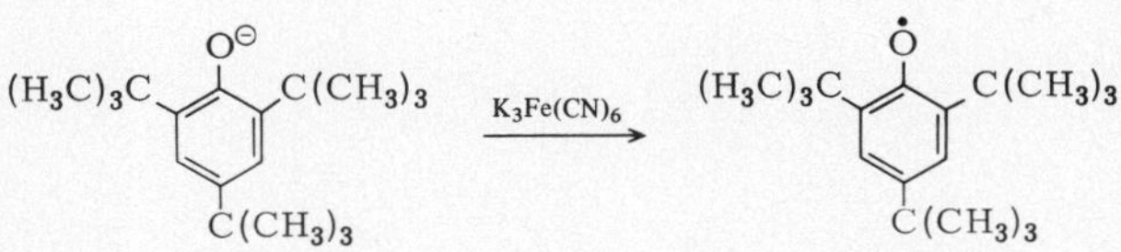

(15)

Verursacht wird diese ungewöhnliche Stabilität durch die raumbeanspruchenden *tert.*-Butylgruppen in den beiden *ortho*-Positionen, die die Annäherung eines zweiten Moleküls *(15)* oder auch einer anderen Verbindung an das Sauerstoffatom blockieren.

11.2 Darstellung von Radikalen

Es gibt mehrere Wege, Radikale aus neutralen Molekülen herzustellen, und einige wurden bereits kurz erwähnt. Zu den wichtigsten Methoden zählen die photochemische und die thermische Spaltung von Bindungen sowie Oxidations-Reduktions-Reaktionen mit anorganischen Ionen oder durch Elektrolyse unter Einelektronenübergang.

11.2.1 Photochemische Spaltung

Voraussetzung für die Anwendung dieses Verfahrens sind Moleküle, die im ultravioletten oder sichtbaren Bereich des elektromagnetischen Spektrums absorbieren. Ein bekanntes Beispiel ist die Zersetzung von Aceton in der Gasphase durch Licht der Wellenlänge 320 nm (3 200 Å, 375 kJ/mol):

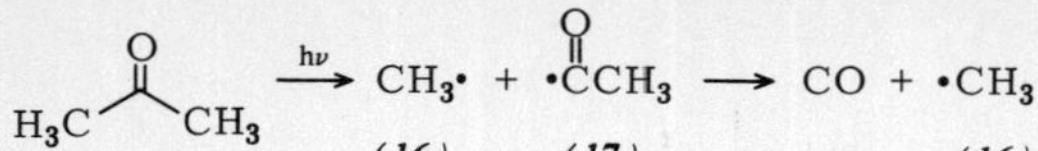

(16) (17) (16)

Carbonylverbindungen haben in diesem Bereich ein Absorptionsmaximum, können also die zur Homolyse erforderliche Energie aus dem Licht aufnehmen. Primärprodukte der Photoreaktion sind die Radikale *(16)* und *(17)*. In einem Folgeschritt zerfällt *(17)* dann in ein weiteres Methyl-Radikal und das stabile Molekül Kohlenmonoxid. Alkoxyl-Radikale wie *(20)* lassen sich bequem durch Photolyse von Alkylhypochloriten *(18)* und -nitriten *(19)* herstellen.

$$\underset{(18)}{\mathrm{RO{-}Cl}} \xrightarrow{h\nu} \underset{(20)}{\mathrm{RO\bullet}} + \bullet\mathrm{Cl}$$

$$\underset{(19)}{\mathrm{RO{-}NO}} \xrightarrow{h\nu} \underset{(20)}{\mathrm{RO\bullet}} + \bullet\mathrm{NO}$$

Ein anderes klassisches Beispiel ist die durch Sonnenlicht bewirkte Spaltung von Chlormolekülen in Cl·-Atome.

$$\mathrm{Cl{-}Cl} \xrightarrow{h\nu} \mathrm{Cl\bullet} + \bullet\mathrm{Cl}$$

$$\mathrm{Br{-}Br} \xrightarrow{h\nu} \mathrm{Br\bullet} + \bullet\mathrm{Br}$$

Diese Spaltung spielt bei zahlreichen lichtinduzierten Chlorierungen (S. 381) und Additionen an Alkene (S. 368) als erster Reaktionsschritt eine Rolle. Brommoleküle werden auf dieselbe Weise zu Bromatomen gespalten. Die photolytische Radikalerzeugung besitzt gegenüber der klassischen Methode (siehe unten) zwei wichtige Vorteile. Zum einen können starke Bindungen gespalten werden, die bei der Thermolyse erst bei hohen Temperaturen oder gar nicht gelöst werden. Ein Beispiel ist der photochemisch glatt verlaufende Zerfall von Azoalkanen *(21)*.

$$\underset{(21)}{\mathrm{R{-}N{=}N{-}R}} \xrightarrow{h\nu} \mathrm{R\bullet} + \mathrm{N{\equiv}N} + \bullet\mathrm{R}$$

Zum anderen wird nur ein ganz bestimmter Energiebetrag auf das zu zersetzende Molekül übertragen. Durch Photolyse werden also Radikale gezielter hergestellt als durch Thermolyse. Das zeigt etwa die Spaltung von Diacylperoxiden *(22)*, die photochemisch sauber die beiden Radikale R· und Kohlendioxid liefert, während bei der pyrolytischen Zersetzung in mehreren Fällen die Bildung von Nebenprodukten beobachtet wird.

$$\mathrm{R\overset{O}{\overset{\|}{C}}O{-}O\overset{O}{\overset{\|}{C}}R} \xrightarrow{h\nu} 2\ \mathrm{R{-}\overset{O}{\overset{\|}{C}}{-}O\cdot} \longrightarrow 2\ \mathrm{R\cdot} + 2\ \mathrm{CO_2}$$

(22)

Eine sehr wichtige neue Technik zur Radikalerzeugung ist die *Blitzlicht-photolyse*, bei der die zu untersuchenden Moleküle für Bruchteile von Sekunden einem intensiven Lichtblitz des sichtbaren oder UV-Bereichs ausgesetzt werden. Die Anfangskonzentration an Radikalen ist bei diesem Verfahren sehr hoch. Ihre Eigenschaften und Folgereaktionen lassen sich durch einen oder mehrere Folgepulse niedrigeren Energieinhalts und geeigneter Wellenlänge spektroskopisch studieren. Selbstverständlich dient die Blitzlichtphotolyse nicht der präparativen Erzeugung von Radikalen, sondern dem genauen Studium ihrer Eigenschaften. In geeigneten Fällen kann man Radikale auch durch Bestrahlung von neutralen Molekülen mit Röntgen- oder Gammastrahlen herstellen; der Prozeß wird als *Radiolyse* bezeichnet.

11.2.2 Thermische Spaltung

Viele der ersten Arbeiten über kurzlebige Radikale, einschließlich der Bestimmung ihrer Halbwertszeiten, wurden mit den durch thermische Zersetzung von Metallalkylen *(23)* erhältlichen Produkten durchgeführt.

$$\mathrm{PbR_4} \rightleftharpoons \mathrm{Pb} + 4\ \mathrm{R\cdot}$$

(23)

Man benutzte gerade diese Verbindungen, weil die Alkyl-Blei-Bindung vergleichsweise leicht gespalten wird. Allgemein gilt, daß aus Molekülen mit Bindungen, deren Dissoziationsenergie kleiner als rund 165 kJ (40 kcal) $\mathrm{mol^{-1}}$ ist, sowohl in inerten Lösungsmitteln als auch in der Gasphase Radikale durch Thermolyse erzeugt werden können. In den meisten Fällen sind Heteroatome an diesen Bindungen beteiligt, so in den Peroxiden ($-$O$-$O$-$) und den Azoverbindungen ($-$N$=$N$-$), die als wichtigste Ausgangsverbindungen bei der Radikalerzeugung in Lösung dienen. Trotzdem sind auch bei diesen Verbindungen noch ziemlich hohe Temperaturen erforderlich, wenn Substituenten fehlen, die das gebildete Radikal stabilisieren oder die auslösende Zersetzung des Peroxids fördern. So hat $[(CH_3)_3CCOO]_2$ bei 100 °C eine Halbwertszeit von rund 200 Stunden, während die von $(C_6H_5COO)_2$ bei der gleichen Temperatur nur eine halbe Stunde beträgt. Ein ähnlicher Substituenteneffekt läßt sich auch an Azoverbindungen beobachten. Einfache Azoverbindungen wie *(21)* mit R = CH_3 zersetzen sich erst bei recht hohen Temperaturen (200 °C), während Bis-α-azoiso-butyronitril *(24)* schon bei 100 °C mit einer Halbwertszeit von ca. 5 Minuten zerfällt.

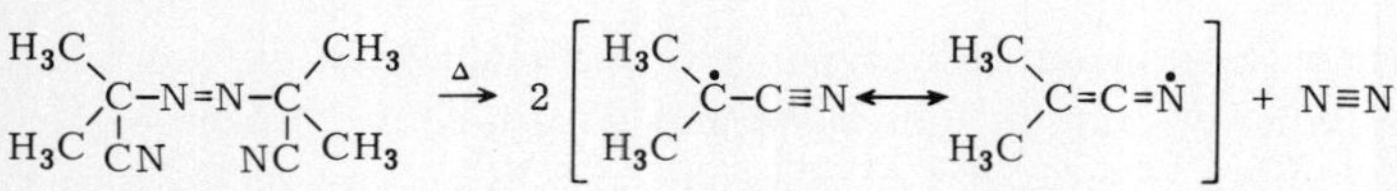

(24)

In Abwesenheit anderer Moleküle, mit denen ein Radikal reagieren kann, z. B. eines Lösungsmittels, dem es ein Wasserstoffatom entreißen kann, werden Radikalreaktionen vorwiegend durch Dimerisierung oder durch Disproportionierung beendet.

$$CH_3CH_2\cdot + \cdot CH_2CH_3 \longrightarrow CH_3CH_2{-}CH_2CH_3$$

$$\text{bzw.: } CH_3CH_2\cdot + H{-}CH_2CH_2\cdot \longrightarrow CH_3CH_3 + H_2C{=}CH_2$$

Die Verwendung von Tetraethylblei als Antiklopfmittel beruht zum Teil auf der Fähigkeit der daraus in der Hitze entstehenden Ethyl-Radikale, sich mit anderen Radikalen zu vereinigen, die bei der überschnellen Verbrennung von Benzin gebildet werden. Die als Klopfen bekannten, explosionsartig verlaufenden Kettenreaktionen, die bei Abwesenheit eines Antiklopfmittels ablaufen, werden durch den Tetraethylblei-Zusatz rechtzeitig abgebrochen. Der genaue Mechanismus der Antiklopfwirkung derartiger Zusätze ist nicht bekannt; es gibt Hinweise dafür, daß auch die bei der Verbrennung unter hohem Druck im Motor entstehenden Bleidioxid-Teilchen als Kettenstopper fungieren können, indem sie sich mit den bei der Oxidation des Benzins gebildeten Radikalen wie HO · vereinen.
Thermische Spaltungen von C—C-Einfachbindungen spielen bei dem über Radikale ablaufenden Cracken langkettiger Kohlenwasserstoffe bei ca. 600 °C eine Rolle. Dabei entziehen die zuerst ins Reaktionsgemisch eingeführten Radikale einer $>CH_2$-Gruppe der Kohlenwasserstoff-Kette ein Wasserstoffatom. Das so entstandene Radikal *(25)* spaltet sich in β-Stellung

unter Bildung eines Alkens mit niedrigerer Molekülmasse *(26)* und eines neuen Radikals *(27)*, das die Reaktionskette fortsetzt.

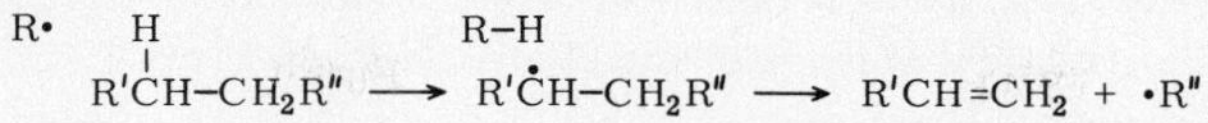

(25) *(26)* *(27)*

Diese Reaktion stellt die Umkehrung der Addition von Radikalen an Alkene bei der Vinyl-Polymerisation dar (S. 377). Kettenabbruch durch Reaktion zweier Radikale miteinander wird erst dann häufiger stattfinden, wenn die Konzentration an langkettigem Kohlenwasserstoff gering geworden ist.

11.2.3 Redox-Reaktionen

In allen Reaktionen dieser Kategorie werden die Radikale durch Einelektronen-Übergänge erzeugt; daß dabei Metall-Ionen wie $Fe^{2\oplus}/Fe^{3\oplus}$ und $Cu^{\oplus}/Cu^{2\oplus}$ beteiligt sind, überrascht deshalb nicht. Beispielsweise wird durch Kupfer(I)-Ionen der Zerfall von Acylperoxiden wie *(28)* stark beschleunigt.

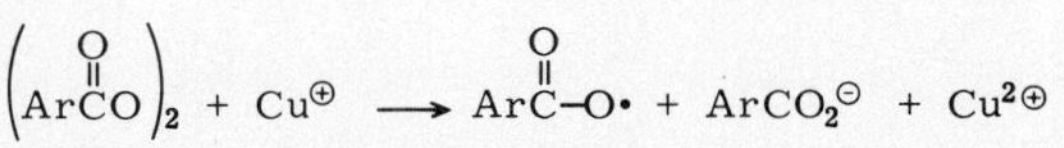

(28) *(29)*

Man kann auf diese Weise $Ar-CO_2\cdot$-Radikale *(29)* herstellen, da die bei der Pyrolyse von *(28)* auftretende Gefahr des Weiterzerfalls in Phenyl-Radikale und Kohlendioxid nicht besteht. Auch in der sog. *Sandmeyer*-Reaktion, der Umwandlung von Aryldiazoniumhalogeniden ($Ar-N_2^{\oplus}Hal^{\ominus}$) in Arylhalogenide und Stickstoff, ist das Kupfer(I)-Ion an der Bildung des Aryl-Radikals beteiligt, das wahrscheinlich als Zwischenprodukt entsteht.

$$ArN_2^{\oplus} + Cu^{\oplus} \longrightarrow Ar\cdot + N_2 + Cu^{2\oplus}$$

Die direkte Reduktion von Carbokationen ist selten, wurde aber z. B. mit Vanadin (II)-chlorid beobachtet:

$$(C_6H_5)_3\,C^{\oplus} + V^{2\oplus} \rightarrow (C_6H_5)_3\,C\cdot + V^{3\oplus}$$

Eisen(II)-Ionen fungieren bei Oxidationen mit Wasserstoffperoxid als Katalysator.

$$H_2O_2 + Fe^{2\oplus} \longrightarrow HO\bullet + {}^{\ominus}OH + Fe^{3\oplus}$$

Das Gemisch aus H_2O_2 und Eisen(II)-Salz nennt man *Fentons*-Reagenz. Als eigentliches Oxidationsmittel wirkt hier das Hydroxyl-Radikal HO·. Es spaltet aus dem zu oxidierenden Substratmolekül leicht ein Wasserstoffatom ab, und das gebildete Radikal, z. B. *(30)*, kann entweder genauer untersucht werden oder, in einer auch präparativ recht nützlichen Reaktion, zu dem Dimer *(31)* weiterreagieren.

$$HO\bullet + H{-}CH_2{-}C(CH_3)_2{-}OH \longrightarrow H_2O + \bullet CH_2C(CH_3)_2OH \longrightarrow HO{-}C(CH_3)_2{-}CH_2CH_2{-}C(CH_3)_2{-}OH$$

(30) *(31)*

Durch Wasserstoffentzug wird auch die Autoxidation von Benzaldehyd eingeleitet (S. 387).

$$C_6H_5{-}CHO + Fe^{3\oplus} \longrightarrow C_6H_5\dot{C}O + H^{\oplus} + Fe^{2\oplus}$$

Sie wird durch Schwermetall-Ionen wie $Fe^{3\oplus}$ katalysiert, die wiederum in der Lage sind, Elektronen zu übertragen. Zwei Einelektronen-Oxidationen, die Erzeugung des stabilen Phenoxyl-Radikals *(32)* aus dem entsprechenden Phenolat-Anion mit $Fe(CN)_6^{3\ominus}$ (S. 355)

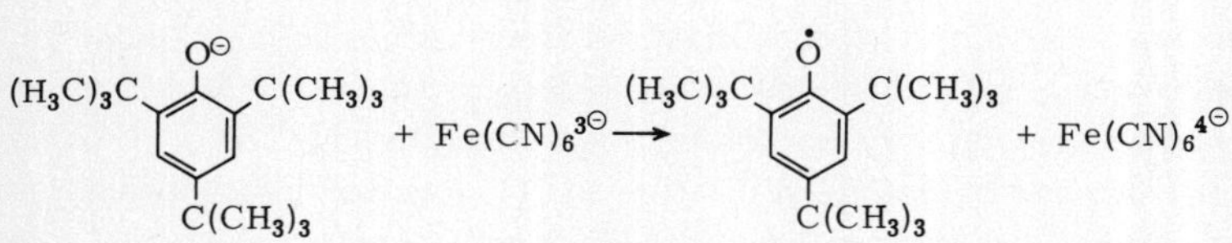

(32)

und die oxidative Dimerisierung von Carbanionen wie *(33)* mit Iod, haben wir bereits kennengelernt (S. 346).

$$2\,(H_3CCO)_2\overset{\ominus}{C}H \xrightarrow{I_2} 2\,(H_3CCO)_2\dot{C}H \longrightarrow (H_3CCO)_2CH{-}CH(COCH_3)_2$$

(33)

Radikale, die in einem zweiten Schritt dimerisieren, spielen auch bei der *Kolbe*-Synthese von Kohlenwasserstoffen eine Rolle. Sie werden elektrolytisch durch anodische Oxidation von Carboxylat-Ionen erzeugt, wobei zunächst ein Carboxyl-Radikal entsteht, das sehr schnell unter Bildung des Alkyl-Radikals *(34)* decarboxyliert.

$$2\ RCO_2^{\ominus} \xrightarrow[\text{Anode}]{-2e^{\ominus}} 2\ RCO_2\bullet \xrightarrow{-CO_2} \underset{(34)}{2\ R\bullet} \longrightarrow R{-}R$$

Ketone *(35)* werden bei der Elektrolyse in wäßrigen Säuren über das Radikal-Anion *(36)* an der Kathode zu Dianionen von Pinakolen *(37)* reduziert.

$$\underset{(35)}{2\ R_2C{=}O} \xrightarrow[\text{Kathode}]{+e^{\ominus}} \underset{(36)}{2\ R_2\dot{C}{-}O^{\ominus}} \longrightarrow \underset{(37)}{\begin{array}{l} R_2C{-}O^{\ominus} \\ R_2C{-}O^{\ominus} \end{array}} \xrightarrow{+2H^{\oplus}} \begin{array}{l} R_2C{-}OH \\ R_2C{-}OH \end{array}$$

Dem Radikal-Ion *(36)* sind wir bereits bei der Reduktion aromatischer Ketone mit Natrium unter Luftabschluß begegnet (S. 253). Es erinnert auch an das Radikal-Anion in der ersten Stufe der Acyloinkondensation (S. 254). Es muß abschließend betont werden, daß die Methoden der Radikalbildung, die wir hier diskutiert haben, alle mit neutralen Molekülen oder Ionen arbeiten. Tatsächlich kommt es häufig vor, daß irgendwelche Radikale, an denen wir interessiert sind, durch den Angriff von vorher generierten Radikalen Ra• auf geignete Vorstufen erzeugt werden. Als Ausgangsmaterial für diese Startradikale können Peroxide oder Azoalkane dienen:

$$R{-}H + Ra\cdot \longrightarrow R\cdot + H{-}Ra$$

$$CX_2{=}CX_2 + Ra\cdot \longrightarrow \cdot CX_2{-}CX_2{-}Ra$$

11.3 Der Nachweis von Radikalen

Die klassische Nachweismethode für Radikale, die Panethsche Spiegelmethode, wurde bereits besprochen (S. 353). Da der Übergang eines Elektrons zwischen den Energieniveaus eines Radikals weniger Energie erfordert als der Übergang der gepaarten Elektronen ihrer stabilen Ausgangsverbindungen, absorbieren Radikale bei größeren Wellenlängen. Eine Anzahl von Radikalen, z. B. *(10)* (S. 354) und *(15)* (S. 355), sind aus diesem Grunde – im Gegensatz zu den jeweiligen Ausgangsmaterialien – farbig und können leicht kolorimetrisch nachgewiesen werden. Aber auch die Konzentration farbloser Radikale kann kolorimetrisch durch Umsetzung

mit dem stabilen, violetten Diphenylpikrylhydrazyl *(10)* zu farblosen Produkten bestimmt werden. Ein weiterer, sehr nützlicher Test auf das Vorliegen von Radikalen ist die Auslösung von Polymerisationsreaktionen (S. 377). Polymerisationen können zwar auch durch Kationen oder Anionen eingeleitet werden, man kann jedoch zwischen diesen Kettenstartern und Radikalen unterscheiden, wenn man das zu untersuchende System auf eine 1 : 1-Mischung von Styrol, $C_6H_5-CH=CH_2$, und Methylmethacrylat, $H_2C=C(CH_3)-COOCH_3$, einwirken läßt. Mit kationischen Initiatoren entsteht ausschließlich Polystyrol, mit anionischen Polymethylmethacrylat. Sind jedoch Radikale zugegen, so wird ein Copolymer gebildet, das zu gleichen Teilen aus den beiden Monomeren besteht.
Die beste Nachweismethode für Radikale ist z. Zt. die Elektronenspinresonanz- oder ESR-Spektroskopie (auch EPR-Spektroskopie genannt, von „electron paramagnetic resonance"). Sie beruht auf dem vom Spin verursachten magnetischen Moment eines ungepaarten Elektrons, das sich parallel oder antiparallel zur Richtung des magnetischen Feldes ausrichten kann, entsprechend den magnetischen Quantenzahlen +1/2 und –1/2. Im Magnetfeld kann sich daher das Elektron in einem von zwei Energieniveaus befinden, und Übergänge dazwischen verursachen eine charakteristische Absorptionslinie im Mikrowellenbereich. Man kann auf diese Weise sogar kurzlebige radikalische Zwischenprodukte, die nur in sehr geringen Konzentrationen vorliegen (ca. 10^{-12} molar), nachweisen. Die ESR-Spektroskopie ungepaarter Elektronen entspricht also der NMR-Spektroskopie von Kernen, die ein magnetisches Moment besitzen (^1H, ^{13}C usw.). ESR- und NMR-Spektroskopie werden in energetisch stark voneinander verschiedenen Bereichen des elektromagnetischen Spektrums durchgeführt, da das magnetische Moment eines ungepaarten Elektrons viel größer als das eines Protons ist, und folglich mehr Energie zur Spinumkehrung benötigt wird.

Die Feinstruktur der ESR-Signale, das sog. *Splitting*, entsteht durch Wechselwirkung der ungepaarten Elektronen mit benachbarten magnetischen Kernen, vor allen Dingen mit ^1H. Die auf diese Weise hervorgerufenen, manchmal sehr komplizierten Linienmultipletts erlauben wichtige Rückschlüsse auf Struktur und Gestalt eines Radikals. Als Beispiel sei das Radikal betrachtet, das bei der Reaktion von HO· mit 1,3,5-Cycloheptatrien *(38)* entsteht. Sein sehr einfaches ESR-Spektrum besteht aus acht äquidistanten Linien, die durch Wechselwirkung des ungepaarten Elektrons mit sieben äquivalenten ^1H-Kernen entstehen. Für ein Radikal mit der lokalisierten Struktur *(39)* wäre ein viel komplizierteres Aufspaltungsmuster zu erwarten. Die delokalisierte Struktur *(40)* (S. 124) mit ihren sieben gleichwertigen

Wasserstoffatomen steht hingegen in Einklang mit dem beobachteten ESR-Spektrum.

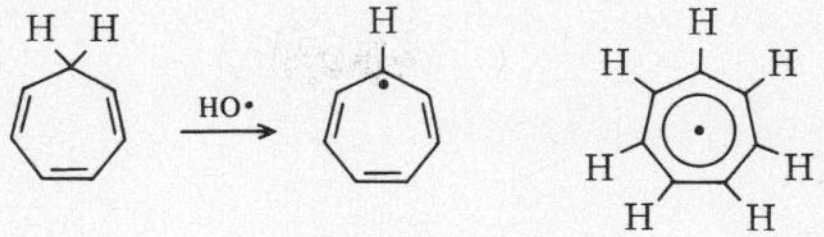

(38) *(39)* *(40)*

Unter optimalen Bedingungen kann man Radikale mit Hilfe der ESR-Spektroskopie noch in 10^{-8}molarer Lösung nachweisen. Die zu untersuchenden Radikale kann man im Meßkopf des Spektrometers durch Bestrahlung erzeugen oder auch außerhalb, wobei man mit Hilfe eines Strömungssystems eine stationäre Radikalkonzentration im Spektrometer aufrecht erhält („continous flow technique"). Diese Methode erfordert relativ große Volumina und beträchtliche Mengen an Ausgangsmaterial, was gelegentlich ein Nachteil ist. Je größer die Lebensdauer eines Radikals, desto größer ist selbstverständlich auch die Chance, sein Spektrum zu beobachten. Radikale wie Triphenylmethyl $(C_6H_5)_3C\cdot$ lassen sich leicht ESR-spektroskopisch studieren, Teilchen wie $C_6H_5\cdot$, $C_6H_5CH_2\cdot$ (Benzyl) oder gar $C_2H_5\cdot$ stellen höhere Anforderungen. Ein neues Verfahren zur „Lebensverlängerung" kurzlebiger Spezies, das sog. *Spintrapping* (englisch to trap = abfangen), besteht darin, dem Reaktionsmedium eine geeignete diamagnetische Substanz wie *(41)* zuzusetzen, die mit dem intermediär gebildeten Radikal reagiert.

$$R\cdot + (CH_3)_3C{-}\ddot{N}{=}\ddot{O} \longrightarrow (CH_3)_3C{-}\underset{\cdot\cdot}{N}(R){-}\ddot{O}\cdot$$

(41) *(42)*

Dadurch entsteht ein langlebigeres Radikal *(42)*, das in Ruhe untersucht werden kann. Ein anderes modernes Verfahren zum Studium sehr kurzlebiger Radikale ist die sog. *Matrixisolationstechnik.* Hierbei werden die Radikale photochemisch aus geeigneten Vorstufen in einer inerten Matrix, die z. B. aus gefrorenem Argon bestehen kann, erzeugt. Ihre Lebensdauer ist unter diesen Bedingungen größer, weil die Matrix die einzelnen Moleküle voneinander abschirmt, so daß sie nicht miteinander kollidieren und reagieren können.

Außer den spezifizierten physikalischen Methoden zum Radikalnachweis gibt es auch chemische Verfahren, mit deren Hilfe sich Radikalzwischenstufen nachweisen lassen; dazu zählen die Zugabe von Radikalstartern (S. 369) oder -inhibitoren (S. 352) und die – im Vergleich zu polaren Reaktionen – geringe Solvensabhängigkeit von Radikalprozessen.

11.4 Gestalt und Struktur von Radikalen

Wie bei den Carbokationen (S. 122) und den Carbanionen (S. 323) taucht auch bei den einfachen Radikalen vom Typ $R_3C\cdot$ die Frage auf, ob sich ihr ungepaartes Elektron in einem p-Orbital – planare Struktur *(43)* – oder in einem sp^3-Hybridorbital – pyramidale Struktur *(44)* – befindet.

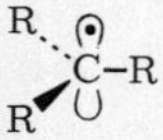

(43)

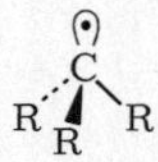

(44)

Außerdem ist eine zwischen diesen beiden Extremen liegende Geometrie denkbar. Für das Methyl-Radikal liegen detaillierte ESR-Messungen am System $^{13}CH_3\cdot$ vor. Durch eine genaue Analyse der Linien, die durch Wechselwirkung des Elektrons mit dem paramagnetischen ^{13}C-Kern hervorgerufen werden, können Rückschlüsse auf den s-Charakter des Orbitals gezogen werden, in dem sich das ungepaarte Elektron befindet. Für $^{13}CH_3\cdot$ zeigt sich, daß der s-Anteil des Orbitals sehr klein (ca. 5 %) oder sogar null sein muß. Dieses Radikal ist demnach planar, es besitzt Struktur *(43)* mit R = H. Zum gleichen Resultat führen auch UV- und IR-spektroskopische Untersuchungen. Der s-Charakter des halbgefüllten Orbitals steigt jedoch in der Reihe

$$H_3C\cdot < FCH_2\cdot < F_2CH\cdot < F_3C\cdot$$

an, und das Trifluormethyl-Radikal ist sp^3-hybridisiert, besitzt also die pyramidale Struktur *(44)* mit R = F. Auch die Radikale $\cdot CH_2OH$ und $\cdot C(CH_3)_2OH$ sind pyramidal „verbogen". Handelt es sich bei dem Radikal-Kohlenstoffatom um den Brückenkopf eines starren cyclischen Ringsystems, so wird ihm eine pyramidale Konfiguration durch die Geometrie des Molekülgerüsts aufgezwungen, z. B. *(45)* und *(46)*.

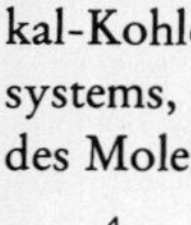

(45)

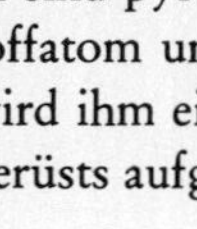

(46)

Derartige Radikale entstehen zwar im Gegensatz zu den entsprechenden Carbokationen leicht aus geeigneten Ausgangspunkten, die sind aber instabiler als einfache tertiäre aliphatische Radikale ohne eine solche sterische Fixierung. Die Stabilität einfacher Alkylradikale nimmt in der Reihenfolge

$$R_3C\cdot > R_2CH\cdot > RCH_2\cdot > H_3C\cdot$$

ab. Für diesen Trend ist einerseits die Leichtigkeit verantwortlich, mit der die jeweilige Kohlenstoff-Wasserstoff-Bindung des Ausgangsalkans homolytisch gespalten wird, und vor allen Dingen die Stabilisierung des Radikals durch Hyperkonjugation oder andere Effekte, die von links nach rechts abnehmen. Die sterische Spannung zwischen den Substituenten R nimmt außerdem beim Übergang des sp^3-hybridisierten Ausgangsmaterials in das sp^2-hybridisierte Radikal ab, was sich wieder beim tertiären Radikal besonders bemerkbar macht. Die Stabilitätsunterschiede zwischen den verschiedenen Radikalen sind jedoch viel weniger stark ausgeprägt als bei den entsprechenden Carbokationen.

Allyl-[$RCH{=}CH{-}CH_2\cdot$, *(47)*] und Benzyl-Radikale [$C_6H_5CHR\cdot$, *(48)*] sind wegen der Delokalisierung des ungepaarten Elektrons über ein π-System stabiler und deshalb reaktionsträger als einfache Alkyl-Radikale.

$[RCH{\cdots}CH{\cdots}CH_2]\cdot$

(47)

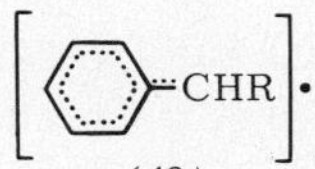

(48)

In beiden Fällen sind die Radikalkohlenstoffatome sp^2-hybridisiert, da nur in der planaren Anordnung eine maximale Überlappung zwischen dem p- und den π-Orbitalen gewährleistet ist. Die Stabilität eines Radikals ist um so größer, je weitgehender sein Elektron delokalisiert ist, d. h. das Triphenylmethyl-Radikal *(49)* ist stabiler als das Benzhydryl-Radikal $(C_6H_5)_2CH\cdot$ und dieses wiederum energieärmer als das Benzyl-Radikal.

Wie Untersuchungen an *(49)* zeigen, hat nicht nur der Substitutionstyp einen Einfluß auf die Stabilität eines Radikals, sondern auch dessen geometrische Struktur. Das Radikalkohlenstoffatom in *(49)* ist sicherlich sp^2-hybridisiert, d. h. die Bindungen zu den Phenylsubstituenten befinden sich in einer Ebene. Maximale Überlappung, und damit Stabilisierung, wird aber nur dann eintreten, wenn – wie in *(49a)* – die drei Benzolringe auch koplanar angeordnet sind.

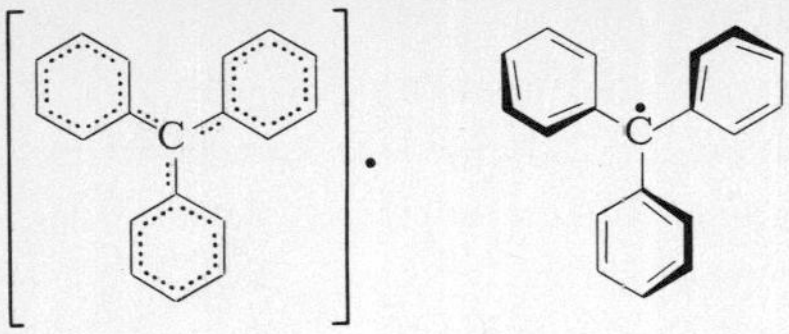

(49a) *(49b)*

Nur in dieser Konformation kann das p-Orbital am zentralen Kohlenstoffatom optimal und gleich stark mit den π-Systemen aller drei Substituenten überlappen. Wie jedoch spektroskopische und röntgenographische Untersuchungen an Triarylmethyl-Radikalen zeigen, sind diese Verbindungen *nicht* planar. Die Benzolringe sind vielmehr, wie es die Formel *(49b)* andeutet, propellerartig um ca. 30° aus der gemeinsamen Ebene herausgedreht. Das ESR-Spektrum von *(49)* zeigt zwar eine deutliche Delokalisierung des Elektrons, jedoch ist diese nicht maximal und nicht wesentlich ausgeprägter als die des Benzhydryl- und sogar des Benzyl-Radikals. Der Hauptgrund für die größere „Stabilität“ von $(C_6H_5)_3C\cdot$, wie sie sich in der geringen Neigung zur Dimerisierung manifestiert, muß deshalb sterischer Natur sein und von der großen Gruppenhäufung rühren, die auftritt, wenn sich die sehr voluminösen Tritylradikale zu vereinigen suchen. Diese räumliche Überfüllung spiegelt sich in der Tatsache wider, daß das schließlich isolierte Dimer eben nicht Hexaphenylethan, sondern der oben vorgestellte Kohlenwasserstoff *(7)* ist. Zu seiner Bildung wird die leichter zugängliche Peripherie eines Trityl-Radikals angegriffen. Die Benzolringe werden durch sterische Wechselwirkungen, die zwischen den *ortho*-Wasserstoffatomen benachbarter Benzolringe auftreten, aus der koplanaren Anordnung herausgedreht. Werden in die *ortho*-Stellungen Substituenten eingeführt, deren Raumerfüllung die der Wasserstoffatome übersteigt, so vergrößert sich der Verdrillungswinkel auf über 50°. Dadurch sollten die Delokalisierung und die Stabilität selbstverständlich weiter absinken. Tatsächlich findet man aber, daß die Radikale mit voluminösen *ortho*-Substituenten beständiger als *(49)* sind, d. h. weniger leicht dimerisieren. Auch diese Beobachtung läßt sich wieder auf einen sterischen Effekt zurückführen. Der Abstand zwischen dem Radikalkohlenstoffatom und den *ortho*-Substituenten ist sehr klein; sie verhindern deshalb, daß sich das Radikal einem anderen Molekül nähert und mit ihm reagiert [vgl. *(15)*, S. 355]. Dieser Abschirmungseffekt der Substituenten wird um so größer sein, je größer der Verdrillungswinkel der Benzolringe ist.

Wenn jeder Benzolring des Triarylmethyl-Radikals wie in *(50)* einen raumbeanspruchenden *para*-Substituenten trägt, dann wird die Dimerisierung, an der auch eine *para*-Position beteiligt ist (S. 353), sehr erschwert oder sogar vereitelt.

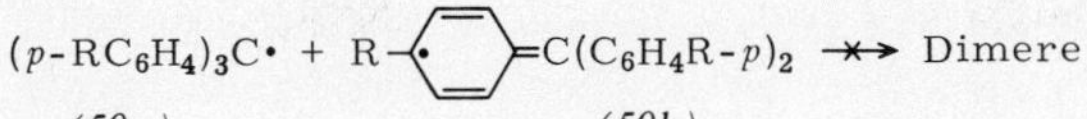

(50a) *(50b)*

Die schon erwähnten Heteroradikale *(9)*, *(10)*, *(14)* und *(15)* verdanken ihre vergleichsweise große Stabilität – d. h. ihre geringe Neigung zur Dimerbildung – mehreren Faktoren. Einerseits sind die N–N-, S–S- und O–O-Bindungen ziemlich leicht spaltbar, andererseits werden die gebildeten Radikale durch Phenylsubstituenten stabilisiert. Ein dritter Grund ist die sterische Abschirmung des Heteroatoms durch geeignete Substituenten. Ein Arylsubstituent in der *para*-Position eines mit dem Heteroatom verbundenen Benzolkerns [vgl. *(50)*] hat ebenfalls eine stabilisierende Wirkung. Der letztere Faktor ist, neben der Labilität der O–O-Bindung, für die große Stabilität von *(15)* (S. 355) verantwortlich. Und alle drei Faktoren wirken in *(51)* zusammen, einem Radikal, das in Lösung keine Neigung zur Dimerisierung zeigt.

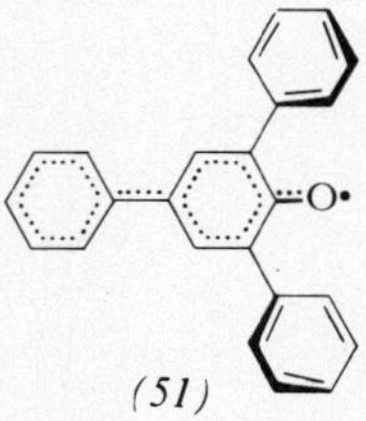

(51)

Wie auf ESR-Messungen beruhende Berechnungen zeigen, sind die *p*-Phenyl- und die zentrale Phenoxygruppe koplanar angeordnet; die beiden *o*-Phenylreste sind um 46° gegen diesen Teil des Moleküls verdreht. Der *p*-Substituent übt also eine doppelte Funktion aus: er delokalisiert das ungepaarte Elektron so weitgehend wie möglich und verhindert als voluminöse Gruppe die Dimerisierung des Radikals. Die beiden verdrillten *ortho*-Substituenten tragen zur Stabilisierung von *(51)* bei, weil sie das Sauerstoffatom abschirmen und dadurch die Bildung über die Sauerstoffatome verknüpfter Dimere unmöglich machen. Andererseits ist Dimerbildung im festen Zustand beobachtet worden; sie erfolgt dann wie in *(7)* über eine *para*-Position.

11.5 Reaktionen von Radikalen

Ein einfaches Ordnungsschema für die zahlreichen Radikalreaktionen geht vom Radikal selbst aus. Ein Radikal kann erstens unimolekular zerfallen oder sich umlagern. Zweitens kann es an bimolekularen Prozessen mit anderen Radikalen teilnehmen, d. h. dimerisieren oder disproportionieren. Und drittens sind bimolekulare Reaktionen zwischen Radikalen und anderen Molekülen möglich. In diese letztere Kategorie fallen Additions-, Substitutions- und Abstraktionsreaktionen (bei denen meistens einem Molekül ein Wasserstoffatom entrissen wird). Da dieses Klassifikationssystem nur schwer mit dem Einteilungsschema nach Reaktionstypen, das wir bisher benutzt haben, in Einklang gebracht werden kann, sollen in den folgenden Abschnitten die Reaktionen von Radikalen unter den allgemeinen Überschriften Addition, Substitution und Umlagerung behandelt werden, gleichgültig ob Radikale als Ausgangsstoffe dienen oder intermediär erzeugt werden.
Es ist wichtig zu betonen, daß bei jeder Reaktion eines Radikals mit einem Neutralmolekül ein weiteres Radikal erzeugt (S. 377) wird. Damit kann eine Kettenreaktion gestartet werden, die keiner Hinzufügung weiterer Initiatormoleküle bedarf, um in Gang zu bleiben. Ein derartiger Kettenprozeß wird normalerweise durch das relativ seltene Ereignis der Radikaldimerisierung beendet – selten, weil die Radikalkonzentration meistens nur sehr gering ist – oder durch eine Disproportionierung (S. 377), bei der kein neues Radikal entsteht.

11.5.1 Additionsreaktionen

Die Addition von Radikalen an die Kohlenstoff-Kohlenstoff-Doppelbindung zählt zu den wichtigsten Radikalreaktionen. Von besonders großer praktischer Bedeutung ist die radikalische Polymerisation (Vinylpolymerisation, S. 377), deren Reaktionsmechanismus sehr genau untersucht worden ist. Wichtig ist aber auch die radikalische Addition von Halogenen bzw. Halogenwasserstoffsäuren an Alkene.

11.5.1.1 Die Halogenaddition

Wie bereits erwähnt (S. 205), kann die Anlagerung von Halogenen an ungesättigte Systeme entweder nach einem ionischen oder einem radikalischen Mechanismus ablaufen. Den Ionen-Mechanismus begünstigen polare Lösungsmittel und Lewis-Säure-Katalysatoren bzw. stark basische Bedingungen, je nachdem, ob es sich um kationische oder anionische Polymerisation handelt; der Radikalmechanismus wird besonders beim Arbeiten in nichtpolaren Solventien oder in der Gasphase, in Gegenwart von UV- und Sonnenlicht sowie bei Zusatz von Radikalstartern beobachtet. Als Beispiel sei die photochemisch ausgelöste Addition von Chlor an Tetrachlorethylen *(52)* näher betrachtet (S. 352).

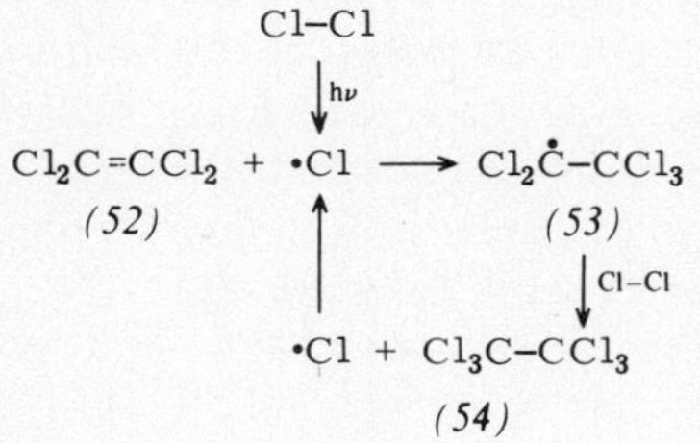

Im ersten Reaktionsschritt, der Photolyse des Chlors, entstehen *zwei* reaktionsfreudige Teilchen: die beiden Chloratome, die selbstverständlich Radikale sind. Jedes dieser Atome kann eine Kettenreaktion auslösen. Daß tatsächlich jedes absorbierte Lichtquant zum Start *zweier* Ketten führt, geht aus der Reaktionsgeschwindigkeit des Prozesses hervor, die proportional zur Quadratwurzel aus der Intensität des absorbierten Lichts ist. Chloratome sind elektrophil (das Element ist elektronegativ, und Cl· nimmt deshalb leicht ein Elektron auf, um seine Oktettschale zu füllen), sie addieren sich deshalb rasch an die Doppelbindung von *(52)*. Das gebildete Radikal *(53)* abstrahiert ein Chloratom aus einem zweiten Chlormolekül unter Bildung des Endprodukts *(54)* und setzt dabei ein neues Chloratom frei. Diesen Schritt kann man als radikalische Substitution am Chlormolekül auffassen. Das so neu entstandene Chloratom setzt die Reaktionskette fort, d. h. jedes photochemisch erzeugte Chloratom löst eine sehr schnell ablaufende Kettenreaktion aus. Durch jedes absorbierte Lichtquant werden Tausende von Molekülen *(52)* in das Addukt *(54)* umgewandelt, die Reaktionskette ist also sehr lang. Die Konzentration an *(53)* und an Cl· ist bis zur letzten Phase der Reaktion, wenn praktisch alles Olefin *(52)* und das Chlor aufgebraucht sind, viel geringer als die der Ausgangsverbindungen. Die Reaktion eines Radikals mit einem Molekül wird also viel häufiger sein als die Kollision zweier Radikale, die zu einem Kettenabbruch führen würde. Schließlich muß es aber doch zu einem Abbruch der Reaktionsketten kommen. Meistens vereinigen sich dazu zwei Radikale vom Typ *(53)* zu Dimeren *(55)*.

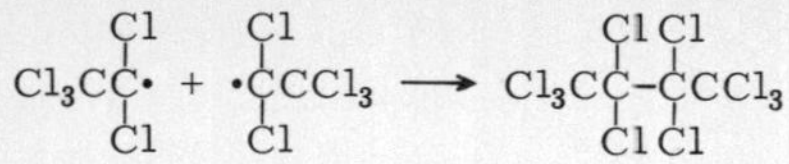

(53) *(53)* *(55)*

Die Reaktion wird durch Zugabe von Sauerstoff unterbrochen. Dieses Molekül besitzt ungepaarte Elektronen (·O−O·) und verhält sich daher wie ein, wenn auch etwas reaktionsträges, Diradikal. Sauerstoff fungiert als sehr wirksamer Inhibitor, indem er die hochreaktiven Radikale der obigen Additionsreaktion in die viel weniger reaktionsfähigen Peroxyradikale R−O−O· umwandelt. Diese sind nicht in der Lage, die Kettenreaktion aufrechtzuerhalten. Daß Sauerstoff vorwiegend mit den Pentachlorethyl-Radikalen *(53)* reagiert, wenn die Addition von Chlor an Tetrachlorethylen durch O_2 unterbunden wird, erkennt man an der Bildung von *(56)*.

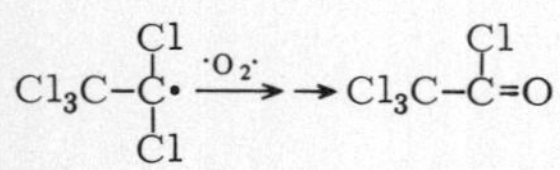

(53) *(56)*

In ihrer relativen Reaktivität verhalten sich die Halogene bei der radikalischen Addition ähnlich wie bei der elektrophilen, d. h. die Reaktionsgeschwindigkeit nimmt in der Reihe $F_2 > Cl_2 > Br_2 > I_2$ ab. Die Anlagerung von Fluor, die keine photochemische oder andere Aktivierung erfordert, verläuft so heftig und unter Bildung von derartig vielen Nebenprodukten, daß sie für praktische Zwecke unbrauchbar ist. Die Chlorierung verläuft im allgemeinen ebenfalls rasch und auch noch bei höheren Temperaturen (bis 200 °C) irreversibel; die Reaktionsketten sind lang. Mit steigender Temperatur wird jedoch eine wachsende Tendenz zur Wasserstoffabstraktion vom Alken beobachtet, die in bestimmten Fällen (S.383) zu einer Substitution durch Chlor statt zur Addition führt. Die Bromaddition erfolgt zwar ebenfalls glatt, aber ihre Reaktionsketten sind kürzer, und sie ist zudem umkehrbar. Die Anlagerung von Iod ist nur sehr schwer oder gar nicht durchführbar, die Addukte spalten das Iod außerdem sehr leicht wieder ab. Die Einführung weiterer Alkylsubstituenten in die Doppelbindung hat auf die Geschwindigkeit der Halogenaddition nur einen geringen Einfluß, in jedem Fall ist der Substituenteneffekt kleiner als bei der ionischen Addition (S. 212). Halogenierte Alkene reagieren erwartungsgemäß langsamer als die reinen Kohlenwasserstoffe, Tetrachlorethylen also z. B. viel langsamer als Ethylen.

Die Umkehrbarkeit der Brom- und besonders der Iodaddition wird dazu benutzt, isomere Alkene ineinander umzulagern. In einfachen Fällen, z. B. bei *(57)* und *(58)*, kann auf diese Weise das thermodynamisch stabilere *trans*-Alken aus seinem *cis*-Isomer hergestellt werden.

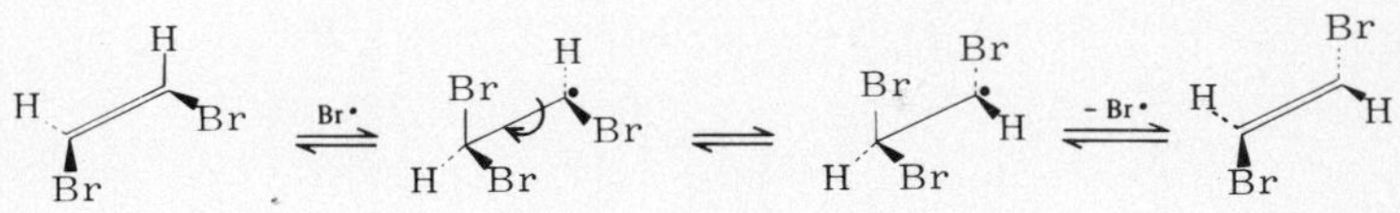

(57) *(58)*

In der Praxis bestrahlt man dazu *(57)* mit ultraviolettem Licht in Gegenwart katalytischer Mengen Brom oder Iod. Meistens wird allerdings nur eine Gleichgewichtsmischung erzeugt, in der das stabilere Isomer überwiegt. Daß die Reaktion tatsächlich nach dem obigen Mechanismus verläuft, d. h. durch Addition und Eliminierung von Br·, konnte mit radioaktivem Brom als Katalysator nachgewiesen werden: sowohl in *(57)* als auch *(58)* wird bei dieser Versuchsführung radioaktives Brom eingebaut.

Die Addition von Chlor an Benzol, eine der wenigen Additionsreaktionen des nicht aktivierten Benzolkerns, verläuft über einen Radikalmechanismus. Das ergibt sich aus dem Befund, daß sie durch Licht und Peroxide katalysiert und durch die üblichen Inhibitoren verlangsamt oder ganz unterbunden wird. Wahrscheinlich läuft die Reaktion wie folgt ab:

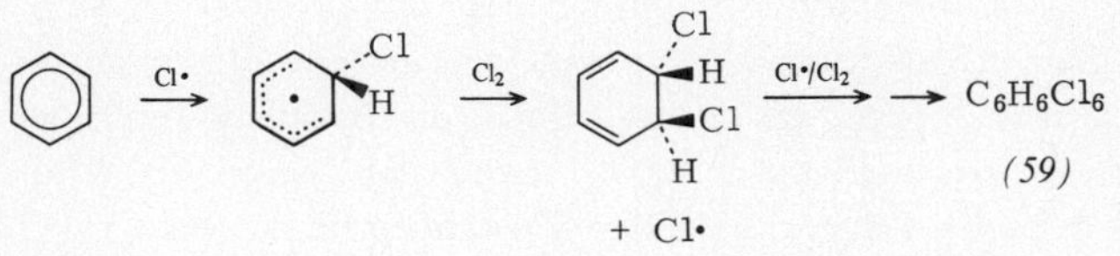

(59)

Das Reaktionsgemisch besteht aus mehreren der insgesamt acht möglichen geometrischen Isomeren des Hexachlorcyclohexans *(59)*. Ohne Sonnenlicht oder Peroxidzugabe kann kein Chlor addiert werden, während bei Gegenwart von Lewis-Säuren elektrophile Substitution nach dem üblichen Additions/Eliminierungs-Mechanismus eintritt (S. 157). Auch mit anderen Radikalen, z. B. $C_6H_5\cdot$, läßt sich an Benzol eine homolytische Substitution durchführen, die ebenfalls nach einem Additions/Eliminierungs-Mechanismus abläuft (S. 390).

Unter den Bedingungen einer Radikalreaktion findet beim Toluol *(60)* leichter ein Angriff auf die Methylgruppe statt als eine Addition am Kern wie beim Benzol, so daß in erster Linie Seitenkettenchlorierung (d. h. Substitution) eintritt. Die Ursache ist die Stabilität und leichte Bildung des Primärprodukts, des Benzyl-Radikals $C_6H_5CH_2\cdot$ *(61)*. Im Hexadienyl-Radikal *(62)*, das im Verlauf einer Kernsubstitution gebildet werden müßte, ist die aromatische Stabilisierung des Ausgangsmaterials aufgehoben.

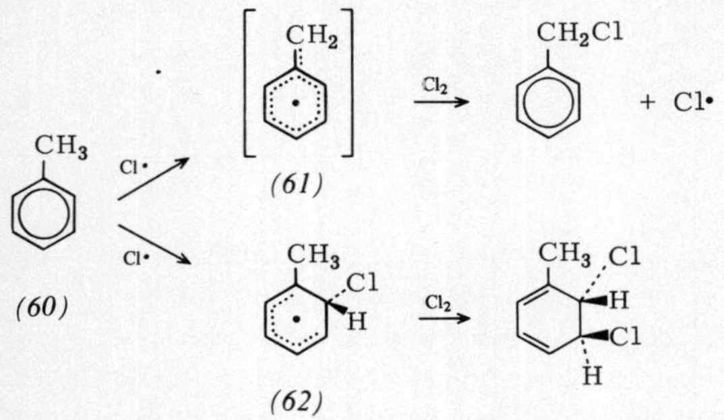

(60) (61) (62)

11.5.1.2 Die Addition von Bromwasserstoff

Die über ionische Zwischenprodukte verlaufende Addition von Bromwasserstoff an Propen *(63)*, bei der 2-Brompropan gebildet wird, haben wir bereits kennengelernt (S. 212).

Bei Anwesenheit von Peroxiden oder anderen Radikalquellen gibt die Addition über eine schnelle Kettenreaktion dagegen 1-Brompropan *(64)* (das ist die sog. *„anti-Markownikoff-Anlagerung“* oder der „Peroxid-Effekt“). Die unterschiedlichen Reaktionsprodukte unter verschiedenen Bedingungen sind darauf zurückzuführen, daß im ersten Fall die Addition durch ein Proton $H^{\oplus}$, im letzten aber durch ein Bromatom $Br\cdot$ eingeleitet wird. Dadurch wird in beiden Fällen das stabilere Zwischenprodukt erzeugt: bei der polaren Addition das sekundäre Carbokation und bei der radikalischen das ebenfalls sekundäre Radikal *(65)*.

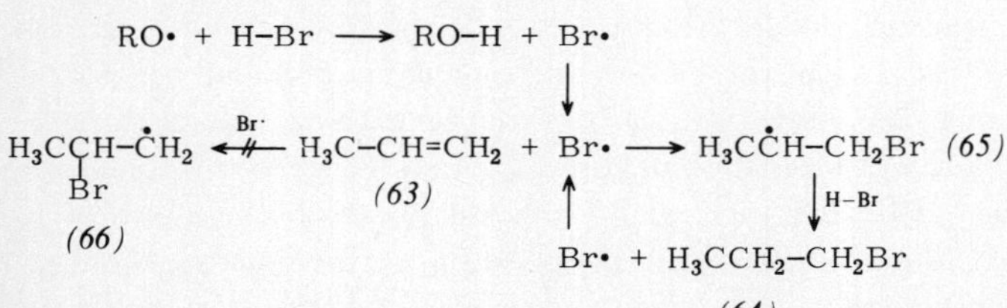

(65) (66) (63) (64)

Die Reaktion beginnt mit dem Angriff eines Br·-Atoms, da die Abspaltung von Wasserstoff aus HBr durch das RO·-Radikal energetisch viel günstiger ist als die Bromabspaltung unter Bildung von RO—Br und H·. Eine konkurrierende Addition von Br· an *(63)*, bei der $CH_3CH(Br)CH_2$· *(66)* entstünde, ist nicht zu befürchten, da – wie erwähnt (S. 365) – sekundäre Radikale *(65)* stabiler als primäre *(66)* sind.

Bromwasserstoff ist die einzige Halogenwasserstoffsäure, die glatt nach dem obigen Radikalmechanismus mit Alkenen reagiert. Eine Erklärung hierfür liefern die Reaktionsenthalpien ΔH [in kJ (kcal) mol^{-1}] für die beiden kettenfortpflanzenden Schritte bei der Anlagerung von H—X an Ethylen.

	(1) X· + CH_2=CH_2	(2) XCH_2CH_2· + HX
H–F	−188 (−45)	+155 (+37)
H–Cl	−109 (−26)	+21 (+5)
H–Br	−21 (−5)	−46 (−11)
H–I	+29 (+7)	−113 (−27)

Nur im Fall des Bromwasserstoffs sind beide Schritte exotherm. Für Fluorwasserstoff ist der zweite Schritt stark endotherm, ein Zeichen für die Stärke der Fluor-Wasserstoff-Bindung und die Schwierigkeit, sie zu brechen. Für Chlorwasserstoff ist wiederum der zweite Schritt endotherm, obwohl nicht mehr so stark wie beim Fluorwasserstoff. Für Iodwasserstoff ist der erste Schritt endotherm, die Energie, die bei der Knüpfung der schwachen C—I-Bindung gewonnen wird, ist also nicht so groß wie der Energieverlust für das Lösen der Kohlenstoff-Kohlenstoff-Doppelbindung. Radikalische Chlorwasserstoff-Additionen werden deshalb gelegentlich beobachtet, allerdings verlaufen sie recht langsam und bei Normaltemperatur nur über ziemlich kurze Reaktionsketten.

Aber selbst im Fall des Bromwasserstoffs sind die Ketten kurz, verglichen mit der Addition von Halogenen an Alkene. Man benötigt deshalb mehr als eine Spur Peroxid, um eine genügend hohe Anfangskonzentration an Radikalen zu erzeugen. Für präparative Zwecke rechnet man im allgemeinen mit 0,01 mol Peroxid pro mol Alken. Die Additionsreaktion muß jedoch nicht unbedingt durch zugesetzte Radikale eingeleitet werden, denn Alkene absorbieren Sauerstoff aus der Luft unter Bildung von Peroxiden (Autoxidation, vgl. S. 387), die dann manchmal, auch wenn man es nicht will, selbst als Initiatoren wirken können. Wenn die HBr-Addition auf diesem Wege einmal in Gang gekommen ist, so verläuft sie wesentlich schneller als die, ebenfalls denkbare, konkurrierende Addition nach dem polaren Mechanismus. Das *anti*-Markownikoff-Produkt *(64)* wird also im Reaktionsgemisch deutlich überwiegen. Soll das reine Markownikoff-Produkt $CH_3CH(Br)CH_3$ aus Propen hergestellt werden, so muß man entweder von ganz reinem Alken ausgehen oder aber Radikalfänger (Inhibitoren) wie Phenol, Chinone usw. zusetzen, die alle Radikalzwischenstufen abfangen. Präparativ ist der zweite Weg einfacher. Die durch Zusatz von Radikalen oder Radikalfängern mögliche praktisch vollständige Steuerung der Orientierung bei der HBr-Anlagerung ist präparativ sehr nützlich. Sie ist nicht auf Propen beschränkt und läßt sich auf eine Anzahl anderer unsymmetrischer ungesättigter Verbindungen wie Allylbromid $H_2C{=}CH{-}CH_2{-}Br$ anwenden, das man nach Wunsch in 1,2- oder 1,3-Dibrompropan überführen kann.

Bisher ist noch nichts über die Stereochemie der radikalischen Addition an ungesättigte Verbindungen gesagt worden. Die Interpretation der Beobachtungen, die an acyclischen Alkenen gemacht wurden, wird dadurch kompliziert, daß sich Alkene unter dem Einfluß kleinster Mengen Brom bzw. Br· (aus HBr, vgl. S. 373) mindestens partiell in ihre geometrischen Isomere umwandeln. Andererseits kann man diese Nebenreaktion durch Arbeiten bei tiefen Temperaturen und geringem HBr/Alken-Verhältnis unterdrükken. Zu den am gründlichsten untersuchten Additionen zählt die Reaktion von flüssigem Bromwasserstoff bei −80 °C an *E*-2-Brom-2-buten *(67)*.

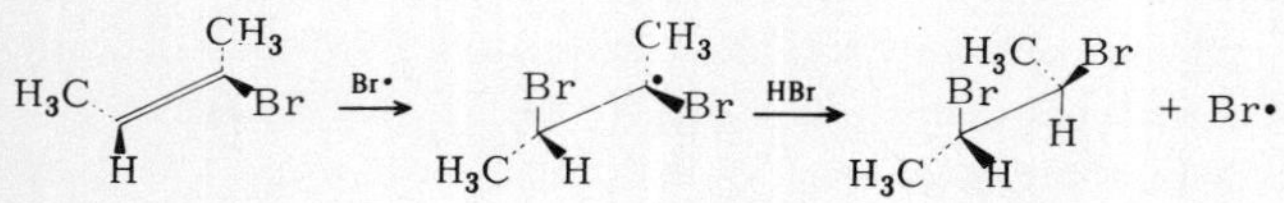

(67) *(69)* *(68)*

Sie verläuft praktisch vollständig TRANS-stereoselektiv unter Bildung des *meso*-Dibromids *(68)*. Das *Z*-Isomer von *(67)* liefert entsprechend die *d,l*-Form von *(68)*.

Man hat versucht, diese hohe TRANS-Selektivität ähnlich wie bei der ionischen Addition von Brom an Alkene durch die Annahme eines überbrückten Zwischenprodukts, des Radikals *(71)*, zu erklären, das ein Elektron mehr als das Bromonium-Ion (S. 208) bei der polaren Addition enthält.

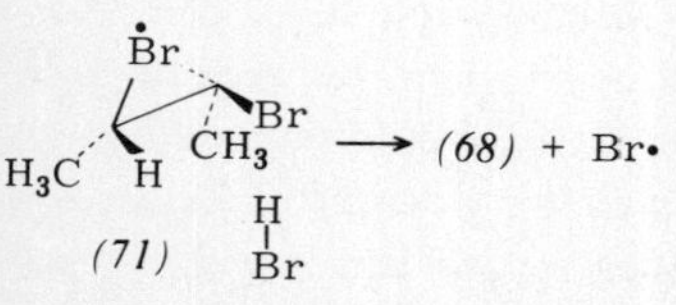

(71)

Durch den Angriff von Bromwasserstoff auf die weniger gehinderte Seite von *(71)* könnte dann das TRANS-Addukt *(68)* entstehen. Gegen diesen Reaktionsverlauf sprechen die folgenden Beobachtungen. Bei kleinem HBr/Alken-Verhältnis und höheren Temperaturen (25 °C) entsteht ein Gemisch, das zu 78 % aus *(68)* und zu 22 % aus *(72)* besteht, d. h. es bildet sich eine Produktmischung, die formal die Addukte einer TRANS- und einer CIS-Addition enthält. Wird außerdem das geometrische Isomer von *(67)*, das Bromid *(70)*, unter den gleichen Bedingungen mit HBr behandelt, so enthält das Reaktionsgemisch dieselben beiden Dibromide in gleicher Konzentration. Das wird damit erklärt, daß unter diesen Bedingungen die Rotation um die Kohlenstoff-Kohlenstoff-Einfachbindung schnell genug ist, um die beiden Konformationen *(69)* und *(73)* des intermediär gebildeten Radikals miteinander ins Gleichgewicht zu setzen. Erst nach dieser „Äquilibrierung" wird die Addition durch Abstraktion eines Wasserstoffatoms aus Bromwasserstoff beendet.

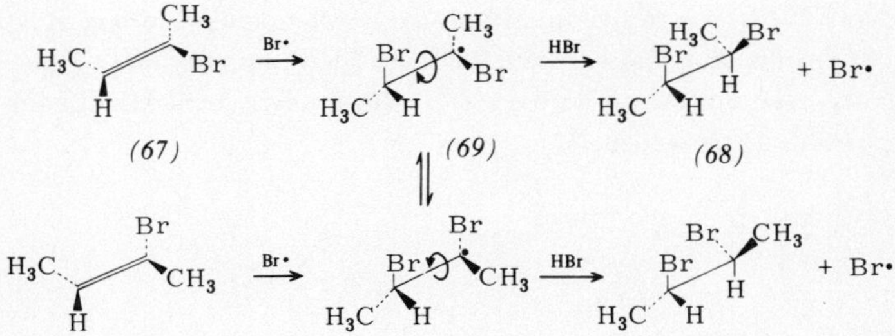

(67) *(69)* *(68)*

(70) *(73)* *(72)*

Daß die identische Produktzusammensetzung in beiden Fällen nicht auf eine Äquilibrierung der Ausgangsalkene *(67)* und *(70)* *vor* der eigentlichen Addition zurückgeführt werden kann, wurde durch entsprechende Kontrollexperimente sichergestellt. Es kann sehr wohl sein, daß die höhere TRANS-Stereoselektivität, die man bei tieferer Additionstemperatur (S. 374) und höherer Bromwasserstoff-Konzentration beobachtet, nicht auf der Bildung des cyclischen Zwischenprodukts *(71)* beruht, sondern auf einer verlangsamten Rotation um die Kohlenstoff-Kohlenstoff-Bindung. Relativ rascher Wasserstofftransfer (begünstigt durch die hohe HBr-Konzentration) könnte dann auf der weniger gehinderten Seite von *(69)* oder *(73)* erfolgen und zu der beobachteten bevorzugten TRANS-Anlagerung führen.

Bei cyclischen Alkenen, bei denen eine Rotation um die Kohlenstoff-Kohlenstoff-Bindung im radikalischen Zwischenprodukt unmöglich ist, wird eine Bevorzugung der TRANS-Addition beobachtet. Daß wie beim Cyclohexen ausschließlich TRANS- ständig addiert wird, ist selten.

11.5.1.3 Andere Additionsreaktionen

Thiyl-Radikale (R—S·) lassen sich leicht durch Wasserstoffabstraktion aus Thiolen (R—SH) herstellen; sie addieren sich ohne Schwierigkeiten an Alkene nach einem Kettenmechanismus, der dem der HBr-Anlagerung gleicht. Die Reaktion wird zur Darstellung von Dialkylsulfiden benutzt, hat aber den Nachteil, reversibel zu sein.

$$RCH{=}CH_2 + R'SH \underset{}{\overset{X\cdot}{\rightleftharpoons}} RCH_2CH_2SR'$$

Eine andere Quelle von Thiyl-Radikalen sind Sulfenylchloride wie z.B. $Cl_3C{-}S{-}Cl$. In diesem Fall wird die Reaktion allerdings durch Cl·-Radikale initiiert, und der R'S-Rest wird deshalb an das andere Kohlenstoffatom der Doppelbindung gebunden.

$$RCH{=}CH_2 \xrightarrow{Cl\cdot} R\dot{C}H{-}CH_2Cl \xrightarrow{Cl_3CSCl} R\underset{\displaystyle SCCl_3}{\underset{|}{C}}HCH_2Cl + Cl\cdot$$

Eine Methode zur Knüpfung von Kohlenstoff-Kohlenstoff-Bindungen stellt die Addition von Halomethyl-Radikalen an Alkene dar. Das benötigte $\cdot CX_3$-Radikal (X = Br oder Cl) wird dabei durch die Einwirkung von Peroxiden bzw. Licht auf CX_4 erzeugt.

$$RCH{=}CH_2 \xrightarrow{\cdot CCl_3} \underset{(74)}{R\dot{C}HCH_2CCl_3} \xrightarrow{CCl_4} \underset{(75)}{R\underset{\displaystyle Cl}{\underset{|}{C}}HCH_2CCl_3} + \cdot CCl_3$$

Daß der relativ inerte Tetrachlorkohlenstoff zur Reaktion gebracht werden kann, ist auf den ersten Blick überraschend, wird jedoch verständlich, wenn man die Reaktionsenthalpien für beide Schritte betrachtet. Sie sind mit −75 und −17 kJ (−18 bzw. −4 kcal) mol^{-1} beide exotherm. Das zunächst gebildete Radikal *(74)* kann mit $\cdot CCl_3$ um das Alken konkurrieren, und unter bestimmten Bedingungen werden deshalb außer den normalen Addukten *(75)* auch niedermolekulare Polymere (Telomere) gebildet.

11.5.1.4 Die Vinylpolymerisation

Diese Reaktion ist wahrscheinlich von allen Radikalreaktionen, nicht zuletzt wegen ihrer technischen Bedeutung bei der Herstellung von Polymeren, am eingehendsten untersucht worden. Es hat sich gezeigt, daß sie aus drei Phasen besteht:

1. Start: a) Bildung des Initiator-Radikals Ra• aus Peroxiden, Azoverbindungen u.a.

   b) $Ra\cdot + CH_2{=}CH_2 \longrightarrow RaCH_2CH_2\cdot$

2. Kettenwachstum:

$$Ra\cdot + H_2C{=}CH_2 \longrightarrow RaCH_2CH_2\cdot \xrightarrow{(H_2C=CH_2)_{n-1}} Ra[(CH_2)_{2n}]\cdot$$

. Kettenabbruch:

a) $Ra[(CH_2)_{2n}]\cdot + Ra \longrightarrow Ra{-}(CH_2)_{2n}{-}Ra$

b) $Ra[(CH_2)_{2n}]\cdot + \cdot[(CH_2)_{2n}]Ra \longrightarrow Ra(CH_2)_{4n}{-}Ra$

c) $Ra(CH_2)_xCH_2\cdot + \cdot\,CH_2CH_2(CH_2)_yRa \longrightarrow Ra(CH_2)_xCH_3 + CH_2{=}CH(CH_2)_yRa$

Das an den Start (1) anschließende Kettenwachstum (2) geht im allgemeinen äußerst schnell vor sich. Alken-Monomere nehmen leicht Sauerstoff aus der Luft auf unter Bildung von Peroxiden, die selbst Radikale bilden und so als Polymerisations-Initiatoren wirken können. Will man das Monomere lagern, setzt man ihm daher gewöhnlich einen Inhibitor wie z. B. Chinon zu. Bei der darauffolgenden Polymerisation muß man genügend Radikale zur „Absättigung" des Inhibitors zugeben, ehe welche zur Auslösung der Polymerisation zur Verfügung stehen. Daher beobachtet man häufig vor dem Einsetzen der Polymerisation eine Induktionsperiode.

Die als Initiatoren wirkenden Radikale sind genau genommen keine Katalysatoren, obwohl man sie oft so bezeichnet, denn jedes einzelne, das eine Polymerisationskette startet, wird irreversibel in die Kette eingebaut und kann, wenn es eine geeignete Struktur besitzt, im Endpolymerisat nachgewiesen werden. Die Initiator-Wirkung einiger Radikale kann so groß sein, daß – nach einer Induktionsperiode – jedes gebildete Radikal zu einer Polymerenkette führt. Daher darf man die als Initiatoren wirkenden Radikale nur in sehr geringen Konzentrationen anwenden.

Das Wachstum einer Kette kann durch Kombination entweder mit einem Initiator-Radikal (3a) oder mit einer zweiten, wachsenden Kette beendet werden (3 b). Normalerweise ist die zweite Möglichkeit die wichtigere, da die Initiator-Radikale größtenteils bei der Startreaktion aufgebraucht werden. Es muß aber betont werden, daß Radikale miteinander nicht nur unter Dimerisierung, sondern auch unter Disproportionierung (S. 358) reagieren können (3 c). Wenn im Verlauf der Disproportionierung ein Wasserstoffatom aus einer Kette entfernt wird, so kann es zur *Kettenverzweigung* wie in *(76)* kommen.

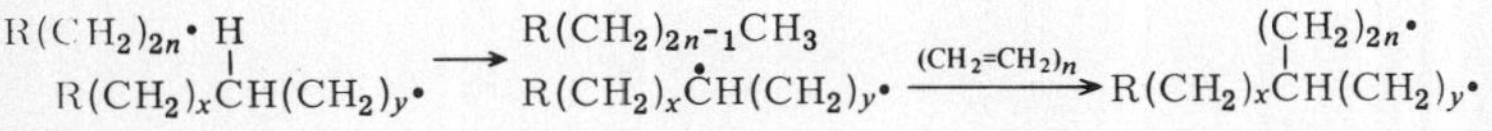

(76)

Wie zu erwarten, hat der Verzweigungsgrad eines Polymers einen mehr oder weniger starken Einfluß auf seine physikalischen und mechanischen Eigenschaften.

Von entscheidender Bedeutung für die Eigenschaften eines Polymers ist seine durchschnittliche Molekülmasse, in anderen Worten die durchschnittliche Länge der Polymerketten, die aus wenigen, aber auch aus vielen tausend Monomereinheiten aufgebaut sein können. Außer der durchschnittlichen Kettenlänge spielt die tatsächliche Längenverteilung unter den Polymermolekülen eine wichtige Rolle. Die Eigenschaften zweier Polymerer von ungefähr gleicher durchschnittlicher Molekülmasse unterscheiden sich beträchtlich, wenn das eine Polymer aus Molekülen nahezu gleicher Länge besteht, das andere hingegen aus sehr kurzen und sehr langen Polymermolekülen aufgebaut ist. Die Länge der Polymerkette läßt sich auf verschiedene Weise steuern: so führt eine Vergrößerung des Verhältnisses von Initiator zu Alken zu kürzeren Ketten. Die Zahl der wachsenden Ketten ist unter diesen Bedingungen größer, der Kettenabbruch kann deshalb mit dem Kettenwachstum erfolgreicher konkurrieren als bei kleinen Initiatorkonzentrationen. Außerdem werden häufig sog. „Kettenabbrecher" oder „Regler" zugesetzt. Dabei handelt es sich um Verbindungen des Typs Y—H, die mit der wachsenden Kette unter Verlust eines Wasserstoffatoms reagieren und so das Kettenwachstum beenden. Dabei entsteht ein neues Radikal Y·; soll es als Kettenabbrecher fungieren, so wählt man Y derart, daß dieses Radikal nur eine geringe Reaktionsfähigkeit besitzt und daher keine weitere Additionspolymerisation mit noch vorhandenem Monomer einleiten kann. Bei den Reglern handelt es sich dagegen um sog. Kettenübertragungs-Reagenzien. Für diese Reagenzien muß Y so beschaffen sein, daß Y· reaktionsfähig ist, um eine neue Reaktions-Kette zu starten. Auf diese Weise wird die Länge (d. h. die Molekülmasse) der einzelnen Ketten gesteuert, ohne daß die Polymerisationsgeschwindigkeit verringert wird. Als Regler werden häufig Mercaptane RSH benutzt, die RS · -Radikale als Initiatoren von neuen Ketten *(77)* liefern.

$$R(CH_2)_nCH_2^\bullet + R'SH \longrightarrow R(CH_2)_nCH_3 + R'S^\bullet \xrightarrow{(CH_2=CH_2)_n} RS(CH_2)_{2n}^\bullet \qquad (77)$$

Die radikalische Polymerisation einfacher Alkene wie Ethylen und Propen ist nur schwierig durchführbar (z. B. für $CH_2=CH_2 \longrightarrow$ Polyethylen bei 1 000 at und 200 °C, mit Peroxiden als Initiatoren). Viele substituierte Alkene lassen sich dagegen leicht radikalisch polymerisieren, z. B. $H_2C=CHCl \longrightarrow$ Polyvinylchlorid (PVC), $H_2C=CH(CH_3)COOCH_3 \longrightarrow$ Plexiglas, $PhCH=CH_2 \longrightarrow$ Polystyrol und $F_2C=CF_2 \longrightarrow$ Teflon, welch letzteres einen außerordentlich geringen Reibungskoeffizienten sowie einen hohen Schmelzpunkt hat und chemisch ungewöhnlich beständig ist; es wird aus diesen Gründen bekanntlich zum Beschichten von Pfannen, Töpfen u. a. verwendet. Die Eigenschaften des Polymerisats können je nach Bedarf auch durch *Copolymerisation* zweier verschiedener Monomerer modifiziert werden, wobei beide Monomere im Verhältnis 1:1 oder in anderen Proportionen in das entstehende Makromolekül eingebaut werden können. Ein Beispiel für eine Copolymerisation, die Unterscheidung zwischen Radikalpolymerisation und kationisch bzw. anionisch induzierten mit Hilfe einer 1 : 1-Mischung aus Styrol und Methylmethacrylat, haben wir bereits kennengelernt (S. 362).

Radikalische Polymerisationen haben jedoch einige Nachteile. Es können neben unverzweigten auch verzweigte Ketten entstehen, wenn eine wachsende Kette von einem anderen, fertigen polymeren Molekül ein Wasserstoffatom abstrahiert. Ferner wird bei Polymerisation von Alkenen des Typs $H_2C=CHX$ die Gruppe X im fertigen festen Polymer nicht sterisch einheitlich auf einer Seite der Kohlenstoffkette (*isotaktische* Polymere), sondern unregelmäßig angeordnet sein (*ataktische* Polymere). Die ataktischen Polymere sind im allgemeinen im Gegensatz zu den isotaktischen nicht kristallin und besitzen eine geringere mechanische Festigkeit sowie einen niedrigeren Schmelzpunkt.

Die Polymerisation beispielsweise von $CH_3CH=CH_2$ kann jedoch unter sehr milden Bedingungen mit einem Ziegler-Katalysator [$TiCl_4 \cdot Al(C_2H_5)_3$] durchgeführt werden. Man erhält dabei ein kristallines *isotaktisches* Polymerisat hoher mechanischer Festigkeit. Der Mechanismus dieser *Koordinations*-Polymerisation ist weitgehend aufgeklärt. Wahrscheinlich kommt die orientierte Übertragung des Monomers auf die wachsende Kette durch

vorübergehende Bindung beider Reaktionspartner an das Titan zustande. Dieser Reaktionstyp steht der ionischen Polymerisation näher als der radikalischen. Die eigentliche ionische Vinylpolymerisation wird durch Säuren oder Basen – auch vom Lewis-Typ – initiiert.
Werden als Monomere konjugierte Diene wie 1,3-Butadien ($H_2C{=}CH{-}CH{=}CH_2$) oder 2-Methyl-1,3-butadien (Isopren, $H_2C{=}C(CH_3){-}CH{=}CH_2$) eingesetzt, dann enthält das durch normale 1,4-Addition (S. 226) erhaltene Polymer noch immer eine Kohlenstoff-Kohlenstoff-Doppelbindung pro Monomereinheit. Die dadurch noch vorhandene Reaktivität erlaubt eine chemische „Vernetzung" der verschiedenen Polymerketten. In der sog. Vulkanisierung des Kautschuks mit Schwefel wird diese Verknüpfung durch S–S-Brücken erzielt. Ein relativ niedriger Vernetzungsgrad erzeugt im Polymer elastische Eigenschaften, wohingegen eine ausgedehnte Vernetzung in allen drei Dimensionen eine starre Struktur hervorruft. Auch stereochemisch tritt bei der Polymerisation ein interessantes Problem auf, da die im Polymer noch vorhandenen Doppelbindungen *cis*- oder *trans*-konfiguriert sein können, wie beispielsweise im Falle des Polyisoprens:

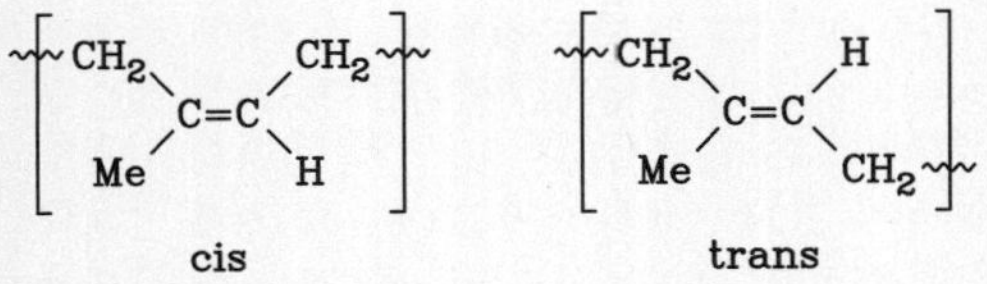

Man kann erwarten, daß sich diese unterschiedliche Stereochemie deutlich auf die Eigenschaften des Polymers auswirkt, und das wird durch die beiden natürlich vorkommenden Polyisoprene, Naturkautschuk und Guttapercha, bestätigt. Das erste Material, das vor der Vulkanisierung weich und klebrig ist, besitzt in seinen Ketten nur *cis*-Doppelbindungen, während das zweite hart und brüchig ist und nur *trans*-Doppelbindungen enthält.

11.5.2 Substitutionsreaktionen

Über Radikale ablaufende Substitutionsreaktionen am Kohlenstoff verlaufen nicht *direkt*, wie etwa die S_N2-Reaktion (S. 102), sondern über zwei getrennte Stufen. Dabei wird ein Radikal entweder durch Abstraktion (meistens von Wasserstoffatomen) aus dem Ausgangsmaterial erzeugt, und dieses Radikal geht dann mit einem anderen Molekül eine Substitution oder Addition ein. Alternativ kann eine Substitution auch durch die Kombination eines Additions- und eines Abstraktionsschrittes erreicht werden.

11.5.2.1 Halogenierung

Wenn die Reaktionsbedingungen die Bildung von Radikalen ermöglichen, reagieren Alkane außerordentlich rasch mit Halogenen. Dieses Verhalten kontrastiert stark mit der extremen Reaktionsfähigkeit gesättigter Kohlenwasserstoffe gegenüber Elektrophilen und Nucleophilen und beruht letztlich auf der geringen Polarität der C–H-Bindungen.
Ein gutes Beispiel für den typischen Abstraktions-Substitutions-Mechanismus ist die Photochlorierung von Alkanen.

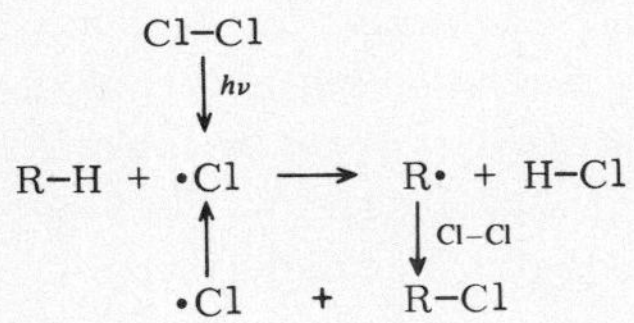

Durch die Photoreaktion werden hier zunächst Chloratome erzeugt. Diese entreißen im Abstraktionsschritt dem Alkan R–H ein Wasserstoffatom und erzeugen so das Radikal R·, das nun seinerseits im Substitutionsschritt ein Chlormolekül unter Bildung von R–Cl und einem die Kette fortpflanzenden Chloratom angreift. Die Kettenlänge, d.h. die Anzahl von R–H ⟶ R–Cl-Umwandlungen pro photochemisch erzeugtem Chloratom, beträgt für Methan 10^6. Bei Bestrahlung mit Sonnenlicht kann die Reaktion explosionsartig ablaufen. Die Chlorierung kann aber auch im Dunkeln durch Erhitzen eingeleitet werden. Um eine Homolyse des Chlors Cl–Cl ⟶ Cl· + Cl· zu erzielen, sind allerdings hohe Temperaturen notwendig; so ist z.B. die Geschwindigkeit der Chlorierung von Ethan bei 120 °C im Dunkeln noch verschwindend klein. Eine außerordentlich schnelle Reaktion setzt jedoch bei Zusatz kleiner Mengen $Pb(C_2H_5)_4$ ein, das sich bei dieser Temperatur unter Bildung von Ethyl-Radikalen zersetzt (S. 358), die als Initiatoren wirken können: $C_2H_5\cdot + Cl-Cl \longrightarrow C_2H_5Cl + \cdot Cl$. Zur Herstellung der Monochlorderivate einfacher Alkane sind derartige Chlorierungen aber wenig geeignet, da das gebildete Monochlorprodukt unter den Chlorierungsbedingungen leicht weiterreagiert. Am Ende erhält man dann komplizierte, schwer trennbare Reaktionsgemische.
Die Leichtigkeit, mit der ein bestimmtes Wasserstoffatom in einem Alkan von einem Halogenatom attackiert wird, hängt von mehreren Faktoren ab. So spielt zunächst der Substitutionstyp des eingesetzten Alkans eine Rolle. Für die Reaktion von Chloratomen mit verschiedenen Alkanen bei Raumtemperatur wird die folgende Reaktivitätsreihe gefunden:

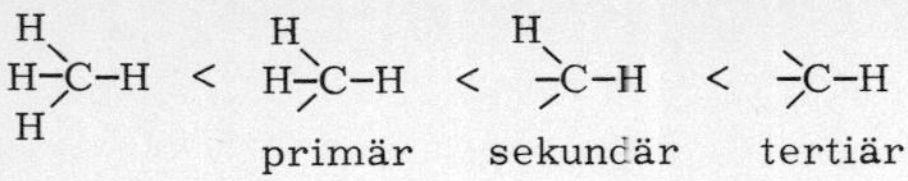

primär sekundär tertiär
1 4,4 6,7

Die Reaktionsgeschwindigkeit wächst also mit fallender C−H-Bindungsstärke und wachsender Stabilität des erzeugten Radikals (S. 365). Diese Unterschiede in der Reaktionsbereitschaft verschieden gebundener Wasserstoffatome können allerdings durch einen statistischen Effekt neutralisiert oder sogar überkompensiert werden. So stehen im Isobutan $(CH_3)_3CH$ *neun* primäre *einem* tertiären Wasserstoffatom gegenüber; seine Chlorierung liefert an Monosubstitutionsprodukten das primäre Chlorid $(CH_3)_2CHCH_2Cl$ zu 65 % und das tertiäre $(CH_3)_3CCl$ zu 35 %. Wird um den statistischen Faktor korrigiert (d. h. die 65 % durch neun dividiert), so erhält man ein Reaktivitätsverhältnis tertiär : primär ≈ 5, das mit dem obigen einigermaßen übereinstimmt. Bei Chlorierungen in Lösungen hängt die Produktverteilung allerdings auch von der Art des Lösungsmittels ab, insbesondere von dessen Fähigkeit, Komplexe mit dem Chloratom zu bilden, wie beispielsweise beim Benzol. Dadurch wird das Radikal stabilisiert und der Angriff selektiver als bei der Reaktion in der Gasphase. Die Selektivität der Halogenierung nimmt mit steigender Temperatur ab.
Die Reaktion wird jedoch auch durch polare Effekte beeinflußt, denn das Halogenatom ist nicht nur ein Radikal, sondern auch ein elektrophiles Reagenz. Es wird daher bevorzugt an Stellen mit hoher Elektronendichte angreifen. Die Anwesenheit elektronenziehender Atome oder Gruppen sollte daher die Photochlorierung erschweren. Das ist gut an der relativen Geschwindigkeit zu erkennen, mit der ein Wasserstoffatom in den verschiedenen Stellungen des 1-Chlorbutans *(78)* bei der Photochlorierung durch Chloratome abstrahiert wird (35 °C):

$$H_3C-CH_2-CH_2-CH_2-Cl \quad (78) \qquad H_3C-CH_2-CH_2-CH_3$$

relat. Geschw.: 1,0 3,7 1,7 0,9 1,0 3,7 3,7 1,0

Mit wachsendem Abstand nimmt der induktive Effekt des Cl ab, die $\gamma-CH_2$-Gruppe besitzt bereits dieselbe Reaktivität wie im Butan. Der geringere Angriff auf die CH_3-Gruppe wird durch die höhere Energie verursacht, die zur Lösung einer C−H-Bindung in CH_3 gegenüber CH_2 nötig ist.

Bei ungesättigten Kohlenwasserstoffen wie Propen *(79)* kann das Chloratom entweder an die Doppelbindung addiert werden oder die Methylengruppe angreifen. Man findet, daß bei höheren Temperaturen (rund 450 °C) ausschließlich Substitution erfolgt; wobei die benötigten Chloratome durch Thermolyse aus Chlormolekülen entstehen. Verantwortlich für diesen Reaktionsverlauf ist die Bildung des resonanzstabilisierten Allyl-Radikals *(80)* im Verlauf der Substitution. Im Radikal *(81)*, das bei der Addition von Cl· an die Doppelbindung entstünde, würde nicht nur diese Stabilisierung fehlen, sondern seine Bildung wäre außerdem bei erhöhter Temperatur reversibel, und das Gleichgewicht läge ganz auf der linken Seite:

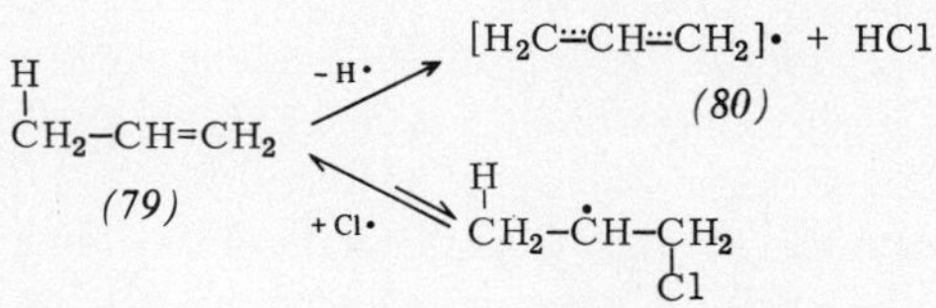

(79) *(80)* *(81)*

Aus demselben Grund wird auch Cyclohexen von Chlor in der Allylposition angegriffen.

Die ΔH-Werte für die beiden Schritte der obigen Kettenreaktion von Methan mit den verschiedenen Halogenen faßt die folgende Tabelle zusammen.

	(1) X• + H–CH$_3$		(2) CH$_3$• + X$_2$	
F_2	−134	(−32)	−292	(−70)
Cl_2	−4	(−1)	−96	(−23)
Br_2	+63	(+15)	−88	(−21)
I_2	+138	(+33)	−75	(−18)

Fluorierungen laufen daher sehr glatt ab, und zwar auch bei Abwesenheit von Licht oder Initiatoren. Auch dann liegt wahrscheinlich ein Radikalmechanismus vor, und zwar nimmt man an, daß die Fluoratome zunächst durch die Reaktion

$$\rangle C-H + F_2 \longrightarrow \rangle C\cdot + HF + F\cdot$$

erzeugt werden. Diese Reaktion wird thermodynamisch durch die niedrige Bindungsenergie des F_2 [150 kJ (36 kcal) mol^{-1}] und die hohe des HF

[560 kJ (134 kcal) mol^{-1}] ermöglicht [C–H-Bindungsenergie für sekundären Wasserstoff ca. 370 kJ (89 kcal) mol^{-1}]. Wenn Fluoratome auf diese Weise entstehen können, sollten Spuren von F_2 die Chlorierung von Alkanen ohne photochemische Anregung katalysieren: Das ist in der Tat schon bei Raumtemperatur oder noch tieferer Temperatur auch bei Abwesenheit von Licht der Fall. Bromierungen verlaufen im allgemeinen langsamer und nicht so leicht wie Chlorierungen, da die Stufe, in der ein Wasserstoffatom abgespalten wird,

hier im allgemeinen endotherm, bei Chlorierungen dagegen aber leicht exotherm ist. Das liegt an der gegenüber dem HBr größeren Bindungsenergie des HCl. Direkte Iodierungen lassen sich gewöhnlich nicht durchführen, da der erste Schritt der Reaktion zu stark endotherm ist.
Die gegenüber Chloratomen deutlich geringere Reaktivität der Bromatome bei der Wasserstoffabstraktion wirkt sich in einer viel größeren Selektivität von Bromierungen als von Chlorierungen aus. Die folgenden relativen Geschwindigkeitskosntanten sind ein Maß für die Leichtigkeit, mit der Bromatome bei Raumtemperatur verschieden gebundene Wasserstoffatome abstrahieren.

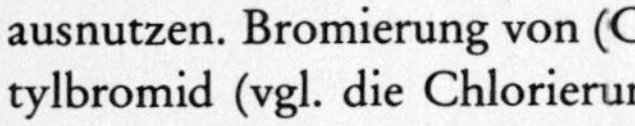

primär	sekundär	tertiär
1	80	1600

Diese ausgeprägte Reaktivitätsabstufung läßt sich für präparative Zwecke ausnutzen. Bromierung von $(CH_3)_3CH$ liefert z. B. ausschließlich *tert.*-Butylbromid (vgl. die Chlorierung dieses Kohlenwasserstoffs, S. 382). Trägt die zu halogenierende Verbindung einen Substituenten, der ein Radikal zu stabilisieren vermag, ist der Effekt noch deutlicher. So differieren in der Reihe CH_4, $C_6H_5CH_3$, $(C_6H_5)_2CH_2$ und $(C_6H_5)_3CH$ die relativen Bromierungsgeschwindigkeiten um den Faktor 10^9, die Chlorierungsgeschwindigkeiten hingegen nur um ca. 10^3. Die Selektivität nimmt jedoch mit steigender Temperatur ab.
Bei der Halogenierung eines optisch aktiven Alkans RR'R''CH entsteht im allgemeinen das racemische Halogenid. Über die bevorzugte Konformation des intermediär gebildeten Radikals RR'R''C· sagt diese Beobachtung allerdings wenig aus, da sowohl für ein planares Radikal als auch für eine

rasch durchschwingende pyramidale Struktur (S. 364) ein (±)-Halogenid zu erwarten ist. Hingegen führt die Bromierung von (+)-1-Brom-2-methylbutan *(82)* zu dem optisch aktiven Dibromid *(83)*. Diese Substitutionsreaktion ist also insgesamt unter Konfigurationserhalt verlaufen. Zur Erklärung nimmt man an, daß der 1-Bromsubstituent des Ausgangsmaterials im Zwischenprodukt *(84)* mit der Seite des Radikals in Wechselwirkung tritt, die derjenigen gegenüberliegt, von der das Wasserstoffatom entfernt worden ist. Damit ist ein Angriff des Brommoleküls von der „Rückseite" blockiert, und die Gesamtreaktion verläuft unter Retention.

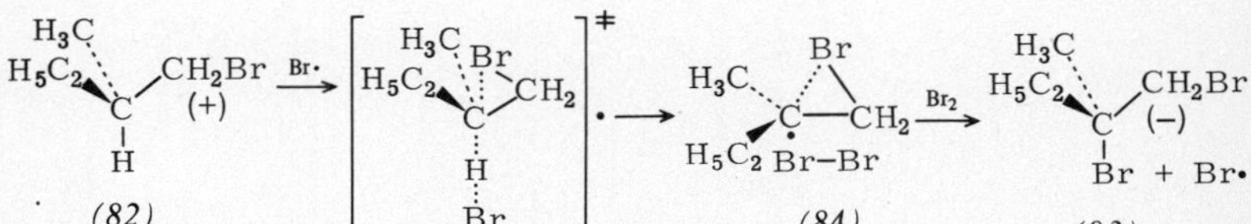

(82) *(84)* *(83)*

Die Bromierung des entsprechenden optisch aktiven Chlorids führt gleichfalls unter Konfigurationserhalt zu einem optisch aktiven Produkt. Es ist nicht ausgeschlossen, daß in dieser Reaktion überbrückte Radikale durchlaufen werden. Andererseits wird bei der Halogenierung mit dem reaktiveren Chlor ausschließlich racemisches Produkt gebildet.

Halogenierungen (insbesondere Chlorierungen) mit anderen Verbindungen als Halogenen haben häufig wegen ihrer größeren Stereoselektivität beträchtliche präparative Bedeutung. Man kann z. B. Chlorierungen mit *tert.*-Butylhypochlorit (*tert.*-BuOCl) durchführen. Mit einem Initiator entsteht daraus *tert.*-BuO·, und dieses Radikal spaltet dann glatt Wasserstoff aus R–H ab. Dieses Reagenz ist besonders bei Chlorierungen in der Allylposition nützlich. Präparativ befriedigende Chlorierungen kann man auch mit SO_2Cl_2 mit einem Initiator durchführen. Dabei entsteht zunächst $\cdot SO_2Cl$, das schnell SO_2 unter Bildung von Cl·-Radikalen abspaltet. Sowohl $\cdot SO_2Cl$ als auch Cl· können dann Wasserstoff aus R–H abstrahieren.

Besonders nützlich ist N-Bromsuccinimid [NBS, *(85)*], vor allen Dingen wegen des selektiven Angriffs auf Allyl- und Benzyl-Stellungen, also in α-Position zu einer Doppelbindung oder einem Benzolring. Reaktionen mit NBS müssen mit Peroxiden oder Licht initiiert werden. Die Bromierungswirkung von NBS beruht wahrscheinlich darauf, daß es in diesen Reaktionen als Quelle kleiner, konstanter Mengen Brom fungiert. Die Bromkonzentration wird dabei durch Reaktion des schon gebildeten HBr mit noch nicht umgesetztem NBS aufrechterhalten [Schritt c) des folgenden

Schemas]. Normalerweise enthält NBS Spuren von Brom oder Bromwasserstoff, die mit dem Startradikal unter Bildung von Br· reagieren.

(a) Br_2 oder HBr + Initiator ⟶ Br•

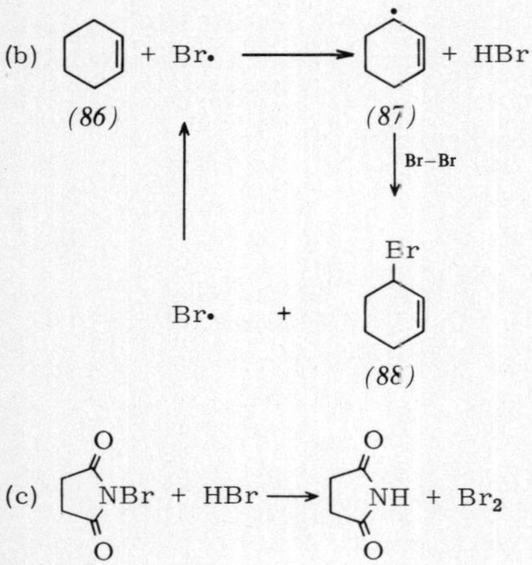

(86) *(87)* *(88)* *(85)*

Die Bromkonzentration wird – wie gesagt – durch Schritt c) aufrechterhalten. Diese schnelle, ionische Reaktion tritt nur ein, wenn aus der Kettenreaktion b) HBr zur Verfügung steht. Die im Prinzip ebenfalls mögliche Addition von Br· an die Doppelbindung von *(86)* zum Cyclohexyl-Radikal *(89)* ist, im Gegensatz zur Bildung von *(87)*, reversibel:

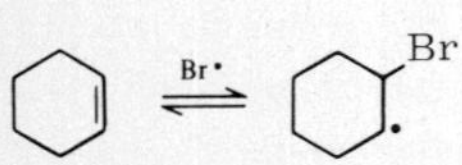

(86) *(89)*

Die Substitutionsreaktion ist also begünstigt, solange die Br_2-Konzentration klein gehalten wird. Dazu kommt, daß *(87)* durch Delokalisierung stabilisiert wird, *(89)* aber nicht. Gestützt wird diese Erklärung des Reaktionsverlaufs durch die Tatsache, daß bei Umsetzung von Cyclohexen mit hohen Konzentrationen an Brom überwiegend Addition stattfindet. Bei sehr geringer stationärer Brom-Konzentration und gleichzeitiger wirksamer Entfernung des gebildeten HBr erzielte man dagegen die gleichen Ergebnisse wie mit N-Bromsuccinimid.

Außerdem stimmen die Selektivitätsverhältnisse bei der Reaktion von NBS bzw. Brom mit verschiedenen Alkenen überein.

11.5.2.2 Autoxidation

Als Autoxidation bezeichnet man eine unter Beteiligung von Radikalen verlaufende Oxidation organischer Verbindungen bei niedrigen Temperaturen duch Sauerstoff. Diese Reaktionen unterscheiden sich von Verbrennungsprozessen, die nur bei höheren Temperaturen ablaufen. Im ersten Schritt der Autoxidation werden normalerweise Hydroperoxide gebildet: $R–H + O_2 \rightarrow R–O–O–H$. Formal handelt es sich hier um eine Substitutionsreaktion; genaue Untersuchungen zeigen jedoch, daß ein Zweistufenprozeß vorliegt (Wasserstoffabstraktion gefolgt von O_2-Addition, siehe unten). Die zunächst entstehenden Hydroperoxide gehen leicht weitere Reaktionen ein. Die Autoxidation ist bei der Alterung von Gummi und manchen Kunststoffen, beim Ranzigwerden von Fetten sowie der Härtung von Farben von Bedeutung. Farben enthalten ungesättigte Ester, die mit einem Sauerstoff der Luft zu Hydroperoxiden reagieren. Deren Zersetzung erzeugt dann RO·-Radikale, die die Polymerisation weiterer ungesättigter Moleküle einleiten. Auf diese Weise entsteht ein polymerer Schutzfilm an der Oberfläche des gestrichenen Gegenstands. Auch die Zersetzung der meisten, Luft und Sonne ausgesetzten organischen Substanzen ist auf lichtinduzierte Autoxidation zurückzuführen. Die oft vorhandenen Verunreinigungen wie Spuren von Metallen können als Initiatoren dienen, und die Reaktion läuft dann spontan ab. Als besonders starke Initiatoren wirken, wie immer, zugesetzte Peroxide.
Die Reaktion verläuft vorwiegend nach einem zweistufigen Mechanismus:

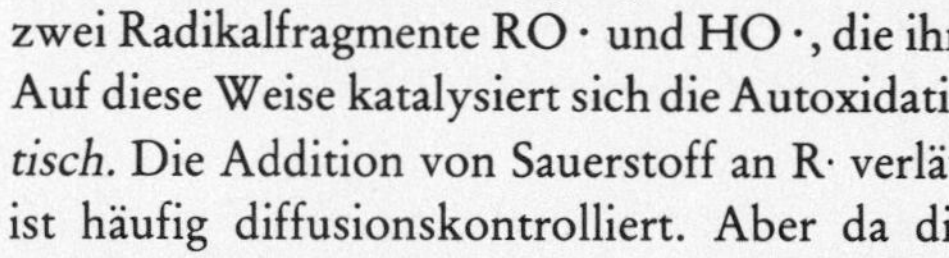

Unter bestimmten Bedingungen zerfällt das Hydroperoxid *(90)* selbst in zwei Radikalfragmente RO · und HO ·, die ihrerseits als Initiatoren wirken. Auf diese Weise katalysiert sich die Autoxidation selbst, sie wird *autokatalytisch*. Die Addition von Sauerstoff an R· verläuft außerordentlich rasch, sie ist häufig diffusionskontrolliert. Aber da die Peroxy-Radikale *(91)* nur wenig reaktionsfreudig sind (vgl. ·O–O·, S. 370), spalten sie nicht besonders leicht Wasserstoff aus einer Kohlenstoff-Wasserstoff-Bindung ab; viele

Autoxidationsreaktionen sind daher sehr selektiv. Gewöhnlich werden so bei einfachen gesättigten Kohlenwasserstoffen nur tertiäre Wasserstoffatome relativ leicht angegriffen, bei anderen Verbindungen solche in Benzyl-, Allyl- oder anderen Stellungen, die bei der Abspaltung stabilisierte Radikale liefern. So entstehen *(92)* aus Cyclopenten und *(93)* aus Dekalin (Decahydronaphthalin).

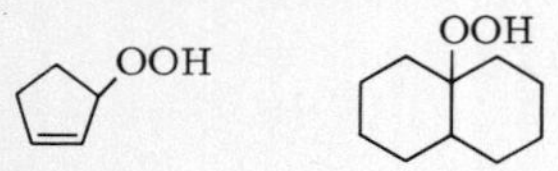

(92) *(93)*

Für die Wasserstoffabstraktion durch $RO_2\cdot$ bei 30 °C werden die folgenden relativen Reaktionsgeschwindigkeiten gefunden: Toluol, 1; Diphenylmethan, 30; und Allylbenzol (C_6H_5–CH_2–$CH{=}CH_2$),63 (jeweils benzylständiger Wasserstoff).

Bei Alkenen konkurrieren normalerweise die Addition von $RO_2\cdot$ an die Doppelbindung mit der Wasserstoffabstraktion. Fehlen im Molekül allylische, benzylische oder tertiäre Wasserstoffatome, so wird manchmal ausschließlich Addition beobachtet. Wie sich die Anwesenheit derartiger Peroxide auf die Orientierung der Addition von Bromwasserstoff an Alkene auswirkt, haben wir bereits gesehen (S. 372). Besonders leicht werden Ether autoxidiert. Der Angriff des Sauerstoffs erfolgt dabei in Nachbarschaft zum Ethersauerstoffatom, da auf diese Weise ein resonanzstabilisiertes Radikal gebildet wird. Das zunächst entstehende Hydroperoxid reagiert weiter zu einem Dialkylperoxid. Da sich diese Substanzen beim Erhitzen unter heftigen Explosionen zersetzen, sollten Etherlösungen nie bis zur Trockne eingedampft werden. Längere Zeit gestandener Ether kann Peroxid-frei gemacht werden, indem man ihn mit einem Reduktionsmittel wäscht, z. B. einer Lösung von $FeSO_4$.

Präparativ brauchbare Autoxidationen sind ebenfalls bekannt. Die technische Gewinnung von Phenol und Aceton aus dem Hydroperoxid des Cumols (Isopropylbenzol) wurde bereits erwähnt (S. 148). In einem weiteren Beispiel läßt sich das aus Tetrahydronaphthalin (Tetralin) durch Luftoxidation bei 70 °C leicht herstellbare Hydroperoxid *(94)* mit Base zu dem Keton *(95)* (α-Tetralon) umlagern und mit Wasserstoff zur Spaltung der O–O-Bindung zu dem Alkohol *(96)* (α-Tetralol) hydrieren:

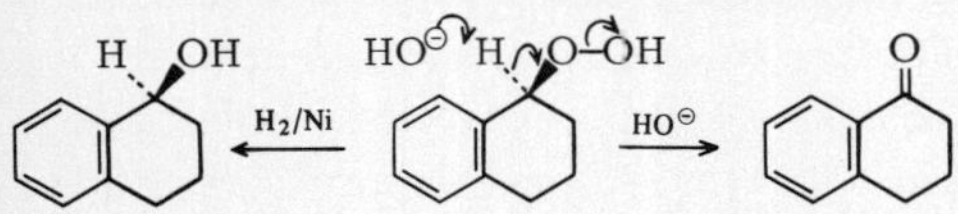

(96) *(94)* *(95)*

Aldehyde, vor allen Dingen aromatische, autoxidieren sehr leicht. Benzaldehyd *(97)* geht an der Luft bei Raumtemperatur rasch in Benzoesäure *(98)* über. Diese Reaktion wird durch Licht und einige Metallionen beschleunigt, soweit sie zu einem Einelektronen-Redoxübergang in der Lage sind (z. B. $Fe^{3\oplus} \longrightarrow Fe^{2\oplus}$).

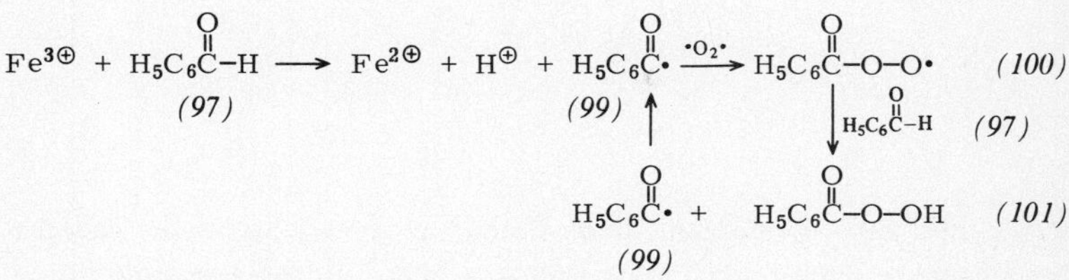

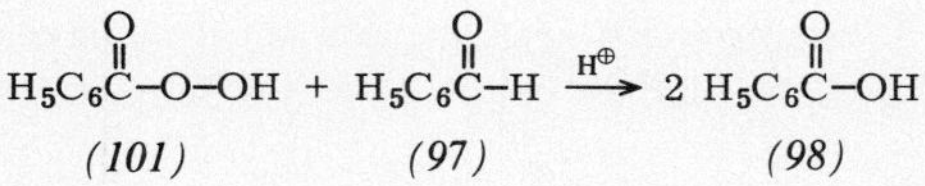

Das durch Addition von $\cdot O_2 \cdot$ an das zunächst gebildete Benzoyl-Radikal *(99)* entstehende Perbenzoat-Radikal *(100)* entreißt einem zweiten Benzaldehyd-Molekül *(97)* ein Wasserstoffatom unter Bildung von Perbenzoesäure *(101)* und einem Benzoyl-Radikal *(99)*, das die Kettenreaktion fortsetzt. Die Perbenzoesäure reagiert indessen mit einem weiteren Benzaldehyd-Molekül unter Bildung von Benzoesäure *(98)*. Diese Reaktion wird durch Wasserstoff-Ionen katalysiert und daher in dem Maße, wie Benzoesäure entsteht, beschleunigt, sie ist also autokatalytisch. Daß Benzoyl-Radikale *(99)* beteiligt sind, zeigt ein Versuch bei höherer Temperatur (100 °C) und geringerer Sauerstoffkonzentration: Unter diesen Bedingungen läßt sich Kohlenmonoxid nachweisen, das durch Zerfall von *(99)* entsteht: $C_6H_5\dot{C}O \longrightarrow C_6H_5\cdot + CO$.

Die Autoxidation der Aldehyde und von anderen leicht mit Sauerstoff reagierenden organischen Verbindungen kann durch sehr sorgfältige Reinigung verringert werden, aber besser noch durch Zusatz von *Antioxidantien.* Hierzu eignen sich besonders Phenole und aromatische Amine, da sie leicht abstrahierbare Wasserstoffatome besitzen und die aus ihnen gebildeten Radikale vergleichsweise reaktionsträge sind. Diese Verbindungen stellen also gute Kettenabbruchsreagenzien (durch Reaktion mit einem anderen Radikal), aber schlechte Initiatormoleküle dar.

Eine interessante Autoxidation, wenn auch keine Substitution, ist die Photooxidation von Kohlenwasserstoffen wie 9,10-Diphenylanthracen *(102)* in Lösung (z. B. in CS_2). Das absorbierte Licht verwandelt den Kohlenwasserstoff in das stabilisierte Diradikal *(103)* (S. 398) oder ein ähnliches Zwischenprodukt, das dann von Sauerstoff unter Bildung des verbrückten Peroxids *(104)* abgefangen wird. Hierbei handelt es sich im übrigen nicht um eine Kettenreaktion.

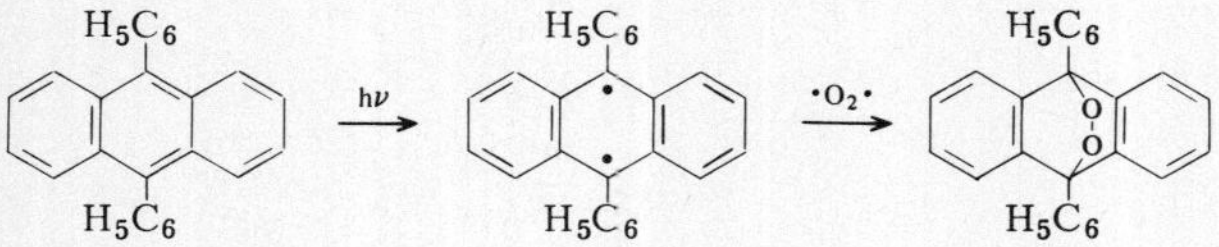

(102) *(103)* *(104)*

Die Reaktionsgeschwindigkeit dieser Photoreaktion wächst mit der Zahl der Benzolringe in linear anellierten aromatischen Kohlenwasserstoffen und geht beim Hexacen *(105)* so leicht vor sich, daß mit dieser tiefgrünen Verbindung nicht mehr bei Tageslicht und in Gegenwart von Sauerstoff gearbeitet werden kann.

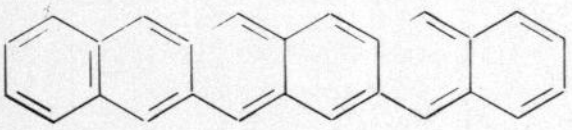

(105)

11.5.2.3 Aromatische Substitutionsreaktionen

Aromatische Moleküle können nicht nur von elektrophilen (S. 151) und nucleophilen (S. 193) Reagenzien angegriffen werden, sondern auch von Radikalen. Wie die Anlagerung von polaren Reagenzien verläuft auch die homolytische aromatische Substitution nach einem Additions-Eliminierungs-Mechanismus:

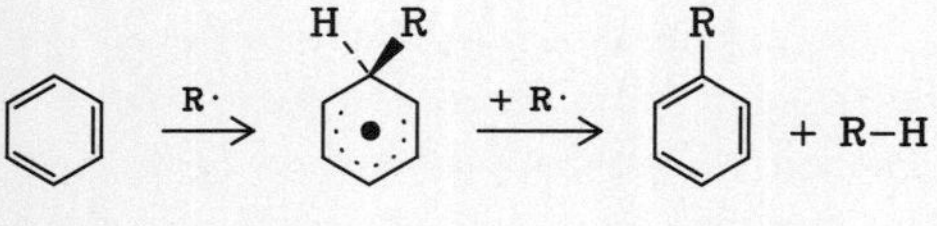

(106) *(107)*

Die Abspaltung des Wasserstoffatoms aus dem Cyclohexadienyl-Radikal *(106)* erfolgt nicht spontan. Damit das Substitutionsprodukt *(107)* gebildet werden kann, muß ein anderes Radikal zugegen sein. Als Reaktion zwischen zwei Radikalen – *(106)* und dem Wasserstoffabstraktor – sollte der Rearomatisierungsschritt sehr rasch verlaufen, und tatsächlich wird kein kinetischer Isotopeneffekt ($k_H = k_D$) beobachtet. Der geschwindigkeitsbestimmende Schritt ist demnach der Angriff des Radikals auf die aromatische Ausgangsverbindung. Radikalische Substitutionsreaktionen sind überwiegend mit Aryl-, besonders Phenyl-Radikalen sowie mit $C_6H_5CO_2\cdot$ (gelegentlich auch $R{-}CO_2\cdot$) und R· und HO· durchgeführt worden. Der Angriff von HO·, die sog. *Hydroxylierung,* ist als erster Schritt beim Abbau „fremder" aromatischer Systeme in biologischen Systemen von besonderer Bedeutung. In einigen wenigen Reaktionen wurden auch andere Atome oder Gruppen als Wasserstoff substituiert, z. B. Halogen oder Methoxy. Die genauesten mechanistischen Details liegen aber für die *Arylierungen* (Ersatz von H durch Aryl) vor.

Der Angriff eines Phenyl-Radikals auf eine aromatische Verbindung wie Benzol führt nicht nur zu dem direkten Substitutionsprodukt Biphenyl *(107)* ($R = C_6H_5\cdot$); das Radikal *(106)* kann vielmehr auch durch Dimerisierung zu *(108)* und durch Disproportionierung zu *(107)* und *(109)* weiterreagieren.

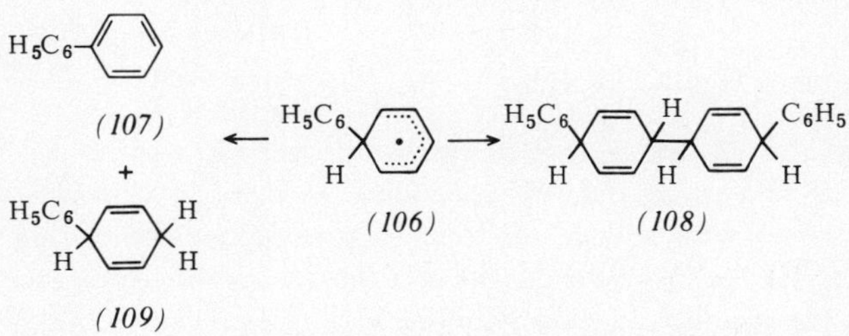

Aus Gründen der Übersichtlichkeit sind in diesem Schema nur die Produkte aufgeführt, die durch Reaktion in der *p*-Position von *(106)* entstehen. Durch die entsprechenden Folgereaktionen können außerdem das *ortho*-Dihydroisomer von *(109)* und die *o,o*- bzw. *o,p*-verknüpften Isomere von *(108)* gebildet werden. Die Zusammensetzung der Produktgemische, die bei der radikalischen Arylierung aromatischer Verbindungen anfallen, kann deshalb gelegentlich recht komplex sein.

Deutliche Unterschiede zwischen ionischen (elektrophilen und nucleophilen) und radikalischen aromatischen Substitutionen treten beim Studium von Benzolderivaten C_6H_5Y auf. Zum einen verläuft der homolytische Angriff auf C_6H_5Y schneller als beim Benzol, gleichgültig, ob Y elektronenliefernd oder -ziehend ist. Das zeigen die relativen Geschwindigkeitskonstanten für den Angriff durch Phenylradikale:

Y:	H	OCH_3	BR	CH_3	CN	NO_2	C_6H_5
k_{rel}:	1·0	1·2	1·8	1·9	3·7	4·0	4·0

Wie man sieht, unterscheiden sich die k_{rel}-Werte für die verschiedenen Gruppen Y kaum – in scharfem Gegensatz zur elektrophilen Substitution, für die man z. B. im Falle der Nitrierung beim Durchlaufen derselben Substituentenserie Unterschiede in den Geschwindigkeitskonstanten von rund acht Zehnerpotenzen findet. Man darf natürlich auch nicht vergessen, daß bei der Phenylierung eine Spezies niedriger Polarität angreift.
Immerhin wird – wie die folgenden partiellen Geschwindigkeitsfaktoren (S. 180) zeigen – beobachtet, daß unabhängig von der Natur des Substituenten Y die Bevorzugung des Ortes, der von $C_6H_5\cdot$ angegriffen wird, in der Folge $o > m > p$ fällt, mit Ausnahme von Y = $(CH_3)_3C$, bei dem der sterische Einfluß von Y den *o*-Angriff behindert:

C_6H_5Y	$f_{o\text{-}}$	$f_{m\text{-}}$	$f_{p\text{-}}$
$C_6H_5OCH_3$	5,60	1,23	2,31
$C_6H_5NO_2$	5,50	0,86	4,90
$C_6H_5CH_3$	4,70	1,24	3,55
C_6H_5Cl	3,90	1,65	2,12
C_6H_5Br	3,05	1,70	1,92
$C_6H_5C(CH_3)_3$	0,70	1,64	1,81

Diese Begünstigung des *o*- und *p*-Angriffs kann dadurch erklärt werden, daß das Elektron, das vom angreifenden Phenylradikal zu dem Zwischenprodukt *(106)* beigesteuert wird, sowohl durch einen elektronenanziehenden als auch durch einen elektronenspendenden Substituenten delokalisiert werden kann – was selbstverständlich zu einer Stabilisierung des Zwischenprodukts führt. Für den Fall des *p*-Angriffs verdeutlichen die Formeln *(110)* und *(111)* die beiden Situationen:

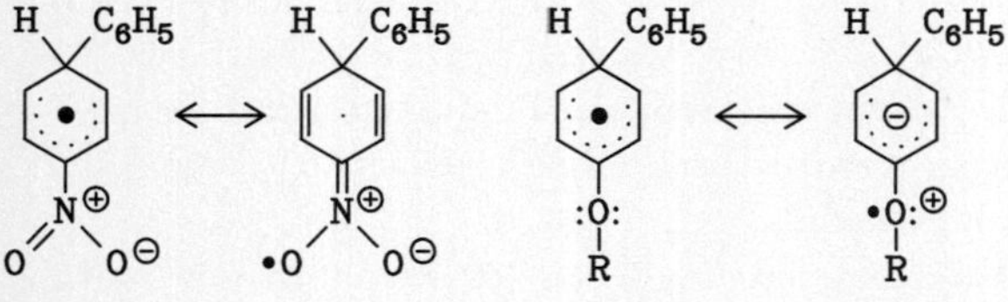

(110a) *(110b)* *(111a)* *(111b)*

Erklären kann dieses Modell aber nicht die Tatsache, daß der beobachtete *m*-Angriff rascher erfolgt als die Reaktion von Benzol selbst; oder die Beobachtung, daß die *o*-Position von C_6H_5Y gemeinhin schneller angegriffen wird als die *p*-Stellung.
Die relativ geringen Unterschiede zwischen den partiellen Geschwindigkeitsfaktoren eines bestimmten C_6H_5Y-Systems bedeuten für die Praxis, daß

die homolytische aromatische Substitution normalerweise zu komplizierteren Produktgemischen führt als bei elektrophilem Angriff auf dasselbe Substrat.

Die obigen Daten beziehen sich alle auf Phenylierungen mit Phenylradikalen, die aus Dibenzoylperoxid hergestellt wurden. Auch andere Diacylperoxide sind für diesen Zweck häufig verwendet worden. Da aber der Prozeß der Bildung von $C_6H_5\cdot$ den Schritt $C_6H_5{-}COO\cdot \rightarrow C_6H_5\cdot + CO_2$ einschließt, kann meistens die Bildung von Estern nicht verhindert werden. Diese entstehen entweder durch Vereinigung von $C_6H_5\cdot$ und $C_6H_5{-}COO\cdot$ oder – häufiger – durch den Angriff von $C_6H_5{-}COO\cdot$ auf das aromatische Substrat in der sog. *Acyloxylierungs*-Reaktion. Diese besondere Schwierigkeit kann dadurch umgangen werden, daß man Ar· durch thermische Zersetzung von N-Nitroso-Derivaten acetylierter aromatischer Amine, $ArN(NO)CO{-}CH_3$, oder von Diazonium-Salzen $Ar{-}N_2^{\oplus}X^{\ominus}$, unter schwach basischen Bedingungen erzeugt. Die letzte Reaktion ist nichts anderes als die *Gomberg*-Reaktion zur Synthese unsymmetrischer Diaryle Ar–Ar'. In jedem Fall wird die Ar·-Vorstufe in Gegenwart eines Überschusses des aromatischen Substrats zersetzt, das meistens sogar als Solvens verwendet wird. Die Ausbeute der klassischen Gomberg-Reaktion läßt sich dadurch drastisch steigern, daß man freies Amin $Ar{-}NH_2$ mit $C_5H_{11}{-}ONO$ in dem aromatischen Ausgangsmaterial als Lösungsmittel diazotiert. Säure ist unter diesen Bedingungen nicht erforderlich, und die Reaktion kann homogen geführt werden. Die Synthese einiger Ar–Ar'-Systeme verläuft glatt, doch kann von einer allgemein anwendbaren Reaktion nicht die Rede sein.

Mit guten Ausbeuten verlaufen hingegen einige intramolekulare Arylierungen wie die Pschorr-Synthese von Derivaten des Phenanthrens, z.B. *(113)*, bei der Diazonium-Salze *(112)* in Gegenwart von Kupfersalzen thermisch zersetzt werden.

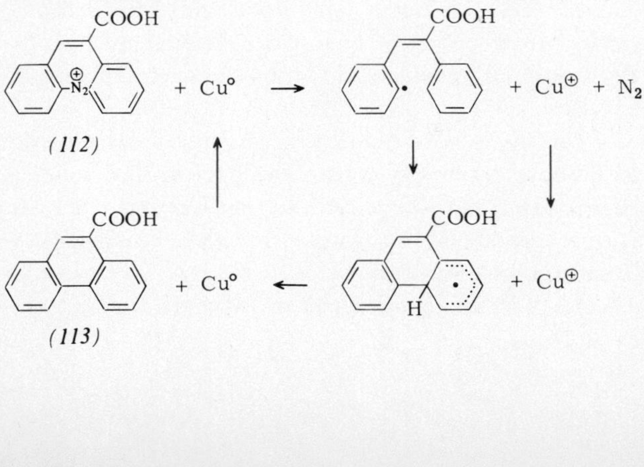

Man kann diesen Prozeß als Kettenreaktion auffassen, die über $Cu^{0} \rightleftharpoons Cu^{\oplus}$-Gleichgewichte verläuft. Ähnliche Resultate lassen sich durch Photolyse der *(112)* entsprechenden Aryliodide erzielen.

Ein interessantes weiteres Beispiel einer homolytischen aromatischen Reaktion ist die Oxidation von Phenolen in basischem Medium durch Einelektronen-Oxidationsmittel wie Eisen(II)-Ionen in Wasser in Gegenwart des Enzyms Peroxidase:

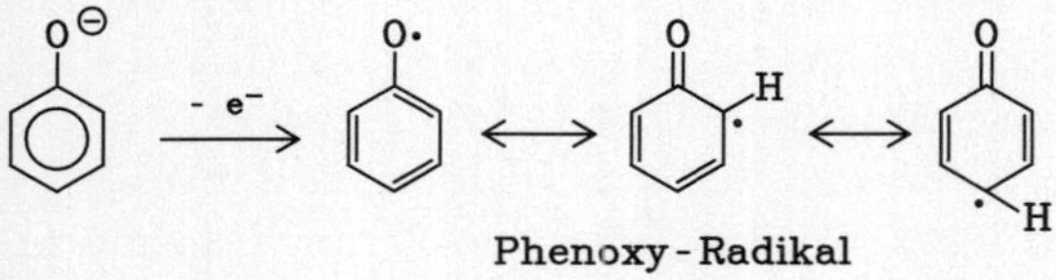

Man könnte erwarten, daß das resultierende Phenoxyl-Radikal über sein ungepaartes Elektron am Sauerstoff- oder an einem *o*- oder *p*-Kohlenstoffatom ein weiteres Phenolmolekül oder Phenolat-Ion angreift. Eine derartige homolytische Substitution an einem nicht-radikalischen aromatischen Substrat ist bei *intra*molekularem Reaktionsverlauf auch beobachtet worden, d.h. wenn der gesamte Prozeß in einem einzigen, komplexen Phenolsystem abläuft. Üblicherweise findet jedoch Dimerisierung (Kupplung) zweier Phenoxyl-Radikale statt:

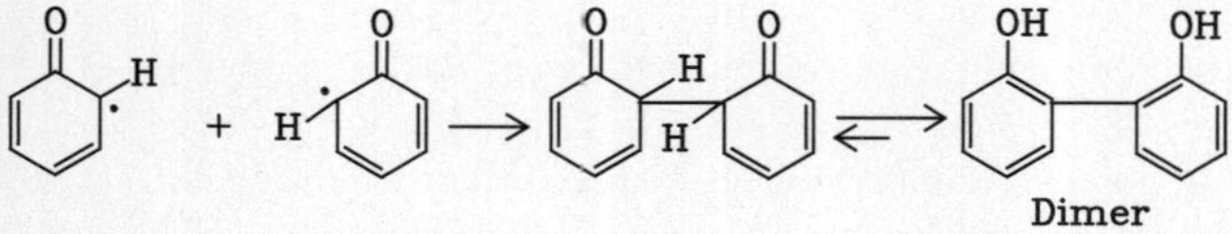

In dem obigen Beispiel erfolgt die Phenolkupplung über zwei *o*-Positionen; andere Kombinationen – auch gemischte – sind jedoch gleichfalls bekannt: *o*-, *p*-Kupplungen sowie Kupplungen über ein Sauerstoffatom. O/O-Kupplung wird dagegen im allgemeinen nicht beobachtet: das resultierende Peroxid wäre zu instabil.

Das Studium dieser Reaktionen wird dadurch erschwert, daß das zunächst gebildete dimere Produkt erneut zu einem Phenoxyl-Radikal oxidiert werden kann, das wiederum mit sich selbst oder mit weiteren einfachen Phenoxyl-Radikalen reagieren kann. Enzym-kontrollierte Phenolkupplungen (Phenoloxidationen) spielen bei der Biosynthese zahlreicher Naturstoffe – unter ihnen Alkaloide, Lignin, Pigmente und verschiedene Antibiotika – eine große Rolle.

11.5.3 Umlagerungsreaktionen

Umlagerungen, die über radikalische Zwischenprodukte verlaufen, sind weniger weit verbreitet als die ihnen sonst recht ähnlichen Carbokation-Prozesse. Sie gleichen vielmehr den Carbanion-Umlagerungen (S. 342), und der Grund dieser Ähnlichkeit wird deutlich, wenn wir die Übergangszustände für 1,2-Alkylwanderungen in der nunmehr kompletten Serie vergleichen:

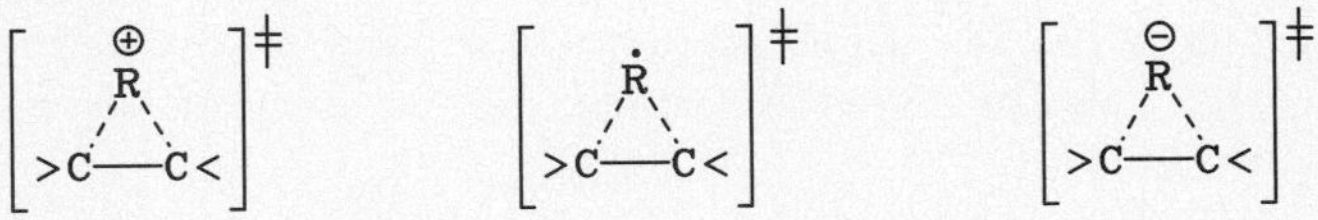

Carbokation-Übergangszustand	Radikal-Übergangszustand	Carbanion-Übergangszustand
$2e^-$	$3e^-$	$4e^-$

In diesen Übergangszuständen müssen zwei, drei und schließlich vier Elektronen untergebracht werden – und wir hatten bereits gesehen (S. 343), daß beim Überschreiten von zwei Elektronen die weiteren in einem antibindenden Molekülorbital höherer Energie untergebracht werden müssen. Wie bei den Carbanionen sind jedoch 1,2-Arylverschiebungen auch bei Radikalen bekannt: sie verlaufen über stabilisierte, überbrückte Übergangszustände. Ein gutes Beispiel bietet der Aldehyd *(115)*, der durch Entfernung seines aldehydischen Wasserstoffatoms mit $(CH_3)_3CO\cdot$ – aus $(CH_3)_3C–O–O–C(CH_3)_3$ – in das Acyl-Radikal *(116)* übergeht. Dieses verliert sehr leicht Kohlenmonoxid, das gebildete neue Radikal entreißt unumgesetztem *(115)* ein Wasserstoffatom, und es entsteht ein Kohlenwasserstoff. Dieser besitzt jedoch die Struktur *(118)* und ist deshalb nicht aus dem ursprünglichen Radikal *(117)* entstanden, sondern aus dem umgelagerten *(119)*.

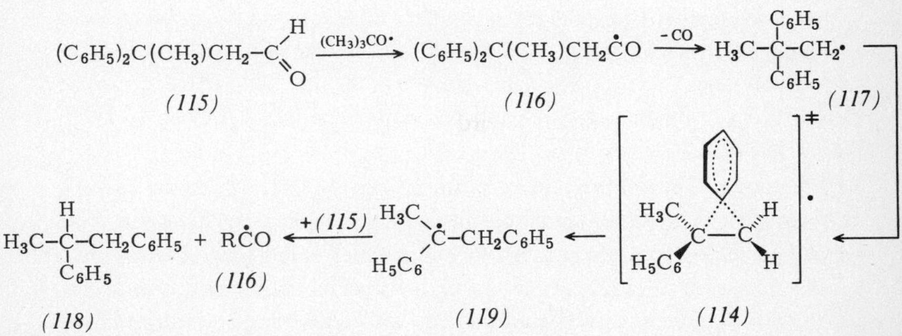

Radikal *(119)* ist stabiler als *(117)*, weil es tertiär statt primär ist und weil sein ungepaartes Elektron über das π-System eines Benzolrings delokalisiert ist. Von Bedeutung ist, daß im Zwischenprodukt *(117)* nur die Phenyl-, nicht aber die Methylgruppe wandert, obwohl die zweite Möglichkeit zu einem stabileren Radikal, $(C_6H_5)_2\dot{C}C_2H_5$, führen würde. Diese Bevorzugung wird verständlich, wenn man einen überbrückten Übergangszustand wie *(114)* postuliert: mit einer Methylgruppe wäre dieser viel instabiler als mit einem Phenylrest als Brücke. Fehlt der Phenylrest wie in $C_2H_5(CH_3)_2C-CH_2\cdot$, das aus $C_2H_5(CH_3)_2C-CH_2-CHO$ erzeugt werden kann, so wird keine Verschiebung eines Substituenten beobachtet, und das Endprodukt ist $C_2H_5(CH_3)_2C-CH_3$.

Wanderungen von Phenylresten sind nicht nur auf Verschiebungen zum Kohlenstoffatom beschränkt. So reagiert Triphenylmethylperoxid *(120)* (S. 352) auf folgende Weise:

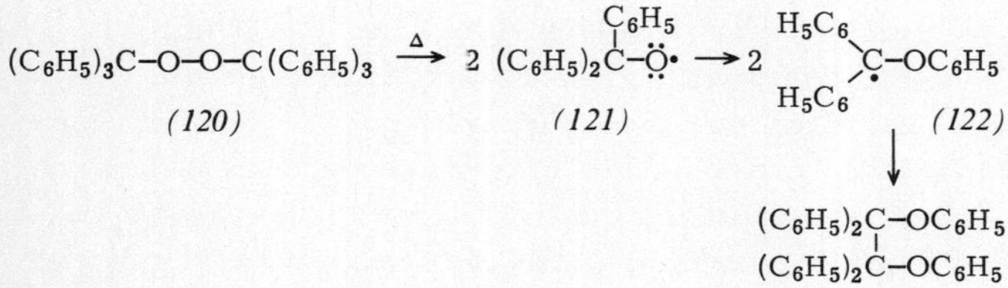

(120) *(121)* *(122)*

Auch diese Reaktion verläuft über einen überbrückten Übergangszustand. Triebkraft der Umlagerung ist wiederum die größere Stabilität eines tertiären *(122)* als eines nicht durch Phenylgruppen stabilisierten Radikals *(121)*. Außer diesen 1,2-Arylumlagerungen sind Isomerisierungen von Vinyl-, Acyl- und Acyloxy-Gruppen beschrieben worden, bei denen wahrscheinlich ebenfalls überbrückte Übergangszustände oder Zwischenprodukte durchlaufen werden. Auch Chloratome können 1,2-Wanderungen eingehen, wobei deren leere d-Orbitale das ungepaarte Elektron im Übergangszustand aufnehmen. Beispielsweise entsteht bei der Photoaddition von Bromwasserstoff an $Cl_3C-CH=CH_2$ *(124)* nicht das erwartete Produkt $Cl_3C-CH_2-CH_2Br$ *(125)*, sondern ausschließlich $Cl_2CH-CHCl-CH_2Br$ *(126)*.

Triebkraft der Umlagerung, die vermutlich über *(123)* erfolgt, ist die Bildung eines stabileren Radikalzwischenprodukts: das ungepaarte Elektron wird durch die Chloratome in *(127b)* wirkungsvoller stabilisiert als durch das Wasserstoffatom in *(127a)*. Analoge Fluorverschiebungen sind unbekannt, da d-Orbitale nicht zur Verfügung stehen. Die Wanderung eines Bromatoms

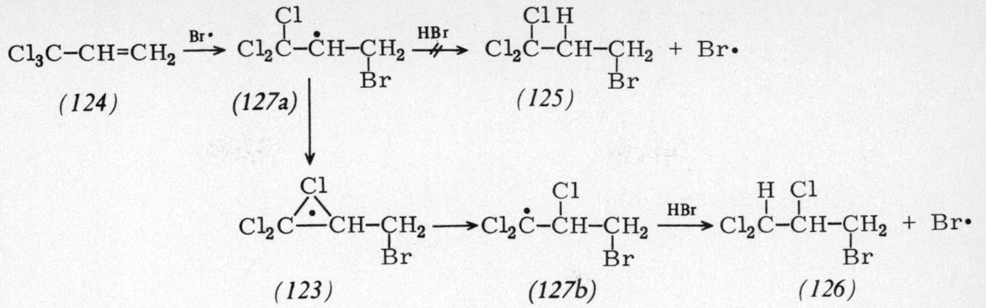

schließlich ist selten, weil die entsprechenden Radikale die Eliminierung zum Alken der Isomerisierung vorziehen.

1,2-Alkylverschiebungen konnten in Lösung noch nicht nachgewiesen werden. Andererseits isolierte man bei der Oxidation von Methylpropan in der Gasphase bei 480 °C beträchtliche Mengen an 2-Butanon:

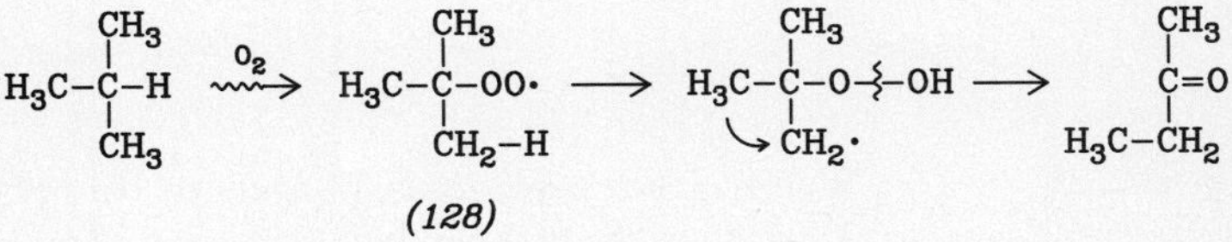

Zur Bildung dieses Ketons nimmt man an, daß aus dem Kohlenwasserstoff zunächst das Peroxyl-Radikal *(128)* entsteht (S. 387). Dieses erfährt anschließend eine interne Wasserstoffabstraktion, auf die eine Methylverschiebung folgt. Möglicherweise sind die drastischen Versuchsbedingungen für das Eintreten der 1,2-Alkylwanderung verantwortlich. Es kann auch sein, daß diese Umlagerung Resultat einer Fragmentierung ist, an die sich eine erneute Addition anschließt.

Radikalische Wasserstoffverschiebungen sind ebenfalls bekannt, müssen aber über größere Entfernungen als zwischen zwei vicinalen Atomen erfolgen. Sie verlaufen besonders leicht, wenn sechsgliedrige Übergangszustände ausgebildet werden können. Ein gutes Beispiel stellt die Wasserstoffwanderung zu einem Sauerstoffatom bei der Photolyse des Nitritesters *(129)* in der sog. *Barton*-Reaktion dar.

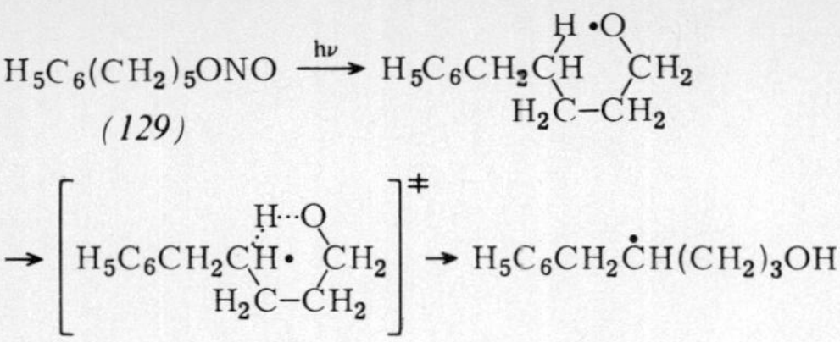

(129)

11.6 Diradikale

Wie schon erwähnt, ist das Sauerstoff-Molekül mit seinen ungepaarten Elektronen an jedem Atom ein – wenn auch reaktionsträges – Diradikal. Ferner wurde die photochemische Anregung des Anthracens zu einem Diradikal erwähnt. Wenn man Anthracen in Abwesenheit von Sauerstoff bestrahlt, bildet sich das Photodimer *(130)*.

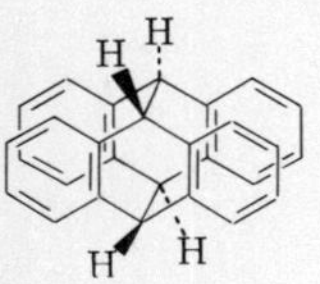

(130)

Außerdem sind wir Diradikalen in Form von Radikal-Anionen bei der Reduktion von Ketonen zu Pinakolen (S. 253) und bei der Acyloin-Kondensation von Estern (S. 254) begegnet. Die thermische Isomerisierung des Cyclopropans *(131)* zum Propen *(132)* verläuft wahrscheinlich auch über Diradikale *(133)* bzw. *(134)*.

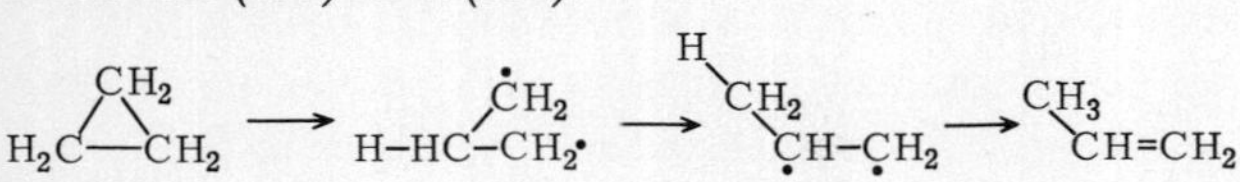

(131) (133) (134) (132)

Damit sich das Diradikal *(133)* aus dem Cyclopropan bilden kann, muß dieses mit einem anderen Molekül zusammenstoßen. Dadurch geht *(131)* in einen schwingungsangeregten Zustand über, und es kann zum Bruch der Kohlenstoff-Kohlenstoff-Bindung kommen – vorausgesetzt allerdings, daß die Überschußenergie nicht wieder durch weitere Stöße verlorengeht. Für die 1,2-Wasserstoffverschiebung gibt es bei dieser Reaktion, anders als bei Monoradikalen (S. 395), eine gewisse Triebkraft, da es durch sie zur Ausbildung einer (energieärmeren) Doppelbindung kommt.

Alle diese Diradikale sind mit Ausnahme des Sauerstoffs höchst instabil. Es überrascht daher, daß es dennoch einige ziemlich stabile Diradikale gibt. So existiert der Kohlenwasserstoff *(135)* in Lösung zum Teil als Diradikal.

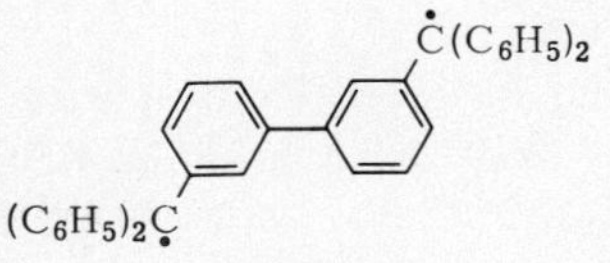

(135)

Diradikal *(135)* unterscheidet sich in seinen Eigenschaften erwartungsgemäß nicht sehr stark vom Triphenylmethyl-Radikal $(C_6H_5)_3C\cdot$ (S. 353), d. h. es liegt wie dieses in Substanz als farbloser Feststoff vor, der allerdings polymerer und nicht dimerer Natur ist. Der Feststoff ist in Lösung etwa so weit dissoziiert wie das Dimer von $(C_6H_5)_3C\cdot$. Die ungepaarten Elektronen in *(135)* können nicht miteinander in Wechselwirkung treten und ein diamagnetisches Molekül mit vollständig gepaarten Spins bilden, da dazu die beiden zentralen Benzolringe eine (unmögliche) *meta*-chinoide Struktur einnehmen müßten. Die Elektronen sind also gewissermaßen durch einen „inneren Isolator" voneinander getrennt. Eine ähnliche Isolierung kann auch durch sterische (statt durch elektronische) Faktoren hervorgerufen werden. Beispielsweise liegt Verbindung *(136)* in Lösung zu 17 % als Diradikal und zu 83 % als polymere Verbindung vor.

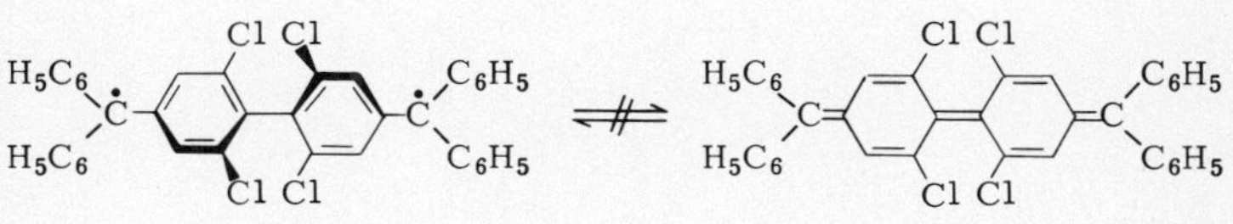

(136) *(137)*

In diesem System könnte sich zwar prinzipiell eine diamagnetische chinoide Struktur, nämlich *(137)*, ausbilden. Tatsächlich verhindern die voluminösen Chloratome die Einstellung der Benzolkerne in eine Ebene, die für die Bildung von *(137)*, d. h. die Überlappung der entsprechenden p-Orbitale, erforderlich wäre.

Aber selbst wenn eine derartige sterische Behinderung der Delokalisierung nicht vorliegt, wie bei den mit *(136)* verwandten Molekülen *(138)* bzw. *(139)*, wird diradikalisches Verhalten beobachtet.

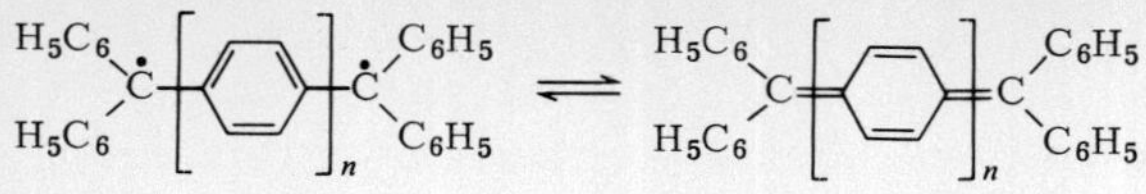

(138) (139)

Die Kohlenwasserstoffe mit $n = 3$ und 4 sind im festen Zustand paramagnetisch, und zwar entsprechend einem Diradikal-Charakter von ca. 8 % im Fall von $n = 3$ und von ca. 15 % bei $n = 4$ (20 °C).

12 Orbitalsymmetrie-kontrollierte Reaktionen

12.1 Einleitung

Wie wir in den voranstehenden Kapiteln gesehen haben, reicht eine vergleichsweise kleine Anzahl von Reaktionstypen aus, um Ordnung in die ungeheure Vielfalt organisch-chemischer Umwandlungen zu bringen. Und doch blieb nach mehreren Jahrzehnten intensiver Forschung über mechanistische Probleme und Zusammenhänge eine kleine Gruppe von scheinbar nicht verwandten Reaktionen übrig, die nicht in die obigen Schemata paßten. Reaktionen also, die *nicht* über polare oder radikalische Zwischenprodukte verlaufen, bei denen demnach polare Reagenzien keine Rolle spielen, bei denen des weiteren Änderungen in der Lösungsmittelpolarität oder der Zusatz von Radikalstartern, -inhibitoren oder Katalysatoren sich nicht auswirken und alle Versuche, Zwischenprodukte zu isolieren, nachzuweisen oder abzufangen, fehlschlagen. Von diesen Reaktionen haben wir bereits die Diels-Alder-Addition (S. 228), d.h. die 1,4-Addition substituierter Alkene (Dienophile) an Diene

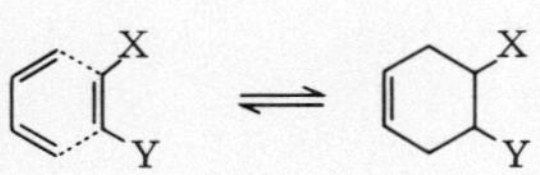

und die pyrolytische Zersetzung von Carbonsäureestern *(1)* und Xanthogenaten *(2)* zu Alkenen *(3)* kennengelernt (S. 313).

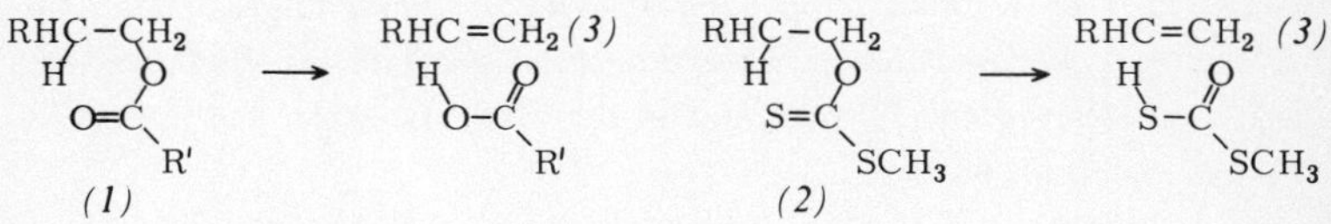

Derartige Reaktionen verlaufen offensichtlich *konzertiert*, d.h. die zur Bindungslösung und -knüpfung erforderliche Reorganisation der Elektronen vollzieht sich einstufig. Das bedeutet allerdings nicht, daß jede sich verändernde Bindung bis zum Erreichen des Übergangszustandes gleich weit gelöst oder neugeknüpft sein muß: Die Reaktionen verlaufen zwar *konzertiert*, aber nicht notwendigerweise *synchron*. Die Übergangszustände dieser Reaktionen sind im allgemeinen cyclischer Natur, wobei solche mit sechs Elektronen bevorzugt werden (vgl. Aromatizität, S. 18). Ein

weiteres Kennzeichen ist die meistens außergewöhnlich hohe Stereoselektivität (S. 301). Viele dieser Prozesse sind zudem reversibel, z. B. die Diels-Alder-Addition in Form der sog. Retro-Diels-Alder-Reaktion, jedoch liegt das Gleichgewicht meistens klar auf einer Seite. Man bezeichnet diese konzertierten Reaktionen, die über cyclische Übergangszustände verlaufen, zusammenfassend als *pericyclische Reaktionen.*
Pericyclische Umwandlungen werden – wie erwähnt – von polaren Reagenzien, Lösungsmitteländerungen, Radikalstartern usw. nicht beeinflußt – wohl aber, auf ganz spezifische Art und Weise, durch Wärme oder Licht. Es zeigt sich nämlich, daß pericyclische Prozesse vorwiegend oder ausschließlich durch Temperaturerhöhung oder auf photochemischem Wege ausgelöst werden. Auch ihr stereochemischer Verlauf hängt davon ab, ob die zur Reaktion erforderliche Energie thermischer oder elektromagnetischer Natur ist. Beispielsweise kann die Diels-Alder-Addition, die zur Klasse der *Cycloadditionen* gehört, normalerweise nur thermisch induziert werden, nicht aber photochemisch. Andererseits geht das Alken *(4)* nur bei Bestrahlung eine Cycloaddition zu dem Cyclobutan-Derivat *(5)* ein.

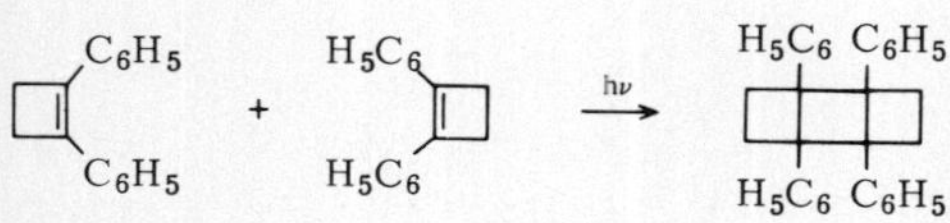

(4) *(4)* *(5)*

Der unterschiedliche stereochemische Verlauf läßt sich an Verbindungen wie *trans,cis,trans*-2,4,6-Octatrien *(6)* demonstrieren. Dieser ungesättigte Kohlenwasserstoff cyclisiert beim Erhitzen *ausschließlich* zu *cis*-5,6-Dimethyl-1,3-cyclohexadien *(7)*, während in der Photoreaktion *nur* das *trans*-Isomer *(8)* gebildet wird.

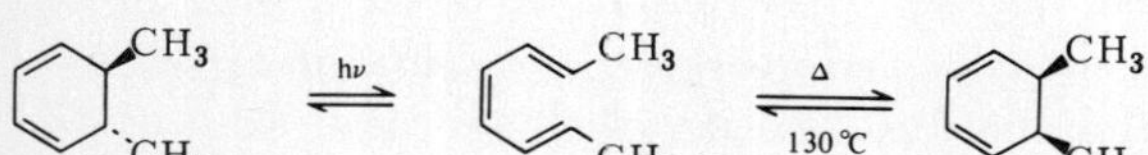

(8) *(6)* *(7)*

Diese Art von Isomerisierungen, die Cyclisierung eines Polyens und auch

die umgekehrt verlaufende Öffnung eines Cycloalkens zu einem Polyalken, werden als *elektrocyclische* Reaktionen bezeichnet.
Ob eine bestimmte Reaktion in *einem* Schritt – konzertiert – verläuft oder mehrstufig über diradikalische oder dipolare Zwischenstufen, wird durch das Größenverhältnis von $\Delta G^{\ddagger}$ (S. 43) für den ersteren Prozeß und für den geschwindigkeitsbestimmenden Schritt des letzteren bestimmt. In die Größe $\Delta G^{\ddagger}$ gehen bekanntlich (S. 44) die Aktivierungsentropie und -enthalpie, $\Delta S^{\ddagger}$ und $\Delta H^{\ddagger}$, ein. Es erweist sich, daß konzertierte Reaktionen große negative $\Delta S^{\ddagger}$- und kleine positive $\Delta H^{\ddagger}$-Werte haben. Erstere spiegeln den hohen Ordnungsgrad der beteiligten Moleküle oder Molekülteile eines cyclischen Übergangszustandes wider, wohingegen letztere das Ausmaß reflektieren, mit dem die Bindungsbildung im Übergangszustand die notwendige Bindungslösung unterstützt. Stark negative Aktivierungsentropie- und schwach positive Aktivierungsenthalpiewerte einer bestimmten Reaktion sind jedoch kein strikter *Beweis* dafür, daß diese auch tatsächlich konzertiert abläuft. Was $\Delta H^{\ddagger}$ anbelangt, so erscheint es vernünftig anzunehmen, daß für eine bestimmte Reaktion der Reaktionsweg begünstigt ist, in dessen Übergangszustand die stärksten Partialbindungen aufrechterhalten werden. Aufrechterhaltung von Bindungen bedeutet aber das Weiterbestehen von Orbitalüberlappungen, und wir müssen deshalb als nächstes fragen, welche Bedingungen für diese teilweisen Überlappungen erfüllt sein müssen. Wir müssen uns deshalb erneut mit den Eigenschaften von Atom- und Molekülorbitalen, insbesondere dem Vorzeichen (oder der *Phase*) der verschiedenen Orbitallappen – einer Eigenschaft, die wir bislang unberücksichtigt gelassen haben – beschäftigen.

12.2 Vorzeichen und Symmetrie von Orbitalen

Wie bereits in Kap. 1 gezeigt (S.14), können die verschiedenen Elektronen eines Atoms durch Wellenfunktionen (Ψ) beschrieben werden. Es besteht eine Analogie zwischen diesen „wellenartigen“ Elektronen und den stehenden Wellen, die sich mit einer beidseitig befestigten Saite erzeugen lassen. (Das Modell, das diesen Zusammenhang in mathematisch exakter Form beschreibt, ist das Modell vom „Elektron im eindimensionalen Kasten“ – eindimensional deshalb, weil die Saite nur in einer Ebene schwingt, die „stehenden Wellen“ des Elektrons hingegen in drei.) Die ersten drei „Schwingungen“ der Wellenfunktion Ψ können folgendermaßen symbolisiert werden:

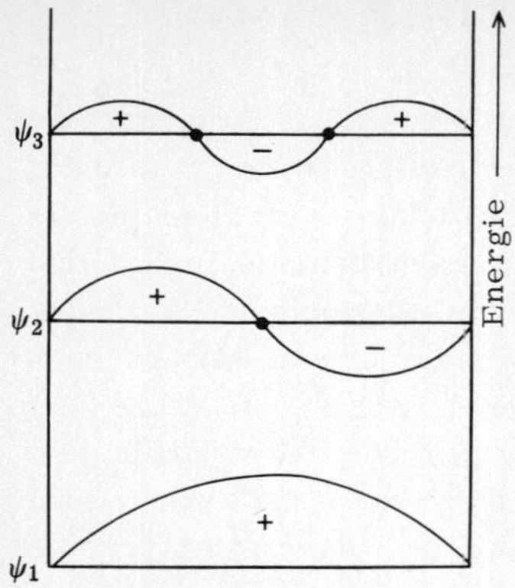

In der ersten Schwingung, Ψ_1, steigt die Amplitude der Welle von null bis zu einem Maximum, um von dort wieder bis auf null abzufallen. In der zweiten Schwingung, Ψ_2, durchläuft die Amplitude zunächst wieder ein Maximum, fällt dann aber bis auf den Nullpunkt ab – der Nulldurchgang ist durch einen schwarzen Punkt hervorgehoben und wird als *Knoten* bezeichnet – und wächst dann in *entgegengesetzter* Richtung bis auf einen minimalen Wert und kehrt erst dann zum ursprünglichen Nullpunkt zurück. Im Verlauf dieser Schwingung ändert sich das Vorzeichen der Amplitude, die sog. Phase, also einmal. Bei Ψ_3 erfolgt schließlich doppelte Phasenumkehr, und diese Schwingung besitzt zwei Knoten. „Ausschläge“ oberhalb der Knotenebene erhalten durch Übereinkunft ein positives, solche unterhalb ein negatives Vorzeichen. Auch das 2p-Atomorbital besitzt eine Knotenebene, d. h. seine beiden Orbitallappen haben, wie in *(9)*, entgegengesetztes Vorzeichen (+ oder −). Da diese Vorzeichen leicht und irrtümlich mit positiven Ladungen verwechselt werden können*), wollen wir, wie in *(10)*, Unterschiede in den Phasen von Orbitallappen, die selbstverständlich nur relativ sind, durch schwarze bzw. keine Einfärbung kenntlich machen:

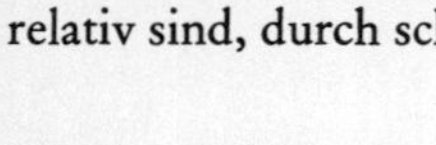

(9) *(10)*

---

* Es sei noch einmal daran erinnert, daß Ψ^2 die Wahrscheinlichkeit wiedergibt, mit der man ein Elektron an einer bestimmten Stelle im Raum antrifft; Ψ^2 ist selbstverständlich immer positiv, unabhängig vom Vorzeichen von Ψ.

Molekülorbitale (MOs) können nach dem sog. LCAO-Verfahren durch *l*ineare Kombination (englisch: *c*ombination) aus *A*tom*o*rbitalen (AOs) aufgebaut werden. Für die MOs stellt sich die Frage nach dem Vorzeichen genauso wie für die AOs, aus denen sie (formal) bestehen. Im einfachsten Fall, dem Ethylen, erhalten wir durch Linearkombination zweier p-Orbitale das bindende (π) und das antibindende MO (π^*)).

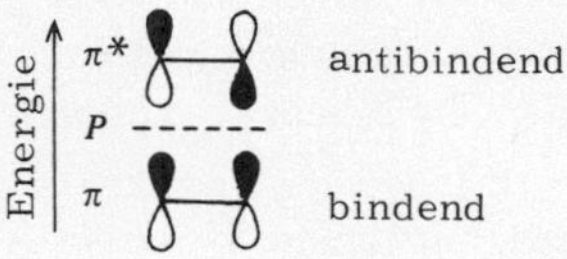

Für Butadien in *cisoider*-Konformation (S. 228) ergibt sich ein analoges, jetzt natürlich aus vier MOs) (Ψ_1 bis Ψ_4) bestehendes Bild:

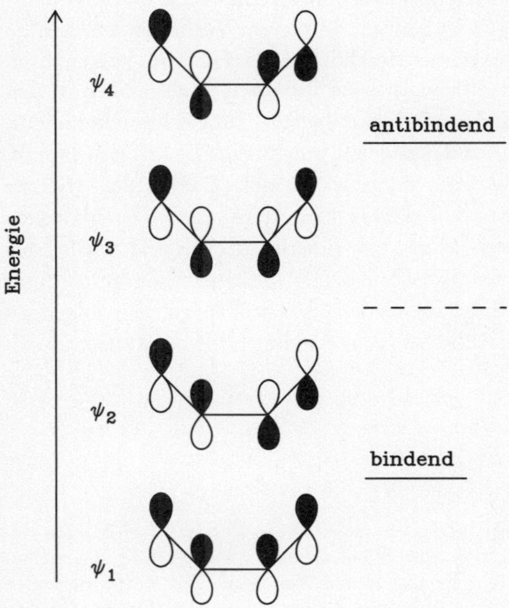

Die Bedeutung der Phase der Orbitale besteht darin, daß *nur Orbitale gleicher Phase überlappen*, d. h. eine *bindende Wechselwirkung erzeugen*. Orbitallappen *entgegengesetzten Vorzeichens überlappen nicht*: hier liegt eine antibindende, d. h. energetisch ungünstige Situation vor. Durch genaue Analyse der relativen Vorzeichen von Orbitalen oder, anders ausgedrückt,

ihrer Symmetrie, gelang es Woodward und Hoffmann im Jahre 1965*), eine Anzahl von Regeln abzuleiten, die nicht nur die bis dahin bekannten elektrocyclischen Reaktionen erklären konnten, sondern auch detaillierte Vorhersagen über den Verlauf noch nicht untersuchter Prozesse ermöglichten. Diese Vorhersagen bezogen sich sowohl auf die Versuchsbedingungen, d. h., ob diese Reaktionen thermisch oder photochemisch durchzuführen seien, als auch auf ihren genauen stereochemischen Verlauf. Diese Leistung ist um so größer, als einige der Vorhersagen zum Zeitpunkt ihrer Veröffentlichung höchst unwahrscheinlich waren – in der Zwischenzeit konnten sie als korrekt bestätigt werden.
Damit diese Vorhersagen getroffen werden können, müssen die Symmetrieeigenschaften *aller* Orbitale ermittelt werden, die bei der Umwandlung der Ausgangsmaterialien in die Produkte eine Rolle spielen, was nicht immer einfach ist. Man kann jedoch zu einem recht guten Verständnis der Zusammenhänge kommen, wenn man die einfachere *Grenzorbital-Methode* (englisch: frontier orbital approach) benutzt. In diesem Verfahren werden die Elektronen des höchsten besetzten Molekülorbitals (HOMO, von englisch *h*ighest *o*ccupied *m*olecular *o*rbital) eines Reaktanden als analog zu den Valenzelektronen eines Atoms bzw. Ions aufgefaßt. Zur Reaktion kommt es, wenn das HOMO dieses Reaktanden, ein potentieller Elektronen-Donor, mit dem LUMO, dem *l*owest *u*noccupied *m*olecular *o*rbital (tiefstes nichtbesetztes MO), einem potentiellen Elektronen-Akzeptor, eines zweiten Substratmoleküls in Wechselwirkung tritt (überlappt). Reagiert, wie bei den elektrocyclischen Reaktionen, nur ein einziges Molekül, dann braucht nur dessen HOMO berücksichtigt zu werden. Wir wollen auf den folgenden Seiten die wichtigsten pericyclischen Prozesse mit Hilfe der Grenzorbital-Methode analysieren.

---

* *Anmerkung der Übersetzer*: Was heute pauschal als Woodward-Hoffmann-Regeln bezeichnet wird, stellt sich bei näherer Betrachtung – wie so häufig in der Chemie – als multinationale Leistung heraus. Neben Woodward und Hoffmann waren an der Formulierung dieser und verwandter Regeln Oosterhoff (Holland), Fukui (Japan), Longuet-Higgins (Großbritannien), Zimmerman (USA), Dewar (USA) u. a. beteiligt. Bei der experimentellen Bestätigung der Woodward-Hoffmann-Regeln haben sich insbesondere Criegee, Huisgen und Roth (Deutschland), Berson und Doering (USA) und Frey (Großbritannien) verdient gemacht – wobei auch diese Namen nur stellvertretend für die Bemühungen zahlreicher anderer Forscher stehen sollen. Für ihre Arbeiten über Anwendungen des MO-Modells erhielten Fukui und Hoffmann gemeinsam den Chemie-Nobelpreis 1981.

12.3 Elektrocyclische Reaktionen

Die Cyclisierung von *trans,cis,trans*-2,4,6-Octatrien *(6)*, die thermisch zu *cis-* *(7)*, photochemisch hingegen zu *trans*-5,6-Dimethyl-1,4-cyclohexadien *(8)* führt, wurde bereits erwähnt. Unter beiden Bedingungen liegt das Gleichgewicht praktisch quantitativ auf der Seite des Cycloisomers. Die Stereoselektivität der Reaktion ist außergewöhnlich hoch: die thermische Cyclisierung ergibt < 0,1 % des *trans*-Isomers *(8)*, obwohl dieses Isomer thermodynamisch stabiler als die *cis*-Form *(7)* ist. Die sechs MOs (Ψ_1–Ψ_6), die sich durch Linearkombination von sechs p-AOs ergeben, sind auf der folgenden Seite abgebildet.

Da insgesamt sechs Elektronen unterzubringen sind und jedes MO zwei aufnehmen kann, ist Ψ_3 das höchste besetzte MO [vgl. *(11)*]. Damit es nun zur Ringbildung kommt, muß zwischen den Enden des Polyens eine Kohlenstoff-Kohlenstoff-σ-Bindung geknüpft werden. Die p-Orbitale an C-2 und C-7 – den Kohlenstoffatomen, die die Methylsubstituenten tragen – müssen rehybridisieren, d. h. sie müssen aus der sp^2- in die sp^3-Konfiguration übergehen und müssen sich außerdem um 90° drehen, damit es zur Überlappung kommt. Diese Rotationen können entweder gleichsinnig

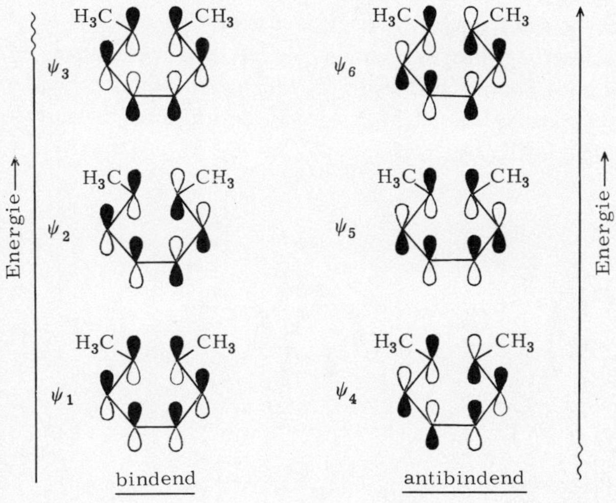

verlaufen wie in *(12)*: dann spricht man von einem *konrotatorischen* Prozeß; oder aber in entgegengesetzter Richtung *(13)*: dann ist der Prozeß *disrotatorisch.*

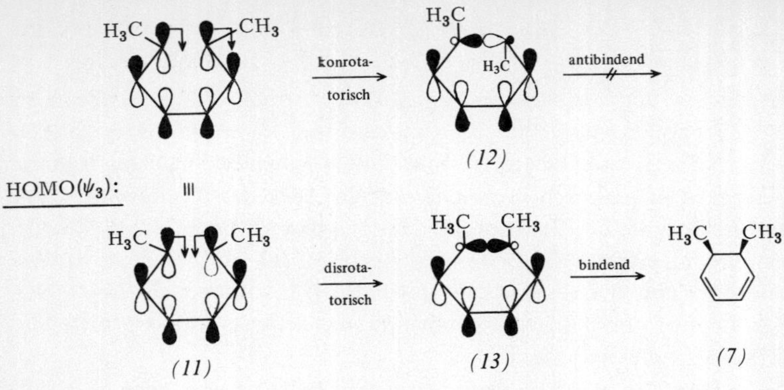

Man sieht, daß die konrotatorische Drehung zwei Orbitallappen entgegengesetzten Vorzeichens zusammenführt, d. h. eine (energiereiche) antibindende Wechselwirkung hervorruft. Bei der disrotatorischen Drehung ist es gerade umgekehrt: jetzt haben die entsprechenden Orbitallappen an den Enden des π-Systems gleiches Vorzeichen, und es kann zur Überlappung (Bindungsknüpfung) kommen. Ausschließliches Produkt der thermischen Cyclisierung, einer sog. Grundzustandsreaktion, sollte deshalb das *cis*-Isomer *(7)* sein, und wie das Experiment zeigt, ist das der Fall.
Bei der Photocyclisierung kehren sich die Verhältnisse um: durch die Bestrahlung wird ein Elektron aus Ψ_3 in Ψ_4 angehoben, und was bei der Reaktion im Grundzustand das LUMO war (Ψ_4), wird unter Photolysebedingungen zum HOMO *(14)*.

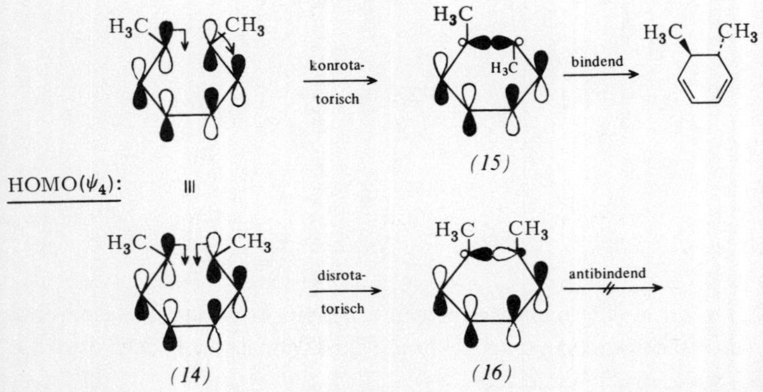

Jetzt führt die Konrotation zu einer Gegenüberstellung von Orbitallappen gleicher Phase *(15)*, es kommt zur C—C-Verknüpfung und damit zur Bildung der *trans*-Dimethylverbindung *(8)* – wiederum in Übereinstimmung mit dem Experiment.
Es ist interessant, diese Ergebnisse mit der gegenseitigen Umwandlung von 2,4-Hexadien in 3,4-Dimethylcyclobuten zu vergleichen. An diesem Vierelektronen-System wird ein genau entgegengesetzter stereochemischer Verlauf beobachtet wie bei dem Trien oben, d. h. das *trans,trans*-2,4-Hexadien *(17)* isomerisiert bei thermischer Anregung zu *trans*-3,4-Dimethylcyclobuten *(18)*, bei photochemischer hingegen zum *cis*-Isomer *(19)*.

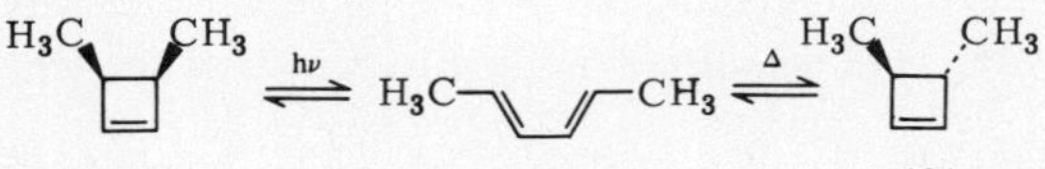

(19) *(17)* *(18)*

Für den thermischen Prozeß (dessen Gleichgewicht übrigens auf der Dien-Seite liegt) ist Ψ_2 *(20)* des Diens *(17)* das HOMO, da insgesamt vier Elektronen unterzubringen sind.

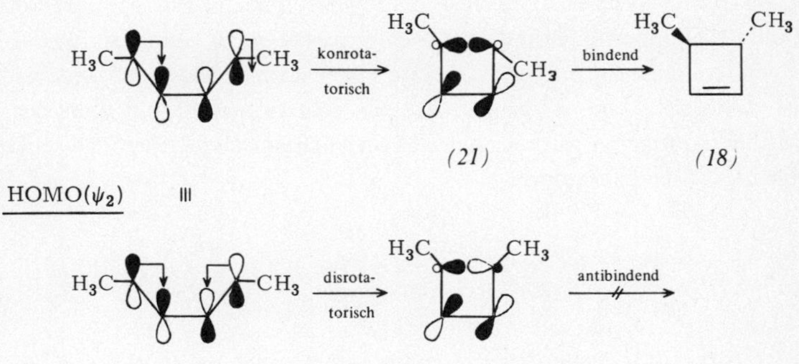

(20) *(22)*

In diesem Fall führt deshalb die konrotatorische Drehung zu einer bindenden Wechselwirkung zwischen den terminalen Orbitallappen von *(21)* und somit zum *trans*-Cyclobuten-Derivat *(18)*. Im Photoprozeß, dessen Gleichgewicht auf der Cyclobuten-Seite liegt, wird wieder zunächst ein Elektron aus einem bindenden MO (Ψ_2) in ein antibindendes (Ψ_3) gehoben, d. h. das LUMO des Grundzustands (Ψ_3) in das HOMO *(23)* des angeregten Zustands umgewandelt.

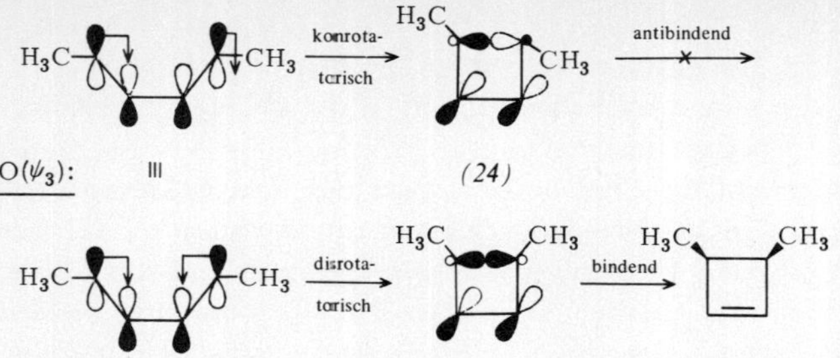

HOMO(ψ_3): (24)

(23) (25) (19)

Dann bringt die disrotatorische Drehung zwei Orbitallappen gleichen Vorzeichens zusammen *(25)*, und aus dieser bindenden Situation entsteht das *cis*-Isomer *(19)*.

Diese Beispiele zeigen klar, daß es auf die relativen Vorzeichen der Orbitale an den Enden der jeweiligen π-Systeme, d. h. auf deren Symmetrie, ankommt. Die Vorzeichen sind gleich (d. h. gleich orientiert, symmetrisch zu einer die Molekülmitte schneidenden Ebene) für das Homo (Ψ_3) des Sechs-Elektronen- und für das LUMO (Ψ_3) des Vier-Elektronen-Systems. Sie sind ungleich für das HOMO (Ψ_2) des Vier- und das LUMO (Ψ_4) des Sechs-Elektronen-Systems. *Gleiches Vorzeichen (gleiche Phase)* führt bei der Bindungslösung und -knüpfung zu einer *disrotatorischen Drehung* der Molekülenden, während *entgegengesetzte Vorzeichen* den *konrotatorischen Verlauf* diktieren. Die Abhängigkeit der Rotationsrichtung von den Versuchsbedingungen – thermische oder photochemische Anregung – faßt die folgende Tabelle zusammen.

Zahl der Elektronen	Reaktions-bedingungen	Rotations-richtung
4n	thermisch	konrotatorisch
4n	photochemisch	disrotatorisch
4n+2	thermisch	disrotatorisch
4n+2	photochemisch	konrotatorisch

Abgesehen von ihrer theoretischen Bedeutung sind elektrocyclische Reaktionen auch in der präparativen organischen Chemie von beträchtlichem Interesse, erlauben sie doch die Knüpfung von Kohlenstoff-Kohlenstoff-Bindungen mit einer Stereoselektivität, die diejenige der meisten anderen, nichtkonzertierten Reaktionen (über biradikalische oder bipolare Zwischenprodukte), bei weitem übertrifft.

12.4 Cycloadditionen

Bei Cycloadditionen reagieren meistens zwei Komponenten miteinander; damit eine konzertierte Reaktion eintritt, müssen das HOMO der einen Verbindung und das LUMO der anderen in einer bindenden Wechselwirkung überlappen. Für den einfachen Fall einer Addition eines Alkens an ein Dien (Prototyp der Diels-Alder-Reaktion) gilt:

Gleichgültig, welche Komponente als HOMO oder LUMO fungiert, es kommt zu der erforderlichen bindenden Überlappung. Die Cycloaddition kann also erfolgen, sie ist *symmetrieerlaubt*. Sollen hingegen zwei Monoalkene miteinander reagieren

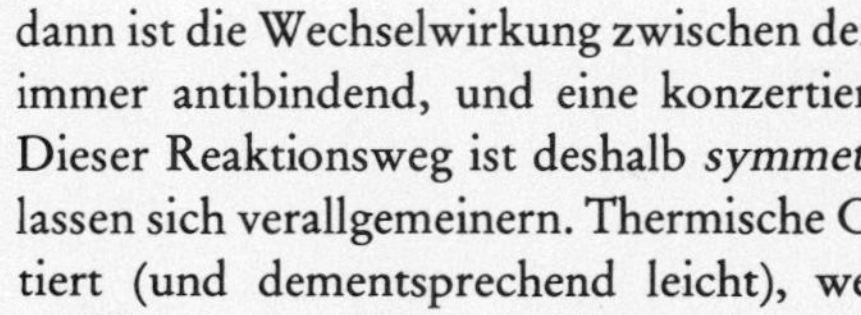

dann ist die Wechselwirkung zwischen den Orbitalen im Übergangszustand immer antibindend, und eine konzertierte Cycloaddition tritt nicht ein. Dieser Reaktionsweg ist deshalb *symmetrieverboten*. Auch diese Beispiele lassen sich verallgemeinern. Thermische Cycloadditionen verlaufen konzertiert (und dementsprechend leicht), wenn Komponenten mit 4 und 2 π-Elektronen an ihnen teilnehmen, und nicht-konzertiert (d. h. im allgemeinen nur unter relativ drastischen Reaktionsbedingungen oder gar nicht), wenn nur Reaktanden mit 2 und 2 π-Elektronen beteiligt sind. Andererseits kann man erwarten, daß sich auch hier die Verhältnisse bei Bestrahlung umkehren, daß also beispielsweise die Photodimerisierung von Alkenen symmetrieerlaubt ist. Unter derartigen Bedingungen würde ja ein Elektron einer Komponente in das Orbital nächst höherer Energie gehoben ($\pi \xrightarrow{h\nu} \pi^*$), und aus einem Grundzustands-LUMO (π^*) würde ein HOMO:

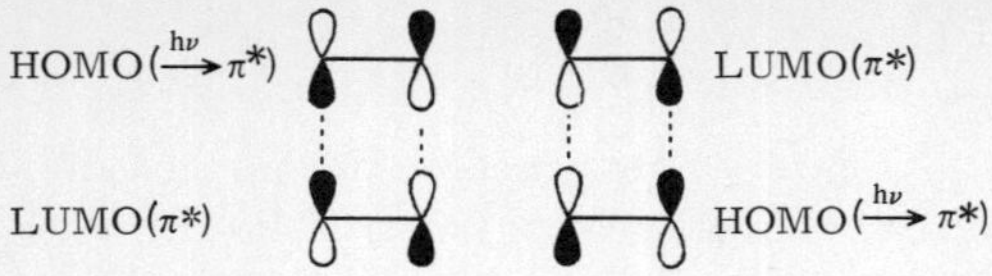

In der Tat sind zahlreiche – auch präparativ sehr nützliche – Photodimerisierungen von Alkenen bekannt. Allerdings verlaufen die meisten – aus Gründen, die zu erörtern den Rahmen dieses Buches übersteigt – nicht nach einem konzertierten Mechanismus, sondern über Diradikal-Zwischenprodukte. Bei der schon erwähnten Photodimerisierung des 1,2-Diphenylcyclobutens *(4)* handelt es sich aber wahrscheinlich um einen konzertierten [2π + 2π] Cycloadditions-Prozeß.

(4) *(4)* *(5)*

Da den [4π + 2π]Cycloadditionen die größte praktische Bedeutung zukommt, wollen wir sie im folgenden Kapitel genauer besprechen.

12.4.1 Die Diels-Alder-Addition

Die mit Abstand wichtigste [4π + 2π]Cycloaddition (häufig abgekürzt als [4 + 2]Cycloaddition) ist die Diels-Alder-Reaktion. Einige Aspekte dieser Addition wurden schon besprochen (S. 222), insbesondere die Tatsache, daß sie unter Erhaltung der Substituentenanordnung an Dien *(26)* und Dienophil *(27)* erfolgt (CIS-Addition).

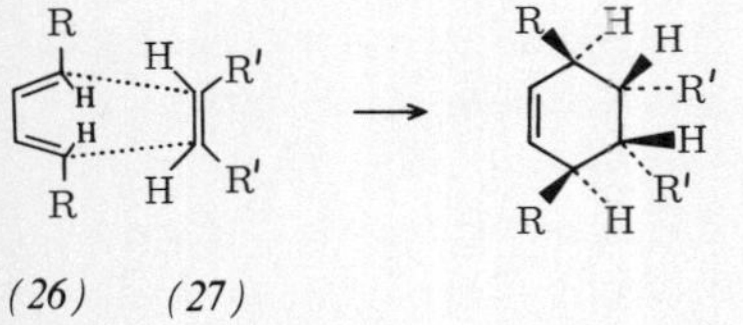

(26) *(27)*

Diese hochgradige Stereoselektivität spricht für den konzertierten Charakter der Diels-Alder-Addition, denn sie impliziert die simultane Knüpfung *beider* σ-Bindungen im Übergangszustand. Daß das Ausmaß der Bindungsknüpfung im Übergangszustand nicht für beide Bindungen gleich groß ist, die Addition also nicht an beiden Enden der reagierenden π-Systeme gleich weit fortgeschritten ist, zeigt die Beobachtung, daß die Diels-Alder-Reaktion deutlich von den elektronischen Eigenschaften der Substituenten R und R′ abhängt. Man findet nämlich, daß diese Cycloaddition durch elektronenliefernde Substituenten im Dien und durch elektronenanziehende im Dienophil beschleunigt wird. Durch diese Substituenten wird die HOMO-Energie des Diens angehoben und die LUMO-Energie des Dienophils abgesenkt, was zu einer Verstärkung der Wechselwirkung zwischen ihnen führt. Andererseits kann der Einfluß von Substituenten, selbst von Heteroatomen, bei der Orbitalsymmetrie-Analyse der Reaktion offenbar vernachlässigt werden.

Ein weiterer Substituenteneinfluß ist sterischer Natur. Damit die Addition ablaufen kann, muß die Dien-Komponente die *cisoide*-Konformation einnehmen, die mit der thermodynamisch günstigeren *transoiden* Konformation in einem Gleichgewicht steht. Dieses wird – wie in *(28)* – durch voluminöse Substituenten in der *cis*-1-Position auf die ungünstige, *transoide* Seite verschoben, und folglich verlangsamt sich die Cycloaddition bei dieser Art von Substitution. Aus dem gleichen Grunde rufen große Substituenten an C-2 des Diens *(29)* eine Reaktionsbeschleunigung hervor.

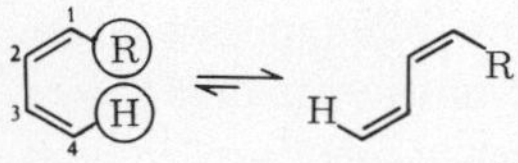

cisoid *(28)* *transoid*

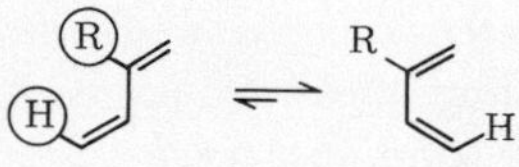

transoid *(29)* *cisoid*

Ein weiterer stereochemisch interessanter Aspekt der Diels-Alder-Reaktion läßt sich anhand der Anlagerung von Maleinsäureanhydrid *(33)* an Cyclopentadien *(32)* demonstrieren.

(32)

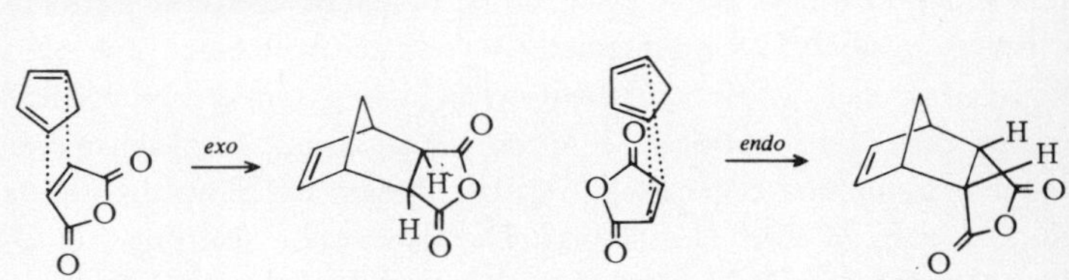

(33) *(30)* *(33)* *(31)*

Obwohl das *exo*-Addukt aller Voraussicht nach das thermodynamisch stabilere der beiden Produkte ist, findet man häufig – allerdings auch nicht immer –, daß das *endo*-Addukt in Diels-Alder-Additionen dominiert, ja manchmal sogar ausschließlich entsteht. Um diese Beobachtung zu erklären, nimmt man heute an, daß im Übergangszustand der *endo*-Addition *sekundäre* Orbitalwechselwirkungen auftreten, die eine zusätzliche Stabilisierung ermöglichen, so daß dieser Additionsmodus weniger Energie erfordert und deshalb schneller abläuft. Bei diesen sekundären Orbitalwechselwirkungen kommt es zu einer Durchdringung von Orbitallappen des HOMOs, z.B. von *(32)*, und des LUMOs, *(33)*, die am eigentlichen Bindungsknüpfungsprozeß nicht beteiligt sind. Die entsprechenden Orbitale müssen dazu wiederum phasengleich sein. Vergleichbare Wechselwirkungen sind im Übergangszustand für die *exo*-Addition nicht möglich, weil die entsprechenden Orbitale in *(32)* und *(33)* zu weit voneinander entfernt sind. Das *endo*-Addukt ist daher das *kinetisch* kontrollierte Produkt. In diesem Zusammenhang ist von Bedeutung, daß der relative Anteil des *exo*-Addukts gelegentlich durch längere Reaktionszeiten vergrößert werden kann. Das zunächst gebildete, kinetisch kontrollierte *endo*-Addukt wandelt sich dadurch in das stabilere, thermodynamisch kontrollierte *exo*-Produkt um, da ersteres immer wieder in die Ausgangsmaterialien zerfällt, die sich zunehmend im *exo*-Sinne erneut zusammenlagern. (Ausführlicher werden sekundäre Effekte in den Lehrbüchern über die Anwendung der Woodward-Hoffmann-Regeln besprochen, vgl. Bibliographie am Ende des Buches.)

Die Diels-Alder-Addition ist wegen ihrer großen Anwendungsbreite außerordentlich wichtig zur Knüpfung von Kohlenstoff-Kohlenstoff-Bindungen. Das Dienophil kann über einen sehr großen Bereich variiert werden, und auch die Struktur der Dien-Komponente läßt sich modifizieren, wenn auch nicht so stark. Dazu kommt, daß fast immer Reaktionsbedingungen gefunden werden können, unter denen die Diels-Alder-Addition mit präparativ befriedigenden Ausbeuten verläuft. Wie andere Cycloadditionen ist auch die Diels-Alder-Reaktion reversibel, und auch die Rückreaktion, die Retro-Diels-Alder-Reaktion, kann gelegentlich präparativ genutzt werden. Beispielsweise reagiert Cyclopentadien *(32)* sehr leicht in einer [2 + 4]Cycloaddition mit sich selbst zu einem tricyclischen Dimer. Normalerweise bewahrt man das empfindliche Monomer in dieser vergleichsweise stabilen Form auf und regeneriert *(32)* bei Bedarf aus ihm durch einfaches Erhitzen, z. B. in einer Destillation. Die thermische Spaltung von Cyclohexen (formal das Diels-Alder-Addukt aus Butadien und Ethylen – obwohl man es in der Praxis anders herstellt) stellt eine brauchbare Labormethode zur Erzeugung von Butadien dar. Die schon erwähnten pyrolytischen CIS-Eliminierungen von Carbonsäureestern und Xanthogenaten (S. 313) können ebenfalls als Retro-Diels-Alder-Reaktionen aufgefaßt werden.

Einige wenige Diels-Alder-Reaktionen sind bekannt, die nach einem nicht-konzertierten, zweistufigen Reaktionsmechanismus über Zwitterionen als Zwischenprodukte ablaufen. Vorzugsweise treten diese Reaktionen auf, wenn Heteroatome und/oder stark polarisierende Substituenten im Spiel sind. Andererseits sind zweistufige Reaktionen dieses Typs, die über Diradikale ablaufen, nicht bekannt.

12.4.2 1,3-Dipolare Cycloadditionen

Die 4π-Elektronen-Komponente einer [4 + 2]Cycloaddition braucht weder, wie bei 1,3-Dienen, aus vier Gerüstatomen zu bestehen, noch muß es sich bei diesen ausschließlich um Kohlenstoffatome handeln. Entscheidend für das Eintreten einer konzertierten Cycloaddition ist, daß die Symmetriebeziehungen zwischen HOMO und LUMO korrekt sind. Sehr verbreitet sind nicht-dienische 4π-Systeme, die aus drei Atomen aufgebaut sind und für die mindestens eine dipolare Grenzstruktur, z. B. *(34a)*, formuliert werden kann. Die Additionen derartiger Systeme, die selbst nicht unbedingt über ein Dipolmoment verfügen müssen, werden als ***1,3-dipolare Cycloadditionen*** bezeichnet.

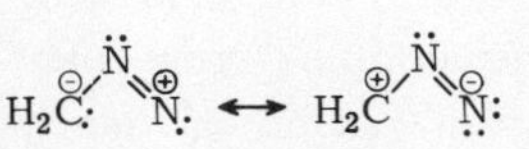

(34a) (34b)

Die schon besprochene Molozonid-Bildung (S. 218) in der ersten Stufe der Anlagerung von Ozon an Alkene kann als 1,3-dipolare Cycloaddition aufgefaßt werden. Präparativ ist dieser Additionstyp vor allen Dingen bei der Herstellung von heterocyclischen Systemen von großer Bedeutung. Die Synthese eines 1,2,3-Triazols aus Phenylazid haben wir bereits kennengelernt (S. 225). In einer verwandten Reaktion werden Dihydropyrazole wie *(35)* aus Diazomethan *(34)* und Acrylestern dargestellt.

(34)

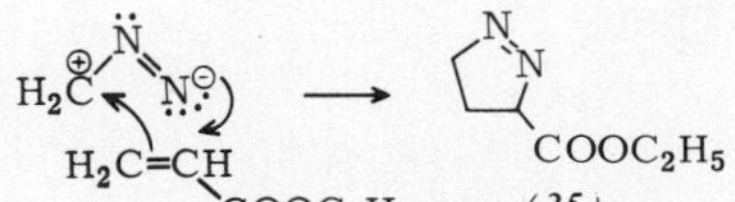

(35)

Der Hauptunterschied zwischen [4 + 2]Cycloadditionen vom Diels-Alder-Typ und den 1,3-dipolaren Cycloadditionen besteht darin, daß letztere über weniger symmetrische und stärker polare Übergangszustände verlaufen.

12.5 Sigmatrope Umlagerungen

In der dritten großen Kategorie pericyclischer Reaktionen – den *sigmatropen* Umlagerungen – wandern eine oder mehrere σ-Bindungen entlang einem Gerüst aus π-Elektronen.

12.5.1 Wasserstoffverschiebungen

Allgemein lassen sich sigmatrope Wasserstoffwanderungen in acyclischen Polyenen durch die folgende Gleichung symbolisieren:

$$R_2\overset{\overset{H}{|}}{C}(CH{=}CH)_xCH{=}CR'_2 \longrightarrow R_2C{=}CH(CH{=}CH)_x\overset{\overset{H}{|}}{C}R'_2$$

(36) *(37)*

Um zu entscheiden, ob diese Isomerisierungen konzertiert, d. h. über cyclische Übergangszustände ablaufen, müssen wiederum die Symmetrieeigenschaften der beteiligten Orbitale bestimmt werden. Ein Modell für den Übergangszustand läßt sich unter der Annahme konstruieren, daß die wandernde σ-Kohlenstoff-Wasserstoff-Bindung in ein Wasserstoff-1s-Orbital und ein Kohlenstoff-2p-Orbital zerlegt werden kann. Für den Fall, daß *x* in *(36)* gleich 1 ist, bedeutet das einen Übergangszustand, der formal aus einem Pentadienyl-Radikal und einem Wasserstoffatom (mit einem Elektron im 1s-Orbital) besteht *(38)*:

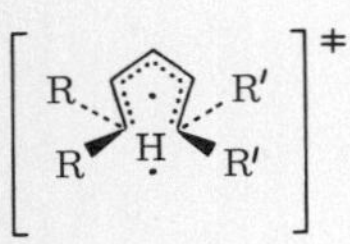

(38)

Das wandernde Wasserstoffatom befindet sich zwischen den Enden eines 5π-Elektronen-Systems, so daß wir es insgesamt wieder mit einem 6 Zentren/6 Elektronen-Übergangszustand zu tun haben. Wie bei den anderen pericyclischen Reaktionen entscheiden die Vorzeichen der Orbitallappen an den Enden des Kohlenstoffgerüstes darüber, ob die Isomerisierung symmetrieerlaubt ist oder nicht. Wir müssen also zunächst die Symmetrie des HOMO des Pentadienyl-Radikals ermitteln. Da 5 π-Elektronen beteiligt sind, ist seine Elektronenkonfiguration (das ist die Verteilung der Elektronen über die verschiedenen Orbitale) $\Psi_1^2\Psi_2^2\Psi_3^1$, d. h. Ψ_3 ist das höchste besetzte Molekülorbital. Die endständigen Orbitallappen dieses MOs haben gleiches Vorzeichen, so daß im Übergangszustand *(39) gleichzeitige* Überlappung des Wasserstoff-1s-Orbitals mit *beiden* terminalen p-Orbitalen gewährleistet ist.

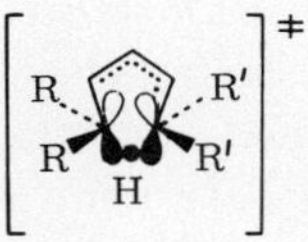

(39)

Thermische 1,5-Wasserstoffverschiebungen sind deshalb symmetrieerlaubt. Wegen der Symmetrie des Übergangszustands *(39)* wird sich zudem das Wasserstoffatom nach Abschluß der Wanderung – d. h. in *(37)* mit $x = 1$ – auf der *gleichen* Seite der durch die Kohlenstoffatome des Polyens gehenden Ebene befinden wie im Ausgangsmaterial *(36)*, $x = 1$. Eine derartige Isomerisierung wird als *suprafaciale Verschiebung* bezeichnet. Mit einem Isomerenpaar wie *(36)* und *(37)* könnte dieses stereochemische Detail nicht nachgewiesen werden, wohl aber mit dem deuterierten Kohlenwasserstoff *(40)*.

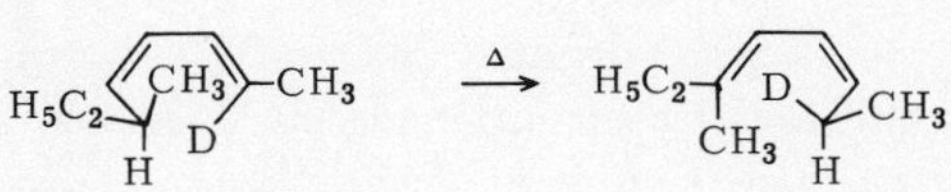

(40a) *(41)*

≡

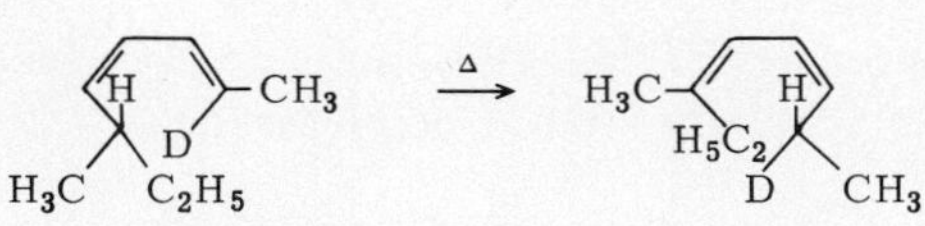

(40b) *(42)*

Dieses Dien liefert bei der Pyrolyse ein Gemisch, das ausschließlich die Isomeren *(41)* und *(42)* enthält: Produkte einer suprafacialen 1,5-Wasserstoffverschiebung aus den beiden für *(40)* denkbaren Konformation *(40a)* und *(40b)*. Auch im Nonatetraenyl-Radikal, d. h. *(36)* mit $x = 3$, haben die endständigen Orbitallappen gleiches Vorzeichen, und 1,9-Wasserstoffwanderungen in diesem insgesamt zehn Elektronen enthaltenden System sind deshalb ebenfalls symmetrieerlaubt und sollten suprafacial erfolgen. Andererseits fordert dieser Reaktionsmechanismus die Ausbildung eines zehngliedrigen Übergangszustands, was aus geometrischen Gründen vermutlich nicht einfach ist. Ob es sich bei den beobachteten Wasserstoffwanderungen tatsächlich um konzertierte, suprafaciale 1,9-Verschiebungen handelt, ist deshalb ein wenig fraglich.

Unterscheiden sich die Vorzeichen der Orbitallappen des HOMOs an den Enden des Polyen-Systems, so könnte im Prinzip das kugelsymmetrische 1s-Wasserstofforbital auch durch die Molekülebene hindurch in einer sog. *antarafacialen* Wechselwirkung mit den beiden terminalen Orbitalen überlappen. Diese Situation liegt vor für *(36)* mit $x = 0,2,4\ldots$, so daß sich im einfachsten Fall ($x = 0$) für das insgesamt vier Elektronen enthaltende System der Übergangszustand *(43)* ergibt.

(43)

Ein Übergangszustand wie dieser sollte sterisch hochgespannt sein, und in der Tat sind 1,3-antarafaciale Wasserstoffverschiebungen bislang nicht beobachtet worden. Hingegen ist die thermische, antarafaciale 1,7-Wasserstoffverschiebung – *(36)* mit $x = 2$ – an bestimmten Vitamin D-Derivaten beobachtet worden. Hier ist offensichtlich die Spannung im Übergangszustand geringer, d.h. die erforderliche helikale Geometrie kann erreicht werden.

Photochemisch induzierte 1,3-Wasserstoffverschiebungen, z. B. *(44)* ⟶ *(45)*, sollten wieder erlaubt sein und suprafacial ablaufen, da in diesem Fall die terminalen Orbitallappen des HOMO (Ψ_3) wegen der Anregung $\Psi_1^2\,\Psi_2^1 \xrightarrow{h\cdot\nu} \Psi_1^2\,\Psi_3^1$ gleiches Vorzeichen besitzen [Übergangszustand *(46)*].

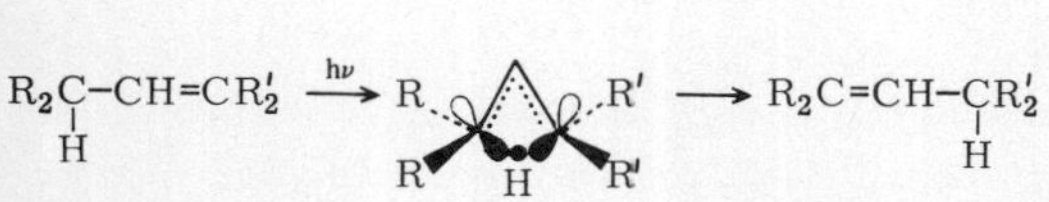

(44) *(46)* *(45)*

Tatsächlich ist dieser Reaktionstyp recht weit verbreitet. 1,5-Photoisomerisierungen [*(36)* mit $x = 1$] sollten antarafacial erfolgen; für ihre Übergangszustände ist wieder eine starke sterische Spannung zu erwarten, und entsprechende Beispiele sind bis heute nicht bekannt. 1,7-Photoisomerisierungen in Systemen *(36)* mit $x = 2$ sind symmetrieerlaubt, sofern sie suprafacial verlaufen. Ein Beispiel stellt die Umlagerung von *(47)* in *(48)* dar.

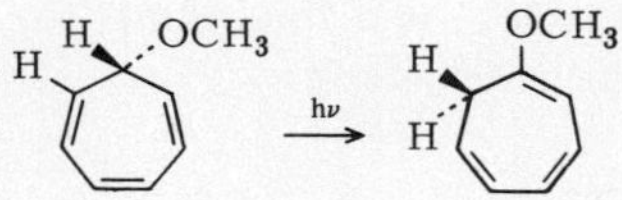

(47) *(48)*

Dieses Resultat allein beweist zwar noch nicht, daß eine suprafaciale Wanderung eingetreten ist, es schließt aber wegen der relativ starren cyclischen Struktur von *(47)* mit Sicherheit den antarafacialen Reaktionsweg aus.

12.5.2 Kohlenstoffverschiebungen

Der bekannteste und präparativ wichtigste Typus von Umlagerungen, die unter Wanderung von Kohlenstoffatomen zustandekommen, ist die Cope-Umlagerung *(49)* ⟶ *(50)* von 1,5-Dienen (eine Reaktion, die nicht mit der Cope-Eliminierung verwechselt werden darf, S. 313)

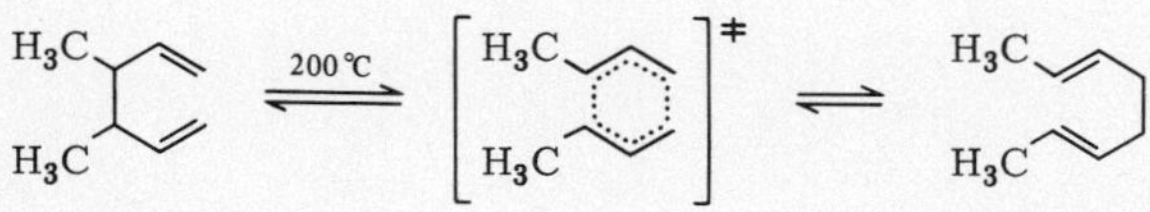

(49) *(50)*

und die Claisen-Umlagerung von Allylarylethern, z. B. *(51)* ⟶ *(52)*.

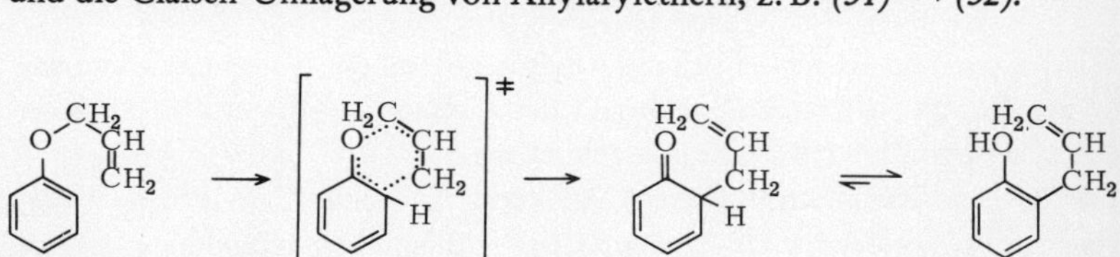

(51) *(52)*

Bei der ersten Isomerisierung wandert formal ein Kohlenstoffatom zu einem anderen, bei der zweiten von einem Sauerstoff- zu einem Kohlenstoffatom. Was die thermischen Prozesse anbelangt, so verlaufen diejenigen am leichtesten, die einen sechsgliedrigen Übergangszustand passieren; sie sind mit Abstand am weitesten verbreitet. Daß der Übergangszustand dabei die *Sesselkonformation* bevorzugt, konnte durch Pyrolyse der *meso*-Form des Diens *(49)* bewiesen werden. Hierbei entsteht praktisch quantitativ (99,7 %) das *cis,trans*-Dien *(50a)*; die *cis,cis*- und *trans,trans*-Isomere dieses Kohlenwasserstoffs werden also nicht gebildet.

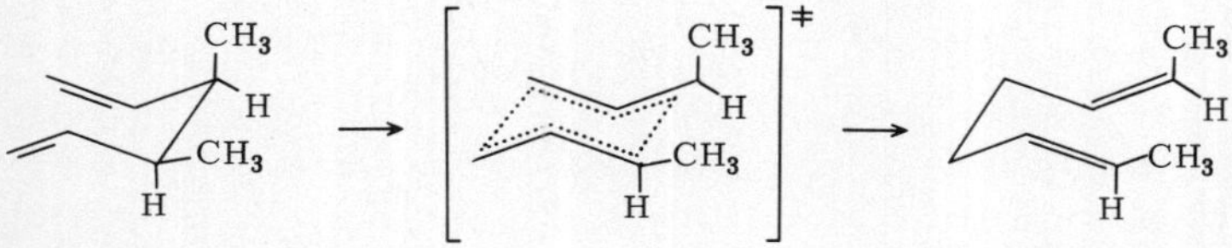

meso *(49a)* *(49b)* *cis, trans* *(50a)*

Wie Übergangszustand *(49b)* zeigt, bedeutet dieses Resultat, daß die Wanderung an beiden Enden der sich umlagernden „Allylhälften" suprafacial erfolgt.

Die Claisen-Umlagerung verläuft strikt intramolekular; ihre Aktivierungsentropie $\Delta S^{\neq}$ ist stark negativ: ein deutlicher Hinweis auf einen hochgeordneten, cyclischen Übergangszustand. Für den cyclischen Verlauf des Prozesses spricht auch die thermische Isomerisierung des ^{14}C-markierten Ethers *(51a)*.

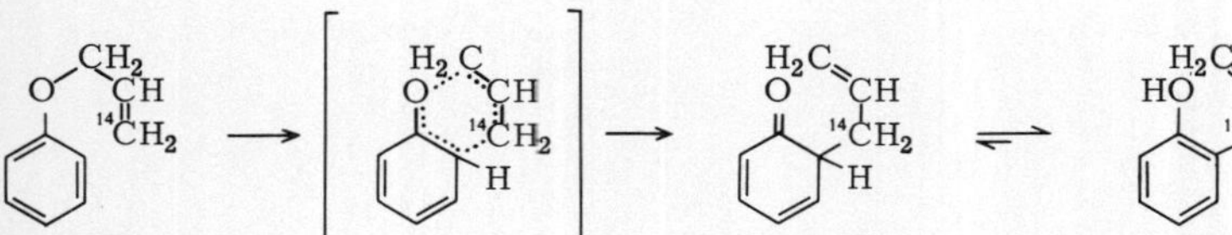

(51a) *(53a)* *(52a)*

Hierbei entsteht ausschließlich ein Allylphenol mit der Isotopenmarkierung in der Allylposition *(52a)*; während der Umlagerung ist es also zu einer Art „Inversion" der Allylgruppe gekommen.

Das Dienon-Zwischenprodukt *(53a)* kann nicht nur zum Phenol *(52a)* enolisieren, sondern auch an einer Cope-Umlagerung teilnehmen, die zu einem zweiten Dienon *(56a)* führt, dessen Enol das *p*-substituierte Phenol

(57a) ist. Die Enolisierung wird im allgemeinen bevorzugt. Nur wenn der Allylarylether wie im Fall *(54a)* über *ortho*-Substituenten verfügt, kann die *ortho*-Enolisierung nicht eintreten, und alleiniges Produkt ist dann das *p*-Phenol *(57a)*. Daß sich diese Verbindung tatsächlich in zwei Schritten und nicht durch direkte Allylverschiebung aus *(54a)* gebildet hat, konnte wieder mit einem Markierungsversuch gezeigt werden.

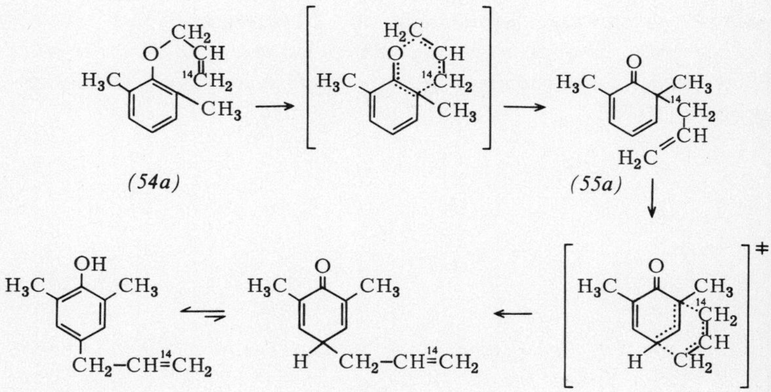

(54a) (55a) (57a) (56a)

Einziges Produkt ist hier *(57a)* mit der ^{14}C-Markierung am endständigen Kohlenstoffatom der Allylfunktion, d. h. es ist doppelte Allylinversion eingetreten. Bestätigt wird dieser Reaktionsverlauf außerdem durch ein Abfangexperiment mit Maleinsäureanhydrid, welches das Dienon-Zwischenprodukt *(55a)* in sein Diels-Alder-Addukt überführt.

Eine ganz analoge Umlagerung tritt bei Allylvinylethern *(58)* auf:

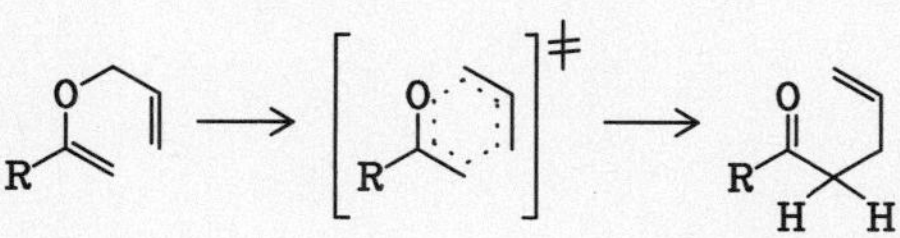

(58) *(59)*

Auch diese Reaktion verläuft konzertiert über einen sechsgliedrigen Übergangszustand; das Umlagerungsprodukt *(59)*, das dem Enon-Zwischenprodukt *(53a)* in der aromatischen Claisen-Umlagerung entspricht, ist hier jedoch Endprodukt der Reaktion. Das liegt daran, daß es in *(59)* keine Triebkraft für eine sich anschließende Enolisierung gibt. Das war im Falle von *(53a)* anders, da hier beim Übergang zu *(52a)* die Aromatisierungsenergie frei wird.

Es muß abschließend noch einmal nachdrücklich betont werden, daß sich die Klassifizierung einer pericyclischen Reaktion als symmetrieverboten nur auf den *konzertierten* Reaktionsweg bezieht. Sehr häufig bestehen hierzu energetisch tragbare Alternativen, die über radikalische oder zwitter-ionische Zwischenprodukte verlaufen. Entsprechend gilt, daß nicht alle symmetrieerlaubten Reaktionen in der Praxis ohne Schwierigkeiten ablaufen. Andere Faktoren – sterische Spannungen in Übergangszuständen kleiner Ringgliederzahl, besondere Substituenteneffekte u. a. – können sehr wohl größer sein als der Orbitalsymmetrie-bedingte Anteil zur Aktivierungsenergie.

13 Lineare Freie-Enthalpie-Beziehungen

13.1 Einführung

In vorangegangenen Kapiteln haben wir wiederholt die relative Reaktivität von Reihen von Verbindungen in bestimmten Reaktionen betrachtet. Ein Beispiel war die nucleophile Substitution der Bromalkane durch Ethanolat mit der folgenden Reaktivitätsabstufung (S. 99):

$$CH_3CH_2Br > CH_3CH_2CH_2Br > (CH_3)_2CHCH_2Br > (CH_3)_3CCH_2Br$$

Dabei haben wir die beobachteten Abstufungen der Reaktivität auf die jeweils wirkenden elektronischen und sterischen Effekte zurückzuführen versucht. Dies erwies sich als durchaus nützliches Unterfangen, aber ein großer Nachteil derartiger Erklärungen bleibt doch, daß sie ihrer Natur nach *qualitativ* sind. Was wir nach wie vor brauchen, ist eine Methode, Struktur und Reaktivität auf einer *quantitativen* Basis miteinander in Beziehung zu setzen.

13.2 Die ersten Hammett-Beziehungen

Die erste Beziehung dieser Art wurde bereits 1933 von Hammett beobachtet und sorgfältig analysiert. Er zeigte, daß die Geschwindigkeitskonstanten der Reaktion einer Reihe von Methylestern *(1)* mit Trimethylamin einerseits und die Ionisationskonstanten der entsprechenden Carbonsäuren *(2)* in Wasser in Zusammenhang stehen:

$$\underset{(1)}{R{-}COOCH_3} + N(CH_3)_3 \xrightarrow{k} R{-}CO_2^{\ominus} + \overset{\oplus}{N}(CH_3)_4$$

$$\underset{(2)}{R{-}COOH} + H_2O \overset{K}{\rightleftharpoons} R{-}CO_2^{\ominus} + H_3O^{\oplus}$$

Wurden die log *k*-Werte für die Reaktion der Ester *(1)* und die log *K*-Werte für die Ionisation der Säuren *(2)* – oder auch die negativen Logarithmen, deren Zahlenwerte sich leichter handhaben ließen – gegeneinander angetragen, so ergab sich ziemlich genau eine gerade Linie (Abb. 13-1).

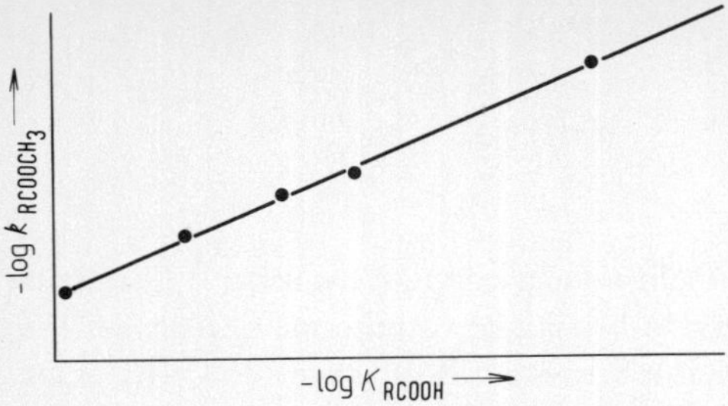

Abb. 13-1. Erste Hammett-Beziehung.

Gleichgewichtskonstanten K und Geschwindigkeitskonstanten k sind mit den Änderungen der Freien Enthalpie folgendermaßen verknüpft (S. 40, 45):

$$\log K = -\frac{\Delta G^{\circ}}{2{,}303\, RT}$$

Gleichgewichtskonstante

$$\log k = -\frac{\Delta G^{\ddagger}}{2{,}303\, RT} + \log \left[\frac{k'T}{h}\right]$$

Geschwindigkeitskonstante

h Plancksche Konstante
k' Boltzmann-Konstante

Wenn, wie Abb. 13-1 zeigt, zwischen $-\log k$ für die Reaktion der Ester *(1)* und $-\log K$ für die Ionisation der entsprechenden Säuren *(2)* in Wasser eine lineare Beziehung besteht, so muß auch zwischen $\Delta G^{\ddagger}$, der Freien Aktivierungsenthalpie der Ester-Reaktion, und ΔG°, der Freien Standard-Reaktionsenthalpie für die Ionisation der Säuren in Wasser, eine *lineare* Beziehung bestehen. Wegen dieser Art der Verknüpfung der Freien Enthalpie für verschiedene Reaktionsreihen bezeichnet man Korrelationen und Diagramme vom Typ der Abb. 13-1 als *lineare Freie-Enthalpie-Beziehungen**) (oder lineare Beziehungen der Freien Enthalpie).

---

* *Anmerkung der Übersetzer:* Obwohl üblicherweise die Freie Enthalpie (und nicht die Freie Energie) gemeint ist, spricht man oft auch von linearen Freie-Energie-Beziehungen (insbesondere englisch: linear free energy relationship).

Ein weiteres schon frühzeitig von Hammett untersuchtes Beispiel zeigt Abb. 13-2. Darin sind die log *k* für die basekatalysierte Hydrolyse einer Reihe von Ethylestern *(3)* gegen die log *K* für die Ionisation der betreffenden Säuren in Wasser angetragen.

$$R\text{–}COOC_2H_5 + HO^{\ominus} \xrightarrow{k} R\text{–}CO_2^{\ominus} + C_2H_5OH$$

(3)

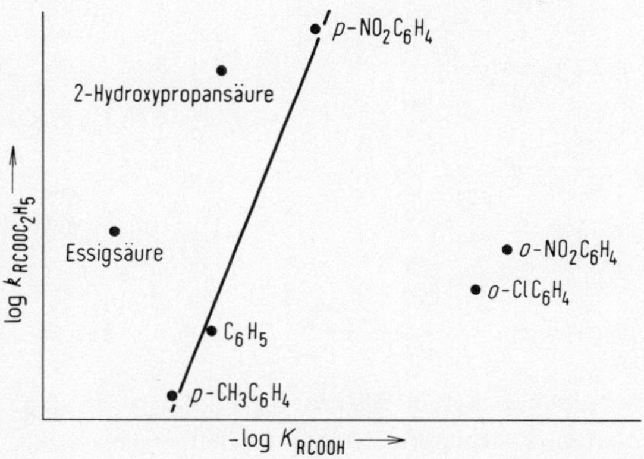

Abb. 13-2. Geschwindigkeit der Esterhydrolyse und Ionisationskonstante der betreffenden Säuren.

Vergleicht man allerdings mit Abb. 13-1, so muß das Ergebnis enttäuschen. Es existiert zwar eine lineare Beziehung zwischen Benzoesäure und ihren *p*-Methyl- und *p*-Nitro-Derivaten, aber dann liegen *o*-Nitro- und *o*-Chlorbenzoesäure weit entfernt auf der einen Seite dieser Geraden, während die aliphatischen Carbonsäuren (Essigsäure und 2-Hydroxypropionsäure) weit entfernt auf der anderen Seite liegen. In der Tat stellte Hammett fest, daß *o*-substituierte Benzolderivate und Vertreter der aliphatischen Reihe nicht in lineare Korrelationen einbezogen werden konnten. Beschränkte man sich aber auf *m*- und *p*-substituierte Benzolderivate, so ergab sich eine hervorragende Linearität (Abb. 13-3), und zu ähnlichen Ergebnissen gelangte man für eine große Zahl unabhängiger Reaktionen dieser Derivate.

Man braucht die Ursache für das abweichende Verhalten *o*-substituierter Benzolderivate oder auch von aliphatischen Verbindungen nicht weit zu suchen. Bei der basekatalysierten Hydrolyse (S. 279) der Ester *(3)* in Abb. 13-2 und 13-3 sind *m*- und *p*-Substituenten in *(3a)* weit vom Reaktionszentrum dieser starren Moleküle entfernt und können keinen *sterischen* Einfluß auf es ausüben.

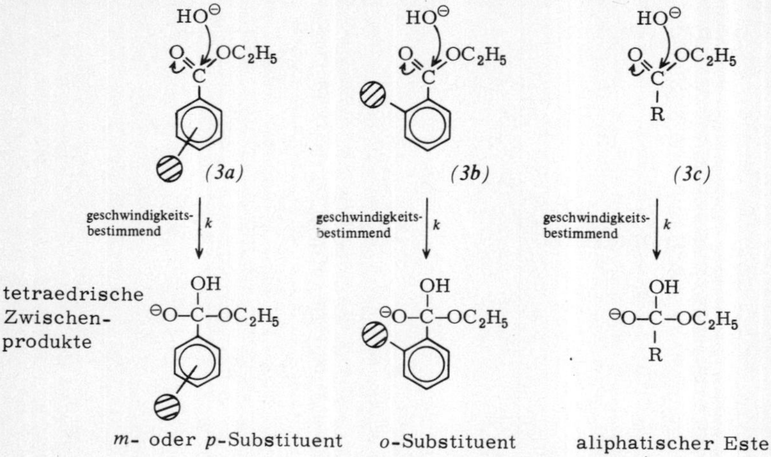

Im Gegensatz dazu ist der *o*-Substituent in *(3b)* dem Reaktionsort nahe (vgl. S. 284). Das führt zu einer zusätzlichen Belastung des Übergangszustands, aus dem im langsamen, geschwindigkeitsbestimmenden Schritt durch Angriff des $HO^{\ominus}$-Ions auf den Ester *(3 b)* das tetraedrische Zwischenprodukt entsteht. Ähnliches gilt auch für die flexiblen Moleküle der aliphatischen Ester *(3c)*. Sterische Effekte dieser Art sind für die Entfernung des Protons von der COOH-Gruppe durch Wasser (d.h. bei der Ionisierung von Carbonsäuren) viel kleiner, oder man beobachtet sie gar nicht.

13.3 Die Hammett-Gleichung

Auch nach der Aufstellung der linearen Beziehungen für eine große Anzahl von Reaktionen *m*- und *p*-substituierter Benzolderivate fehlt uns ein Ausdruck, mit dem es in einfacher Weise möglich wäre, neue Situationen zu analysieren. Wiederum stellte Hammett die Antwort bereit.

13.3.1 Ableitung der Hammett-Gleichung

Der allgemeine Ausdruck für eine gerade Linie ist $y = mx + c$. Angewandt auf die Gerade in Abb. 13-3 ergibt dies:

$$\log k_X = \varrho \log K_X + c \qquad (1)$$

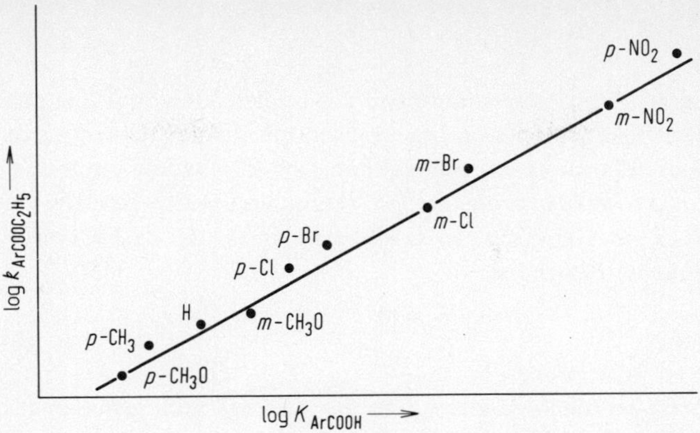

Abb. 13-3. Hammett-Korrelation mit *m*- und *p*-Substituenten am Benzolring.

Darin ist ϱ die Steigung der Geraden, c ihr Ordinatenabschnitt. Der Index an k bzw. K steht für den jeweiligen Substituenten X in der *m*- oder *p*-Stellung des Benzolrings. Natürlich kann man eine solche Gleichung auch für den *unsubstituierten* Ester und seine Säure, X = H, formulieren:

$$\log k_H = \varrho \log K_H + c \tag{2}$$

Zieht man Gl. (2) von Gl. (1) ab, so entsteht:

$$\log k_X - \log k_H = \varrho (\log K_X - \log K_H) \tag{3}$$

oder

$$\log \frac{k_X}{k_H} = \varrho \log \frac{K_X}{K_H} \tag{4}$$

13.3.2 Die Substituentenkonstante σ

Hammett bestimmte nunmehr die Ionisation *m*- und *p*-substituierter Benzoesäuren in Wasser bei 25 °C zur *Standardreaktion*. Die Wahl war dadurch vorgezeichnet, daß genaue Ionisationskonstanten K_X für eine ganze Reihe von Säuren dieses Strukturtyps bereits in der Literatur beschrieben waren. Mit Hilfe von K_X kann man dann eine Konstante σ_X als

$$\sigma_X = \log \frac{K_X}{K_H} \qquad (5)^{*)}$$

definieren und als *Substituentenkonstante* des betreffenden Substituenten bezeichnen. Der Wert dieser Größe ist für einen spezifischen Substituenten in einer definierten Position (*m*- oder *p*-) konstant, gleichgültig um welche Reaktion der ihn tragenden aromatischen Verbindung es sich handelt.
Setzt man Gl.(5) in Gl.(4) ein, so erhält man die heute als Hammett-Gleichung bekannte Beziehung:

$$\log \frac{k_X}{k_H} = \varrho\, \sigma_X \qquad (6)$$

Aus den in der Literatur bekannten (oder für diesen Zweck gemessenen) Werten K_X oder $pK_{a(X)}$ für die Ionisation der *m*- und *p*-substituierten Benzoesäuren in Wasser kann man σ_X-Werte für im Prinzip beliebige Substituenten berechnen. Eine Auswahl so erhaltener Werte zeigt die folgende Zusammenstellung:

Substituent X	$\sigma_{m\text{-}X}$	$\sigma_{p\text{-}X}$	
$(CH_3)_3C$	−0,10	−0,20	
CH_3	−0,07	−0,17	
H	0,00	0,00	(definitionsgemäß)
CH_3O	+0,12	−0,27	
HO	+0,12	−0,37	
F	+0,34	+0,06	
Cl	+0,37	+0,23	
CH_3CO	+0,38	+0,50	
Br	+0,39	+0,23	
CN	+0,56	+0,66	
NO_2	+0,71	+0,78	

Wie nicht anders zu erwarten, hängt die Substituentenkonstante für einen bestimmten Substituenten X vom Substitutionsort ab, d. h. für die *m*- und *p*-Position nimmt sie i. a. verschiedene Werte an.

* Man kann Gl. (5) auch in der Form $\sigma_X = pK_{a(H)} - pK_{a(X)}$ schreiben. Man erhält so den numerischen Wert von σ_X für einen Substituenten, indem man den pK_a-Wert der substituierten Benzoesäure (die diesen Substituenten trägt) vom pK_a-Wert der (unsubstituierten) Benzoesäure abzieht.

13.3.3 Die Reaktionskonstante ϱ

Nachdem wir nunmehr einen Satz von Substituentenkonstanten zur Verfügung haben, können wir den Steigungsparameter ϱ in Gl.(6) – wir nennen ihn jetzt *Reaktionskonstante* – für im Prinzip beliebige Reaktionen berechnen. Oft geschieht dies graphisch in der folgenden Weise. Betrachten wir als Beispiel die basekatalysierte Hydrolyse *m*- und *p*-substituierter Arylessigsäure-ethylester *(4)*. Zunächst benötigen wir k_H für den unsubstituierten Ester (durch kinetische Messung, wenn wir Glück haben aus der Literatur), sodann k_X für wenigstens drei unterschiedlich substituierte Ester.

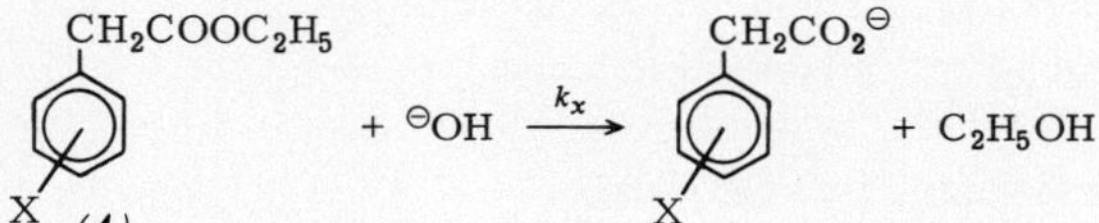

(4)

Mit den bekannten Werten von σ_X für jeden dieser Substituenten können wir dann log (k_X/k_H) gegen σ_X antragen und erhalten ϱ gemäß Gl.(6) als Steigung der entstehenden Geraden. Im Falle der genannten Hydrolyse ergibt sich die Reaktionskonstante zu +0,82 (wäßriges Ethanol, 30 °C). ϱ-Werte für eine Reihe recht verschiedenartiger Reaktionen sind im folgenden zusammengestellt (Et = Ethyl, Me = Methyl, Ph = Phenyl, Ar = Aryl):

	Reaktion	Typ	ϱ	
(1)	$ArNH_2$ mit 2,4-$(NO_2)_2C_6H_3Cl$ in EtOH (25 °C)	*k*	−3,19	
(2)	$ArNH_2$ mit PhCOCl in C_6H_6 (25 °C)	*k*	−2,69	
(3)	$ArCH_2Cl$ Solvolyse in wäßr. $(CH_3)_2CO$ (69,8 °C)	*k*	−1,88	
(4)	$ArO^{\ominus}$ mit EtI in EtOH (25 °C)	*k*	−0,99	
(5)	ArCOOH mit MeOH (Säurekatalyse, 25 °C)	*k*	−0,09	
(6)	$ArCOOCH_3$ saure Hydrolyse in wäßr. MeOH (25 °C)	*k*	+0,03	
(7)	$ArCH_2COOH$ Ionisation in H_2O (25 °C)	*K*	+0,47	
(8)	$ArCH_2Cl$ mit $I^{\ominus}$ in $(CH_3)_2CO$ (20 °C)	*k*	+0,79	
(9)	$ArCH_2COOEt$ basische Hydrolyse in wäßr. EtOH (30 °C)	*k*	+0,82	
(10)	ArCOOH Ionisation in H_2O (25 °C)	*K*	+1,00	(Standardreaktion)

(11)	ArOH Ionisation in H_2O (25 °C)	*K*	+2,01
(12)	ArCN mit H_2S (basisch) in EtOH (60,6 °C)	*k*	+2,14
(13)	ArCOOEt basische Hydrolyse in wäßr. EtOH (25 °C)	*k*	+2,51
(14)	$ArNH_3^{\oplus}$ Ionisation in H_2O (25 °C)	*K*	+2,73

Die Standardreaktion, die Ionisation der *m*- und *p*-substituierten Benzoesäuren in Wasser bei 25 °C, hat den Wert $\varrho = 1{,}00$; dies ist eine notwendige Folge der Definition von σ_X in Gl.(5) und seiner Verwendung in Gl.(6). Der Wert der Reaktionskonstante für eine bestimmte, unter definierten Bedingungen durchgeführte Reaktion bleibt derselbe, gleichgültig welche *m*- oder *p*-Substituenten die beteiligten Verbindungen tragen.*)

13.3.4 Physikalische Bedeutung von σ und ϱ

Bevor wir uns den Anwendungsmöglichkeiten der Hammett-Gleichung zuwenden, erscheint es notwendig, die Substituenten- und Reaktionskonstanten im Lichte der bekannten, die Geschwindigkeiten und Gleichgewichte chemischer Reaktionen beeinflussenden Faktoren physikalisch zu rechtfertigen.

Betrachten wir dazu zuerst die Substituentenkonstante σ_X. Unter den Konstanten für *m*-Substituenten (S. 428) haben diejenigen für *m*-$(CH_3)_3C$ und *m*-CH_3 kleine *negative* Werte, H hat definitionsgemäß den Wert Null, und alle anderen haben (zunehmend) positive Werte. Der Wechsel des Vorzeichens ($- \rightarrow +$) von $\sigma_{m\text{-}X}$ entspricht genau der Richtungsänderung des induktiven Effekts, den diese Substituenten ausüben (elektronenabstoßend $\rightarrow$ elektronenanziehend). Die Substituenten können auch einen Feldeffekt durch das Medium hindurch (S. 175) ausüben, aber er wird in derselben Richtung wirken wie der induktive Effekt. Man darf daher annehmen, daß $\sigma_{m\text{-}X}$ ein Maß – und zwar hinsichtlich Vorzeichen und Größe – für den *polaren Gesamteffekt* ist, den der Substituent X auf das Reaktionszentrum ausübt.

---

* *Anmerkung der Übersetzer:* Dies ist nicht streng richtig, da die Linearität der zugrundeliegenden Beziehungen niemals exakt erfüllt ist. Wie die nachfolgenden Diskussionen noch beleuchten werden, haben die Hammett-Gleichung und verwandte lineare Freie-Enthalpie-Beziehungen eher den Charakter empirisch abgesicherter, näherungsweise richtiger Beschreibungen als den einer strengen Naturgesetzlichkeit.

Durch einen Vergleich der Geschwindigkeiten der basekatalysierten Hydrolyse (S. 279) der Benzoesäure-ethylester mit *m*-ständigen NO_2- und CH_3-Substituenten [*(5)* bzw. *(6)*] mit derjenigen des unsubstituierten Benzoesäureesters läßt sich die Richtigkeit dieser Folgerung belegen. Der langsame und somit geschwindigkeitsbestimmende Schritt ist der Angriff von $HO^{\ominus}$ auf den Ester:

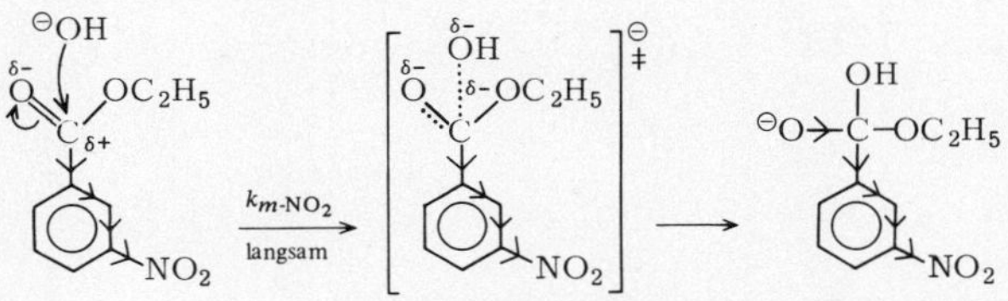

(5) Übergangszustand tetraedrisches Zwischenprodukt

$\sigma_{m\text{-}NO_2} = +\ 0{,}71$ $\qquad \dfrac{k_{m\text{-}NO_2}}{k_H} = 63{,}5$

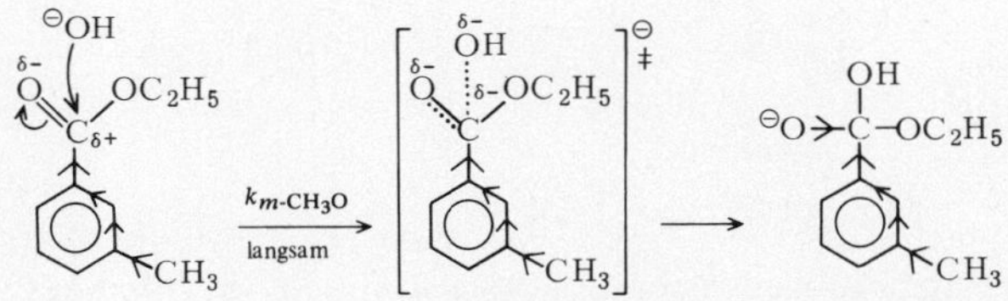

(6) Übergangszustand tetraedrisches Zwischenprodukt

$\sigma_{m\text{-}CH_3} = -0{,}07$ $\qquad \dfrac{k_{m\text{-}CH_3}}{k_H} = 0{,}66$

Der *m*-Nitroester *(5)* mit $\sigma_{m\text{-}NO_2} = +0{,}71$ wird 63,5mal schneller hydrolysiert als der unsubstituierte Ester: Der ausgeprägte Abzug von Elektronen erleichtert den Angriff von $HO^{\ominus}$ auf das Carbonyl-Kohlenstoffatom und stabilisiert den zum negativ geladenen Zwischenprodukt führenden Übergangszustand. Umgekehrt wird der *m*-Methylester *(6)* mit $\sigma_{m\text{-}CH_3} = -0{,}07$ nur 0,66mal so schnell hydrolysiert wie der unsubstituierte Ester (geringfügige Erschwerung des $HO^{\ominus}$-Angriffs durch den schwachen elektronenliefernden Effekt der Methylgruppe).

Betrachten wir daraufhin die Liste der $\sigma_{p\text{-}X}$-Werte (S. 428), so stellen wir fest, daß sich diese Werte von den $\sigma_{m\text{-}X}$-Werten desselben Substituenten X in *m*-Stellung nicht nur dem *Betrag* nach, sondern sogar im *Vorzeichen* unterscheiden können. Dies ist der Fall für die Methoxygruppe (*m*- bzw. *p*-CH_3O). Vergleicht man den Substituenteneinfluß in den beiden substituierten Estern *(7)* und *(8)* bei der zuvor schon untersuchten Reaktion, der basekatalysierten Hydrolyse, so wird der Unterschied verständlich.

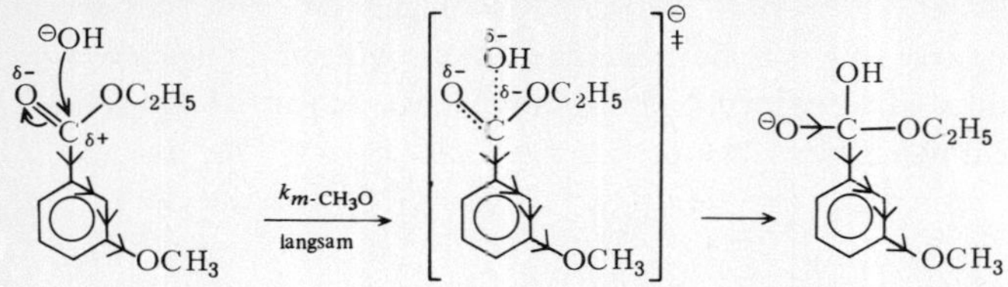

(7) Übergangszustand tetraedrisches Zwischenprodukt

$\sigma_{m\text{-}CH_3O} = +0{,}12$ $k_{m\text{-}CH_3O} > k_H$

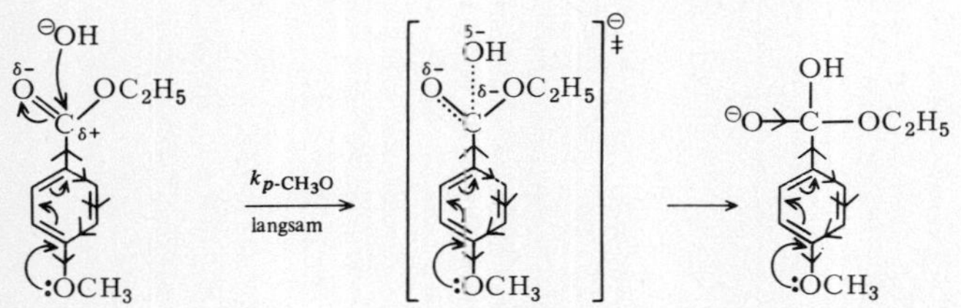

(8) Übergangszustand tetraedrisches Zwischenprodukt

$\sigma_{p\text{-}CH_3O} = -0{,}27$ $k_H > k_{p\text{-}CH_3O}$

In der *m*-Position übt das elektronegative Sauerstoffatom der Methoxygruppe einen elektronenanziehenden induktiven Effekt ($\sigma_{m\text{-}CH_3O} = +0{,}12$) aus, und die Hydrolyse von *(7)* ist schneller als die des unsubstituierten Esters [vgl. auch den *m*-NO_2-substituierten Ester *(5)*]. In der *p*-Position wirkt die Methoxygruppe weiterhin induktiv elektronenanziehend, doch kann sie hier zusätzlich vermöge ihrer freien Elektronenpaare einen elektronenliefernden mesomeren Effekt auf das die Estergruppe tragende Ringkohlenstoffatom ausüben.

Der letztere Effekt ist stärker, da er über die leicht polarisierbaren π-Elektronen des Benzolrings wirkt. Insgesamt resultiert so ein elektronenliefernder Effekt ($\sigma_{p\text{-}CH_3O} = -0{,}27$), wie aufgrund der Beobachtung zu fordern war, daß der *p*-CH_3O-substituierte Ester merklich langsamer hydrolysiert wird als der unsubstituierte. Man kann also σ_x als ein Maß für den *gesamten polaren Einfluß* auffassen, den ein Substituent X auf ein Reaktionszentrum ausübt. Sein *Vorzeichen* gibt die *Richtung* des Effekts von X an (negativ: elektronenliefernd, positiv: elektronenanziehend) und seine *Größe,* das *Ausmaß* des Einflusses – verglichen natürlich immer mit dem, den das Wasserstoffatom ausübt. Die angenommene Konstanz eines

σ_X-Werts über einen großen Bereich verschiedener Reaktionen bedeutet nicht, daß der *absolute* polare Effekt von X immer konstant, sondern lediglich, daß er *relativ* zu H unverändert bleibt.

Wir wollen in ähnlicher Weise die Reaktionskonstante ϱ analysieren. Dazu wählen wir aus der Liste der ϱ-Werte (S. 429) zuerst eine Reaktion mit einem deutlich negativen ϱ-Wert aus – beispielsweise Reaktion (2), die Benzoylierung der *m*- und *p*-substituierten Aniline *(9)*. Für diese Reaktion ist $\varrho = -2{,}69$.

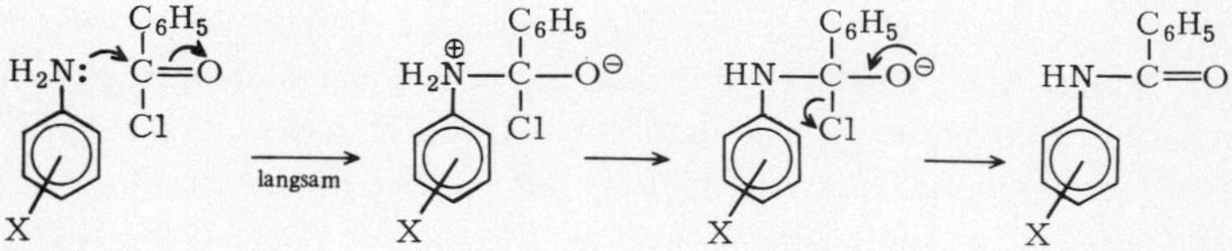

(9) *(10)*

Der langsame, geschwindigkeitsbestimmende Schritt dieser Reaktion besteht im Angriff des freien Elektronenpaars am Stickstoffatom des substituierten Anilins *(9)* auf das Carbonyl-Kohlenstoffatom des Säurechlorids. Dabei entwickelt sich am Reaktionszentrum, dem an den Benzolring gebundenen Stickstoffatom, eine positive Ladung, die im Zwischenprodukt *(10)* voll ausgebildet ist. Die Reaktion wird folglich durch elektronenliefernde, die +-Ladung zerstreuende Substituenten beschleunigt und entsprechend durch elektronenanziehende verzögert. Ein ähnliches Verhalten gilt allgemein für Reaktionen mit negativen ϱ-Werten.

Wir haben uns bereits einige Gedanken über eine Reaktion mit einem positiven ϱ-Wert gemacht, die basekatalysierte Hydrolyse *m*- und *p*-substituierter Benzoesäureethylester *(11)* [Reaktion (13), S. 430]:

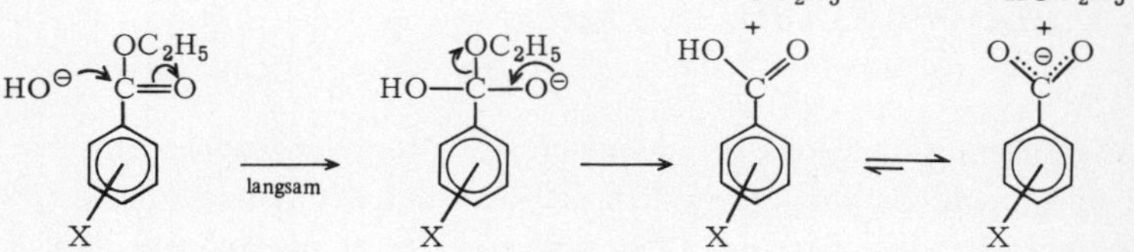

(11) *(12)*

Der ϱ-Wert dieser Reaktion ist +2,51, und in dem als geschwindigkeitsbestimmend nachgewiesenen Schritt, der Bildung des Zwischenprodukts *(12)*, wird negative Ladung in unmittelbarer Nähe des Reaktionszentrums entwickelt. Die Reaktion wird, wie wir schon gesehen haben (S. 431), durch elektronenanziehende Substituenten beschleunigt, durch elektronenliefernde verzögert.

Man kann deshalb ϱ als Maß für die *Empfindlichkeit* (Suszeptibilität) einer Reaktion gegenüber dem elektronenspendenden oder -ziehenden Einfluß eines Substituenten X auffassen, wobei eine Bezugsreaktion und ihre Suszeptibilität gegenüber dem entsprechenden Substituenten definiert sein muß. Als solche wählte man die Dissozoation *m*- und *p*-substituierter Benzoesäuren bei 25 °C in wäßriger Lösung und setzte für diesen Prozeß $\varrho = +1.00$. Das Vorzeichen von ϱ ist, wie wir schon gesehen haben, von diagnostischem Wert: Ein negativer Wert zeigt den Aufbau von positiver Ladung (oder, was gleichbedeutend ist, das Verschwinden negativer Ladung) am Reaktionszentrum während der Ausbildung des Übergangszustands im geschwindigkeitsbestimmenden Schritt der Gesamtreaktion an; während, umgekehrt, ein positiver Wert die Entwicklung negativer Ladung (oder das Verschwinden positiver Ladung) an diesem Zentrum signalisiert. Die *Größe* von ϱ kann man deshalb als Maß für die *Änderung* der Ladungsdichte am Reaktionsort während der Bildung des Übergangszustands oder beim Übergang von einer Seite eines Gleichgewichts zur anderen auffassen.

Man erwartet nach dem Gesagten, daß der ϱ-Wert vergleichbarer Reaktionen abnimmt, wenn das Reaktionszentrum weiter von den Substituenten, von denen die polaren Elektroneneffekte ausgehen, abrückt. Dies findet man bestätigt, wie die in Wasser gemessenen ϱ-Werte für die Ionisation der Säuren *(13)* bis *(16)* zeigen:

Aciditätskonstante	ϱ	
(13) XC_6H_4COOH	1,00	(Standardreaktion)
(14) $XC_6H_4CH_2COOH$	0,49	
(15) $XC_6H_4CH_2CH_2COOH$	0,21	
(16) $XC_6H_4CH{=}CHCOOH$	0,47	

Die Einführung zunächst einer, dann von zwei Methylengruppen zwischen Benzolring und Carboxygruppe läßt die Ionisation der Säuren zunehmend weniger empfindlich gegenüber den polaren Effekten der Substituenten X im Benzolring werden. Die Suszeptibilität steigt dann aber, nach Ausweis des ϱ-Wertes, in *(16)* wieder an, da die Etheno-Gruppe elektronische Effekte deutlich besser überträgt als die Ethano-Gruppe.

13.3.5 Direkt-Konjugation, σ^- und σ^+

Bevor wir uns den wichtigsten Anwendungen der Substituenten- und Reaktionskonstanten zuwenden, wollen wir etwas genauer prüfen, wie konstant die Substituentenkonstante für einen bestimmten Substituenten tatsächlich ist. Beim Auftragen der Daten für die wäßrige Ionisation der *m*- und *p*-substituierten Benzoesäuren *(13)* – d. h. die Standardreaktion ① – gegen die für die Ionisation der entsprechend substituierten Phenole *(17)* gemäß ② entsteht in guter Näherung und für zahlreiche Substituenten eine gerade Linie (Abb. 13-4).

① $XC_6H_4COOH + H_2O \overset{K}{\rightleftharpoons} XC_6H_4CO_2^{\ominus} + H_3O^{\oplus}$
(13)

② $XC_6H_4OH + H_2O \overset{K}{\rightleftharpoons} XC_6H_4O^{\ominus} + H_3O^{\oplus}$
(17)

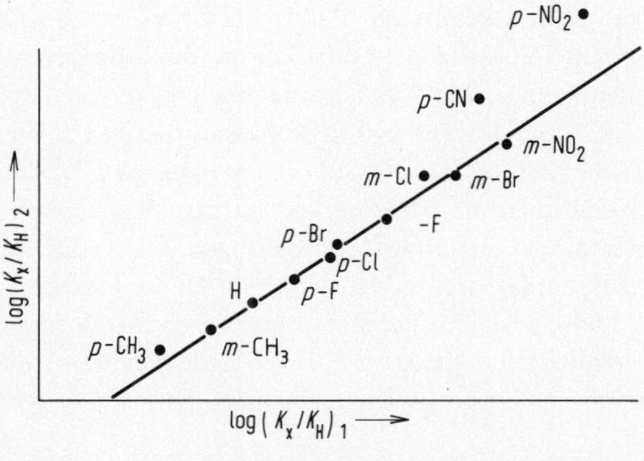

Abb. 13-4. Hammett-Korrelation der Ionisation von substituierten Benzoesäuren (Reaktion ①) und Phenolen (Reaktion ②).

Zwei Substituenten jedoch, die stark elektronenanziehenden Gruppen *p*-NO_2 und *p*-CN, liegen oberhalb dieser geraden Linie. *p*-Nitrophenol und *p*-Cyanophenol sind offenbar stärkere Säuren, als man erwarten sollte. Der Grund dafür wird ersichtlich, wenn man die Strukturen der beteiligten Teilchen in beiden Ionisationsgleichgewichten beispielsweise für die *p*-Nitroverbindungen *(18)* und *(19)* anschreibt und untersucht, welche polaren elektronischen Effekte möglich sind.

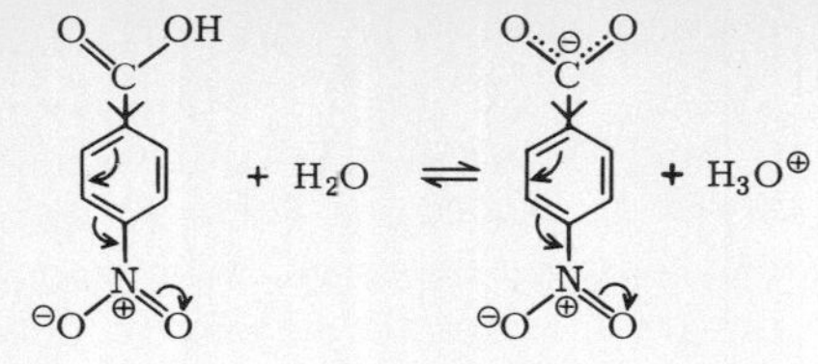

(18a) *(18b)*

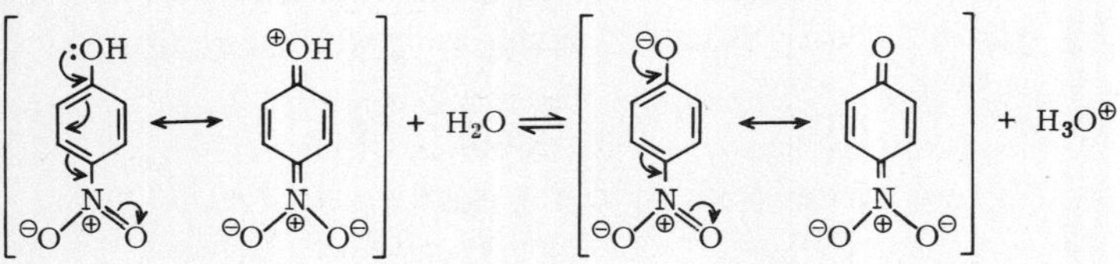

(19a) *(19b)*

Für beide Verbindungen wurde der vom *p*-Nitro-Substituenten ausgehende induktive Effekt, da ungefähr gleich, außer acht gelassen und statt dessen der mesomere oder konjugative Effekt berücksichtigt. Im Falle *(18a)*⇌*(18b)*, der zur Bestimmung von $\sigma_{p\text{-}NO_2}$ benutzten Standardreaktion, wird der konjugative Effekt des *p*-Nitro-Substituenten letztlich nur auf induktivem Wege bis zum Reaktionszentrum geleitet. Die Übertragung erfolgt von dem die COOH- bzw. $CO_2^{\ominus}$-Gruppe tragenden Ringkohlenstoffatom auf die Gruppe selbst. In *(19a)*⇌*(19b)* hingegen wird der konjugative Effekt unmittelbar vom *p*-Nitro-Substituenten auf die Elektronenpaare am Sauerstoff, welcher jetzt das Reaktionszentrum bildet, übertragen. Dieser Effekt wird besonders in *(19b)* ausgeprägt sein, da das Anion durch die Delokalisierung seiner negativen Ladung wesentlich stabilisiert wird. Das Ionisationsgleichgewicht wird folglich im Falle des *p*-Nitrophenols sehr stark auf die Seite des Anions verschoben, wodurch natürlich die Säurestärke des Phenols vergrößert wird.

Der Wert für $\sigma_{p\text{-}NO_2}$, den man ja aus der Standardreaktion *(18a)*⇌*(18b)* gewonnen hat, berücksichtigt die besondere Wirkung dieser „Direkt-Konjugation"*) nicht, und das ist der Grund, warum der Punkt für *p*-NO_2–

* *Anmerkung der Übersetzer:* Der englische Terminus "through-conjugation" (ursprünglich in das Schrifttum als "through-resonance" eingeführt) wurde hier mit Direkt-Konjugation wiedergegeben, um die *direkte* Wechselwirkung zwischen Substituent und Reaktionszentrum auszudrücken, vgl. Anmerkung des Übersetzers P. Schmid in L. P. Hammett: *Physikalische Organische Chemie,* Verlag Chemie, Weinheim 1973 (S. 355).

ebenso auch für *p*-CN – nicht auf der Korrelationsgeraden der Abb. 13-4 liegt. Man kann diesen Effekt aber erfassen, indem man aus der Ionisation der Phenole in wäßriger Lösung für *p*-NO_2 und andere stark elektronenanziehende Substituenten einen neuen Satz von σ-Werten ableitet. Diese Werte können dann für alle Reaktionen benützt werden, in denen Direkt-Konjugation vorkommt.

Man trägt dazu $\log(K_X/K_H)$ gegen σ von *m*-substituierten Phenolen auf (in denen diese besondere Form der Konjugation nicht möglich ist) und ermittelt aus der Steigung der resultierenden geraden Linie die Reaktionskonstante ϱ. Setzt man dann diesen Wert von ϱ in die übliche Hammett-Beziehung Gl.(6) ein, so kann man die revidierten σ-Werte für *p*-NO_2 und andere zur Direkt-Konjugation befähigte Substituenten berechnen. Man nennt diese Konstanten σ^-. Nachstehend sind einige solcher σ^--Werte (nebst den konventionellen σ-Werten) aufgelistet.

Substituent X	$\sigma^-_{p\text{-X}}$	$\sigma_{p\text{-X}}$
$COOC_2H_5$	0,68	0,45
$COCH_3$	0,84	0,50
CN	0,88	0,66
CHO	1,03	0,43
NO_2	1,27	0,78

Eine vollkommen analoge Situation ergibt sich bei Direkt-Konjugation zwischen einem geeigneten elektronenliefernden *p*-Substituenten und einem Reaktionszentrum, in dem sich eine positive Ladung entwickelt. Ein gutes Beispiel ist die Solvolyse (S_N1) der tertiären Halogenide vom Typ der 2-Aryl-2-chlorpropane *(20)* (Abb. 13-5).

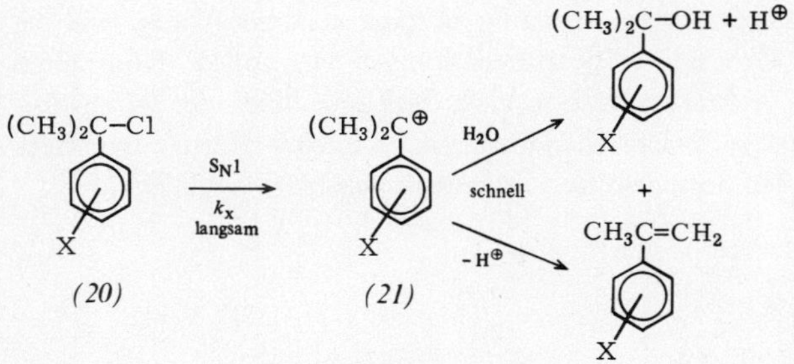

Carbokation-
Zwischenprodukt

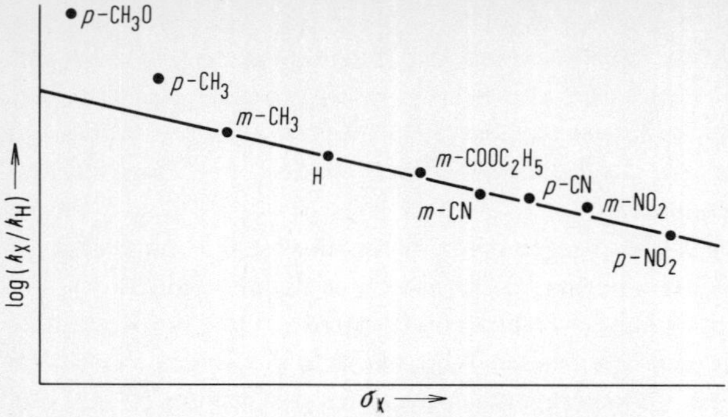

Abb. 13-5. Solvolyse von 2-Aryl-2-chlorpropanen *(20)*.

Die Solvolyse der *p*-CH_3O- und *p*-CH_3-substituierten Chloride ist schneller (*p*-CH_3O ca. 800 mal) als man es aufgrund ihrer σ_p-Werte vorhergesagt hätte. Das liegt daran, daß die Carbokation-Zwischenstufen *(21a)* und *(21b)*, die im langsamen Teilschritt der Solvolyse entstehen, durch direkte Konjugation bzw. Hyperkonjugation in besonderem Maße stabilisiert sind.

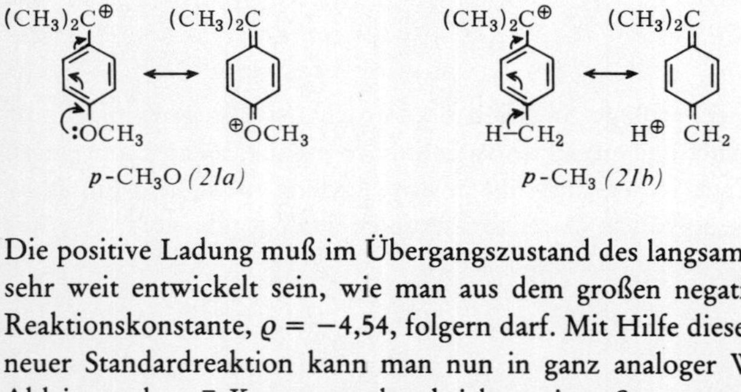

p-CH_3O *(21a)* *p*-CH_3 *(21b)*

Die positive Ladung muß im Übergangszustand des langsamen Teilschritts sehr weit entwickelt sein, wie man aus dem großen negativen Wert der Reaktionskonstante, $\varrho = -4{,}54$, folgern darf. Mit Hilfe dieser Reaktion als neuer Standardreaktion kann man nun in ganz analoger Weise, wie bei Ableitung der σ^--Konstanten beschrieben, einen Satz von σ^+-Konstanten ableiten, die die Direkt-Konjugation stark elektronenliefernder *p*-Substituenten berücksichtigen. Nachstehend sind einige solcher Werte zusammengestellt und mit den normalen Substituentenkonstanten verglichen.

Substituent X	$\sigma^+_{p\text{-X}}$	$\sigma_{p\text{-X}}$
C_6H_5	−0,18	−0,01
CH_3	−0,31	−0,17
CH_3O	−0,78	−0,27
NH_2	−1,30	−0,66
$N(CH_3)_2$	−1,70	−0,83

Für jeden *p*-Substituenten haben wir somit *zwei* Substituentenkonstanten zur Hand, σ oder σ^- für elektronenanziehende Substituenten und σ oder σ^+ für elektronenliefernde Substituenten. Ihre Verwendung hängt davon ab, ob in der betrachteten Reaktion Direkt-Konjugation zwischen *p*-Substituent und Reaktionszentrum möglich ist oder nicht.
Es wäre schön, wenn diese beiden Möglichkeiten nunmehr allen Eventualitäten Rechnung tragen würden. Um dies zu prüfen, wurden nicht weniger als 80 verschiedene Reaktionen untersucht und jeweils geprüft, ob die Verwendung von σ^- oder σ und σ^+ oder σ (im Falle von *p*-Substituenten) in allen Fällen zu geradlinigen Diagrammen führt. Dabei ergab sich, daß die Werte beispielsweise für *p*-NO_2 *weder* bei 0,78 (σ) *noch* bei 1,27 (σ^-) eine auffällige Häufung zeigten, sondern mehr oder weniger gleichmäßig über den ganzen Bereich zwischen diesen beiden Grenzwerten streuten. Ähnlich lagen die Werte für *p*-CH_3O zwischen −0,27 (σ) und −0,78 (σ^+), wo doch nur entweder der eine oder der andere Wert hätte gefunden werden sollen!
Rückblickend ist dieses Ergebnis aber nicht wirklich überraschend. Das Ausmaß der Elektronendichteänderung am Reaktionszentrum (eines unmittelbar an den Ring gebundenen Atoms) im langsamen, geschwindigkeitsbestimmenden Schritt wird von Reaktion zu Reaktion verschieden sein, und das muß dann auch für die Wirkung eines *p*-Substituenten auf dem Wege der Direkt-Konjugation gelten. Folglich resultiert eine ganze Bandbreite von σ-Werten für einen solchen Substituenten.

13.3.6 Die Gleichung von Yukawa und Tsuno

Es gibt eine Reihe von Versuchen, durch die Einführung eines weiteren Parameters in die Hammett-Gleichung diese abgestufte Wirkung eines zur Direkt-Konjugation befähigten *p*-Substituenten zu quantifizieren. Wohl am bekanntesten ist die Yukawa-Tsuno-Gleichung, die in der Form

$$\log \frac{k_X}{k_H} = \varrho\,[\sigma_X + r\,(\sigma_X^+ - \sigma_X)] \qquad (7)$$

auf elektronenliefernde *p*-Substituenten anwendbar ist. Im Falle elektronenanziehender *p*-Substituenten ist σ_X^+ durch σ_X^- zu ersetzen. Der neue Parameter *r* wird als Maß der Direkt-Konjugation bei einer bestimmten Reaktion aufgefaßt. Für die Solvolyse der tertiären Halogenide vom Typ der 2-Aryl-2-chlorpropane *(20)* wird sein Wert willkürlich mit 1,00 festgesetzt. Für diese Reaktion vereinfacht sich also Gl.(7) zu:

$$\log \frac{k_X}{k_H} = \varrho\, \sigma_X^+ \tag{8}$$

Das ist ein vernünftiges Ergebnis, denn es war ja gerade diese Reaktion, die ursprünglich zur Festlegung von σ^+-Werten für elektronenliefernde *p*-Substituenten, die zur Direkt-Konjugation befähigt sind, benutzt wurde (S. 435)! Entsprechend wird *r* für eine Reaktion, in der Direkt-Konjugation nicht auftritt, null sein, und Gl. *(7)* wird sich dann natürlich zu der ursprünglichen Form der Hammett-Gleichung, nämlich Gl. *(6)*, vereinfachen.

Um *r*-Werte für andere Reaktionen zu bestimmen, mißt man zuerst k_X-Werte für *m*-substituierte Verbindungen und erhält dadurch ϱ für die betreffende Reaktion. Danach mißt man k_X für *p*-substituierte Verbindungen unter Verwendung solcher Substituenten, deren Werte $\sigma_{p\text{-}X}$ und $\sigma_{p\text{-}X}^+$ bzw. $\sigma_{p\text{-}X}^-$ bereits bekannt sind. Mit Hilfe von Gl.(7) kann *r* dann rechnerisch oder graphisch ermittelt werden. Für die basekatalysierte Hydrolyse *p*-substituierter Phenoxytriethylsilane *(22)* findet man so einen Wert von $r = 0{,}50$.

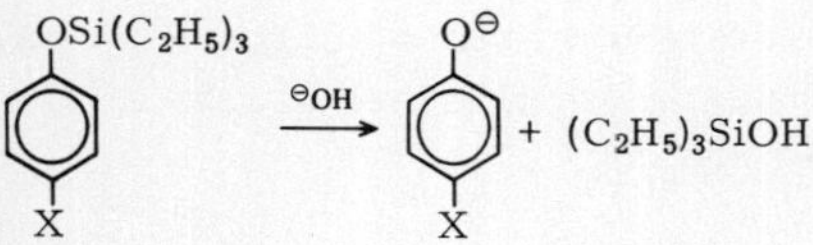

(22)

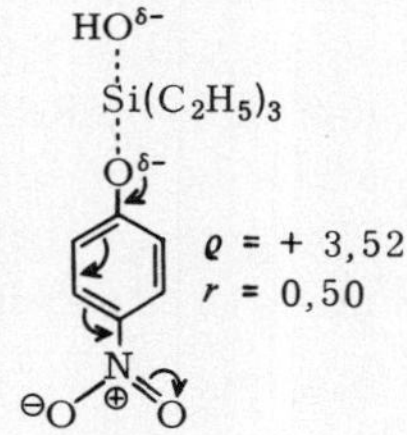

(23)

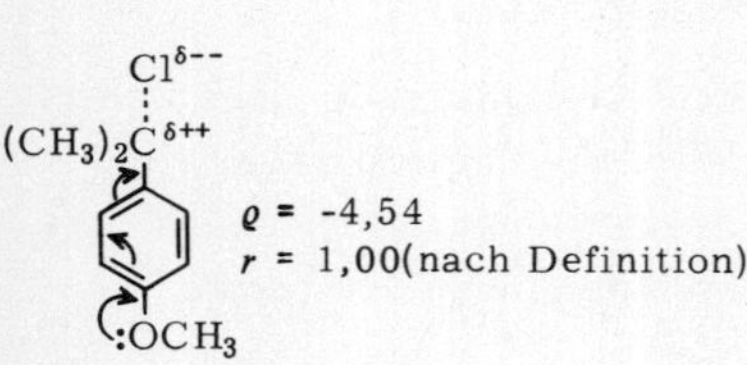

(24)

Die starke Direkt-Konjugation bei Substituenten wie *p*-NO_2 bedeutet offenbar die Entwicklung einer beträchtlichen negativen Partialladung ($\varrho = +3{,}52$) im Übergangszustand *(23)* des geschwindigkeitsbestimmenden Schritts. Allerdings ist die Ladungsentwicklung nicht so weit fortgeschritten wie im Falle der positiven Partialladung ($\varrho = -4{,}54$) im Übergangszustand *(24)* der Standardreaktion, für die $r = 1{,}00$ gesetzt wurde. Da die

Entwicklung von Ladung im Übergangszustand stets Hand in Hand geht mit der Lösung der Bindung zwischen Reaktionszentrum und Abgangsgruppe, kann man *r* auch als Maß für diese Bindungslösung im Übergangszustand ansehen.
Ein Wort der Warnung sei an dieser Stelle allerdings erlaubt: Man sollte sich davor hüten, in die Hammett-Gleichung immer neue Parameter einzuführen, nur um eine bessere Übereinstimmung mit den experimentellen Daten zu erzielen – vor allem dann, wenn die wirkliche physikalische Bedeutung dieser neuen Parameter fragwürdig wird. Tatsächlich kann man – wie wir gleich anhand einiger Beispiele sehen werden – durchaus profunde Einblicke in das Reaktionsgeschehen mit Hilfe der *einfachen* Hammett-Gleichung erzielen.

13.4 Anwendungen von Hammett-Diagrammen

Nachdem wir die Bedeutung, die man den Größen σ und ϱ beimessen kann, im Lichte vertrauter physikalischer Zusammenhänge betrachtet haben, wollen wir nunmehr näher darauf eingehen, in welcher Weise diese Parameter Auskünfte über die Reaktionen und Reaktionsabläufe geben können.

13.4.1 Berechnung von *k*- und *K*-Werten

Die einfachste Anwendung der Hammett-Gleichung besteht in der Berechnung von Geschwindigkeitskonstanten *k* und Gleichgewichtskonstanten *K* für bestimmte Reaktionen bestimmter Verbindungen. Das ist stets dann von Interesse, wenn die entsprechenden Daten in der Literatur nicht zur Verfügung stehen oder wenn die betreffende Verbindung möglicherweise noch gar nicht synthetisiert worden ist.
Beispielsweise ist bekannt, daß die basekatalysierte Hydrolyse von *m*-Nitro-benzoesäureethylester 63,5mal schneller ist als die Hydrolyse des entsprechenden unsubstituierten Esters unter gleichen Bedingungen. Wie groß wird dann die Hydrolysegeschwindigkeit von *p*-Methoxybenzoesäureethylester, wiederum unter gleichen Bedingungen, sein? Die Tabelle der σ-Werte (S. 428) weist $\sigma_{m\text{-}NO_2}$ = 0,71 sowie $\sigma_{p\text{-}CH_3O}$ = -0,27 aus. Die Hammett-Gleichung, Gl. (6), angewandt auf die bekannte Reaktion des *m*-Nitroesters, nimmt dann die Form an:

$$① \quad \log \frac{k_{m\text{-}NO_2}}{k_H} = \varrho\, \sigma_{m\text{-}NO_2} \qquad (6a)$$

und mit den angegebenen Daten des weiteren

$$\log \frac{63{,}5}{1} = \varrho \cdot 0{,}71$$

Daraus läßt sich die zunächst unbekannte Reaktionskonstante für dieses System berechnen. Die numerische Auswertung ergibt $\varrho = 2{,}54$.
Für die *p*-Methoxyverbindung ist entsprechend

$$② \quad \log \frac{k_{p\text{-}CH_3O}}{k_H} = \varrho\, \sigma_{p\text{-}CH_3O} = 2{,}54 \cdot (-0{,}27) \qquad (6b)$$

wenn man die zuvor ermittelte Reaktionskonstante und den bekannten Wert der Substituentenkonstante für *p*-Methoxy einsetzt. Damit ist

$$\frac{k_{p\text{-}CH_3O}}{k_H} = 0{,}21$$

in Übereinstimmung mit einem später experimentell ermittelten Wert! Tatsächlich werden aber σ- und ϱ-Werte selten für solche Zwecke herangezogen. Vielmehr macht man von ihnen weit häufiger Gebrauch, um näheren Einblick in Reaktionsabläufe zu gewinnen.

13.4.2 Abweichungen von der Linearität

Wir haben bereits gesehen (S. 433), in welcher Weise das Vorzeichen und die Größe der Reaktionskonstante ϱ Auskunft über die Entwicklung (oder Zerstreuung) von negativer oder positiver Ladung beim Gang von den Ausgangsstoffen zum Übergangszustand des geschwindigkeitsbestimmenden Schritts einer Reaktion geben kann. Wir haben uns auch schon davon überzeugt, daß Abweichungen von linearen Auftragungen – bei Verwendung der üblichen Stubstituentenkonstanten σ – zum Nachweis eines besonderen Effekts, nämlich der Direkt-Konjugation zwischen *p*-Substituenten und Reaktionszentrum (und zur Definition besonderer Substituentenkonstanten σ^+ und σ^- (s. S. 435), führen: Die Notwendigkeit, andere als die normalen Substituentenkonstanten zu benutzen, weist auf diese besondere Form der Konjugation in einer bestimmten Reaktion hin, und der Yukawa-Tsuno-Parameter *r* liefert ein Maß für die Größe des Effekts.
Paradoxerweise sind Hammett-Auftragungen gerade dort am informativsten, wo sie von der Linearität abweichen. Dabei gelangt man zu unterschiedlichen Schlüssen, je nach dem, ob die Abweichungen konkav „nach oben" oder konkav „nach unten" erfolgen.

13.4.3 Abweichungen nach höheren Geschwindigkeitskonstanten

13.4.3.1 Die Acetolyse der 3-Aryl-2-butylbrosylate

Ein interessanter Fall ist die Acetolyse der 3-Aryl-2-butyl-*p*-brombenzolsulfonate oder -„brosylate"*) (*25*), deren Hammett-Diagramm Abb. 13–6 zeigt.

Der untere rechte Teil des Diagramms – im Bereich der stark elektronenanziehenden Substituenten – ist eine gerade Linie mit einer Steigung, die einem ϱ-Wert von $-1{,}46$ für die Reaktion entspricht.

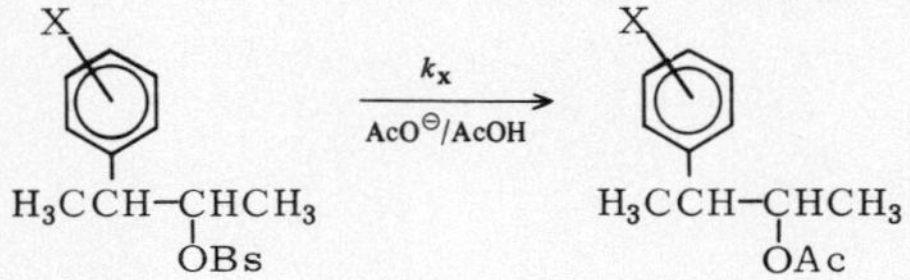

(25) *(26)*

Weiter links im Bereich der weniger stark elektronenanziehenden Substituenten tritt eine nach oben gerichtete Krümmung ein, d. h. die Acetolyse ist hier *schneller*, als aufgrund der σ_X-Werte der Substituenten zu erwarten wäre.

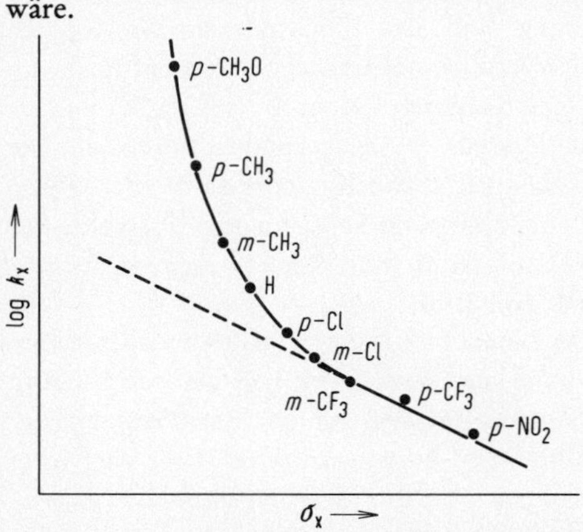

Abb. 13-6. Acetolyse der 3-Aryl-2-butyl-brosylate. [Nach H.C. Brown, C.J. Kim, C.J. Lancelot u. P. v. R. Schleyer, J. Am. Chem. Soc. *92*, 5244 [1970]; vgl. auch T.H. Lowry u. K.S. Richardson: *Mechanismen und Theorie in der Organischen Chemie.* Verlag Chemie, Weinheim 1980, S. 270. – Zitat und Hinweis durch die Übersetzer.]

---

* Im folgenden werden die Kürzel Bs = 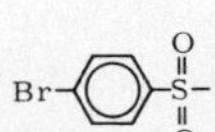 und Ac = 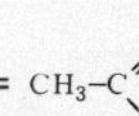 verwendet.

Man möchte für diese Reaktion eine einfache S_N2-Verdrängung annehmen, in welcher die gute Abgangsgruppe – das Brosylat-Anion (vgl. S. 115) – durch das Acetat-Anion ersetzt wird:

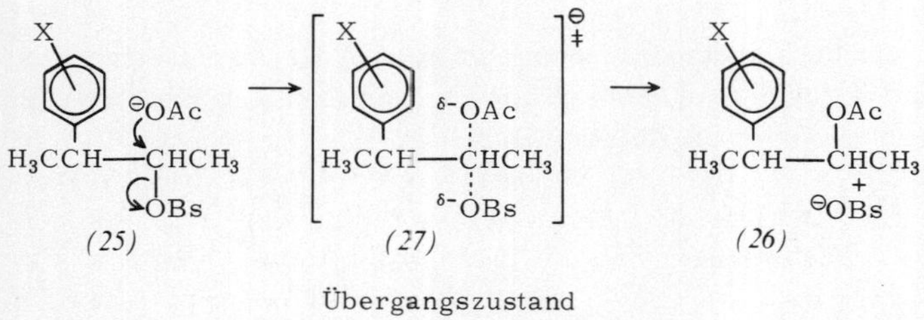

Der dem Betrag nach kleine negative Wert (−1,46) der Reaktionskonstante ist mit diesem Ablauf verträglich, wenn im Übergangszustand *(27)* die Lösung der C−OBs-Bindung etwas weiter fortgeschritten ist als die Knüpfung der AcO−C-Bindung und das Reaktionszentrum folglich geringfügig positiviert wird. Dies anzunehmen ist nicht unvernünftig, da das Reaktionszentrum ein sekundäres Kohlenstoffatom ist (vgl. S. 96) und da wir es des weiteren mit einer sehr guten Abgangsgruppe zu tun haben. Die Reaktion wird zunehmend, wenn auch schwach, gefördert werden, wenn man zu weniger stark elektronenanziehenden Substituenten übergeht. Die Geschwindigkeit der Acetolyse muß dann geringfügig steigen, wenn man Abb. 13-6 von rechts nach links durchläuft.

Um nun die Abweichung von der Linearität bei stärker elektronenliefernden Substituenten X zu erklären, kann man annehmen, daß der substituierte Benzolring zunehmend die Fähigkeit erlangt, auf das Reaktionszentrum unmittelbarer einzuwirken als im S_N2-Übergangszustand. Eine verstärkte Bereitstellung von negativer Ladung wird ihm eine zunehmende Nucleophilie verleihen und ihn instand setzen, in Konkurrenz mit dem Acetat-Ion als „internes" Nucleophil – im Sinne des früher (S. 108) besprochenen Nachbargruppeneffekts – zu wirken. Dieser alternative Reaktionsablauf – besonders ausgeprägt im Falle der *p*-Methoxyverbindung *(28)* – besteht dann in der geschwindigkeitsbestimmenden Bildung eines cyclischen Phenonium-Ions *(29)* (vgl. S. 123), der sich eine rasche Ringöffnung durch das Acetat-Ion und Bildung des normalen Acetolyseprodukts *(30)* anschließt:

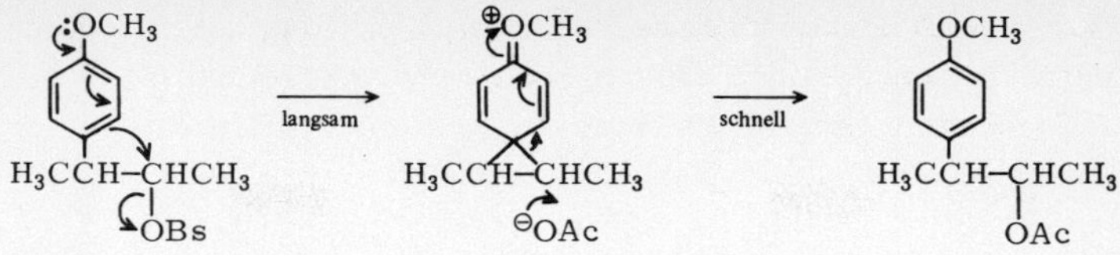

(28) *(29)* *(30)*

cyclisches Zwischenprodukt
(Phenonium-Ion)

Die Annahme eines Wechsels im Reaktionsablauf erfährt eine wichtige Stütze durch die Acetolyse des *threo*-Diastereomers *(31)* des Brosylats. Hier können zwei, voneinander unterscheidbare Produkte entstehen, deren Anteil davon abhängen wird, wie weit die Gesamtreaktion über den externen nucleophilen Angriff (S_N2) oder über den internen nucleophilen Angriff verläuft. Im einen Fall entsteht das *erythro*-Produkt *(32)*, im anderen – über ein cyclisches Phenonium-Ion als Zwischenprodukt – das *threo*-Produkt *(33)*:

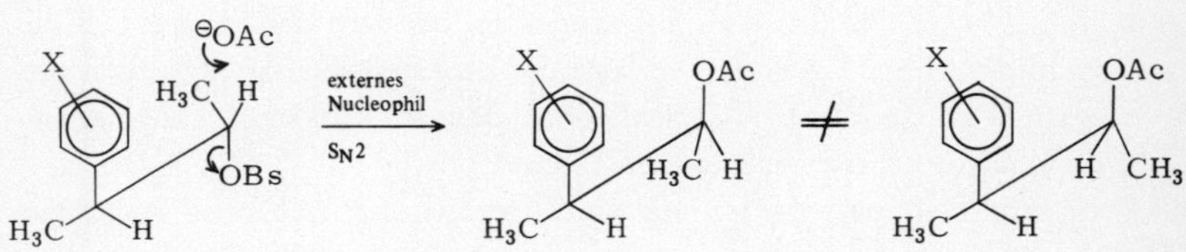

(31) *(32)* *(33)*

threo-Brosylat | *erythro*-Acetolyse-produkt | *threo*-Acetolyse-produkt

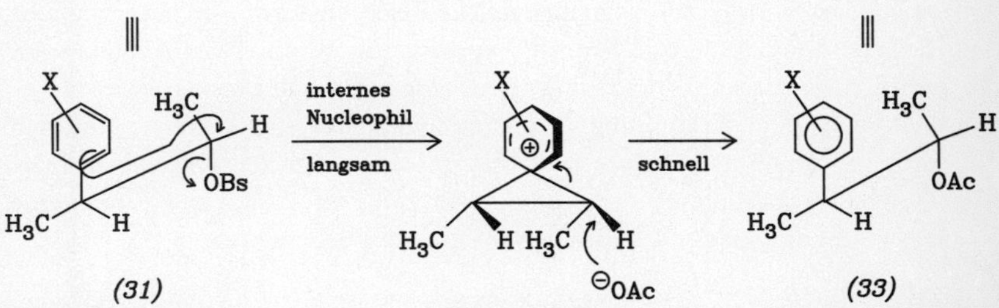

(31)
***threo*-Brosylat**

cyclisches Zwischen-produkt (Phenonium-Ion)

(33)
***threo*-Acetolyse-produkt**

Da die beiden Acetolyseprodukte *(32)* und *(33)* Diastereoisomere sind (und nicht etwa in Bild-Spiegelbild-Beziehung stehen), können sie mit üblichen

Methoden getrennt oder auch auf spektroskopischem Wege nebeneinander bestimmt werden. Man findet, daß der Anteil an *threo*-Produkt *(33)* – aus der internen Verdrängungskomponente der Reaktion – drastisch von der Natur des Substituenten X im Benzolring abhängt:

Substituent X	Anteil an *threo*-Produkt (in %)
p-CH_3O	100
p-CH_3	88
m-CH_3	68
H	59
p-Cl	39
m-Cl	12
m-CF_3	6
p-NO_2	1

Im Falle des Substituenten *p*-CH_3O, der den obersten Meßpunkt in Abb. 13–6 bildet und der die höchste elektronenliefernde Wirkung entfaltet, läuft die Acetolyse vollständig auf dem Wege des internen nucleophilen Angriffs ab. Bei X = *m*-Cl, also dem Substituenten, bei dem der lineare Teil des Diagramms Abb. 13–6 endet, verläuft die Reaktion nur zu 12 % über den internen Weg. Bei X = *p*-NO_2 schließlich, dem am stärksten elektronenziehenden Substituenten, sinkt dieser Teil auf 1 %.

Wenn eine Hammett-Auftragung eine Abweichung nach oben zeigt, also wie in Abb. 13–6 gekrümmt ist, kann dies normalerweise als Zeichen für einen Wechsel des Reaktionsablaufs bei Variation der Substituenten interpretiert werden. Daß die Krümmung nach *oben* erfolgen muß, kann man sich folgendermaßen klar machen: Es gibt keinen Faktor, der verhindern würde, daß die ursprüngliche Reaktionsform – im besprochenen Beispiel der externe S_N2-Prozeß – eintritt. Ein Wechsel des Ablaufs muß einen energetischen Vorteil und somit eine höhere Reaktionsgeschwindigkeit, d. h. eine Krümmung in Richtung höherer log *k*-Werte, mit sich bringen. Andernfalls würde weiterhin der ursprüngliche Mechanismus das Geschehen bestimmen (vgl. punktierte Linie in Abb. 13–6), und eine Abweichung von der Linearität wäre nicht zu beobachten.

13.4.3.2 Hydrolyse von substituierten Benzoesäureestern in Schwefelsäure

Manchmal tritt die Abweichung von einer geraden Linie sehr viel abrupter ein als in Abb. 13-6. Ein Beispiel ist die Hydrolyse von Methyl(*34a*)- und

Ethyl(*34b*)-estern substituierter Benzoesäuren in 99,9 proz. Schwefelsäure (Abb. 13-7).

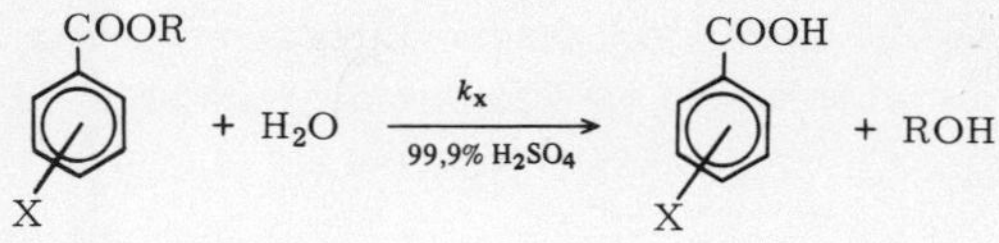

(34a,b)
[R = CH_3, C_2H_5]

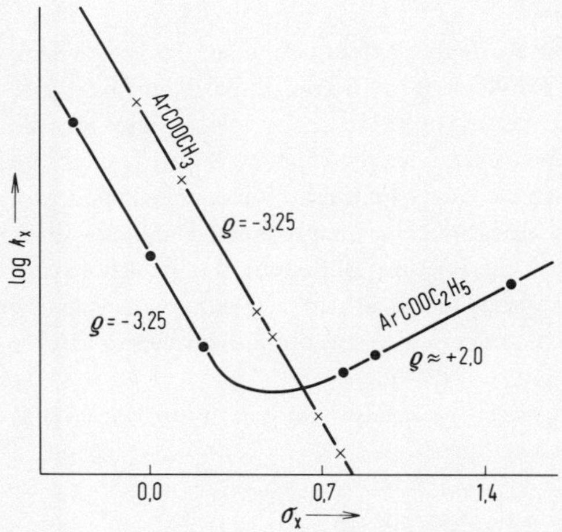

Abb. 13-7. Hydrolyse von Methyl- und Ethylestern in konzentrierter Schwefelsäure.

Betrachten wir zuerst den einfacheren der beiden Fälle, die Gerade für die Methylester (*34a*) mit $\varrho = -3{,}25$. Aus diesem Wert der Reaktionskonstante folgt sofort, daß die Reaktion nicht nach dem üblichen $A_{AC}2$-Mechanismus für die säurekatalysierte Esterhydrolyse (S. 281) verlaufen kann. Wir wissen nämlich bereits (S. 429, Reaktion 6), daß diese einen ϱ-Wert von +0,03 hat. Der zuletzt genannte Wert bezieht sich aber auf die Hydrolyse in verdünnter Schwefelsäure, während wir hier konzentrierte Schwefelsäure benützen. Eine Konsequenz dieser Maßnahme ist, daß der Reaktionspartner Wasser nur in sehr geringer Konzentration zur Verfügung steht.

Nun kennen wir auch schon einen Alternativmechanismus ($A_{AC}1$, S. 282) für die säurekatalysierte Hydrolyse, der dadurch gekennzeichnet ist, daß der

Reaktionspartner Wasser am langsamen, geschwindigkeitsbestimmenden Schritt nicht beteiligt ist. Dabei wird eine nennenswerte positive Partialladung am Reaktionszentrum entwickelt, wenn nämlich der protonierte Ester (*35a*) in das intermediäre Acyl-Kation (*36a*) umgewandelt wird. Dieser Vorstellung entspricht nun als neuer Befund vollkommen der stark negative Wert der Reaktionskonstante.

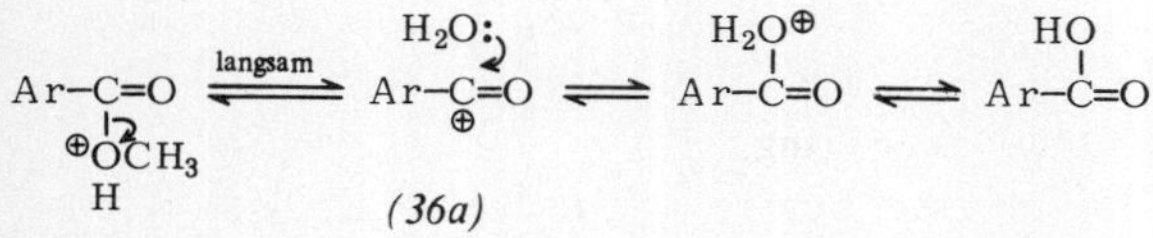

(*35a*) (*36a*)

Der $A_{AC}1$-Mechanismus kommt offenbar anfangs, d. h. auf der linken Seite der Abb. 13-7, auch bei den Ethylestern (*34b*) zum Zuge. Man findet hier denselben Wert für die Reaktionskonstante, $\varrho = -3{,}25$, wie für die Methylester (*34a*). Bei stärker elektronenanziehenden Substituenten im Benzolring jedoch krümmt sich die Kurve für die Ethylester scharf und geht in eine neue Gerade – jetzt mit einer Steigung entsprechend $\varrho = +2{,}0$ – über. In diesem Bereich ($\varrho > 0$) muß die positive Aufladung des Reaktionszentrums im geschwindigkeitsbestimmenden Schritt *abnehmen*, so daß die Reaktion in dem Maße beschleunigt wird, wie die Substituenten stärker Elektronen anziehen.

Es gibt einen Mechanismus für die säurekatalysierte Esterhydrolyse ($A_{AL}1$, S. 282), der diese Bedingungen erfüllt:

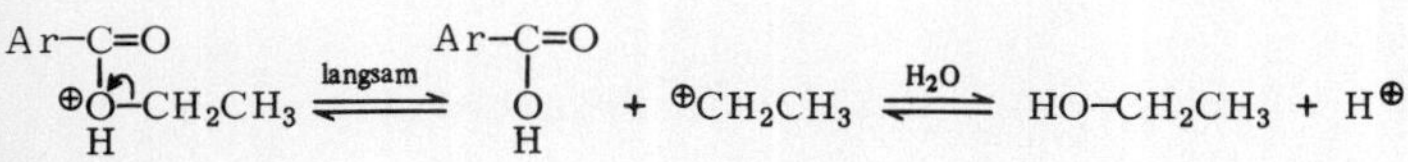

(*35b*) (*37b*)

Die Abspaltung eines Ethyl-Kations (*37b*) – das anschließend sofort mit den vorhandenen geringen Mengen Wasser zu Ethanol reagiert – führt zu einer starken Abnahme der positiven Aufladung neben dem Reaktionszentrum. (Wäre die Abspaltung direkt vom Reaktionszentrum erfolgt, dann wäre der ϱ-Wert noch größer gewesen.)

Man kann fragen, warum ein ähnlicher mechanistischer Wechsel, wie er für die Ethylester (*34b*) beobachtet wird, nicht auch bei den Methylestern (*34a*) eintritt. In diesem Falle müßte aber statt eines Ethyl-Kations ein Methyl-Kation $CH_3^{\oplus}$ im geschwindigkeitsbestimmenden Schritt entstehen, und es ist bekannt, daß sich dieses viel schwieriger bildet als ein Ethyl-Kation. Offenbar genügt dieser Unterschied in der Stabilität der beiden Ionen, um einen ähnlichen Wechsel bei den Methylestern – auch bei Anwesenheit stärkster elektronenanziehender Ringsubstituenten – zu verhindern.

13.4.4 Abweichungen nach niedrigeren Geschwindigkeitskonstanten

Es gibt auch Systeme, die durch nach unten gekrümmte Hammett-Diagramme gekennzeichnet sind. Derartige Abweichungen von der Linearität haben eine ganz andere Bedeutung.
Ein gutes Beispiel ist die unter Ringschluß erfolgende Dehydratisierung einiger substituierter Triarylmethanole (*38*), die in 2-Stellung an einem der Ringe einen weiteren Phenylsubstituenten tragen. In wäßriger Essigsäure (80 % Wasser), der 4 % Schwefelsäure zugesetzt sind, entstehen bei 25 °C die entsprechenden Tetraarylmethane (*39*)*). Die entsprechende Hammett-Auftragung zeigt Abb. 13-8.

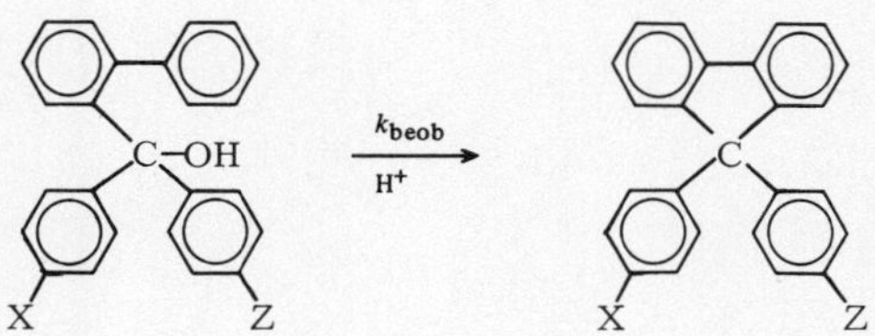

(*38*) (*39*)

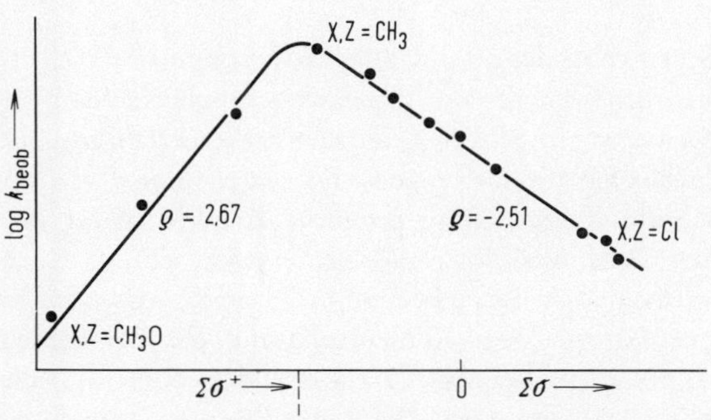

Abb. 13-8. Ringschluß von 2-Phenyltriarylmethanolen (*38*) in Essigsäure.

---

*Richtiger: 9,9-Diarylfluorene

Zwei der Benzolringe in *(38)* tragen einen *p*-Substituenten (X bzw. Z), und als Wert für σ wird in Abb. 13-8 tatsächlich die Summe der σ-Werte ($\Sigma\sigma$) für X und Z aufgetragen. Das Diagramm, in dem log k_{beob} gegen $\Sigma\sigma$ aufgetragen ist, läßt eindeutig erkennen, daß die beobachtete Kurve aus zwei geraden Ästen zusammengesetzt ist: für den linken beträgt ϱ = + 2,67, für den rechten hingegen – 2,51.
Es ist anzunehmen, daß sich die Gesamtreaktion in vier Einzelschritten vollzieht, von denen die ersten beiden eine E1-Eliminierung (S. 289) von Wasser und Bildung der Carbokationen-Zwischenstufe *(40)* ausmachen. Die letzten beiden Schritte bestehen dann im internen elektrophilen Angriff auf den 2-Phenyl-Kern und Bildung des Endprodukts *(39)*:

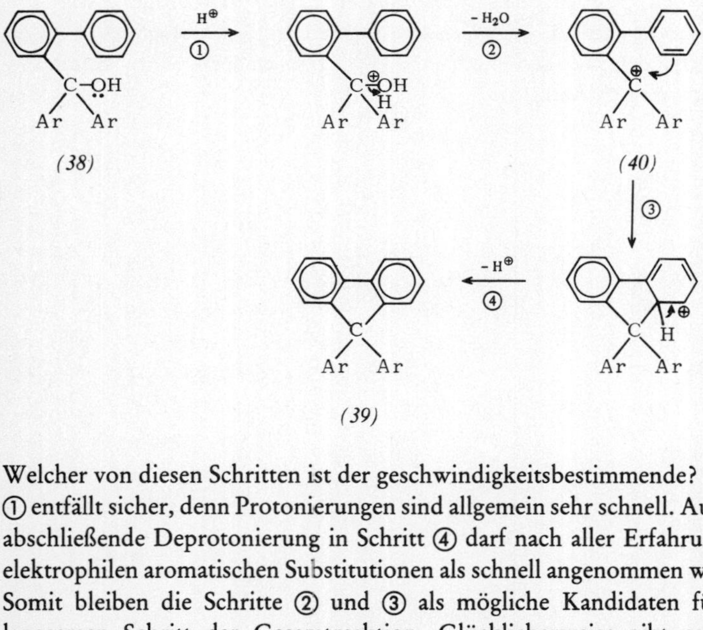

Welcher von diesen Schritten ist der geschwindigkeitsbestimmende? Schritt ① entfällt sicher, denn Protonierungen sind allgemein sehr schnell. Auch die abschließende Deprotonierung in Schritt ④ darf nach aller Erfahrung mit elektrophilen aromatischen Substitutionen als schnell angenommen werden. Somit bleiben die Schritte ② und ③ als mögliche Kandidaten für den langsamen Schritt der Gesamtreaktion. Glücklicherweise gibt es einen charakteristischen Unterschied zwischen beiden: In Schritt ② wird positive Ladung am Reaktionszentrum (dem Kohlenstoffatom, das die beiden substituierten Phenylreste trägt) konzentriert, während in Schritt ③ die Anhäufung positiver Ladung abnimmt. Die Frage ist nun, wie dieses Kriterium sich in Abb. 13-8 niederschlägt.
Die rechte Seite des Diagramms entspricht einer negativen Reaktionskonstante, ϱ = –2,51, also der Entwicklung positiver Ladung am Reaktionszen-

trum. Das ist mit der Annahme, daß Schritt ② – nicht aber Schritt ③ – geschwindigkeitsbestimmend ist, verträglich. Auf der linken Seite des Diagramms von Abb. 13-8 gilt genau das umgekehrte. Hier zeigt der positive ϱ-Wert (+2,67) eine beträchtliche Verminderung positiver Partialladung am Reaktionszentrum an, was wiederum zu ③, nicht aber zu ② als geschwindigkeitsbestimmendem Schritt paßt.

Die Substituenten ganz links im Diagramm von Abb. 13-8 sind starke Elektronendonoren, insbesondere im Falle von *(38)* mit $X = Z = OCH_3$, und können ein in Schritt ② entstehendes Carbokation durch Delokalisierung der positiven Ladung stabilisieren:

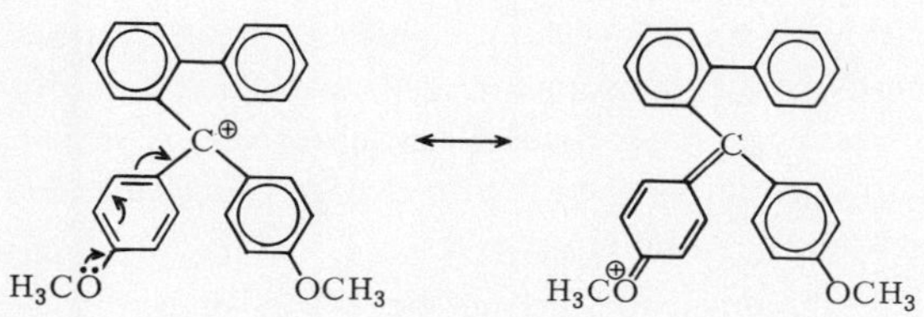

(41a) *(41b)*

Tatsächlich findet man im linken Bereich von Abb. 13-8 eine bessere Linearität, wenn man die log k_{beob}-Werte gegen $\Sigma\sigma^+$ und nicht gegen $\Sigma\sigma$ anträgt, entsprechend der Annahme einer durchgehenden Konjugation *(41a)* ↔ *(41b)* zwischen *p*-Substituenten und Reaktionszentrum.

Im Falle von *(38)*, $X = Z = OCH_3$, resultiert diese Konjugation in der leichten Bildung des Carbokations *(41)*, also in einem schnellen Ablauf von Schritt ②. Aber die Delokalisierung der positiven Ladung hinweg vom Reaktionszentrum macht *(41)* zu einem wenig wirkungsvollen Elektrophil, und Schritt ③ – der elektrophile Angriff auf den Benzolkern – ist folglich langsam und geschwindigkeitshemmend.

Indem man nun – von links nach rechts in Abb. 13-8 – zu weniger stark elektronenliefernden Substituenten übergeht, wird die Delokalisierung der positiven Ladung weniger ausgeprägt und somit das Reaktionszentrum stärker elektrophil. Der geschwindigkeits-limitierende Schritt ③ wird folglich beschleunigt, wodurch die Geschwindigkeit der Gesamtreaktion steigt. Das Diagramm weist also, von links nach rechts gehend, nach oben ($\varrho = +2{,}67$). Andererseits wird gleichzeitig die Bildung des Carbokations immer schwieriger. Schritt ② wird in dem Maße, wie ③ beschleunigt wird, immer langsamer. Es muß ein Punkt erreicht werden, an dem die weitere Beschleunigung von Schritt ③ von der Verlangsamung des Schrittes ② ausgeglichen wird. Weitere Abnahme der elektronenliefernden Wirkung der Substituenten muß von jetzt ab dazu führen, daß Schritt ② langsamer wird als Schritt ③, und somit geschwindigkeitsbestimmend für die Gesamtreaktion. Dieser Wechsel in der Geschwindigkeitslimitierung von Schritt ③ nach Schritt ② erfolgt, wie Abb. 13-8 zeigt, bei den Substituenten $X = Z = CH_3$ in (*38*).

Noch weitere Minderung der elektronenliefernden Wirkung der Substituenten bewirkt, daß der – jetzt geschwindigkeitsbestimmende – Schritt ② nur noch langsamer wird, und somit auch die Gesamtreaktion. Folglich fällt die Kurve der $\log k_{\text{beob}}$-Werte im rechten Teil des Diagramms wieder ab (ϱ ist negativ).

In derartigen Fällen, die durch einen Wechsel des geschwindigkeitsbestimmenden Schrittes mit der Natur der Substituenten gekennzeichnet sind, gibt es einen Substituenten (oder einen engen Bereich von Substituenten), in dem die betreffenden Teilschritte gerade so zusammenspielen, daß die Geschwindigkeit der Gesamtreaktion ein Maximum erreicht.

Wie wir sahen, tritt dies im untersuchten Beispiel bei Methyl als Substituenten ein. Beiderseits dieses Maximums sinken die Geschwindigkeiten der beiden – verschiedenen – geschwindigkeitsbestimmenden Teilschritte und somit auch der Gesamtreaktion.

Rollenwechsel hinsichtlich der Geschwindigkeitslimitierung von einem Teilschritt auf einen anderen, aber innerhalb ein und desselben Gesamtablaufs, ist also gekennzeichnet durch konkav nach unten gekrümmte Hammett-Auftragungen. Im Gegensatz dazu sind die konkav nach oben gekrümmten Diagramme, wie wir schon sahen (S. 447), charakteristisch für einen völligen Wechsel des Reaktionsablaufs.

13.5 Sterische Effekte

Zu Beginn (S. 425), unserer gegenwärtigen Diskussion der linearen Freie-Enthalpie-Beziehungen beschränkten wir uns auf Seitenkettenreaktionen *m*- und *p*-substituierter Benzolderivate. Die Reaktionen *o*-substituierter Benzolderivate und von aliphatischen Verbindungen wurden ausgeschlossen, da hier mit sterischen und anderen Effekten zu rechnen war, die üblicherweise zu nicht-linearen oder sogar rein „zufälligen" Beziehungen führen.

Der Erfolg und die Nützlichkeit quantitativer Beziehungen vom Hammett-Typ und die Einsicht, daß diese oft gerade dann von größtem diagnostischem Wert sind, wenn sie von der Linearität abweichen, veranlaßte eine

Anzahl von Forschern, derartige Betrachtungen in geeigneter Weise zu modifizieren, um sie auf eine sehr viel größere Anzahl von Verbindungen anwenden zu können. Die bekannteste und erfolgreichste dieser Erweiterungen geht auf Taft zurück.

13.5.1 Die Taft-Gleichung

Einem ursprünglich von Ingold ausgehenden Vorschlag folgend, verglich Taft die relative Empfindlichkeit (Suszeptibilität) der Hydrolyse *m*- und *p*-substituierter Benzoesäureester (*42*) gegenüber polaren Substituenteneffekten, und zwar sowohl unter sauren ($A_{AC}2$, S. 282) als auch unter basischen ($B_{AC}2$, S. 279) Bedingungen (Schema S. 454).

Die Reaktionskonstante für die basekatalysierte Hydrolyse hat mit $\varrho = +2{,}51$ einen großen positiven Wert, wodurch die Entwicklung nicht unbeträchtlicher negativer Ladung am Reaktionszentrum im geschwindigkeitsbestimmenden Schritt, dem Angriff von $HO^{\ominus}$, angezeigt wird (Schritt ① der $B_{AC}2$-Reaktion). Im Gegensatz dazu ist ϱ für die säurekatalysierte Hydrolyse mit +0,03 nahezu Null, d. h. die Geschwindigkeit dieser Hydrolyse hängt nicht nennenswert von der Natur der vorhandenen *m*- oder *p*-ständigen Substituenten ab. Die Reaktionskonstante dieser Reaktion ist aber nicht deshalb so klein, weil die Umverteilung von Ladung im geschwindigkeitsbestimmenden Schritt ② nur sehr geringfügig wäre; sondern vielmehr deshalb, weil die (zur Ermittlung von ϱ benutzte) Geschwindigkeitskonstante für die Gesamtreaktion, k_{beob}, nicht nur von k_2 für den langsamen Teilschritt, sondern auch noch von K_1 für das vorgelagerte Gleichgewicht ① abhängt. Beide Einflüsse heben sich, was die Verfügbarkeit von Elektronendichte in beiden Schritten angeht, gegenseitig auf, so daß der Wert der Reaktionskonstante gegen Null geht.

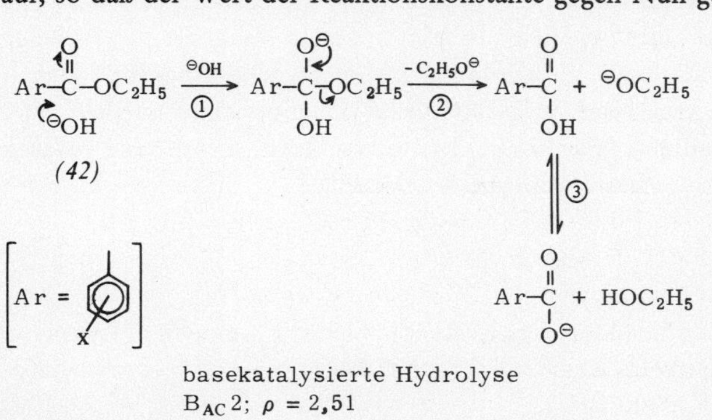

(42)

basekatalysierte Hydrolyse
$B_{AC}2$; $\rho = 2{,}51$

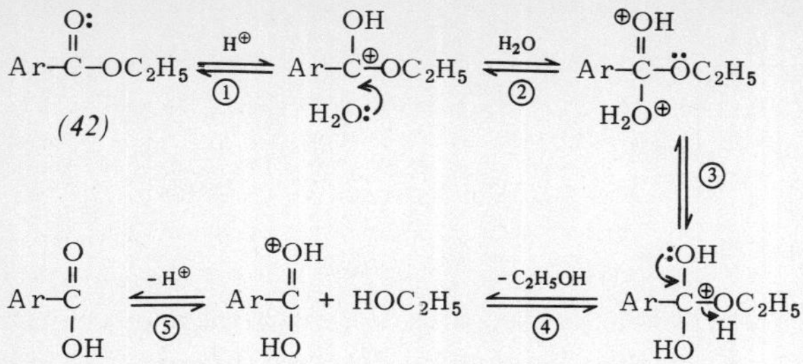

(42)

säurekatalysierte Hydrolyse
$A_{AC}2$; $\rho = 0{,}03$

Wenn wir nun unsere Betrachtung Base($B_{AC}2$)- und Säure($A_{AC}2$)-katalysierter Hydrolysen auf Ester im allgemeinen ausdehnen, unter Einschluß aliphatischer Ester $RCOOC_2H_5$, so stellen wir fest, daß sich die Übergangszustände (*42b*) bzw. (*42a*) für die geschwindigkeitsbestimmenden Schritte beider Reaktionen sehr ähneln.

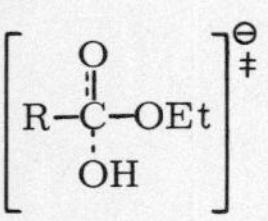

(42b)

Übergangszustand für die basekatalysierte Hydrolyse ($B_{AC}2$)

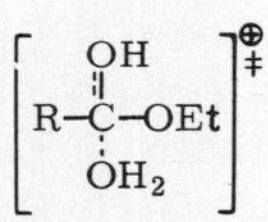

(42a)

Übergangszustand für die säurekatalysierte Hydrolyse ($A_{AC}2$)

Sie sind nämlich beide tetraedrisch und unterscheiden sich lediglich darin, daß der letztere Übergangszustand 2 Protonen mehr enthält. Protonen sind sehr klein und üben *keine* nennenswerten sterischen Effekte aus*). Man ist daher berechtigt anzunehmen, daß sterische Effekte, die von der Gruppe R herrühren, in der säure- und in der basekatalysierten Hydrolyse – wegen der sehr ähnlichen räumlichen Anordnung in beiden Übergangszuständen – praktisch gleich groß (und geringfügig) sind. Damit wird es möglich, eine modifizierte Hammett-Gleichung (*9*) zu formulieren, die nur den *polaren* Effekt des Substituenten R zum Ausdruck bringt:

$$\log\left[\frac{k_R}{k_0}\right]_{\text{Base}} - \log\left[\frac{k_R}{k_0}\right]_{\text{Säure}} = \varrho^* \sigma_R^* \qquad (9)$$

Da der von R ausgehende sterische Effekt in beiden Formen der Hydrolyse etwa gleich groß ist, heben sich die sterischen Beiträge heraus und erscheinen nicht in Gl.(9).

Taft wies der Konstante ϱ^* in Gl.(9) den Wert 2,48 zu, das ist die Differenz zwischem dem ϱ-Wert der basekatalysierten Hydrolyse von Benzoesäureestern (2,51) und dem ϱ-Wert der säurekatalysierten Hydrolyse (0,03) derselben Ester. Als Standard-Substituent wählte er Methyl, CH_3, nicht Wasserstoff, so daß sich k_0 in Gl.(9) auf $CH_3COOC_2H_5$ (und nicht auf $HCOOC_2H_5$) bezieht. Mit diesen Festsetzungen kann man durch kinetische Messungen der säure- und basekatalysierten Hydrolyse einer Reihe von Estern $RCOOC_2H_5$ für die Substituenten R die auf Methyl bezogenen ($\sigma^*_{CH_3} = 0$) Substituentenkonstanten σ^*_R bestimmen. (Der Bezugspunkt entspricht $\varrho_H = 0$ für den „Substituenten" Wasserstoff bei der Ionisation der Benzoesäuren, vgl. S. 408). Mit $\varrho^* = 2{,}48$ ergeben sich für die Größen σ^*_R, die ein Maß für die von R ausgehenden *polaren* Wirkungen sind, Werte, die sich nicht allzu sehr von den Werten der früher besprochenen Größen σ, σ^+ und σ^- (Substituenten X anstelle von R) unterscheiden.

Verwendet man nun die allgemeinere Gl.(10), so kann man mit Hilfe dieser σ^*_R-Werte in Verbindung mit den kinetisch zu ermittelnden Werten für k_{CH_3} und k_R Reaktionskonstanten ϱ^* für im Prinzip beliebige andere Reaktionen aliphatischer Verbindungen - und nicht nur von Estern - ermitteln:

$$\log \frac{k_R}{k_{CH_3}} = \varrho^* \sigma^*_R \qquad (10)$$

Tatsächlich erhält man in vielen Fällen gute lineare Korrelationen.

13.5.2 Die sterischen Parameter E_S und δ

Nach dem, was wir früher über sterische Effekte sagten (S. 426), mag es überraschen, daß überhaupt lineare, die Gl. (10) erfüllende Beziehungen gefunden werden, zumal wenn man sich noch einmal vergegenwärtigt, daß Gl.(10) nach ihrer Herleitung nur die *polaren* Effekte von R berücksichtigt. Nun ist es aber nicht so, daß die Gültigkeit von Gl. (10) etwa das Fehlen jeglicher sterischer Effekte anzeigen würde. Vielmehr kann man nur sagen, daß sich die sterischen Einflüsse beim Übergang von den Ausgangsstoffen zu den Übergangszuständen (oder von Ausgangsstoffen zu den Produkten im

---

**Anmerkung der Übersetzer*: Auf die Raumerfüllung von R spricht aber der Übergang von einer trigonalen Anordnung am Carbonyl-Kohlenstoffatom in eine tetraedrische an.

Falle von Gleichgewichten) für alle Verbindungen einer Reihe in etwa gleicher Weise bemerkbar machen.*

Im übrigen gibt es durchaus Reaktionen im Bereich der aliphatischen Verbindungen, die sich nicht durch lineare Beziehungen gemäß Gl.(10) beschreiben lassen. Und wie schon bei früher besprochenen Abweichungen von der Linearität (vgl. S. 443) sind gerade diese Fälle sehr viel aussagekräftiger, was Einzelheiten des Reaktionsablaufs angeht, als Fälle guter Erfüllung der Linearität. Wo solche Abweichungen von linearen Korrelationen (die nur polare Effekte berücksichtigen) beobachtet werden, kann man erhebliche - und von Verbindung zu Verbindung wechselnde - sterische Effekte annehmen und diese in Form zusätzlicher *sterischer Substituentenparameter*, E_S, in das Kalkül einbeziehen. Deren Bestimmung läßt sich auf eine frühere Beobachtung zurückführen.

Wir haben bereits gesehen (S. 453), daß die säurekatalysierte Hydrolyse *m*- und *p*-substituierter Benzoesäureester (*42*) – mit $\varrho = 0{,}03$ – von irgendwelchen polaren, von den Substituenten X ausgehenden Effekten nahezu unbeeinflußt ist. Da diese Substituenten weit genug vom Reaktionszentrum entfernt sind, können sie auch keine sterischen Wirkungen ausüben.

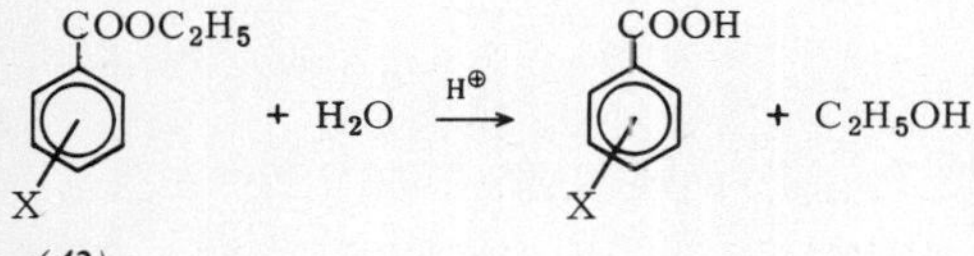

(*42*)

Diese Ester vollziehen die säurekatalysierte Hydrolyse folglich alle mit etwa derselben Geschwindigkeit. Nun gibt es keinen Grund anzunehmen, daß die säurekatalysierte Hydrolyse aliphatischer Ester $RCOOC_2H_5$ stärker auf polare Substituenten ansprechen würde als die entsprechende Hydrolyse der Benzoesäureester. Nachdem man unterschiedliche Geschwindigkeiten tatsächlich beobachtet, wenn R in den aliphatischen Estern variiert wird, müssen hierfür sterische Faktoren verantwortlich sein. Es ist somit möglich, mit Hilfe von Gl. (11)

$$\log \left[\frac{k_{RCOOC_2H_5}}{k_{CH_3COOC_2H_5}}\right]_{\text{Säure}} = E_S \qquad (11)$$

* Eine derartige Annahme vernachlässigt allerdings die Möglichkeit, daß sich positiv und negativ geladene Übergangszustände in ihrem Solvatationsgrad drastisch unterscheiden – wodurch selbstverständlich die relativen Reaktionsgeschwindigkeiten der beiden Hydrolysereaktionen stark beeinflußt würden.

sterische Substituentenparameter E_S für die Substituenten R zu definieren, wobei man wieder R = CH_3 zum Standardsubstituenten macht. Auf diese Weise gewonnene E_S-Werte für eine Reihe von Gruppen R sind nachstehend aufgeführt (Me = CH_3, Et = C_2H_5, Ph = C_6H_5):

R in RCOOEt	E_S
H	+ 1,24
Me	0
Et	– 0,07
$ClCH_2$	– 0,24
ICH_2	– 0,37
$PhCH_2$	– 0,38
$Me(CH_2)_3$	– 0,39
Me_2CHCH_2	– 1,13
Me_3C	– 1,54
Me_3CCH_2	– 1,74
Ph_2CH	– 1,76
Et_3C	– 3,81

Gemäß Gl. (11) muß der E_S-Wert für Methyl, den Standardsubstituenten, den Wert null haben. Alle anderen Substituenten (außer Wasserstoff) haben negative E_S-Werte, da sie größer als Methyl sind, und die Hydrolyse aller Ester $RCOOC_2H_5$ (außer R = H) ist langsamer als diejenige von $CH_3COOC_2H_5$. Entsprechendes gilt für alle Reaktionen, deren Geschwindigkeit ausschließlich vom sterischen Einfluß von R abhängt.

Tatsächlich findet man aber, daß E_S für eine bestimmte Gruppe R bis zu einem gewissen Grad von Reaktion zu Reaktion unterschiedliche Werte annimmt. Das ist nicht allzu verwunderlich, ändern sich doch auch die unmittelbare Umgebung von R sowie die Größe des angreifenden Agenz von Reaktion zu Reaktion. Das bedeutet wiederum, daß man bei Einführung des sterischen Parameters E_S in die Hammett-Gleichung auch noch einen weiteren Parameter δ berücksichtigen muß, der ein Maß für die Ansprechbarkeit einer bestimmten Reaktion auf sterische Effekte ist:

$$\log \frac{k_R}{k_{CH_3}} = \varrho^* \sigma_R^* + \delta E_S \qquad (12)$$

In diesem Sinne entspricht δ durchaus der Reaktionskonstanten ϱ^*, die die Empfindlichkeit gegenüber polaren Faktoren mißt. Für die Standardreaktion, die säurekatalysierte Esterhydrolyse, mißt man δ den Wert 1,00 bei. Für andere Reaktionen kann δ dann in der üblichen Weise ermittelt werden.

Nachdem auf diese Weise sterische Parameter eingeführt worden sind, kann man auch die Reaktionen *o*-substituierter Benzolderivate behandeln. Beispielsweise findet man für die säurekatalysierte Hydrolyse *o*-substituierter Benzamide (*43*) einen Wert von $\delta = 0{,}81$.

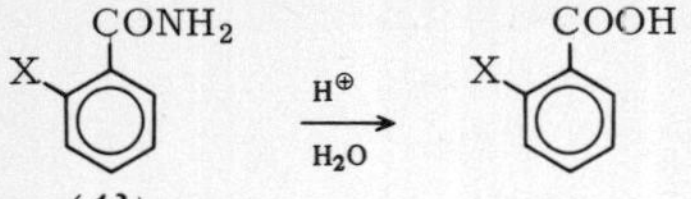

(*43*)

Diese Reaktion spricht offenbar weniger stark auf sterische Effekte an als die zuvor besprochene Standardreaktion, die säurekatalysierte Hydrolyse *o*-substituierter Ester. Im allgemeinen sind jedoch die Erfolge, *o*-Substitutionseffekte zu quantifizieren, eher gering. Wir sind also erneut mit dem Dilemma konfrontiert, auf das wir schon im Zusammenhang mit der Yukawa-Tsuno-Gleichung (S. 439) gestoßen waren: Erhält man überhaupt zusätzliche, nützliche Informationen, wenn man sich der – nicht unbeträchtlichen! – Mühe unterzieht, die entsprechenden Zusatzparameter experimentell zu ermitteln?

13.6 Lösungsmitteleffekte

Ein wichtiger Einfluß, den unsere bisherige Diskussion linearer Freier-Enthalpie-Beziehungen überhaupt noch nicht berücksichtigt hat, ist derjenige, den das Lösungsmittel auf die Reaktion ausübt. Dabei wissen wir, daß die überwältigende Mehrzahl organisch-chemischer Reaktionen in Lösung durchgeführt wird und daß das Lösungsmittel oft eine ganz entscheidende Rolle spielt.

13.6.1 Variation von ϱ mit dem Lösungsmittel

Indirekt können wir natürlich der Rolle des Lösungsmittels Rechnung tragen, indem wir die Reaktionskonstante ϱ für eine bestimmte Reaktion in verschiedenen Lösungsmitteln ermitteln. Es stellt sich dann gewöhnlich heraus, daß ϱ vom Lösungsmittel abhängt:

Reaktion	Lösungsmittel	ϱ
ArCOOH (*44*) + $H_2O \rightleftharpoons ArCO_2^{\ominus}$ (*45*) + $H_3O^{\oplus}$	(H_2O)	1,00*
ArCOOH + $H_2O \rightleftharpoons ArCO_2^{\ominus}$ + $H_3O^{\oplus}$	(50% wäßr. C_2H_5OH)	1,60
ArCOOH + $H_2O \rightleftharpoons ArCO_2^{\ominus}$ + $H_3O^{\oplus}$	(C_2H_5OH)	1,96
$ArCOOC_2H_5$ + $HO^{\ominus} \longrightarrow ArCO_2^{\ominus}$ + C_2H_5OH	(70% wäßr. Dioxan)	1,83
$ArCOOC_2H_5$ + $HO^{\ominus} \longrightarrow ArCO_2^{\ominus}$ + C_2H_5OH	(85% wäßr. C_2H_5OH)	2,54

*definitionsgemäß

Bei der Ionisation *m*- oder *p*-substituierter Benzoesäuren (*44*) kann ein hydroxylisches Lösungsmittel sowohl die undissoziierte Säure (*44*) als auch das daraus durch Ionisation entstehende Carboxylat-Anion (*45*) solvatisieren. Die Wirksamkeit dieser Solvatation des Anions relativ zu derjenigen der undissoziierten Säure geht ganz entscheidend in die Lage des Gleichgewichts, also die Größe von K_X, ein. Wenn man von Wasser mit einer Dielektrizitätskonstante 79 auf Ethanol mit einer Dielektrizitätskonstante von 24 übergeht, geht viel von dem Vorteil der Solvatation des Anions gegenüber der undissoziierten Säure verloren. Die Bedeutung polarer Effekte – elektronenanziehende Substituenten stabilisieren das Carboxylat-Anion und erhöhen dadurch die Aciditätskonstante K_X – wird daher zunehmen in dem Maße, wie die Dielektrizitätskonstante kleiner wird. Demgemäß wird die Reaktionskonstante ϱ, also das Maß für die Empfindlichkeit der Reaktion gegenüber polaren Substituenteneffekten, ebenfalls größer werden, wenn man das Lösungsmittel von Wasser in Richtung auf Ethanol variiert.

13.6.2 Die Grunwald-Winstein-Gleichung

Versuchen, die Geschwindigkeit einer Reihe von Reaktionen mit der Dielektrizitätskonstante ε des Lösungsmittels, in welchem sie ausgeführt werden, zu korrelieren, ist kein Erfolg beschieden gewesen. Es hat daher nicht an Bemühungen gefehlt, Reaktivitäten unmittelbar auf empirischem Wege nach dem Vorgang von Hammett mit den jeweiligen Lösungsmitteln in Beziehung zu setzen. Unter diesen ist besonders die Behandlung der Solvolyse aliphatischer Halogenide durch Grunwald und Winstein bekannt geworden. Es ging darum, einen Lösungsmittelparameter Y zu definieren, der mit den Geschwindigkeitskonstanten eines bestimmten Halogenids in einer Reihe von Lösungsmitteln korrelieren würde.

Als Standardreaktion wurde die S_N1-Solvolyse von 2-Chlor-2-methylpropan (*46*) (tert.-Butylchlorid), also eines tertiären Halogenids, und als Standardlösungsmittel wäßriges Ethanol (80 % Ethanol/20 % Wasser) gewählt:

$$(CH_3)_3C{-}Cl \xrightarrow[\text{langsam}]{S_N1} (CH_3)_3C^{\oplus}\,Cl^{\ominus} \xrightarrow[\text{schnell}]{SH} (CH_3)_3C{-}S$$

(*46*) (*47*) [SH Lösungsmittel]

Ionenpaar-Zwischenprodukt

Hierfür ließ sich eine Hammett-artige Beziehung

$$\log k_A - \log k_0 = Y_A - Y_0 \qquad (13)$$

aufstellen, worin sich die Geschwindigkeitskonstanten k_A und k_0 auf die Solvolyse des tertiären Halogenids (*46*) im Lösungsmittel A und in einem Standardlösungsmittel (80 % C_2H_5OH) beziehen, während Y_A und Y_0 die empirischen Lösungsmittelparameter für das Lösungsmittel A und das Standardlösungsmittel sind. Indem man $Y_0 = 0$ setzt und k_A für die Solvolyse von (*46*) in einer Reihe von Lösungsmitteln mißt, kann man mit Hilfe von Gl.(13) die Y_A-Werte für jedes von diesen berechnen (Me = CH_3, Et = C_2H_5).

Lösungsmittel A	Y_A		ε
H_2O	+ 3,49		78,5
wäßr. MeOH (50 % H_2O)	+ 1,97		–
$HCONH_2$	+ 0,60		109,5
wäßr. EtOH (30 % H_2O)	+ 0,59		–
wäßr. EtOH (20 % H_2O)	0	(definitionsgemäß)	–
wäßr. Me_2CO (20 % H_2O)	– 0,67		–
MeOH	– 1,09		32,7
CH_3COOH	– 1,64		6,2
EtOH	– 2,03		24,3
Me_2CHOH	– 2,73		18,3
Me_3COH	– 3,26		12,2

Es erweist sich, daß die Y_A-Werte nicht zu den Dielektrizitätskonstanten (ε) parallel laufen. Zwar kann kein Zweifel bestehen, daß die Dielektrizitätskonstante bei den untersuchten Hydrolysen eine Rolle spielt und in den Y_A-Werten enthalten sein muß, da die Ladungstrennung und Bildung eines Ionenpaar-Zwischenprodukts wesentlich für eine S_N1-Reaktion ist (S. 94). Aber darüberhinaus gibt es offenbar die noch wichtigeren Einflüsse der spezifischen Solvatation, und vielleicht noch weitere Eigenschaften der Lösungsmittel. Diese sind sämtlich in Y_A enthalten. Man bezeichnet Y_A oft als die „Ionisierungskraft“ eines Lösungsmittels A.

Man kann nun noch einen Schritt weiter gehen und eine Gl.(14), deren Form uns inzwischen geläufig ist, formulieren:

$$\log \frac{k_A}{k_0} = m\,Y_A \qquad (14)$$

Sie beschreibt nicht nur die Solvolyse der Standardverbindung, 2-Chlor-2-methylpropan (*46*), sondern die Solvolyse von Halogeniden allgemein. k_A und k_0 sind darin die Geschwindigkeitskonstanten für die Solvolyse eines beliebigen Halogenids, einmal im Lösungsmittel A und einmal im Standardlösungsmittel gemessen. Y_A ist bereits als der Lösungsmittelparameter, der die Ionisationskraft des Lösungsmittels A beschreibt, eingeführt worden. *m* ist ein für das betreffende Halogenid charakteristischer Substanzparameter, dem für die Standardverbindung (*46*) der Wert 1,00 zugeschrieben wird. *m* ist das Maß für die Empfindlichkeit (Suszeptibilität) der Solvolyse des jeweiligen Halogenids gegenüber der Ionisierungskraft Y_A des Lösungsmittels.

Halogenid	*m*
PhCH(Me)Br(*48*)	1,20
Me_3CCl(*46*)	1,00 (definitionsgemäß)
Me_3CBr	0,94
$EtMe_2CBr$	0,90
CH_2=CHCH(Me)Cl	0,89
EtBr(*49*)	0,34
$Me(CH_2)_3Br$(*50*)	0,33

Man kann *m* auch als Maß der Ionenpaar-Bildung im Übergangszustand des geschwindigkeitsbestimmenden Schritts der Solvolyse auffassen. Damit gewinnt dieser Parameter diagnostischen Wert. Beispielsweise weiß man, daß die Ionenpaar-Bildung im Übergangszustand der S_N1-Solvolyse der Standardverbindung (*46*), für die *m* = 1,00 gesetzt wurde, weit fortgeschritten ist. Es überrascht nicht, für 1-Brom-1-phenylethan (*48*), bei dessen Solvolyse das entstehende benzylartige Kation $(C_6H_5CHCH_3)^{\oplus}$ durch Ladungsdelokalisation stabilisiert ist (vgl. S. 98), mit 1,20 einen noch größeren *m*-Wert zu finden. Im Gegensatz dazu ist *m* für die primären Halogenide Bromethan (*49*) und 1-Brombutan (*50*) sehr viel kleiner, nämlich 0,34 bzw. 0,33. Derartige Werte zeigen eine geringe Empfindlichkeit gegenüber der Ionisationskraft des Lösungsmittels an. Sie sind charakteristisch für Halogenide, deren Solvolyse dem S_N2-Mechanismus folgt. Man kann etwa sagen, daß bei *m* = 0,5 die S_N1/S_N2-Grenzlinie bei derartigen Solvolysen verläuft.

Ein Nachteil der Grunwald-Winstein-Beziehung ist in ihrer begrenzten Anwendbarkeit zu sehen. Man hat sie auch auf andere Reaktionen als die Solvolyse von Halogeniden angewandt, aber im allgemeinen bleibt man auf Reaktionen beschränkt, deren geschwindigkeitsbestimmender Schritt vom Typ

$$A{-}B \xrightarrow[\text{langsam}]{k} A^{\oplus} + B^{\ominus} \qquad (44)$$

ist.

13.6.3 Dimroths E_T-Parameter

Es hat verschiedene Versuche gegeben, Parameter für die Lösungsmittelpolarität zu definieren, und zu den erfolgreichsten zählt die Nutzung *solvatochromer Effekte* für diesen Zweck. Unter Solvatochromie versteht man die Verschiebung der Wellenlänge (oder der Frequenz) einer Absorptionsbande im Spektrum einer geeigneten absorbierenden Substanz, die durch Wechselwirkung dieser Verbindung mit den Molekülen verschiedener Lösungsmittel hervorgerufen wird. Besonders kräftige Verschiebungen sind mit dem sog. Dimroth-Reichardt-Betain *(51)* beobachtet worden:

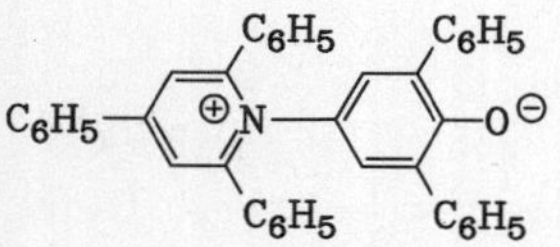

(51)

Das Absorptionsmaximum dieses Zwitterions variiert zwischen 450 und 800 nm – je nach Lösungsmittel. Eine Lösung von *(51)* in Anisol (Methoxybenzol) ist gelb, eine in Aceton grün, und die ethanolische Lösung ist violett gefärbt! Als Maß für die Solvenspolarität führte Dimroth den E_T-Wert ein; das ist die dem Absorptionsmaximum im jeweiligen Solvens entsprechende Anregungsenergie (in kcal/mol) für den Übergang vom Grund- in den angeregten Zustand.

Die Rechtfertigung, gerade E_T zu wählen, besteht darin, daß der Grundzustand von *(51)* sehr viel dipolarer ist als der angeregte Zustand, der bei Lichtabsorption entsteht. Von den beiden Zuständen wird also der Grundzustand sehr viel wirkungsvoller durch polare Solventien stabilisiert werden. Nimmt man an, daß sich die Solvensvariation auf den Energieinhalt des angeregten Zustands kaum auswirkt, dann stellen die E_T-Werte für die verschiedenen Lösungsmittel ein Maß für die relative Stabilisierung des Grundzustands *(51)* und damit für die relative Polarität der verwendeten Solventien dar. Der E_T-Wert steigt also mit zunehmender Solvenspolarität an:

	Solvent	E_T	Y_A
	H_2O	63·1	+3·49
	$HCONH_2$	56·6	+0·60
aq.	C_2H_5OH (20 % H_2O)	53·7	0
aq.	$(CH_3)_2CO$ (20 % H_2O)	52·2	−0·67
	CH_3OH	55·5	−1·09
	C_2H_5OH	51·9	−2·03
	$(CH_3)_2CHOH$	48·6	−2·73
	$(CH_3)_3COH$	43·9	−3·26
	$CHCl_3$	39·1	–

In der Tabelle sind zum Vergleich auch die Y_A-Werte (S. 460), für die gleichen Lösungsmittel angegeben und man sieht, daß zwischen E_T und Y_A eine, wenn auch grobe, Beziehung besteht: je größer E_T, desto stärker positiv ist Y_A. Im großen und ganzen schneiden die E_T-Werte besser ab, zumal sie auch eine größere Anwendungsbreite besitzen. Wichtig ist aber die Feststellung, daß überhaupt – hier bei Lösungsmitteln – physikalische (E_T) und chemische (Y_A) Parameter miteinander korreliert werden können.

13.7 Spektroskopische Korrelationen

Wir haben mit einiger Ausführlichkeit die Korrelation verschiedener chemischer Eigenschaften X-substituierter Moleküle über ihre Substituentenkonstanten diskutiert. Auch zwischen den – chemisch definierten – Substituentenkonstanten σ_x und *physikalischen* Eigenschaften der betreffenden Verbindungen können Korrelationen hergestellt werden, was nach dem zuvor (Abschn. 13.6.3) Gesagten nicht mehr verwundert. Physikalische Eigenschaften verwandter, sich beispielsweise durch Substituenten unterscheidender Verbindungen können auch untereinander korreliert werden. Hierfür bieten sich insbesondere spektroskopische Daten an, da sie leicht und in großer Zahl zur Verfügung stehen.

Beispielsweise hat es viele Versuche gegeben, σ_x mit der Frequenz und/oder Intensität von Banden in den Infrarotspektren X-substituierter Aromaten zu verknüpfen. Zu den erfolgreichsten Beispielen dieser Art zählen Korrelationen zwischen σ_x und der Frequenz der Carbonylschwingung in *(52)* und *(53)* oder der Intensität der Ringschwingung bei 1600 cm^{-1} von *(54)*, sowie der letzteren untereinander:

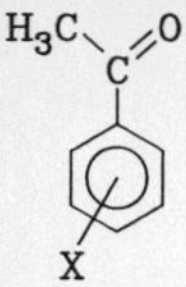
(52)

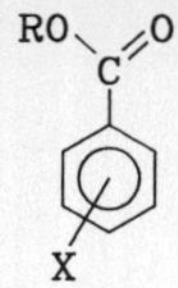
(53)

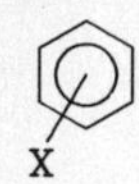
(54)

Auch sollte man eine befriedigende Korrelation von σ_x mit der chemischen Verschiebung, *δ*, erwarten, da diese ja das Ausmaß der der Elektronenent- bzw. -abschirmung am zur Diskussion stehenden Atom widerspiegelt. Tatsächlich sind die Korrelationen zwischen ^{1}H-chemischen Verschiebungen und σ_x nicht allzu gut, wenn man von Beispielen wie dem der substituierten Phenylacetylene *(55)* einmal absieht, in denen das relevante (acetylenische) Proton vergleichsweise weit von dem substituierten Benzolring entfernt ist.
Ein schwereres Atom als ^{1}H wird jedoch vermutlich weniger stark durch die Effekte beeinflußt, die sich im Falle des Protons störend auswirken. So zeigen 2-Arylpropyl-Carbokationen (*56*, Cumyl-Kationen), die sich aus den korrespondierenden tertiären Alkoholen in Supersäure (SO_2ClF, FSO_3H, SbF_5, S. 120) leicht herstellen lassen, eine gute, d.h. lineare Korrelation zwischen dem ^{13}C-Verschiebungsunterschied des Carbokation-Kohlenstoffatoms $\delta C^{\oplus}_{H} - \delta C^{\oplus}_{X}$ und $\sigma^{+}_{m\text{-}X}$, *nicht* jedoch mit $\sigma^{+}_{p\text{-}X}$.

$\rho = -0.33$

(55)

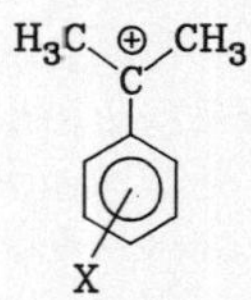
(56)

Die Korrelation der Verschiebungsunterschiede für die *p*-substituierten Carbokationen erforderte vergrößerte *p*-Substituentenkonstanten, $\sigma^{C\oplus}_{p\text{-}X}$, die die viel stärkere Direkt-Konjugation mit *p*-X in dem voll entwickelten Carbokation *(56a)* widerspiegeln. Die Direkt-Konjugation ist in dem nur partiell ausgebildeten Carbokation *(57)* im Übergangszustand der Cumylchlorid-Solvolyse viel schwächer – aber gerade dieser Prozeß wurde ja gewählt, um $\sigma^{+}_{p\text{-}X}$ zu definieren:

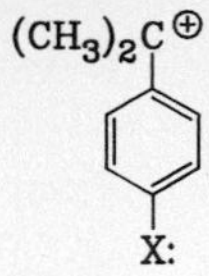

$\rho = -18.2$
erfordert $\sigma^{C\oplus}_{p\text{-}X}$

(56a)

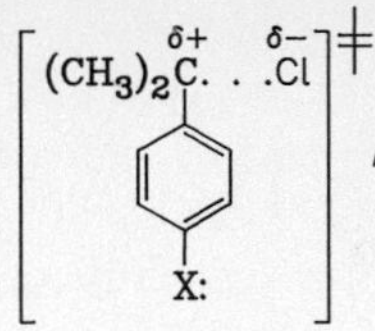

$\rho = -4.54$
definiert $\sigma^{+}_{p\text{-}X}$

(57)

13.8 Thermodynamische Zusammenhänge

Es scheint angebracht, angesichts der immerhin erheblichen Erfolge linearer Freier-Enthalpie-Beziehungen vom Hammett-Typ abschließend etwas über deren thermodynamische Bewandtnis zu sagen. Wir haben den Zusammenhang zwischen $\log k$- und $\log K$-Werten mit Änderungen der Freien Enthalpie $\Delta G^{\ddagger}$ bzw. ΔG° schon erwähnt (S. 424). Nun besteht jede Änderung in der Freien Enthalpie aus einem Enthalpie-Beitrag ΔH und einem Entropie-Beitrag ΔS:

Gleichgewicht
$$\Delta G^{\circ} = -2{,}303\ RT \log K = \Delta H^{\circ} - T\Delta S^{\circ}$$

Geschwindigkeit
$$\Delta G^{\ddagger} = -2{,}303\ RT \log k \frac{h}{k'\,T} = \Delta H^{\ddagger} - T\Delta S^{\ddagger}$$

k' Boltzmann-Konstante; h Planck-Konstante.

Betrachten wir noch einmal eines unserer ersten Beispiele (Abb. 13-3, S. 427), in dem die $\log K$ für die Ionisation von ArCOOH gegen die $\log k$ der basekatalysierten Hydrolyse $ArCOOC_2H_5$ angetragen wurden. Die sich dabei ergebende gerade Linie bedeutet gleichzeitig eine lineare Beziehung zwischen den ΔG°-Werten für das Ionisationsgleichgewicht und den $\Delta G^{\ddagger}$-Werten, d. h. den Freien Aktivierungsenthalpien der Esterhydrolyse. Eine solche lineare Beziehung ist aber nur zu erwarten, wenn für *beide* miteinander verglichenen Reihen die eine oder andere der folgenden Bedingungen erfolgt ist:

(1) ΔH steht in linearer Beziehung zu ΔS;
(2) ΔH ist konstant;
(3) ΔS ist konstant.

Das sind sehr weitreichende Forderungen, und man hat mit Recht Zweifel erhoben, ob denn diese Bedingungen jemals – eingeschlossen die Fälle, die gute lineare Hammett-Beziehungen ergeben – erfüllt sein können. Die linearen Beziehungen, die ja tatsächlich beobachtet werden, erscheinen damit also mysteriöser. Es sind jedoch Beispiele bekannt, in denen die eine oder andere der obigen Bedingungen erfüllt sind. So ist etwa für die Base-induzierte Hydrolyse der Ester *(58)* $\Delta S^{\ddagger}$ praktisch konstant; d.h. Bedingung (3) ist erfüllt, und $\Delta G^{\ddagger}$ (oder $\Delta H^{\ddagger}$) sind damit proportional σ_X. Es dürfte wenig überraschen, daß es kein überzeugendes Beispiel für die Einhaltung der Bedingung (2) gibt. Andererseits würde man erwarten, daß Einschränkung (1) am häufigsten erfüllt wird.

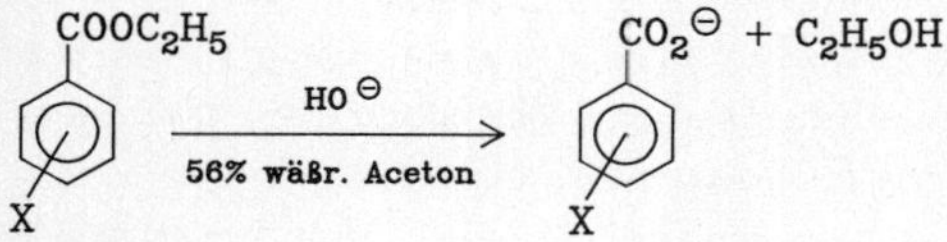

(58)

$\Delta S^{\ddagger}$ = konstant
$\Delta G^{\ddagger} \sim \Delta H^{\ddagger} \sim \sigma_X$

Übrigens ist auch für die Standardreaktion, die Ionisation der *m*- und *p*-substituierten Benzoesäuren in Wasser bei 25 °C, bezweifelt worden, ob sie auch nur eine der notwendigen Bedingungen erfüllen. Leider kann man die Verhältnisse aus experimentellen Gründen nur schwer einer unmittelbaren Prüfung unterziehen. Die Löslichkeit der substituierten Benzoesäuren in Wasser ist nur gering, und die ΔH°-Werte sind klein. Entsprechend ungenau müssen die Versuche, die Ionisationsenthalpien direkt zu messen, ausfallen. Erst in neuerer Zeit sind die ΔG°, ΔH° und ΔS° für eine Reihe der substituierten Benzoesäuren mit großer Genauigkeit neu vermessen worden. ΔH° gegen ΔS°, ΔG° gegen ΔH° und ΔG° gegen ΔS° aufgetragen ergab überraschend gute lineare Korrelationen. So scheint es, als habe Hammett mit der Wahl seiner Standardreaktion einen guten Griff getan!

Dennoch muß man sich stets vergegenwärtigen, daß alle Interpretationen, die man in die Hammett-Gleichung gesteckt hat, mehr mit Beobachtung als mit strenger Theorie zu tun haben. Die Hammett-Gleichung bleibt eine empirische Beziehung, und es hat keinen Sinn, Substituenten- oder Reaktionskonstanten auf mehrere Stellen hinter dem Komma angeben zu wollen. Die Informationen, die wir brauchen, um über Reaktionsabläufe etwas sagen zu können, müssen nur „größenordnungsmäßig" zutreffen. Es genügt zu wissen, ob eine Reaktionskonstante positiv oder negativ ist, ob sie einen großen oder kleinen Betrag hat; ob erhebliche Abweichungen von der

Linearität bei der Antragung von σ_X gegen log *k* für eine Reaktionsfamilie eintreten, und wenn ja, von welcher allgemeinen Art diese sind. Hier stellt sich auch wieder die Frage nach dem Wert der Multiparameter-Gleichungen – und zwar nicht so sehr nach ihrer allgemeinen Gültigkeit, sondern nach ihrem tatsächlichen Nutzen. Sicher sind diese Beziehungen für den physikalisch-organischen Chemiker von beträchtlicher Bedeutung. Der praktisch arbeitende organische Chemiker könnte sich jedoch sehr wohl fragen, ob sich die zusätzliche Arbeit, die zwangsläufig erforderlich ist, um all diese weiteren Parameter zu bestimmen, überhaupt lohnt und sich in der Qualität der so erhaltenen zusätzlichen Information auch niederschlägt.
Immerhin bleibt festzuhalten, daß die Anzahl der Systeme, auf die Hammett-artige Beziehungen erfolgreich angewandt worden sind, erstaunlich groß ist; erstaunlich vor allem auch, wenn man die Einfachheit der Ansätze betrachtet. Man darf die linearen Freie-Enthalpie-Beziehungen als Zeugnis dafür nehmen, daß auch im Ansatz rein empirische Konzepte Wertvolles zur Theorie beitragen können!

Weiterführende Literatur

Valenz und chemische Bindung, zwischenmolekulare Kräfte

Aylward, G. H., und Findlay, T. J.: *Datensammlung Chemie.* taschentext. Nachdruck der 2. Aufl. 1981, VCH Verlagsgesellschaft, Weinheim 1986.
Coulson, C. A.: *Die chemische Bindung.* Hirzel-Verlag, Stuttgart 1969.
Coulson, C. A.: *Geometrie und elektronische Struktur von Molekülen.* taschentext, Verlag Chemie, Weinheim 1976.
Dewar, M. J. S.: *The Molecular Orbital Theory of Organic Chemistry.* McGraw-Hill, New York 1969.
Dewar, M. J. S., and Dougherty, R. C.: *The PMO Theory of Organic Chemistry.* Plenum Press, New York 1975.
Kutzelnigg. W.: *Einführung in die Theoretische Chemie.* Bd. 1: *Quantenmechanische Grundlagen.* Verlag Chemie, Weinheim 1975; Bd. 2: *Die chemische Bindung.* Verlag Chemie, Weinheim 1978.
McWeeny, R.: *Coulson's Valence.* 3rd ed., Oxford University Press, Oxford 1979.
Schmidtke, H.H.: *Quantenchemie.* VCH Verlagsgesellschaft, Weinheim 1987.
Streitwieser, A.: *Molecular Orbital Theory for Organic Chemists.* Wiley, New York 1961.
Tedder, J. M., and Nechvatal, A.: *Pictorial Orbital Theory.* Pitman, London 1985.

Molekülstruktur und Reaktionsmechanismen

Bethell, D., and Gold, V.: *Carbonium Ions.* Academic Press, New York 1967.
Breslow, R.: *Organische Reaktionsmechanismen.* Thieme, Stuttgart 1982.
Budzikiewicz, H.: *Massenspektrometrie. Eine Einführung.* taschentext, 2. Aufl., Verlag Chemie, Weinheim 1980.
v. Bünau, G., und Wolff, T.: *Photochemie – Eine Einführung.* VCH Verlagsgesellschaft, Weinheim 1987.
Buncel, E.: *Carbanions – Mechanistic and Isotopic Aspects.* Elsevier, New York 1975.
Buncel, E., and Durst, T. (ed.): *Comprehensive Carbanion Chemistry.* Parts A and B, Elsevier, New York 1980, 1984.
Capon, B., and McManus, S. P.: *Neighbouring Group Participation.* Plenum, New York 1976.
Carpenter, B. K.: *Determination of Organic Reaction Mechanisms.* Wiley, New York 1984.
Collins, C. J., and Bowman, N. S. (eds.): *Isotope Effects in Chemical Reactions.* Van Nostrand Reinhold, New York 1970.

Coxon, J. M., and Halton, B.: *Organic Photoechmistry.* Cambridge University Press, London 1974.

Cram, D. J.: *Fundamentals of Carbanion Chemistry.* Academic Press, New York 1965.

de la Mare, P. B. D., and Botton, J.: *Electrophilic Addition to Unsaturated Systems.* Elsevier, Amsterdam 1982.

De la Mare, P. B. D.: *Electrophilic Halogenation.* Cambridge University Press, Cambridge 1976.

De Mayo, P. (ed.): *Rearrangements in Ground und Excited States.* Vol. I–III, Academic Press, New York 1980.

Deslongchamps, P.: *Stereoelectronic Effects in Organic Chemistry.* Pergamon Press, New York 1983.

Eliel, E. L.: *Stereochemie der Kohlenstoffverbindungen.* Verlag Chemie, Weinheim 1967.

Eliel, E., Allinger, N. L., Angyal, S. J., and Morrison, G. A.: *Conformational Analysis.* Interscience Publishers, New York 1965.

Fahr, E., und Mitschke, M.: *Spektren und Strukturen organischer Verbindungen.* taschentext. Verlag Chemie, Weinheim 1979.

Fleming, I.: *Grenzorbitale und Reaktionen organischer Verbindungen.* Nachdruck der 1. Aufl., VCH Verlagsgesellschaft, Weinheim 1988.

Forrester, A. R., Hay, J. M., and Thomson, R. H.: *Organic Chemistry of Stable Free Radicals,* Academic Press, New York 1968.

Friebolin, H.: *Ein- und zweidimensionale NMR-Spektroskopie. Eine Einführung.* VCH Verlagsgesellschaft, Weinheim 1988.

Frost, A. A., und Pearson, R. G.: *Kinetik und Mechanismen homogener chemischer Reaktionen.* Verlag Chemie, Weinheim 1964.

Fuhrhop, J., und Penzlin, G.: *Modern Organic Synthesis.* Verlag Chemie, Weinheim 1982.

Garrett, P. J., und Vollhardt, P.: *Aromatizität.* Thieme, Stuttgart 1973.

Gilchrist, T. L., und Rees, C. W.: *Carbene, Nitrene und Dehydroaromaten.* Hüthig-Verlag, Heidelberg 1972.

Gilchrist,T. L., and Storr, R. C.: *Organic Reactions and Orbital Symmetry.* 2. Aufl., Cambridge University Press, London 1979.

Gilliom, R. D.: *Introduction to Physical Organic Chemistry.* Addison-Wesley, Reading, Mass. 1970.

Günzler, H., und Böck, H.: *IR-Spektroskopie. Eine Einführung.* taschentext, 2. Aufl., Verlag Chemie, Weinheim 1982.

Hammett, L. P.: *Physikalische Organische Chemie. Reaktionsgeschwindigkeiten – Gleichgewichte – Mechanismen.* Verlag Chemie, Weinheim 1973.

Hartshorn, S. R.: *Aliphatic Nucleophilic Substitution.* Cambridge University Press, Cambridge 1973.

Heilbronner, E., und Bock, H.: *Das HMO-Modell und seine Anwendung,* Bd. 1–3. Verlag Chemie, Weinheim 1968/70.

Hine, J.: *Structural Effects on Equilibria in Organic Chemistry.* Wiley, New York 1975.

Hoffmann, R. W.: *Dehydrobenzene and Cycloalkynes.* Verlag Chemie, Weinheim, und Academic Press, New York 1967.

Hoffmann, R. W.: *Aufklärung von Reaktionsmechanismen.* Thieme, Stuttgart 1976.

Hoggett, J. G., Moodie, R. B., Penton, J. R., and Schofield, K.: *Nitration and Aromatic Reactivity*. Cambridge University Press, Cambridge 1971.
Ingold, C. K.: *Structure and Mechanism in Organic Chemistry*. 2. Aufl., Cornell University Press, Ithaca 1969.
Jencks, W. P.: *Catalysis in Chemistry and Enzymology*. McGraw-Hill, New York 1969.
Johnson, A. W.: *Ylid Chemistry*. Academic Press, New York 1966.
Johnson, C. D.: *The Hammett Equation*. Cambridge University Press, Cambridge 1973.
Jones, R. A. Y.: *Physical and Mechanistic Organic Chemistry*. 2nd ed., Cambridge University Press, Cambridge 1984.
Kagan, H. B.: *Organische Stereochemie*. Thieme, Stuttgart 1977.
Klessinger, M.:*Elektronenstruktur organischer Moleküle*. Verlag Chemie, Weinheim 1982.
Klumpp, G. W.: *Reactivity in Organic Chemistry*. Wiley, New York 1982.
Kochi, J. K. (ed.): *Free Radicals*. Vol. I and II. Wiley, New York 1973.
Krauch, H., und Kunz, W.: *Namenreaktionen der organischen Chemie*. 5. Aufl., Hüthig-Verlag, Heidelberg 1976.
Krumbiegel, P.: *Isotopieeffekte* (Hrsg. v. K. Schwabe). Vieweg, Braunschweig 1970.
Leffler, J. E., and Grunwald, E.: *Rates and Equilibria of Organic Reactions*. Wiley, New York 1963.
Lwowski, W. (ed.): *Nitrenes*. Interscience Publishers, New York 1970.
Lowry, T. H., und Richardson, K. S.: *Mechanismen und Theorie in der Organischen Chemie*. Verlag Chemie, Weinheim 1980.
March, J.: *Advanced Organic Chemistry. Reactions, Mechanism and Structure*. 3. Aufl., Mc Graw-Hill, New York 1985.
Marchand, A. P., and Lehr, R. E. (ed.): *Pericyclic Reactions*. Vol. I and II, Academic Press, New York 1977.
Maskill, H.: *The Physical Basis of Organic Chemistry*. Oxford University Press, Oxford 1985.
Melander, L.: *Isotope Effects on Reaction Rates*. Ronald Press, New York 1960.
Melander, L., and Saunders, W. H.: *Reaction Rates of Isotopic Molecules*. Wiley, New York 1980.
Miller, J.: *Aromatic Nucleophilic Substitution*. Elsevier, Amsterdam 1968.
Mislow; K.: *Einführung in die Stereochemie*. Verlag Chemie, Weinheim 1967.
Morrison, R. T., und Boyd, R. N.: *Lehrbuch der Organischen Chemie*. 3. Aufl., VCH Verlagsgesellschaft, Weinheim 1986.
Morrison, R. T., und Boyd, R. N.: *Supplement zum Lehrbuch der Organischen Chemie. Lösungen zu den Übungen und Aufgaben*. 2. Aufl., VCH Verlagsgesellschaft, Weinheim 1988.
Newman, M. S. (ed.): *Steric Effects in Organic Chemistry*. Wiley, New York 1956.
Nógrádi, M.: *Stereoselective Synthesis*. VCH Verlagsgesellschaft, Weinheim 1987.
Nonhebel, D. C., and Walton, J. C.: *Free-Radical Chemistry*. Cambridge University Press, London 1974.
Norman, R. O. C., and Taylor, R.: *Electrophilic Substitution in Benzenoid Compounds*. Elsevier, New York 1965.

Olah, G. A., and Schleyer, P. R. von: *Carbonium Ions.* Vol. I–IV, Interscience Publishers, New York 1968–76.

Rademacher, P.: *Strukturen organischer Moleküle.* VCH Verlagsgesellschaft, Weinheim 1987.

Reichardt, C.: *Solvents and Solvent Effects in Organic Chemistry.* VCH Verlagsgesellschaft, Weinheim 1988.

Rétey, J., and Robinson, J. A.: *Stereospecifity in Organic Chemistry.* Verlag Chemie, Weinheim 1982.

Ritchie, C. D.: *Physical Organic Chemistry.* Dekker, New York 1975.

Saunders, W. H., and Cockerill, A. F.: *Mechanisms of Elimination Reactions.* Wiley, New York 1973.

Schofield, K.: *Aromatic Nitration.* Cambridge University Press, Cambridge 1980.

Shorter, J.: *Correlation Analysis in Organic Chemistry.* Oxford University Press, London 1973.

Staab, H. A.: *Einführung in die theoretische organische Chemie.* 4. Aufl., Verlag Chemie, Weinheim 1964.

Stevens, T. S., and Watts, N. E.: *Selected Molecular Rearrangements.* Van Nostrand Reinhold, New York 1973.

Stewart, R.: *Oxidation Mechanisms. Applications to Organic Chemistry.* Benjamin, New York 1964.

Stewart, R.: *The Proton – Applications to Organic Chemistry.* Academic Press, New York 1985.

Streitwieser, A. jr.: *Solvolytic Displacement Reactions.* McGraw-Hill, New York 1962.

Streitwieser, A. jr., und Heathcock, C. H.: *Organische Chemie.* Verlag Chemie, Weinheim 1980.

Streitwieser, A. jr., und Heathcock, C. H.: *Lösungen zu den Aufgaben im Lehrbuch Organische Chemie.* Verlag Chemie, Weinheim 1980.

Testa, B.: *Grundlagen der organischen Stereochemie.* chemie paperback, Verlag Chemie, Weinheim 1982.

Thyagarajan, B. S. (ed.): *Mechanisms of Molecular Migrations.* Vol. I–III, Interscience Publishers, New York 1968–1971.

Turro, N. J.: *Modern Molecular Photochemistry.* Benjamin, Menlo Park, Calif., 1978.

Uhlig, E., et al.: *Reaktionsverhalten und Syntheseprinzipien.* chemie paperback, Verlag Chemie, Weinheim 1973.

Vogel, P.: *Carbocation Chemistry.* Elsevier, Amsterdam 1985.

Waters, W. A.: *Mechanisms of Oxidation of Organic Compounds.* Methuen, London 1964.

Weißberger, A. (ed.): *Technique of Organic Chemistry.* Bd. VIII/1, 2: Frieß, S. L., Lewis, E. S., and Weißberger, A.: *Investigation of Rates and Mechanisms of Reactions.* Interscience Publishers, New York 1961.

Wells, P. R.: *Linear Free Energy Relationships.* Academic Press, New York 1968.

Wentrup, C.: *Reaktive Zwischenstufen* I/II. Thieme, Stuttgart 1979.

Williams, D. H., und Fleming, I.: *Spektroskopische Methoden zur Strukturaufklärung.* 5. Aufl., Thieme, Stuttgart 1985.

Molekülmodelle

HGS-Molekülstruktur-Modelle, B-Set: *Organische Chemie.* Verlag Chemie, Weinheim.

MINIT-Molekülbaukasten-System, Baukasten *Organische und Anorganische Chemie.* Verlag Chemie, Weinheim.

Zeitschriften

Accounts of Chemical Research, American Chemical Society, Washington.

Angewandte Chemie, VCH Verlagsgesellschaft, Weinheim.

Chemical Reviews, American Chemical Society, Washington.

Chemie in unserer Zeit, VCH Verlagsgesellschaft, Weinheim.

Journal of Chemical Education, Chemical Education, New York.

Register